华为技术认证

HCIP-Datacom-Core Technology
学习指南

华为技术有限公司 主编

U0262341

人民邮电出版社

北 京

图书在版编目（CIP）数据

HCIP-Datacom-Core Technology 学习指南 / 华为技术有限公司主编. -- 北京 : 人民邮电出版社，2024.（华为 ICT 认证系列丛书）. -- ISBN 978-7-115-64934-8

Ⅰ. TP393.18-62

中国国家版本馆 CIP 数据核字第 2024XY9839 号

内 容 提 要

本书是华为 HCIP-Datacom 认证官方学习指南，分为路由基础，OSPF 核心技术，IS-IS 的原理与配置，BGP 基础，BGP 路径属性、路由反射器与路由优选，BGP EVPN 基础，路由控制与路由策略，交换技术核心知识，IP 组播基础，IPv6 技术，网络安全基础，网络可靠性，网络服务与管理，大型 WLAN 组网部署及企业数通解决方案概述，共 15 章。各章均按照华为认证大纲对相关技术和解决方案的要求，对其涉及的技术原理、应用和配置进行介绍。

本书不仅适合正在准备参加 HCIP-Datacom 认证考试的人员阅读，也可作为准备在未来通过 HCIE-Datacom 认证考试人员的参考读物，还可作为高等院校相关专业学生的学习参考资料。

◆ 主　　编　华为技术有限公司
　　责任编辑　李　静
　　责任印制　马振武

◆ 人民邮电出版社出版发行　　北京市丰台区成寿寺路 11 号
　　邮编　100164　电子邮件　315@ptpress.com.cn
　　网址　https://www.ptpress.com.cn
　　三河市兴达印务有限公司印刷

◆ 开本：787×1092　1/16
　　印张：35.5　　　　　　　　2024 年 12 月第 1 版
　　字数：842 千字　　　　　　2024 年 12 月河北第 1 次印刷

定价：179.80 元

读者服务热线：**(010)53913866**　印装质量热线：**(010)81055316**
反盗版热线：**(010)81055315**
广告经营许可证：京东市监广登字 20170147 号

编 委 会

序　言

乘"数"破浪　智驭未来

当前，数字化、智能化已成为经济社会发展的关键驱动力，引领新一轮产业变革。以 5G、云、AI 为代表的数字技术，不断突破边界，实现跨越式发展，数字化、智能化的世界正在加速到来。

数字化的快速发展，带来了数字化人才需求的激增。《中国 ICT 人才生态白皮书》预计，到 2025 年，中国 ICT 人才缺口将超过 2000 万人。此外，社会急迫需要大批云计算、人工智能、大数据等领域的新兴技术人才；伴随技术融入场景，兼具 ICT 技能和行业知识的复合型人才将备受企业追捧。

在日新月异的数字化时代中，技能成为匹配人才与岗位的最基本元素，终身学习逐渐成为全民共识及职场人保持与社会同频共振的必要途径。联合国教科文组织发布的《教育 2030 行动框架》指出，全球教育需迈向全纳、公平、有质量的教育和终身学习。

如何为大众提供多元化、普适性的数字技术教程，形成方式更灵活、资源更丰富、学习更便捷的终身学习推进机制？如何提升全民的数字素养和 ICT 从业者的数字能力？这些已成为社会关注的重点。

作为全球 ICT 领域的领导者，华为积极构建良性的 ICT 人才生态，将多年来在 ICT 行业中积累的经验、技术、人才培养标准贡献出来，联合教育主管部门、高等院校、教育机构和合作伙伴等各方生态角色，通过建设人才联盟、融入人才标准、提升人才能力、传播人才价值，构建教师与学生人才生态、终身教育人才生态、行业从业者人才生态，加速数字化人才培养，持续推进数字包容，实现技术普惠，缩小数字鸿沟。

为满足公众终身学习、提升数字化技能的需求，华为推出了"华为职业认证"，这是围绕"云-管-端"协同的新 ICT 架构打造的覆盖 ICT 领域、符合 ICT 融合发展趋势的人才培养体系和认证标准。目前，华为职业认证内容已融入全国计算机等级考试。

教材是教学内容的主要载体、人才培养的重要保障，华为汇聚技术专家、高校教师、培训名师等，倾心打造"华为 ICT 认证系列丛书"，丛书内容匹配华为相关技术方向认证考试大纲，涵盖云、大数据、5G 等前沿技术方向；包含大量基于真实工作场景的行业案例和实操案例，注重动手能力和实际问题解决能力的培养，实操性强；巧妙串联各知识点，并按照由浅入深的顺序进行知识扩充，使读者思路清晰地掌握知识；配备丰富的学习资源，如 PPT 课件、练习题等，便于读者学习，巩固提升。

在丛书编写过程中，编委会成员、作者、出版社付出了大量心血和智慧，对此表示诚挚的敬意和感谢！

千里之行，始于足下，行胜于言，行而致远。让我们一起从"华为 ICT 认证系列丛书"出发，探索日新月异的信息与通信技术，乘"数"破浪，奔赴前景广阔的美好未来！

前　言

在过去几年中，网络技术领域的很多架构从愿景到蓝图已成为具体的技术和解决方案，并不断改变人们规划、设计、部署和运维网络的方式，同时这些解决方案也达到了最初被设计的目的——它们极大地改善了用户的网络体验。针对技术的发展变化，华为技术有限公司对认证体系进行了重新设计，在数据通信（数通）领域推出了全新的Datacom系列认证。

HCIP-Datacom认证内容着眼于在深度和广度上对HCIA-Datacom认证的内容进行挖掘。例如，HCIP-Datacom认证内容会更深入地对OSPF（开放最短路径优先）、RSTP（快速生成树协议）、VRRP（虚拟路由器冗余协议）、IPv6和DHCP（动态主机配置协议）等协议进行介绍，同时还会介绍HCIA-Datacom认证中未涉及的IS-IS（中间系统到中间系统）、BGP（边界网关协议）、MSTP（多生成树协议）等协议，以及大量与组播相关的技术和协议。

本书主要内容

本书是华为HCIP-Datacom-Core Technology认证考试的官方教材，旨在帮助读者迅速掌握华为HCIP-Datacom认证考试所要求的知识和技能。

本书分为15章，各章的内容如下。

第1章：路由基础

本章首先介绍网络设备的逻辑架构，其包括管理控制平面、转发平面和监控平面的概念及其各自的作用,并在三大平面架构的基础上解释网络设备对报文进行转发的机制。接下来，本章会带领读者复习路由表和转发表的概念，介绍路由引入以及一些与路由引入相关的概念，同时介绍一系列路由引入的场景并演示这些场景的基本配置方法。

第2章：OSPF核心技术

本章开篇复习基本路由协议知识和OSPF知识，其中包括动态路由协议的分类、距离矢量型路由协议和链路状态型路由协议的不同、OSPF的基本工作原理，以及基本的OSPF配置方法等。在基本原理的基础上，本章会在后文中分别介绍各类LSA（链路状态公告）的作用、封装、始发路由器和泛洪范围，SPF（最短路径优先）算法计算区域内路由、区域间路由以及外部路由的方式，4种特殊的OSPF区域，以及OSPF协议的特性。

第 3 章：IS-IS 的原理与配置

本章介绍 IS-IS 路由协议。3.1 节介绍 IS-IS 路由协议的基本概念，其中包括 IS-IS 路由协议使用的地址及其构成，IS-IS 协议的区域和路由器的分类，IS-IS 的网络类型、开销值和报文封装。3.2 节介绍 IS-IS 的工作原理，其中包括 IS-IS 路由器之间如何建立邻接关系、如何实现链路状态数据库的同步，以及 IS-IS 路由器如何通告路由并计算去往各个网络的最优路径。3.3 节介绍 IS-IS 的基本配置命令并且对配置 IS-IS 的过程加以演示。

第 4 章：BGP 基础

考虑到 BGP 的复杂性，本书将 BGP 技术分为 3 章介绍。本章是其中的第 1 章，首先从 BGP 的历史开始介绍，并由此引出自治系统的概念和 BGP 的特点。接下来，本章会介绍 BGP 的基本原理，如对等体的概念、BGP 路由器之间建立对等体关系的流程、BGP 的头部封装格式及报文封装格式，以及 BGP 状态机。本章最后则会解释 BGP 向 BGP 路由表中添加路由及向对等体发送路由更新的条件。

第 5 章：BGP 路径属性、路由反射器与路由优选

本章会进一步介绍 BGP 一系列标志性的高级应用。5.1 节对 9 种 BGP 路径属性的分类、用法和配置进行介绍，而这些路径属性正是 BGP 提供给管理员调整选路的重要参数。5.2 节的重点是 BGP 路由反射器。这一节会详细介绍 BGP 路由反射器的作用、原理和配置方法，以及两项可以避免 BGP 路由反射器引入环路的路径属性。5.3 节按照 BGP 路由属性的优先顺序演示如何通过调整这些属性来影响协议的选路，以及如何在 BGP 环境中实现负载分担。

第 6 章：BGP EVPN 基础

本章的重点会从前两章的 BGP-4 过渡到多协议 BGP（MP-BGP）。首先，本章对 MP-BGP 两种新增可选非过渡路径属性及它们携带的信息进行介绍，以此说明这两种新增路径属性如何实现 MP-BGP 支持更多网络层协议的目标；接下来，介绍 MPLS（多协议标签交换）和基于 MPLS 的 VPLS（虚拟专用局域网服务），目的是通过 VPLS 的限制引出 EVPN（以太网虚拟专用网）的概念；然后，介绍 EVPN 的基本原理，解释 EVPN NLRI（网络层可达性信息）的路由类型和 EVPN 的几种典型应用场景。

第 7 章：路由控制与路由策略

本章的重点是介绍和展示各种路由控制技术。鉴于路由控制技术常常需要通过访问控制列表（ACL）来执行匹配，7.1 节对 ACL 知识进行复习，同时介绍另一种常用的匹配工具，即 IP 前缀列表。此外，7.1 节还会对 Filter-Policy 和 Route-Policy 两项策略工具进行说明，并介绍双点双向重发布这种复杂路由引入场景中的常见问题及解决方法。7.2 节则会分别对策略路由、MQC 和流量过滤 3 项工具进行介绍，并演示它们的配置方法。

第 8 章：交换技术核心知识

本章的内容是交换技术，主要围绕生成树协议（STP）展开。首先，本章带领读者回顾 STP 在效率方面的缺陷，由此引出 RSTP 并对 RSTP 的机制和配置展开详细介绍。

然后，本章会介绍将所有 VLAN（虚拟局域网）计算为一棵生成树不是最合理的交换网络机制的原因，由此解释 MSTP，并对 MSTP 的原理和配置进行说明。最后，本章会对扩展交换机端口的技术——堆叠和集群进行介绍，不仅会介绍堆叠和集群的原理，还会对它们的配置进行介绍和演示。

第 9 章：IP 组播基础

本章的内容围绕组播技术展开。9.1 节首先介绍 IPv4 组播地址和 MAC 组播地址的范围，然后介绍路由设备转发组播报文的原理。9.2 节介绍 IGMP（互联网组管理协议），以及与 IGMP 紧密相关的 IGMP 嗅探（IGMP Snooping）和 IGMP SSM Mapping，同时也会对 IGMP 的配置进行介绍和演示。9.3 节介绍 PIM（协议无关组播），并对 PIM 的两种模式（PIM–DM 和 PIM–SM）进行详细介绍，同时演示 PIM 在 VRP 系统中的配置方法。

第 10 章：IPv6 技术

本章首先复习 IPv6 基础知识，并通过一个案例展示 IPv6 版 OSPF 协议—— OSPFv3 的配置。10.2 节围绕 ICMPv6 展开，分别介绍 ICMPv6 的封装、报文类型和工具，还会介绍 NDP。10.3 节介绍 IPv6 无状态地址自动配置和有状态地址自动配置，同时对 DHCPv6 在有状态地址自动配置中扮演的角色进行介绍，并演示 DHCPv6 的配置命令和流程。

第 11 章：网络安全基础

本章的重点是网络安全相关技术。11.1 节的重点是防火墙技术，这一节从防火墙的发展史说起，并重点介绍防火墙的基本概念和工作原理，同时会介绍防火墙的基本配置方法。11.2 节介绍对路由器类的网络基础设施进行加固的方法，如选择安全的协议、规避针对网络设备发起的攻击等，并会演示 SSH（安全外壳）协议的配置方法。11.3 节的内容是 VPN（虚拟专用网）技术。这一节首先对 VPN 技术的基本概念和方法进行说明，然后对几种常见的 VPN 技术分别进行介绍。11.4 节介绍 VRF（虚拟路由转发）技术，这一节会从 VRF 的应用场景着手，依次介绍 VRF 的基本概念、用法和配置命令。

第 12 章：网络可靠性

本章围绕提升网络可靠性和可用性的技术展开。12.1 节介绍可以广泛适用于各类技术的 BFD（双向转发检测）协议，其中包括 BFD 的报文封装、状态机、两种检测模式、BFD 回声功能、BFD 与其他协议之间的联动，以及 BFD 的配置命令。12.2 节介绍 VRRP，这一节会从 VRRP 的基本概念说起，然后依次介绍 VRRP 的封装结构、状态机及主备切换方式，接下来还会介绍 VRRP 的几种应用方式，以及 VRRP 的配置命令和配置流程。

第 13 章：网络服务与管理

本章分为两节，13.1 节介绍 DHCP。鉴于该协议比较复杂，这一节首先对其进行回顾，如 DHCP 封装结构，并在此基础上介绍 DHCP 可选项部分。接下来，这一节会介绍 DHCP 地址续租流程、DHCP 中继代理的工作原理。最后，这一节会在复习 DHCP 配置命令后，向读者介绍一些新的 DHCP 配置命令。13.2 节则介绍多种网络管理协议，并对网络监控管理的工具和工作机制进行概述，其中包括但不限于 NETCONF、NetStream、sFlow、遥测（Telemetry）、系统日志、LLDP（链路层发现协议）等。

第 14 章：大型 WLAN 组网部署

本章向读者展示大型 WLAN（无线局域网）环境中常用的场景、技术和机制。14.1 节会介绍大型 WLAN 组网的特点，并引出满足大型 WLAN 组网需求的关键技术。14.2 节的重点是介绍 VLAN 池的作用、原理和配置，这种技术在拥有大量用户且用户位置相对集中的大型 WLAN 中的应用非常广泛。14.3 节则着眼于 DHCP 中继代理在 WLAN 环境中的部署，同时补充介绍 DHCP 中继代理的配置命令。在大型 WLAN 组网中，AP（无线接入点）常常无法和自己关联的 AC（接入控制器）处于同一个二层网络，14.4 节的重点就是介绍在这种场景中，AP 如何发现 AC。大型 WLAN 组网常常涉及终端在 WLAN 中漫游，14.5 节的内容是对各类 WLAN 漫游场景的转发模型和 WLAN 漫游的配置命令进行介绍。14.6 节介绍为 AC 提供备份的方式。14.7 节介绍常用的准入控制技术。

第 15 章：企业数通解决方案概述

本章向读者展示华为技术有限公司针对各类数据通信网络推出的解决方案。本章一共包含 6 节的内容，除了 15.1 节旨在向读者展示企业数通网络的全景外，后面的 5 节分别向读者介绍企业园区网、WLAN、分支互联网络、数据中心网络和广域承载网络 5 类常见的数据通信网络的华为解决方案。

关于本书读者

本书为华为官方的 HCIP-Datacom-Core Technology 认证考试教材，适合以下读者阅读：

- 正在准备参加华为 HCIP-Datacom 认证考试的人员；
- 高校计算机类专业的在读学生；
- 正在从事网络技术领域工作，希望进一步提升技能以提高自身行业竞争力的从业者；
- 正在从事网络技术领域工作，希望更新技能的专业人士。

特别说明：本书的实验命令的示例中存在单词不完整回行的情况，不是排版的问题，而是为了与实验的实际输出结果的格式保持一致。

本书的配套资源可通过扫描封底的"信通社区"二维码，回复数字"649348"获取。

关于华为认证的更多精彩内容，请扫码进入华为人才在线官网了解。

华为人才在线

目　录

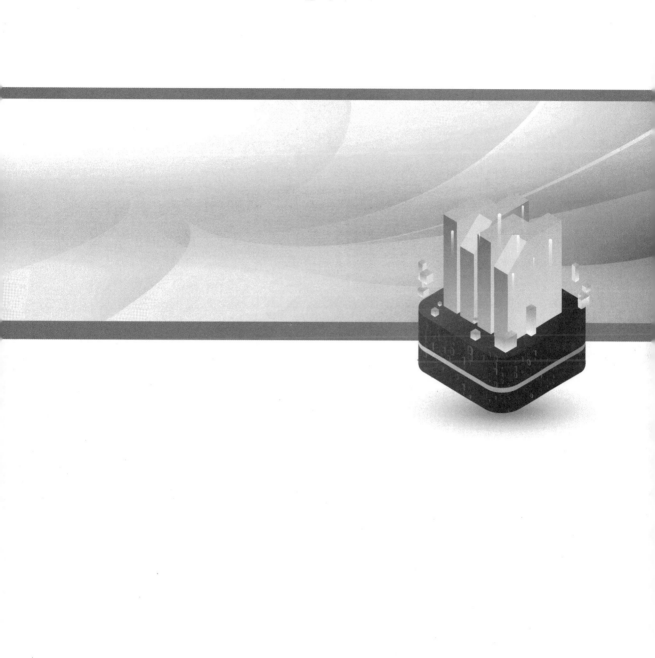

第1章
路由基础

本章主要内容

1.1 节介绍网络设备的硬件结构，首先介绍框式设备中包含的硬件模块（主要包括主控板、线路板、交换网板）；然后对盒式设备的模块进行概述，并对这些模块之间的连接方式进行解释；接下来对网络设备的逻辑架构进行介绍，说明管理控制平面、转发平面和监控平面的构成与作用；最后在上述内容的基础上，继续介绍网络设备如何对报文执行转发。

1.2 节的核心内容围绕 IP 路由展开，首先介绍路由表和转发表的概念和用途，以及路由设备根据路由表和转发表把数据包转发到目的网络的流程；接下来对路由引入的基本概念进行介绍，同时介绍一系列与路由引入有关的概念，如路由优先级、路由回灌、路由度量值；最后介绍多个路由引入场景，并且演示这些场景中的一些基本配置过程。

本章重点

- 框式设备的硬件模块与连接方式；
- 网络设备的逻辑架构；
- 网络设备的报文处理流程；
- 路由设备的 IP 路由表与 FIB（转发信息库）；
- 路由设备的路由转发流程；
- 路由引入的原理与使用场景。

1.1　认识网络设备

网络基础设施指在数据通信网络中承担数据接收和转发任务，从而支撑网络基本通信功能的设备，这类设备包括路由器、交换机等。网络设备的概念相对于网络基础设施略显宽泛，网络设备不仅包括网络基础设施，还泛指各类连接数据通信网络的终端设备，如服务器等。鉴于本书的核心是数据通信技术，本节会围绕网络基础设施——尤其是路由器和交换机进行介绍。

1.1.1　网络基础设施的框架

网络基础设施可以分为框式设备和盒式设备。其中，框式设备通常为中高端设备和高端设备，这类设备采用模块化的设计，可以让用户根据自身网络的需求灵活选择配备的板卡。图 1-1 所示为一台华为 S12700E-12 框式交换机及其几大业务模块。

在图 1-1 中，这台框式交换机安装了下列模块/板卡。

① 线路处理单元（LPU）：也称为线路板或接口板。顾名思义，这种板卡可以提供建立网络连接的各类端口，如光口、电口。接口板会通过分布式数据平面对数据执行转发。下文对数据平面的概念进行进一步说明。

图 1-1 中框式交换机安装的华为 LST7G48TX5E1-48 端口 10/100/1000BASE-T 接口板如图 1-2 所示。

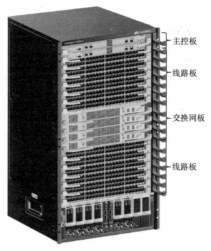

图 1-1　华为 S12700E-12 框式交换机前面板

图 1-2　华为 LST7G48TX5E1-48 端口 10/100/1000BASE-T 接口板

　　② 主控处理单元（主控板）：提供整个系统的管理控制平面和监控平面。其中，管理控制平面负责处理线路板无法处理的协议和业务，也负责计算路由条目，执行转发控制、流量统计、安全策略等；监控平面则负责对系统的运行状态进行监控、处理日志和告警信息、加载和升级操作系统等。下文会对管理控制平面和监控平面进行进一步说明。

　　图 1-1 中框式交换机安装的主控处理单元如图 1-3 所示。

图 1-3　华为 LST7MPUE0000-S12700E-12 主控处理单元

　　③ 交换网单元（交换网板）：为设备提供数据平面。线路板/接口板和主控板之间通过交换网单元来完成数据通信，各个线路板之间也通过交换网单元来完成数据交换，因此交换网单元负责提供整个设备的高速无阻塞数据通道。图 1-1 中框式交换机安装的交换网单元如图 1-4 所示。

图 1-4　华为 LST7SFUEX100-S12700E 交换网单元（X1）

相较于前文介绍的框式设备，盒式设备多为低端设备、中低端设备或中端设备。盒式设备虽然依然具备上述介绍的几种模块，但这些模块不是独立的硬件板卡，而是集成在一个框内。图 1-5 所示为一台华为 S5731S-S48P4X-A 盒式交换机及其业务模块。

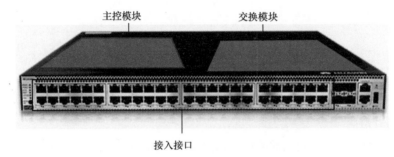

图 1-5　华为 S5731S-S48P4X-A 盒式交换机面板

虽然框式设备的模块以单板的形式安装在设备中，而盒式设备的模块直接集成在框内，但这些业务模块都是通过设备内部连接进行通信的。

1.1.2　网络设备的逻辑架构

如图 1-2、图 1-3 和图 1-4 所示，框式设备的模块体现为板卡的形式，各个单板安装到框式设备的机框后，通过框式设备内部连接来完成通信。盒式设备的模块则直接集成在设备内部，这些模块直接通过内部连接进行通信。无论框式设备还是盒式设备，设备的不同模块都会相互连接。例如，框式设备的各个线路板会与各个交换网板彼此相连，由交换网板统一转发接口板之间的数据。

以图 1-1 所示的华为 S12700E 框式交换机为例，图 1-6 显示了该交换机内部各个模块之间的连接逻辑，图 1-7 显示了华为 S12700E 框式交换机的各个线路板通过交换网板进行通信的逻辑。

网络设备各个模块所包含的单元基于其核心功能分为监控单元、管理控制单元和转发单元。各个模块的监控单元组成网络设备的监控平面，各个模块的管理控制单元组成网络设备的管理控制平面（可简称为控制平面），而各个模块的转发单元则组成网络设备的数据平面（也称为转发平面）。

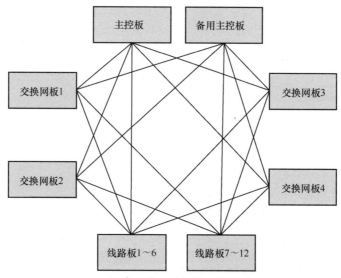

图 1-6　S12700E 框式交换机内部各个模块之间的连接逻辑

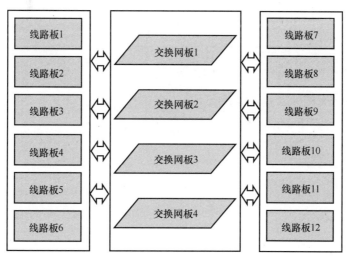

图 1-7　S12700E 框式交换机的各个线路板通过交换网板进行通信的示意

在这些模块中，主控板和接口板包含监控单元，有些框式设备还可以安装专用的集中式监控板。一台设备上的所有监控单元组成该设备的监控平面。监控平面的作用是对系统的运行状态进行监控，包括监测电压、温度和控制风扇。

主控板、接口板和交换网板均包含管理控制单元，它们的管理控制单元共同构成设备的管理控制平面。管理控制平面负责协议处理、业务处理、路由运算、流量统计、系统安全等，即负责网络协议的管理和控制。

交换网板和接口板包含转发单元，它们的转发单元共同组成设备的数据平面。数据平面的作用是实现设备对数据的高速处理和转发，其具体执行的操作包括对数据执行封装和解封装、数据转发、QoS 处理等。数据平面（转发平面）用于执行数据转发的表项和信息则是由管理控制平面通过协议功能获取后提供的。

图 1-8 为网络设备模块、单元和平面之间的关系。

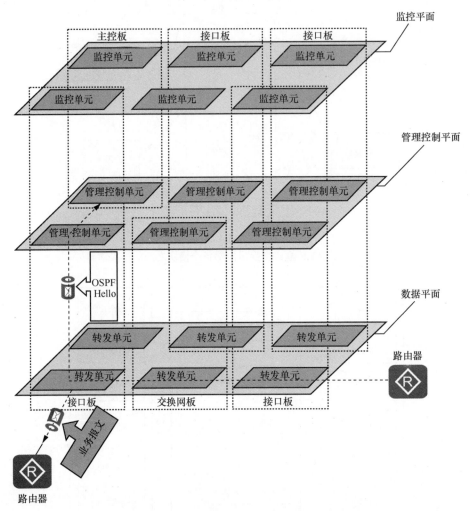

图 1-8   网络设备模块、单元和平面之间的关系

图 1-8 展示了设备对两个数据包的大致处理过程，其中一个数据包是由一台 OSPF 路由器发送的 OSPF Hello 报文。在设备接收到该报文后，该数据包通过上行接口板（或称入站接口板）经由交换网板交给下行接口板（或称出站接口板），再由接口板的管理控制单元提供给设备的主控板处理。在上述过程中，报文会从设备的数据平面进入设备，最终被提交给管理控制平面进行处理。另一个数据包则是需由设备执行转发的过境业务数据包。该数据包在被接收后，通过上行接口板经由交换网板交给下行接口板转发，这个过程完全发生在设备的数据平面中。上述处理过程将在下文中详细介绍。

1.1.3   网络设备对报文的处理过程

数据包在由一台网络设备进行内部处理的过程中，按照进入交换网板前和从交换网板转发后这两个阶段分为两部分。其中，进入交换网板前的阶段称为"上行"，从交换网板转发后的阶段则称为"下行"。

网络设备处理的报文可以分为两类，即业务报文和协议报文。

- 业务报文：指并不以网络设备自身作为报文的目的地，需依赖网络设备的数据平面对该报文执行快速转发。
- 协议报文：指以网络设备自身为目的地，需要网络设备通过管理控制平面进行处理的报文。

例如，在图 1-8 中，数据平面执行转发的数据包为业务报文，而 OSPF Hello 数据包则为协议报文。从图中不难看出，这两类报文在网络设备中的处理过程不同。

网络设备从上行接口板的接口接收到业务报文后，对报文执行解封装以查看报文的目的地址，然后根据目的地址查询数据表，判断应通过哪个接口板的哪个接口转发该业务数据。于是，上行接口板会对报文按照一定粒度执行切片，并把切片后的报文通过交换机内部总线发送给设备的交换网板，由交换网板把切片后的数据通过内部总线发送到对应的下行接口板。下行接口板对切片的数据进行重组，并使用对应的信息重新封装数据，最后将重新封装的报文通过相应的接口发送。网络设备处理业务报文的过程如图 1-9 所示。

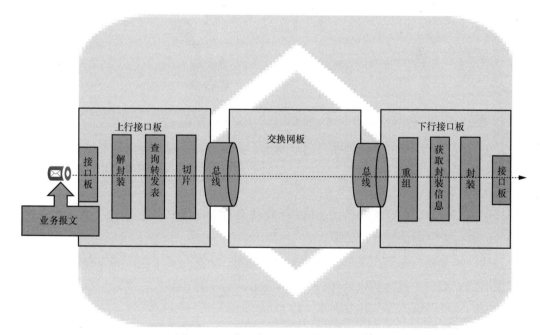

图 1-9　网络设备处理业务报文的过程

上行接口板查询转发表可以大致分为两种情况，即转发表位于主控板和转发表位于接口板。转发表位于主控板的情形如图 1-10 所示，它意味着设备的接口板每次解封装业务报文时，都需要向主控板执行查询，主控板也需要不断响应来自各个接口板的查询。这会显著增加业务报文的转发时延，降低转发速率。

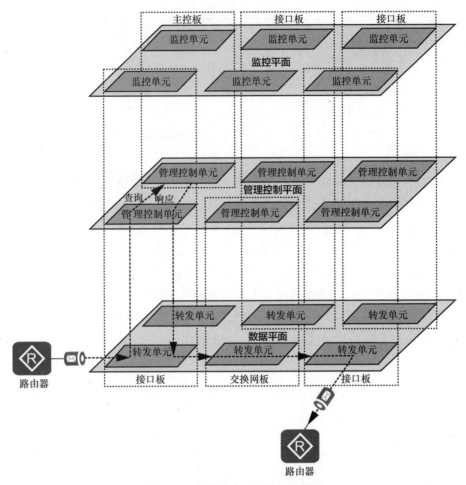

图 1-10　转发表位于主控板的情形

　　转发表位于接口板的情形如图 1-11 所示，接口板在解封装业务报文后即可在本地查询转发表，从而提高转发效率。不过，存储大量转发表项会占用接口板的管理控制平面资源。

　　各模块的管理控制单元即为对应模块的中央处理器（CPU），而经由 CPU 执行信息处理的数据转发流程称为软件转发。

　　与软件转发相对的是，转发信息不经 CPU 处理，由接口板上用于转发业务报文的专用集成电路（ASIC）执行转发处理，这种转发方式称为硬件转发，而接口板上用于执行硬件转发的元器件则称为包转发引擎（PFE）。

　　硬件转发是高端框式设备的数据转发处理方式，如今硬件转发已比较普遍。硬件转发通过数据平面中集成的专用芯片处理转发操作，仅把协议相关运算留给管理控制平面的 CPU 完成，从而将数据平面（转发平面）和管理控制平面的工作负荷分配给接口板的不同组件，再由管理控制平面组件向数据平面的组件下发转发表项，由此实现转控分离的工作机制。因此，硬件转发既可以实现高效的数据转发，又可以避免因管理控制平面资源被占用而影响数据平面的效率。硬件转发的情形如图 1-12 所示。

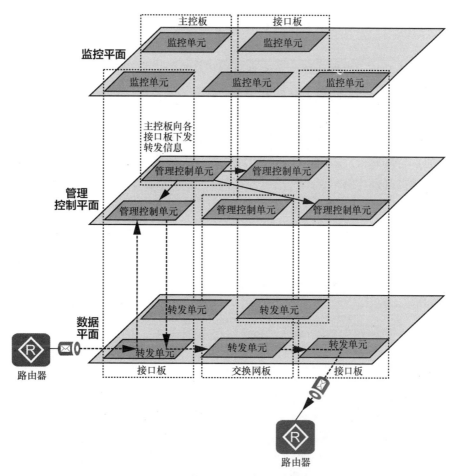

图 1-11 数据表位于接口板的情形

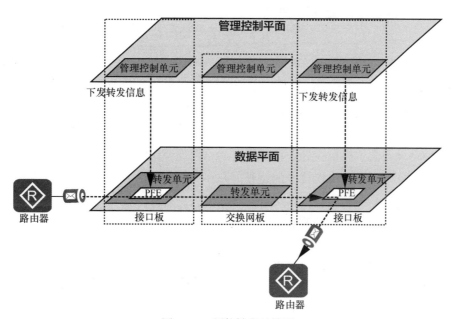

图 1-12 硬件转发的情形

　　上述内容介绍了网络设备处理业务报文的几种情形，网络设备处理协议报文的过程则有所不同。

　　网络设备从上行接口板的接口接收到协议报文后，会对报文执行解封装来查看报文的目的地址，然后根据目的地址查询数据表，判断应通过哪个接口板的哪个接口转发该业务数据。接下来，上行接口板会对报文按照一定粒度执行切片，并把切片后的报文通过交换机内部总线发送给设备的交换网板，由交换网板把切片后的数据通过内部总线发送到对应的下行接口板。下行接口板对切片的数据进行重组，使用对应的信息封装数据，然后把报文通过管理控制单元发送给主控板的 CPU 继续处理。网络设备处理接收协议报文的过程如图 1-13 所示。

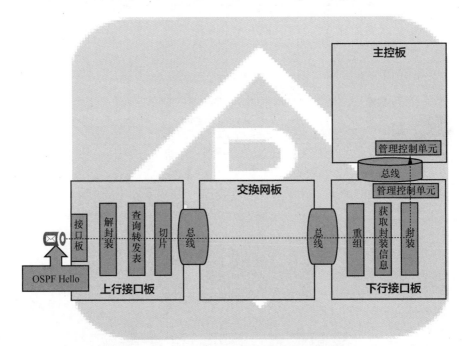

图 1-13　网络设备处理接收协议报文的过程

　　注释：网络设备处理协议报文的过程也可以参照图 1-8 中 OSPF Hello 报文的过程。

　　如果网络设备的主控板在处理协议报文后，发现该报文还需要发送给其他设备，那么这台网络设备处理发送协议报文的过程如图 1-14 所示。

　　在图 1-14 中，当网络设备发送协议报文时，它通过主控板的管理控制单元把协议报文提供给上行接口板的管理控制单元，再发送给上行接口板的数据平面，让它按照协议报文的目的地址对报文执行转发。上行接口板会对报文按照一定粒度执行切片，并把切片后的报文通过交换机内部总线发送给设备的交换网板，由交换网板把切片后的数据通过内部总线发送到对应的下行接口板。下行接口板则对切片的数据进行重组，并使用对应的信息封装数据，最后将重新封装的数据报文通过相应的接口发送出去。

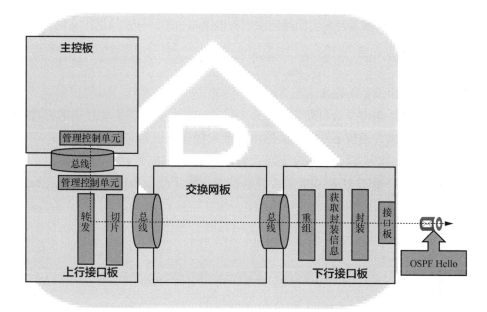

图 1-14 网络设备处理发送协议报文的过程

图 1-15 展示了网络设备发送协议报文的情形。

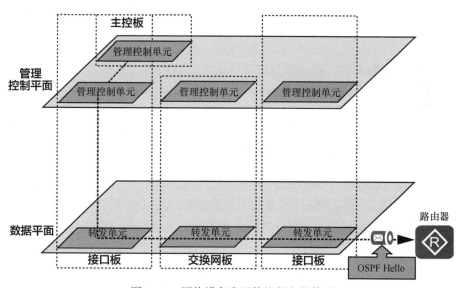

图 1-15 网络设备发送协议报文的情形

本节介绍了网络基础设施的物理组件和逻辑架构，也讲解了其各个板卡、平面、单元处理业务报文和协议报文的过程。

1.2 IP 路由基础与高级应用

本节旨在复习 IP 路由的基本原理，并介绍路由引入的概念、场景和配置。在开始介绍

IP 路由的工作机制前，本节首先会回顾路由设备根据路由条目转发数据报文的工作方式。

1.2.1　IP 路由基础

概括地说，路由设备的路由表包含以下 3 种路由条目。

- **直连路由**：由路由设备自动生成的路由，指向去往该设备活动接口的直连网络。
- **静态路由**：由管理员手动配置的路由，指向管理员指定的目的网络。
- **动态路由**：由路由设备通过动态路由协议从其他路由设备学习到的路由。

在 VRP 系统中，查看 IP 路由表需在系统视图下输入命令 **display ip routing-table**。图 1-16 所示为（一台路由设备的）路由表示例。

```
[AR1]display ip routing-table
Route Flags: R - relay, D - download to fib
------------------------------------------------------------------------
Routing Tables: Public
         Destinations : 12        Routes : 12

Destination/Mask    Proto   Pre  Cost    Flags NextHop        Interface

        0.0.0.0/0   Static  60   0       RD    10.0.0.3       GigabitEthernet0/0/0
       10.0.0.1/32  Direct  0    0       D     127.0.0.1      LoopBack0
       10.0.0.2/32  OSPF    10   1       D     172.16.0.2     GigabitEthernet0/0/0
       10.0.0.3/32  OSPF    10   1       D     172.16.0.3     GigabitEthernet0/0/0
       10.0.0.4/32  OSPF    10   1       D     172.16.0.4     GigabitEthernet0/0/0
      127.0.0.0/8   Direct  0    0       D     127.0.0.1      InLoopBack0
      127.0.0.1/32  Direct  0    0       D     127.0.0.1      InLoopBack0
127.255.255.255/32  Direct  0    0       D     127.0.0.1      InLoopBack0
     172.16.0.0/24  Direct  0    0       D     172.16.0.1     GigabitEthernet0/0/0
     172.16.0.1/32  Direct  0    0       D     127.0.0.1      GigabitEthernet0/0/0
   172.16.0.255/32  Direct  0    0       D     127.0.0.1      GigabitEthernet0/0/0
255.255.255.255/32  Direct  0    0       D     127.0.0.1      InLoopBack0
```

图 1-16　路由表示例

通过图 1-16 可以看到，路由条目可以提供下列信息。

- **Destination/Mask（目的网络/掩码）**：这一列显示了路由条目所指向的目的网络及掩码。
- **Proto（协议）**：这一列显示了学习到这条路由的方式。例如，Direct 表示该路由条目为直连路由，Static 表示该路由条目为静态路由，OSPF 则表示该路由条目是通过 OSPF 这个动态路由协议从其他路由设备学习到的动态路由。
- **Pre（优先级）**：这一列显示了量度不同路由获取方式优劣的数值。当路由设备通过不同方式获得去往同一个目的网络的路由条目时，路由设备会通过优先级来比较这些路由条目的优劣，并由此决定按照哪条路由来转发数据包。优先级值小代表路由获取方式较优。
- **Cost（开销）**：这一列显示了路由的开销值。针对通过同一种路由获取方式获得的路由，开销值可以量度目的网络距离当前设备的远近。因此当路由设备通过同一种方式获得去往同一个目的网络的路由条目时，路由设备会通过开销值比较它们的优劣，并由此决定按照哪条路由来转发数据包。开销值小代表路由获取方式较优。
- **Flags**：路由标记。R 表示该路由是迭代路由，D 表示该路由已下发到转发表，T 表示该路由的下一跳是 VPN 实例。
- **NextHop（下一跳）**：这一列显示了为了将数据包转发至目的网络，路由设备应以哪个 IP 地址作为该数据包的下一跳地址实施转发。

- **Interface（接口）**：这一列显示了为了将数据包转发至目的网络，路由设备应将该数据包通过哪个接口转发。

当路由设备接收到一个数据包时，它会用数据包的目的 IP 地址匹配路由表中的路由条目。如果匹配到路由表中的路由条目，路由设备就会根据匹配条目的下一跳、接口等信息转发该数据包；如果没有匹配到任何路由条目，路由设备就会丢弃该数据包。如果数据包的目的地址不属于这台路由设备的直连网络，那么下一跳路由设备在接收到这个数据包后也会延续相同的处理方式。因此，在理想的传输条件下，自数据包从始发设备被发送开始，每一跳路由设备都会按照上述方式路由数据包，直至数据包被转发到目的地址或数据包在中途被丢弃为止。

注释：路由设备匹配路由条目的方式，是把数据包的目的 IP 地址与路由条目的掩码（Mask）执行"与"操作，根据计算结果判断是否为该路由条目的目的网络（Destination）。

若路由表中有多个路由条目匹配数据包的目的 IP 地址，路由设备会遵循最长匹配原则选择最终匹配的路由条目，即在所有匹配的路由条目中，选择掩码长度最长的路由条目来转发数据包。

最长匹配原则示意如图 1-17 所示，AR1 接收到一个目的地址为 10.0.1.11 的数据包，该数据包匹配 AR1 路由表中的两个条目：其中一个条目的目的网络为 10.0.0.0/8，另一个条目的目的网络为 10.0.1.0/24。因为目的网络为 10.0.1.0/24 的条目拥有 24 位长度的掩码，而目的网络为 10.0.0.0/8 的条目掩码长度仅为 8 位，所以这个数据包最终匹配了目的网络为 10.0.1.0/24 的条目，并且通过接口 GigabitEthernet0/0/2 转发该数据包。

AR1的路由表			
Destination/Mask	Proto	Pre	Interface
…	…	…	…
10.0.0.0/8	Static	60	GigabitEthernet0/0/1
10.0.1.0/24	OSPF	10	GigabitEthernet0/0/2
…	…	…	…

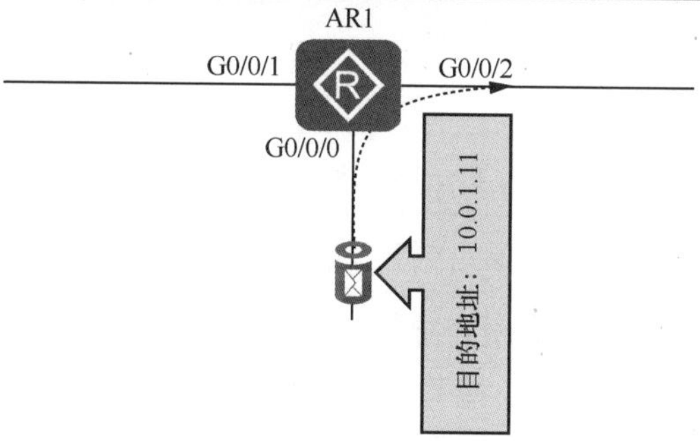

图 1-17　最长匹配原则示意

针对硬件转发的情形，1.1 节介绍了从管理控制平面向数据平面下发转发信息，由接口板直接使用 ASIC 执行硬件转发的操作。具体到路由转发，路由设备会维护两种重要的数据表，即路由表（RIB）和转发表（FIB）。当前，路由设备在使用路由信息转发数据包的过程中，路由表充当了管理控制平面的信息表，路由设备会把路由表中去往各个网络最优的路由下发到硬件的转发表，并且当路由表中的条目更新时向转发表中同步路由信息；转发表则在此过程中充当数据平面的硬件信息表，路由设备使用转发表中的条目来匹配业务报文的目的地址，对数据包执行硬件转发。路由表、转发表与数据包的硬件转发如图 1-18 所示。

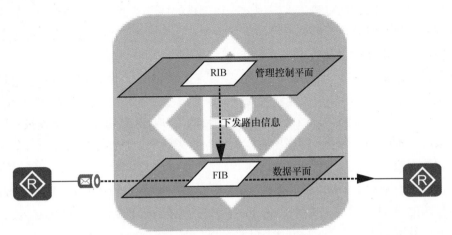

图 1-18　路由表、转发表与数据包的硬件转发

在 VRP 系统中，管理员可在系统视图下输入命令 **display fib** [*slot-id*] 查看路由设备的转发表，其中 *slot-id* 为插槽的槽位编号，该参数为可选参数。

图 1-19 所示为图 1-16 中路由表对应的转发表示例。

```
[AR1]display fib
Route Flags: G - Gateway Route, H - Host Route,     U - Up Route
             S - Static Route, D - Dynamic Route, B - Black Hole Route
             L - Vlink Route
------------------------------------------------------------------------
 FIB Table:
 Total number of Routes : 12

Destination/Mask    Nexthop      Flag TimeStamp     Interface     TunnelID
10.0.0.4/32         172.16.0.4   DGHU t[296]        GE0/0/0       0x0
10.0.0.2/32         172.16.0.2   DGHU t[213]        GE0/0/0       0x0
10.0.0.3/32         172.16.0.3   DGHU t[129]        GE0/0/0       0x0
172.16.0.255/32     127.0.0.1    HU   t[34]         InLoop0       0x0
172.16.0.1/32       127.0.0.1    HU   t[34]         InLoop0       0x0
10.0.0.1/32         127.0.0.1    HU   t[9]          InLoop0       0x0
255.255.255.255/32  127.0.0.1    HU   t[7]          InLoop0       0x0
127.255.255.255/32  127.0.0.1    HU   t[7]          InLoop0       0x0
127.0.0.1/32        127.0.0.1    HU   t[7]          InLoop0       0x0
127.0.0.0/8         127.0.0.1    U    t[7]          InLoop0       0x0
172.16.0.0/24       172.16.0.1   U    t[34]         GE0/0/0       0x0
0.0.0.0/0           172.16.0.3   GSU  t[129]        GE0/0/0       0x0
```

图 1-19　转发表示例

通过图 1-19 可以看到，转发条目可以提供下列信息。

- **Total number of Routes（路由条目总数）**：显示了转发表中当前包含的路由条目数量。
- **Destination/Mask（目的网络/掩码）**：显示了路由条目所指向的目的网络及掩码。
- **Nexthop（下一跳）**：显示了为了将匹配该路由条目的数据包转发至目的网络，路由设备应以哪个 IP 地址作为下一跳地址实施转发。
- **Flag（标志）**：由 B、D、G、H、L、S、U 组成，每个路由条目可以拥有多个标志，各个标志所代表的含义如下。

- ○ B（Black Hole）：表示该条目为黑洞路由，即该路由条目的下一跳是空接口。
- ○ D（Dynamic）：表示该条目为动态路由。
- ○ G（Gateway）：表示该条目为网关路由，即该路由条目的下一跳是网关。
- ○ H（Host）：表示该条目为主机路由。
- ○ L（Vlink）：表示该条目为 Vlink 类型路由。
- ○ S（Static）：表示该条目为静态路由。
- ○ U（Up）：表示该路由为可用路由，其路由状态为 Up。

- ▪ **TimeStamp（时间戳）**：显示了路由条目在转发表中保存的时间，单位为 s。
- ▪ **Interface（接口）**：显示了为了将匹配该条目的数据包转发至目的网络，应将该数据包通过哪个接口转发。
- ▪ **TunnelID（隧道 ID）**：显示了转发条目索引。若这个值非 0，路由设备会把匹配这个条目的数据包通过隧道进行转发；若这个值为 0（0x0），路由设备则不会通过隧道转发匹配这个条目的数据包。

这里需要注意的是，因为路由表和转发表会进行同步，而使用路由表更加方便，所以人们在实际工作中仍然会以查看路由表为主。于是，人们在描述路由设备转发数据包的过程中仍然习惯使用路由表这个术语，但路由设备目前在转发数据包时实际查询的信息表是转发表。

路由设备在使用路由条目转发数据包时，必须知道如何向路由条目对应的下一跳发送数据包。为了达到这个目的，路由条目的下一跳通常是直连地址。如果路由条目的下一跳并不是直连地址，路由设备则会针对下一跳地址查询路由表，以计算出直连的下一跳，从而判断出应该向哪里转发数据包，上述过程称为路由迭代，如图 1-20 所示。

图 1-20　路由迭代

在图 1-20 所示的环境中，当 AR1 需要向网络 3.0.0.0/24 转发数据包时，经查询路由表，AR1 发现匹配该数据包目的地址的路由条目的下一跳为 23.1.1.2，这个地址并不是 AR1 的直连地址。在这种情况下，AR1 需要通过一条目的网络包含地址 23.1.1.2 的路由条目完成路由迭代。因此，目的网络为 23.1.1.0/30 的路由以 AR1 直连网络作为下一跳，因为这条路由的存在，AR1 得以完成路由迭代，可以向 AR3 转发数据包。

1.2.2 路由引入

具备一定规模的 IP 网络有时会使用多种动态路由协议，使用多种路由协议常常出于企业有某些设计需求或企业网络曾与使用另一个路由协议的企业网络进行过并购等。

1. 路由引入的概念

运行不同动态路由协议的设备不能直接相互通告路由信息。为了让这类包含多个路由协议的网络实现跨路由域的路由互通，工作在路由域边界、同时运行两个或多个路由协议的设备需要把来自其中一个路由协议的路由信息发布到其他路由协议中，直到每个路由协议都获得其他路由协议的路由信息。这种把路由信息从一个路由协议发布到另一个路由协议的操作，称为路由引入，如图 1-21 所示。

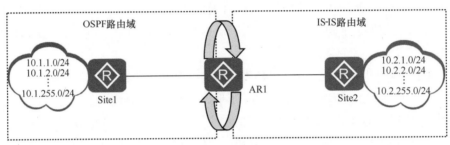

图 1-21　路由引入

图 1-21 所示的网络包含了 IS-IS 和 OSPF 两个路由域，路由器 AR1 同时处于两个路由域中。在这个环境中，如果管理员希望在不改变原有路由设计的基础上实现全网互通，AR1 就需要把 OSPF 路由域中的路由信息发布到 IS-IS 路由域中，同时把 IS-IS 路由域中的路由信息发布到 OSPF 路由域中。

注释：IS-IS 是一种链路状态型路由协议，其工作机制与 OSPF 路由协议接近。本书会在第 3 章对 IS-IS 路由协议进行详细介绍，读者在此暂可忽略其原理，仅了解 IS-IS 为一个路由协议即可。

对于因并购而产生的多路由协议企业网络，路由引入可以实现路由互通，同时不必对原有路由设计推倒重建。对于因网络需求而采用多路由协议设计的企业网络，路由引入方便设计人员部署路由控制机制，因而可以对网络流量执行更细化的控制。

路由引入是具有方向性的。例如，在图 1-21 所示的环境中，若 AR1 仅执行从 OSPF 路由域向 IS-IS 路由域的路由信息引入，则只有 Site2 路由器可以学习到 OSPF 路由域中的路由信息，即学习到去往 $10.1.x.0/24$ 的路由。在上述情形下，$10.2.x.0$ 中的主机可以向位于 $10.1.x.0$ 的主机发送数据报文，但位于 $10.1.x.0$ 的主机无法向位于 $10.2.x.0$ 的主机发送数据报文，因为 Site1 路由器并没有去往 $10.2.x.0$ 的路由信息。此时，如果希望实现双向通信，管理员还需配置从 IS-IS 路由域向 OSPF 路由域的路由信息引入。

路由引入不仅可以将一个动态路由协议学习到的路由条目向另一个动态路由协议引入，还有其他的使用场景。总体来说，路由引入的场景包括以下几种。

- 在动态路由协议之间执行路由引入。
- 向动态路由协议引入明细静态路由。
- 向动态路由协议引入直连路由。

注意： 缺省静态路由不能引入动态路由协议。

路由引入的基本配置命令如下。

```
import-route{bgp|direct|static|isis{process-id-isis}|ospf[process-id-ospf]}
```

注意，上述命令应在目标路由协议（即被引入路由条目的路由域）的配置视图下进行，配置的路由来源（bgp、direct、static、isis 和 ospf）则是源路由协议（即输入要把哪个路由协议的路由信息引入目标路由协议）。例如，下面这条命令表示把路由表中的所有静态路由条目引入 OSPF 路由协议进程 100 中。

```
[Huawei-ospf-100] import-route static
```

各个路由协议自身都包含防环机制，开销值也可以在很大程度上避免数据转发的次优路径问题。但在多路由协议的环境中，还需要通过良好的设计来避免环路问题。

2. 路由引入的问题

（1）优先级导致次优路径

优先级导致次优路径如图 1-22 所示，AR1 把直连路由引入 OSPF 路由域；AR2 把 OSPF 路由（作为外部路由）引入 IS-IS 路由域，已经被引入 OSPF 路由域的直连路由也一并被引入 IS-IS 路由域。在这个环境中，AR3 在 OSPF 路由域中从 AR1 学习到去往 10.1.1.0/24 网络的路由，同时在 IS-IS 路由域中从 AR4 学习到去往 10.1.1.0/24 网络的路由。

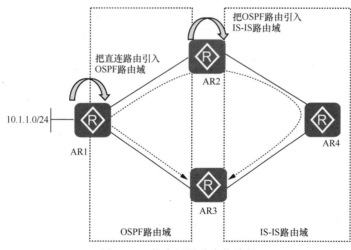

图 1-22　优先级导致次优路径

如前文所述，"当路由设备通过不同方式获得去往同一个目的网络的路由条目时，路由设备会通过优先级来比较这些路由条目的优劣，并由此决定按照哪条路由来转发数据包"，且"优先级值小代表路由获取方式较优"。表 1-1 展示了华为针对不同路由条目获取方式定义的默认优先级值。

表 1-1 华为针对不同路由条目获取方式定义的默认优先级值

路由条目获取方式	优先级值
Direct（直连路由）	0
OSPF（开放最短路径优先）	10
IS-IS（中间系统到中间系统）	15
Static（静态路由）	60
OSPF ASE（开放最短路径优先自治系统外部路由）	150
OSPF NSSA（开放最短路径优先非全末端区域路由）	
IBGP（内部边界网关协议）	255
EBGP（外部边界网关协议）	

由表 1-1 可知，IS-IS 路由条目的优先级值为 15，低于 OSPF ASE 路由条目的优先级值 150。因此，在图 1-22 所示的环境中，AR3 会使用在 IS-IS 路由域中通过 AR4 学习到的（去往 10.1.1.0/24 网络的）路由（向 10.1.1.0/24 网络）转发数据包。这样一来，AR3 如果接收到以 10.1.1.0/24 网络为目的的数据包，就会将其转发给 AR4。该数据包也会沿着 AR3→AR4→AR2→AR1 的路径被转发到目的网络，这就产生了次优路径。

优先级导致的次优路径问题可以通过修改协议的优先级值来解决。优先级值既可以在路由协议的配置视图下针对该路由协议的全体路由进行修改，也可以创建路由策略（Route-policy）精准匹配某个或某些特定路由条目进行修改或者创建过滤策略（Filter-policy）来过滤在 IS-IS 路由域中学习到的路由。关于路由策略的内容，本书会在第 7 章中进行具体介绍。

（2）路由回灌

路由回灌如图 1-23 所示，AR1 把直连路由引入 OSPF 路由域；AR2 把 OSPF 路由引入 IS-IS 路由域，已经被引入 OSPF 路由域中的直连路由也一并被引入 IS-IS 路由域；AR3 把 IS-IS 路由引入 OSPF 路由域，于是 AR3 又把去往 10.1.1.0/24 网络的直连路由引回 OSPF 路由域，这就形成了路由回灌。

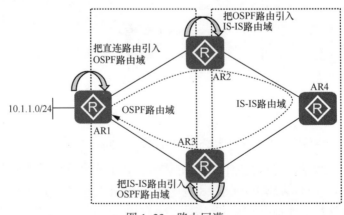

图 1-23 路由回灌

　　路由回灌形成了路由环路，因此网络会存在路由黑洞的风险。即使 AR1 与 10.1.1.0/24 网络的连接断开，AR1 也能从 AR3 学习到回灌到 OSPF 路由域中的路由条目，此时网络中的各个路由器在接收到去往 10.1.1.0/24 网络的数据包时，都会向去往该网络的下一跳设备，即图中逆时针方向的相邻路由器转发该数据包，这会导致网络资源被浪费，甚至网络出现拥塞。

　　在图 1-23 所示的环境中，AR3 把去往 10.1.1.0/24 网络的路由引回 OSPF 路由域的前提是 AR3 把这条路由作为有效路由放入自己的路由表。AR3 把 AR4 在 IS-IS 路由域中通告的 10.1.1.0/24 网络路由放入路由表中，而没有选择 AR1 在 OSPF 路由域中通告的网络路由，同样是因为优先级值问题。因此，路由回灌问题也可以通过修改优先级值来解决或者通过创建过滤策略过滤回灌路由。此外，在设计路由引入时，可以通过标记值（tag）来选择配置引入哪些路由，从而避免路由回灌。

　　（3）开销导致次优路径

　　不同路由协议采用了不同的开销计算方式，例如，OSPF 的开销值是通过接口带宽计算得来的，IS-IS 则默认把所有接口的链路开销值设置为 10。在配置路由引入时，技术人员可根据具体环境和需求选择是继承原本的开销值，还是手动设置开销值。如果开销值配置不当，网络就有可能产生次优路径问题。

　　开销导致次优路径如图 1-24 所示，AR1-AR2 与 AR2-AR4 之间的链路带宽较高，这两条线路在图中用粗实线表示。AR1-AR3 与 AR3-AR4 之间的链路带宽较低，这两条线路在图中用细实线表示。显然，从 AR4 向 10.1.1.0/24 网络发送数据包的较优路径为 AR4→AR2→AR1。若在此环境中，AR1 把直连路由引入 OSPF 路由域，AR2 和 AR3 各自把 OSPF 路由域中的路由引入 IS-IS 路由域，同时在配置路由引入时，管理员把 AR2 引入路由的开销值配置为 10，AR3 引入路由的开销值配置为 5。这样一来，AR4 会在 IS-IS 路由域中通过 AR2 和 AR3 学习到去往 10.1.1.0/24 网络的路由信息，并选择开销值较小的路由来转发数据包，即选择 AR4→AR3→AR1 的次优路径执行数据包转发。

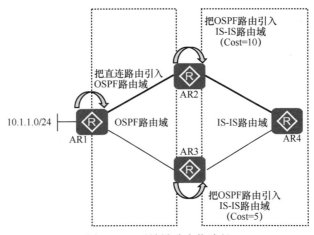

图 1-24　开销导致次优路径

　　开销值可以在配置路由引入时进行设置。设计人员应该根据网络的实际情况来调整开销值，以便避免次优路径。当然，在路由域边界针对引入路由配置相同的开销值可以避免在目标路由域（即被引入路由条目的路由域）内部出现次优路径的问题。

3. 路由引入的配置示例

我们以图 1-21 所示环境为例展示路由引入的配置。图 1-25 展示了路由引入示例的拓扑，其中包括接口 ID 和 IP 地址。

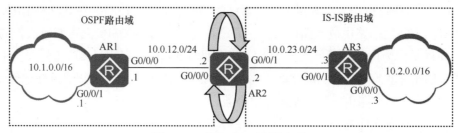

图 1-25　路由引入示例的拓扑

在图 1-25 中，AR1 和 AR2 上运行 OSPF，并且将其直连路由都通告到 OSPF。AR2 和 AR3 上运行 IS-IS（IS-IS Level 级别为 Level-2），并且将其直连路由都通告到 IS-IS。AR2 作为连接两个路由域的边界设备，负责将 OSPF 引入 IS-IS，并将 IS-IS 引入 OSPF。

> **注释：** IS-IS Level 的概念会在本书第 3 章进行介绍，读者在此可暂时忽略或将其近似理解为 OSPF 中的区域间路由和 AS 外部路由。

首先，例 1-1 和例 1-2 分别展示了 AR1 和 AR2 上的 OSPF 配置。

例 1-1　AR1 上的 OSPF 配置

```
<Huawei>system-view
Enter system view, return user view with Ctrl+Z.
[Huawei]sysname AR1
[AR1]interface GigabitEthernet 0/0/0
[AR1-GigabitEthernet0/0/0]ip address 10.0.12.1 24
[AR1-GigabitEthernet0/0/0]quit
[AR1]interface GigabitEthernet 0/0/1
[AR1-GigabitEthernet0/0/1]ip address 10.1.0.1 16
[AR1-GigabitEthernet0/0/1]quit
[AR1]ospf 10
[AR1-ospf-10]area 0
[AR1-ospf-10-area-0.0.0.0]network 10.0.12.1 0.0.0.0
[AR1-ospf-10-area-0.0.0.0]network 10.1.0.1 0.0.0.0
```

例 1-2　AR2 上的 OSPF 配置

```
<Huawei>system-view
Enter system view, return user view with Ctrl+Z.
[Huawei]sysname AR2
[AR2]interface GigabitEthernet 0/0/0
[AR2-GigabitEthernet0/0/0]ip address 10.0.12.2 24
[AR2-GigabitEthernet0/0/0]quit
[AR2]ospf 10
[AR2-ospf-10]area 0
[AR2-ospf-10-area-0.0.0.0]network 10.0.12.2 0.0.0.0
```

配置完成后，我们可以在 AR2 上通过命令查看它学习到的 OSPF 路由 10.1.0.0/16，具体见例 1–3。

例 1–3　查看 AR2 学习到的 OSPF 路由

```
[AR2]display ip routing-table protocol ospf
Route Flags: R - relay, D - download to fib
------------------------------------------------------------------------
Public routing table : OSPF
        Destinations : 1        Routes : 1

OSPF routing table status : <Active>
        Destinations : 1        Routes : 1

Destination/Mask      Proto    Pre  Cost      Flags NextHop        Interface

     10.1.0.0/16      OSPF     10   2         D     10.0.12.1      GigabitEthernet0/0/0

OSPF routing table status : <Inactive>
        Destinations : 0        Routes : 0
```

例 1–4 和例 1–5 展示了 AR2 和 AR3 上的 IS–IS 配置。

注释: 本书会在第 3 章中对 IS–IS 路由协议进行详细介绍，读者在此可暂时忽略 IS–IS 的具体配置命令、展示命令及参数，将例 1–4 和例 1–5 的配置部分留待完成第 3 章的学习后阅读。

例 1–4　AR2 上的 IS–IS 配置

```
[AR2]interface GigabitEthernet 0/0/1
[AR2-GigabitEthernet0/0/1]ip address 10.0.23.2 24
[AR2-GigabitEthernet0/0/1]quit
[AR2]isis 10
[AR2-isis-10]is-level level-2
[AR2-isis-10]network-entity 49.0001.0000.0000.0002.00
[AR2-isis-10]quit
[AR2]interface GigabitEthernet 0/0/1
[AR2-GigabitEthernet0/0/1]isis enable 10
```

例 1–5　AR3 上的 IS–IS 配置

```
<Huawei>system-view
Enter system view, return user view with Ctrl+Z.
[Huawei]sysname AR3
[AR3]interface GigabitEthernet 0/0/0
[AR3-GigabitEthernet0/0/0]ip address 10.2.0.3 16
[AR3-GigabitEthernet0/0/0]quit
[AR3]interface GigabitEthernet 0/0/1
[AR3-GigabitEthernet0/0/1]ip address 10.0.23.3 24
[AR3-GigabitEthernet0/0/1]quit
[AR3]isis 10
[AR3-isis-10]is-level level-2
[AR3-isis-10]network-entity 49.0001.0000.0000.0003.00
[AR3-isis-10]quit
[AR3]interface GigabitEthernet 0/0/0
[AR3-GigabitEthernet0/0/0]isis enable 10
[AR3-GigabitEthernet0/0/0]quit
[AR3]interface GigabitEthernet 0/0/1
[AR3-GigabitEthernet0/0/1]isis enable 10
```

　　配置完成后，我们可以在 AR2 上通过命令查看其学习到的 IS-IS 路由 10.2.0.0/16，具体见例 1-6。

例 1-6　查看 AR2 学习到的 IS-IS 路由

```
[AR2]display ip routing-table protocol isis
Route Flags: R - relay, D - download to fib
------------------------------------------------------------------------------
Public routing table : ISIS
        Destinations : 1          Routes : 1

ISIS routing table status : <Active>
        Destinations : 1          Routes : 1

Destination/Mask      Proto    Pre  Cost       Flags NextHop        Interface

      10.2.0.0/16     ISIS-L2  15   20          D    10.0.23.3      GigabitEthernet0/0/1

ISIS routing table status : <Inactive>
        Destinations : 0          Routes : 0
```

　　接下来，我们在 AR2 上执行双向路由引入，例 1-7 展示了 AR2 上的路由引入。

例 1-7　AR2 上的路由引入

```
[AR2]ospf 10
[AR2-ospf-10]import-route isis 10
[AR2-ospf-10]quit
[AR2]isis 10
[AR2-isis-10]import-route ospf 10
```

　　为了确认路由引入的结果，例 1-8 和例 1-9 分别展示了在 AR1 上查看 OSPF 路由、在 AR3 上查看 IS-IS 路由。

例 1-8　在 AR1 上查看 OSPF 路由

```
[AR1]display ip routing-table protocol ospf
Route Flags: R - relay, D - download to fib
------------------------------------------------------------------------------
Public routing table : OSPF
        Destinations : 2          Routes : 2

OSPF routing table status : <Active>
        Destinations : 2          Routes : 2

Destination/Mask      Proto    Pre  Cost      Flags NextHop        Interface

      10.0.23.0/24    O_ASE    150  1          D    10.0.12.2      GigabitEthernet0/0/0
      10.2.0.0/16     O_ASE    150  1          D    10.0.12.2      GigabitEthernet0/0/0

OSPF routing table status : <Inactive>
        Destinations : 0          Routes : 0
```

例 1-9　在 AR3 上查看 IS-IS 路由

```
[AR3]display ip routing-table protocol isis
Route Flags: R - relay, D - download to fib
------------------------------------------------------------------------------
Public routing table : ISIS
```

```
        Destinations : 2          Routes : 2

ISIS routing table status : <Active>
        Destinations : 2          Routes : 2

Destination/Mask    Proto    Pre  Cost        Flags NextHop        Interface

    10.0.12.0/24    ISIS-L2  15   74          D     10.0.23.2      GigabitEthernet0/0/1
    10.1.0.0/16     ISIS-L2  15   74          D     10.0.23.2      GigabitEthernet0/0/1

ISIS routing table status : <Inactive>
        Destinations : 0          Routes : 0
```

从例 1-8 和例 1-9 的阴影部分可以看到，AR1 通过 OSPF 学到了 AR2 从 IS-IS 引入 OSPF 的两条路由，AR3 则通过 IS-IS 学到了 AR2 从 OSPF 引入 IS-IS 的两条路由。

最后，我们可以从 AR1 对 AR3 发起 ping 测试，以验证 AR1 与 AR3 之间的连通性，见例 1-10。

例 1-10 验证 AR1 与 AR3 之间的连通性

```
[AR1]ping 10.2.0.3
  PING 10.2.0.3: 56  data bytes, press CTRL_C to break
    Reply from 10.2.0.3: bytes=56 Sequence=1 ttl=254 time=50 ms
    Reply from 10.2.0.3: bytes=56 Sequence=2 ttl=254 time=20 ms
    Reply from 10.2.0.3: bytes=56 Sequence=3 ttl=254 time=30 ms
    Reply from 10.2.0.3: bytes=56 Sequence=4 ttl=254 time=20 ms
    Reply from 10.2.0.3: bytes=56 Sequence=5 ttl=254 time=50 ms

  --- 10.2.0.3 ping statistics ---
    5 packet(s) transmitted
    5 packet(s) received
    0.00% packet loss
    round-trip min/avg/max = 20/34/50 ms
```

从例 1-10 的阴影部分可以确认 AR1 与 AR3 之间已经建立了连通性，至此路由引入的配置和效果展示完成。

练 习 题

1. 在框式设备上，下列哪个模块负责为其他模块提供高速通信通道？（   ）

   A. 机框　　　　　　　　　　　　　B. 主控板

   C. 线路板　　　　　　　　　　　　D. 交换网板

2. 在框式设备上，下列哪个模块提供建立网络连接的端口？（   ）

   A. 机框　　　　　　　　　　　　　B. 主控板

   C. 线路板　　　　　　　　　　　　D. 交换网板

3. 业务报文主要由转发设备的哪个平面进行处理？（   ）

   A. 数据平面　　　　　　　　　　　B. 管理控制平面

C. 监控平面　　　　　　　　D. 控制平面

4. 命令 **display fib** 的输出内容不会显示路由条目的下列哪项信息？（　　）

　A. 目的网络　　　　　　　　B. 掩码

　C. 优先级值　　　　　　　　D. 下一跳地址

5. 当路由设备通过不同方式学习到去往同一个目的网络的路由时，它首先会根据下列哪个参数来判断最优路由？（　　）

　A. 掩码长度　　　　　　　　B. 优先级值

　C. 开销值　　　　　　　　　D. 下一跳地址

6. 当路由设备通过同一种方式学习到去往同一个目的网络的路由时，它首先会根据下列哪个参数来判断最优路由？（　　）

　A. 掩码长度　　　　　　　　B. 优先级值

　C. 开销值　　　　　　　　　D. 下一跳地址

7. OSPF 协议的默认路由优先级值是多少？（　　）

　A. 10　　　　　　　　　　　B. 15

　C. 150　　　　　　　　　　D. 取决于具体的 OSPF 路由条目

8. 下列哪种路由条目的默认路由优先级值最低？（　　）

　A. 直连路由　　　　　　　　B. 静态路由

　C. IS-IS 路由　　　　　　　D. EBGP 路由

9. 管理员在一台路由器的 VRP 系统中输入下列命令。

```
[Huawei-ospf-10]import-route isis 10
```

　其目的是（　　）。

　A. 将 OSPF 进程 10 路由域中的路由引入某 IS-IS 路由域

　B. 将某 IS-IS 路由域中的路由引入 OSPF 进程 10 的路由域

　C. 将 OSPF 区域 10 中的路由引入某 IS-IS 路由域

　D. 将某 IS-IS 路由域中的路由引入 OSPF 区域 10

10. 下列哪种路由引入无法执行？（　　）

　A. 向动态路由协议引入直连路由

　B. 向动态路由协议引入静态路由

　C. 向动态路由协议引入缺省路由

　D. 向动态路由协议引入其他动态路由协议的路由

答案：

　1. D　2. C　3. A　4. C　5. B　6. C　7. D　8. A　9. B　10. C

第 2 章
OSPF 核心技术

本章主要内容

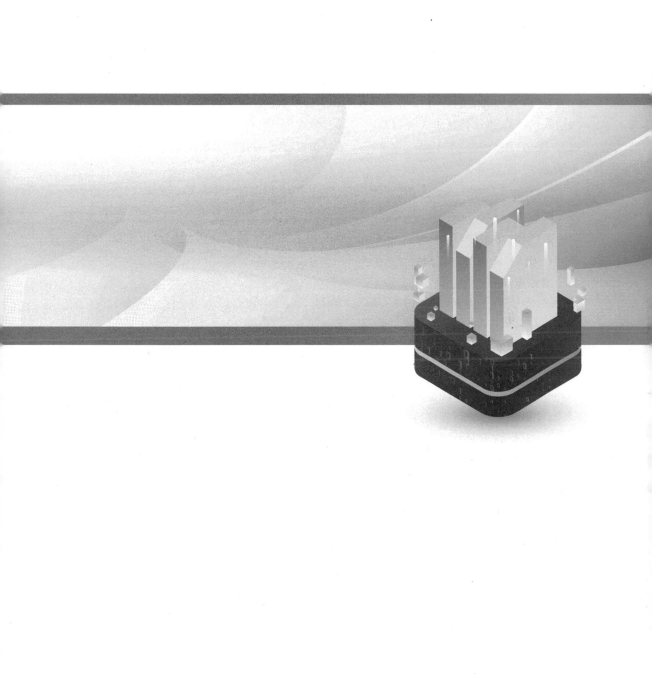

OSPF 协议是如今使用最广泛的内部网关协议（IGP）之一。本节将详细介绍 OSPF 的 LSA 类型和路由计算方式，以及 OSPF 的各类特殊区域和高级特性。

2.1 节的大部分内容旨在帮助读者回顾 HCIA 认证中的 OSPF 相关知识，包括动态路由协议的概念和分类及距离矢量路由协议的概念等。同时，2.1 节也会对 OSPF 协议本身，以及 OSPF 协议的基本工作机制进行介绍，包括解释 OSPF 邻居的建立过程，并演示基本的 OSPF 配置命令。

2.2 节介绍各类 LSA 的功能、封装、发送方及泛洪范围等，并会描述区域内路由、区域间路由和外部路由的计算方式。

2.3 节会对 4 种 OSPF 的特殊区域进行介绍，描述区域间路由汇总和外部路由汇总，并介绍 OSPF 协议的一些特性。

本章重点

- OSPF 协议的基础知识；
- 各类 LSA 的功能、封装、发送方及泛洪范围；
- SPF 算法原理；
- OSPF 区域间路由计算方法；
- OSPF 外部路由计算方法；
- OSPF 协议的特殊区域；
- OSPF 路由汇总；
- Silent-Interface 特性与 OSPF 认证机制。

2.1　OSPF 基础

动态路由条目是路由设备通过运行动态路由协议从其他路由设备动态学习到的路由条目。动态路由协议可以从多个维度进行分类。

2.1.1　动态路由协议分类

动态路由协议按照工作区域可以分为以下两类。

① 内部网关协议（IGP）：这类协议用于在同一个自治系统（AS）内部交换路由信息，如 OSPF 协议、IS-IS 协议即属于 IGP。

② 外部网关协议（EGP）：这类协议用于在自治系统之间交换路由信息。目前网络中使用的 EGP 只有 BGP

注释： 自治系统的概念，本书会在介绍 BGP 时进行详细说明。读者在此应把 AS 理解成一个管理域，即一个 AS 是由某管理主体进行管理的网络。关于 BGP 的详细内容，本书会在第 4 章和第 5 章进行介绍。

此外，动态路由协议也可以按照算法分为以下两类。

① 距离矢量路由协议：使用距离矢量算法的路由协议称为距离矢量路由协议，最常见的距离矢量算法为贝尔曼-福特算法。路由信息协议（RIP）使用的算法就是贝尔曼-福特算法，因此 RIP 属于距离矢量路由协议。如今，RIP 的任何一个版本都不被推荐在生产网络环境中部署。

② 链路状态路由协议：该协议使用 SPF 算法或者该算法的某种变体。目前主流的链路状态路由协议有 OSPF 协议和 IS-IS 协议。SPF 算法也称为戴克斯特拉算法，因为该算法的提出者是荷兰科学家戴克斯特拉（也译作迪杰斯特拉）。

距离矢量路由协议的工作原理如图 2-1 所示。运行距离矢量路由协议的路由设备通过泛洪自己的路由表来向其他路由器通告自己保存的路由，周围的路由设备会学习到这些泛洪的路由，并把它们添加到自己的路由表中。这台添加了对应路由条目的路由器在将这条路由泛洪给周围的路由设备时，会在这条路由原来开销值的基础上添加自己的开销值。路由就会一跳一跳地在网络中进行传输。因此，运行距离矢量路由协议的路由设备只知道自己去往目的网络的开销值，以及这个数据包下一跳应该转发给谁。

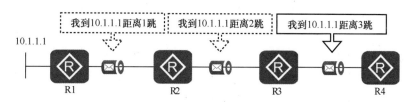

图 2-1　距离矢量路由协议的工作原理

链路状态路由协议则并不直接传输路由信息，而是相互传输链路状态。接收到链路状态的设备再分别以自己为根，计算到达各个网络的最优路径。一般来说，链路状态路由协议需要按照以下步骤来同步路由信息。

第一步：运行链路状态路由协议的设备之间需要首先建立邻居关系，再相互交互链路状态信息。

第二步：运行链路状态路由协议的设备都会维护一个保存链路状态信息的数据库，这个数据库被称为链路状态数据库（LSDB）。路由设备会把自己从邻居设备接收到的链路状态信息保存到 LSDB 中，也会把自己 LSDB 中的信息分享给邻居设备，从而实现路由设备之间的 LSDB 同步。

第三步：路由设备使用链路状态路由协议的路由算法（即戴克斯特拉算法）对链路状态数据库中的信息执行计算，得到一棵以这台路由器为根、包含了去往各个网络最优路径的最短路径树。

第四步：路由设备把去往各个网络最优路径的信息保存到自己的路由表中作为路由条目。

综上所述，距离矢量路由协议和链路状态路由协议在工作原理上存在相当大的区别。目前在企业园区网中，链路状态路由协议 OSPF 是最常用的内部网关路由协议之一，后文会对该路由协议进行详细介绍。

2.1.2　OSPF 简介

OSPF 协议是由 IETF 设计的链路状态路由协议。该协议的第 1 版（OSPFv1）于 1989 年问世，仅仅是协议草案，并没有真正在网络中实施。人们如今在 IPv4 网络中广泛部署的 OSPF 协议是其第 2 版（OSPFv2）。OSPFv2 首次发布于 1991 年，定义在 RFC 1247 中。之后，IETF 对 OSPF 标准进行了多次更新，因此，RFC 1247 现在已经过时。最新的 OSPF 规范发布于 1998 年，定义在 RFC 2328 中。

1999 年底，IETF 发布了针对 IPv6 网络的 OSPF 标准——OSPF 第 3 版（OSPFv3）。OSPFv3 定义在 RFC 2740 中。之后，RFC 2740 也已经过时并被 2008 年发布的 OSPFv3 标准所取代，后者定义在 RFC 5340 中。

1. OSPF 的优势

OSPF 能够在同时代的路由协议中脱颖而出，得益于下面几个优势。

① 采用了 SPF 算法。在 IETF 着手设计 OSPF 协议时，用于 IP 网络的内部网关路由协议均为使用贝尔曼-福特算法的距离矢量路由协议。距离矢量路由协议存在诸多弊病，比如形成环路的隐患、效率随网络规模增加严重降低等。随着 OSPFv2（和集成 IS-IS 协议）的问世，路由技术才正式"驶离"传统的贝尔曼-福特算法路由协议。

② 使用组播收发部分协议报文。在 IETF 设计 OSPF 协议时，用于 IP 网络的内部网关路由协议均采用周期性广播的方式来发送协议报文。这种做法显然会降低网络通信效率，影响路由设备性能。OSPF 则大量使用组播来发送协议报文，降低了管理控制平面报文对网络和设备性能的负面影响。

③ 支持划分区域。OSPF 支持工程师把网络划分为多个区域，并且对区域之间的报文进行合理的汇总。这样一来，整个路由网络中传播的报文数量就大幅减少。不仅如此，OSPF 还定义了一些特殊类型的区域，允许技术人员限制指定区域中传输的报文类型，从而进一步减少协议报文的数量。后文还会对 OSPF 报文类型和特殊区域进行进一步介绍，这里暂不展开说明。

④ 支持报文认证。OSPF 引入了认证功能，可以防止攻击者在网络中插入流氓路由器传播错误的路由信息。如果开启认证功能，只有拥有合法口令的路由器才能够参与网络中其他（运行 OSPF 协议的）路由设备之间的路由信息共享。

> **注释：** 路由信息协议（RIP）使用广播周期性发送路由信息，同时也没有认证功能。尽管该协议第 2 版（RIPv2）改为使用组播报文发送路由信息，同时增加了认证功能，但 RIPv2 的发布晚于 OSPFv2，且 RIPv2 仍为典型的距离矢量路由协议，因此，目前 RIPv2 仅极少量地应用于规模较小的网络中，已基本处于被淘汰状态。

2. Router ID

OSPF 路由器之间在交换链路状态信息前需要先建立邻居关系，而建立邻居关系要求每台 OSPF 路由器都能够在网络中拥有唯一的标识。OSPF 标准规定每台 OSPF 路由器需使用一个 32 位的无符号整数在 OSPF 网络中唯一标识自己的身份，这个 32 位的无符号整数就称为 Router ID。

　　Router ID 的表示方式和 IP 地址相同，采用点分十进制的方式表示。华为 VRP 系统会优先使用管理员手动配置的参数作为 OSPF 路由器的 Router ID。若管理员未手动配置 Router ID，VRP 系统会先使用所有环回接口中最大的 IP 地址作为这台路由器的 Router ID。若系统中没有环回接口，VRP 系统则会使用所有物理接口中最大的 IP 地址作为这台路由器的 Router ID。Router ID 一经选定，管理员必须重启 OSPF 进程才能修改 Router ID。在实际工作中，最佳实践是由管理员在启动 OSPF 进程时手动设置 Router ID。

3. 区域（Area）

　　在 OSPF 问世之前，IP 网络的规模已呈现出爆炸式增长之势。随着网络规模的扩大，网络中传输的路由信息数量亦呈指数增长。当网络规模达到一定程度后，管理控制平面的流量就会极大地占用网络链路的带宽，影响网络设备的性能，甚至让网络频繁经历振荡。因此，诸如 RIP 这样的协议都存在跳数限制，超过跳数限制的路由信息会被路由设备丢弃。换言之，这些路由协议自身已定义了它可以支持的最大网络规模。

　　为了限制 OSPF 网络中传输的路由信息数量，OSPF 定义了区域的概念。区域可以从逻辑上把设备划分为不同的组，各组设备之间可以发送汇总的路由信息。这样一来，技术人员就可以通过合理划分 OSPF 网络的区域，减少网络中传输的路由信息。

　　OSPF 区域需要通过 OSPF 区域 ID（Area ID）唯一地标识。OSPF 区域 ID 的长度同样为 32 位，并且也和 IP 地址一样可通过点分十进制表示。不过在实际使用中，OSPF 区域 ID 经常被简化为一个十进制数。例如，区域 ID 为 32 位全 0 的 OSPF 区域既可以记作"区域 0.0.0.0"，也可以直接记作"区域 0"。在配置 OSPF 的过程中，点分十进制的表示方式和十进制的表示方式是等价的。例如，在配置 OSPF 区域 256 时，管理员既可以输入 Area 0.0.1.0，也可以输入 Area 256。

　　在所有 OSPF 区域中，区域 ID 为 0 的 OSPF 区域被定义为 OSPF 的骨干区域，标识为其他区域 ID 的区域均为非骨干区域。OSPF 协议针对骨干区域定义了下列规则。

　　① 如果一个 OSPF 网络只包含一个区域（称为单区域 OSPF 网络），这个区域必须是区域 0。

　　② 如果一个 OSPF 网络包含多个区域（称为多区域 OSPF 网络），这些区域必须包含区域 0。

　　③ 在多区域 OSPF 网络中，任何非骨干区域（即区域 ID 非 0 区域）均需与骨干区域（即区域 ID 为 0）相连。

　　上述规则可有效地避免 OSPF 出现区域环路。不过，在实际项目中，有些 OSPF 网络在物理上无法满足这样的规则。例如，两家分别部署了 OSPF 网络的企业进行合并，或其中一家企业对另一家企业进行收购。企业合并之后的 OSPF 网络就有可能面临下列问题：

  ① 网络中包含两个（不相连的）区域 0；

  ② 网络中有非骨干区域与其他非骨干区域直连；

  ③ 网络中有非骨干区域不与骨干区域直连。

  针对上述问题，OSPF 协议定义了一种补救机制，称为虚链路。虚链路的作用是通过逻辑的手段，让原本物理上不满足 OSPF 协议区域规则的网络能够满足 OSPF 协议标准。关于虚链路技术，后文还会详细介绍。

  注意，虚链路技术既然是为了让原本不满足 OSPF 组网条件的网络可以满足 OSPF 区域规则，就应在确有必要时作为一种临时的方案来使用，并且在使用时就对未来的网络割接改造进行规划。

4．度量值（Metric）

  当一台路由器通过多种方式学习到去往同一个网络的路由时，路由器会通过路由优先级（Preference）来比较哪种方式学习到的路由更优；当一台路由器通过同一种方式学习到去往同一个网络的路由时，路由器则会根据度量值来判断哪一条路由更优。这就像当人们想要自驾去某地的时候，他/她可以通过很多方式来完成选路，例如询问路人、查询地图、使用车辆的导航系统、使用手机上的导航应用等。因为不同方式的可靠性不同，所以当人们通过不同方式了解到如何去往目的地时，大家会选择通过最可靠的方式了解到的那条路径。不仅如此，很多选路方式会提供很多通往目的地的路径，同时这种选路方式也应该提供每种路径的优劣。例如，很多汽车的导航系统就可以根据路程长短、预计通勤时长、是否包含收费路段等因素选择到达目的地的最佳路径。

  同理，各路由协议也会定义自己对路径优劣的判断方式，这种方式最终体现为比较不同路径的度量值。具体到 OSPF，该协议使用开销值（Cost）作为路由度量值。每个启用了 OSPF 协议的接口都会维护一个接口的开销值。在缺省情况下，接口的开销值=参考带宽/接口带宽，取计算结果的整数部分作为接口开销值。如果计算结果小于 1，则接口开销值取 1。在这个计算公式中，参考带宽的缺省值为 100Mbit/s，该值可由管理员手动修改。在一个 OSPF 网络中，从一台路由器到达目的网络的路由开销值，等于沿途所有出站 OSPF 接口的开销值之和。

  下面，我们以图 2-2 所示的简单网络为例，对 OSPF 路由开销值计算方法进行解释。

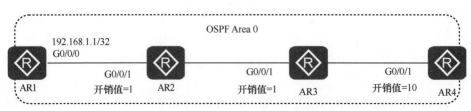

图 2-2 OSPF 路由开销值计算方法

在图 2-2 中,因为从 AR4 向 AR1 接口地址 192.168.1.1/32 发送的数据需要通过 AR2、AR3 和 AR4 的 G0/0/1 这 3 个出站接口,所以在 AR4 的路由表中,目的网络为 192.168.1.1/32 的 OSPF 路由条目开销值为 12(1+1+10=12)。

这里需要说明的是,工程师除了可以修改参考带宽值外,还可以直接修改接口的开销值,后一种方法更加直接,因此在实际应用中更加常见。例如,在实际项目中,工程师常常会通过增加接口的开销值让流量规避次优路径和在设计上不应该作为优选的路径。

5. OSPF 的三大表项

所有运行 OSPF 协议的路由设备都会维护下列三大表项:

① OSPF 邻居表;

② 链路状态数据库;

③ OSPF 路由表。

上述三大表项会分别保存不同类型的数据,这些数据对 OSPF 路由设备的数据转发操作至关重要。管理员可以随时出于排错等需求查看 OSPF 路由器上的这三大表项,以便了解当前 OSPF 网络的工作状态。

（1）OSPF 邻居表

在三大表项中,OSPF 邻居表会保存关于 OSPF 邻居的信息,包括邻居 OSPF 路由器的 Router ID、其所在的区域、邻居状态、主从关系等信息。OSPF 邻居状态、主从关系的相关知识会在 2.1.3 小节进行详细介绍。

OSPF 路由器在开始相互传输链路状态信息前,需先通过相互交换 Hello 报文来建立 OSPF 邻居关系。当一台 OSPF 路由器接收到邻居设备发送的 Hello 报文后,就会把报文中包含的相关信息保存到自己的 OSPF 邻居表中。接下来,随着双方按照 OSPF 邻居状态机不断交互协议报文,直至双方开始交换链路状态通告,OSPF 路由器也会不断更新这个邻居的信息。

在 VRP 系统中,管理员可以使用命令 **display ospf peer** 来查看 OSPF 邻居表。

（2）链路状态数据库（LSDB）

当两台 OSPF 邻居路由器建立了（完全）邻接关系,它们就会开始相互交换 LSA。OSPF 路由器会把自己从邻居接收到的 LSA,以及自己产生的 LSA 都保存到 LSDB 中。

LSDB 的条目包含 LSA 的类型、通告设备的 Router ID 等信息。关于 LSA 和 LSDB 的信息,后文还会深入介绍,这里暂不赘述。

在 VRP 系统中,管理员可以使用命令 **display ospf lsdb** 来查看路由器的 LSDB。

（3）OSPF 路由表

OSPF 路由表中的信息是路由器针对 LSDB 中的信息运行 SPF 算法并以这台路由器为根所计算出来的去往各个目的网络的路由。OSPF 路由表中的条目和路由器的路由表一样包含目的网络、开销、下一跳等信息,但 OSPF 路由表中的条目还包含通告该路由信息的 OSPF 路由器的 Router ID 等 OSPF 专属信息。因此，OSPF 路由表不同于路由器的路由表，后者也称为全局路由表。因为 OSPF 既不是路由器获取路由信息的唯一途径，也常常不是路由优先级最优的路由信息获取途径，所以并不是所有 OSPF 路由表中的路由条目都会被放到全局路由表中。

在 VRP 系统中，管理员可以使用命令 **display ospf routing** 来查看 OSPF 路由表中的信息。

上述 3 种表中保存的信息不仅可以保证 OSPF 网络的正常运作，还可以为工程师配置、实施和维护 OSPF 网络提供重要的信息。在实际工作中，工程师经常需要通过查看这 3 种表来分析 OSPF 网络当前的状况。

6. OSPF 报文的封装格式

OSPF 报文的封装格式如图 2-3 所示。

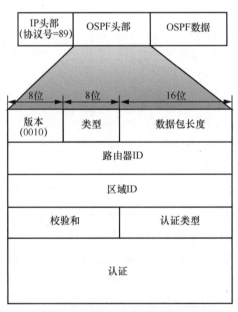

图 2-3   OSPF 报文的封装格式

在图 2-3 中，OSPF 报文封装在 IP 头部内部，协议号为 89。下面，我们解释一下 OSPF 头部封装中各个字段的作用。

① **版本（Version）**：该字段的作用是标识 OSPF 报文的 OSPF 版本。前文刚刚提到，针对 IPv4 的 OSPF 版本是 OSPFv2。因此在图 2-3 中，这个字段的取值是 0010。

> **注释**：OSPFv3 报文的封装格式与图 2-3 所示的报文封装格式有一定的出入，区别集中在与认证有关的字段上。换言之，在图 2-3 中的（OSPFv2）封装字段中，类型字段总是取值 0010。

② **数据包长度（Packet Length）**：该字段的作用是标识 OSPF 报文长度的字节数。这个字节数包含了 OSPF 头部的长度和数据部分的长度。

③ **路由器 ID（Router ID）**：该字段的作用是标识 OSPF 报文始发路由器接口的

Router ID。

④ **区域 ID**（**Area ID**）：该字段的作用是标识 OSPF 报文始发的路由器接口属于哪个 OSPF 区域。

注释：部分技术文档把区域 ID 字段解释为标识 OSPF 报文的目的区域。这种说法可能是误译了 RFC 文档对区域 ID 字段的定义。

⑤ **校验和**（**Checksum**）：该字段包含了整个 OSPF 报文（除了头部的 64 位认证字段）的 IP 校验和。该字段的作用是让对端验证数据包是否在传输过程中发生了变化。

⑥ **认证类型**（**AuType**）：该字段的作用是标识对这个数据包执行的认证方式。

⑦ **认证**（**Authentication**）：该字段的作用是让其他 OSPF 路由器认证报文始发路由器是否为合法的路由器。

⑧ **类型**（**Type**）：根据 OSPF 标准，OSPF 报文分为 5 种类型，即 Hello 报文、数据库描述报文（DD 报文）、链路状态请求报文（LSR 报文）、链路状态更新报文（LSU 报文）和链路状态确认报文（LSAck 报文），类型字段的作用是标识 OSPF 报文属于哪一种类型。

- Hello 报文：如果 OSPF 头部字段的类型取值为 0001，这个 OSPF 报文就是 Hello 报文。Hello 报文在邻居关系的建立中发挥着重要的作用。关于 Hello 报文的具体作用以及这种报文的封装，后文会进行进一步介绍。

- DD 报文：如果 OSPF 头部字段的类型取值为 0010，这个 OSPF 报文就是 DD 报文。OSPF 路由器发送这个报文的目的是向邻接 OSPF 设备描述自己 LSDB 中包含的链路状态信息，但 DD 报文中并不会包含完整的 LSA，只会包含 LSA 的头部。因此，DD 报文可以类比为餐厅的菜单，LSA 相当于餐厅烹制的菜品，菜单只会展示菜品的名称、图片和价格，供食客按需选购。

- LSR 报文：如果 OSPF 头部字段的类型取值为 0011，这个 OSPF 报文就是 LSR 报文。OSPF 路由器发送 LSR 报文的目的是向之前发送 DD 报文的 OSPF 设备请求自己（目前还没有掌握）的链路状态信息。这就像人们在菜单中看到了心仪的菜品并向餐厅购买该菜品一样。

- LSU 报文：如果 OSPF 头部字段的类型取值为 0100，这个 OSPF 报文就是 LSU 报文。LSU 报文的作用是向 OSPF 邻接设备提供其所请求的 LSA。因此，一个 LSU 报文中会包含多个具体的 LSA。

- LSAck 报文：如果 OSPF 头部字段的类型取值为 0101，这个 OSPF 报文就是 LSAck 报文。当一台路由器接收到它所请求的 LSA 后，这台 OSPF 路由器就会通过 LSAck 报文向提供该 LSA 的设备进行确认。因为只是为了确认，所以 LSAck 报文（和 LSR 报文一样）只包含相关 LSA 的头部信息，而不会包含具体的 LSA。发送 LSAck 报文的设备会把要确认的 LSA 头部封装在 LSAck 中，发送给此前通过 LSU 来提供这些 LSA 的 OSPF 邻接设备。

截止到这里，本小节介绍了 OSPF 的背景和重要术语。接下来，我们对 OSPF 的工作流程进行说明。在介绍 OSPF 工作流程的过程中，上文介绍过的术语也会被反复使用。几类 OSPF 报文中包含的具体封装字段也会在下文中展开说明。

2.1.3　OSPF 的工作流程

运行 OSPF 的路由器在开始相互交换链路状态信息前，需要首先建立（完全）邻接关系。在建立邻接关系的过程中，双方会相互发送一系列的 OSPF 报文，这些报文既会给双方设备提供一些基本信息，也会协商双方同步 LSDB 的流程，更会完成 LSDB 的同步。

1. Hello 报文

首先，只要一台路由器的接口启用了 OSPF 协议，它就会开始周期性地对外发送 Hello 报文。Hello 报文不仅会在 OSPF 头部（见图 2-3）携带始发设备的 Router ID，也会在报文的数据部分携带这台始发设备已知的其他 OSPF 设备的 Router ID，而这些 Router ID 当然也是通过设备发送的 Hello 报文学习到的。另外，Hello 报文的数据部分也会包含始发接口掩码等其他字段。图 2-4 所示为 Hello 报文的封装结构。

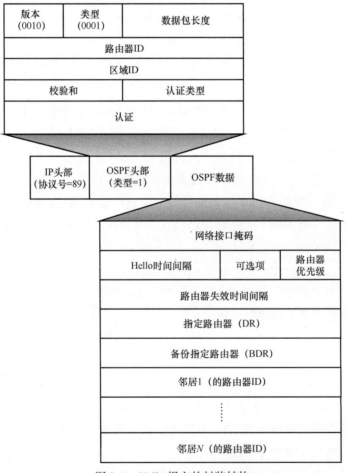

图 2-4　Hello 报文的封装结构

注释：OSPF 报文的目的 IP 地址取决于始发接口的 OSPF 网络类型。以太网接口所对应的缺省 OSPF 网络类型是广播，这种网络类型的接口会把 OSPF 报文的目的地址封装为组播地址 224.0.0.5（和 224.0.0.6）。其他 OSPF 路由器也会监听这个组播地址，对发送给这个地址的数据包执行解封装。关于网络类型的内容，后文还会介绍，这里暂不展开。鉴于以太网接口在网络中的普及程度，下文在介绍 OSPF 工作流程时会以广播类型为例进行说明。

下面我们对图 2-4 中的重要字段进行解释。

① **网络接口掩码**：标识发送 Hello 报文的接口的网络掩码。

② **Hello 时间间隔**：通常，启用了 OSPF 的路由器接口会周期性地发送 Hello 报文。这个字段标识了该报文始发接口发送 Hello 报文的时间间隔，其通常为 10s。这个字段需要封装在 Hello 报文中发送给邻居 OSPF 路由器，这是因为这个字段的值必须与邻居一致，双方才有可能成功完成协商。

③ **可选项**：除了 Hello 报文外，DD 报文和 LSA 报文也含可选项字段，并且各类报文支持的标记位相同。这些字段可以让 OSPF 路由器支持一些可选的功能，如外部路由功能（E 标记位）。对于 OSPF Hello 报文来说，如果一台路由器发现接收到的 Hello 报文的发送方支持的可选项自己无法支持，它就不会继续与对方进行邻居状态的协商。

④ **路由器失效时间间隔**：除了用来发现邻居和进行协商外，Hello 报文还承担着保活（keepalive）消息的职责。这个字段标识了路由器在多长时间间隔后还没有接收到该邻居发来的 Hello 报文，就会认为这个邻居已经失效。这个时间间隔通常为 40s。同样，这个字段之所以封装在 Hello 报文中，是因为双方继续协商的前提条件是这个字段的值保持一致。

⑤ **邻居（的路由器 ID）**：OSPF 路由器在封装 Hello 报文时，会把自己（通过接收 Hello 报文）已知的所有邻居 Router ID 封装在该字段中。

注释：关于指定路由器字段和备份指定路由器字段，《HCIA-Datacom 网络技术学习指南》已经对相关的概念进行了一定的介绍，后文还会进行更多的介绍和补充，这里暂不重复。路由器优先级的概念与指定路由器（DR）和备份指定路由器（BDR）紧密相关，我们也留待后文一并介绍。

2. 邻接关系的建立

当一台路由设备刚开始运行 OSPF 协议时，发送 Hello 报文的 OSPF 路由设备和接收 Hello 报文的 OSPF 路由设备都会处于 Down（关闭）状态，如图 2-5 所示，此时发送方路由设备所发送的 Hello 报文中只包含自己的 Router ID，这是 OSPF 建立邻接关系的第一步。

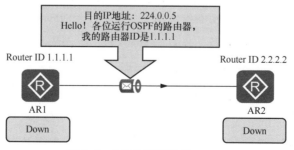

图 2-5　OSPF 邻居状态：Down

　　只要一台 OSPF 路由器接收到其他路由器发来的 Hello 报文，它就会进入 Init（初始）状态，如图 2-6 所示。之后，这台路由器对外发送的 Hello 报文中，也会携带其他路由器的 Router ID。在图 2-6 中，OSPF 路由器 AR2 接收到图 2-5 的 Hello 报文。于是，AR2 进入 Init 状态，之后发送的 Hello 报文不仅包含自己的 Router ID，还包含 AR1 的 Router ID。

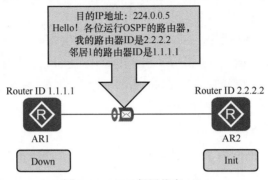

图 2-6　OSPF 邻居状态：Init

　　当一台 OSPF 路由器接收到包含自己 Router ID 的 Hello 报文，它就会进入 2-Way（双向）状态，如图 2-7 所示。路由器 AR1 接收到图 2-6 的 Hello 报文后，它就进入 2-Way 状态。AR1 不仅会在 AR2 发送的 Hello 报文中看到 AR2 的 Router ID（2.2.2.2），也会看到 AR1 自己的 Router ID（1.1.1.1）。这时，因为 AR1 已经接收到 AR2 发送的 Hello 报文，所以当 AR1 再发送 Hello 报文时，这个报文中也会包含 AR2 的 Router ID。

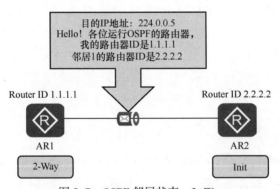

图 2-7　OSPF 邻居状态：2-Way

　　显然，AR2 在接收到图 2-7 所示的 Hello 报文后，也会进入 2-Way（双向）状态。

　　进入 2-Way 状态后，双方是否会继续进入下一个状态取决于它们接口的 OSPF 网络类型是否需要选举 DR 和 BDR，以及（若需要选举）双方是否均非 DR 或 BDR。如果双方的网络类型需要选举 DR 和 BDR，同时双方均非 DR 或 BDR，2-Way 就是双方之间建立的最后一个状态，它们不会继续进入后面的状态。因为非 DR/BDR（称为 DROther）之间的状态会停留在 2-Way 状态，所以按照 RFC 2328 的定义，进入 ExStart 状态才是两台设备建立（完全）邻接关系的第一步。关于 DR 和 BDR 的问题，后文会进行具体探讨，这里暂且略过不提。下面，我们假设正在建立 OSPF 邻接关系的这两台设备使用了无须选举 DR 和 BDR

的网络类型(即使用点到点网络或点到多点网络连接),或者双方至少有一台路由器为 DR,
以便继续对 OSPF 协议邻居关系的状态变化过程进行介绍。

　　OSPF 路由器建立邻接关系是为了相互交换链路状态信息。为了顺利交换链路状态
信息,这两台设备需要首先建立主从状态:成为主设备的 OSPF 路由器会主动向从设备
发送 DD 报文,并且在报文中封装自己链路状态数据库中所保存的 LSA 的头部,以告
知对方设备自己的 OSPF 链路状态数据库中拥有哪些链路状态信息。从设备则会用 DD
报文与自己的 LSDB 进行对比,判断自己缺少哪些链路状态信息,以便向主设备请求
自己缺少(而主设备拥有)的链路状态信息,这就是 OSPF 路由器之间同步链路状态数
据库的过程。

　　图 2-8 所示为 DD 报文的封装格式。

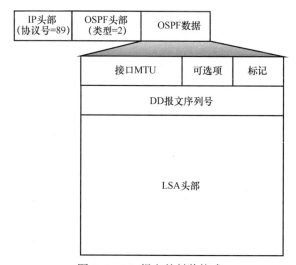

图 2-8　DD 报文的封装格式

　　下面我们对图 2-8 中的重要字段进行解释。

　　① **接口 MTU**:标识这个接口最大可以发出的 IP 报文长度,超过这个长度的报文
只能进行分片。DD 报文中包含 MTU 参数同样是为了校验双方是否满足交换链路状态通
告的条件:如果 DD 报文的接收方发现报文中封装的接口 MTU 与自己接收的接口 MTU
不同,接收方就会丢弃这个 DD 报文。不过在缺省情况下,VRP 系统没有启用 MTU 校验。

　　② **可选项**:介绍 Hello 报文的封装字段时我们曾经提到过,DD 报文也包括可选项
字段,并且支持的标记位和 Hello 报文相同,这里不再赘述。

　　③ **DD 报文序列号**:OSPF 路由器在同步链路状态信息的过程中,往往需要交换多
个 DD 报文。DD 报文序列号的作用就是为一对 OSPF 路由器之间连续交换的 DD 报文提
供连续的编号,以便接收 DD 报文的一方确认自己是否错失了其中的某个 DD 报文。

　　④ **LSA 头部**:DD 报文的作用是交换各自掌握的 LSA 清单,如前文所述,DD 报文
中并不包含完整的 LSA,而仅包含 LSA 头部。

　　在流程上,如果进入了 2-Way 状态的两台设备不需要选举 DR/BDR,它们就会进入

ExStart（交换初始）状态；如果其中一台设备知道自己或者对方已经被选举为 DR/BDR，它也会进入 ExStart 状态。在 ExStart 状态下，两台设备需要协商主从状态。主从状态的协商标准：Router ID 比较高的路由器会成为主路由器，另一台路由器则会成为从路由器。因为 DD 报文中会封装 DD 报文序列号字段，所以在 ExStart 状态下，两台 OSPF 路由设备也需要协商 DD 报文的初始序列号。

综上所述，ExStart 状态的具体流程如图 2-9 所示，两台设备相互发送空的 DD 报文，各自宣称自己是主设备，并且在报文中包含自己的 Router ID 和初始序列号。最终，发现对端 Router ID 较高的设备会认同对方的主设备身份，并且使用对方 DD 报文的序列号响应一个 DD 报文进行确认。在两台设备确认了主从设备的身份和初始序列号后，OSPF 路由器的状态就会过渡到 Exchange（交换）状态。

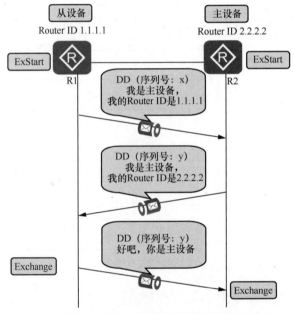

图 2-9　ExStart 状态的具体流程

在 Exchange 状态下，主设备会在初始 DD 报文序列号的基础上加 1，以此作为新 DD 报文的序列号向从设备发送 DD 报文，告知对方自己的 OSPF 链路状态数据库中拥有哪些链路状态信息。从设备在接收到主设备发送的 DD 报文后，也会向主设备发送 DD 报文来告知对方自己 LSDB 中所包含的链路状态信息，但从设备发送的 DD 报文还会使用主设备发送 DD 报文时使用的序列号，以此确认自己接收到主设备发送的 DD 报文。接下来，主设备会继续以 1 为单位递增序列号，并向从设备发送 DD 报文通告自己的 LSDB，从设备则不断使用（与主设备刚刚发送的 DD 报文中）相同的序列号发送 DD 报文来对主设备发送的 DD 报文进行确认。在发送完最后一个 DD 报文后，如果建立邻接关系的双方链路状态数据库并不同步，设备就会把邻居状态切换为 Loading（载入）。如果在完成 DD 报文的交换后，双方发现链路状态数据库是同步的，则会把邻居状态直接切换到 Full（完全邻接）状态。

在 Loading 状态下，OSPF 路由设备会通过发送 LSR 报文来请求自己需要的链路状态信息。比如，从设备如果通过 DD 报文发现主设备的 LSDB 中包含了一些自己缺少的链路状态信息，就可以向主设备发送 LSR 报文来请求对应的链路状态信息。主设备如果在从设备的 DD 报文中发现了自己缺少的链路状态信息，也可以发送 LSR 报文向从设备进行请求。一台 OSPF 路由设备在接收到邻接设备发送的 LSR 后，就会向对方发送 LSU 报文。LSU 报文中包含了对方请求的 LSA，以便向对方通告自己最新的链路状态信息。图 2-10 和图 2-11 所示分别为 LSR 报文和 LSU 报文的封装格式。

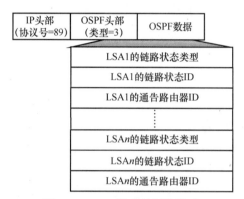

图 2-10　LSR 报文的封装格式

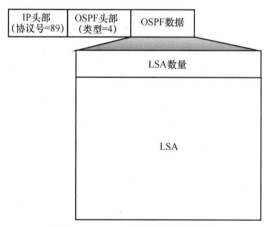

图 2-11　LSU 报文的封装格式

OSPF 路由器发送 LSR 报文的目的是（向发送 DD 报文的 OSPF 路由器）请求自己链路状态数据库中没有保存的 LSA，因此图 2-10 所示的 LSR 报文封装中包含了下列字段。

① **LSA 的链路状态类型**：LSA 分为很多类型，LSA 的类型会被封装在 LSA 头部。因此，DD 报文中的 LSA 头部字段会包含对应 LSA 的类型。当 DD 报文的接收方想要请求这个 LSA 时，它就会把 DD 报文（在 LSA 头部字段中）的 LSA 类型封装在 LSU 报文中。

② **LSA 的链路状态 ID**：不同类型的 LSA 拥有不同的 LSA 链路状态 ID，这个字段也会被封装在对应的 LSA 的头部中。当 DD 报文的接收方想要请求这个 LSA 时，它也会把

DD 报文（在 LSA 头部字段中）的 LSA 链路状态 ID 封装在 LSU 报文中。

③ **LSA 的通告路由器 ID**：通告这个 LSA 的那台 OSPF 路由器的 Router ID。这个字段也会被封装在 LSA 头部中。

如上所述，OSPF 路由器会通过上述 3 个字段向 DD 报文的始发设备指明自己所要请求的各个 LSA。在接收到 LSR 报文后，OSPF 路由器会以 LSU 报文作出响应。此时，OSPF 路由器会把对方请求的 LSA 封装在如图 2-11 所示的 LSU 报文中发送给这个 LSA 的请求方。因为 OSPF 路由器可以通过一个 LSU 报文来提供多个（被请求的）LSA，所以 LSU 报文中包含了 LSA 数量字段，用以标识这个 LSU 报文所提供的 LSA 数量。

当两台设备完成链路状态信息的同步，它们就会进入 Full 状态。图 2-12 为 Exchange、Loading 和 Full 状态的报文交互示意。

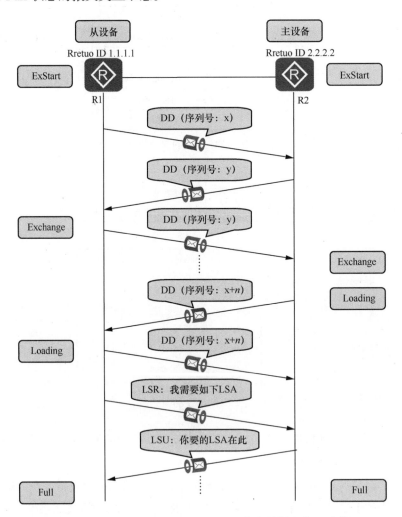

图 2-12　Exchange、Loading 和 Full 状态的报文交互示意

由 Down 直至 Loading 的状态变化过程是两台 OSPF 路由设备之间建立邻接关系时最常见、最理想的过程。除了上述状态外，完整的 OSPF 邻居状态变化流程（即 OSPF 邻

居状态机）还包含了一个目前相对比较少见的状态：Attempt（尝试）状态。

　　Attempt 状态只会出现在 OSPF 接口所连接的 OSPF 网络类型为非广播多路访问（NBMA）网络的情形。顾名思义，多路访问网络常常会连接两台以上 OSPF 设备，而非广播网络不支持 OSPF 设备向该网络中发送以组播地址为目的的报文。因此在 NBMA 网络中，管理员必须通过命令手动指定这台 OSPF 路由器向邻居发送 OSPF 报文时使用的单播地址。Attempt 状态表示目前这个 OSPF 路由器（接口）已经按照管理员指定的单播地址向邻居设备发送了 Hello 报文，但它还没有从邻居处接收到 Hello 报文。一旦接收到邻居的 Hello 报文，这台 OSPF 设备的对应邻居状态会相应地过渡到 Init 状态（报文中不包含自己的 Router ID）或 2-Way 状态（报文中包含自己的 Router ID）。

　　（部分）OSPF 状态变更如图 2-13 所示。

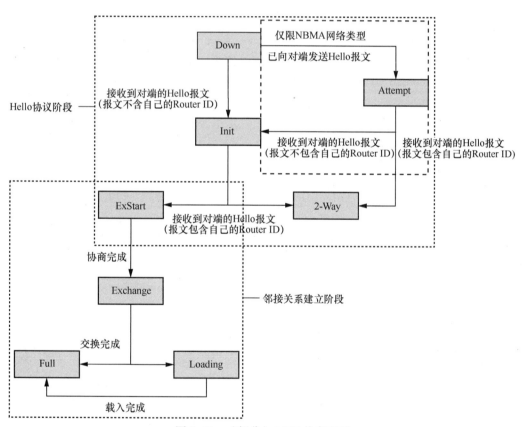

图 2-13　（部分）OSPF 状态变更

　　结合图 2-13 澄清一个重要的概念：在 OSPF 的术语中，邻居和邻接是不同的概念。OSPF 邻居状态变更过程可以分为两个阶段：Down 是 OSPF 邻居状态机的初始状态，从 Down 状态到 2-Way 状态和 ExStart 状态，可以称为邻居关系建立阶段，也可以按照 RFC 文档标准，称为 Hello 协议阶段；从 ExStart 状态开始到 Full 状态，则可以称为邻接关系建立阶段。邻接状态是从两台 OSPF 路由设备进入 ExStart 状态才开始建立，所以 ExStart 状态是两台 OSPF 路由设备建立邻接关系的第一步。两台 OSPF 路由设备进入 Full 状态后才能视为它们正式建立完全邻接关系。

本小节对 OSPF 的工作流程，包括 OSPF 的状态和几种 OSPF 报文的封装格式进行了介绍。本小节在介绍 OSPF 流程的过程中绕过了对 OSPF 网络类型和 DR/BDR 的介绍。2.1.4 小节会结合 OSPF 网络类型，对 DR/BDR 的作用和选举机制进行介绍。

2.1.4　DR 与 BDR

当多台 OSPF 路由器连接同一个介质时，如果让这些 OSPF 路由器两两建立邻接关系交换链路状态信息，根据基本的排列组合知识，可以算出：N 台路由器需要建立的邻接关系的数量=$N \times (N-1)/2$。由此可以看出，随着路由器数量的增加，每台路由器需要维护的邻接关系，以及每台路由器需要交换的链路状态信息都会增加，而其中大量的链路状态信息都是重复的，这些重复的管理控制平面数据无疑是对路由器设备资源和网络资源的一种浪费。

不过，并不是所有介质都可以连接大量的路由器。能够连接多台路由器的介质的工作方式和原理也不完全相同，因此 OSPF 定义了网络类型。

1. 网络类型

OSPF 定义了 4 种不同的网络类型：点到点（P2P）网络、广播网络、非广播多路访问（NBMA）网络和点到多点（P2MP）网络。一台路由器可以有多个接口参与 OSPF，因此 OSPF 网络类型定义的是连接 OSPF 网络的接口，接口的数据链路层协议会对应不同的默认 OSPF 网络类型。例如，路由器的以太网接口会在启用 OSPF 时默认为广播类型；路由器的串行接口（默认封装 PPP 协议）则会在启用 OSPF 时默认为 P2P 类型。如果管理员手动修改 OSPF 接口的数据链路层封装协议，那么接口对应的 OSPF 网络类型也会相应地修改。反之，管理员可以在 VRP 系统中把 OSPF 接口默认的网络类型修改为其他网络类型，但这并不会影响 OSPF 接口的数据链路层封装。

下面，我们分别解释一下这 4 种网络类型。

① P2P 网络：顾名思义，P2P 网络指两台路由设备的接口通过点到点的方式相连，因此 P2P 网络不会连接两台以上的路由器，但 P2P 网络支持广播（和组播）类型的流量。

② 广播网络：可以连接多台 OSPF 路由器，并且支持这些设备通过广播（和组播）的方式实现通信。上文提到，多台 OSPF 路由器通过一个以太网建立的场景，默认就构成了一个 OSPF 广播网络。

③ NBMA 网络：同样可以有多台 OSPF 路由器参与。NBMA 网络与广播网络的区别在于，NBMA 网络不支持广播功能。例如，多台 OSPF 路由器通过帧中继相连，这样的网络就属于 OSPF NBMA 网络。

④ P2MP 网络：可以视为一组点到点链路之和，因此 P2MP 网络支持广播功能，也可以连接多台 OSPF 路由器。

在广播网络中，OSPF 路由器会把 OSPF 报文的目的地址封装为组播地址 224.0.0.5（和 224.0.0.6）。实际上，因为 P2P 网络和 P2MP 网络都支持广播（和组播）类型的流量，所以对于通过 P2P 网络或 P2MP 网络接口发送的 OSPF 报文，OSPF 路由器也会封装 224.0.0.5 这个目的地址。然而，NBMA 网络不支持广播（和组播），因此 OSPF 路由器只能用邻居 OSPF 路由器的单播 IP 地址作为目的地址来封装 OSPF 报文。针对 NBMA 网络，管理员必须为 OSPF 路由器手动设置邻居 OSPF 路由器的 IP 地址，否则 OSPF 路由器连 Hello 报文都无法封装并（通过 NBMA 网络的 OSPF 接口）发送。

2. DR 与 BDR

如果多台 OSPF 路由器连接同一个介质，并且这些 OSPF 路由器需要两两建立邻接关系，那么邻接关系就会随着路由器数量的增加而大幅递增，从而导致设备和网络资源遭到严重浪费。

为了避免上述情况的发生，OSPF 针对多路访问网络（包括广播网络和 NBMA 网络）定义了指定路由器（DR）和备份指定路由器（BDR）。在广播网络和 NBMA 网络中，OSPF 路由设备需要选举出 DR 和 BDR，同时每台 OSPF 路由设备都与 DR/BDR 建立邻接关系以交换链路状态。没有被选举为 DR 或 BDR 的设备称为 DROther。DROther 之间不直接交换链路状态信息，而是通过 DR 来完成。在邻居状态机中，两台 DROther 的状态会停留在 2-Way 状态。BDR 可以避免 OSPF 网络出现单点故障，因为 BDR 会在 DR 失效时快速接管 DR 的工作，所以多路访问网络中的所有设备不仅会与 DR 建立 OSPF 完全邻接（Full）关系，也会与 BDR 建立 OSPF 完全邻接关系。

图 2-14 所示为若不包含 DR/BDR，一个仅有 5 台 OSPF 路由器通过多路访问网络相连的环境中邻接关系的数量，以及实际（包含 DR/BDR）环境中邻接关系的数量。

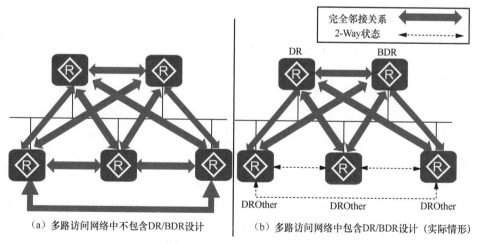

图 2-14　DR/BDR 设计的意义

从图 2-14（a）可以看出，在仅有 5 台设备连接的多路访问网络中，若不包含 DR/BDR，所有 OSPF 路由器之间就会建立 $N \times (N-1)/2$ 对邻接关系，即建立 10 对邻接关系。而在图 2-14（b）包含了 DR/BDR 的多路访问网络中，因为只有 DR 和 BDR 需要与 OSPF 路由器建立邻接关系，所以需要建立的邻接关系就变为 $2 \times (N-1) -1$ 组，即 7 组邻接关系。随着 N 的增加，有无包含 DR/BDR 的邻接关系的差值会越来越大，这就是定义 DR/BDR 的意义。

　　DR/BDR 的选举标准是首先比较（参与选举的）OSPF 接口的路由器优先级，路由器优先级数值越大越优先被选举为 DR/BDR。如果路由器优先级值为 0，则这个 OSPF 设备接口不参与 DR/BDR 的选举。OSPF 路由器会把路由器优先级封装在 Hello 报文中进行比较，如图 2-4 所示。如果在选举过程中，路由器优先级最高的一个或多个设备接口拥有相同数值的路由器优先级，它们就会继续比较（参选 OSPF 路由器的）Router ID，Router ID 越大的 OSPF 路由器接口越优先被选举为 DR/BDR。

　　注释： 路由器优先级是 RFC 文档中定义的术语。在大量华为文档中，DR 优先级这个术语也得到了相当广泛的使用。华为 VRP 系统中设置这个参数的关键词也是 DR 优先级。有鉴于此，读者在阅读 RFC 文档和华为文档时，应意识到这两个术语指代同一概念。

　　DR/BDR 的身份是不能抢占的。换言之，一旦 DR/BDR 选举完成，新加入网络的路由器不会因为其路由器优先级值或 Router ID 值比当前 DR/BDR 的路由优先级值或 Router ID 值大而获得 DR/BDR 身份。无论新增设备的路由器优先级值和 Router ID 值多大，它们都会承认当前网络中的 DR 和 BDR。若 DR/BDR 身份可以抢占，这就意味着多路访问网络中随时有可能因为出现了路由器优先级更高的接口而重新调整所有设备的邻接关系，这样不仅不利于网络稳定，而且会浪费大量的设备和网络资源。当网络中的 DR 发生故障时，BDR 就会接替成为 DR。此时，网络中其他 DR 优先级不为 0 的设备接口会开始选举新的 BDR。

　　Hello 报文中包含 DR 和 BDR 字段。一台新连接 OSPF 多路访问网络的 OSPF 路由器在发送 Hello 报文时，报文中不会携带 DR 和 BDR 值。在发送 Hello 报文后，这台设备会按照失效时间间隔启用一个等待计时器。在这段等待时间中，如果它接收到包含 DR 和 BDR 值的 Hello 报文，就会承认网络中的 DR 和 BDR，而不会触发 DR/BDR 选举。这台设备会继续尝试与 DR/BDR 建立（完全）邻接关系，同时与多路访问网络中连接的其他 OSPF 路由器接口保持 2-Way 关系。如果它接收到包含 DR 但不包含 BDR 值的 Hello 报文，就会触发选举，通过比较路由器优先级值和（在相同情况下）比较 Router ID 值的方式选举出这个多路访问网络中的 BDR。如果它接收到不包含 DR 和 BDR 值的 Hello 报文，也会触发选举，通过比较路由器优先级值和（在相同情况下）比较 Router ID 值的方式选举出这个多路访问网络中的 DR 和 BDR，其中数值最优的 OSPF 路由器接口会被选举为 DR，次优的 OSPF 路由器接口则会被选举为 BDR。

　　这里需要强调的是，因为 DR/BDR 选举不会抢占，所以管理员指定 DR/BDR 的合理方法不是给希望成为 DR/BDR 的接口配置最高的路由器优先级值，而是要把不希望成为 DR/BDR 的路由器接口设置为 0 作为路由器优先级值。否则，网络中的 DR/BDR 选举会首先受到设备启动顺序而不是路由器优先级值的影响，管理员所做的配置也就失去了意义。

　　本小节最后会对前文提到的一个概念进行补充说明。前文提到，OSPF 路由器会在非 NBMA 网络中以组播地址 224.0.0.5 和 224.0.0.6 作为目的地址来封装 OSPF 报文。只有被选举为 DR/BDR 的 OSPF 路由器接口才会侦听组播地址 224.0.0.6，因此，只有 DROther 向 DR/BDR 发送的 OSPF 报文才会封装 224.0.0.6 这个组播地址，其余 OSPF 报文——包括 DR/BDR 向 DROther 发送的 OSPF 报文都会使用 224.0.0.5 作为报文的目的地址。因为只有广播网络和 NBMA 网络需要选举 DR/BDR，而 NBMA 网络又不支持组播只能使用单播 IP 地址作为目的地址封装 OSPF 报文，所以用 224.0.0.6 作为目的地址的 OSPF 报文只会出现在广播类型的 OSPF 网络中。

综上所述，我们可以用表 2-1 来为 OSPF 网络类型进行总结。

表 2-1　OSPF 网络类型

OSPF 网络类型	常见链路层协议	OSPF 报文的目的地址	是否选举 DR/BDR
P2P	PPP、HDLC	224.0.0.5	否
P2MP	需手动设置	224.0.0.5	否
NBMA	帧中继、ATM	邻居单播 IP 地址（管理员手动指定）	是
广播	以太网	224.0.0.5 和 224.0.0.6	是

前面几小节对 OSPF 的基本术语、流程和原理进行了介绍。下面，我们介绍 OSPF 的一些基本配置命令。

2.1.5　OSPF 的基本配置

OSPF 的很多基本配置命令已经在 HCIA-Datacom 中进行过介绍。本小节首先复习在 HCIA-Datacom 中介绍过的命令，同时根据 HCIP-Datacom 的需要介绍一些新的命令，然后通过简单的示例来演示这些基本配置命令的用法。

1. OSPF 的基本配置命令

如果希望启用 OSPF 进程，管理员可以进入路由器 VRP 系统的系统视图，并输入下列命令。

```
[Huawei] ospf [process-id | router-id router-id]
```

关于这条命令，读者需要注意的是，进程 ID（process-id）的取值范围是 1~65535。一台 OSPF 路由器上可以启用多个 OSPF 进程，而进程 ID 只有本地意义，它不会封装在任何 OSPF 报文中发送给其他 OSPF 路由器。换言之，进程 ID 是否相同不会对 OSPF 路由器邻接关系的建立构成任何影响。如果管理员在配置这条命令时没有输入进程 ID，VRP 系统会默认使用 1 作为进程 ID。如果管理员在配置这条命令时也没有输入 router-id，VRP 系统会默认使用各物理接口中最大的 IP 地址作为 Router ID。

在输入这条命令之后，VRP 系统就会进入 OSPF 进程视图。管理员可以在 OSPF 进程视图下使用下列命令创建 OSPF 区域。

```
[Huawei-ospf-1] area area-id
```

　　在输入这条命令时，管理员既可以使用十进制来配置区域 ID，也可以使用点分十进制来配置区域 ID。

　　在完成这条命令的配置后，VRP 系统就会进入 OSPF 区域视图。管理员可以在 OSPF 区域视图下使用下列命令来通过 IP 地址指定（这台 OSPF 路由器上）哪个接口或链路参与这个 OSPF 区域。

```
[Huawei-ospf-1-area 0.0.0.0] network network-address wildcard-mask
```

　　在这条命令中，管理员需要使用网络地址和通配符掩码来指定参与这个 OSPF 区域的接口或链路，而通配符掩码是使用子网掩码的二进制数取反得到的，即子网掩码二进制数的 0 和 1 交换。例如，如果希望让路由器 Huawei 所连接的链路 192.168.1.0/30 参与 OSPF 区域 0，我们就可以输入命令 network 192.168.1.0 0.0.0.3。

　　前文介绍过，管理员可以通过配置路由器优先级来影响 DR/BDR 的选举。如果需要修改 OSPF 路由器接口的路由器优先级，管理员需要在对应的接口视图下输入下列命令。

```
[Huawei-GigabitEthernet1/0/0] ospf dr-priority priority
```

　　当管理员没有手动设置路由器优先级时，OSPF 接口的路由器优先级值为缺省值 1。

　　上述 4 条命令在 HCIA–Datacom 中已经进行了介绍，下面我们介绍 3 条在接口视图下的 OSPF 命令。

　　如果管理员希望直接针对某个接口启用 OSPF，而不是在 VRP 系统视图下针对整个路由器系统启用 OSPF，那么可以在路由器对应接口的接口视图中输入下列命令。

```
[Huawei-GigabitEthernet1/0/0] ospf enable process-id area area-id
```

　　这条命令和系统视图下的 OSPF 启用命令相同，如果管理员在配置这条命令时没有输入进程 ID，VRP 系统会默认使用 1 作为进程 ID。需要格外注意的是，在输入这条命令后，VRP 系统会直接使用这个接口的 IP 地址和子网掩码来参与 OSPF。但如果在环回接口（Loopback）的视图下输入这条命令，VRP 系统则会以 32 位主机路由的方式参与 OSPF，无论这个环回接口配置的掩码长度是多少位。如果管理员希望 VRP 系统以环回接口的掩码长度参与 OSPF，则需要把这个环回接口的 OSPF 网络类型修改为 NBMA 网络或者广播网络。

　　VRP 系统会根据物理接口的数据链路层封装来为 OSPF 接口设置默认的网络类型。例如，以太网接口的默认网络类型为广播网络，而串行接口和 POS 接口的默认网络类型则为 P2P 网络。在接口视图下，管理员可以使用下列命令修改 OSPF 接口的网络类型。

```
[Huawei-GigabitEthernet1/0/0] ospf network-type { broadcast | nbma | p2mp | p2p }
```

　　在默认情况下，P2P 网络和广播网络接口的 Hello 时间间隔为 10s，同一接口的路由器失效时间间隔则是 Hello 时间间隔的 4 倍。在接口视图下，管理员可以使用下列命令修改 Hello 时间间隔。

```
[Huawei-GigabitEthernet1/0/0] ospf timer Hello interval
```

这里需要再次强调，Hello 时间间隔和路由器失效时间间隔会被封装在 Hello 报文中发送给 OSPF 邻居设备。一台 OSPF 路由器如果接收到的 Hello 报文包含与接收该报文的 OSPF 接口不一致的 Hello 时间间隔或路由器失效时间间隔，就不会与发送该报文的 OSPF 路由器建立邻接关系。鉴于此，管理员在修改一个接口的 Hello 时间间隔时，同时也应考虑修改和这个接口连接到相同介质的其他接口。

下面，我们用一个非常简单的示例来演示上述配置命令的用法。

2. OSPF 的基本配置示例

这里通过图 2-15 所示的多区域 OSPF 网络拓扑来展示上述 OSPF 配置命令的实际用法。

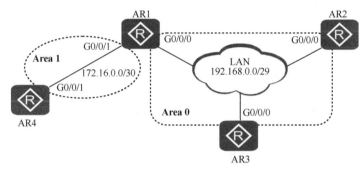

图 2-15　多区域 OSPF 网络拓扑

在图 2-15 中，路由器 AR1、AR2 和 AR3 的 G0/0/0 接口连接在同一个 LAN 中，所有接口的 IP 地址详见表 2-2。

表 2-2　所有接口的 IP 地址

设备	接口	IP 地址	子网掩码
AR1	G0/0/0	192.168.0.1	255.255.255.248
	G0/0/1	172.16.0.1	255.255.255.252
	Loopback0	10.0.0.1	255.255.255.255
AR2	G0/0/0	192.168.0.2	255.255.255.248
	Loopback0	10.0.0.2	255.255.255.255
AR3	G0/0/0	192.168.0.3	255.255.255.248
	Loopback0	10.0.0.3	255.255.255.255
AR4	G0/0/1	172.16.0.2	255.255.255.252
	Loopback0	10.0.0.4	255.255.255.255

在本示例的 OSPF 网络规划中，路由器 AR1、AR2 和 AR3 的 G0/0/0 接口属于 OSPF 骨干区域（Area 0），路由器 AR1 和 AR4 的 G0/0/1 接口属于 OSPF Area 1。在这个多区域 OSPF 网络中，除了基本的区域配置外，我们还会展示在骨干区域中接口路由优先级的

配置，并以此影响骨干区域中 DR 和 BDR 的选举。在 Area 1 中，我们需要将接口的网络类型从默认的广播网络更改为 P2P 网络，并对 Hello 时间间隔进行修改。

本示例仅关注与 OSPF 相关的配置命令，不再展示诸如设备名称、接口 IP 地址等配置命令。

首先，我们先将路由器 AR1、AR2 和 AR3 的 G0/0/0 接口和 Loopback0 接口宣告到 OSPF 骨干区域。所有路由器都使用 OSPF 进程 1，并使用本地 Loopback0 接口的 IP 地址作为路由器 ID。例 2-1～例 2-3 分别展示了 AR1、AR2 和 AR3 上的骨干区域配置。

例 2-1　AR1 上的骨干区域配置

```
[AR1]ospf 1 router-id 10.0.0.1
[AR1-ospf-1]area 0
[AR1-ospf-1-area-0.0.0.0]network 192.168.0.0 0.0.0.7
[AR1-ospf-1-area-0.0.0.0]network 10.0.0.1 0.0.0.0
```

例 2-2　AR2 上的骨干区域配置

```
[AR2]ospf 1 router-id 10.0.0.2
[AR2-ospf-1]area 0
[AR2-ospf-1-area-0.0.0.0]network 192.168.0.0 0.0.0.7
[AR2-ospf-1-area-0.0.0.0]network 10.0.0.2 0.0.0.0
```

例 2-3　AR3 上的骨干区域配置

```
[AR3]ospf 1 router-id 10.0.0.3
[AR3-ospf-1]area 0
[AR3-ospf-1-area-0.0.0.0]network 192.168.0.0 0.0.0.7
[AR3-ospf-1-area-0.0.0.0]network 10.0.0.3 0.0.0.0
```

配置完成后，骨干区域中的 OSPF 邻居关系很快会建立起来。我们可以使用命令 **display ospf 1 peer brief** 查看与 OSPF 进程 1 相关的邻居汇总信息。例 2-4 以路由器 AR1 为例展示了这条命令的输出信息。

例 2-4　在 AR1 上查看 OSPF 邻居汇总信息

```
[AR1]display ospf 1 peer brief

      OSPF Process 1 with Router ID 10.0.0.1
          Peer Statistic Information
----------------------------------------------------------------------
Area Id          Interface              Neighbor id      State
0.0.0.0          GigabitEthernet0/0/0   10.0.0.2         Full
0.0.0.0          GigabitEthernet0/0/0   10.0.0.3         Full
----------------------------------------------------------------------
```

从例 2-4 的输出信息可以看到，AR1 通过 G0/0/0 接口在 OSPF 进程 1 的区域 0 中建立了两个邻居关系，邻居的路由器 ID 分别是 10.0.0.2 和 10.0.0.3，即 AR2 和 AR3。但这条命令没有提供更多的信息，如这个广播网络中哪个路由器（接口）是 DR、BDR 或 DROther。

我们可以使用命令 **display ospf 1 peer** 查看与邻居相关的详细信息。例 2-5 仍以路由器 AR1 为例，展示了这条命令的输出信息。

例 2-5　在 AR1 上查看 OSPF 邻居详细信息

```
[AR1]display ospf 1 peer

        OSPF Process 1 with Router ID 10.0.0.1
              Neighbors

 Area 0.0.0.0 interface 192.168.0.1(GigabitEthernet0/0/0)'s neighbors
 Router ID: 10.0.0.2        Address: 192.168.0.2
 State: Full  Mode:Nbr is  Master   Priority: 1
 DR: 192.168.0.1  BDR: 192.168.0.2  MTU: 0
 Dead timer due in 33  sec
 Retrans timer interval: 5
 Neighbor is up for 00:21:45
 Authentication Sequence: [ 0 ]
Router ID: 10.0.0.3        Address: 192.168.0.3
 State: Full  Mode:Nbr is  Master   Priority: 1
 DR: 192.168.0.1  BDR: 192.168.0.2  MTU: 0
 Dead timer due in 33  sec
 Retrans timer interval: 5
 Neighbor is up for 00:21:27
 Authentication Sequence: [ 0 ]
```

读者可以重点关注例 2-5 中的阴影部分：路由器优先级、DR 和 BDR。我们查看广播网络中的 DR 和 BDR，即 DR 为 192.168.0.1（AR1），BDR 为 192.168.0.2（AR2）。在缺省情况下，路由器接口的路由器优先级值为 1，管理员可以通过更改这个参数，对 DR 和 BDR 的选举结果进行控制。

以当前的 DR 和 BDR 的设置为基础，我们要通过设置接口的路由器优先级值，使 AR3 成为 DR，AR1 成为 BDR，AR2 失去 DR 选举资格。

首先，我们可以将 AR2 G0/0/0 接口的路由器优先级值更改为 0，使其失去 DR 选举资格，见例 2-6。

例 2-6　更改 AR2 G0/0/0 接口的路由器优先级值

```
[AR2]interface GigabitEthernet 0/0/0
[AR2-GigabitEthernet0/0/0]ospf dr-priority 0
Aug  6 2022 16:21:56-08:00 AR2 %%01OSPF/3/NBR_CHG_DOWN(l)[0]:Neighbor event:neig
hbor state changed to Down. (ProcessId=256, NeighborAddress=1.0.0.10, NeighborEv
ent=KillNbr, NeighborPreviousState=Full, NeighborCurrentState=Down)
[AR2-GigabitEthernet0/0/0]quit
[AR2]
Aug  6 2022 16:21:56-08:00 AR2 %%01OSPF/3/NBR_DOWN_REASON(l)[1]:Neighbor state l
eaves full or changed to Down. (ProcessId=256, NeighborRouterId=1.0.0.10, Neighb
orAreaId=0, NeighborInterface=GigabitEthernet0/0/0,NeighborDownImmediate reason=
Neighbor Down Due to Kill Neighbor, NeighborDownPrimeReason=Interface Parameter
Mismatch, NeighborChangeTime=2022-08-06 16:21:56-08:00)
[AR2]
Aug  6 2022 16:21:56-08:00 AR2 %%01OSPF/3/NBR_CHG_DOWN(l)[2]:Neighbor event:neig
hbor state changed to Down. (ProcessId=256, NeighborAddress=3.0.0.10, NeighborEv
ent=KillNbr, NeighborPreviousState=Full, NeighborCurrentState=Down)
[AR2]
Aug  6 2022 16:21:56-08:00 AR2 %%01OSPF/3/NBR_DOWN_REASON(l)[3]:Neighbor state l
eaves full or changed to Down. (ProcessId=256, NeighborRouterId=3.0.0.10, Neighb
orAreaId=0, NeighborInterface=GigabitEthernet0/0/0,NeighborDownImmediate reason=
```

```
Neighbor Down Due to Kill Neighbor, NeighborDownPrimeReason=Interface Parameter
Mismatch, NeighborChangeTime=2022-08-06 16:21:56-08:00)
[AR2]
Aug  6 2022 16:21:58-08:00 AR2 %%01OSPF/4/NBR_CHANGE_E(l)[4]:Neighbor changes ev
ent: neighbor status changed. (ProcessId=256, NeighborAddress=3.0.168.192, Neigh
borEvent=HelloReceived, NeighborPreviousState=Down, NeighborCurrentState=Init)
[AR2]
Aug  6 2022 16:21:58-08:00 AR2 %%01OSPF/4/NBR_CHANGE_E(l)[5]:Neighbor changes ev
ent: neighbor status changed. (ProcessId=256, NeighborAddress=3.0.168.192, Neigh
borEvent=2WayReceived, NeighborPreviousState=Init, NeighborCurrentState=2Way)
[AR2]
Aug  6 2022 16:21:58-08:00 AR2 %%01OSPF/4/NBR_CHANGE_E(l)[6]:Neighbor changes ev
ent: neighbor status changed. (ProcessId=256, NeighborAddress=3.0.168.192, Neigh
borEvent=AdjOk?, NeighborPreviousState=2Way, NeighborCurrentState=ExStart)
[AR2]
Aug  6 2022 16:21:58-08:00 AR2 %%01OSPF/4/NBR_CHANGE_E(l)[7]:Neighbor changes ev
ent: neighbor status changed. (ProcessId=256, NeighborAddress=3.0.168.192, Neigh
borEvent=NegotiationDone, NeighborPreviousState=ExStart, NeighborCurrentState=Ex
change)
[AR2]
Aug  6 2022 16:21:58-08:00 AR2 %%01OSPF/4/NBR_CHANGE_E(l)[8]:Neighbor changes ev
ent: neighbor status changed. (ProcessId=256, NeighborAddress=3.0.168.192, Neigh
borEvent=ExchangeDone, NeighborPreviousState=Exchange, NeighborCurrentState=Load
ing)
[AR2]
Aug  6 2022 16:21:58-08:00 AR2 %%01OSPF/4/NBR_CHANGE_E(l)[9]:Neighbor changes ev
ent: neighbor status changed. (ProcessId=256, NeighborAddress=3.0.168.192, Neigh
borEvent=LoadingDone, NeighborPreviousState=Loading, NeighborCurrentState=Full)


[AR2]
Aug  6 2022 16:22:04-08:00 AR2 %%01OSPF/4/NBR_CHANGE_E(l)[10]:Neighbor changes e
vent: neighbor status changed. (ProcessId=256, NeighborAddress=1.0.168.192, Neig
hborEvent=HelloReceived, NeighborPreviousState=Down, NeighborCurrentState=Init)


[AR2]
Aug  6 2022 16:22:04-08:00 AR2 %%01OSPF/4/NBR_CHANGE_E(l)[11]:Neighbor changes e
vent: neighbor status changed. (ProcessId=256, NeighborAddress=1.0.168.192, Neig
hborEvent=2WayReceived, NeighborPreviousState=Init, NeighborCurrentState=2Way)
[AR2]
Aug  6 2022 16:22:04-08:00 AR2 %%01OSPF/4/NBR_CHANGE_E(l)[12]:Neighbor changes e
vent: neighbor status changed. (ProcessId=256, NeighborAddress=1.0.168.192, Neig
hborEvent=AdjOk?, NeighborPreviousState=2Way, NeighborCurrentState=ExStart)
[AR2]
Aug  6 2022 16:22:04-08:00 AR2 %%01OSPF/4/NBR_CHANGE_E(l)[13]:Neighbor changes e
vent: neighbor status changed. (ProcessId=256, NeighborAddress=1.0.168.192, Neig
hborEvent=NegotiationDone, NeighborPreviousState=ExStart, NeighborCurrentState=E
xchange)
[AR2]
Aug  6 2022 16:22:04-08:00 AR2 %%01OSPF/4/NBR_CHANGE_E(l)[14]:Neighbor changes e
vent: neighbor status changed. (ProcessId=256, NeighborAddress=1.0.168.192, Neig
hborEvent=ExchangeDone, NeighborPreviousState=Exchange, NeighborCurrentState=Loa
ding)
[AR2]
Aug  6 2022 16:22:04-08:00 AR2 %%01OSPF/4/NBR_CHANGE_E(l)[15]:Neighbor changes e
vent: neighbor status changed. (ProcessId=256, NeighborAddress=1.0.168.192, Neig
hborEvent=LoadingDone, NeighborPreviousState=Loading, NeighborCurrentState=Full)
```

从例 2-6 的命令输出中可以看出，当管理员在 AR2 G0/0/0 接口输入命令 **ospf dr-priority 0** 后，AR2 立即中断该接口的 OSPF 邻居关系（详见第 1、第 2 个阴影部分），这是因为 AR2 原本是 BDR，该命令使 AR2 失去了 DR 选举资格，所以 AR2 需要以路由器优先级 0 重新与邻居建立邻居关系。

对 OSPF 邻居建立过程感兴趣的读者可以仔细观察例 2-6 中的事件提示信息，从后续阴影部分可以观察到 OSPF 邻居建立过程为：Init → 2Way → ExStart → Exchange → Loading → Full。

我们通过在 AR2 上查看 OSPF 邻居详细信息确认当前的 DR 和 BDR，见例 2-7。

例 2-7　在 AR2 上查看 OSPF 邻居详细信息

```
[AR2]display ospf 1 peer

        OSPF Process 1 with Router ID 10.0.0.2
            Neighbors

 Area 0.0.0.0 interface 192.168.0.2(GigabitEthernet0/0/0)'s neighbors
 Router ID: 10.0.0.1          Address: 192.168.0.1
   State: Full  Mode:Nbr is  Slave  Priority: 1
   DR: 192.168.0.1  BDR: 192.168.0.3  MTU: 0
   Dead timer due in 36  sec
   Retrans timer interval: 0
   Neighbor is up for 00:29:35
   Authentication Sequence: [ 0 ]

 Router ID: 10.0.0.3          Address: 192.168.0.3
   State: Full  Mode:Nbr is  Master  Priority: 1
   DR: 192.168.0.1  BDR: 192.168.0.3  MTU: 0
   Dead timer due in 33  sec
   Retrans timer interval: 4
   Neighbor is up for 00:29:41
   Authentication Sequence: [ 0 ]
```

我们从 2-7 的命令输出中可以确认，此时 AR3 已经成为 BDR。

接着，为了使 AR3 成为 DR，我们需要使其 G0/0/0 接口的路由器优先级值大于 AR1 G0/0/0 接口的路由器优先级值，即，将 AR3 G0/0/0 接口的路由器优先级值更改为 100，见例 2-8。

例 2-8　更改 AR3 G0/0/0 接口的路由器优先级值

```
[AR3]interface GigabitEthernet 0/0/0
[AR3-GigabitEthernet0/0/0]ospf dr-priority 100
[AR3-GigabitEthernet0/0/0]quit
[AR3]
```

与例 2-6 不同的是，AR3 并没有重新与 AR1 和 AR2 建立邻居关系，这是因为为了确保网络的稳定性，DR 不可抢占。若想使 AR3 成为 DR，我们需要先关闭再启用 AR1 的 G0/0/0 接口。在此不演示这部分的配置和效果，对此感兴趣的读者可以自行在实验环境中进行练习。

在目前情况下，我们通过命令 **display ospf 1 interface** 查看 OSPF 接口的汇总信息。这

条命令不仅可以看到 DR 和 BDR 信息，还可以看到本接口的 DR 状态。例 2-9 展示了在
AR1 上查看 OSPF 接口。

例 2-9　在 AR1 上查看 OSPF 接口

```
[AR1]display ospf 1 interface

        OSPF Process 1 with Router ID 10.0.0.1
             Interfaces

Area: 0.0.0.0          (MPLS TE not enabled)
IP Address         Type         State    Cost    Pri    DR              BDR
192.168.0.1        Broadcast    DR       1       1      192.168.0.1     192.168.0.3
10.0.0.1           P2P          P-2-P    0       1      0.0.0.0         0.0.0.0
```

从例 2-9 的命令输出中可以确认，在 AR1 G0/0/0 接口所连接的广播网络中，AR1 仍
然是 DR，G0/0/0 接口的路由器优先级值为 1。

例 2-10 展示了在 AR2 上查看 OSPF 接口。

例 2-10　在 AR2 上查看 OSPF 接口

```
[AR2]display ospf 1 interface

        OSPF Process 1 with Router ID 10.0.0.2
             Interfaces

Area: 0.0.0.0          (MPLS TE not enabled)
IP Address         Type         State    Cost    Pri    DR              BDR
192.168.0.2        Broadcast    DROther  1       0      192.168.0.1     192.168.0.3
10.0.0.2           P2P          P-2-P    0       1      0.0.0.0         0.0.0.0
```

从例 2-10 的命令输出中可以确认，在 AR2 G0/0/0 接口所连接的广播网络中，AR2
是 DROther，G0/0/0 接口的路由器优先级值为 0。

例 2-11 展示了在 AR3 上查看 OSPF 接口。

例 2-11　在 AR3 上查看 OSPF 接口

```
[AR3]display ospf 1 interface

        OSPF Process 1 with Router ID 10.0.0.3
             Interfaces

Area: 0.0.0.0          (MPLS TE not enabled)
IP Address         Type         State    Cost    Pri    DR              BDR
192.168.0.3        Broadcast    BDR      1       100    192.168.0.1     192.168.0.3
10.0.0.3           P2P          P-2-P    0       1      0.0.0.0         0.0.0.0
```

从例 2-11 的命令输出中可以确认，在 AR3 G0/0/0 接口所连接的广播网络中，AR3
是 BDR，G0/0/0 接口的路由器优先级值为 100。

骨干区域的配置已经完成，然后我们配置 Area 1。Area 1 中包含 AR1 和 AR4 的
G0/0/1 接口，这两台路由器通过以太网接口直连。本示例为了避免在这个网络中选
举 DR 和 BDR，管理员需要将 AR1 和 AR4 的 G0/0/0 接口 OSPF 网络类型更改为 P2P
网络。

例 2-12 展示了 AR1 上的 Area 1 配置。

例 2-12　AR1 上的 Area 1 配置

```
[AR1]ospf 1
[AR1-ospf-1]area 1
[AR1-ospf-1-area-0.0.0.1]network 172.16.0.0 0.0.0.3
[AR1-ospf-1-area-0.0.0.1]quit
[AR1-ospf-1]quit
[AR1] [AR1]interface GigabitEthernet 0/0/1
[AR1-GigabitEthernet0/0/1]ospf network-type p2p
```

例 2-13 展示了 AR4 上的 Area 1 配置。在 AR4 上，我们通过接口命令将 G0/0/1 接口添加到 OSPF 进程 1 的 Area 1 中。

例 2-13　AR4 上的 Area 1 配置

```
[AR4]interface GigabitEthernet 0/0/1
[AR4-GigabitEthernet0/0/1]ospf network-type p2p
[AR4-GigabitEthernet0/0/1]ospf enable 1 area 1
[AR4-GigabitEthernet0/0/1]quit
[AR4]ospf 1 router-id 10.0.0.4
[AR4-ospf-1]area 1
[AR4-ospf-1-area-0.0.0.1]
Aug  6 2022 18:03:11-08:00 AR4 %%01OSPF/4/NBR_CHANGE_E(l)[0]:Neighbor changes ev
ent: neighbor status changed. (ProcessId=256, NeighborAddress=1.0.16.172, Neighb
orEvent=HelloReceived, NeighborPreviousState=Down, NeighborCurrentState=Init)
[AR4-ospf-1-area-0.0.0.1]
Aug  6 2022 18:03:11-08:00 AR4 %%01OSPF/4/NBR_CHANGE_E(l)[1]:Neighbor changes ev
ent: neighbor status changed. (ProcessId=256, NeighborAddress=1.0.16.172, Neighb
orEvent=2WayReceived, NeighborPreviousState=Init, NeighborCurrentState=ExStart)

[AR4-ospf-1-area-0.0.0.1]
Aug  6 2022 18:03:11-08:00 AR4 %%01OSPF/4/NBR_CHANGE_E(l)[2]:Neighbor changes ev
ent: neighbor status changed. (ProcessId=256, NeighborAddress=1.0.16.172, Neighb
orEvent=NegotiationDone, NeighborPreviousState=ExStart, NeighborCurrentState=Exc
hange)
[AR4-ospf-1-area-0.0.0.1]
Aug  6 2022 18:03:11-08:00 AR4 %%01OSPF/4/NBR_CHANGE_E(l)[3]:Neighbor changes ev
ent: neighbor status changed. (ProcessId=256, NeighborAddress=1.0.16.172, Neighb
orEvent=ExchangeDone, NeighborPreviousState=Exchange, NeighborCurrentState=Loadi
ng)
[AR4-ospf-1-area-0.0.0.1]
Aug  6 2022 18:03:11-08:00 AR4 %%01OSPF/4/NBR_CHANGE_E(l)[4]:Neighbor changes ev
ent: neighbor status changed. (ProcessId=256, NeighborAddress=1.0.16.172, Neighb
orEvent=LoadingDone, NeighborPreviousState=Loading, NeighborCurrentState=Full)
[AR4-ospf-1-area-0.0.0.1]network 10.0.0.4 0.0.0.0
```

从例 2-13 中可以看出，AR1 与 AR4 已经建立了完全邻接关系。下面，我们来观察 Hello 时间间隔对于邻居关系的影响。首先，我们在 AR4 上使用命令 **display ospf 1 interface GigabitEthernet 0/0/1** 查看 G0/0/1 接口的 OSPF 参数，见例 2-14。

例 2-14　在 AR4 上查看 G0/0/1 接口的 OSPF 参数

```
[AR4]display ospf 1 interface GigabitEthernet 0/0/1

        OSPF Process 1 with Router ID 10.0.0.4
                Interfaces
```

```
Interface: 172.16.0.2 (GigabitEthernet0/0/1) --> 172.16.0.1
Cost: 1        State: P-2-P      Type: P2P        MTU: 1500
Timers: Hello 10 , Dead 40 , Poll  120 , Retransmit 5 , Transmit Delay 1
```

如前所述，OSPF 接口会周期性地发送 Hello 报文以建立和维护邻接关系。OSPF 邻居之间的 Hello 时间间隔要保持一致，否则不能协商建立（完全）邻接关系。下面，我们将 AR4 G0/0/1 接口的 Hello 时间间隔从 10s 改为 30s，并观察现象，见例 2-15。

例 2-15　更改 AR4 G0/0/1 接口的 Hello 时间间隔

```
[AR4]interface GigabitEthernet 0/0/1
[AR4-GigabitEthernet0/0/1]ospf timer hello 30
[AR4-GigabitEthernet0/0/1]quit
[AR4]
Aug  6 2022 18:20:25-08:00 AR4 %%01OSPF/3/NBR_CHG_DOWN(l)[0]:Neighbor event:neig
hbor state changed to Down. (ProcessId=256, NeighborAddress=1.0.0.10, NeighborEv
ent=InactivityTimer, NeighborPreviousState=Full, NeighborCurrentState=Down)
[AR4]
Aug  6 2022 18:20:25-08:00 AR4 %%01OSPF/3/NBR_DOWN_REASON(l)[1]:Neighbor state l
eaves full or changed to Down. (ProcessId=256, NeighborRouterId=1.0.0.10, Neighb
orAreaId=16777216, NeighborInterface=GigabitEthernet0/0/1,NeighborDownImmediate
reason=Neighbor Down Due to Inactivity, NeighborDownPrimeReason=Interface Parame
ter Mismatch, NeighborChangeTime=2022-08-06 18:20:25-08:00)
```

从例 2-15 的输出信息可以看出，AR1 与 AR4 接口参数不匹配导致它们之间的完全邻接关系断开。例 2-16 为在 AR4 上查看 G0/0/1 接口的 OSPF 计时器参数。

例 2-16　在 AR4 上查看 G0/0/1 接口的 OSPF 计时器参数

```
[AR4]display ospf 1 interface GigabitEthernet 0/0/1

       OSPF Process 1 with Router ID 10.0.0.4
            Interfaces


Interface: 172.16.0.2 (GigabitEthernet0/0/1)
Cost: 1        State: P-2-P      Type: P2P        MTU: 1500
Timers: Hello 30 , Dead 120 , Poll  120 , Retransmit 5 , Transmit Delay 1
```

与例 2-14 进行对比，我们可以看出随着 Hello 时间间隔从 10s 更改为 30s，Dead 时间间隔自动从 40s 更改为 120s，即 Dead 时间间隔总是 Hello 时间间隔的 4 倍。

现在，我们同样在 AR1 上将 G0/0/1 接口的 Hello 时间间隔更改为 30s，并观察现象，详见例 2-17。

例 2-17　更改 AR1 G0/0/1 接口的 Hello 时间间隔

```
[AR1]interface GigabitEthernet 0/0/1
[AR1-GigabitEthernet0/0/1]ospf timer hello 30
[AR1-GigabitEthernet0/0/1]quit
[AR1]
Aug  6 2022 18:29:03-08:00 AR4 %%01OSPF/4/NBR_CHANGE_E(l)[0]:Neighbor changes ev
ent: neighbor status changed. (ProcessId=256, NeighborAddress=2.0.16.172, Neighb
orEvent=HelloReceived, NeighborPreviousState=Down, NeighborCurrentState=Init)
[AR1]
Aug  6 2022 18:29:03-08:00 AR4 %%01OSPF/4/NBR_CHANGE_E(l)[1]:Neighbor changes ev
```

```
ent: neighbor status changed. (ProcessId=256, NeighborAddress=2.0.16.172, Neighb
orEvent=2WayReceived, NeighborPreviousState=Init, NeighborCurrentState=ExStart)

[AR1]
Aug  6 2022 18:29:03-08:00 AR4 %%01OSPF/4/NBR_CHANGE_E(l)[2]:Neighbor changes ev
ent: neighbor status changed. (ProcessId=256, NeighborAddress=2.0.16.172, Neighb
orEvent=NegotiationDone, NeighborPreviousState=ExStart, NeighborCurrentState=Exc
hange)
[AR1]
Aug  6 2022 18:29:03-08:00 AR4 %%01OSPF/4/NBR_CHANGE_E(l)[3]:Neighbor changes ev
ent: neighbor status changed. (ProcessId=256, NeighborAddress=2.0.16.172, Neighb
orEvent=ExchangeDone, NeighborPreviousState=Exchange, NeighborCurrentState=Loading)
[AR1]
Aug  6 2022 18:29:03-08:00 AR4 %%01OSPF/4/NBR_CHANGE_E(l)[4]:Neighbor changes ev
ent: neighbor status changed. (ProcessId=256, NeighborAddress=2.0.16.172, Neighb
orEvent=LoadingDone, NeighborPreviousState=Loading, NeighborCurrentState=Full)
```

从例 2-17 可以知道，AR1 与 AR4 重新建立了 OSPF 完全邻接关系。至此，这个多区域 OSPF 网络的配置已经全部完成，我们在 AR4 上查看 IP 路由表，验证 AR4 是否通过 OSPF 学习到全网路由，详见例 2-18。

例 2-18　在 AR4 上查看 IP 路由表

```
[AR4]display ip routing-table
Route Flags: R - relay, D - download to fib
---------------------------------------------------------------------------
Routing Tables: Public
         Destinations : 12       Routes : 12

Destination/Mask    Proto   Pre  Cost        Flags NextHop         Interface

      10.0.0.1/32   OSPF    10   1            D    172.16.0.1      GigabitEthernet0/0/1
      10.0.0.2/32   OSPF    10   2            D    172.16.0.1      GigabitEthernet0/0/1
      10.0.0.3/32   OSPF    10   2            D    172.16.0.1      GigabitEthernet0/0/1
      10.0.0.4/32   Direct  0    0            D    127.0.0.1       LoopBack0
     127.0.0.0/8    Direct  0    0            D    127.0.0.1       InLoopBack0
     127.0.0.1/32   Direct  0    0            D    127.0.0.1       InLoopBack0
127.255.255.255/32  Direct  0    0            D    127.0.0.1       InLoopBack0
    172.16.0.0/30   Direct  0    0            D    172.16.0.2      GigabitEthernet0/0/1
    172.16.0.2/32   Direct  0    0            D    127.0.0.1       GigabitEthernet0/0/1
    172.16.0.3/32   Direct  0    0            D    127.0.0.1       GigabitEthernet0/0/1
  192.168.0.0/29    OSPF    10   2            D    172.16.0.1      GigabitEthernet0/0/1
255.255.255.255/32  Direct  0    0            D    127.0.0.1       InLoopBack0
```

从例 2-18 的命令输出中可以验证 AR4 已经通过 OSPF 学习到骨干区域（Area 0）中的互联网段（192.168.0.0/29），以及 AR1、AR2 和 AR3 的 Loopback0 接口路由。

下面，我们在 AR4 上分别对 AR2 和 AR3 的 Loopback0 接口发起 ping 测试验证连通性，结果详见例 2-19。

例 2-19　在 AR4 上验证连通性

```
[AR4]ping 10.0.0.2
  PING 10.0.0.2: 56  data bytes, press CTRL_C to break
    Reply from 10.0.0.2: bytes=56 Sequence=1 ttl=254 time=70 ms
    Reply from 10.0.0.2: bytes=56 Sequence=2 ttl=254 time=60 ms
```

```
   Reply from 10.0.0.2: bytes=56 Sequence=3 ttl=254 time=60 ms
   Reply from 10.0.0.2: bytes=56 Sequence=4 ttl=254 time=60 ms
   Reply from 10.0.0.2: bytes=56 Sequence=5 ttl=254 time=60 ms

 --- 10.0.0.2 ping statistics ---
   5 packet(s) transmitted
   5 packet(s) received
   0.00% packet loss
   round-trip min/avg/max = 60/62/70 ms

[AR4]ping 10.0.0.3
 PING 10.0.0.3: 56  data bytes, press CTRL_C to break
   Reply from 10.0.0.3: bytes=56 Sequence=1 ttl=254 time=70 ms

   Reply from 10.0.0.3: bytes=56 Sequence=2 ttl=254 time=40 ms
   Reply from 10.0.0.3: bytes=56 Sequence=3 ttl=254 time=50 ms
   Reply from 10.0.0.3: bytes=56 Sequence=4 ttl=254 time=50 ms
   Reply from 10.0.0.3: bytes=56 Sequence=5 ttl=254 time=60 ms

 --- 10.0.0.3 ping statistics ---
   5 packet(s) transmitted
   5 packet(s) received
   0.00% packet loss
   round-trip min/avg/max = 40/54/70 ms
```

从例 2-19 可以看出，针对两台路由器环回接口的 ping 测试成功。至此，这个简单的示例已经演示完成，读者可以在其他路由器（AR1、AR2 或 AR3）上查看 IP 路由表，并对比每台路由器上的 OSPF 路由条目。

2.2 OSPF 路由计算

在完成 LSDB 同步后，路由器会运行 SPF 算法来计算去往各个网络的最短路径。本节的重点正是介绍 OSPF 用来计算最短路径的 SPF 算法。

为了能够清楚地介绍 SPF 算法，下面，我们首先结合 OSPF 区域对 LSA 的分类进行介绍。

2.2.1 LSA 的分类

LSA 的作用是向其他运行 OSPF 协议的路由器通告自己的链路状态信息。根据 OSPF 的定义，LSA 分为很多不同的类型，每种类型的 LSA 服务于一种特定的目的。本小节会介绍几种基本类型的 LSA。

1. LSA 头部封装格式

如图 2-8 所示，DD 报文中包含 LSA 头部。而图 2-11 所示的 LSU 报文封装中则会携带更新给接收方路由器的 LSA。由此可知，每个 LSA 都由头部和数据部分组成。其中，不同类型的 LSA 头部封装格式是相同的，而数据部分的封装则大相径庭。虽然不同类型的 LSA 头部封装格式相同，但不同类型的 LSA 可能会对头部同一字段的用法有所区别。关于这一点，下文会进行详细说明。

具体来说，LSA 头部封装格式如图 2-16 所示。

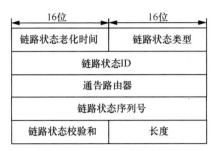

图 2-16　LSA 头部封装格式

下面，我们对图 2-16 中的重要字段进行解释。

① **链路状态老化时间**：这个字段指路由器发出该 LSA 后所经历的时间，单位为秒。当一个 LSA 经路由器接口发出去的时候，这个字段的数值就会增加一个接口传输时延值。针对保存在 LSDB 中的 LSA，其老化时间也会不断增加。一般来说，如果一台 OSPF 路由器接收到的 LSA，其描述的对象已经保存在 LSDB 中，且其链路状态（LS）序列号、校验和均与 LSDB 中保存的 LSA 相同，但两个 LSA 的老化时间相差超过 15min，那么路由器就会认为老化时间小的 LSA 更优。如果老化时间小的 LSA 是路由器刚刚接收到的 LSA，那么 OSPF 路由器就会用这个 LSA 更新自己的 LSDB，并且对这个 LSA 进行泛洪。反之，如果 LS 老化时间较小的 LSA 是 LSDB 中保存的信息，路由器就会忽略接收到的 LSA。

② **链路状态类型**：这个字段的作用就是标识 LSA 的类型。后文会对不同类型的 LSA 进行具体介绍。

注释：读者在这里应该注意，OSPF 报文封装中也包含了一个名为"类型"的字段（如图 2-3 所示），但该字段的"类型"是指 OSPF 报文的类型。

③ **链路状态 ID**：这个字段标识的信息取决于 LSA 的类型。

④ **通告路由器**：这个字段标识的是始发 LSA 的路由器 ID。

⑤ **链路状态序列号**：这个字段的数值会在每次产生新的 LSA 实例时增加。因此 LSA 的 LS 序列号越高，时效就越新。当 OSPF 路由器接收到一个 LSDB 中已经包含的 LSA，但其 LS 序列号更高时，OSPF 路由器就会用新接收到的 LSA 更新 LSDB 并且对新的 LSA 进行泛洪。

⑥ **链路状态校验和**：这个字段是对一个 LSA 除了 LS 老化时间字段外的所有字段计算出来的校验和。计算校验和时不含老化字段是因为 LSA 的老化时间会不断增加，如果包含老化字段就意味着转发 LSA 的沿途 OSPF 路由器都需要不断重复计算各个 LSA 的校验和。如果一台路由器接收到的 LSA 校验和验证错误，这台路由器就会忽略这个 LSA。

此外，如果一台 OSPF 路由器接收到的 LSA，其描述的对象已经保存在 LSDB 中，且其 LS 序列号与 LSBD 中保存的 LSA 相同，那么这台 OSPF 路由器会继续比较两个 LSA 的校验和。校验和相同代表这两个 LSA 是同一个 LSA，然后 OSPF 路由器就会继续比较 LS 老化时间来判断哪个 LSA 所经历的发送时间更短。如果两个 LSA 的校验和不同，那么路由器就会认为校验和值更大的 LSA 更优。如果校验和值更大的 LSA 是路由器刚刚接收到的 LSA，那么 OSPF 路由器就会用这个 LSA 更新自己的 LSDB，并且对这个 LSA 进行泛洪。如果校验和值更大的 LSA 是 LSDB 中保存的信息，路由器就会忽略接收到的 LSA。

⑦ **长度**：这个字段标识的是整个 LSA（包括 LSA 头部）的长度。

笼统地说，不同类型的 LSA 是由不同角色的 OSPF 路由器进行通告的，它们包含不同链路的状态信息，并且会在不同的网络中泛洪。

为了解释 LSA 的类型，下文先介绍 OSPF 路由器的类型。

2. OSPF 路由器的类型

针对一台 OSPF 路由器所连接的区域，OSPF 路由器可以分为 4 种类型：内部路由器、区域边界路由器（ABR）、骨干路由器和自治系统边界路由器（ASBR）。下面，我们参照图 2-17 对 OSPF 路由器的类型进行解释。

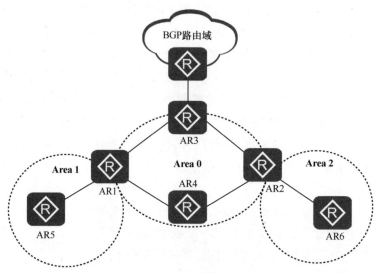

图 2-17   OSPF 路由器的类型

① 内部路由器指其所有 OSPF 接口都参与同一个 OSPF 区域的路由器，即在图 2-17 中，AR3、AR4、AR5 和 AR6 属于内部路由器。

② 区域边界路由器指其不同 OSPF 接口参与了一个以上 OSPF 区域的路由器，其中一个区域必须是骨干区域，即图 2-17 中的 AR1 和 AR2 就属于区域边界路由器。

③ 骨干路由器指至少有一个接口参与了 OSPF Area 0 的路由器，即在图 2-17 中，AR1、AR2、AR3 和 AR4 都属于骨干路由器。

④ 自治系统边界路由器指连接其他非 OSPF 路由域的 OSPF 路由器，负责把其他路由域中的路由引入 OSPF 路由域，反之亦然。在图 2-17 中，AR3 就是自治系统边界路由器。

显然，上述几种 OSPF 路由器类型并不是互斥的。换言之，一台 OSPF 路由器可能同时属于多种类型。例如图 2-17 中的 AR3 既是内部路由器，又是骨干路由器，还是自治系统边界路由器。

在了解了 OSPF 路由器的类型后，下面开始正式介绍几种基本的 LSA 类型。在解释 LSA 类型的过程中，各类 OSPF 路由器类型均会反复出现。

（1）类型 1 LSA——路由器 LSA

路由器 LSA 头部的链路状态类型字段取值为 1，因此也称为类型 1 LSA。所有运行 OSPF 协议的路由器都会产生类型 1 LSA，其中包含始发路由器在该区域中的链路、邻居和网络的状态与开销。类型 1 LSA 只会在始发区域内传播。

图 2-18 所示为类型 1 LSA 的封装格式。

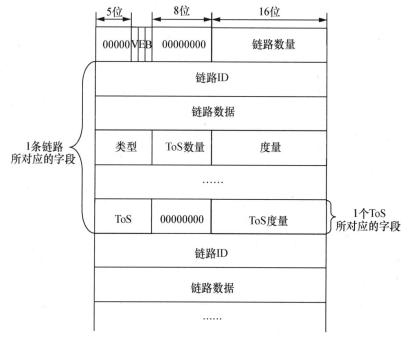

图 2-18　类型 1 LSA 的封装格式

下面对类型 1 LSA 封装格式中的重要字段进行简要说明。

① **V**：如果取值为 1，表示这个 LSA 的通告路由器（即始发路由器）是一条或者多条虚链路的端点。关于虚链路的概念，后文还会进行介绍。

② **E**：如果取值为 1，表示这个 LSA 的通告路由器是一台 ASBR。

③ **B**：如果取值为 1，表示这个 LSA 的通告路由器是一台 ABR。

④ **链路数量**：路由器 LSA（类型 1 LSA）需要把通告路由器在 LSA 始发区域内的所有链路（或接口）通过这个 LSA 通告出来。这个字段的作用就是标识路由器 LSA 会通告多少条链路。路由器 LSA 每通告一条链路，就会封装图 2-18 所示的"1 条链路所对应的字段"，这些字段的作用就是对链路的状态和开销进行描述。

⑤ **链路 ID**：这个字段标识了链路所连接的对象；取值受类型字段取值的影响，具体见表 2-3。

⑥ **链路数据**：这个字段的含义同样取决于类型字段，具体见表 2-3。

表 2-3　路由器 LSA 3 个字段的对应内容

类型字段	链路 ID 字段	链路数据字段
P2P 链路	邻居路由器的路由器 ID	宣告该链路的路由器接口的 IP 地址
传输网络	该传输网络中充当 DR 的路由器接口的 IP 地址	
末端网络	宣告该链路的路由器接口的网络 IP 地址	该末端网络的掩码
虚链路	邻居路由器的路由器 ID	宣告该链路的路由器接口的 MIB-II ifIndex 值。这部分内容超出了本书的范围，在此不进行介绍

⑦ **类型**：顾名思义，这个字段描述的是链路的类型，包含 P2P 链路、传输网络（TransNet）、末端网络（StubNet）以及虚链路等。类型字段的取值决定了链路 ID 字段和链路数据字段的取值。

> **注释**：路由器 LSA 中类型字段所定义的传输网络指非点到点、非点到多点连接的多路访问网络，这种网络可以连接两个以上的接口，需要选举 DR/BDR；所定义的末端网络则指从这台路由器到某一个末端网络的连接。

⑧ **ToS 数量**：这个字段的作用是标识链路的不同 ToS 度量值的数量。不过，最新标准的 OSPFv2 已经不支持 ToS，保留这个字段只是为了兼容之前的 OSPFv2 标准，当前这个字段的取值通常为全 0。如图 2-18 所示，这个字段的数量决定了该链路会封装几组 ToS 所对应的字段。如果 ToS 数量字段取值为 0，路由器 LSA 就不会封装 ToS 对应的字段。总之，读者可以忽略与 ToS 相关的字段，包括其他类型 LSA 的 ToS 相关字段。

⑨ **度量**：这个字段的作用是标识链路（接口）的开销。

此外，针对路由器 LSA，LSA 头部的链路状态 ID 字段会标识该路由器 LSA 的始发路由器的路由器 ID。换言之，路由器 LSA（即类型 1 LSA）头部的链路状态 ID 字段和通告路由器字段的取值是相同的。

图 2-19 所示为分析 LSA 封装方式的简单网络环境。其中 AR1、AR2 和 AR3 都处于区域 0，AR1 通过一台交换机连接 AR2，同时通过 P2P 链路连接 AR3。因为交换机连接的以太网属于广播网络，所以 AR1 与 AR2 之间的网络需要选举 DR。在选举中，AR2 的接口 G0/0/0 胜选。下面我们结合图 2-19 解释 AR1 生成的类型 1 LSA，即路由器 LSA。

图 2-19　分析 LSA 封装方式的简单网络环境

在图 2-19 的左侧，因为 AR1 是通过交换机连接 AR2 的，所以 AR1 针对这条链路会生成一个类型为传输网络（TransNet）的链路条目。该链路条目的链路 ID 是 10.0.12.2，这是因为 TransNet 类型链路的链路 ID 是该传输网络中充当 DR 的路由器接口的 IP 地址，而 10.0.12.2 正是 AR2 接口 G0/0/0 的 IP 地址。此外，该链路条目的链路数据字段为

10.0.12.1，这是因为传输网络类型链路的链路数据字段是宣告该链路的路由器接口的 IP
地址，而 AR1 会通过自己的 G0/0/0 接口宣告该链路，所以该路由器 LSA 的链路数据就
是 AR1 接口 G0/0/0 的 IP 地址。

　　在图 2-19 的右侧，AR1 通过 P2P 链路连接 AR3，因此 AR1 针对这条链路会生成一个
类型为 P2P 的链路信息，该链路的链路 ID 是 10.3.3.3，这是因为 P2P 类型链路的链路 ID
是邻居路由器的路由器 ID，也就是 AR3 的路由器 ID。该链路的链路数据字段为 10.0.13.1，
这是因为 P2P 类型链路的链路数据字段也是宣告该链路的路由器接口的 IP 地址，也就是
AR1 接口 G0/0/1 的 IP 地址。注意，除此，AR1 还会宣告一条类型为 StubNet 的链路，用
来描述自己直连的网络——该链路的链路 ID 是 10.0.13.0，链路数据则是 255.255.255.0，
这是因为针对 StubNet 类型的链路，其链路 ID 为宣告该链路的路由器接口的网络 IP 地址，
即 AR1 接口 G0/0/1 的网络地址，而其链路数据字段则是该末端网络的掩码。

　　这里需要注意的是，类型为 TransNet 和 P2P 的链路属于拓扑信息，它们会在路由器
计算最短路径树时被添加到这棵树。类型为 StubNet 的链路则属于路由信息，它们会作
为叶节点附加在对应的路由器上。读者需要了解路由器 LSA 中的链路信息分为拓扑信息
和路由信息。关于 SPF 计算的方法，我们会在后文进行详细说明。

　　综上所述，AR1 生成的路由器 LSA 如图 2-20 所示。路由器 LSA 头部的链路状态 ID
和通告路由器字段所封装的信息是相同的，均为 LSA 通告路由器的路由器 ID，也就是
AR1 的路由器 ID，即 10.1.1.1。

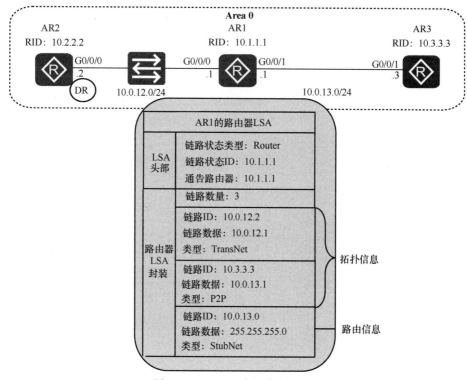

图 2-20　AR1 生成的路由器 LSA

总之，所有运行 OSPF 的路由器都会在其所在的区域中发送路由器 LSA，路由器 LSA 也只会在它始发的区域中传播。当一台 OSPF 路由器在某个区域发送路由器 LSA 时，它就是在向这个区域中的其他路由器描述自己在这个区域中的链路状态和开销。

> **注释：** 为了便于读者学习理解，图 2-20 中仅包含了 LSA 封装中与读者学习路由器 LSA 机制有关的字段。

（2）类型 2 LSA——网络 LSA

网络 LSA 头部的链路状态类型字段取值为 2，因此也称为类型 2 LSA。只有 DR 会产生类型 2 LSA，其作用是通告始发路由器（接口）充当 DR 的多路访问网络，以及这个网络所连接的路由器。类型 2 LSA 同样只会在其始发的区域内传播。

图 2-21 所示为类型 2 LSA 的封装格式。

图 2-21　类型 2 LSA 的封装格式

在图 2-21 中，网络 LSA 只会封装始发路由器接口所在网络的网络掩码，以及这个网络所连接的所有路由器的路由器 ID（其中也包括始发路由器自己的路由器 ID）。

网络 LSA 头部的链路状态 ID 字段会标识充当 DR 的路由器接口的 IP 地址。

同样以图 2-19 中的左侧为例，因为 AR1 是通过交换机连接 AR2 的，且 AR2 是该广播网络中的 DR，所以 AR2 会为自己充当 DR 的接口，即 G0/0/0 接口所连接的广播网络生成一个网络 LSA。这个网络 LSA 的网络掩码字段取值为 255.255.255.0，即该接口所在广播网络的网络掩码；其相连路由器字段的取值则为 10.2.2.2 和 10.1.1.1，即该广播网络中所有 OSPF 路由器的路由器 ID。

这里需要特别说明的是，网络 LSA 不仅会通过相连路由器字段为 SPF 计算提供拓扑信息，也会通过链路状态 ID 字段和网络掩码字段提供路由信息。

综上所述，AR2 生成的网络 LSA 如图 2-22 所示。因为链路状态类型为网络 LSA，其链路状态 ID 的取值为 DR 接口的 IP 地址，所以该 LSA 的链路状态 ID 字段取值为 10.0.12.2。

总之，在一个多路访问网络中，充当 DR 的路由器接口会向其所在区域通告网络 LSA，其中包含这个多路访问网络的掩码，以及该网络连接的所有路由器。

（3）类型 3 LSA 和类型 4 LSA——网络汇总 LSA 和 ASBR 汇总 LSA

根据 RFC 2328 的定义，当 LSA 头部的链路状态类型字段取值为 3 或 4 时，对应的 LSA 称为汇总 LSA。不过，类型 3 LSA 的作用是向始发该 LSA 的接口所在区域通告该区域外部网络的汇总链路状态信息，因此类型 3 LSA 可以称为网络汇总 LSA；类型 4 LSA 的作用则是向始发该 LSA 的接口所在区域通告该区域外部的 ASBR，因此类型 4 LSA 可以称为 ASBR 汇总 LSA。这两种 LSA 都是由 ABR 产生的，它们拥有相同的封装格式，同时都只会在它们的始发区域内部进行传播。

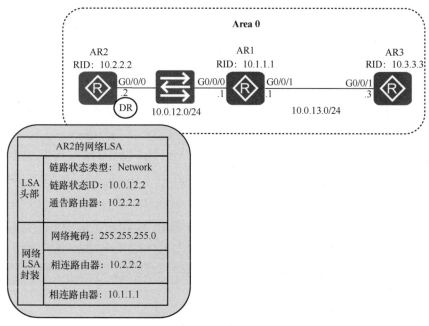

图 2-22 AR2 生成的网络 LSA

图 2-23 所示为类型 3 LSA 和类型 4 LSA 的封装格式。

网络掩码	
00000000	度量
ToS	ToS度量
……	

图 2-23 类型 3 LSA 和类型 4 LSA 的封装格式

在图 2-23 中，忽略 ToS 相关字段，汇总 LSA 只封装网络掩码和度量。

针对网络汇总 LSA（即类型 3 LSA），其网络掩码字段会标识这个 LSA 所通告的网络的子网掩码。同时，网络汇总 LSA 头部的链路状态 ID 字段会封装 LSA 所通告的网络的 IP 地址。度量字段则会用来标识去往那个网络的开销。因此，通过发送网络汇总 LSA，ABR 可以向一个区域中的 OSPF 路由器通告去往另一个区域中某个网络的信息。

对于 ASBR 汇总 LSA（即类型 4 LSA），其网络掩码字段会被设置为全 0，而其头部的链路状态 ID 字段会标识 LSA 所通告的 ASBR 的路由器 ID。度量字段则会标识去往该 ASBR 的开销。因此，ABR 可以通过发送 ASBR 汇总 LSA，向一个区域中的 OSPF 路由器通告去往外部 ASBR 的信息。

图 2-24 所示为分析汇总 LSA 封装的双区域 OSPF 网络环境。其中 AR1 为 ABR，AR2 和 AR3 分别处于区域 0 和区域 1，AR1 通过两条点到点链路分别连接 AR2 和 AR3。下面，我们结合图 2-24 解释 AR1 生成的类型 3 LSA，即网络汇总 LSA。

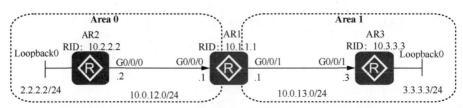

图 2-24　分析汇总 LSA 封装的双区域 OSPF 网络环境

因为 AR1 是连接 Area 0 和 Area 1 的 ABR，所以它会在两个区域内分别生成网络汇总 LSA，用来向两个区域内的 OSPF 路由器通告该区域外部的网络。

在 Area 0 中，AR1 会使用网络汇总 LSA 通告 AR3 Loopback0 接口所在的网络。因此，这个网络汇总 LSA 的网络掩码字段为 255.255.255.0，即 AR3 Loopback0 接口的掩码。同时，这个 LSA 头部的链路状态 ID 字段则会封装为 3.3.3.0，即 LSA 通告的网络的 IP 地址。

同理，在 Area 1 中，AR1 会使用网络汇总 LSA 通告 AR2 Loopback0 接口所在的网络。因此，这个网络汇总 LSA 的网络掩码字段同样为 255.255.255.0，即 AR2 Loopback0 接口的掩码。同时，这个 LSA 头部的链路状态 ID 字段则会封装为 2.2.2.0，即 LSA 通告的网络的 IP 地址。

综上所述，AR1 生成的网络汇总 LSA 如图 2-25 所示。

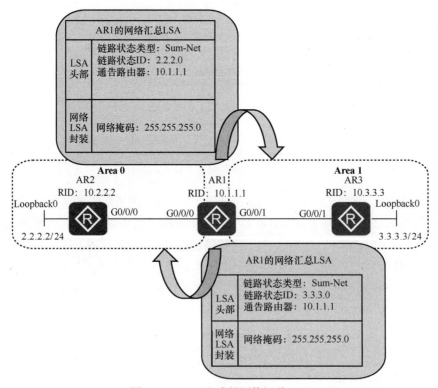

图 2-25　AR1 生成的网络汇总 LSA

ASBR 汇总 LSA 的封装和 ABR 相同，目的相似，仅字段取值方式有异，不再举例加以说明。

（4）类型 5 LSA——AS 外部 LSA

AS 外部 LSA 头部的链路状态类型字段取值为 5，因此也称为类型 5 LSA。只有 ASBR 会产生类型 5 LSA，用来向 OSPF 网络通告 OSPF 路由域外部的目的网络。鉴于此，AS 外部 LSA 会在整个 OSPF 路由域中的各个区域中进行传播，而不仅限于 LSA 的始发区域，但有些特殊区域并不传播类型 5 LSA。关于特殊区域，后文会进行介绍，这里暂时略过。

图 2-26 所示为类型 5 LSA 的封装格式。

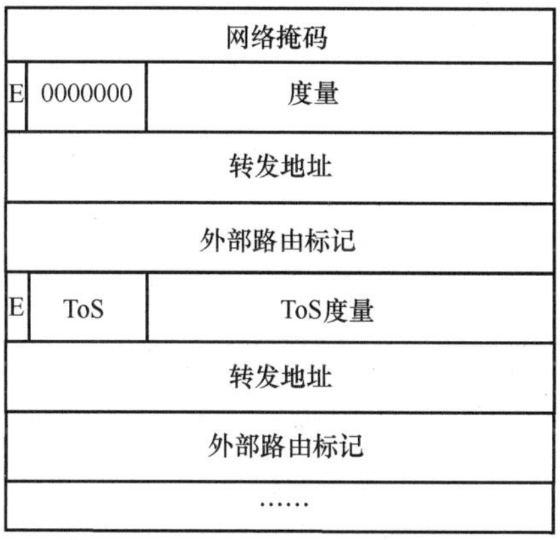

图 2-26　类型 5 LSA 的封装格式

下面对类型 5 LSA 封装格式中的重要字段进行简要说明。

① **网络掩码**：这个字段的作用和其他几种 LSA 的作用相同，即标识 LSA 所通告的外部网络的子网掩码。

② **E**：外部度量位。如果这个字段为 1，表示这条链路的度量类型是 E2；如果这个字段为 0，表示这条链路的度量类型是 E1。同一条链路若使用不同度量类型，其度量值就会有区别。

③ **度量**：这个字段的作用和其他几种 LSA 的作用相同，即标识到达 LSA 所通告的外部网络的开销。

④ **转发地址**：这个字段的作用是向 OSPF 路由器通告，如果要向 LSA 所通告的外部网络发送数据包，应该把数据包转发给哪个地址。如果数据包应该转发给 ASBR，则这个字段会被设置为全 0。

与大多数 LSA 的封装方式类似，AS 外部 LSA 头部的链路状态 ID 字段也用来标识目的网络的 IP 地址。ASBR 可以通过发送类型 5 LSA 向运行 OSPF 的路由器通告其他路由域（通常是运行其他路由协议的网络）中的网络信息。

至此，我们对 LSA 头部封装、OSPF 路由器的分类，以及 5 种 LSA 分别进行了说明。下面，我们会对 OSPF 计算最短路径的方法进行介绍。

2.2.2　区域内路由计算

每台路由器会根据自己接收到的 LSA 来计算去往各个网络的最短路径。在计算区域内路由时，OSPF 路由器会使用从邻居路由器接收到的路由器 LSA（类型 1 LSA）和网络 LSA（类型 2 LSA）计算去往区域内部各个网络的最短路径。

一台 OSPF 路由器使用 SPF 计算去往区域内各个网络最短路径的核心包括以下几点。

① 路由器会以自己为根进行计算。

② 路由器会把路由器 LSA 和网络 LSA 中的拓扑信息放入候选列表。

③ 广播网络中 DR 与其所连接路由器的度量值计为 0。

④ 非直连链路的度量值为从该链路/网络到达根路由器的所有沿途链路度量值之和。

⑤ 路由器会比较候选列表中各链路的总度量值，每次比较后都会把度量值最低的链路放入最短路径树。

⑥ 如果比较时出现两条链路度量值相等的情况，这两条链路都会被添加到最短路径树。

⑦ 添加到最短路径树中的链路会从候选列表中移除。

⑧ 路由器会不断进行比较，直到候选列表中的所有链路都被添加到最短路径树。

经过上述操作后，路由器会构建一棵由去往区域内各个网络的路径所组成的最短路径树，然后把路由器 LSA 和网络 LSA 中的路由信息以叶节点的形式附加在对应的 OSPF 路由器上，并计算最优路径。

下面，我们通过图 2-27 所示的拓扑来解释 AR1 计算 Area 0 最短路径树的过程。

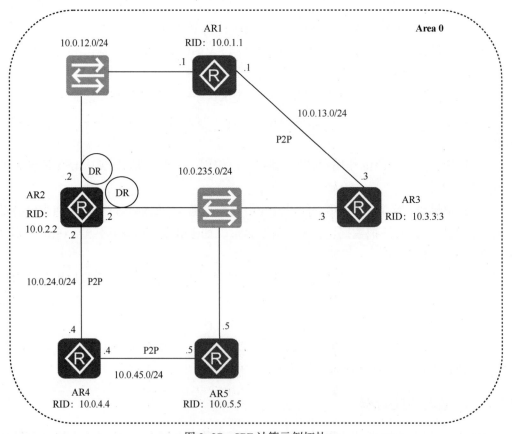

图 2-27　SPF 计算示例拓扑

在图 2-27 中，AR1 和 AR2 通过一台交换机相连，构成一个广播网络。AR2 连接该网络的接口被选举为广播网络的 DR，其 IP 地址为 10.0.12.2/24。同时，AR1 和 AR3 通过一条点到点链路相连。AR2、AR3 和 AR5 各自通过一个接口连接同一台交换机，构成另一个广播网络。AR2 连接该网络的接口同样被选举为 DR，其 IP 地址是 10.0.235.2/24。此外，AR4 通过两条点到点链路分别连接 AR2 和 AR5。

这是构建最短路径树的第一步，AR1 生成的路由器 LSA 包括 3 条链路，如图 2-28 所示。

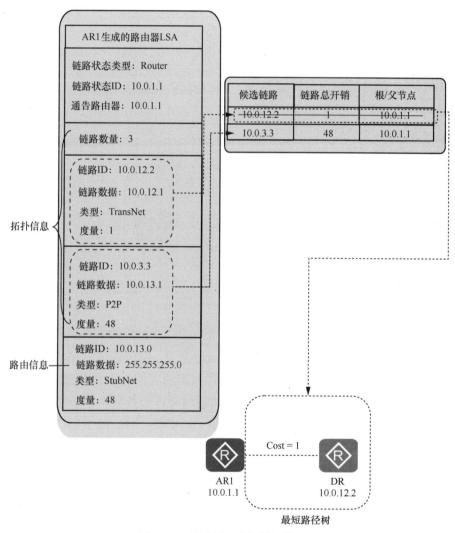

图 2-28　构建最短路径树的第一步

在 3 条链路信息中，StubNet 类型的链路信息属于路由信息，因此只有 TransNet 类型和 P2P 类型这两条链路信息被放入候选链路列表。在两条候选链路条目中，链路 10.0.12.2 的度量值更小，且 10.0.12.2 是 DR 的 IP 地址，于是该 DR 及其与 AR1 之间链路的开销被放入 AR1 的最短路径树。同时，10.0.12.2 的链路也会被 AR1 从候选链路列表中删除。

这是构建最短路径树的第二步，AR2 生成的网络 LSA 如图 2-29 所示。

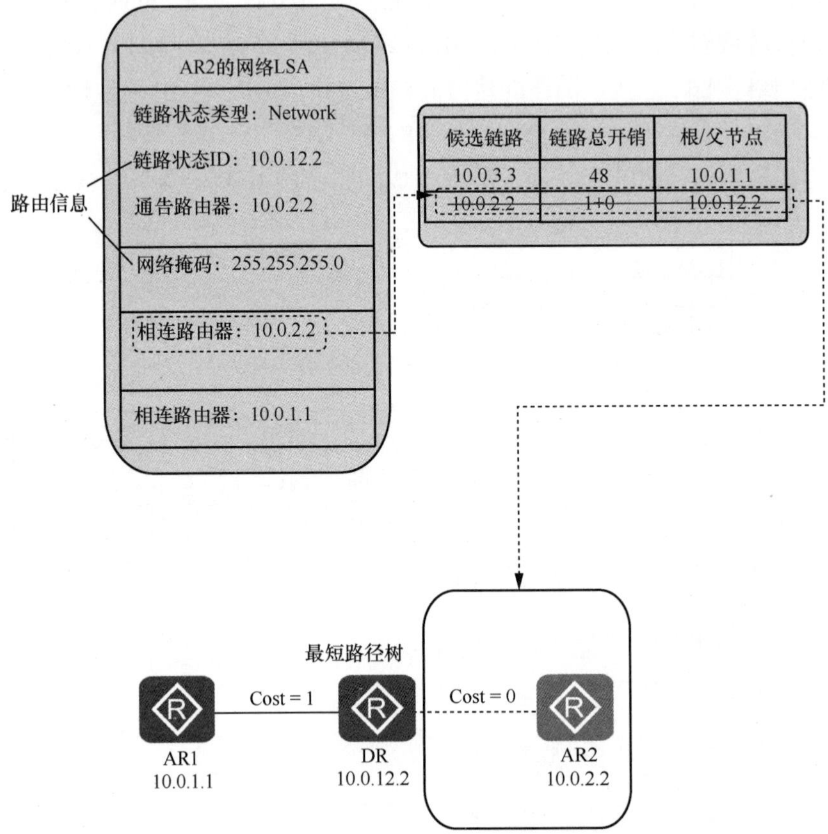

图 2-29　构建最短路径树的第二步

在接收到 AR2 生成的网络 LSA 后，AR1 把 10.0.2.2 链路放入候选链路列表。尽管广播网络中的 DR 与其所连接路由器的度量值计为 0，但候选列表比较的是总开销，而 10.0.2.2 链路的父节点是 10.0.12.2，该节点距离根的开销为 1，所以候选链路 10.0.2.2 的链路总开销为 1+0=1。鉴于这个开销值是候选列表各个条目中最小的，AR2 被添加到最短路径树，因为 10.0.2.2 是 AR2 的路由器 ID。同时，10.0.2.2 的链路也会被 AR1 从候选链路列表中删除。注意，因为 10.0.2.2 链路的父节点是 10.0.12.2，所以在最短路径树中，AR2 应该连接对应的 DR 节点。

尽管 AR2 在网络 LSA 中也通告了路由器 10.0.1.1 的信息，但该信息已经包含在最短路径树中，因此就不会被放入候选链路列表。

除了网络 LSA 外，AR2 也会生成路由器 LSA 并且在所在区域中传播。这是构建最短路径树的第三步，AR2 生成的路由器 LSA 包括 4 条链路信息，如图 2-30 所示。

在图 2-30 所示的 4 条链路信息中，只有 TransNet 类型和 P2P 类型的 3 条链路信息可以被放入候选链路列表。但链路 ID 为 10.0.12.2 的链路信息已经被添加到最短路径树，因此 AR1 在接收到 AR2 发送的路由器 LSA 后，只会把链路 ID 为 10.0.235.2

和 10.0.4.4 的两条链路信息添加到候选链路列表。经过比较链路总开销，AR1 把链路总开销值最小的链路 10.0.235.2 添加到最短路径树，10.0.235.2 是 AR2 连接交换机 DR 的接口地址。在将 DR 添加到最短路径树的同时，10.0.235.2 的链路条目也会被 AR1 从候选链路列表中删除。因为这条链路条目中的父节点是 10.0.2.2，所以在最短路径树中，DR 节点 10.0.235.2 应该连接 AR2。

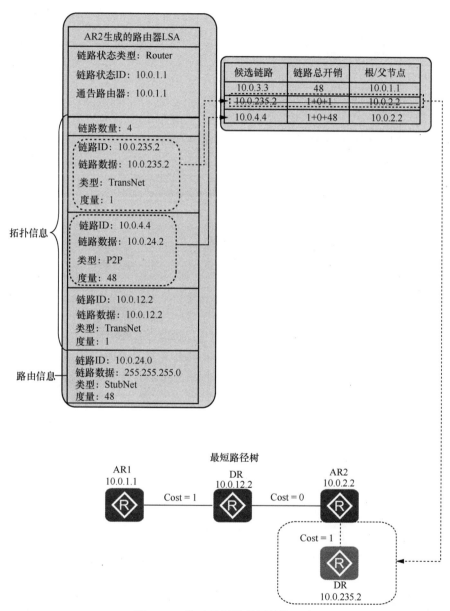

图 2-30　构建最短路径树的第三步

恰如 AR2 作为 DR 为其连接 AR1 的广播网络生成网络 LSA，AR2 也会作为 DR，同样为其连接 AR3 和 AR5 的网络生成网络 LSA。这是构建最短路径树的第四步，如图 2-31 所示。

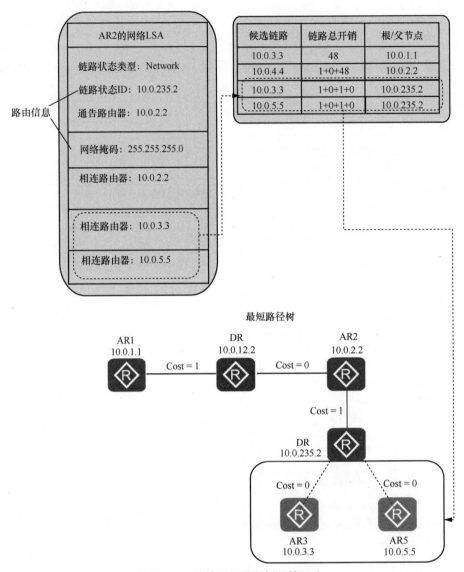

图 2-31　构建最短路径树的第四步

　　AR1 在接收到 AR2 生成的网络 LSA 后，把 10.0.3.3 和 10.0.5.5 放入候选链路列表，因为 10.0.2.2 已经包含在最短路径树中。在当前的候选列表中，这两条链路的开销值并列最小，于是 AR3 和 AR5 被同时添加到最短路径树中，10.0.3.3 和 10.0.5.5 分别是这两台路由器的路由器 ID。同时，这两条链路条目也会被 AR1 从候选链路列表中删除。因为 10.0.3.3 已经被添加到最短路径树中，所以链路总开销比较大、取值为 48 的链路也会从候选列表中被删除。

　　因为这两条链路条目中的父节点是 10.0.235.2，所以在最短路径树中，AR3 和 AR5 都应该连接对应的 DR 节点。AR3 和 AR5 也会分别在 Area 0 中传播它们的路由器 LSA。图 2-32 显示了 AR3 生成的路由器 LSA，以及 AR1 候选列表和最短路径树的变化，这是构建最短路径树的第五步。

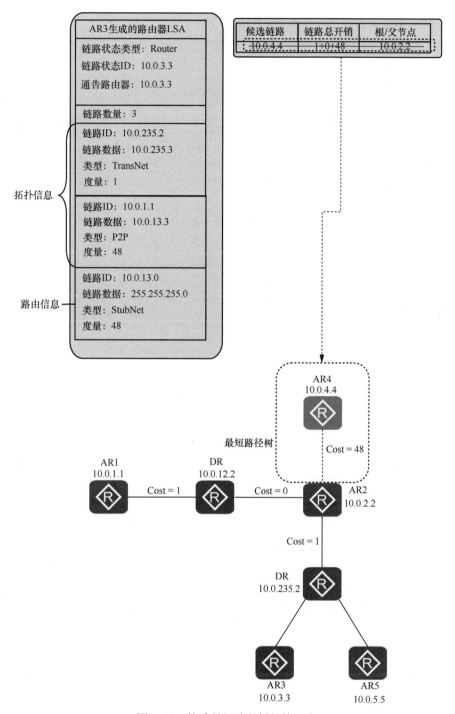

图 2-32　构建最短路径树的第五步

　　显然，AR3 生成的路由器 LSA 并不包含任何当前最短路径中没有的链路，因此 AR1
不会在接收到 AR3 发送的路由器 LSA 后用其中的信息来更新候选链路列表。AR1 的最
短路径列表中此时只剩下 10.0.4.4 链路条目，而 10.0.4.4 是 AR4 的路由器 ID，于是 AR1
把 AR4 添加到最短路径树中，并且从候选链路列表中删除这条链路条目。注意，因为这

条链路条目中的父节点是 10.0.2.2，所以在最短路径树中，AR4 应该连接的节点是 AR2。

同时，AR5 也会生成并在区域内部传播自己的路由器 LSA，这是构建最短路径树的第六步，如图 2-33 所示。

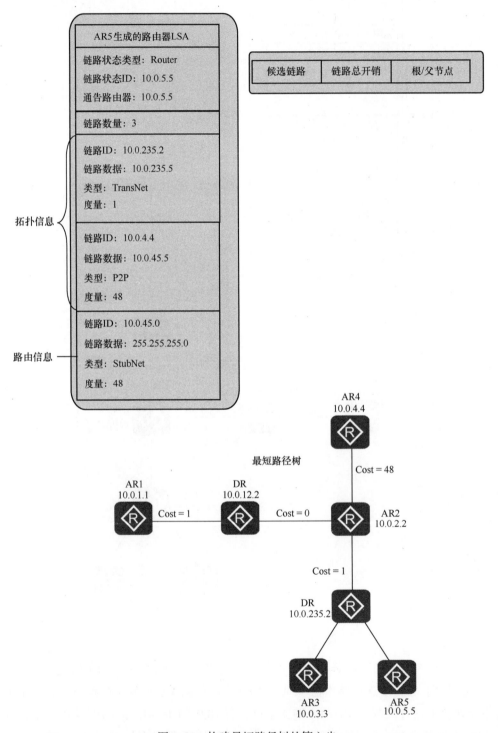

图 2-33　构建最短路径树的第六步

AR5 生成的路由器 LSA 中并没有任何最短路径所不包含的链路信息，AR1 也不会根据该 LSA 更新自己的候选链路列表和最短路径树。

当然，AR4 也会生成并在区域内部传播自己的路由器 LSA，这是构建最短路径树的第七步，如图 2-34 所示。

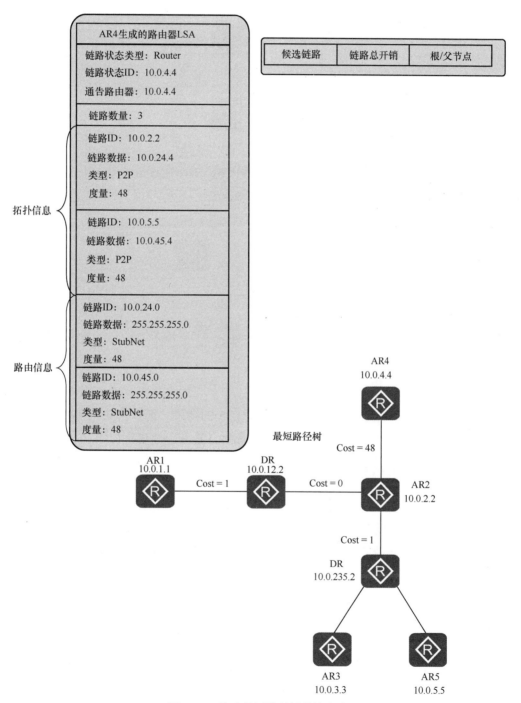

图 2-34　构建最短路径树的第七步

在最短路径树计算完毕后，AR1 开始按照各个节点加入最短路径树的顺序，把路由信息作为叶节点附加到最短路径的拓扑中。同样，相同的路由信息不会重复添加。最终，AR1 去往各个网络最短路径的计算结果如图 2-35 所示。

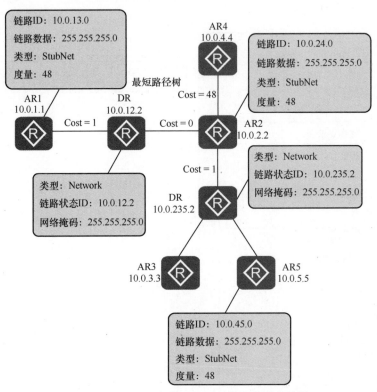

图 2-35　以 AR1 为根运行 SPF 算法得到的结果

在本小节中，我们结合路由器 LSA 和网络 LSA 的知识，演示了 OSPF 路由器计算区域内最短路径的方法。下面，我们会对区域间路由计算的方法进行说明。

2.2.3　区域间路由计算

通过学习区域内路由计算的方法，读者应该已经对路由器 LSA（类型 1 LSA）、网络 LSA（类型 2 LSA）以及路由器通过这两种 LSA 计算去往区域内各个网络最短路径的方法有所了解了。因为路由器 LSA 和网络 LSA 都会在它们始发的区域内进行传播，所以一个区域内如果包含过多的 OSPF 路由器，就会充斥着这些路由器发送的路由器 LSA 和网络 LSA。同时，随着一个区域内链路数量的增加，路由器 LSA 所携带的链路数量和网络 LSA 所携带的相连路由器的数量都会随之增加。这样一来，不仅这些 LSA 会严重占用网络的带宽，而且它们携带的拓扑信息会让每台路由器建立一个非常庞大的候选链路表，携带的路由信息也会加重路由器计算去往各个网络最短路径的负担。因此，网络性能受到严重的影响，用户的体验自然也会相应恶化。OSPF 区域可以让人们在扩展 OSPF 网络规模的同时避免上述情况的发生。

下面，我们通过图 2-36 所示的拓扑来解释 OSPF 路由器通过网络汇总 LSA 计算区域间路由的方式。为了简化讨论，这个示例不再探讨各区域内的 LSA。

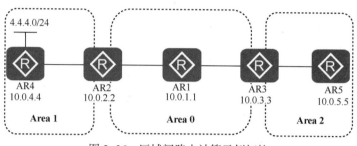

图 2-36 区域间路由计算示例拓扑

图 2-36 中的 OSPF 网络一共包含 3 个区域，即区域 0（Area 0）、区域 1（Area 1）和区域 2（Area 2）。其中 AR1 是 Area 0 的内部路由器，AR4 是 Area 1 的内部路由器，AR5 是 Area 2 的内部路由器。另外，AR2 是 Area0 和 Area 1 之间的 ABR，AR3 是 Area 0 和 Area 2 之间的 ABR。本示例会结合网络汇总 LSA 的内容，解释 AR4 的直连网络 4.4.4.0/24 是如何被 AR5 学习到的。

由于 AR4 会通过路由器 LSA 在 Area 1 中传播关于 4.4.4.0/24 网络的信息，因此 AR2 会在 Area 1 中接收到该信息，并且计算去往该网络的路由。于是，AR2 使用网络汇总 LSA 把关于该网络的信息传播到 Area 0，如图 2-37 所示。

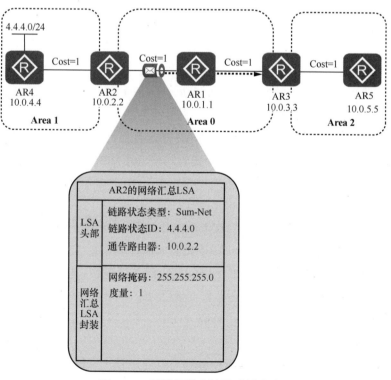

图 2-37 区域间路由计算示例（1）

在图 2-37 中，因为 AR2 和 AR1 之间的 Cost 为 1，所以在 AR2 始发的网络汇总 LSA 中，度量值为 1。Area 0 和 Area 2 之间的 ABR——AR3 接收到这个 LSA，并且以此计算自己去往网络 4.4.4.0/32 的度量值时，会加上自己和 AR2 之间的度量值 2（1+1=2）。因此，AR3 把它在 Area 0 中学习到的路由通过网络汇总 LSA 传播到 Area 2 时，度量值应该为 3，如图 2-38 所示。

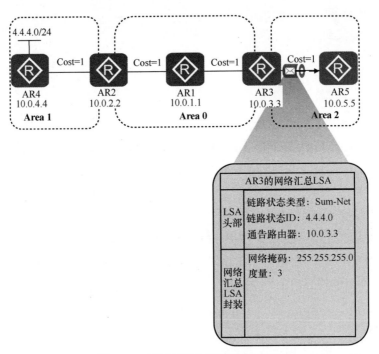

图 2-38　区域间路由计算示例（2）

AR5 在接收到 AR3 发送的网络汇总 LSA 后，会加上自己和 AR3 之间的 Cost 值 1。最终，AR5 学习到去往网络 4.4.4.0 的路由，度量值为 4。

综上所述，OSPF 区域间路由的传播和计算并没有运行 SPF 算法，也没有计算最短路径树，路由器只会把去往网络汇总 LSA 通告网络的度量值加上自己与 ABR 之间的度量值。这种做法其实是前文介绍的距离矢量型路由行为。而距离矢量型路由协议的工作方式有可能引发路由环路。

我们在这里可以进一步思考：假如在上面的拓扑环境中 Area 1 和 Area 2 之间有一台 ABR 分别连接 AR4 和 AR5，那么这台 ABR 又会如何处理它在 Area 2 中学习到的关于网络 4.4.4.0 的路由呢？显然，按照 OSPF 区域间路由的传播逻辑，这台 ABR 会继续把这条路由以网络汇总 LSA 的形式通告回 Area 1，这就形成了一个路由环路。

为了避免发生 OSPF 区域间的路由环路，OSPF 协议对区域的设计和 ABR 的工作机制定义了规则。

根据规则，所有非 0 区域的区域间路由都需要通过骨干区域（即 Area 0）进行中转，每台 ABR 设备都至少有一个接口属于 Area 0。因此，Area 1 和 Area 2 通过一台 ABR 相连就不满足 OSPF 区域的设计要求，无法用于实际的 OSPF 网络环境中。

　　OSPF 协议除了对区域设计定义了规则外，ABR 的工作机制也保证了区域间环路不会发生。首先，ABR 并不会把描述一个区域内的路由再以网络汇总 LSA 的形式通告回该区域。换言之，在图 2-37 中，AR2 不会向 Area 1 发送与 4.4.4.0/24 相关的网络汇总 LSA，因为这个网络汇总 LSA 描述的链路 4.4.4.0/24 就位于 Area 1 中。

　　其次，ABR 从非骨干区域接收到的网络汇总 LSA 不能用于区域间路由的计算。在图 2-39 中，AR4 接收到由 AR3 发送的、关于网络 1.1.1.0/24 的网络汇总 LSA。但是因为这是 ABR（AR4）从非骨干区域（Area 1）中接收到的 LSA，所以 AR4 不会用它来计算区域间路由。换言之，AR4 不会根据该 LSA 提供的信息，而把从 AR5 接收到的、去往网络 1.1.1.0/24 的数据流量转发给 AR2。

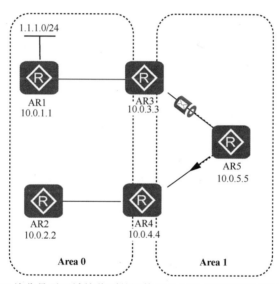

图 2-39　ABR 从非骨干区域接收到的网络汇总 LSA 不能用于区域间路由的计算

　　从图 2-39 所示的环境及 ABR 的工作机制中，读者可以推导出这样一个结论：源和目的都在骨干区域（Area 0）的流量不能通过非骨干区域（即非 0 区域）进行转发。于是，为了保证可达性，OSPF 的设计方案要求骨干区域是连续的。

　　为了能够满足设计要求，OSPF 协议定义了虚链路的概念。虚链路是在任意两个 ABR 之间建立的一条逻辑链路，其作用是让（原本不满足条件的）OSPF 网络可以满足 OSPF 的设计要求，包括把原本不连续的 OSPF 区域连接在一起以及把与骨干区域不直接相连的非骨干区域连接到骨干区域。

　　虚链路的配置非常简单，管理员只需要在两台 ABR 的 OSPF 区域视图下输入命令 **vlink-peer** *peer-RID*，分别指向对端的路由器 ID。

　　图 2-40 所示为虚链路的配置。

　　这里值得强调的一点是，虚链路是用来在网络本身不满足 OSPF 设计要求的情况下，通过修补的方式让网络达到 OSPF 设计要求的技术。如果网络本身满足 OSPF 的设计要求，那就应该避免使用 OSPF 虚链路。OSPF 虚链路的存在不仅会增加网络的复杂性，而且破坏了 OSPF 自身的区域间防环机制，轻则增加网络的维护和排错难度，重则影响网络性能，恶化用户体验，甚至引入路由环路。在能够避免使用虚链路的情况下选择使用虚链路不是一种合理的网络设计选项。

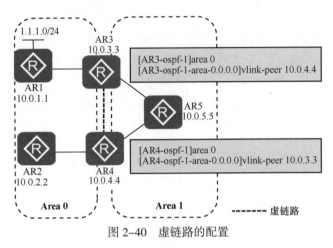

图 2-40　虚链路的配置

本小节结合网络汇总 LSA 的知识对区域间路由计算的方法进行了说明，解释了 OSPF 区域间防止路由环路的机制，同时介绍了虚链路的作用和配置。下一小节会对外部路由的计算加以说明。

2.2.4　外部路由计算

很多网络并非只运行某一种路由协议，即使在以 OSPF 协议为主的园区网络中，人们常常也要使用静态路由或者 BGP 来连接外部网络。ASBR 负责把非 OSPF 路由域的路由条目引入 OSPF 路由域，让处于 OSPF 路由域中的设备了解如何访问 OSPF 路由域外的网络。鉴于 AS 外部 LSA（类型 5 LSA）已经在前文进行了介绍，我们直接通过图 2-41 所示的拓扑来解释 OSPF 路由器通过这种 LSA 向 OSPF 路由域中的路由器通告外部路由的方法。

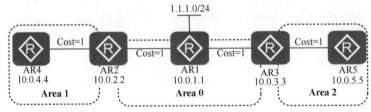

图 2-41　OSPF 外部路由计算示例拓扑

在图 2-41 中，有 3 个区域，即 Area 0、Area 1 和 Area 2。其中 AR4 是 Area 1 的内部路由器，AR5 是 Area 2 的内部路由器，而 AR1 不仅是 Area 0 的内部路由器，还是连接网络 1.1.1.0/24 的 ASBR。AR2 是 Area 0 和 Area 1 之间的 ABR，AR3 则是 Area 0 和 Area 2 的 ABR。

在华为 VRP 系统中，如果希望向 OSPF 路由域中引入外部路由，管理员需要进入 OSPF 视图下，输入下面的命令。

```
import-route { limit limit-number | { bgp [ permit-ibgp ] | direct | unr | rip [ proc
ess-id-rip ] | static | isis [ process-id-isis ] | ospf [ process-id-ospf ] } [ cost
cost | type type | tag tag | route-policy route-policy-name ] }
```

在图 2-41 中，AR1 要把直连路由通告到 OSPF 路由域中，就需要在该 OSPF 视图下输入命令 **import-route direct**。经过配置后，AR1 会作为 ASBR 把 1.1.1.0/24 网络的路由通告到整个 OSPF 路由域中，即 3 个区域，如图 2-42 所示。

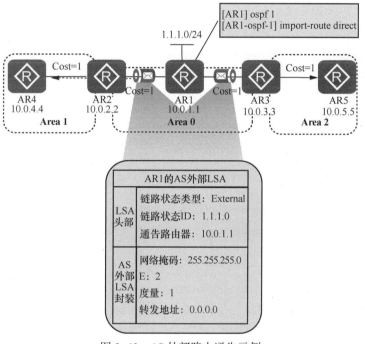

图 2-42　AS 外部路由通告示例

在图 2-42 中，因为 AR1 的 AS 外部 LSA 描述的是网络 1.1.1.0/24，因此 LSA 头部的链路状态 ID 为 1.1.1.0，LSA 封装的网络掩码是 255.255.255.0。因为要向这个网络发送数据包，路由器应该把数据包转发给 ASBR，所以转发地址为 0.0.0.0。

OSPF 路由器在接收到 AS 外部 LSA 并且以此来计算路由时，会把 LSA 通告的外部路由信息以叶节点的形式挂载在 ASBR 上，方法与处理路由器 LSA（类型 1 LSA）和网络 LSA（类型 2 LSA）中的路由信息相同。例如，在图 2-42 中，AR2 和 AR3 接收到 AR1 发送的 AS 外部 LSA 后，它们会各自计算以自己为根的最短路径树，然后把 1.1.1.0/24 路由作为叶节点附加在最短路径树的 AR1 节点上，并且把去往该网络的下一跳路由器设置为 AR1。因为 AR2、AR3 和 AR1 同处于 Area 0 中，所以它们会分别计算出一棵以自己为根、包含 AR1 在内的最短路径树，并由此计算出到达 AR1 的路由。

因为 AS 外部路由会在整个 OSPF 域内传播，所以在图 2-42 中，AR4 和 AR5 也会接收到 AR1 发送的 AS 外部 LSA。然而，AR4 和 AR5 都不在 Area 0 中，它们的最短路径树中不包含 AR1。因此，要想让那些不与 ASBR 处于同一区域的 OSPF 路由器也能计算出外部路由，就需要借助 ABR 来通告 ASBR 汇总 LSA（类型 4 LSA）。

如前文所述，ASBR 汇总 LSA 是由 ABR 通告的关于 ASBR 的链路状态信息，这种 LSA 的封装字段和网络汇总 LSA（类型 3 LSA）相同，但其封装的网络掩码为全 0，其 LSA 头部的链路状态 ID 字段则会标识这个 LSA 所通告的 ASBR 的路由器 ID，LSA 封装的度量字段则标识始发路由器去往该 ASBR 的开销。ASBR 汇总 LSA 就是为了向 ASBR 所在区域以外的区域通告关于 ASBR 的信息。因此，AR2 和 AR3 会分别向 Area 1 和 Area 2 通告一条 ASBR 汇总 LSA，如图 2-43 所示。

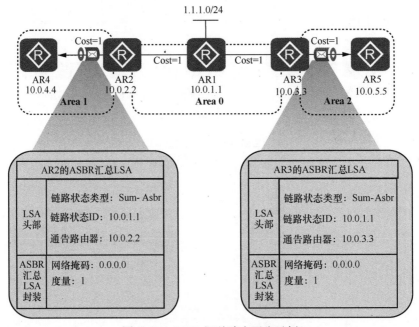

图 2-43　ASBR 汇总路由通告示例

如果 AR4 和 AR5 接收到 AR2 和 AR3 发送的 ASBR 汇总 LSA，它们就可以把到达 1.1.1.0/24 网络的下一跳路由器分别设置为 AR2 和 AR3。这样一来，整个 OSPF 路由域就可以向外部网络 1.1.1.0/24 发送数据了。

另外，我们需要对 AS 外部 LSA 的外部度量位进行一下补充说明。OSPF 外部路由分为两种类型，即类型 1（E1）和类型 2（E2）。各台路由器在针对 E1 的外部路由计算度量值时，会把 OSPF 内部度量值和外部度量值相加，得到去往外部网络的度量值；在针对 E2 的外部路由计算度量值时，则只会考虑 OSPF 路由域的外部度量值，即各台路由器去往外部网络的度量值等于从 ASBR 到达该网络的度量值。换言之，在整个 OSPF 路由域中，所有路由器去往 E2 的外部路由的度量值都是相同的。在默认情况下，华为设备通告的 AS 外部 LSA 所采用的度量值类型是 E2。如果外部路由的度量值和 OSPF 路由域内路由的度量值相差不大，具备可比性的时候，可以认为该路由的可信度比较高，此时管理员可以使用 **import-route** 中的可选关键字 **type** *type-number* 把该路由的度量值类型配置为 E1。不仅如此，管理员也可以在该命令中通过可选关键字 **cost** *cost-number* 直接手动设置通告到 OSPF 域中的路由度量值。

本节对几种常见的 LSA 类型进行了介绍，同时介绍了 OSPF 路由器计算最短路径树和路由条目的方法。下一节会对一些旨在满足特殊需求的特殊 OSPF 区域进行介绍，同时也会介绍与特殊 OSPF 区域相关的 LSA 类型及其封装和使用方法。

2.3　OSPF 的特殊区域与其他特性

尽管 OSPF 网络可以分为不同的区域，但随着网络规模的不断扩大，如果每个区域都必须接受所有区域外甚至 OSPF 路由域外的详细链路状态信息，每台 OSPF 路由器就会面临 LSDB 规模暴增、路由计算负担沉重、设备和网络性能下降的问题。为了解决上述问题，网络规划人员可以在设计中把 OSPF 区域配置为特殊类型的区域，以此大幅减少该区域中传播的 LSA，从而减小区域中 OSPF 路由器的 LSDB 规模，以便改善设备性能和提升网络效率。本节不仅会对特殊类型的 OSPF 区域进行介绍，还会介绍与特殊区域相关的 LSA 类型。另外，本节最后还会介绍 OSPF 的两项常用特性。

2.3.1　末端区域和完全末端区域

在一些网络中，因为 OSPF 路由域外部的路由环境比较复杂，所以 OSPF 路由器的数据库主要由 AS 外部 LSA（类型 5 LSA）组成。同时，在该 OSPF 路由域中，有一些区域的内部路由器并不需要了解 OSPF 路由域外部网络的详细路由——它们只需要把所有去往外部的流量转发给 ASBR 即可。在这种情况下，人们可以把该区域配置为末端区域。

在华为 VRP 系统中，管理员如果希望把一个区域配置为末端区域，需要在该区域中的所有 OSPF 路由器上进行配置，进入相应的 OSPF 区域视图，然后输入命令 **stub**。

末端区域是一种特殊类型的区域，它的 ABR 不会向末端区域转发 AS 外部 LSA（类型 5 LSA），而会转发一个描述默认网络的网络汇总 LSA（类型 3 LSA），从而让区域中的路由器把去往无明细路由条目目的的网络的流量都转发给自己（ABR）。因为末端区域的 ABR 不会向末端区域转发 AS 外部 LSA，末端区域中的 OSPF 路由器就不会（为了向 AS 外部转发数据而）向 ASBR 转发流量，所以 ABR 也就不必也不会向末端区域转发 ASBR 汇总 LSA（类型 4 LSA）。综上所述，末端区域的 ABR 不会向末端区域转发类型 4 LSA 和类型 5 LSA，而会转发一个描述默认网络的类型 3 LSA。

考虑到末端区域的特点，并不是所有 OSPF 区域都可以被配置为末端区域。在设计和配置末端区域时，读者应该注意以下两项限制条件。

① 骨干区域（区域 0）不能配置为末端区域。

② 要把一个区域配置为末端区域,需确保该区域只承载从该区域中始发或以该区域为目的地的流量。

末端区域如图 2-44 所示。

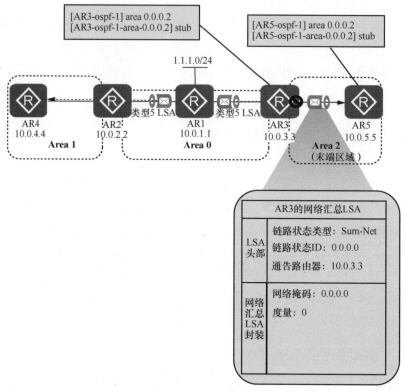

图 2-44　末端区域

在图 2-44 中，AR1（作为 ASBR）发送 AS 外部 LSA 对 AS 外部网络 1.1.1.0/24 加以描述。AS 外部 LSA 应该在整个 OSPF 路由域中传播，但由于 Area 2 被配置为末端区域，因此 AR3（作为区域 2 的 ABR）并不会把它转发到 Area 2。同理，AR3 也不会向 Area 2 发送描述 AR1 的 ASBR 汇总 LSA。不过，AR3 会向 Area 2 发送描述默认网络的网络汇总 LSA，让 Area 2 中的 OSPF 路由器（AR5）把发往无明细路由目的网络的流量转发给自己。

读者观察图 2-44 不难发现，Area 2 中的路由器（AR5）如果接收到 AR3 通告默认路由的网络汇总 LSA，那么它不仅不需要了解 AS 外部链路和 ASBR 的信息，也不需要了解其他区域中的链路信息，因为只要一个数据包的目的网络不在 Area 2 中，那么 AR5 要把它转发到目的地，就要把这个数据包发送给 AR3。

总之，有些区域在获得 ABR 通告的默认路由后，其中的路由器不仅不需要类型 5 LSA 和类型 4 LSA，也不需要任何通告明细链路状态的类型 3 LSA。针对这种区域，管理员可以把它配置为完全末端区域。

在华为 VRP 系统中，管理员如果希望把一个区域配置为完全末端区域，需要在把该区域 ABR 配置为末端区域时，在命令 **stub** 后面加入关键词 **no-summary**。至于完全末端区域中的非 ABR 设备，它们的配置方法和末端区域相同，即只需要输入命令 **stub** 即可，而不需要添加关键字 **no-summary**。

完全末端区域是末端区域的一种，但完全末端区域和骨干区域之间的 ABR 不仅不会向完全末端区域发送类型 4 LSA 和类型 5 LSA，也不会向完全末端区域发送描述明细网络的类型 3 LSA，而只会向该区域发送一个描述默认网络的类型 3 LSA。

因为末端区域不会接收到 AS 外部路由的信息和 ASBR 的信息，完全末端区域甚至不会接收到描述其他区域明细网络的信息，所以这些区域中路由器的 LSDB 规模会大大减小，路由器计算路由所耗费的资源以及路由表条目的数量也会相应减少，用默认路由取代明细路由还可以避免区域内的 OSPF 路由器因外部网络变化而接收到新的 LSA 并且重新计算路由，因此灵活使用这些特殊区域可以显著改善网络的性能。

然而，末端区域（和完全末端区域）并不能满足所有区域简化 LSDB 的需求。比如，非骨干区域如果连接了 ASBR，就不能被配置为末端区域，因为此时这个区域不只会承载从该区域中始发或以该区域为目的的流量，还会承载往返于其他区域和 AS 外部网络之间的流量，为其他区域和 AS 外部网络之间提供转发。为了提升这类区域的网络性能，人们还需要定义另外一些特殊区域。

2.3.2　NSSA 和完全 NSSA

末端区域（和完全末端区域）不能引入外部路由，但连接有 ASBR 的区域有时也需要通过限制外部路由（和其他区域的路由）来减少资源的消耗。这个需求在 RFC 1247 中并没有提供解决方案。为了满足这个需求，人们定义了 RFC 1587，从而引入了新的特殊区域和新的 LSA 类型，即非全末端区域（NSSA）和 NSSA 外部 LSA（即类型 7 LSA）。随着 RFC 2328 对 OSPFv2 的标准进行更新，最新版本的 NSSA 和类型 7 LSA 标准也定义在 RFC 3101 中。

NSSA 连接骨干区域（Area 0）的 ABR 同样既不会向 NSSA 发送 ASBR 汇总 LSA（类型 4 LSA），也不会向 NSSA 转发 AS 外部 LSA（即类型 5 LSA）。换言之，NSSA 中不会传播类型 4 LSA 和类型 5 LSA。在这一方面，NSSA 和末端区域相同。

不过，NSSA 可以连接 ASBR，但 ASBR 不会向 NSSA 引入类型 5 LSA，而是会以类型 7 LSA 的形式向 NSSA 引入外部路由。类型 7 LSA 由（NSSA 中的）ASBR 始发，并且只会在始发的 NSSA 内进行传播。在 NSSA 与骨干区域之间的 ABR 接收到类型 7 LSA 后，ABR 则会把它们转换成类型 5 LSA，以便在除了该 NSSA 外的 OSPF 路由域中传播。

图 2-45 所示为类型 7 LSA 的封装格式。

图 2-45　类型 7 LSA 的封装格式

读者观察图 2-45 不难发现，类型 7 LSA 的封装格式与类型 5 LSA 类似。不仅如此，类型 7 LSA 中各字段的作用也与类型 5 LSA 相同，因此这里不再赘述。

在华为 VRP 系统中，管理员如果希望把一个区域配置为 NSSA，需要进入该区域中的所有 OSPF 路由器的区域视图，然后输入命令 **nssa**。

图 2-46 所示为一个包含 NSSA 的 OSPF 路由环境。

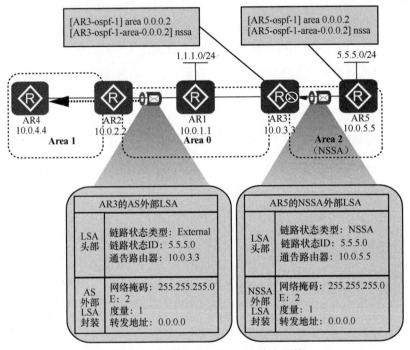

图 2-46　包含 NSSA 的 OSPF 路由环境

在图 2-46 中，AR5（Area 2 中的 ASBR）向 Area 2 中发送了一个 LSA，以通告 AS 外部网络 5.5.5.0/24 的链路状态信息。因为 Area 2 被配置为 NSSA，所以 AR5 通告的是 NSSA 外部 LSA，即类型 7 LSA。NSSA 外部 LSA 只会在始发的 NSSA 中传播，因此 AR3 作为 Area 2 的 ABR 并不会把它转发到骨干 Area 0，而是会把它转换为 AS 外部 LSA（类型 5 LSA），在（除了 Area 2 外的）OSPF 路由域中进行传播。

当 AR1 发送了描述 AS 外部网络 1.1.1.0/24 的 AS 外部 LSA 时，AR3 不会把这个类型 5 LSA 转发到 Area 2，因为 Area 2 被配置为 NSSA，当然 AR3 也不会向 Area 2 发送描述 AR1 的 ASBR 汇总 LSA，它只会向 Area 2 发送描述默认网络的网络汇总 LSA，让 Area 2 中的 OSPF 路由器（AR5）把发送给 AS 外部网络的流量转发给自己。在 NSSA 的 ABR 处理从骨干区域中接收到的类型 5 LSA 这一方面，NSSA 和末端区域的 ABR 处理方式相同。

完全 NSSA（Totally NSSA）之于 NSSA，恰如完全末端区域之于末端区域，读者可以参照完全末端区域部分的内容进行学习。简言之，一个包含 ASBR 的区域一旦接收到 ABR 通告的默认路由，这个区域中的路由器就不需要通告明细链路状态的类型 3 LSA，管理员就可以把这个区域配置为完全 NSSA。同理，在华为 VRP 系统中，管理员如果希望把一个区域配置为完全 NSSA，需要在配置 ABR 在该区域的区域视图时，在命令 **nssa** 后面加入关键词 **no-summary**。至于完全 NSSA 中的非 ABR 设备，它们的配置方法和 NSSA 相同，即只需要输入命令 **nssa**，而不需要添加关键字 **no-summary**。

2.3.3 路由汇总、静默接口与 OSPF 报文认证

除了满足基本的通信需求外，管理员还可以通过一些手段对 OSPF 网络进行优化和保护，这些手段在如今的 OSPF 网络中使用相当广泛。

1. 路由汇总

管理员可以在 ABR 和 ASBR 上执行路由汇总，把多个拥有相同前缀的路由汇总成一条路由，以减少其他 OSPF 路由器的路由条目数量，优化其他 OSPF 路由器的性能。在技术上，汇总前的路由称为明细路由，汇总后的路由则称为汇总路由。

如果管理员希望在 ABR 上执行汇总路由，就需要进入明细路由所在区域的区域视图，输入命令 **abr-summary** *summarized-network-ip-address summarized-network-mask*。当 ABR 在明细路由所在区域把明细路由汇总为汇总路由后，它也只会向其他区域通告汇总路由，而不会再通告明细路由。ABR 汇总路由如图 2-47 所示。

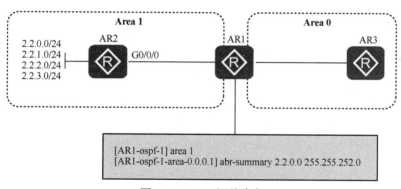

图 2-47 ABR 汇总路由

在图 2-47 中，AR2 是 Area 1 中的内部路由器，它连接了 4 个网络，即 2.2.0.0/24、2.2.1.0/24、2.2.2.0/24 和 2.2.3.0/24。为了让 Area 1 的 ABR 在将这些网络通告到骨干区域时，把它们汇总为 2.2.0.0/22，管理员在 AR1 的 Area 1 视图下使用命令 **abr-summary 2.2.0.0 255.255.252.0** 进行配置。

如果管理员希望在 ASBR 上执行汇总路由，需要进入 ASBR 的 OSPF 视图，输入命令 **asbr-summary** *summarized-network-ip-address summarized-network-mask*。这样一来，ASBR 在把外部路由通告到 OSPF 路由域时，就只会通告汇总路由。ASBR 汇总路由如图 2-48 所示。

在图 2-48 中，AR1 作为 ASBR 连接了 4 个外部网络，即 1.1.0.0/24、1.1.1.0/24、1.1.2.0/24 和 1.1.3.0/24。为了让 AR1 将这些网络汇总为 1.1.0.0/22，管理员在 AR1 的 OSPF 视图下使用命令 **asbr-summary 1.1.0.0 255.255.252.0** 进行配置。

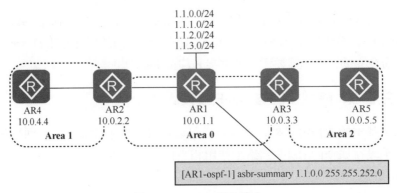

图 2-48 ASBR 汇总路由

关于路由汇总，还有一点需要格外注意：不要进行过度汇总，即不要让汇总路由包含路由器并没有连接的明细网络。例如在图 2-48 中，如果 AR1 连接的外部网络只有 1.1.0.0/24、1.1.1.0/24 和 1.1.3.0/24，管理员既可以将前两个网络汇总为 1.1.0.0/23，保留最后一条明细路由不变，也可以保留这 3 条明细路由。但是，此时管理员不应该将这 3 条路由汇总为 1.1.1.0/22，因为 AR1 并不知道如何向网络 1.1.2.0/24 转发数据包，但其他 OSPF 仍然会因为接收到 1.1.0.0/22 网络的汇总路由，而将发往 1.1.2.0/24 的数据包转发给 AR1。换言之，过度汇总会引发路由黑洞。

2. 静默接口

有时，管理员希望把一些接口所连接的网络宣告到 OSPF 网络中，以此让其他路由器知道如何向这些接口所在的网络转发数据，但又不希望这些接口接收和发送 OSPF 报文。例如，当一台 OSPF 路由器的某个接口连接的是一系列终端设备，管理员就可以把这个接口所在的网络宣告到 OSPF 网络中，让其他路由器知道如何转发去往这些终端设备的流量，但同时这个接口并不需要发送也不应该接收到 OSPF 报文。如果这类接口不对外发送 OSPF 报文，那么 OSPF 路由器及其连接的终端设备可减少系统资源的消耗，该接口所在网络的带宽也可以得到更有效的利用。

如果管理员希望在 OSPF 中宣告的接口不对外发送 OSPF 报文，则需要进入 OSPF 视图使用命令 **silent-interface** *interface-number* 指定该接口，这种不使宣告在 OSPF 中的接口对外发送 OSPF 报文的特性称为静默接口（**silent interface**），如图 2-49 所示。

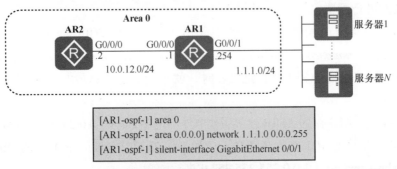

图 2-49 静默接口

在图 2-49 中，骨干 Area 0 包含两台内部路由器 AR1 和 AR2，AR1 的接口 G0/0/1 连接了多台服务器。管理员首先使用命令宣告 AR1 接口 G0/0/1 的网络。然后，为了禁止该接口对外发送 OSPF 报文，管理员在 OSPF 视图下使用命令 **silent-interface** 把这个接口配置为静默接口。

3. OSPF 报文认证

通过前文介绍的 OSPF 报文的封装格式，我们可以看到 OSPF 头部包含认证类型字段和认证字段。OSPF 路由器可以通过这些字段来让其他 OSPF 路由器对自己发送的报文进行认证。认证的目的是确保网络中没有非法的 OSPF 路由器传播误导性的 OSPF 路由信息。配置认证机制需要管理员在参与 OSPF 交互的路由器上预先配置认证口令。

路由器支持以下两种 OSPF 报文认证方式。

① **区域认证方式**：要求一个 OSPF 区域中的所有路由器在该区域中使用相同的认证方式和口令来发送和验证 OSPF 报文。配置区域认证需要管理员在该区域中的每台路由器上进入需要执行认证的区域的视图，此时如果使用简单认证，则应输入命令 **authentication-mode simple** { **cipher** *cipher-string* | **plain** *plain-string* }；如果使用 md5 认证，则应输入命令 **authentication-mode** { **hmac-md5** | **md5** } *key-id* { **cipher** *cipher-string* | **plain** *plain-string* }。

② **接口认证方式**：要求该接口相连的路由器使用相同的认证方式和口令来发送和验证 OSPF 报文。配置接口认证需要管理员进入需要执行认证的路由器接口视图，此时如果使用简单认证，则应输入命令 **ospf authentication-mode simple** { **cipher** *cipher-string* | **plain** *plain-string* }；如果使用 md5 认证，则应输入命令 **ospf authentication- mode** { **hmac-md5** | **md5** } *key-id* { **cipher** *cipher-string* | **plain** *plain-string* }。

关于认证，读者需要注意两点。首先，关键字 **plain** 表示使用明文发送认证口令，之后管理员需要在 *plain-string* 部分输入明文的口令；而关键字 **cipher** 表示使用密文发送认证口令，管理员需要在 *cipher-string* 部分输入密文口令。其次，如果区域认证和接口认证两种方式都存在，设备优先使用接口认证方式。

关于 OSPF 的内容到此告一段落，后续内容还会介绍其他动态路由协议。

练 习 题

1. 下列哪一项不是 OSPF 的报文类型？（　　）

　　A. Hello　　　　　　　　　　　　B. DD

　　C. LSA　　　　　　　　　　　　　D. LSAck

2. 路由器会用下列哪种类型的 OSPF 报文来交换链路状态详细信息？（　　）

　　A. LSDB　　　　　　　　　　　　B. LSU

C. LSA　　　　　　　　　　D. LSAck

3. 下列关于 DR 的说法，哪一项是错误的？（　　）

A. 路由器之间选举 DR，首先会比较参选接口的路由器的优先级值

B. 如果同一个网络中有多个路由器接口的路由器优先级值相等，Router ID 最小的路由器接口会成为 DR

C. DR 不支持抢占

D. 只有广播网络和 NBMA 网络需要选择 DR

4. 下列哪一项不是 OSPF 定义的网络类型？（　　）

A. 点到点　　　　　　　　　B. NBMA

C. 广播　　　　　　　　　　D. 单播

5. 关于 OSPF 区域的说法，下列哪一项是错误的？（　　）

A. 区域 0 是 OSPF 的骨干区域

B. 非骨干区域需要直接或通过虚链路与骨干区域相连

C. 非骨干区域之间需要直接或通过虚链路相连

D. 骨干区域若不连续，则需要通过虚链路连接其各个部分

6. 下列关于虚链路的说法，错误的是（　　）。

A. 虚链路可以提升 OSPF 网络的性能

B. 虚链路可以用来连接不连续的 OSPF 骨干区域

C. 虚链路可以用来把与骨干区域不直接相连的非骨干区域，逻辑地连接到骨干区域

D. 虚链路不能穿越末端区域

7. LSA 头部的哪个字段，其具体意义取决于该 LSA 的类型？（　　）

A. 链路状态类型　　　　　　B. 链路状态 ID

C. 通告路由器　　　　　　　D. 长度

8. ASBR 汇总 LSA 是由哪类路由器生成的？（　　）

A. 所有路由器　　　　　　　B. DR

C. ABR　　　　　　　　　　D. ASBR

9. 在 NSSA 中存在但是在末端区域中不存在的 LSA 类型是哪一个？（　　）

A. 类型 1 LSA　　　　　　　B. 类型 3 LSA

C. 类型 5 LSA　　　　　　　D. 类型 7 LSA

10. 相比 NSSA，完全 NSSA 旨在简化下列哪种路由？（　　）

A. 明细的区域内 OSPF 路由　　　B. 明细的区域间 OSPF 路由

C. 明细的区域外 OSPF 路由　　　D. 明细的 AS 外部路由

答案：

1. C　2. B　3. B　4. D　5. C　6. A　7. B　8. C　9. D　10. B

第 3 章
IS-IS 的原理与配置

本章主要内容

中间系统到中间系统（IS-IS）协议是另一项至今仍然得到大量部署的链路状态路由协议。同为链路状态路由协议，IS-IS 和 OSPF 存在不少相似之处，但很多看似接近的概念在细节上又存在明显区别，读者可以对比学习这两项协议，本章在介绍 IS-IS 协议时也会与第 2 章的内容进行对照。

3.1 节首先介绍 IS-IS 的基本概念。IS-IS 协议并不是针对 TCP/IP 模型定义的链路状态路由协议，而是使用了一种称为 NSAP（网络服务接入点）的地址，这一节会介绍这种地址的构成。IS-IS 提出了一个特殊的概念，即路由器的级别，3.1 节会对其进行解释。接下来，3.1 节会对照 OSPF 的同类概念，介绍 IS-IS 的区域划分、网络类型和开销值。3.1 节的末尾会介绍 IS-IS 报文的封装结构。

3.2 节的重点在于详细介绍 IS-IS 路由器建立邻接关系，以及同步链路状态数据库的过程。IS-IS 路由器建立邻接关系、同步链路状态数据库的方式与 OSPF 相似，但两者又存在明显不同，且 IS-IS 路由器处理上述过程的方式取决于 IS-IS 路由器接口的网络类型，文中会分情况进行说明。3.2 节的最后会介绍不同级别的 IS-IS 路由器会维护什么样的链路状态数据库，以及会向邻接设备通告哪些链路状态信息。

3.3 节会介绍 VRP 系统中的 IS-IS 配置命令，并且借助一个简单的拓扑，向读者展示如何在华为路由设备的 VRP 系统中配置 IS-IS 协议，从而实现网络的互通。

本章重点

- NSAP 的概念与构成；
- IS-IS 的区域与 IS-IS 路由器的分类；
- IS-IS 的网络类型与开销；
- IS-IS 各级头部的封装结构；
- IS-IS 路由器邻接关系的建立过程；
- IS-IS 路由器同步链路状态数据库的过程；
- 各级 IS-IS 路由器通告链路状态信息的方式；
- IS-IS 协议的基本配置方法。

3.1　IS-IS 的基本概念

恰如 OSPF 协议是为 TCP/IP 模型定义的链路状态路由协议，在设计 OSPF 的同一时期，国际标准化组织（ISO）也在着手为其打造的 OSI 模型定义一套链路状态路由协议。彼时，按照 ISO 的看法，TCP/IP 模型这种约定俗成的非标准化协议栈迟早会被 OSI 模型所取代，因此 OSI 模型的路由协议取代 OSPF 也只是时间问题。

如今看来，IS-IS 与 OSPF 固然没有产生 ISO 所预期的相互取代关系，但这两个产生于同一时代、出于相同目的定义的协议却存在大量的相似之处。

3.1.1　NSAP 与 NET

IP 最早是传输控制程序中的一项用来为数据报文提供寻址和编址的无连接服务，之后成为一项独立的协议。而传输控制程序中面向连接的上层架构则演变为传输控制协议（TCP），以这两项协议作为核心的网络互联协议栈就被人们称为 TCP/IP 协议栈，或者 TCP/IP 模型。因为 IS-IS 是针对 OSI 模型设计的协议，所以 IS-IS 与 OSPF 最大的不同之处在于其使用的网络层概念和协议。

在 OSI 模型中，负责转发网络层数据包的设备称为中间系统（IS）。与 IS 对应的概念是位于网络末端、不承担数据转发任务、仅始发和接收网络层数据包的设备，这类设备称为端系统（ES）。因此，路由器就是典型的 IS，主机则是典型的 ES，各设备之间用来进行寻址和编址的无连接协议称为无连接网络协议（CLNP），而承担路由器与路由器之间数据报文转发的协议就顺理成章地被称为中间系统到中间系统协议，即 IS-IS 协议。

1. NSAP

OSI 模型和 TCP/IP 模型不同的一点在于，OSI 模型的地址并没有定义在 CLNP 中。OSI 模型使用的是一种名为网络服务接入点（NSAP）的地址。NSAP 地址的长度并不是固定的，它是一个长度为 8～20 字节的可变长度地址。NSAP 地址的组成如图 3-1 所示。

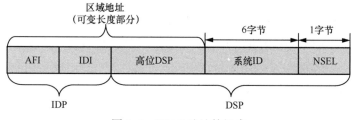

图 3-1　NSAP 地址的组成

如图 3-1 所示，NSAP 地址分为两部分，即初始域部分（IDP）和特定域部分（DSP）。读者可以暂时把 IDP 理解为 IP 地址中的主网络部分，把 DSP 理解为 IP 地址中的子网和主机部分。

下面，我们对图 3-1 中 NSAP 的几个组成部分进行解释。

- **AFI（授权组织和格式标识）**：长度不固定，取值范围是 0～99。顾名思义，AFI 的作用是标识分配地址的权威机构和地址的格式。如 AFI 取值为 39 标识的是 ISO 数据国家/地区码，47 标识的是 ISO 6523 国际代码指示符，49 标识的是本地管理（私有）地址。显然，AFI 为 49 的 NSAP 地址类似于 RFC 1918 标准的 IP 地址。因此，本章后文的示例中使用的地址会使用 49 作为 AFI 的取值。
- **IDI（初始域标识）**：长度也是不固定的。IDI 用来标识 AFI 之下的域。例如，同为 ISO 6523 国际代码指示符，不同国家/地区的不同机构可以分配到自己对应的 IDI。
- **高位 DSP（高位域特定部分）**：常写作 HO-DSP，其长度依然可变，作用是分隔不同的区域。在 NSAP 中，IDP 和 HO-DSP 合称为区域地址，类似于 OSPF 中的区域 ID，因为它们可以一起标识路由域中的区域。

- **系统 ID**：采用 6 字节的固定长度，在区域中唯一地标识一个终端或者一台路由器。
- **NSEL**：NSAP 选择器的简称，其长度固定为 1 字节，作用类似于 IP 数据包头部的协议字段，用来标识不同的上层协议。在 IP 网络环境中，NSEL 的取值为 00。

2. NET

在 IP 网络中使用 IS-IS 协议时，NSAP 中的 NSEL 取值为 0，因此该 NSAP（的非 0 位）仅由区域地址和系统 ID 两部分组成。这种特殊的 NSAP 地址被称为网络实体名称（NET），其组成如图 3-2 所示。

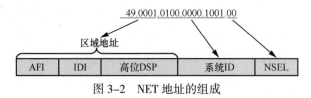

图 3-2 NET 地址的组成

NET 地址就是需要在运行 IS-IS 的路由器上配置的地址。在 IS-IS 路由域中，每台（运行 IS-IS 的）路由设备至少拥有一个 NET。如果一台路由设备拥有多个 NET，那么所有 NET 的系统 ID 都必须相同，因为系统 ID 的作用就是在区域中唯一地标识这台设备。

为了便于管理，系统 ID 一般会根据路由设备的路由器 ID（Router ID）进行配置。在把路由器 ID 扩展为 NET 的系统 ID 时，我们可以首先把路由器 ID 的每一段都写作一个 3 位数，不足 3 位数的用 0 填充前导位，然后再把这 12 个（3 位数）分为 3 组，每组 4 位。如 10.0.1.1 可以首先写作 010.000.001.001，于是这台路由设备的 NET 系统 ID 就是 0100.0000.1001。如果这台路由设备对应的区域号为 49.0001，那么它的 NET 就应该设置为图 3-2 所示的 49.0001.0100.0000.1001.00。

关于 IS-IS 协议及其通信地址，有一点需要补充说明：如今网络中使用的 IS-IS 协议均为支持在 IP 网络中运行的集成 IS-IS 协议。集成 IS-IS 协议不仅可以在 IP 网络中运行，而且运行集成 IS-IS 协议的路由设备可以相互发送描述 IP 网络的链路状态信息，并用这些信息来同步链路状态数据库，最终计算出去往各个 IP 网络的路由。虽然集成 IS-IS 协议在路由器之间进行通信时，仍然需要使用 NET 地址，但集成 IS-IS 协议可以和其他 IP 路由协议一样为 IP 网络的互联互通服务。

3.1.2 IS-IS 的区域与路由器的分类

前文已经对多区域设计相对于单区域设计的巨大优势进行了阐述。显然，适用于 OSPF 协议的多区域优势同样适用于 IS-IS 协议。虽然分层的理念和优势相同，但 IS-IS 在具体的分层设计方法上依然与 OSPF 存在一定的区别。

1. IS-IS 的区域

在 LSA 的分类中，本书通过介绍 OSPF 路由器的类型，展示了 OSPF 区域的边界位于 OSPF 路由器上，即一台 OSPF 路由器的不同接口可以参与不同的 OSPF 区域。IS-IS 区域和 OSPF 区域的一大区别：一台 IS-IS 路由器只能属于一个区域。换言之，IS-IS 区域的边界位于链路上。

如图 3-3 所示，每一台 IS-IS 路由器的所有接口都只属于某一个区域，区域的边界位于路由器与路由器之间互联的链路上。对比图 2-17 和图 3-3 可以更加明显地看出 IS-IS 区域和 OSPF 区域边界的不同，OSPF 区域的边界是 ABR，即一台 OSPF 路由器。

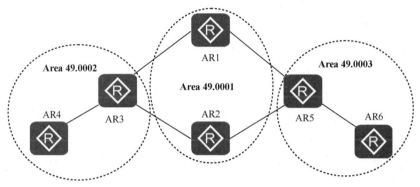

图 3-3　IS-IS 的区域

IS-IS 区域与 OSPF 区域的另一个区别在于，IS-IS 没有定义专门的骨干区域。也就是说，OSPF Area 0 在 IS-IS 中并不存在对应的概念。不仅如此，IS-IS 也不存在某一个特定区域是骨干区域还是非骨干区域的概念。在一个 IS-IS 自治系统中，骨干区域与非骨干区域的分层结构是通过路由器的分级（Level）来定义的，具体如下。

- Level-1（L-1）路由器属于非骨干区域。
- Level-2（L-2）路由器和 Level-1/2（L-1/2）路由器属于骨干区域。
- 非骨干区域通过 Level-1/2（L-1/2）路由器与骨干区域相连。

IS-IS 的骨干区域、非骨干区域及路由器分级如图 3-4 所示。

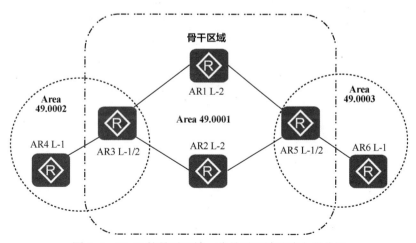

图 3-4　IS-IS 的骨干区域、非骨干区域及路由器分级

从图 3-4 中读者可以看到，IS-IS 的骨干区域跨越了 49.0001、49.0002 和 49.0003 这 3 个区域，包含了图中所有 L-2 路由器和 L-1/2 路由器。

考虑到 IS-IS 区域和 OSPF 区域存在上述区别，IS-IS 对 Level-1 和 Level-2 级别的路由都会运行 SPF 算法并且生成最短路径树，而不会采用区域内路由执行 SPF 算法以及区域间路由采用类似于距离矢量路由的 OSPF 计算方法。

2. 路由器的分类

Level-1 路由器是 IS-IS 非骨干区域中的区域内部路由器，只会与本区域中的 Level-1 路由器和 Level-1/2 路由器之间建立邻接关系（这种邻接关系称为 Level-1 邻接关系），而不与 Level-2 路由器建立邻接关系。Level-1 路由器也只会维护 Level-1 的 LSDB，其中只包含这个 Level-1 路由器所在区域的链路状态信息。

因为非骨干区域通过 Level-1/2 路由器与骨干区域相连，所以 Level-1/2 路由器会和本区域的 Level-1 路由器建立 Level-1 邻接关系，并建立本区域的 Level-1 LSDB 来维护本区域的链路状态信息。同时，Level-1/2 路由器也会和其他区域中的 Level-2 路由器建立 Level-2 邻接关系，并建立区域间的 Level-2 LSDB 来维护区域间路由。

Level-2 路由器属于骨干区域，它会和 Level-2 或者 Level-1/2 路由器建立 Level-2 邻接关系，并且建立 Level-2 的 LSDB，这个 LSDB 会维护整个 IS-IS 自治系统的所有链路状态信息。

> **注释：**在 IS-IS 标准中，邻居（Neighbour）和邻接（Adjacency）的概念同样不应混淆，它们的异同可以类比 OSPF 中的同类概念。简单来说，邻居本质上是设备，而邻接本质上是与邻居设备相关的状态。IS-IS 邻居设备不必然存在邻接关系，因此邻居设备需要建立邻接关系才能进行链路状态信息的交换。具体内容，读者可以参考 IS-IS 的 ISO 官方文档。

通过上述的机制，Level-1 路由器必须通过 Level-1/2 路由器连接骨干区域才能访问其他区域。

上述介绍的邻接关系对应到图 3-4 所示拓扑的情形如图 3-5 所示。

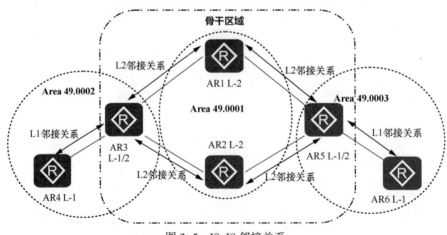

图 3-5　IS-IS 邻接关系

3.1.3 IS-IS 的网络类型

IS-IS 和 OSPF 一样定义了网络类型，并且 IS-IS 的网络类型也是路由器接口的设置参数。不仅如此，IS-IS 路由器也会根据接口所采用的数据链路层封装来为该接口分配一个默认的网络类型。

IS-IS 网络类型不同于 OSPF 网络类型之处在于，IS-IS 支持的网络类型只有两种，即广播和点到点。当接口的数据链路层封装为以太网时，该接口的 IS-IS 网络类型会被默认设置为广播；当接口的数据链路层封装为 PPP、高级数据链路控制（HDLC）等协议时，该接口的 IS-IS 网络类型会被默认设置为点到点。针对 OSPF 中定义的 NBMA 网络，即连接帧中继、ATM 网络的接口，管理员需要注意将该物理接口的各个子接口都配置为 P2P 网络。

3.1.4 IS-IS 的开销值

作为路由协议度量路径优劣的方式，IS-IS 当然也定义了开销值（Cost）：越优的路径，其对应的开销值越小。IS-IS 的开销值也是由接口进行维护的，且从一台路由器到达目的网络的路由开销值等于沿途所有出站 IS-IS 接口的开销值之和，上述设计与 OSPF 相同，如图 3-6 所示。

图 3-6　IS-IS 路由开销值的计算方法

在图 3-6 中，因为从 AR4 向 AR1 接口地址 192.168.1.1/32 发送的数据需要穿越 AR4、AR3 和 AR2 的 G0/0/1 这 3 个出站接口，所以在 AR4 的路由表中，目的网络为 192.168.1.1/32 的 IS-IS 路由条目开销值为 30（10+10+10=30）。

与 OSPF 开销值的不同之处在于，IS-IS 所有接口的默认开销值统一定义为 10，而不是使用接口的带宽加以计算获得不同接口的默认开销值。管理员可以通过以下 3 种方式来指定 IS-IS 路由器的开销值。

- **接口开销**：指定某个接口的开销。
- **全局开销**：指定该路由器所有 IS-IS 接口的开销。
- **自动计算开销**：路由器根据各个接口的带宽自动计算接口的开销。

由于历史原因，IS-IS 开销分为两种类型，一种类型为 narrow，这种类型参照了早期的 ISO 10589 标准，其中规定 IS-IS 接口开销的最大取值为 63；另一种类型为 wide，这种类型参照了 RFC 3784 标准，可以支持更大的开销值以满足大型网络设计的需要。wide 类型的最大取值为 16777215。华为路由器采用的开销类型默认为 narrow。

3.1.5　IS-IS 的报文封装

IS-IS 的报文直接封装在数据链路层的数据帧中，协议的协议数据单元（PDU）由 IS-IS 头部和变长字段两部分组成。

1．IS-IS 报文的头部封装与 PDU 通用头部字段

IS-IS 头部分为 PDU 通用头部和 PDU 专用头部两部分。顾名思义，PDU 通用头部是由固定字段组成的，PDU 专用头部字段的封装则取决于 PDU 的类型。变长字段部分则由类型（Type）、长度（Length）和值（Value）组成，因此也称为 TLV。

综上所述，IS-IS 报文的封装格式如图 3-7 所示。请读者注意：图中标明了取值的字段皆为固定取值字段。

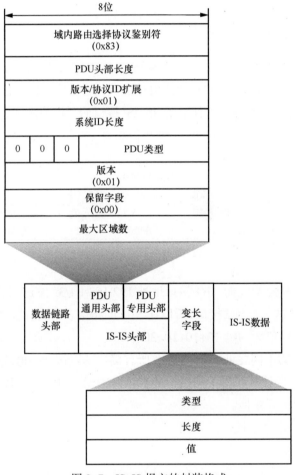

图 3-7　IS-IS 报文的封装格式

下面，我们对图 3-7 中，PDU 通用头部的部分非固定取值字段进行解释。

- **PDU 头部长度**：这个字段的作用是标识 IS-IS 头部长度的字节数。鉴于 IS-IS 头部包含长度不固定的专用头部，因此需要通过该字段标识 PDU 头部的长度。

- **系统 ID 长度**：这个字段的作用是标识系统 ID 区域的长度。如果这个字段的取值为 0，表示系统 ID 区域的长度为 6 字节。

- **PDU 类型**：这个字段的作用类似于 OSPF 头部封装中的类型字段。具体而言，IS-IS 的 PDU 包括 4 种类型，即 IIH（IS-IS Hello）、LSP（链路状态 PDU）、CSNP（全序列号 PDU）、PSNP（部分序列号 PDU）。PDU 类型字段的作用是标识这个 IS-IS PDU 属于哪一种报文类型。

  - **IIH**：如果 IS-IS 头部的 PDU 类型字段取值为 15，表示这是由广播网络中 Level-1 路由器使用的 IS-IS Hello PDU，称为 L1 LAN IIH。如果 PDU 类型字段取值为 16，表示这是由广播网络中 Level-2 路由器使用的 IS-IS Hello PDU，称为 L2 LAN IIH。如果 PDU 类型字段取值为 17，表示这是由点到点网络中 IS-IS 路由器使用的 Hello PDU，称为 P2P IIH。各类 IS-IS Hello PDU 类似于 OSPF 的 Hello 数据包，其作用是建立和维持 IS-IS 邻接关系。

  - **LSP**：如果 IS-IS 头部的 PDU 类型字段取值为 18，表示这是由 Level-1 路由器使用的 LSP PDU，称为 L1 LSP。如果 PDU 类型字段取值为 20，表示这是由 Level-2 路由器使用的 LSP PDU，称为 L2 LSP。LSP PDU 可以类比 OSPF 的 LSU 报文，其作用是让 IS-IS 路由器相互交换链路状态信息。

  - **CSNP**：如果 IS-IS 头部的 PDU 类型字段取值为 24，表示这是由 Level-1 路由器使用的 CSNP PDU，称为 L1 CSNP。如果 PDU 类型字段取值为 25，表示这是由 Level-2 路由器使用的 CSNP PDU，称为 L2 CSNP。CSNP PDU 的作用是描述全部链路状态数据库中的 LSP，以便其他 IS-IS 路由器可以通过对比，判断双方的链路状态数据库是否已经同步。CSNP 类似于 OSPF 的 DD 报文。

  - **PSNP**：如果 IS-IS 头部的 PDU 类型字段取值为 26，表示这是由 Level-1 路由器使用的 PSNP PDU，称为 L1 PSNP。如果 PDU 类型字段取值为 27，表示这是由 Level-2 路由器使用的 PSNP PDU，称为 L2 PSNP。PSNP PDU 的作用是描述一部分链路状态数据库中的 LSP，以便向对方 IS-IS 路由器请求其链路状态数据库中保存的某个或某些链路状态信息。PSNP 类似于 OSPF 的 LSR 报文。在点到点网络中，PSNP 用来对接收到的链路状态更新进行确认，因此还扮演了 LSAck 的角色。

- **最大区域数**：这个字段标识的是该 IS-IS 进程实际支持的最大区域个数。如果这个字段取值为 0，表示该 IS-IS 进程最大只支持 3 个区域地址。

2. 各类 PDU 的专用头部字段

（1）IIH

IIH 报文的作用类似于 OSPF Hello 报文，其作用是建立并且维持 IS-IS 路由器之间的邻接关系。如果一个 IS-IS 报文通用头部中的 PDU 类型字段取值为 15、16 或 17，这个报文就是 IIH 报文。IIH 报文专用头部的封装字段如图 3-8 所示，其中 R 表示保留位。

图 3-8   IIH 报文专用头部的封装字段

下面简单介绍 IIH 报文专用头部中的各个字段。

- **电路类型**：这个字段的长度通常为 2 位，用来标识报文始发路由器的类型。该字段取值 01 表示 Level-1 路由器，10 表示 Level-2 路由器，11 表示 Level-1/2 路由器。
- **源 ID**：这个字段的长度为 8 位，用来标识这个 IIH 报文发送方路由器的系统 ID。
- **保持时间**：这个字段的长度为 16 位，其作用是标识路由器如果没有接收到邻接路由器发来的 IIH 报文，就会中止已经建立的邻接关系的等待时间。
- **PDU 长度**：这个字段的长度为 16 位，用来标识整个 PDU 的长度。
- **优先级**：这个字段的长度为 7 位，用来标识选举指定中间系统（DIS）的优先级，数值越大优先级越高。DIS 的概念对应 OSPF 中的 DR。需要说明的是，只有广播网络中的 Hello 消息，即 LAN IIH 消息会携带优先级字段。鉴于点到点网络不需要选举 DIS，P2P IIH 消息不会携带这个字段。不携带优先级字段的 Hello 消息，也不会携带前面的保留位（R）。
- **LAN ID**：这个字段包含始发设备的系统 ID 和伪节点 ID。同样，只有广播网络中的 Hello 消息（即 LAN IIH 消息）会携带 LAN ID 字段。
- **本地电路 ID**：这个字段标识的是始发路由器分配给这条传输链路的值。该字段只会出现在点到点网络的 Hello 消息（即 P2P IIH 消息）的封装中。

（2）LSP

LSP 报文可以类比 OSPF 的 LSU 报文，其作用是让 IS-IS 路由器之间相互交换链路状态信息。如果一个 IS-IS 报文通用头部中的 PDU 类型字段取值为 18 或 20，这个报文就是 LSP 报文。LSP 报文专用头部的封装字段如图 3-9 所示，其中 R 表示保留位。

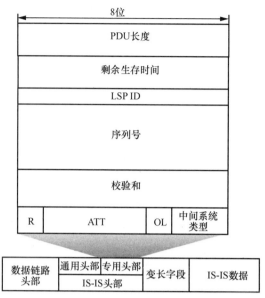

图 3-9　LSP 报文专用头部的封装字段

下面简单介绍 LSP 报文专用头部中的部分字段。

- **剩余生存时间**：这个字段的长度是 16 位，用来标识这个 LSP 报文在过期前剩余的秒数。

- **LSP ID**：这个字段会包含系统 ID、伪节点 ID 和 LSP 报文的编号。

- **序列号**：这个字段的长度同样是 32 位，用来标识这个 LSP 报文是 IS-IS 路由器启动时发送的第几个 LSP 报文。序列号大的 LSP 报文为时间上最后更新的 LSP 报文。

- **校验和**：这个字段的长度为 16 位，其作用是让对端对 LSP 报文的完整性进行校验。

- **ATT**：这个字段的长度为 4 位，其作用是标识该 LSP 报文的始发路由器连接的 Level-1 区域采用了哪一种度量方式。这个字段在 Level-1/2 路由器始发的 L1 LSP 报文中才有意义。

- **OL**：过载标志位，通常设置为 0，其长度为 1 位。如果一个 LSP 报文的 OL 位置位，那么其他路由器在计算 SPF 树时就不会考虑这个 LSP 报文的始发路由器。如果一台路由器出现了内存不足的情况，系统会自动对其发送的 LSP 报文设置 OL 位。

- **中间系统类型**：这个字段由 2 位组成，用来标识这个 LSP 报文始发路由器的类型是 Level-1 路由器还是 Level-2 路由器。这个字段取值 01 表示该 LSP 报文始发路由器为 Level-1 路由器，取值 11 表示该 LSP 报文始发路由器为 Level-2 路由器。

（3）CSNP

CSNP 报文类似于 OSPF 的 DD 报文，IS-IS 路由器可以用其他 IS-IS 路由器发送的 CSNP 报文对自己的链路状态数据库进行查漏补缺，以便之后有针对性地进行请求。如果一个 IS-IS 报文通用头部中的 PDU 类型字段取值为 24 或 25，这个报文就是 CSNP 报文。CSNP 报文专用头部的封装字段如图 3-10 所示。

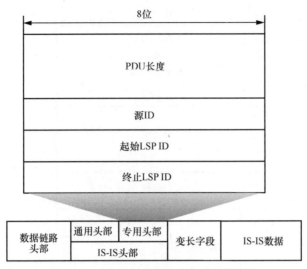

图 3-10　CSNP 报文专用头部的封装字段

下面简单介绍 CSNP 报文专用头部中的部分字段。

- **源 ID**：这个字段用于标识这个 CSNP 报文始发路由器的系统 ID。
- **起始 LSP ID**：这个字段标识这个 CSNP 报文中第一个 LSP 的 ID。
- **终止 LSP ID**：这个字段标识这个 CSNP 报文中最后一个 LSP 的 ID。

（4）PSNP

PSNP 报文在作用上相当于 OSPF 的 LSR，用于向其他 IS-IS 路由器请求特定的链路状态信息，以便实现链路状态数据库的同步。如前所述，在点到点类型的网络中，PSNP 用来确认接收到邻接设备发送的 LSP，因此还扮演了 OSPF 中 LSAck 的角色。如果一个 IS-IS 报文通用头部中的 PDU 类型字段取值为 26 或 27，这个报文就是 PSNP 报文。PSNP 报文专用头部的封装字段如图 3-11 所示。

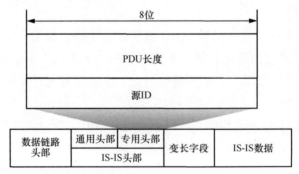

图 3-11　PSNP 报文专用头部的封装字段

在 PSNP 专用头部的封装字段中，源 ID 字段的作用是标识这个 PSNP 报文始发路由器的系统 ID。

3. IS-IS 的 TLV 类型

在图 3-7 中，变长字段所包含的 TLV 是通信协议中常用的一种数据编码结构。远程身份认证拨号用户服务（RADIUS）协议封装的报文中就会携带 TLV。DHCP 则将 TLV 作为可选字段。

很多通信协议会将用以兑现协议标准的参数作为固定字段封装在协议的头部。不过，把实现协议功能的参数定义为固定字段这种"一个萝卜一个坑"的做法，意味着协议在功能特性上无法进行扩展。在人们普遍希望某个协议提供新的机制时，重新为这个协议定义一个全新版本就在所难免了。一种灵活的方法是在协议头部定义一些保留字段，这些字段可以在未来根据需要对协议进行适当的扩展，而不必动辄推出新的协议，但考虑到保留字段毕竟长度有限，这种方法的灵活性依然有限。还有另一种更加灵活的方法，就是通过 TLV 这种数据结构来"模块化"地定义协议特性。鉴于 TLV 描述了某个参数的类型、长度和数值，通信协议可以按照需要使用的参数灵活组合、增减 TLV，从而提升协议的灵活性，避免一旦扩展协议特性就要修改协议报文封装的问题。

针对 IS-IS TLV 类型，表 3-1 罗列了 TLV 类型值、名称以及封装该 TLV 的 PDU 类型。

表 3-1　IS-IS TLV 类型

TLV 类型值	名称	封装该 TLV 的 PDU 类型
1	区域地址	IIH、LSP
2	中间系统邻居——LSP	LSP
4	区域分段指定 L2 中间系统	L2 LSP
6	中间系统邻居——MAC 地址	LAN IIH
7	中间系统邻居——SNPA 地址	LAN IIH
9	LSP 条目	CSNP、PSNP
10	认证信息	IIH、LSP、CSNP、PSNP
128	IP 内部可达性信息	LSP
129	支持的协议	IIH、LSP
130	IP 外部可达性信息	LSP
131	域间路由协议信息	L2 LSP
132	IP 接口地址	IIH、LSP
240	P2P 邻接状态	P2P IIH

本节对 IS-IS 所涉及的基本概念和术语进行了概述，并且着重介绍了 IS-IS 报文的封装字段，3.2 节的重点是介绍 IS-IS 的基本工作原理。

3.2　IS-IS 的基本工作原理

作为链路状态路由协议，IS-IS 同样是首先与其他 IS-IS 路由器建立邻接关系，然后让建立了邻接关系的路由器通过互相发送链路状态信息来同步链路状态数据，最后由 IS-IS 路由器在本地以自己为根计算去往各个网络的路由。本节会分别对这 3 个步骤的具体做法进行说明。

3.2.1 建立邻接关系

IS-IS 路由器会使用 Hello 报文（IIH）来建立邻接关系，这一点与 OSPF 相同。同样，IS-IS 协议对相邻路由器之间建立邻接关系也有一些要求。在前文曾经提到，Level-1 路由器只会与本区域中的 Level-1 路由器和 Level-1/2 路由器建立邻接关系，这种邻接关系称为 Level-1 邻接关系。这只是一台 IS-IS 路由器与相邻路由器建立邻接关系的一部分要求。

具体来说，两台 IS-IS 路由器建立邻接关系的前提条件如下。

- 它们需要属于同一层级，即 Level-1 路由器和 Level-2 路由器之间不能建立邻接关系。
- Level-1 路由器需要属于同一区域。
- 它们直连接口的网络类型必须相同。

除了上述前提条件外，在默认情况下，如果在 IP 网络中部署 IS-IS，那么相邻路由器接口配置的 IP 地址也需要位于同一个 IP 网段。不过，无论是双方的主 IP 还是从 IP，只要有 IP 地址处于同一网段即可。管理员可以根据需要手动关闭接口的 IP 地址校验。针对点到点类型的接口，管理员可以直接配置接口忽略 IP 地址检查；对于以太网接口，管理员则需要先将以太网接口配置为点到点接口，再配置接口忽略 IP 地址检查。

IS-IS 路由器建立邻接关系的流程取决于建立邻接关系的 IS-IS 路由器接口网络类型。下面，我们先从流程比较简单的在点到点网络中建立邻接关系的方法讲起。

1. 在点到点网络中建立邻接关系

在点到点网络中，IS-IS 协议规定相邻路由器只要接收到对端发送的 IIH 报文，就会单方面宣布建立邻接关系，并且让邻接关系进入 Up 状态。

如果读者对比相邻路由器进入 2-Way 状态的流程可以看出，任何一台已经建立了邻接关系的 IS-IS 路由器，都无法确定点到点网络对端的设备是否收到了自己发送的 IIH 报文。从这个角度来看，这种 IS-IS 邻接关系的建立机制存在缺陷。

华为数通设备的系统参照 OSPF 相邻路由器进入 2-Way 状态的流程对此进行了改进。IS-IS 路由器的点到点接口在发送 Hello 报文时会封装类型值为 240 的 P2P 邻接状态 TLV，这个 TLV 包含点到点接口的邻居系统 ID。而当一台路由器接收到点到点网络相邻路由器发送的 P2P IIH 报文后，它也会通过查看该报文的 P2P 邻接状态 TLV 中是否包含自己的系统 ID，来判断双向通信是否已经建立。如果没有看到自己的系统 ID，这台路由器就会进入 Init 状态。如果看到了自己的系统 ID，这台路由器则会宣布邻接关系已经建立，整个流程如图 3-12 所示。

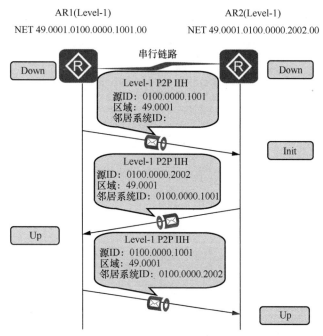

图 3-12 华为设备在点到点网络中建立邻接关系的流程

在图 3-12 中，处于 Down 状态的 IS-IS 路由器 AR1 会通过点到点链路向相邻路由器发送 P2P IIH 报文。因为 Down 状态的路由器并没有接收到相邻路由器的 P2P IIH 报文，所以报文中没有邻居系统 ID。AR2 接收到这个 IIH 报文，其中邻居系统 ID 为空，因此 AR2 会从 Down 状态进入 Init 状态。此时，AR2 向 AR1 发送的 P2P IIH 报文会把 AR1 的系统 ID 封装为 P2P 邻接状态 TLV 中的邻居系统 ID，于是 AR1 在接收到这个 IIH 报文后就会进入 Up 状态，同时会把 AR2 的系统 ID 作为邻居系统 ID 封装在新的 IIH 报文中发送给 AR2，于是 AR2 也进入了 Up 状态。

2. 在广播网络中建立邻接关系

在广播网络中，IS-IS 路由器建立邻接关系的流程与华为设备在点到点网络中建立邻接关系的流程基本相同，只是 IS-IS 路由器发送的 Level-1 LAN IIH 会以组播地址 01-80-C2-00-00-14 作为链路层目的地址，Level-2 LAN IIH 则会以组播地址 01-80-C2-00-00-15 作为链路层目的地址。此外，广播网络接口会把邻居系统 ID 封装在类型值为 6 的 IS 邻居 TLV 中，因为 LAN IIH 报文不会携带 P2P 邻接状态 TLV。

具体来说，处于 Down 状态的 IS-IS 路由器会在广播网络中使用上述组播地址发送 LAN IIH 报文。广播网络中接收到该报文的 IS-IS 路由器会将自己与该路由器的邻接状态置于 Init。处于 Init 状态的路由器会在自己发送的 IIH 报文中封装自己拥有的相邻路由器系统 ID，于是最初处于 Down 状态的那台 IS-IS 路由器就会在这个 IIH 报文中看到自己的系统 ID，并将自己与对应路由器的状态置于 Up。接下来，这台路由器发送的 IIH 报文中就会包含邻居路由器的系统 ID，从而让接收到这个报文的邻居路由器也进入 Up 状态，如图 3-13 所示。

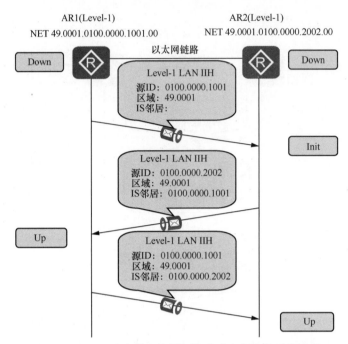

图 3-13 IS-IS 路由器在广播网络中建立邻接关系的流程

3. DIS 与伪节点

OSPF 协议在多路访问网络中建立邻接关系时，会选举指定路由器（和备份指定路由器）来减少多路访问网络中的邻接关系数量，避免所有连接到同一个多路访问网络中的路由设备两两相互更新链路状态数据库，以达到高效利用网络和设备资源的目的。

IS-IS 也有一个类似的设计，那就是在广播网络中，IS-IS 会在所有连接到该广播网络的路由器（接口）中选举其一作为 DIS，具体选举规则如下。

- 选举 DIS 优先级值最大的路由器（接口）。
- 如果有多个路由器（接口）优先级值为最大值，则选举 MAC 地址最大的路由器接口。

虽然 IS-IS 中的 DIS 和 OSPF 中的 DR 都是为了在多路访问网络中节省资源所做的设计，但两者存在很多差异，这些差异主要包括以下几点。

- 在 OSPF 的多路访问网络环境中，所有 DROther 只会和 DR/BDR 通过同步链路状态数据库来建立完全邻接关系（Full），DROther 之间的邻接关系建立过程则会停留在 2-Way 状态。在 IS-IS 的广播网络中，非 DIS 路由器之间也会进入 Up 状态，形成邻接关系。
- 在 OSPF 的多路访问网络环境中，DR/BDR 自身会成为该 OSPF 多路访问网络在逻辑上的中心点。在 IS-IS 中，DIS 则负责在广播网络中用自己的系统 ID 和电路 ID 创建和更新一个并不存在的伪节点来模拟这个广播网络的中心点，同时负责生成伪节点的 LSP 与其他路由器同步链路状态信息。

- 在 OSPF 中，为了维护多路访问网络邻接关系的稳定，DR 一旦选举完成就不接受抢占。在 IS-IS 中，因为非 DIS 路由器之间也会建立邻接关系，所以新连接到这个广播网络中的 IS-IS 路由器（接口）只要符合成为 DIS 的条件，就会被选举为新的 DIS 并创建自己的伪节点。此时原 DIS 就会在广播网络中发送一个剩余生存时间为 0 的 LSP，要求网络中的其他路由器清除自己创建的伪节点。因为在比较 LSP 优劣的过程中，当两个 LSP 的序列号相同时，剩余生存时间为 0 的 LSP 更优。
- 在 OSPF 中，优先级为 0 的路由器（接口）不参与 DR 的选举。在 IS-IS 中，优先级为 0 的路由器（接口）依然会参与 DIS 的选举。

图 3-14 所示为 DIS 和伪节点。

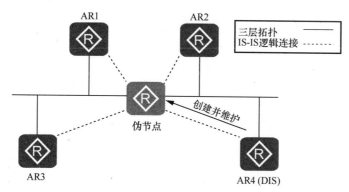

图 3-14　DIS 和伪节点

3.2.2　同步链路状态数据库

IS-IS 路由器在建立邻接关系后才开始同步链路状态数据库。和建立邻接关系的流程一样，同步链路状态数据库的流程取决于建立邻接关系的 IS-IS 路由器接口的网络类型。我们仍然从在点到点网络中同步链路状态数据库开始介绍。

1. 在点到点网络中同步链路状态数据库

在点到点网络中，当两台路由器之间的邻接关系进入 Up 状态后，双方会首先发送 CSNP 给对端设备。IS-IS 路由器在接收到对端发送的 CSNP 后，会通过这个报文来判断双方 LSDB 是否同步。如果发现自己的 LSDB 中缺少某些链路状态信息，路由器就会向对方发送 PSNP 报文请求对应的 LSP。在接收到 PSNP 后，被请求一方则会提供相应的 LSP。接收到 LSP 的路由器则会使用 PSNP 进行确认，LSP 的交换直至双方的 LSDB 同步为止。上述流程类似于 OSPF 中，从 Exchange 状态到 Full 状态的交互流程。

图 3-15 所示为 IS-IS 路由器在点到点网络中同步 LSDB 的流程，图中仅显示 AR1 向 AR2 发送 CSNP，此后 AR2 向 AR1 请求 LSP 的过程。

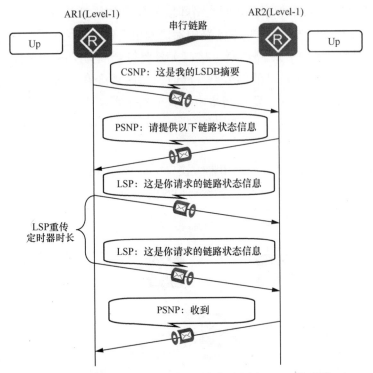

图 3-15　IS-IS 路由器在点到点网络中同步 LSDB 的流程

在图 3-15 中，向对端提供链路状态信息的路由器（即 AR1）会在发送 LSP 的同时启用一个 LSP 重传定时器。如果对端没有在重传定时器计时结束前使用 PSNP 对 LSP 进行确认，路由器就会对此前发送的 LSP 进行重传。

2. 在广播网络中同步链路状态数据库

在广播网络中，当一台 IS-IS 路由器与其他 IS-IS 路由器建立了邻接关系后，这台路由器会首先主动向组播地址发送自己的 LSP，以便这个广播网络中的其他路由器都可以根据这个 LSP 来更新它们的 LSDB。LSP 使用的组播地址与 LAN IIH 相同，即 Level-1 LSP 以组播地址 01-80-C2-00-00-14 作为链路层目的地址，Level-2 LSP 则以组播地址 01-80-C2-00-00-15 作为链路层目的地址。

在接收到新加入路由器发送的 LSP 后，广播网络中的 DIS 会参照该 LSP 来更新自己的 LSDB。同时，DIS 也会按照 CSNP 报文定时器周期性地在广播网络中发送 CSNP。当新加入的路由器接收到 CSNP 后，它会通过这个报文来判断自己的 LSDB 是否已经与广播网络同步。新加入的路由器如果发现自己 LSDB 中缺少某些链路状态信息，就会向 DIS 发送 PSNP 报文请求对应的 LSP。在接收到 PSNP 后，DIS 则会提供对方所请求的 LSP。

图 3-16 所示为新加入的路由器在广播网络中同步 LSDB 的流程。

上文刚刚提到，DIS 会周期性地发送 CSNP。这样一来，在广播网络中，IS-IS 路由器也会周期性地将自己的 LSDB 与 DIS 发送的 CSNP 进行对比。一旦发现数据库没有同

步，IS-IS 路由器就会发送 PSNP 请求自己缺失的信息。换言之，在广播网络中，IS-IS
路由器错过某个 LSP 的影响不大,因此 LSP 的接收方也不会用 PSNP 对自己接收到的 LSP
进行确认。

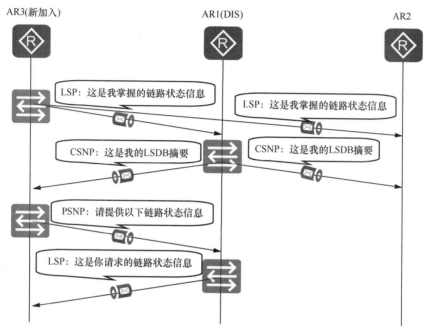

图 3-16　新加入的路由器在广播网络中同步 LSDB 的流程

> **注释：** 在广播网络中，设备封装以广播或组播地址为目的地的报文后，并不会多次
> 重复进行发送。一台设备发送的单个组播或广播报文可以被多个目的设备接收，这是交
> 换机转发的结果。图 3-16 在每台路由器发送报文的起点绘制了一个透明的交换机，正
> 是为了让读者了解到多个相同报文并不是始发路由器重复发送的结果。但读者也应理解，
> 这些透明的交换机代表连接这个广播网络的同一台或者同一组交换机在不同时间点进行
> 转发，不应理解为不同交换机的转发行为。

3. LSP 的处理机制

在 IS-IS 路由域内，很多原因都会触发一台 IS-IS 路由器产生新的 LSP，这些原因
包括以下几点。

- IS-IS 邻接状态变为 Up 或者 Down。
- IS-IS 接口状态变为 Up 或者 Down。
- 引入的 IP 路由或区域间的 IP 路由发生变化。
- 接口被赋予新的 metric 值。
- 周期性更新。

因此，面对 IS-IS 路由域中因为各类原因产生的 LSP，当一台路由器接收到一个 LSP
时，它必须判断这个刚收到的 LSP 和本地 LSDB 中保存的 LSP 哪个更优。如果刚刚收到
的 LSP 不优于本地 LSDB 中的 LSP，或者路由器无法判断其优劣，路由器就不会对其加

以处理。只有当刚收到的 LSP 优于本地 LSDB 中的 LSP 时，路由器才会将其加入 LSDB，同时：

- 在广播网络中，使用组播发送该 LSP；
- 在点到点网络中，发送 PSNP 对该 LSP 加以确认，并且将该 LSP 发送给（除了原发送方外的）其他邻接路由器。

在判断 LSP 优劣的过程中，路由器会首先比较其序列号，序列号更大的 LSP 更优。如果序列号相同则查看剩余生存时间，剩余生存时间为 0 的 LSP 更优。如果剩余生存时间均不为 0 则比较校验和，校验和更大的 LSP 更优。如果校验和相同，路由器则不会对新接收到的 LSP 加以处理。

上文介绍了邻接 IS-IS 路由器如何实现链路状态数据库的同步，下面介绍 IS-IS 路由计算的方法和存在的问题。

3.2.3　路由通告与计算

IS-IS 路由器如何通告 LSP，以及如何维护 LSDB 取决于 IS-IS 路由器的级别，因此需要分情况进行讨论。

Level-1/2 路由器会和本区域的 Level-1 路由器建立 Level-1 邻接关系，并建立本区域的 Level-1 LSDB 来维护本区域的链路状态信息。Level-1/2 路由器也会和其他区域中的 Level-2 路由器、Level-1/2 路由器建立 Level-2 邻接关系，并建立区域间的 Level-2 LSDB 来维护区域间路由。因此，Level-1/2 路由器会维护 Level-1 和 Level-2 的 LSDB，并且通过 LSDB 计算到达 Level-1 区域和 Level-2 区域中各个网络的路由。在默认情况下，Level-1/2 路由器只会向 Level-1 区域内的邻接路由器通告设置 ATT 标志位的 Level-1 LSP，其目的是让 Level-1 区域内的邻接路由器把去往其他区域的流量发送给自己。但与此同时，Level-1/2 路由器会使用 Level-2 LSP 向 Level-2 邻接路由器详细通告 Level-1 区域内的链路状态信息。

Level-1 路由器只会与同一个区域内的 Level-1 路由器、Level-1/2 路由器建立 Level-1 邻接关系。Level-1 路由器只会维护本区域的 Level-1 LSDB，也只会向邻接的 Level-1 路由器和 Level-1/2 路由器通告 Level-1 LSP。因为在默认情况下，Level-1/2 路由器向邻接 Level-1 路由器通告的 Level-1 LSP 只会让 Level-1 路由器计算指向 Level-1/2 的默认路由，让 Level-1 路由器把发往其他区域的数据包全部发送给 Level-1/2 路由器，所以 Level-1 路由器默认只能计算其所在 Level-1 区域内各网络的明细路由和去往外部的默认路由。这就存在产生次优路径的隐患。关于这一点的详细说明和解决方法，我们会在后文中进行介绍。

Level-2 路由器会与同一个区域内的 Level-2 路由器建立 Level-2 邻接关系。Level-2 路由器如果连接了 Level-1 区域的 Level-1/2 路由器，它们也会和 Level-1/2 路由器建立 Level-2 邻接关系。Level-2 路由器只会维护 Level-2 LSDB，但因为 Level-1/2 路由器会使用 Level-2 LSP 向邻接 Level-2 路由器通告 Level-1 区域内的详细链路状态信息，所以 Level-2 路由器可以根据自己的链路状态数据库计算到达全网各个网段的路由。

　　然而，各级别 IS-IS 路由器都按照默认逻辑分享链路状态信息会导致次优路由。以图 3-17 所示的环境为例，在默认情况下，AR1 通过 AR2 到达外部区域的路由开销值和 AR1 通过 AR3 到达外部区域的路由开销值相同。这是因为所有 IS-IS 接口的开销值默认都是 10，而 AR2 和 AR3 通过 Level-1 LSP 向 AR1 分享的内容都不包含关于外部区域的明细链路状态信息。这样一来，AR1 就有可能使用图中所示的路径，即通过 AR2 转发去往 192.168.20.0/24 网络的数据。

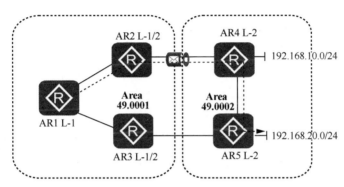

图 3-17　IS-IS 网络在默认状态下的次优路由问题

　　显然，上述问题不能通过手动修改默认开销值来解决，因为修改开销值只能让 AR1 将所有去往外部的流量都发送给 AR2 或 AR3，却不能让 AR1 根据到达具体目的网络的开销来选择路径。解决问题的方法只能是让 Level-1/2 路由器向 Level-1 区域中通告 Level-2 区域具体的链路状态信息，从而让 Level-1 路由器有能力计算去往各个外部区域网络的最优路径并产生明细路由。这种让 Level-1/2 路由器向 Level-1 区域中通告其他区域链路状态信息的操作称为路由渗透。

　　在图 3-17 中，如果 IS-IS 接口的默认开销值不变，那么通过路由渗透，AR1 可以计算其通过 AR2 到达 192.168.20.0/24 网络的开销值为 40，通过 AR3 到达 192.168.20.0/24 网络的开销值为 30，因此 AR1 会把去往 192.168.20.0/24 网络的数据包转发给 AR3，次优路由的问题也可以得到解决。

　　当然，并不是每个 IS-IS 路由域都需要让 Level-1/2 路由器执行路由渗透。例如，若某个 Level-1 区域与外部网络是通过唯一一台 Level-1/2 路由器进行连接的，那就不应该在这台 Level-1/2 路由器上部署路由渗透，这样不仅可以减少 Level-1 区域中的 LSP，还可以避免其他区域网络故障或变更给这个 Level-1 区域带来影响。因此，判断是否使用路由渗透，其思路与如何部署 OSPF 中的末节区域有类似之处。

　　在 VRP 系统中，管理员使用命令 **display isis lsdb** 就可以查看这台路由设备的 IS-IS 链路状态数据库，如图 3-18 所示。这条命令可以用来查看链路状态数据库中保存的 LSP。

```
[AR1]display isis lsdb

                    Database information for ISIS(1)
                    -------------------------------

                    Level-1 Link State Database

LSPID                   Seq Num      Checksum     Holdtime      Length    ATT/P/OL
-------------------------------------------------------------------------------
0100.0000.0001.00-00*  0x00000003   0x707d       1005           70       0/0/0
0100.0000.0001.01-00*  0x00000001   0xcbbe       1005           55       0/0/0
0100.0000.0002.00-00   0x00000005   0xdd90       1051           97       0/0/0
0100.0000.0003.00-00   0x00000003   0xbb14       1070           70       0/0/0
0100.0000.0003.01-00   0x00000001   0xdfa4       1070           55       0/0/0

Total LSP(s): 5
   *(In TLV)-Leaking Route, *(By LSPID)-Self LSP, +-Self LSP(Extended),
          ATT-Attached, P-Partition, OL-Overload
```

图 3-18　查看路由设备的 IS-IS 链路状态数据库

LSDB 的 LSPID 一列标识了生成该 LSP 的路由设备。LSPID 由下列几部分组成。

- **系统 ID**：LSPID 的前 3 段，标识的是生成该 LSP 的路由设备的系统 ID。例如在图 3-18 中，生成 LSP 的路由设备的系统 ID 有 0100.0000.0001、0100.0000.0002 和 0100.0000.0003。另外，LSPID 的最后如果有一个星号（*），表示该 LSP 是由这台路由设备本地生成的。由此可知，AR1 的 IS-IS 系统 ID 为 0100.0000.0001。

- **伪节点标识**：LSPID 的第 4 段取值若不为 00，表示该 LSP 是由伪节点生成的。因此在图 3-18 中，第 2 个和第 5 个 LSP 是由伪节点生成的，因为它们的 LSPID 分别为 0100.0000.0001.**01**-00 和 0100.0000.0003.**01**-00。

- **分片号**：如果 IS-IS 路由设备对过大的 PDU 执行分片，LSPID 中连字符（-）以后的数字则用来对同一个 LSP 的不同分片加以区分。在图 3-18 中，AR1 的 IS-IS 链路状态数据库中的 LSP 没有被分片。

如果希望查看某条 LSPID 的详细信息，可以根据 LSPID 运行命令 **display isis lsdb** *lspid* **verbose**，如图 3-19 所示。

```
[AR1]display isis lsdb 0100.0000.0001.00-00 verbose

                    Database information for ISIS(1)
                    -------------------------------

                    Level-1 Link State Database

LSPID                   Seq Num      Checksum     Holdtime      Length    ATT/P/OL
-------------------------------------------------------------------------------
0100.0000.0001.00-00*  0x00000003   0x707d       939            70       0/0/0
 SOURCE       0100.0000.0001.00
 NLPID        IPV4
 AREA ADDR    49.0001
 INTF ADDR    10.0.12.1
 NBR  ID      0100.0000.0001.01  COST: 10
 IP-Internal  10.0.12.0          255.255.255.0     COST: 10

Total LSP(s): 1
   *(In TLV)-Leaking Route, *(By LSPID)-Self LSP, +-Self LSP(Extended),
          ATT-Attached, P-Partition, OL-Overload
```

图 3-19　查看某条 LSP 的详细信息

在图 3-19 中，这条命令显示的 LSP 信息包括以下几部分。

- **SOURCE**：这一行显示的是产生这个 LSP 的设备的系统 ID 和伪节点标识。

- **NLPID**：前文提到，如今网络中使用的 IS-IS 协议均为支持在 IP 网络中运行的集成 IS-IS 协议，这一行显示的就是网络中承载 IS-IS 协议的网络层协议。
- **AREA ADDR**：这一行显示的是这个 LSP 源自哪个 IS-IS 区域。
- **INTF ADDR**：这一行显示的是这个 LSP 所描述的接口 IP 地址。
- **NBR ID**：这一行显示的是这个 LSP 所描述的邻接设备系统 ID 和伪节点标识，以及开销。
- **IP-Internal**：这一行显示的是这个 LSP 所描述的 IP 网络信息，其中包括 IP 地址、子网掩码和开销。

通过上述 LSP 信息可以看出，工作在 IP 网络中的集成 IS-IS 协议虽然使用 NET 作为通信地址，但在描述链路状态时，描述的是 IP 网络的链路状态信息。因此，工作在 IP 网络中的集成 IS-IS 协议也在服务于 IP 网络的互联互通。

这里需要特别说明的是，伪节点生成的 LSP 只包含邻接信息，不包括描述链路状态的网络信息，因为伪节点只是逻辑上的网络中心点，网络中并没有这样一台路由设备，所以它不能提供任何关于网络的更多信息。换言之，若 LSPID 的伪节点标识不为 00，那么这个 LSP 所携带的信息就不包含 AREA ADDR、INTF ADDR 和 IP-Internal。查看由伪节点生成的 LSP 的详细信息如图 3-20 所示。

图 3-20　查看由伪节点生成的 LSP 的详细信息

本节具体介绍了 IS-IS 协议建立邻接关系、同步链路状态数据库的流程，以及不同级别的 IS-IS 路由器会如何向邻接设备通告链路状态信息。本节最后展示了如何查看 IS-IS 路由器的链路状态数据库及某个 LSP 的详细信息。3.3 节会通过一个简单的案例介绍 IS-IS 的基本配置方法。

3.3　IS-IS 的配置

本节会介绍并展示 IS-IS 配置命令的用法，其中包括启用 IS-IS 协议的基本配置，以及 IS-IS 路由渗透。本节会使用图 3-21 所示的 IS-IS 配置拓扑，图中注明了路由器接口编号和 IP 地址、IS-IS 级别和 IS-IS 区域。

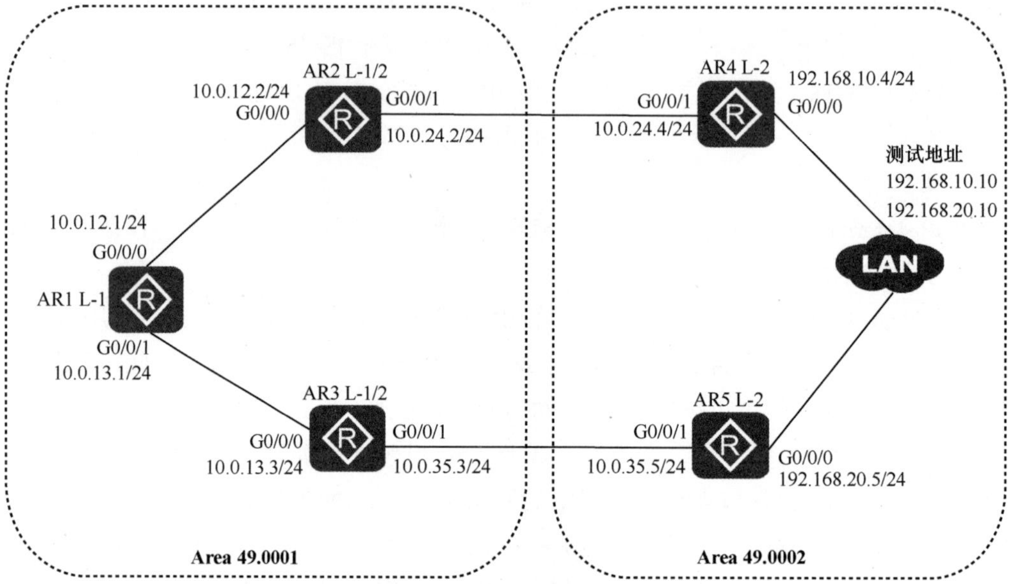

图 3-21　IS-IS 配置拓扑

图 3-21 中标记的接口都启用了 IS-IS。本案例主要关注 AR1 的路由信息和路由选择。需要特别说明的是，AR4 和 AR5 的 G0/0/0 接口通过区域 49.0002 中的其他路由器能够相互访问，本案例不涉及图中 LAN 环境内部的其他配置。

在开始配置 IS-IS 相关命令前，我们已经按照图 3-21 连接了路由器，并且为其配置了主机名和接口 IP 地址，本案例不演示这部分的配置命令。

要想启用 IS-IS 路由协议，工程师需要使用以下命令进入 IS-IS 进程视图。

- **isis** [*process-id*]：系统视图命令，用来创建并进入 IS-IS 进程。*process-id* 的取值范围为 1～65535，缺省为 1。

在 IS-IS 进程视图中，工程师还需要使用以下命令指定 NET 和全局 Level。

- **network-entity** *net*：在 IS-IS 的配置中，工程师必须在 IS-IS 进程中指定 NET，IS-IS协议才能真正启动。

- **is-level** { level-1 | level-1/2 | level-2 }：缺省的设备级别为 **level-1/2**。需要注意的是，更改 IS-IS 设备的级别会导致 IS-IS 进程重启，并造成已建立的 IS-IS 邻接关系断开，因此建议工程师在配置前做好规划并按照规划进行配置，避免在生产网络中更改 IS-IS 级别。

接下来，工程师还需要进入待启用 IS-IS 的接口配置以下命令。

- **isis** enable [*process-id*]：使能 IS-IS 接口。工程师需要在所有需要启用 IS-IS 的接口上配置这条命令，使 IS-IS 能够通过该接口建立邻接关系并扩散 LSP 报文。

我们从区域 49.0001 开始进行配置，例 3-1、例 3-2 和例 3-3 分别展示了 AR1、AR2和 AR3 上的 IS-IS 配置。

例 3-1　AR1 上的 IS-IS 配置

```
[AR1]isis 10
[AR1-isis-10]is-level level-1
[AR1-isis-10]network-entity 49.0001.0100.0000.0001.00
[AR1-isis-10]quit
[AR1]interface GigabitEthernet 0/0/0
[AR1-GigabitEthernet0/0/0]isis enable 10
[AR1-GigabitEthernet0/0/0]quit
[AR1]interface GigabitEthernet 0/0/1
[AR1-GigabitEthernet0/0/1]isis enable 10
```

例 3-2　AR2 上的 IS-IS 配置

```
[AR2]isis 10
[AR2-isis-10]is-level level-1-2
[AR2-isis-10]network-entity 49.0001.0100.0000.0002.00
[AR2-isis-10]quit
[AR2]interface GigabitEthernet 0/0/0
[AR2-GigabitEthernet0/0/0]isis enable 10
Feb  3 2023 18:54:38-08:00 AR2 %%01ISIS/4/ADJ_CHANGE_LEVEL(l)[1]:The neighbor of
 ISIS was changed. (IsisProcessId=2560, Neighbor=0100.0000.0001, InterfaceName=G
E0/0/0, CurrentState=up, ChangeType=NEW_L1_ADJ, Level=Level-1)
[AR2-GigabitEthernet0/0/0]quit
[AR2]interface GigabitEthernet 0/0/1
[AR2-GigabitEthernet0/0/1]isis enable 10
```

例 3-3　AR3 上的 IS-IS 配置

```
[AR3]isis 10
[AR3-isis-10]is-level level-1-2
[AR3-isis-10]network-entity 49.0001.0100.0000.0003.00
[AR3-isis-10]quit
[AR3]interface GigabitEthernet 0/0/0
[AR3-GigabitEthernet0/0/0]isis enable 10
Feb  3 2023 18:56:37-08:00 AR3 %%01ISIS/4/ADJ_CHANGE_LEVEL(l)[1]:The neighbor of
 ISIS was changed. (IsisProcessId=2560, Neighbor=0100.0000.0001, InterfaceName=G
E0/0/0, CurrentState=up, ChangeType=NEW_L1_ADJ, Level=Level-1)
[AR3-GigabitEthernet0/0/0]quit
[AR3]interface GigabitEthernet 0/0/1
[AR3-GigabitEthernet0/0/1]isis enable 10
```

从例 3-2 和例 3-3 的输出内容可以看到,AR2 和 AR3 已经与 AR1 建立 IS-IS 邻接关系。我们可以在 AR1 上通过命令 **display isis peer** 查看 IS-IS 邻接表进行验证,详见例 3-4。

例 3-4　查看 AR1 的 IS-IS 邻接表

```
[AR1]display isis peer

                    Peer information for ISIS(10)

  System Id       Interface        cuit Id          State HoldTime  Type   PRI
  -------------------------------------------------------------------------------
  0100.0000.0002  GE0/0/0          0100.0000.0001.01 Up    27s       L1     64
  0100.0000.0003  GE0/0/1          0100.0000.0001.02 Up    22s       L1     64

Total Peer(s): 2
```

从例 3-4 的阴影部分我们可以看到，AR1 已经与 AR2 和 AR3 建立 IS-IS 邻接关系。IS-IS 邻接表提供的内容包括以下几部分。

- System Id：描述邻接路由器的系统 ID。
- Interface：描述 AR1 是通过哪个本地接口与该邻居建立的邻接关系。
- cuit Id：描述邻接路由器的电路 ID。
- State：描述与邻居的连接状态。
- HoldTime：描述该连接已建立的时间。
- Type：描述邻接关系的类型。
- PRI：描述该邻居对应接口的 DIS 优先级。

接着，我们配置区域 49.0002 中的路由器，例 3-5 和例 3-6 分别展示了 AR4 和 AR5 上的 IS-IS 配置。如前所述，下面示例仅包含与区域 49.0002 相关的配置，不包含本区域中的其他连接配置。

例 3-5　AR4 上的 IS-IS 配置

```
[AR4]isis 10
[AR4-isis-10]is-level level-2
[AR4-isis-10]network-entity 49.0002.0100.0000.0004.00
[AR4-isis-10]quit
[AR4]interface GigabitEthernet 0/0/1
[AR4-GigabitEthernet0/0/1]isis enable 10
```

例 3-6　AR5 上的 IS-IS 配置

```
[AR5]isis 10
[AR5-isis-10]is-level level-2
[AR5-isis-10]network-entity 49.0002.0100.0000.0005.00
[AR5-isis-10]quit
[AR5]interface GigabitEthernet 0/0/1
[AR5-GigabitEthernet0/0/1]isis enable 10
```

到此为止，我们已经完成了整个拓扑的 IS-IS 配置。现在在 AR1 上使用命令 **display isis route** 查看 IS-IS 路由表，详见例 3-7。

例 3-7　在 AR1 上查看 IS-IS 路由表

```
[AR1]display isis route
                    Route information for ISIS(10)
                    ------------------------------

                    ISIS(10) Level-1 Forwarding Table
                    --------------------------------

IPV4 Destination      IntCost    ExtCost ExitInterface    NextHop       Flags
-------------------------------------------------------------------------------
0.0.0.0/0             10         NULL    GE0/0/0          10.0.12.2     A/-/-/-
                                         GE0/0/1          10.0.13.3
10.0.24.0/24          20         NULL    GE0/0/0          10.0.12.2     A/-/-/-
10.0.13.0/24          10         NULL    GE0/0/1          Direct        D/-/L/-
10.0.12.0/24          10         NULL    GE0/0/0          Direct        D/-/L/-
10.0.35.0/24          20         NULL    GE0/0/1          10.0.13.3     A/-/-/-
     Flags: D-Direct, A-Added to URT, L-Advertised in LSPs, S-IGP Shortcut,
                    U-Up/Down Bit Set
```

读者应重点关注例 3-7 中的阴影部分：这一部分显示 AR2 和 AR3 分别向这个 Level-1 邻居发送了一条缺省路由，并且开销值相等。AR1 在访问区域 49.0002 时会将这两条路由当作等价路由。下面，我们通过 **ping** 命令验证 AR1 与区域 49.0002 的连通性，读者可以使用图 3-21 中提供的测试地址，详见例 3-8。

例 3-8　验证 AR1 与区域 49.0002 的连通性

```
[AR1]ping 192.168.10.10
  PING 192.168.10.10: 56  data bytes, press CTRL_C to break
    Reply from 192.168.10.10: bytes=56 Sequence=1 ttl=253 time=20 ms
    Reply from 192.168.10.10: bytes=56 Sequence=2 ttl=253 time=40 ms
    Reply from 192.168.10.10: bytes=56 Sequence=3 ttl=253 time=30 ms
    Reply from 192.168.10.10: bytes=56 Sequence=4 ttl=253 time=30 ms
    Reply from 192.168.10.10: bytes=56 Sequence=5 ttl=253 time=30 ms

  --- 192.168.10.10 ping statistics ---
    5 packet(s) transmitted
    5 packet(s) received
    0.00% packet loss
round-trip min/avg/max = 20/30/40 ms

[AR1]ping 192.168.20.10
  PING 192.168.20.10: 56  data bytes, press CTRL_C to break
    Reply from 192.168.20.10: bytes=56 Sequence=1 ttl=253 time=30 ms
    Reply from 192.168.20.10: bytes=56 Sequence=2 ttl=253 time=30 ms
    Reply from 192.168.20.10: bytes=56 Sequence=3 ttl=253 time=40 ms
    Reply from 192.168.20.10: bytes=56 Sequence=4 ttl=253 time=20 ms
    Reply from 192.168.20.10: bytes=56 Sequence=5 ttl=253 time=30 ms

  --- 192.168.20.10 ping statistics ---
    5 packet(s) transmitted
    5 packet(s) received
```

从例 3-8 的测试结果可以看出，AR1 能够访问这两个测试地址，但无论是从图 3-21 所示拓扑看，还是从前文的描述看，AR1 都很有可能使用了次优路径。为了将 AR1 的选路调整为最优路由，工程师可以在 AR2 和 AR3 上分别配置路由渗透，具体使用以下命令。

- **import-route isis level-2 into level-1　filter-policy ip-prefix** *ip-prefix-name*：IS-IS 进程视图命令，用来将 Level-2 区域的路由渗透到本地的 Level-1 区域。工程师需要在与外部区域相连的 Level-1/2 设备上配置该命令。

例 3-9 和例 3-10 分别展示了 AR2 和 AR3 上的路由渗透配置。

例 3-9　AR2 上的路由渗透配置

```
[AR2]ip ip-prefix 10 permit 192.168.10.0 24
[AR2]isis 10
[AR2-isis-10]import-route isis level-2 into level-1 filter-policy ip-prefix 10
```

例 3-10　AR3 上的路由渗透配置

```
[AR3]ip ip-prefix 10 permit 192.168.20.0 24
[AR3]isis 10
[AR3-isis-10]import-route isis level-2 into level-1 filter-policy ip-prefix 10
```

例 3-9 和例 3-10 中第一条命令的作用是使用 IP 前缀列表指定需要渗透的 Level-2

路由。关于 IP 前缀列表的具体用法，我们会在第 7 章中进行详细介绍。

完成路由渗透的配置后，AR1 就拥有了相应的明细路由。再次查看 AR1 的 IS-IS 路由表，详见例 3-11。

例 3-11　再次查看 AR1 的 IS-IS 路由表

```
[AR1]display isis route

                      Route information for ISIS(10)
                      --------------------------------

                      ISIS(10) Level-1 Forwarding Table
                      --------------------------------


IPV4 Destination    IntCost    ExtCost ExitInterface    NextHop         Flags
------------------------------------------------------------------------------
0.0.0.0/0           10         NULL    GE0/0/0          10.0.12.2       A/-/-/-
                                       GE0/0/1          10.0.13.3
10.0.24.0/24        20         NULL    GE0/0/0          10.0.12.2       A/-/-/-
192.168.20.0/24     30         NULL    GE0/0/1          10.0.13.3       A/-/-/U
10.0.13.0/24        10         NULL    GE0/0/1          Direct          D/-/L/-
192.168.10.0/24     30         NULL    GE0/0/0          10.0.12.2       A/-/-/U
10.0.12.0/24        10         NULL    GE0/0/0          Direct          D/-/L/-
10.0.35.0/24        20         NULL    GE0/0/1          10.0.13.3       A/-/-/-
      Flags: D-Direct, A-Added to URT, L-Advertised in LSPs, S-IGP Shortcut,
                            U-Up/Down Bit Set
```

如此一来，AR1 就能够在访问 192.168.10.0/24 时选用 G0/0/0 接口，访问 192.168.20.0/24 时选用 G0/0/1 接口。

练 习 题

1. NSAP 地址不包含下列哪一部分？（　　）
   A. 区域地址　　　　　　　　　　　B. 子网 ID
   C. 系统 ID　　　　　　　　　　　　D. NSEL

2. 在 NET 地址 49.0001.0100.0000.1001.00 中，区域地址为下列哪一部分？（　　）
   A. 49　　　　　　　　　　　　　　B. 49.0001
   C. 0001.0100　　　　　　　　　　　D. 00

3. 在 NET 地址 49.0001.0100.0000.1001.00 中，系统 ID 为下列哪一部分？（　　）
   A. 49.0001.0100　　　　　　　　　B. 0001.0100.0000
   C. 0100.0000.1001　　　　　　　　　D. 0000.1001.00

4. 下列关于 IS-IS 区域的说法，错误的是（　　）。
   A. IS-IS 区域的边界位于链路上，而不是位于某一台 IS-IS 路由器上
   B. Level-1 路由器属于非骨干区域
   C. Level-2 路由器和 Level-1/2 路由器属于骨干区域

　　D．Level-1/2 路由器既属于非骨干区域，也属于骨干区域

5．下列哪一项是 IS-IS 协议定义的网络类型？（　　）

　　A．广播　　　　　　　　　　　　　B．非广播多路访问

　　C．点到多点　　　　　　　　　　　D．Ad hoc

6．下列关于 IS-IS 开销值的说法，正确的是（　　）。

　　A．IS-IS 网络接口的默认开销值取决于接口的类型

　　B．IS-IS 网络接口的默认开销值取决于接口的带宽

　　C．IS-IS 网络接口的默认开销值取决于接口的时延

　　D．IS-IS 网络接口的默认开销值为固定值，无论接口条件

7．下列哪一项不是 IS-IS 定义的报文类型？（　　）

　　A．LSU　　　　　　　　　　　　　B．LSP

　　C．IIH　　　　　　　　　　　　　　D．CSNP

8．下列关于 DIS 的说法，正确的是（　　）。

　　A．DIS 选举完成后不能抢占

　　B．两台非 DIS 路由器会建立邻接关系

　　C．优先级为 0 的路由器（接口）不能参与 DIS 的选举

　　D．DIS 会将自己作为广播网络的中心点

9．关于两台 IS-IS 路由器建立邻接关系的条件，下列陈述错误的是（　　）。

　　A．Level-1 路由器不能与 Level-2 路由器建立邻接关系

　　B．Level-1 路由器不能与另一个区域的 Level-1 路由器建立邻接关系

　　C．两台路由器要想建立邻接关系，它们直连接口的网络类型必须相同

　　D．两台路由器要想建立邻接关系，它们直连接口的开销值必须相同

10．下列关于 IS-IS 路由器通告 LSP 的说法，错误的是（　　）。

　　A．Level-1 路由器默认会向同一区域的 Level-1 路由器通告所在区域的详细链路状态信息

　　B．Level-1/2 路由器默认会向同一区域的 Level-1 路由器通告其连接的 Level-2 区域内的详细链路状态信息

　　C．Level-1/2 路由器默认会向 Level-2 区域中的路由器通告其所在 Level-1 区域内的详细链路状态信息

　　D．Level-2 路由器默认会向 Level-2 路由器通告所在区域的详细链路状态信息

答案：

　　1．B　2．B　3．C　4．D　5．A　6．D　7．A　8．B　9．D　10．B

第4章
BGP 基础

本章主要内容

我们已经介绍了几种常用的路由协议，如 OSPF 和 IS-IS。这些路由协议都属于内部网关协议（IGP），它们更适合部署在同一个管理域、部署策略统一的网络环境中。更加复杂的网络，如互联网，则需要使用一种能够承载更多路由条目，同时有更复杂的策略工具可以让管理员制定详细选路方式的协议。边界网关协议（BGP）就是这样一种路由协议。本章的重点就是介绍 BGP 的基本术语、原理和基本配置。

4.1 节首先会对 BGP 的由来进行介绍，并且对自治系统的概念加以说明。同时，4.1 节还会重点说明 BGP 的设计目的，并通过与之前讲解的 IGP 进行对比，介绍 BGP 的特点，以及这些特点为何可以满足 BGP 的设计需要。

4.2 节正式介绍 BGP 的基本原理。鉴于 BGP 路由器在发送路由更新报文前需要建立对等体关系，4.2 节首先会对对等体关系的概念以及路由器建立 BGP 对等体的过程进行说明，然后介绍 BGP 的头部封装格式及各类 BGP 报文的封装格式。接下来，4.2 节会结合 BGP 封装信息中的部分内容，介绍 BGP 对等体建立过程中所涉及的状态变迁，以及触发这些状态变迁的事件，并最终把这些内容总结为一个完整的 BGP 状态机。由于 BGP 路由器向路由表中添加路由条目、向对等体发送路由更新的条件均与 IGP 区别很大，因此 4.2 节的最后会对 BGP 路由器向路由表中添加路由条目的条件进行介绍。

4.3 节会通过一个简单的示例，向读者介绍 BGP 的配置命令和配置流程。

本章重点

- BGP 的由来和 AS 的概念；
- BGP 的设计特点；
- BGP 对等体的概念及建立对等体的过程；
- BGP 头部和 5 种类型报文的封装格式；
- BGP 对等体状态机；
- BGP 路由的产生和相关的配置命令；
- BGP 路由器通告路由条目的条件。

4.1 BGP 概述

1989 年 1 月，在一次 IETF 会议的午餐时间，工程师 Yakov Rekhter、Kurt Lougheed 和 Len Bosak 在 3 张用过的餐巾纸上写出了最早的 BGP 草案，据说有的餐巾纸背面还沾满了番茄酱。同年，BGP 被定义在 RFC 1105 中。

图 4-1 所示为写在餐巾纸上的 BGP 草案，因此 BGP 也常常被人们戏称为"三张餐巾纸协议"。

BGP 草案之所以能够在一顿饭的时间大致设计完成，不仅归功于 3 位工程师的才华，还归功于 BGP 的前身——外部网关协议（EGP），其早在 1982 年就已经在 RFC 827 中正式发布。1984 年，EGP 又通过 RFC 904 完成了进一步的规范。

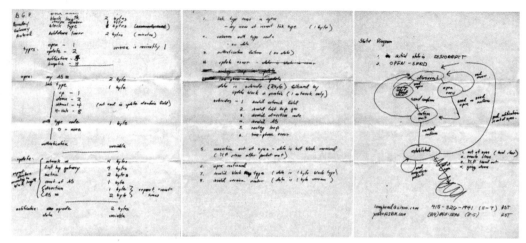

图 4-1　写在餐巾纸上的 BGP 草案

4.1.1　EGP 与 AS

设计 EGP 的公司为 BBN 科技公司。这家公司不仅参与了 ARPANET 的研发，还通过卫星网络把 ARPANET 连接到大西洋对面的伦敦大学学院。这张网络后来升级为 SATNET。

在设计 EGP 时，互联网的概念尚未成形，但 ARPANET 和 SATNET 相连的网络似乎正在形成网络互联的雏形，这种网络在当时被称为链网。BBN 科技公司的工程师判断，"链网将成为一个不断扩张的系统，会有越来越多的网络、越来越多的主机连接到链网"。因为网络与网络的互联需要借助网关，所以链网的加速扩张要求网关之间足够同质化，以便遵循相同的协议来转发信息。这种需求形成了 BBN 定义 EGP 的初衷。

在定义 EGP 时，BBN 科技公司的工程师意识到，"未来互联网会发展成一系列独立的域或者自治系统，每个自治系统（AS）都包含一个或多个相对同质化的网关"与其他自治系统建立连接。这种架构"最简单的形式是，一个自治系统仅仅通过一个网关把一个本地网络这类系统连接到 ARPANET 这种网络中"。

综上所述，一个自治系统指由同一个组织机构管理、使用一致选路策略的设备集合或网络。例如，一家企业的网络就是一个 AS，大型企业某一个站点的网络也是一个 AS。根据最初的 RFC 1771 标准，每个这样的设备集合或者网络都会通过一个 16 位的 AS 号加以标识。2007 年，人们发现 16 位的 AS 号已经所剩无几，于是通过 RFC 4893 把 AS 号扩展成 32 位，而后又用 RFC 6793 对 RFC 4893 进行了更新。

AS 号和 IP 地址一样，由因特网编号分配机构（IANA）负责分配和管理，并且也有私有地址空间。在 16 位的 AS 号表示方式中，64512～65534 是私有 AS 号；在 32 位的 AS 号表示方式中，4200000000～4294967294 为私有 AS 号。

4.1.2　BGP 与 IGP

BBN 科技公司对未来趋势的判断准确地预言了如今互联网的路由架构。简言之，当今互联网是由大量 AS 连接形成的，AS 之间通过网关设备互联，网关遵循相同的协议转发数据，而 EGP 后继协议 BGP 则充当了定义网关之间路由发布机制的协议。至于前文已经介绍过的路由协议，如 OSPF 和 IS–IS，则致力于定义 AS 内部的路由转发机制。这种服务于 AS 内部路由转发的协议称为 IGP。在一个 AS 内部，路由器通过某种内部网关协议互相分享路由信息。AS 则通过网关路由器借助 EGP/BGP 传递路由协议。这不仅可以更加有效地实现路由信息的汇总，还可以保证一个 AS 内部的网络信息不会泄露给其他网络。AS、网关与 EGP/BGP 如图 4–2 所示。

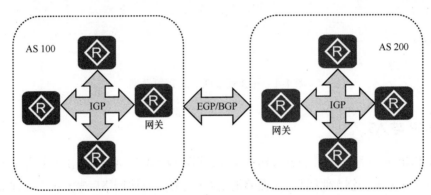

图 4–2　AS、网关与 EGP/BGP

　　最初的 EGP 只发布路由，既没有环路避免机制，也无法控制路由选路。IETF 在 1989 年发布 RFC 1105 后的一年，发布了 RFC 1163，提出了路径属性的概念，技术人员可以借助 BGP 路径属性完成路由优选。自 BGP 发布起，EGP 就已经被 BGP 取代，成为过时协议。BGP 则经历了几次版本迭代，目前最新版本是 BGP 第 4 版（BGP–4），最初定义在 RFC 1654 中，当前有效的 BGP–4 标准则定义在 RFC 4271 中。

4.2　BGP 的基本原理

　　设计 BGP 旨在让 AS 的网关可以相互分享路由信息，这个初衷使 BGP 和 IGP 有所不同。

　　BGP 使用 TCP 作为传输层协议，端口号为 179。换言之，BGP 报文会封装在目的端口字段取值为 179 的 TCP 数据段中，借助 TCP 三次握手和 TCP 提供的确认与重传机制来提升 BGP 报文传输的可靠性。在开始交换 BGP 路由表前，BGP 路由器（也称为 BGP 发言者）之间需要先基于 TCP 连接建立 BGP 会话，一对建立了 BGP 会话的 BGP 路由器互为对方的 BGP 对等体。

　　充当 AS 网关的路由器之间需要通过 BGP 相互交换路由信息，但 AS 的网关未必彼此直连。因此，BGP 路由器之间建立对等体关系并不要求两台 BGP 路由器直连，建立了 TCP 连接的 BGP 路由器就有条件成为 BGP 对等体。BGP 路由器不会周期性地发布路由更新，它们只会周期性地相互发送 Keepalive 报文来保持对等体之间的连接状态，路由更新（Update）报文仅在 BGP 状态发生变化等情况下才会触发更新。

　　作为一种设计目的是部署在互联网环境中用来承载互联网路由的路由协议，BGP 不但能够承载大量路由前缀信息，而且提供了路由聚合和路由衰减功能来减少路由器的负担，同时减少因互联网路由变动而造成的路由震荡。

　　此外，按照之前的 IGP，网络技术人员如果希望对协议的路由选路进行干涉，只能通过调整接口的开销值来实现，这种做法在互联网路由环境中显然不够灵活。为了应对互联网环境复杂的选路需求，BGP 支持每条路由携带多种不同的路径属性，网络技术人员可以通过设置路径属性来对流量的选路进行控制，这大大增加了路由选路的可控性，丰富了技术人员的策略工具箱。

　　在下文中，我们会对 BGP 的一系列基本概念、原理和方法进行展开说明，下面先介绍 BGP 对等体关系。

4.2.1　BGP 对等体关系

　　BGP 对等体关系分为两种类型，如果两台 BGP 路由器处于同一个自治系统，这两台 BGP 路由器所建立的对等体关系称为内部 BGP（IBGP）对等体；反之，如果两台 BGP 路由器处于不同的自治系统，这两台 BGP 路由器所建立的对等体关系则称为外部 BGP（EBGP）对等体。

　　IBGP 对等体关系和 EBGP 对等体关系如图 4-3 所示，因为 AR3 和 AR5 同处于 AS 100，所以它们之间的对等体关系为 IBGP；因为 AR3 和 AR4 分别处于 AS 100 和 AS 200，所以它们之间的对等体关系为 EBGP；同理，因为 AR5 和 AR6 分别处于 AS 100 和 AS 300，所以它们之间的对等体关系也是 EBGP。

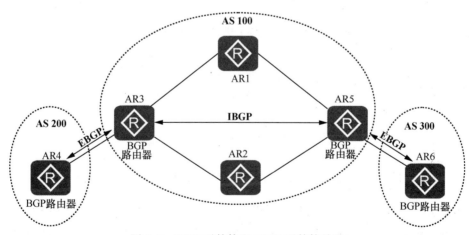

图 4-3　IBGP 对等体和 EBGP 对等体关系

　　无论建立哪种对等体关系，BGP 路由器建立、维护对等体关系和发送路由更新的流程都是相同的。BGP 路由器在建立对等体关系前，需要先通过三次握手建立 TCP 连接。在这个过程中，两台 BGP 路由器都会向对方发起 TCP 连接，因此会建立两条 TCP 连接。接下来，两台 BGP 路由器都会向对方发送 Open 报文来协商建立对等体关系所需的参数。通过 Open 报文，BGP 路由器会比较自己与对端的 Router ID，Router ID 较小的一方会关闭由自己建立的 TCP 连接。然后，双方会相互发送 Keepalive 报文。一台 BGP 路由器在接收到对方发送的 Keepalive 报文后就会宣布与对方建立了对等体关系，并且发送路由更新（Update）报文向对等体通告路由。双方也会继续每经历一次保持时间就发送一次 Keepalive 报文来保持对等体关系。保持时间的值会通过 Open 报文在建立对等体的过程中进行协商。

图 4-4 所示为 BGP 路由器建立对等体关系并发送路由更新报文的流程。

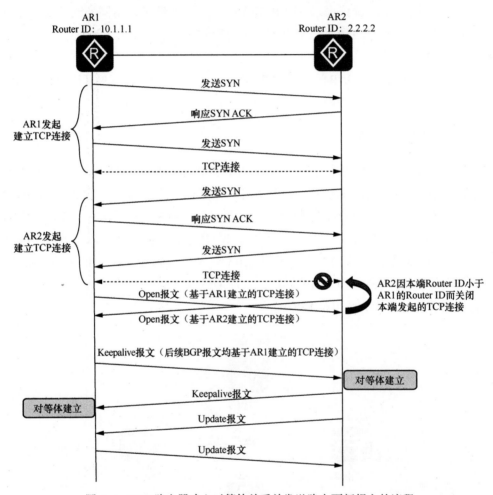

图 4-4   BGP 路由器建立对等体关系并发送路由更新报文的流程

网络技术人员可以通过手动配置，指定使用 BGP 路由器哪个接口的 IP 地址作为建立 TCP 连接和 BGP 对等体关系的地址。在默认情况下，VRP 系统会使用 BGP 报文的出接口地址建立 TCP 连接。接口状态变化会影响 TCP 连接，进而影响 BGP 会话，因此使用环回（Loopback）接口这种稳定的逻辑接口地址比使用物理接口地址建立 BGP 对等体关系让网络更加可靠。但是在部署 EBGP 对等体关系时，使用环回接口地址有额外的注意事项，这一点会在后文中进行说明，这里暂不赘述。

4.2.2　BGP 封装

BGP 报文会封装在 TCP 数据段内部，TCP 头部的目的端口取值为 179。图 4-5 所示为 BGP 报文的头部封装格式。

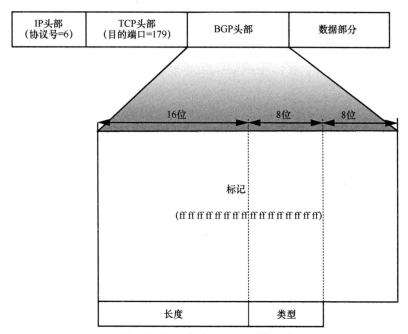

图 4-5　BGP 报文的头部封装格式

在图 4-5 中，BGP 报文的头部只包含以下 3 个字段。

- **标记**：该字段的长度是 128 位（16 字节），作用是标识 BGP 报文的起点，因此取值为全 1。
- **长度**：该字段的长度是 16 位（2 字节），作用是标识包含 BGP 报文头部在内的 BGP 报文总字节数。
- **类型**：该字段的长度是 8 位（1 字节），作用是标识 BGP 报文的类型。BGP 报文的类型包括以下几种。
  - **Open**：类型字段取值为 1。Open 报文在前文出现过，作用是在建立 BGP 对等体关系中协商相关参数。
  - **Update**：类型字段取值为 2。顾名思义，Update 报文是为了发布路由更新信息。
  - **Notification**：类型字段取值为 3。BGP 路由器会在检测到错误状态时发送 Notification 报文，用来告知对端错误原因并中断 BGP 连接。
  - **Keepalive**：类型字段取值为 4。Keepalive 报文也已经在前文出现过，其作用是建立和维护 BGP 对等体关系。
  - **Route-refresh**：类型字段取值为 5。本地路由设备如果希望对等体设备重新向自己发送某个特定网络的更新报文，就会向对等体发送 Route-refresh 报文。

鉴于每种类型报文的作用各不相同，因此它们的数据部分都会采用不同的封装方式。在 5 种报文中，Keepalive 报文只有 BGP 报文头部，不会添加后面的数据部分。接下来，我们会分别介绍其余 4 种报文数据部分的封装格式。

1. Open 报文

Open 报文数据部分的封装格式如图 4-6 所示。

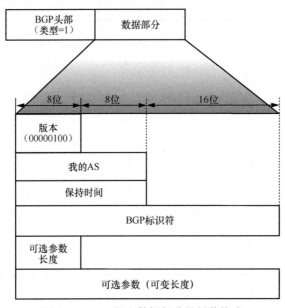

图 4-6　Open 报文数据部分的封装格式

在图 4-6 中，Open 报文的数据部分主要包含下列字段。

- **版本**：这个字段的长度为 8 位，作用是标识 BGP 的版本号。目前人们部署的 BGP 和现行的 BGP 标准均为 BGP 第 4 版，因此这个字段目前为固定取值 4，或二进制的 00000100。
- **我的 AS**：这个字段的长度为 16 位，作用是标识这个 Open 报文始发 BGP 路由器所在的 AS。
- **保持时间**：这个字段的长度也是 16 位。前文在介绍 BGP 路由器建立对等体关系时已经引出了保持时间的概念，这个字段的作用就是把始发 BGP 路由器上的保持时间设置发送给正在协商对等体关系的 BGP 路由器，因为 BGP 路由器在建立对等体的过程中需要确保双方采用一致的保持时间设置。如果双方最终建立起 BGP 对等体关系，一方在协商好的保持时间内没有接收到对端发来的 Keepalive 报文或 Update 报文，就会认为 BGP 会话已经断开。
- **BGP 标识符**：BGP 的 Router ID，这个字段的长度为 32 位，作用是标识 Open 报文的始发 BGP 路由器。在协商 BGP 对等体的阶段，BGP 路由器会根据这个字段的大小来判断使用哪台路由器发起 TCP 连接。
- **可选参数长度**：Open 报文的数据部分可以携带一个可变长度的可选参数字段，作

用是向正在协商 BGP 对等体的 BGP 路由器宣告自己支持的可选功能。而长度为 8
位的可选参数长度字段就是为了标识可选参数字段的长度。

2. Update 报文

Update 报文数据部分的封装格式如图 4-7 所示。

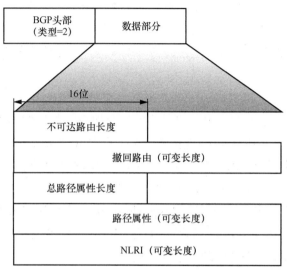

图 4-7　Update 报文数据部分的封装格式

在图 4-7 中，Update 报文的数据部分主要包含下列字段。

- **不可达路由长度**：一台 BGP 路由器使用 Update 报文发布的更新信息不仅可以提供新的路由，还可以撤销之前的路由。因此，撤回路由字段的作用就是标识 Update 报文要撤销的路由。长度为 16 位（2 字节）的不可达路由长度字段，其作用就是标识撤回路由字段的长度。

- **总路径属性长度**：前文介绍过，BGP 支持路由携带大量的路径属性。每个路径属性会以 TLV 的形式通过 Update 报文进行发送。长度为 16 位（2 字节）的总路径属性长度字段，其作用就是标识路径属性字段的长度。路径属性字段则标识了 NLRI 字段所含路由的全部路径属性。

- **NLRI**：网络层可达性信息，这个字段就是拥有相同路径属性的路由列表。

3. Notification 报文

Notification 报文数据部分的封装格式如图 4-8 所示。

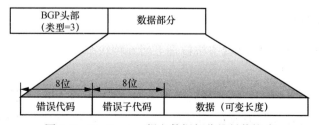

图 4-8　Notification 报文数据部分的封装格式

Notification 报文的数据部分由错误代码、错误子代码和数据组成。其中，错误代码字段和错误子代码字段的长度均为 8 位（1 字节），它们的作用是标识错误的具体类型；可变长度的数据字段则用来详细描述错误内容。

4. Route-refresh 报文

Route-refresh 报文并没有直接定义在任何版本的 BGP-4 标准中，而是作为补充标准定义在单独的 RFC 文档中。例如，Route-refresh 报文最初定义在 RFC 2918 中，而其最新标准定义在 RFC 7313 中。换言之，读者可以认为并不是所有的 BGP 路由器都支持这种类型的报文。

鉴于一些路由器不支持 Route-refresh 报文，在协商 BGP 对等体阶段，双方 BGP 路由器就需要针对彼此是否支持这种类型的报文进行协商。如果对等体支持 Route-refresh 报文，管理员就可以在不中断 BGP 连接的情况下重置 BGP 路由表，并且采用新的策略。这种不中断 BGP 连接重置 BGP 路由表的做法称为 BGP 软复位。在 VRP 系统中，执行 BGP 软复位的命令为 **refresh bgp**。如果对等体（BGP 路由器）不支持 Route-refresh 报文，管理员就可以在 VRP 系统中配置启用 **keep-all-route** 命令，让路由器保留该对等体的原始路由，以便在不重置 BGP 连接的情况下刷新路由表。在 VRP 系统中，命令 **keep-all-route** 在缺省情况下没有启用，需要管理员手动启用。

Route-refresh 报文数据部分的封装格式如图 4-9 所示。

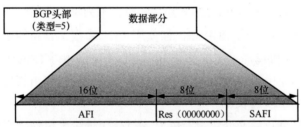

图 4-9　Route-refresh 报文数据部分的封装格式

Route-refresh 报文的作用是要求对等体重新向自己发送特定网络的 Update 报文，因此 16 位的 AFI（地址族标识符）字段和 8 位的 SAFI（子地址族标识符）字段都是为了标识始发路由器希望对等体（BGP 路由器）重新发送关于哪个网络的 Update 报文。此外，Route-refresh 报文还包含一个 Res（保留）字段，这个字段会采用全 0 的固定取值。

4.2.3　BGP 状态机

根据 RFC 4271 标准，BGP 状态机包含下列 6 种状态。

（1）Idle（空闲）状态

Idle 是 BGP 的初始状态。这种状态下的 BGP 路由器不会接受其他 BGP 路由器发送的连接请求。当本地设备发生 Start 事件后，BGP 路由器就会开始尝试和其他 BGP 路由器建立连接，并且将自己的状态置于 Connect 状态。当管理员配置或者重置 BGP 进程时，路由设备就会发生 Start 事件。处于其他状态下的 BGP 路由器如果接收到 Notification 报文或者遇到 TCP 断开等 Error 事件后，都会转到 Idle 状态。Idle 状态的过渡机制如图 4-10 所示。

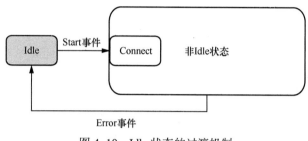

图 4-10　Idle 状态的过渡机制

（2）Connect（连接）状态

Connect 状态是从 BGP 第 4 版（RFC 1654）才引入的，早期的 BGP 版本并不包含这种状态。Connect 状态表示 BGP 路由器正在等待传输层协议（TCP）建立连接。因此，在 TCP 三次握手的过程中，BGP 路由器都会处于 Connect 状态。BGP 路由器进入 Connect 状态，设备就会启动连接重传定时器。BGP 路由器如果在定时器计时结束前成功与对端 BGP 路由器建立了 TCP 连接，就会清空连接重传定时器，向对方发出 Open 报文并进入 OpenSent 状态；如果建立 TCP 连接失败，就会重启连接重传定时器，并进入 Active 状态继续等待对方 BGP 路由器的响应；如果直至重传定时器计时结束仍然没有得到对方 BGP 路由器的响应，就会停留在 Connect 状态，并且一边等待 BGP 路由器的响应，一边继续尝试和其他 BGP 路由器建立 TCP 连接。Connect 状态的过渡机制如图 4-11 所示。

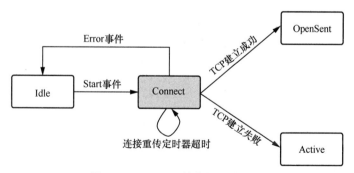

图 4-11　Connect 状态的过渡机制

（3）Active 状态

在这种状态下，BGP 路由器会一直尝试建立 TCP 连接。如果建立 TCP 连接成功，BGP 路由器就会清空连接重传定时器，向对方发出 Open 报文并进入 OpenSent 状态；如果 BGP 路由器建立 TCP 连接失败，BGP 路由器就会重启连接重传定时器，并停留在 Active 状态，继续等待对方 BGP 路由器的响应；如果直至重传定时器超时，BGP 路由器仍然没有得到对方 BGP 路由器的响应，BGP 路由器就会转至 Connect 状态。因此，初学 BGP 的读者应注意：Active 状态并不是 BGP 对等体建立完成的状态，而是 BGP 路由器无法顺利与对端建立 TCP 连接的状态。Active 状态的过渡机制如图 4-12 所示。

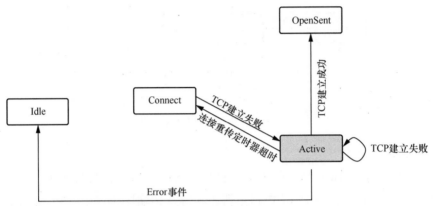

图 4-12　Active 状态的过渡机制

（4）OpenSent 状态

如前所述，当 BGP 路由器已经与对端建立 TCP 连接，并且发送了 Open 报文，它就会进入 OpenSent 状态。一台处于 OpenSent 状态的 BGP 路由器接收到对端 BGP 路由器发送的 Open 报文并完成参数校验后，就会在发送 Keepalive 报文后进入下面的 OpenConfirm 状态。OpenSent 状态的过渡机制如图 4-13 所示。

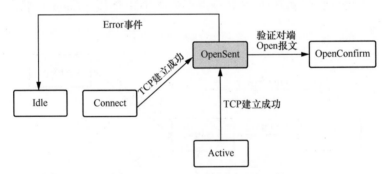

图 4-13　OpenSent 状态的过渡机制

（5）OpenConfirm 状态

当 BGP 路由器验证了对端路由器发送的 OpenSent 报文，并且发送了 Keepalive 报文，它就会进入 OpenConfirm 状态。处于 OpenConfirm 状态的 BGP 路由器会等待对端发送的 Keepalive 报文。一台处于 OpenConfirm 状态的 BGP 路由器接收到对端 BGP 路由器发送的 Keepalive 报文并完成参数校验后，就会进入最终的 Established 状态，对等体状态就此建立。OpenConfirm 状态的过渡机制如图 4-14 所示。

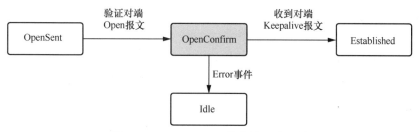

图 4-14　OpenConfirm 状态的过渡机制

（6）Established 状态

这种状态表示 BGP 路由器之间已经建立了对等体关系，双方接下来会通过 Update 报文交互路由信息。

图 4-15 将上述状态的过渡机制汇总起来，构成完整的 BGP 状态机。

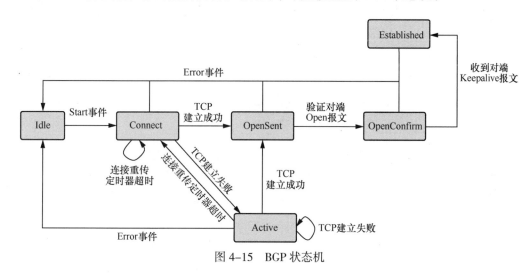

图 4-15　BGP 状态机

在完整地了解了 BGP 的术语、封装和状态机后，我们会在下文中简要介绍 BGP 路由的产生与通告。

4.2.4　BGP 路由的产生

BGP 和 IGP 的另一点不同之处在于，BGP 本身并不会发现路由信息，并且根据路由信息进行计算来产生路由条目。BGP 只会把 IGP 路由表中现有的条目注入 BGP 路由表中，再通过 Update 报文传输给 BGP 对等体。

在 VRP 系统中，管理员如果希望注入 BGP 路由，就需要在 BGP 进程中输入命令 **network** 完成这项操作。在这里，读者需要注意的是，虽然其命令语法和各个 IGP 中的 **network** 命令基本一致，但在 BGP 进程下，**network** 命令的作用是把 IGP 路由表中现有的路由注入 BGP 路由表，而不是向使用相同协议的路由设备宣告这个本地的网络。换言之，如果 BGP 路由器的 IP 路由表中没有对应的路由条目，管理员在 VRP 系统中输入这条路由也不会让其被注入 BGP 路由表，更不会把这条路由更新给这台 BGP 路由器的 BGP 对等体。

　　使用命令 **network** 向 BGP 路由表中注入路由，并且将该路由向 BGP 对等体更新的示例如图 4-16 所示。

　　在图 4-16 中，AR1 连接网络 10.1.1.0/24。AR1 和 AR2 都处于 AS 100，它们之间建立了 OSPF 邻接关系。因为 AR1 宣告了网络 10.1.1.0/24，所以 AR2 的 IGP 路由表学习到去往这个网络的路由。在这个前提下，管理员进入 AR2 的 BGP 视图，将这个网络注入 BGP 路由表。于是，这个网络就被添加到 AR2 的 BGP 路由表中，并且接下来被 AR2 通过 Update 报文更新给自己的 EBGP 对等体 AR3。因此，AR3 的 BGP 路由表中也出现了这条路由。

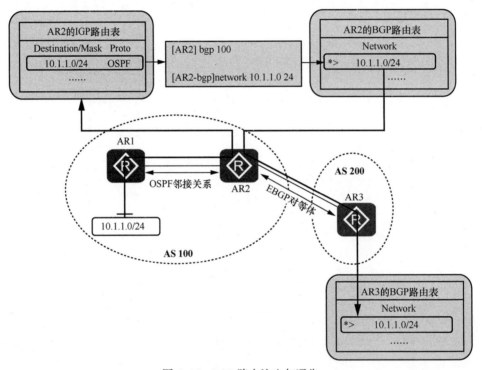

图 4-16　BGP 路由注入与通告

　　显然，当 IGP 路由表中的条目数量比较庞大时，使用命令 **network** 向 BGP 路由表中注入已经存在于 IGP 路由表中的路由条目会是一个相当复杂的过程，也很容易引入人为的操作错误。一种比较方便的 BGP 路由注入方法是在 BGP 视图下使用命令 **import-route** *protocol* 把所有通过特定方式加入 IGP 路由表中的路由全部注入 BGP 路由表，具体如下。

- **import-route direct**：把 IGP 路由表中的所有直连路由注入 BGP 路由表。
- **import-route isis**：把 IGP 路由表中所有通过 IS-IS 协议学习到的路由注入 BGP 路由表。
- **import-route ospf**：把 IGP 路由表中所有通过 OSPF 协议学习到的路由注入 BGP 路由表。
- **import-route rip**：把 IGP 路由表中所有通过 RIP 学习到的路由注入 BGP 路由表。
- **import-route static**：把 IGP 路由表中所有静态路由注入 BGP 路由表。

BGP 的设计初衷是在互联网环境中提供路由，这就意味着每台 BGP 路由器都需要处

理大量的路由条目。为了缓解 BGP 路由器的处理压力，减少明细路由变化给网络带来的影响，BGP 同样支持对路由条目执行手动聚合。在 VRP 系统中，执行手动聚合的具体做法是在 BGP 视图下输入命令 **aggregate** *ipv4-address* { *mask* | *mask-length* }。其中，*ipv4-address* 和 *mask* 参数需要输入聚合后的网络地址和掩码或掩码长度。

此外，**aggregate** 命令还有一个可选关键字 **detail-suppressed**。如果命令携带这个关键字，如 aggregate 10.1.1.0 22 detail-suppressed，那么 BGP 只会向对等体通告聚合后的路由，而不会通告此前的明细路由。不过，输入这个关键字并不会让这台路由器本地 BGP 路由表中的明细路由消失。

4.2.5　BGP 路由的通告

考虑到 BGP 的部署环境、工作机制和设计初衷，BGP 通告路由的行为也与 IGP 存在明显区别。总体来说，BGP 的路由通告行为需要遵循以下 4 项原则。

原则一：只发布最优路由

读者观察图 4-16 中 AR2 和 AR3 的 BGP 路由表不难发现，网络 10.1.1.0/24 前面有一个星号（*）和一个大于号（>）标识符。在 BGP 路由表中，*标识符表示这条路由是一条有效路由，即这条路由的下一跳地址是可达的；而>标识符表示这条路由是去往该网络的最优路由。BGP 通告路由的原则之一：BGP 路由器只会发布包含*>符号的路由，即 BGP 路由器只会把最优且有效路由更新给 BGP 对等体。

图 4-17 所示为原则一的示例。

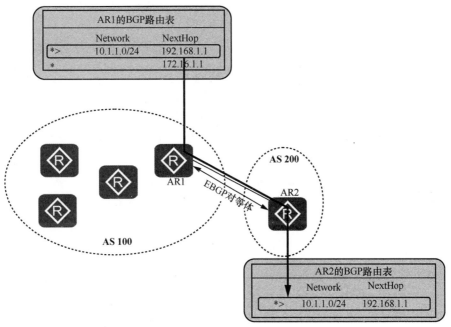

图 4-17　原则一的示例

在图 4-17 中，AR1 的 BGP 路由表中针对网络 10.1.1.0/24 拥有两条路由，但因为以

172.16.1.1 作为下一跳（NextHop）的路由并非最优路由，所以只有以 192.168.1.1 作为下一跳的路由被通告给 AR2。

原则二：从 EBGP 对等体获取的路由会发布给所有对等体

原则二非常容易理解，即一台 BGP 路由器会把自己从 EBGP 获取的路由更新给自己的所有对等体，包括 IBGP 对等体和 EBGP 对等体。图 4-18 所示为原则二的示例。

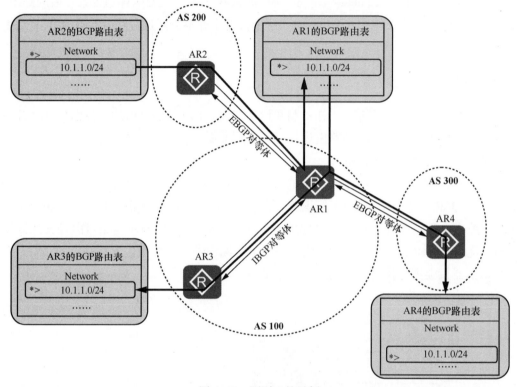

图 4-18 原则二的示例

在图 4-18 中，AR1 从 AR2 获取到去往网络 10.1.1.0/24 的路由。因为 AR2 是 AR1 的 EBGP 对等体，所以 AR1 把这条路由通告给所有 BGP 对等体，包括 IBGP 对等体（AR3）和 EBGP 对等体（AR4）。

原则三：从 IBGP 对等体获取的路由不发布给其他 IBGP 对等体

原则三也称为 IBGP 水平分割，即一台 BGP 路由器不会把自己从 IBGP 获取的路由更新给 IBGP 对等体。BGP 使用这种路由通告原则是为了避免同一个自治系统内部出现 BGP 路由环路。

图 4-19 所示为原则三的示例。

在图 4-19 中，AR1 从 AR2 获取到去往网络 10.1.1.0/24 的路由。因为 AR2 是 AR1 的 EBGP 对等体，所以 AR1 把这条路由通告给 IBGP 对等体 AR3 和 AR4。因为 AR1 和它们是 IBGP 对等体关系，所以 AR3 和 AR4 不会再把这条路由通告给对方，这条路由也不会再由对方通告回 AR1。这就有效地避免了路由环路。

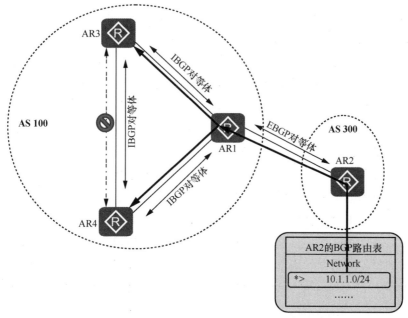

图 4-19 原则三的示例

不过，由于原则三的存在，相同 AS 内可能会出现 BGP 路由器无法获取到 BGP 路由的情况。以图 4-19 为例，在 AS 100 中，AR4 如果仅与 AR3 建立了 IBGP 对等体关系，而没有与 AR1 建立 IBGP 对等体关系，就无法获取到 AR2 通告给 AR1 的 BGP 路由，因为 AR3 从 IBGP 对等体 AR1 获取的 BGP 路由不能通告给 IBGP 对等体 AR4，如图 4-20 所示。

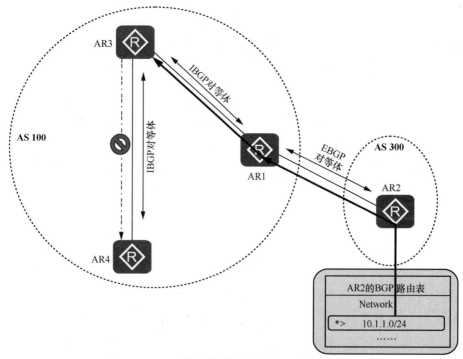

图 4-20 BGP 路由器无法获取到 BGP 路由的情况

避免出现图 4-20 所示问题的方法就是采用图 4-19 中的设计方案，即在 AS 内部，BGP 路由器之间要建立全互联的 IBGP 对等体关系。后文还会提到一些避免这种问题的技术方法，这里暂不介绍。

原则四：BGP 路由器若未从 IGP 中学习到同一条路由，则不使用、不通告从 IBGP 对等体学习到的路由

原则四也称为 BGP 同步原则。以图 4-20 所示网络为例，AR3 如果没有在 AS 内部通过某种 IGP 学习到去往 10.1.1.0/24 网络的路由，就不会使用这条路由。此外，在这个原则下，AR3 如果拥有 EBGP 对等体，也不会向 EBGP 通告这条路由。

定义这个原则的理由在于，BGP 对等体并不一定相互直连，它们之间可以间隔非 BGP 路由器。如果一台 BGP 路由器通过 TCP 连接向建立了 IBGP 对等体关系的 BGP 路由器通告了一条 BGP 路由，而连接这一对 IBGP 对等体的非 BGP 路由器却不知道如何到达这条路由指向的目的网络，网络就会出现路由黑洞，具体示例如图 4-21 所示。需要注意，图中的路由器 AR3 分别连接 AR1 和 AR4，而路由器 AR1 和 AR4 之间没有物理连接。

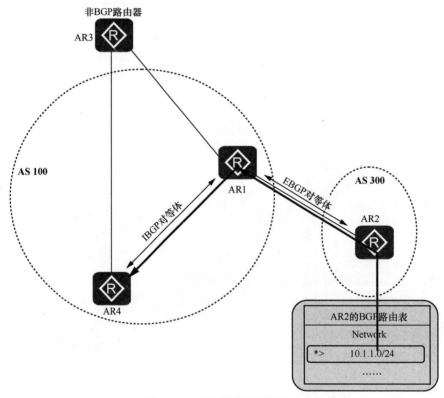

图 4-21 BGP 同步原则的设计

在图 4-21 所示的网络中，AR4 作为 AR1 的 IBGP 对等体，从 AR1 接收到去往网络 10.1.1.0/24 的 BGP 路由(这条 BGP 路由是从 EBGP 对等体 AR2 获取到的)。现在假设 AR4 没有通过 IGP 学习到去往网络 10.1.1.0/24 的路由，即 BGP 同步原则并不存在，那么当 AR4 希望向网络 10.1.1.0/24 发送数据包时，AR4 会查询 BGP 路由表，发现 AR1 是去往网络 10.1.1.0/24 的下一跳。因为 AR4 和 AR1 并不直连，所以需要进行路由迭代，并且发现自己需要将这个数据包转发给 AR3。但 AR3 并不是 BGP 路由器，所以它也没有从 AR1 获取到去往网络 10.1.1.0/24 的路由，于是 AR3 只能把这个数据包丢弃。因此，如果一台 BGP 路由器仅从 IBGP 对等体学习到一条 BGP 路由，而没有从 IGP 中学习到同一条路由，那么这台 BGP 路由器使用这条 BGP 路由就有可能产生路由黑洞。如果这台 BGP 路由器把这条 BGP 路由通告给它的 EBGP 对等体，EBGP 对等体使用这条路由也有可能遭遇路由黑洞。这就是定义 BGP 同步原则的原因。

　　BGP 同步原则可以规避 BGP 和 IGP 路由不同步引发的路由黑洞现象，但显然也会带来一些 BGP 路由无法使用和通告的问题。解决这种问题的一种方法是在设计上确保 BGP 路由器使用 BGP 路由转发数据的路径上的路由器皆为 BGP 路由器。此外，在理论上，把 BGP 路由发布到 IGP 也是一种解决方法，一方面，BGP 旨在服务多个管理域，而 IGP 用于某一个管理域内部，向 IGP 发布 BGP 路由有可能影响 IGP 环境的安全性；另一方面，互联网路由条目数量大可以轻而易举地导致 IGP 过载，因此这种方法几乎不会在现实环境中使用。当然，解决这种问题还有其他的技术方法，后续内容会进行介绍。

　　关于 BGP 的原理部分，我们暂时介绍到这里。在 4.3 节中，我们会介绍 BGP 的基本配置命令，并通过一个简单的示例展示 BGP 的配置流程。

4.3　BGP 的基本配置

　　本节将通过图 4-22 所示的 BGP 网络拓扑来介绍 BGP 配置命令和配置流程。

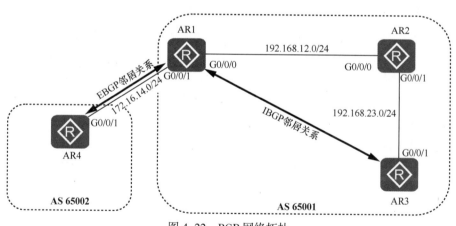

图 4-22　BGP 网络拓扑

　　在图 4-22 中，AR1 和 AR3 属于 AS 65001，AR4 属于 AS 65002。AR1 和 AR3 之间建立 IBGP 邻居关系，AR1 和 AR4 之间建立 EBGP 邻居关系。AR1、AR2 和 AR3 的所有接口均参与 OSPF 的运行，使 AR1 能够使用环回接口与 AR3 的环回接口通信，AR1 与 AR3 使用环回接口建立 IBGP 邻居。AR1 与 AR4 直连，它们使用直连接口建立 EBGP 邻居。所有接口的 IP 地址详见表 4-1。

表 4-1　所有接口的 IP 地址

设备	接口	IP 地址	子网掩码
AR1	G0/0/0	192.168.12.1	255.255.255.0
	G0/0/1	172.16.14.1	255.255.255.0
	Loopback0	10.0.0.1	255.255.255.255
AR2	G0/0/0	192.168.12.2	255.255.255.0
	G0/0/1	192.168.23.2	255.255.255.0
	Loopback0	10.0.0.2	255.255.255.255
AR3	G0/0/1	192.168.23.3	255.255.255.0
	Loopback0	10.0.0.3	255.255.255.255
AR4	G0/0/1	172.16.14.4	255.255.255.0
	Loopback0	10.0.0.4	255.255.255.255

工程师需要按照以下顺序配置 BGP。

（1）启动 BGP 进程

- **bgp** {*as-number-plain**as-number-dot*}：在系统视图中使用该命令启动 BGP 进程，指定 AS 号并进入 BGP 视图。*as-number-plain* 指以整数形式指定 AS 号，取值范围是 1~4294967295；*as-number-dot* 指以点分形式指定 AS 号，格式为 *x.y*，*x* 的取值范围是 1~65535，*y* 的取值范围是 0~65535。每台设备只能属于一个 AS，因此只能指定一个本地 AS 号。

- **router-id** *ipv4-address*：在 BGP 视图中配置 BGP 的 Router ID。建议工程师将 Router ID 配置为设备的环回接口地址。

（2）配置 BGP 对等体

- **peer** { *ipv4-address* | *ipv6-address* } **as-number** { *as-number-plain* | *as-number-dot* }：在 BGP 视图中创建 BGP 对等体。

- （可选）**peer** *ipv4-address* **connect-interface** *interface-type interface-number*：在 BGP 视图中指定发送 BGP 报文的源接口。在缺省情况下，BGP 会使用报文的出接口作为 BGP 报文的源接口。

（3）配置 BGP 引入路由（以 IPv4 路由为例）

- **network** *ipv4-address* [*mask* | *mask-length*]：逐条引入 IP 路由表中已经存在的路由。

- **import-route** *protocol* [*process-id*]：引入直连路由、静态路由，以及通过各种动态路由协议学习到的路由，即 RIP 路由、OSPF 路由、ISIS 路由等。

当前，AR1、AR2 和 AR3 已经启用 OSPF，并且也把 Loopback 0 接口的 IP 地址发布到 OSPF。限于篇幅，在此不展示接口 IP 地址的配置命令和 OSPF 配置命令。

我们先配置 AR1 与 AR3 之间的 IBGP 对等体。它们需要使用 Loopback 0 接口的 IP 地址作为更新源地址来建立 IBGP 对等体，详见例 4-1 和例 4-2。

例 4-1　在 AR1 上配置 IBGP 对等体

```
[AR1]bgp 65001
[AR1-bgp]router-id 10.0.0.1
[AR1-bgp]peer 10.0.0.3 as-number 65001
[AR1-bgp]peer 10.0.0.3 connect-interface LoopBack 0
```

例 4-2　在 AR3 上配置 IBGP 对等体

```
[AR3]bgp 65001
[AR3-bgp]router-id 10.0.0.3
[AR3-bgp]peer 10.0.0.1 as-number 65001
[AR3-bgp]peer 10.0.0.1 connect-interface LoopBack 0
[AR3-bgp]quit
[AR3]
Feb 12 2023 18:43:25-08:00 AR3 %%01BGP/3/STATE_CHG_UPDOWN(l)[0]:The status of th
e peer 10.0.0.1 changed from OPENCONFIRM to ESTABLISHED. (InstanceName=Public, S
tateChangeReason=Up)
```

例 4-2 的阴影部分表明 AR3 已经与 AR1 建立了 IBGP 对等体关系。我们可以使用命令 **display bgp peer** 查看 IBGP 对等体，详见例 4-3。

例 4-3　查看 IBGP 对等体

```
[AR3]display bgp peer

BGP local router ID : 10.0.0.3
Local AS number : 65001
Total number of peers : 1        Peers in established state : 1

 Peer            V          AS  MsgRcvd  MsgSent  OutQ  Up/Down      State PrefRcv

 10.0.0.1        4       65001       24       20     0 00:18:54 Established        0
```

从例 4-3 的阴影行可以看出，对等体 10.0.0.1 已建立（Established），最后一个字段 PrefRcv 表明 AR3 从该对等体接收到 0 个路由前缀。

接着，我们配置 AR1 与 AR4 之间的 EBGP 对等体。它们需要使用直连物理接口的 IP 地址作为更新源地址来建立 EBGP 对等体关系，并且 AR4 需要使用 **network** 命令和 **import-route** 命令向 BGP 中引入一些路由，详见例 4-4 和例 4-5。

例 4-4　在 AR1 上配置 EBGP 对等体

```
[AR1]bgp 65001
[AR1-bgp]peer 172.16.14.4 as-number 65002
```

例 4-5　在 AR4 上配置 EBGP 对等体

```
[AR4]bgp 65002
[AR4-bgp]router-id 10.0.0.4
[AR4-bgp]peer 172.16.14.1 as-number 65001
[AR4-bgp]network 10.0.0.4 32
[AR4-bgp]import-route static
```

```
[AR4-bgp]quit
[AR4]
Feb 12 2023 19:14:04-08:00 AR4 %%01BGP/3/STATE_CHG_UPDOWN(1)[0]:The status of th
e peer 172.16.14.1 changed from OPENCONFIRM to ESTABLISHED. (InstanceName=Public
, StateChangeReason=Up)
```

例 4-5 的阴影部分表明 AR4 已经与 AR1 建立了 EBGP 对等体关系。我们使用命令 **display bgp peer** 在 AR1 上查看 BGP 对等体，详见例 4-6。

例 4-6　在 AR1 上查看 BGP 对等体

```
[AR1]display bgp peer

 BGP local router ID : 10.0.0.1
 Local AS number : 65001
 Total number of peers : 2          Peers in established state : 2

  Peer            V          AS  MsgRcvd  MsgSent  OutQ  Up/Down      State PrefRcv

  10.0.0.3        4       65001       56       81     0  00:52:54 Established        0
  172.16.14.4     4       65002       52       34     0  00:32:40 Established        9
```

我们从例 4-6 的阴影行可以看出，AR1 与 172.16.14.4 已建立（Established）对等体关系，最后一个字段 PrefRcv 表明 AR1 从该对等体接收到 9 个路由前缀。我们可以使用命令 **display bgp routing-table** 查看 BGP 路由表，详见例 4-7。

例 4-7　在 AR1 上查看 BGP 路由表

```
[AR1]display bgp routing-table

 BGP Local router ID is 10.0.0.1
 Status codes: * - valid, > - best, d - damped,
               h - history,  i - internal, s - suppressed, S - Stale
               Origin : i - IGP, e - EGP, ? - incomplete


 Total Number of Routes: 9
      Network          NextHop          MED        LocPrf     PrefVal Path/Ogn
 *>   10.0.0.4/32      172.16.14.4      0                     0       65002i
 *>   172.16.0.0/24    172.16.14.4      0                     0       65002?
 *>   172.16.1.0/24    172.16.14.4      0                     0       65002?
 *>   172.16.2.0/24    172.16.14.4      0                     0       65002?
 *>   172.16.3.0/24    172.16.14.4      0                     0       65002?
 *>   172.16.4.0/24    172.16.14.4      0                     0       65002?
 *>   172.16.5.0/24    172.16.14.4      0                     0       65002?
 *>   172.16.6.0/24    172.16.14.4      0                     0       65002?
 *>   172.16.7.0/24    172.16.14.4      0                     0       65002?
```

从例 4-7 的命令输出中，我们可以看到 AR4 Loopback 0 接口的路由，是 AR4 通过 **network** 命令引入的；我们还可以看到 172.16 开头的 8 条路由，它们是 AR4 通过 **import-route** 命令引入的。另外，我们可以通过这些路由左侧的星号（*）看出它们是有效路由。我们同样可以在 AR3 上查看 BGP 路由表，详见例 4-8。

例 4-8 在 AR3 上查看 BGP 路由表

```
[AR3]display bgp routing-table

BGP Local router ID is 10.0.0.3
Status codes: * - valid, > - best, d - damped,
              h - history,  i - internal, s - suppressed, S - Stale
              Origin : i - IGP, e - EGP, ? - incomplete


Total Number of Routes: 9
     Network            NextHop         MED        LocPrf     PrefVal Path/Ogn

  i  10.0.0.4/32        172.16.14.4      0          100         0      65002i
  i  172.16.0.0/24      172.16.14.4      0          100         0      65002?
  i  172.16.1.0/24      172.16.14.4      0          100         0      65002?
  i  172.16.2.0/24      172.16.14.4      0          100         0      65002?
  i  172.16.3.0/24      172.16.14.4      0          100         0      65002?
  i  172.16.4.0/24      172.16.14.4      0          100         0      65002?
  i  172.16.5.0/24      172.16.14.4      0          100         0      65002?
  i  172.16.6.0/24      172.16.14.4      0          100         0      65002?
  i  172.16.7.0/24      172.16.14.4      0          100         0      65002?
```

从例 4-8 的命令输出我们可以看出，这些路由的左侧没有星号（＊），也就是说，它们是非有效路由，这是因为它们的下一跳（172.16.14.4）在 AR3 上是不可达的。我们可以在 AR1 上通过命令将下一跳指向自己，使这些路由在 AR3 上变为有效，在此暂不演示这部分配置和效果。

前文提到过，为了缓解 BGP 路由器的处理压力，减少明细路由变化给网络带来的影响，BGP 支持对路由条目执行手动聚合。工程师可以使用以下命令执行聚合。

- **aggregate** *ipv4-address* { *mask* | *mask-length* } [**detail-suppressed**]：在 BGP 视图中配置，在 BGP 路由表中创建一条聚合路由。可选关键字 **detail-suppressed** 可以抑制明细路由，仅通告这条创建的聚合路由。

例 4-9 展示了在 AR4 上配置聚合路由。

例 4-9 在 AR4 上配置聚合路由

```
[AR4]bgp 65002
[AR4-bgp]aggregate 172.16.0.0 21 detail-suppressed
```

现在，我们再次查看 AR1 的 BGP 路由表，详见例 4-10。

例 4-10 再次查看 AR1 的 BGP 路由表

```
[AR1]display bgp routing-table

BGP Local router ID is 10.0.0.1
Status codes: * - valid, > - best, d - damped,
              h - history,  i - internal, s - suppressed, S - Stale
              Origin : i - IGP, e - EGP, ? - incomplete


Total Number of Routes: 2
     Network            NextHop         MED        LocPrf     PrefVal Path/Ogn
```

*>	10.0.0.4/32	172.16.14.4	0	0	65002i
*>	172.16.0.0/21	172.16.14.4		0	65002?

从例 4-10 的命令输出可以看出聚合路由的效果：AR1 上的 BGP 路由数量从 9 减少为 2。

本节仅展示了 IBGP 和 EBGP 对等体建立的配置，以及简单的路由配置。我们会在后续内容着重介绍 BGP 复杂选路特性与其他功能的配置与实现。

练 习 题

1. 下列关于 BGP 的说法，哪一项是错误的？（　　）

   A. BGP 使用 TCP 作为传输层协议，BGP 路由器之间要建立对等体关系必须先建立 TCP 连接

   B. BGP 提供了路径属性，丰富了人们控制协议选路的手段

   C. BGP 路由器在发送更新报文前，必须先与直连的 BGP 路由器建立对等体关系

   D. 作为用来承载互联网路由的协议，BGP 可以承载大量的路由条目

2. BGP 使用的端口号是下面哪一项？（　　）

   A. TCP 169   B. TCP 179

   C. UDP 169   D. UDP 179

3. 一对刚刚配置完成的 BGP 路由器，会依次经历下列哪些流程？（　　）

   A. 建立 TCP 连接、发送 Open 报文、接收到首个 Keepalive 报文、建立对等体

   B. 发送 Open 报文、建立 TCP 连接、接收到首个 Keepalive 报文、建立对等体

   C. 建立 TCP 连接、发送 Open 报文、建立对等体、接收到首个 Keepalive 报文

   D. 发送 Open 报文、建立对等体、建立 TCP 连接、接收到首个 Keepalive 报文

4. 下列关于 BGP 对等体关系协商过程中，建立 TCP 连接的说法正确的是？（　　）

   A. 协商 BGP 对等体的双方 BGP 路由器只会建立一条 TCP 连接，之后的 BGP 报文会基于该连接进行封装

   B. 协商 BGP 对等体的双方 BGP 路由器只会建立一条 TCP 连接，两台路由器会在开始发送 BGP 报文前中断该连接

   C. 协商 BGP 对等体的双方 BGP 路由器会分别建立一条 TCP 连接，之后两台路由器基于各自始发建立的 TCP 连接发送 BGP 报文

   D. 协商 BGP 对等体的双方 BGP 路由器会分别建立一条 TCP 连接，但两台路由器会在开始发送 BGP 报文前中断其中之一

5. 下列哪一项不是 BGP 的报文类型？（　　）

   A. Update   B. Hello

   C. Notification   D. Route-refresh

6. 顺利的 BGP 对等体协商过程可能不会包含下列哪种状态？（　　）

    A. Connect
               B. OpenSent

    C. Active
                D. OpenConfirm

7. 下列哪种 BGP 状态机中的状态，是 TCP 刚刚建立成功后，BGP 路由器会进入的状态？（　　）

    A. Connect
                B. OpenSent

    C. Active
                D. OpenConfirm

8. 当一台 BGP 路由器接收到错误事件时，它会立刻进入下面哪种状态？（　　）

    A. Idle
                B. Connect

    C. Active
                D. Established

9. 一位管理员在 VRP 系统的 BGP 视图下，配置了命令 **aggregate 10.1.1.0 22 detail-suppressed**，其目的是（　　）。

    A. 让这台路由器把 IGP 路由表中网络 10.1.1.0/22 的明细路由汇总为 10.1.1.0/22，放入自己的 BGP 路由表，并不再显示明细路由

    B. 让这台路由器把 BGP 路由表中网络 10.1.1.0/22 的明细路由汇总为 10.1.1.0/22，放入自己的 BGP 路由表，并不再显示明细路由

    C. 让这台路由器把 BGP 路由表中网络 10.1.1.0/22 的明细路由汇总为 10.1.1.0/22，放入自己的 BGP 路由表，并依然显示明细路由

    D. 让这台路由器把 BGP 路由表中的汇总路由 10.1.1.0/22 通告给其 BGP 对等体，同时不再通告 10.1.1.0/22 网络的明细路由

10. 下列关于 BGP 路由通告的原则，正确的是（　　）。

    A. BGP 会向对等体发布其 BGP 路由表中的所有路由

    B. BGP 不会把从 EBGP 对等体获取的路由发布给 IBGP 对等体

    C. BGP 不会把从 IBGP 对等体获取的路由发布给其他 IBGP 对等体

    D. BGP 路由器会把所有从 IBGP 对等体学习到的路由发布给自己的 EBGP 对等体

答案：

    1. C　2. B　3. A　4. D　5. B　6. C　7. B　8. A　9. D　10. C

第 5 章
BGP 路径属性、路由反射器与路由优选

本章主要内容

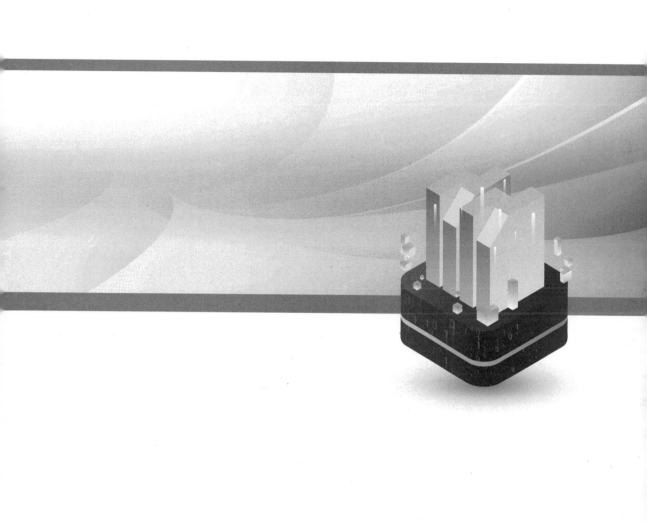

在前一章介绍 BGP 基本原理和术语的过程中，我们曾经反复提到 BGP 提供了大量的路径属性，这些路径属性的作用是为技术人员提供灵活控制 BGP 路由器选路的方法。本章在上一章的基础上，对各类常用的路径属性逐一进行介绍。

本章的结构非常简单。在 5.1 节中，我们会对 9 种 BGP 路径属性的类型、用法和配置逐一进行详细介绍。

5.2 节着重介绍一项被称为路由反射器的技术。通过路由反射器，一个 AS 内部的 BGP 路由器可以不必建立全互联的 IBGP 对等体关系，同时仍然可以避免部分 BGP 路由器无法学习到转发数据包所必要的 BGP 路由。除了路由反射器的工作原理和配置外，5.2 节还会介绍两项与路由反射器有关、旨在避免（引入路由反射器而导致的）路由环路的路径属性。

5.3 节会把已经介绍的路径属性按照 BGP 路由器选择最优路由时的参考顺序排列起来，并逐一通过实验展示如何通过调整这些路径属性来干预 BGP 路由器的选路。在这个过程中，5.3 节也会介绍 BGP 路由器使用多条路由进行负载分担的配置方法，以及可以分担负载的路由条目需要具备的条件。

本章重点

- 各类 BGP 路径属性；
- BGP 路由反射器的作用、原理、相关路径属性及配置；
- BGP 路由器根据各路径属性选择路由的优先顺序。

5.1 BGP 路径属性

前文介绍过，BGP 支持大量的路径属性，BGP 的 Update 报文不仅会携带路由器要更新给对等体的目的网络，也会携带路由的多种路径属性。每种路径属性都是 TLV 的形式。这些路径属性的作用是描述 BGP 路由的特征，管理员可以通过这些路径属性来影响 BGP 度量路径的方式，从而影响 BGP 选路。

总体来说，BGP 路径属性可以分为公认属性和可选属性两大类。公认属性指所有 BGP 路由器都必须具有能识别的属性，而可选属性则不要求所有 BGP 路由器都有能力进行识别。

在此基础上，公认属性还可以进一步细分为公认必遵属性、公认任意属性两种。必遵属性指所有 BGP Update 报文都会携带的路径属性，而任意属性则不必包含在所有 BGP Update 报文中。

可选属性也可以进一步细分为可选过渡属性和可选非过渡属性两种。其中，过渡属性指不识别该属性的 BGP 路由器也会接受并将其通告给其他 BGP 对等体，而非过渡属性则会被不识别该属性的 BGP 路由器所忽略，不会通告给其他对等体。

图 5-1 所示为一个 BGP Update 报文，框中就是这个报文携带的路径属性。

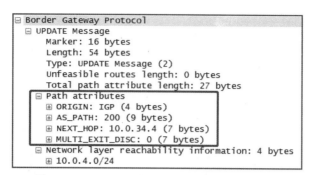

图 5-1　BGP Update 报文中携带的路径属性信息

在下面的内容中，我们会介绍一系列常用的 BGP 路径属性。

5.1.1　AS_PATH 属性

AS_PATH 属性是一种公认必遵属性，以列表的形式记录该路由在前往目标网络的路径中所经历的 AS 号。这种属性既可以在路由优选时，依照转发路径经历的 AS 数量较少的作为判断转发路径优劣的标准之一，也可以避免 EBGP 对等体之间转发出现环路。

BGP 路由器向 EBGP 对等体通告路由时，它会把自己所在的 AS 号添加到 AS_PATH 属性中，如图 5-2 所示。当然，BGP 路由器向 IBGP 对等体通告路由器时不会对 AS-PATH 属性进行修改。

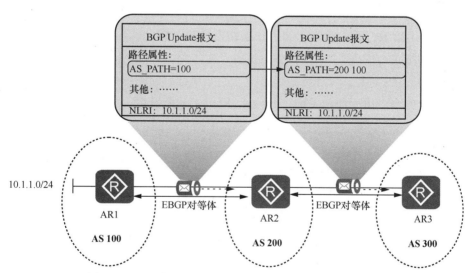

图 5-2　BGP 路由器向 AS_PATH 中添加自己所在的 AS 号

当一台 BGP 路由器在接收到的 AS_PATH 属性中看到了自己所在的 AS 号，这台 BGP 路由器就不会接收这个路由更新。这就是 AS_PATH 属性避免 EBGP 对等体之间产生路由环路的机制，如图 5-3 所示。正是因为这个机制的存在，BGP 路由器可以把从 EBGP 对等体获取到的路由发布给所有对等体而不用担心产生环路，但是从 IBGP 对等体获取到的路由则需要用"IBGP 水平分割"来避免环路。

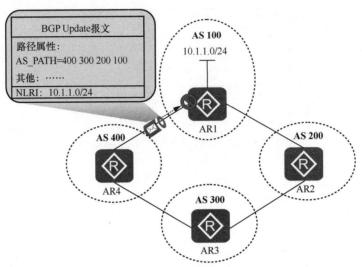

图 5–3   AS_PATH 属性避免 EBGP 对等体之间产生路由环路的机制

AS_PATH 属性包含 4 种不同的类型：AS_SEQENCE、AS_SET、AS_Confed_Sequence 和 AS_Confed_Set。其中，AS_SEQENCE 是 AS_PATH 属性的默认类型，表示 AS_PATH 属性包含的 AS 列表是有序的。

> **注释**：在这 4 种类型中，后两种类型与前两种类型一一对应，只是后两种类型应用于 BGP 联邦。鉴于后两种类型已经超出 HCIP-Datacom 认证大纲的范围，本书不对后两种类型进行进一步介绍。

AS_SET 用于聚合后的路由。如果一条路由进行了聚合，聚合后的路由就默认不会再携带所有明细路由的 AS_PATH 属性，这就产生了路由环路的隐患。AS_SET 会携带聚合前明细路由的 AS 路径。管理员如果希望让一条聚合后的路由携带 AS_SET，就需要在配置路由聚合的命令后面添加关键字 **as-set**。完成上述配置后，明细路由的 AS_PATH 列表中所包含的 AS 号会被放到大括号（{}）中，大括号中的 AS 号是无序的，这样就可以避免出现路由环路。

需要说明的是，AS_PATH 并不是只能属于一种类型。如图 5–4 所示，管理员在 BGP 路由器 AR1 上添加了一个包含 **as-set** 关键字的路由聚合命令，这样 AR1 就会在向自己的 EBGP 对等体 AR4 发送更新时，把 AR2 和 AR3 通告的明细路由聚合为 10.1.0.0/22。这时，AR1 发送的路由更新就会携带 AS_SEQENCE 和 AS_SET。

路径属性为管理员提供了可以干预 BGP 选路的工具，而不像各类 IGP 那样只能让管理员对开销值进行调整。作为一种路径属性，管理员当然可以通过 Route-Policy 对 AS_PATH 属性进行修改。在 Route-Policy 中，管理员可以在命令 **apply as-path** *as-number* 中使用下列关键字来对 BGP 路由的 AS_PATH 属性进行修改。

① **additive**：这个关键字表示管理员在这条命令中配置的 AS 号将被添加到 AS_PATH 列表的最左侧。例如，命令 **apply as-path 100 additive** 会在当前路由的 AS_PATH 列表最左侧添加 AS 号 100。

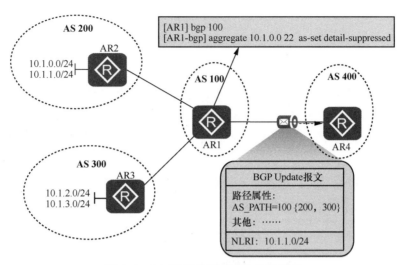

图 5-4　AS_SEQENCE 和 AS_SET 类型

② **overwrite**：这个关键字表示管理员在这条命令中配置的 AS 号将替换当前路由的 AS_PATH 列表中的 AS 号。例如，命令 **apply as-path 100 overwrite** 会把当前路由的 AS_PATH 列表中的值替换为 100。如果管理员用关键字 **none** 取代命令中的 AS 号，即输入命令 **apply as-path none overwrite**，路由器就会把当前路由的 AS_PATH 列表清空。

5.1.2　Origin 属性

Origin 属性也是一种公认必遵属性，旨在标识一条 BGP 路由的起源。根据路由被引入 BGP 的方式，Origin 属性有下列 3 种标记。

① **i**：表示这条路由的属性为 IGP，即该路由是由其始发路由器使用 **network** 命令注入 BGP 的。

② **e**：表示这条路由的属性为 EGP，即该路由是通过 EGP 学习到的。

③ **?**：表示这条路由的属性为 incomplete（不完整），即该路由是通过其他方式学习到的，如通过 import-route 命令引入 BGP 的。

Origin 属性可以作为另一种优选路由的标准。在只考虑 Origin 属性的情况下，BGP 会按照 IGP 优于 EGP、EGP 优于 incomplete 的顺序选择最优路由。

管理员在 VRP 系统中查看 BGP 路由表时，可以在 Path/Ogn 一列看到各条路由的 Origin 属性，如图 5-5 所示。

```
[AR1]display bgp routing-table

BGP Local router ID is 10.0.0.1
Status codes: * - valid, > - best, d - damped,
              h - history,  i - internal, s - suppressed, S - Stale
              Origin : i - IGP, e - EGP, ? - incomplete


Total Number of Routes: 2
     Network          NextHop         MED        LocPrf    PrefVal Path/Ogn

 *>i 172.16.0.0/24    10.0.0.2        0          100       0       i
 * i                  10.0.0.3        0          100       0       i
```

图 5-5　在 BGP 路由表中查看路由的 Origin 属性

5.1.3　Next_Hop 属性

Next_Hop 属性同样是一种公认必遵属性，其作用是指定去往目的网络的下一跳地址。BGP 路由器在学习到 BGP 路由的时候，会对 BGP 路由的 Next_Hop 属性进行检查，如果 Next_Hop 属性的 IP 地址对这台路由器来说不可达，那么这条 BGP 路由就不可用。而 BGP 路由器向 BGP 对等体发布路由更新时，会默认遵照下列方式设置路由的 Next_Hop 属性值。

① BGP 路由器向 EBGP 对等体发布路由更新时，会把路由的 Next_Hop 属性设置为自己与该对等体建立 TCP 连接/BGP 对等体关系时使用的接口地址，如图 5-6 所示。

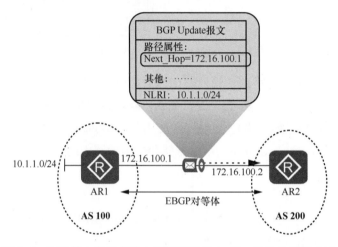

图 5-6　BGP 路由器发布路由更新时对 Next_Hop 属性的设置（1）

② BGP 路由器在向 IBGP 对等体发布 Origin 属性为 i 的路由更新时，也会把路由的 Next_Hop 属性设置为自己与该对等体建立 TCP 连接/BGP 对等体关系时使用的接口地址，如图 5-7 所示。

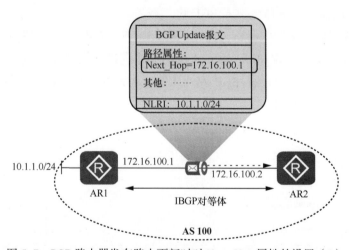

图 5-7　BGP 路由器发布路由更新时对 Next_Hop 属性的设置（2）

③ BGP 路由器把自己从 EBGP 对等体获取的 BGP 路由发布更新给 IBGP 对等体时，不会改变这条 BGP 路由的 Next_Hop 属性，如图 5-8 所示。

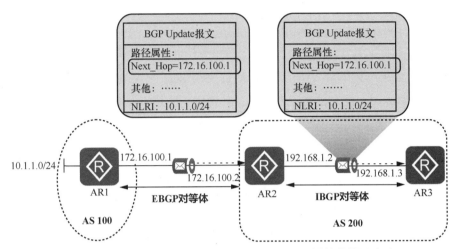

图 5-8　BGP 路由器发布路由更新时对 Next_Hop 属性的设置（3）

④ 如果 BGP 路由器接收到的 BGP 路由的 Next_Hop 与 BGP 路由器要发送 Update 报文的 EBGP 对等体属于同一个网络，那么这台 BGP 路由器在发布路由更新时，不会改变这条 BGP 路由的 Next_Hop 属性，如图 5-9 所示。

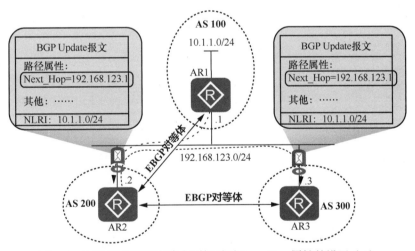

图 5-9　BGP 路由器发布路由更新时对 Next_Hop 属性的设置（4）

在有些情况下，保持 BGP 路由器发布路由更新时对 Next_Hop 属性的默认操作，会使接收到 Update 报文的对等体因为该 BGP 更新的 Next_Hop 值不可达，而把 Update 报文中包含的目的网络（NLRI）视为无效。但管理员若对 BGP 路由器发布路由更新时的默认操作进行修改，Update 报文的接收方就可以顺利接收路由条目。例如，在图 5-8 中，如果 AR2 没有在 IGP 中宣告接口 172.16.100.2 所在的网络，那么 AR3 就不会拥有去往网络 172.16.100.0/24 的路由。在这种情况下，AR3 会把 AR2 所发送的 BGP 路由视为无效，因为这条路由的 Next_Hop 属性值为 172.16.100.1。

在实际工作中，上述问题的解决方法之一是在本地 IGP 中宣告连接外部 AS 网络接口的网络地址。以图 5-8 所示环境为例，如果 AS 200 中部署的 IGP 是 OSPF，那么我们可以把 172.16.100.0 也宣告到 OSPF 中，同时把 AR2 连接 AR1 的接口配置为静默接口。

另一种更常见的解决方法是在连接 EBGP 对等体的 BGP 路由器上修改 Next_Hop 属性的设置。如果管理员在 VRP 系统中使用命令 **peer** 配置 IBGP 对等体地址时添加关键字 **next-hop-local**，这台路由器就会在向 IBGP 对等体发布路由更新时，把路由的 Next_Hop 属性设置为自己与该 IBGP 对等体建立 TCP 连接/BGP 对等体关系时使用的接口地址，如图 5-10 所示。

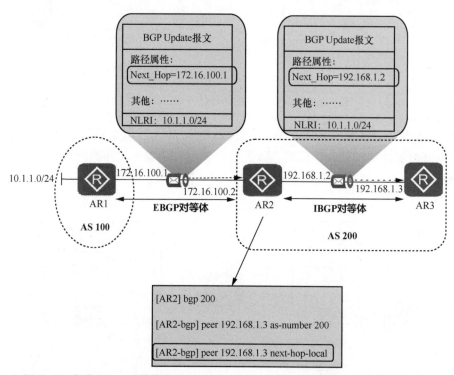

图 5-10　把向 IBGP 对等体发送的 Update 报文的 Next_Hop 属性设置为本地地址

在图 5-10 中，通过配置添加关键字 **next-hop-local** 的 **peer** 命令，AR2 在向 IBGP 对等体 AR3 发布路由更新时，把路由的下一跳地址由原本的 172.16.100.1 修改为自己与 AR3 建立 IBGP 对等体时使用的接口 IP 地址 192.168.1.2。这样一来，AR3 不会再因为该路由更新的 Next_Hop 值不可达而认定该路由无效。

5.1.4　Local_Preference 属性

Local_Preference 属性是一种公认任意属性，其作用是告诉同一个 AS 内的 BGP 路由器，哪一条路径是离开这个 AS 的最优路由。因此，该属性只会被传递给 IBGP 对等体，而不会传递给 EBGP 对等体。

Local_Preference 属性的数值越大代表这条 BGP 路由越优。在默认情况下，Local_Preference 属性的值为 100。管理员可以在 VRP 系统的 BGP 视图下输入 **default local-preference** 命令，或输入 **ipv4-family unicast** 命令进入 IPv4 单播地址族视图，然后输入 **default local-preference** 命令对该设备 Local_Preference 属性的默认值进行修改。这个默认值适用于从 EBGP 对等体接收到的路由，也适用于本地 BGP 路由器引入的路由。在 AS 内部传输的过程中，这个值除非被其他路由策略修改，否则会保持不变。

以图 5-11 所示的拓扑为例，AS 200 中有 3 台 BGP 路由器，AR2、AR3 和 AR4。管理员对 AR2 进行了设置，将其 Local_Preference 属性的值设置为 200。因为 AR3 没有对 Local_Preference 属性值进行设置，所以当 AR4 接收到来自 AR2 和 AR3 的更新时，会根据它们更新报文的 Local_Preference 属性值，判断出 AR2 发送的路由更优。这样一来，AR4 接收到目的地址位于网络 10.1.1.0/24 的数据包时，就会把这个数据包转发给 AR2，而不会转发给 AR3。

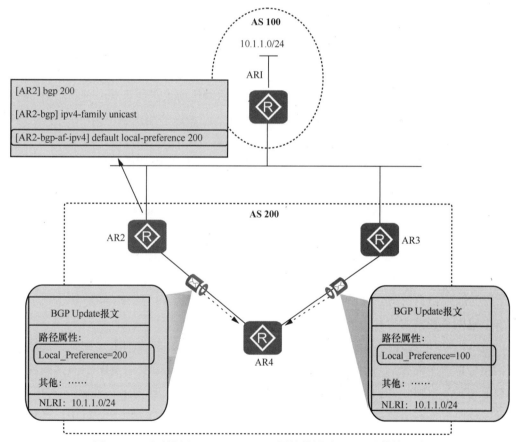

图 5-11　通过设置 Local_Preference 属性值影响 IBGP 对等体选路

如前所述，Local_Preference 属性值只能传递给 IBGP 对等体。因此，在图 5-11 所示的环境中，AR2 和 AR3 所发更新报文的 Local_Preference 值并不是从 AR1 更新报文获得的。AR1 作为 AR2 和 AR3 的 EBGP 对等体，发送给它们的 BGP Update 报文并不携带这个数值。这个数值是 AR2 和 AR3 向 IBGP 对等体（AR4）发送更新报文时，根据设备上的配置为更新报文分配的路径属性。

管理员在 VRP 系统中查看 BGP 路由表时，可以在 LocPrf 一列看到各条路由的 Local_Preference 属性，如图 5-12 所示。当两条去往同一目的网络的路由除了 LocPrf 外，其他条件相同时，LocPrf 值更高的路由会成为最优路由。

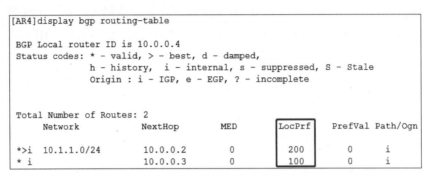

图 5-12　在 BGP 路由表中查看各条路由的 Local_Preference 属性

5.1.5　Community 属性

设计 BGP 的初衷是承载互联网路由，这就意味着该协议需要承载海量的路由，这些路由分别指向位于不同区域、属于不同组织的网络。随着这些路由在不同 AS 之间进行转发，人们越来越难以针对拥有某些相同因素的路由来定义不同的策略。

Community（团体）属性是一种可选过渡属性，其作用是对路由进行标记。作为 BGP 路径属性，这种标记会随着路由更新报文中的路由信息一起在 AS 之间传输，让技术人员可以在任何参与转发这些路由的路由器上对携带不同 Community 属性值的路由制订和采取不同的路由策略。

Community 属性值的长度为 32 位，即 4 字节。它可以用以下两种形式表示。

① 十进制数。

② AA:NN 形式，AA 和 NN 分别占 2 字节，其中 AA 表示 AS 号，NN 则是自定义的编号。上述两种形式可以相互转换。

把 AA:NN 形式转换为十进制数，首先分别把 AA 和 NN 转换为十六进制数，然后把它们组合成一个完整的 8 位十六进制数，再将其转换为十进制数。例如，将 Community 属性值 65001:10000 转换为十进制数，我们可以把 65001 转换为十六进制数 FDE9，把 10000 转换为十六进制数 2710，因此这个属性值的十六进制数为 FDE92710，它对应的十进制数就是 4259915536。

将十进制数转换为 AA:NN 形式则是把上面的过程调转过来：首先把十进制数转换为一个 8 位十六进制数，不足 8 位在前面补 0；然后将它们分为前 4 位和后 4 位，前 4 位转换为十进制数即 AA，后 4 位转换为十进制数即 NN。例如，Community 属性值为 78640，它对应的 8 位十六进制数为 00013330；将其分为两部分，即 0001 和 3330；它们对应的十进制数分别为 1 和 13104，因此这个 Community 属性值对应的 AA:NN 形式就是 1:13104。

Community 属性值两种形式相互转换的方法如图 5-13 所示。

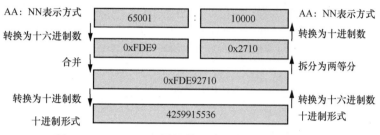

图 5-13　Community 属性值两种形式相互转换的方法

需要专门说明的是，在 RFC 1997 中，IETF 定义了 3 个公认团体属性，这 3 个公认团体属性拥有全局意义，并且所有能够识别团体属性的 BGP 路由器都应该针对这 3 个团体属性值执行一致的操作。

这 3 个公认团体属性如下。

① **NO_EXPORT**：这个团体属性值的十进制数为 4294967041（对应的十六进制数为 0xFFFFFF01）。接收到携带这个团体属性的路由后，BGP 路由器不向这个 AS 之外发布该路由。

② **NO_ADVERTISE**：这个团体属性值的十进制数为 4294967042（对应的十六进制数为 0xFFFFFF02）。接收到携带这个团体属性的路由后，BGP 路由器不向任何 BGP 对等体发布该路由。

③ **NO_EXPORT_SUBCONFED**：这个团体属性值的十进制数为 4294967043（对应的十六进制数为 0xFFFFFF03）。接收到携带这个团体属性的路由后，BGP 路由器不向这个 AS 以外发布该路由，也不向这个 AS 内的其他子 AS 发布该路由。

5.1.6　MED 属性

MED（多出口鉴别器）属性是一种可选非过渡属性。MED 属性和 Local_Preference 属性在设计上"既相同又相反"，相同之处在于，它们都是随路由条目发送给对等体设备的路径优劣度量值；相反之处在于，MED 属性是本地 BGP 路由器向 EBGP 外部对等体标识进入自己所在 AS 的路径优劣，而 Local_Preference 属性则是本地 BGP 路由器向 IBGP 对等体标识离开自己所在 AS 的路径优劣。此外，MED 属性的值越小代表路径越优，而 Local_Preference 属性的值越大代表路径越优。

总之，MED 属性的作用是影响 EBGP 对等体的选路。这个路径属性随路由传输给 EBGP 对等体后，这条路由在该 EBGP 对等体所在 AS 内部的 IBGP 对等体之间传输时会继续携带 MED 属性值，但在离开该 EBGP 对等体所在 AS 进行传输时，默认不会继续携带 MED 属性值。

以图 5-14 所示的拓扑为例，AS 200 中的 AR3 有两条路径可以向 AS 100 中的网络 10.1.1.0/24 发送数据包，两条路径分别指向 AR1 和 AR2。因为 AR1 和 AR2 在向 EBGP 对等体 AR3 发送该网络的更新报文时，分别将 MED 属性值设置为 10 和 20，所以 AR3 在向网络 10.1.1.0/24 转发数据包时，会优先转发给 AR1，因为在其他条件相同的情况下，BGP 会认为 MED 属性值越低的路径越优。此外，当 AR3 向 AS 300 中的 EBGP 对等体 AR4 发送关于网络 10.1.1.0/24 的路由更新报文时，默认不会携带 MED 属性值。

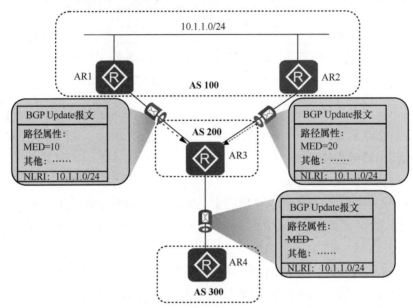

图 5-14 通过 MED 属性值影响 EBGP 对等体选路

前文提到过，MED 属性的作用是本地 BGP 路由器向 EBGP 外部对等体标识进入自己所在 AS 的路径优劣。因此在默认情况下，BGP 路由器不会对位于不同 AS 的 EBGP 对等体发来的 MED 属性值进行比较，它只会比较相同 AS 的 EBGP 对等体为相同路由条目设置的 MED 属性值。例如在图 5-14 中，若 AR1 和 AR2 位于不同的 AS，AR3 就默认不会通过比较它们对去往网络 10.1.1.0/24 的路由所设置的 MED 属性值来判断两条路由的优劣。在后文介绍路由优选的案例中，我们会演示如何更改这种默认做法，使路由器可以比较不同 AS 中 EBGP 对等体发来的 MED 属性值。

MED 属性作为一种可选属性，并不会出现在所有 BGP 更新报文中。不仅如此，发送给 EBGP 对等体的更新报文也并非都默认携带 MED 属性。

① 针对在本地使用 **network** 或 **import-route** 命令引入的 BGP 路由，在默认情况下，BGP 路由器会在向 EBGP 对等体发送更新时为其携带 MED 属性，且将 MED 属性值设置为该路由在 IGP 中的开销值。例如，对于本地引入 BGP 的直连路由和静态路由，BGP 路由器会在向 EBGP 对等体发送更新时，将其 MED 属性值设置为 0，因为这两类路由的开销值为 0。

② 针对从 BGP 对等体学习到的路由，BGP 路由器不会在向 EBGP 对等体发送更新时为其携带 MED 属性。因此在默认情况下，MED 属性值不会跨 AS 传播。

针对一台设备上使用 **import-route** 命令引入的路由和使用 **aggregate** 命令生成的路由，管理员可以使用命令 **default med** 修改其默认的 MED 属性值。这条命令可以在 BGP 视图中配置，也可以在 IPv4 单播地址族视图中进行配置。

5.1.7　Atomic_Aggregate 属性

Atomic_Aggregate 属性是公认任意属性，其作用是针对聚合路由提供一个标记，告知接收这条路由的路由器，这条路由因为聚合导致路径属性丢失。当一台路由器把携带 Atomic_Aggregate 属性的路由更新给对等体的时候，更新消息也会继续携带这个路径属性。接收到这个路由更新报文的路由器不能把这条路由再度明细化。

此外，只有手动聚合产生的聚合路由会携带 Atomic_Aggregate 属性，自动聚合产生的聚合路由不会携带这种属性。关于这一点，后文在介绍 BGP 路由优选时，还会通过实验加以说明和演示。

5.1.8　Aggregator 属性

Aggregator 属性是一种可选过渡属性，同样与路由聚合有关，并且是由执行路由聚合操作的路由器添加在 BGP 更新报文中的。Aggregator 属性会记录报文发送方所在的 AS 号和它的 BGP Router ID，其作用也是向其他 BGP 路由器标记出对这条路由执行聚合操作的 BGP 设备。

管理员可以在查看 BGP 路由详细信息时，看到 Atomic_Aggregate 属性和 Aggregator 属性，如图 5-15 所示。

```
[AR2]display bgp routing-table 10.0.0.0 16

BGP local router ID : 10.0.0.2
Local AS number : 100
Paths:   1 available, 1 best, 1 select
BGP routing table entry information of 10.0.0.0/16:
Aggregated route.
Route Duration: 00h00m08s
Direct Out-interface: NULL0
Original nexthop: 127.0.0.1
Qos information : 0x0
AS-path Nil, origin igp, pref-val 0, valid, local, best, select, active, pre 255
Aggregator: AS 100, Aggregator ID 10.0.0.2, Atomic-aggregate
Advertised to such 2 peers:
    10.0.0.1
    10.0.24.4
```

图 5-15　查看 Atomic_Aggregate 属性和 Aggregator 属性

5.1.9　Preferred-Value 属性

Preferred-Value（协议首选值）属性是华为路由器的特有属性，只在定义该属性的 BGP 路由器本地有效，不会随着 BGP 更新报文在网络中传输，其作用依然是实现路由优选。鉴于该属性不随路由更新报文传输，所以它不涉及过渡或非过渡的分类。

Preferred-Value 属性规定，当 BGP 路由表中存在去往相同目的地的路由时，Preferred-Value 属性值越大的路由越优。Preferred-Value 属性值的取值范围是 0~65535。

如果需要配置 Preferred-Value 属性，管理员可以在 VRP 系统中输入 **peer** *peer-address* **preferred-value** *preferred-value* 命令修改从某个对等体接收到的路由的协议首选值。

Preferred-Value 属性的配置和应用如图 5-16 所示。

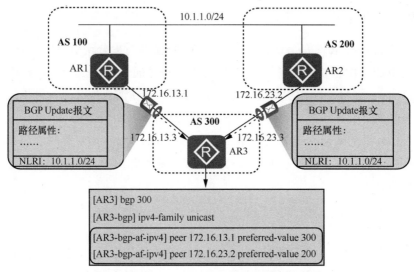

图 5-16　Preferred-Value 属性的配置和应用

在图 5-16 中，管理员在 AR3 上分别将从对等体 AR1 和 AR2 学习到的路由的 Preferred-Value 属性值设置为 300 和 200。这样，当 AR1 和 AR2 都向 AR3 发送针对网络 10.1.1.0/24 的更新报文时，AR3 根据 BGP 路由表向该网络转发数据包时，会优先将数据包转发给 AR1，因为 Preferred-Value 属性值越大，路由越优。

管理员在 VRP 系统中查看 BGP 路由表时，可以在 PreVal 一列看到各条路由的 Preferred-Value 属性，如图 5-17 所示。两条去往同一目的网络的路由，Preferred-Value 属性值较大的路由更优。

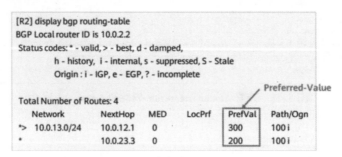

图 5-17　在 BGP 路由表中查看各条路由的 Preferred-Value 属性

本节介绍了 9 种重要的 BGP 路径属性，它们可以帮助管理员细致地干预 BGP 选路，避免路由环路，或者提供重要的信息标识。擅用 BGP 路径属性是高效设计、管理、配置 BGP 网络的基本前提。

在下一节中，我们会介绍一种重要的 BGP 技术，以及另外两项与该技术相关的路径属性。

5.2　BGP 路由反射器

前文在介绍 BGP 路由通告原则时，曾经提到 IBGP 的水平分割原则，即从 IBGP 对等体获取到的路由不会再发布给其他 IBGP 对等体。设计这项原则的初衷是为了避免 AS 内部产生路由环路，但该原则却有可能导致一些 BGP 路由器无法学习到路由。在介绍这项原则时，我们也曾提到，避免上述问题的一种方法是在设计上确保 AS 内部的 BGP 路由器之间建立全互联的 IBGP 对等体关系。这种方法可以避免部分 BGP 路由器学习不到必要的路由，但全互联拓扑的最大问题在于，连接数量会随着 AS 中的 BGP 路由器数量大幅增加。如果某个 AS 中的 BGP 路由器较多，那么这个 AS 中每台路由器都需要维护大量的 TCP 和 BGP 连接。不仅如此，当这个 AS 中需要增加新的 BGP 路由器时，管理员的工作负担也会呈指数增长，引入人工错误的可能性也随之增加。因此，AS 内部 BGP 路由器全互联的设计势必会影响 AS 的可扩展性。

除了 AS 内部的 BGP 路由器之间建立全互联的 IBGP 对等体关系外，还有技术手段，即路由反射器可以解决问题。

5.2.1　BGP 路由反射器概述

路由反射器技术的作用是对一台 BGP 路由器进行配置，让它把在 AS 内部从一个 IBGP 对等体学习到的路由反射给同一个 AS 内部的另一个 IBGP 对等体。在这种架构中，负责向 IBGP 对等体反射路由的设备称为 "路由反射器"，简称 "RR"；接收反射路由的设备则称为 "路由反射器客户端"，简称 "RR 客户端"。RR 及 RR 客户端组成的整体称为一个路由反射簇（Cluster），每个路由反射簇对应唯一的簇 ID（Cluster_ID），这个簇 ID 默认为 RR 的 BGP Router ID。因为一个 RR 客户端可以对应多个 RR，所以一个 RR 客户端可以同时属于多个路由反射簇。在部署 RR 的过程中，管理员只需要对路由反射器进行配置，无须对 RR 客户端的配置进行任何改动。这样，借助 BGP 路由反射器反射路由，AS 内部的 BGP 路由器（RR 客户端）就可以从其他 IBGP 对等体学习到 BGP 路由。不难看出，这种方法有效地解决了 AS 内部 BGP 路由器建立全互联 IBGP 对等体所面临的设备负荷过重、扩展性差的问题。

路由反射器的部分路由通告原则和其他 BGP 路由器没有区别，如路由反射器只会发送和反射最优路由；路由反射器会把从 EBGP 对等体学习到的路由发送给所有 BGP 对等体，包括 EBGP 和 IBGP 对等体——无论 IBGP 对等体是否为 RR 客户端。

注释： 读者在学习的过程中应该注意发送/发布和反射之间的差异，因为与 BGP 路由器发送更新报文相比，由 RR 反射的路由会被 RR 插入 Originator_ID 和 Cluster_List 可选非过渡属性。但 RR 在反射路由时，不会对原更新报文的 AS_PATH、Next_Hop 和 Local_Preference 属性进行修改。

然而，针对 IBGP 对等体，路由反射器的路由通告原则明显不同，具体可以总结为以下两点。

①　路由反射器如果从非客户端 IBGP 对等体学习到一条 BGP 路由,就会把该路由反射给所有客户端 IBGP 对等体。如图 5-18 所示,AR1 充当 RR,AR2 是 RR 客户端。AR1 如果从非客户端的 IBGP 对等体 AR4 接收到一个更新报文,就会将这个报文反射给 AR2。因为 AR3 不是 RR 客户端,所以 AR1 并没有将这个报文反射给 AR3。

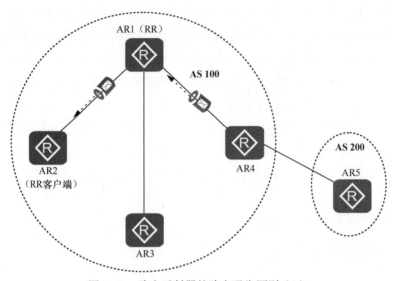

图 5-18　路由反射器的路由通告原则(1)

②　路由反射器如果从客户端 IBGP 对等体学习到一条 BGP 路由,就会把该路由反射给除了发送方外的所有 IBGP 对等体。如图 5-19 所示,AR1 充当 RR,AR2 和 AR3 是 RR 客户端。AR1 如果从客户端 IBGP 对等体 AR2 接收到一个更新报文,就会将这个报文同时反射给 AR3 和 AR4——尽管 AR4 并不是 RR 客户端。

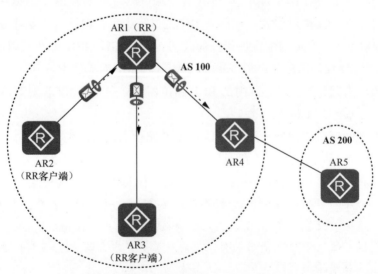

图 5-19　路由反射器的路由通告原则(2)

　　显然，路由反射器破坏了 BGP 路由通告原则：BGP 路由器不把从 IBGP 对等体获取的路由发布给其他 IBGP 对等体，RR 这种机制就存在引入路由环路的风险。在图 5-20 中，AR1 在 AS 100 内部向 IBGP 对等体 AR2 和 AR3 发布了网络 10.1.1.0/24 的 BGP 路由，因为 AR1 和它们之间是 IBGP 对等体关系，所以原本 AR2 和 AR3 不会把这条路由通告给对方，这条路由也不会再由对方通告回 AR1。但由于 AR2 被配置为 RR，因此它会把从 RR 客户端 AR1 接收到的路由反射给非 AR1 的所有 IBGP 对等体，于是 AR3 接收到 AR2 反射的路由。AR3 也是 RR，虽然 AR2 并不是它的客户端，但 AR3 还是会将 AR2 反射的路由反射给 AR1（RR 客户端），这就形成了路由环路。同样的道理，在另一个方向，AR3 从 AR1 接收到的路由也会反射给 AR2，再由 AR2 反射回 AR1。

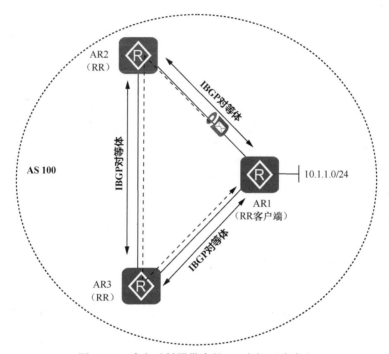

图 5-20　路由反射器带来的 AS 内部环路隐患

　　前文提到了两个由 RR 给反射路由添加的可选非过渡属性 Originator_ID 和 Cluster_List，它们的作用就是避免 RR 给 AS 内部引入环路。下面我们简单介绍一下这两个属性。

5.2.2　Originator_ID 属性

　　Originator_ID 属性是一种可选非过渡属性，其作用是降低 RR 在 AS 内部引入路由环路的风险。

　　当一台 RR 反射一条路由更新报文时，它会给这条报文添加 Originator_ID 属性，属性值为本地 AS 中最初发布该更新报文的 BGP 路由器的 Router ID。此后，即使 AS 中部署了多个 RR，且这条报文又被 AS 中的其他 RR 反射，之后的 RR 也不会对这个属性值进行修改。这样，当这条路由更新报文的始发路由器再次接收到这条路由更新报文时，这台路由器也可以根据这个参数判断出这条报文是由自己始发的，从而忽略这条路由更新报文。

Originator_ID 属性防止路由环路的机制如图 5-21 所示。

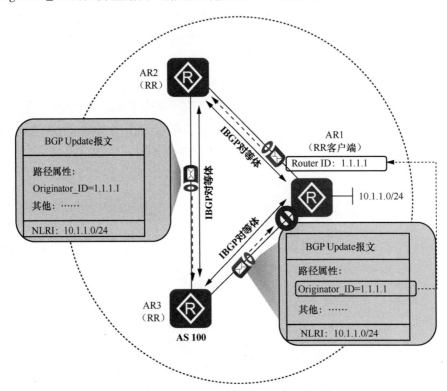

图 5-21   Originator_ID 属性防止路由环路的机制

在图 5-21 中，当 AR2（作为 RR）从 AR1 接收到去往网络 10.1.1.0/24 的 BGP 路由时，AR2 会把该路由反射给非 AR1 的所有 IBGP 对等体，同时给这条更新报文添加 Originator_ID 属性，属性值为 AR1 的 Router ID。于是，AR3 接收到 AR2 反射的路由更新报文。AR3 也是 RR，虽然 AR2 并不是它的客户端，但 AR3 还是会将 AR2 反射的路由反射给 AR1（RR 客户端），并且不会修改这条路由的 Originator_ID 属性。这样，AR1 在接收到这条路由更新报文时，就会发现这条路由更新报文的 Originator_ID 属性值是自己的 Router ID，于是 AR1 就会忽略这条路由更新报文。由此，避免了路由环路。

5.2.3   Cluster_List 属性

Cluster_List 属性是一个可选非过渡属性。一个路由反射簇是由 RR 与 RR 客户端组成，并由唯一的 Cluster_ID 标识的。每台 RR 在反射路由后，都会把其所在簇的 Cluster_ID 作为 Cluster_List 属性值添加到路由更新报文中。最终，RR 可以通过查看 Cluster_List 中是否包含与自己所在簇相同的 Cluster_ID 来判断是否存在路由环路。此外，Cluster_List 中的 Cluster_ID 数量的多少可以作为评判路径优劣的一种方法。从这两种作用上看，Cluster_List 属性和 AS_PATH 属性在逻辑上存在相似之处。

具体来说，RR 如果接收到一条携带 Cluster_List 属性的 BGP 路由更新报文，并发现 Cluster_List 属性值与自己所在簇的 Cluster_ID 相同,就会认为出现了路由环路,因此会忽略这条路由更新报文。RR 如果接收到一条携带 Cluster_List 属性的 BGP 路由更新报文,并发现 Cluster_List 属性值与自己所在簇的 Cluster_ID 不同,就会在反射该路由时把自己所属簇的 Cluster_ID 添加到 Cluster_List 中。

Cluster_List 属性防止路由环路的机制如图 5-22 所示。

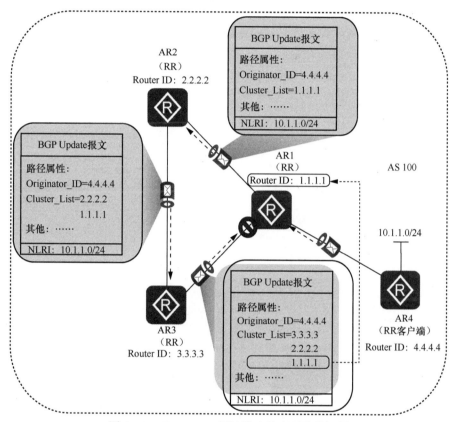

图 5-22　Cluster_List 属性防止路由环路的机制

在图 5-22 中,当充当 RR 的 AR1 从充当 RR 客户端的 AR4 接收到去往网络 10.1.1.0/24 的 BGP 路由时,AR1 会把路由反射给非 AR4 的所有 IBGP 对等体,同时给这条路由更新报文添加 Originator_ID 属性(属性值为 AR4 的 Router ID)和 Cluster_List 属性(属性值为 AR1 的 Router ID)。于是,AR2 接收到 AR1 反射的路由更新报文。作为 RR,AR2 会把该报文反射给 AR3,但不会修改其 Originator_ID 属性,只会把自己所在路由反射簇的 Cluster_ID(即 AR2 的 Router ID)添加到这条路由的 Cluster_List 属性值中。同样,AR3 也是 RR,它会把这条路由反射给 AR1,不会修改这条路由的 Originator_ID 属性,也会把自己所在路由反射簇的 Cluster_ID(即 AR3 的 Router ID)添加到这条路由的 Cluster_List 属性值中。AR1 在接收到这条路由更新报文时,发现该报文的 Cluster_List 属性中包含自己所在簇的 Cluster_ ID(即 AR1 的 Router ID),于是就会忽略这条路由更新报文。这就避免了路由环路。

5.2.4　RR 的配置

综上所述，RR 既可以避免 IBGP 对等体因 BGP 路由通告原则而缺少转发数据所需的 BGP 路由条目，又不需要 AS 内部的 BGP 路由器之间建立全互联的 IBGP 对等体关系，还有对应的机制可以防止 AS 内部产生路由环路。因此，RR 技术可以大幅减少 AS 内部需要建立的 BGP 对等体关系。

RR 的配置并不复杂，管理员只需要在需要充当 RR 的路由器上进入 BGP 视图，输入命令 **peer** {*group-name* | *ipv4-address*} **reflect-client**，把 IPv4 地址参数指向充当 RR 客户端的 IBGP 对等体即可。当然，如果管理员希望把一个路由反射簇的 Cluster_ID 修改为簇路由反射器 Router ID 之外的值，需要再输入命令 **reflector cluster-id** *cluster-id*，在参数部分输入自己希望修改的值。

下面，我们通过图 5-23 所示的拓扑展示一下 RR 的配置。

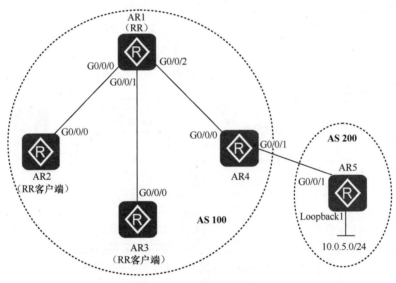

图 5-23　RR 的配置拓扑

表 5-1 列出了本实验使用的接口及其 IP 地址和子网掩码。

表 5-1　本实验使用的接口及其 IP 地址和子网掩码

设备	接口	IP 地址	子网掩码
AR1	G0/0/0	10.0.12.1	255.255.255.0
	G0/0/1	10.0.13.1	255.255.255.0
	G0/0/2	10.0.14.1	255.255.255.0
	Loopback0	10.0.0.1	255.255.255.255
AR2	G0/0/0	10.0.12.2	255.255.255.0
	Loopback0	10.0.0.2	255.255.255.255

续表

设备	接口	IP 地址	子网掩码
AR3	G0/0/0	10.0.13.3	255.255.255.0
	Loopback0	10.0.0.3	255.255.255.255
AR4	G0/0/0	10.0.14.4	255.255.255.0
	G0/0/1	10.0.45.4	255.255.255.0
	Loopback0	10.0.0.4	255.255.255.255
AR5	G0/0/1	10.0.45.5	255.255.255.0
	Loopback0	10.0.0.5	255.255.255.255
	Loopback1	10.0.5.5	255.255.255.0

在本实验中，所有路由器均使用其 Loopback0 接口的 IP 地址作为 BGP Router ID。

AR1、AR2、AR3 和 AR4 属于 AS 100，按照图 5-23 所示建立 IBGP 对等体，使用 Loopback0 接口作为发送 IBGP 报文的源接口。AR1 作为 RR，AR2 和 AR3 作为 AR1 的 RR 客户端。AR1、AR2、AR3 和 AR4 上均运行 OSPF 协议，并且将所有直连接口都宣告进 OSPF。

AR5 属于 AS 200，在建立 EBGP 对等体时，AR5 与 AR4 均使用互联接口地址。AR5 还会将其 Loopback1 接口的 IP 地址宣告进 BGP。

本实验省略了设备接口 IP 地址的配置和 OSPF 配置。例 5-1～例 5-5 分别展示了 AR1～AR5 的 BGP 配置。

例 5-1　在 AR1 上配置 BGP

```
[AR1]bgp 100
[AR1-bgp]router-id 10.0.0.1
[AR1-bgp]peer 10.0.0.2 as-number 100
[AR1-bgp]peer 10.0.0.2 connect-interface LoopBack 0
[AR1-bgp]peer 10.0.0.2 reflect-client
[AR1-bgp]peer 10.0.0.3 as-number 100
[AR1-bgp]peer 10.0.0.3 connect-interface LoopBack 0
[AR1-bgp]peer 10.0.0.3 reflect-client
[AR1-bgp]peer 10.0.0.4 as-number 100
[AR1-bgp]peer 10.0.0.4 connect-interface LoopBack 0
```

例 5-2　在 AR2 上配置 BGP

```
[AR2]bgp 100
[AR2-bgp]router-id 10.0.0.2
[AR2-bgp]peer 10.0.0.1 as-number 100
[AR2-bgp]peer 10.0.0.1 connect-interface LoopBack 0
```

例 5-3　在 AR3 上配置 BGP

```
[AR3]bgp 100
[AR3-bgp]router-id 10.0.0.3
[AR3-bgp]peer 10.0.0.1 as-number 100
[AR3-bgp]peer 10.0.0.1 connect-interface LoopBack 0
```

例 5-4　在 AR4 上配置 BGP

```
[AR4]bgp 100
[AR4-bgp]router-id 10.0.0.4
[AR4-bgp]peer 10.0.0.1 as-number 100
[AR4-bgp]peer 10.0.0.1 connect-interface LoopBack 0
[AR4-bgp]peer 10.0.45.5 as-number 200
```

例 5-5　在 AR5 上配置 BGP

```
[AR5]bgp 200
[AR5-bgp]router-id 10.0.0.5
[AR5-bgp]peer 10.0.45.4 as-number 100
[AR5-bgp]network 10.0.5.0 24
```

配置完成后，我们先在 AR4 上查看它通过 AR5 学习到的路由 10.0.5.0/24，详见例 5-6。

例 5-6　在 AR4 上查看路由 10.0.5.0/24

```
[AR4]display bgp routing-table 10.0.5.0 24

 BGP local router ID : 10.0.0.4
 Local AS number : 100
 Paths:   1 available, 1 best, 1 select
 BGP routing table entry information of 10.0.5.0/24:
 From: 10.0.45.5 (10.0.0.5)
 Route Duration: 01h15m36s
 Direct Out-interface: GigabitEthernet0/0/1
 Original nexthop: 10.0.45.5
 Qos information : 0x0
 AS-path 200, origin igp, MED 0, pref-val 0, valid, external, best, select, acti
ve, pre 255
 Advertised to such 1 peers:
    10.0.0.1
```

从例 5-6 的第一行阴影可以看到，该路由是从 AR5 学习到的；第二行阴影记录了原始的下一跳是 10.0.45.5；从最后两行阴影可以看到，AR4 已经将其通告给 AR1。现在我们在 AR1 上查看 BGP 路由 10.0.5.0/24，详见例 5-7。

例 5-7　在 AR1 上查看路由 10.0.5.0/24

```
[AR1]display bgp routing-table 10.0.5.0 24

 BGP local router ID : 10.0.0.1
 Local AS number : 100
 Paths:   1 available, 1 best, 1 select
 BGP routing table entry information of 10.0.5.0/24:
 From: 10.0.0.4 (10.0.0.4)
 Route Duration: 01h20m19s
 Relay IP Nexthop: 10.0.14.4
 Relay IP Out-Interface: GigabitEthernet0/0/2
 Original nexthop: 10.0.45.5
 Qos information : 0x0
 AS-path 200, origin igp, MED 0, localpref 100, pref-val 0, valid, internal, bes
t, select, active, pre 255, IGP cost 2
 Advertised to such 2 peers:
    10.0.0.2
    10.0.0.3
```

从例 5-7 的第一行阴影可以看到，对于 AR1 来说，该路由是从 AR4 学习到的；第二行阴影记录的原始下一跳地址没有变化；从最后三行阴影可以看到，AR1 已经将其通告给自己的两个 RR 客户端：AR2 和 AR3。

　　RR 在将 BGP 路由通告给 RR 客户端前，需要确认该路由的可达性。在本实验环境中，BGP 路由 10.0.5.0/24 的原始下一跳为 10.0.45.5（AR5 的 G0/0/1 接口），AR1 需要知道如何去往这个目的地址。AR1、AR2、AR3 和 AR4 的全部接口均启用了 OSPF，AR1 通过 OSPF 学习到网络 10.0.45.0/24 的路由，因此对于 AR1 来说，这条 BGP 路由是可达的。读者也可以从例 5-7 中看到，对于 AR1 来说，这条 BGP 路由的递归下一跳（Relay IP Nexthop）为 10.0.14.4（AR4 的 G0/0/0 接口）。

　　现在，我们以 AR2 为例查看路由 10.0.5.0/24，详见例 5-8。

例 5-8　在 AR2 上查看路由 10.0.5.0/24

```
[AR2]display bgp routing-table 10.0.5.0 24

 BGP local router ID : 10.0.0.2
 Local AS number : 100
 Paths:   1 available, 1 best, 1 select
 BGP routing table entry information of 10.0.5.0/24:
 From: 10.0.0.1 (10.0.0.1)
 Route Duration: 00h43m44s
 Relay IP Nexthop: 10.0.12.1
 Relay IP Out-Interface: GigabitEthernet0/0/0
 Original nexthop: 10.0.45.5
 Qos information : 0x0
 AS-path 200, origin igp, MED 0, localpref 100, pref-val 0, valid, internal, bes
t, select, active, pre 255, IGP cost 3
 Originator: 10.0.0.4
 Cluster list: 10.0.0.1
 Not advertised to any peer yet
```

　　从例 5-8 的第一行阴影可以看到，对于 AR2 来说，该路由是从 AR1 学习到的；第二行阴影记录的原始下一跳地址没有变化；第三行阴影显示了 Originator 属性，指明了 AR4 是 AS 100 中最初发布该路由的设备；第四行阴影显示了 Cluster_list 属性，即 RR（AR1）的 Router ID。

5.3　BGP 路由优选

　　前文已经介绍了 11 种 BGP 路径属性，它们大多数可以作为判断 BGP 路径优劣的度量方法。因此，BGP 路由器需要针对各种度量方法定义一个优先级顺序，以便准确地判断（去往相同目的网络的）不同路由条目的优劣，使网络技术人员可以更有效地运用路径属性来干预 BGP 网络的数据转发路径。

　　基于前文介绍过的 BGP 路径属性，当到达同一个目的网络存在多条路由时，如果其中有路由下一跳不可达，路由器就会将其丢弃。如果有多条去往相同目的网络的路由下一跳可达，BGP 就会根据以下规则进行路由优选。

① 优选 Preferred–Value 属性值最大的路由。

② 优选 Local_Preference 属性值最大的路由。

③ 本地手动聚合路由>本地自动聚合路由>本地 **network** 命令引入路由>本地 **import** 命令引入路由>从对等体学习到的路由。

④ 优选 AS_PATH 属性值列表最短的路由。

⑤ 优选 Origin 属性值最优的路由：Origin 属性值 IGP 优于 EGP、EGP 优于 incomplete，即 i>e>?。

⑥ 优选 MED 属性值最小的路由。

⑦ 优选从 EBGP 对等体学习到的路由。

⑧ 优选到 Next_Hop 属性值 IP 地址 IGP 度量值最小的路由。

⑨ 优选 Cluster_List 属性值列表最短的路由。

⑩ 优选 Router ID 最小的设备发布的路由。如果路由携带 Originator_ID 属性，选路过程中将比较 Originator_ID 的大小（不再比较 Router ID），并优选 Originator_ID 最小的路由。

⑪ 优选 IP 地址最小的对等体通告的路由。

具体来说，在进行 BGP 路由优选时，路由器会针对去往相同目的网络的路由执行第一条规则，如果可以判断出最优路径，则不再继续执行后续规则；如果无法判断出最优路径，则执行第二条规则。如果第二条规则可以判断出最优路径，则不再继续执行后续规则；如果仍然无法判断出最优路径，则执行第三条规则，以此类推。

下面，我们通过图 5-24 所示的拓扑，向读者展示 BGP 路由优选的过程。

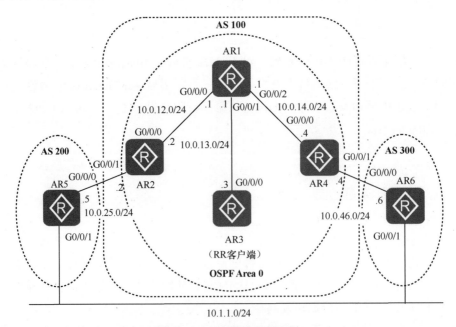

图 5-24　BGP 路由优选拓扑

在图 5-24 中，AR1、AR2、AR3 和 AR4 位于 AS 100，这 4 台路由器均启用了

OSPF 并且通告各自的直连网络，但 AR2 和 AR4 在连接外部 AS 的接口上启用静默接口配置。AR5 和 AR6 则分别位于 AS 200 和 AS 300。

在这个拓扑中，路由器 AR*x* 均启用 Loopback0 接口并配置 IP 地址 *x.x.x.x*，且使用该 IP 地址作为 BGP 的 Router ID。路由器 AR*x* 连接 AR*y*（*x*<*y*）的接口地址均使用 IP 地址 10.0.*xy*.*x*/24。直连路由器之间全部建立 BGP 对等体关系，其中 IBGP 对等体关系使用 Loopback0 接口建立，EBGP 对等体关系则使用直连接口建立。AR5 和 AR6 同时连接网络 10.1.1.0/24。该网络被管理员使用 **import** 命令注入 BGP 网络。

下面，我们按照选路规则，介绍通过调整 BGP 路径属性参数影响 BGP 路由选路的配置方法。

5.3.1　第 1 条选路规则——优选 Preferred-Value 属性值最大的路由

在图 5-25 中，管理员在 AR1 上针对 IBGP 对等体 AR4 配置 Preferred-Value 属性值为 100。

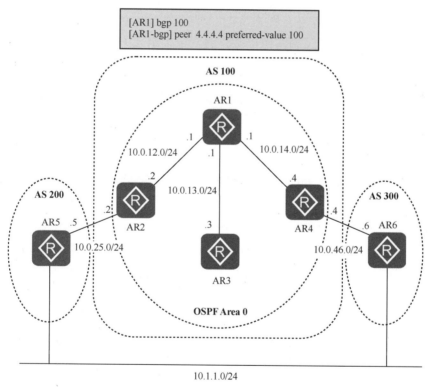

图 5-25　第 1 条选路规则的应用示例

之后，AR1 会为从 AR4 接收到的路由设置 Preferred-Value 属性值为 100。因为 BGP 路由器默认分配给路由的 Preferred-Value 属性值为 0，所以当 AR1 从 AR2 和 AR4 同时接收到去往相同目的网络的路由，AR1 会优选从 AR4 接收到的路由。也就是说，当 AR1 同时接收到由 AR2 和 AR4 通告的去往网络 10.1.1.0/24 的路由，AR1

会优选由 AR4 通告的路由。此时，我们可以通过 BGP 路由表查看 Preferred-Value 属性值的配置效果，如图 5-26 所示。

```
[AR1]display bgp routing-table

BGP Local router ID is 1.1.1.1
 Status codes: * - valid, > - best, d - damped,
               h - history,  i - internal, s - suppressed, S - Stale
               Origin : i - IGP, e - EGP, ? - incomplete


Total Number of Routes: 2
     Network            NextHop          MED        LocPrf     PrefVal Path/Ogn

 *>i 10.1.1.0/24        10.0.46.6        0          100        100     300?
 * i                    10.0.25.5        0          100        0       200?
```

图 5-26　通过 BGP 路由表查看 Preferred-Value 属性值的配置效果

考虑到 Preferred-Value 属性在路由优选中的优先级高于其他路径属性，在设置 Preferred-Value 属性值后，当 AR1 从 AR2 和 AR4 接收到去往相同目的网络的路由，其携带的其他路径属性已经不会影响 AR1 的路径优选。因此，在开始展示通过后续优先次序的 BGP 路径属性影响路由优选之前，根据第 1 条选路规则配置的命令必须先删除。

5.3.2　第 2 条选路规则——优选 Local_Preference 属性值最大的路由

在介绍 Local_Preference 属性时，我们曾经展示了使用命令 **default local-preference** 来修改 BGP 路由器默认的 Local_Preference 属性值。在图 5-24 中，管理员同样可以按照相同的方式修改 AR2 的 Local_Preference 属性值，使其高于默认值，从而让 AR1 优选由 AR2 发布的路由。

不过在有些场景中，管理员希望进行更细粒度的 BGP 路由路径属性管理。例如，若 AR2 和 AR4 向 AR1 通告去往多个相同目的网络的路由，但管理员只希望去往网络 10.1.1.0/24 的数据包优选 AR2 通告的路由，去往其他网络的数据包保持现状。在这种情况下，管理员就不能在路由器上统一调整路径属性的默认值，而需要借助 route-policy 来定义更加具体的策略。

在图 5-27 中，管理员在 AR2 上创建了一个 route-policy，让 AR2 仅在（向 IBGP 对等体）通告去往网络 10.1.1.0/24 的路由时，把路由的 Local-Preference 属性值设置为 200。

在图 5-27 中，管理员首先在 AR2 上定义了一个名为 LP 的 IP 前缀列表，用于匹配前缀为 10.1.1.0/24 的路由前缀。然后，管理员定义了一个名为 LP 的 route-policy，为匹配 IP 前缀列表的路由前缀，Local_Preference 属性值应用为 200。最后，管理员在 BGP 视图下为对等体 AR1 应用 route-policy。这样，AR2 在向 AR1 通告路由前缀 10.1.1.0/24 时，就会把路由的 Local_Preference 属性值设置为 200。

```
[AR2] ip ip-prefix LP permit 10.1.1.0 24
[AR2] route-policy LP permit node 10
[AR2-route-policy] if-match ip-prefix LP
[AR2-route-policy] apply local-preference 200
[AR2-route-policy]  quit
[AR2] route-policy LP permit node 20
[AR2-route-policy] quit
[AR2] bgp 100
[AR2-bgp] peer  1.1.1.1 route-policy LP export
```

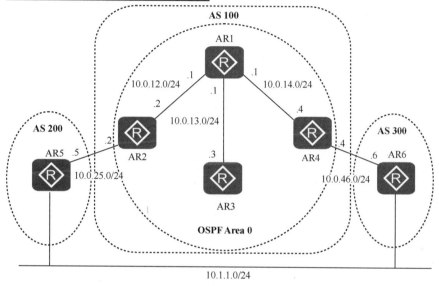

图 5-27　通过 route-policy 调整特定路由前缀的 Local-Preference 属性值

注释：关于前缀列表和 route-policy 的详细用法，第 7 章还会详细进行介绍。

在完成上述配置后，当 AR1 从 AR2 和 AR4 同时接收到去往网络 10.1.1.0/24 的路由时，AR1 会优选从 AR2 接收到的路由（Local_Preference 属性值为 200），因为 AR4 发送的目的网络路由应用的是默认 Local_Preference 属性值 100。此时，我们可以通过 BGP 路由表查看 Local-Preference 属性值的配置效果，具体如图 5-28 所示。

```
[AR1]display bgp routing-table

BGP Local router ID is 1.1.1.1
 Status codes: * - valid, > - best, d - damped,
               h - history,  i - internal, s - suppressed, S - Stale
               Origin : i - IGP, e - EGP, ? - incomplete


 Total Number of Routes: 2
      Network            NextHop        MED        LocPrf    PrefVal Path/Ogn

 *>i  10.1.1.0/24        10.0.25.5      0          200        0       200?
 * i                     10.0.46.6      0          100        0       300?
```

图 5-28　通过 BGP 路由表查看 Local-Preference 属性值的配置效果

同样，Local_Preference 属性在路由优选中的排序高于后续要展示的路径属性，因此在开始展示通过后续优先次序的 BGP 路径属性影响路由优选之前，根据第 2 条选路规则配置的命令必须先删除。

5.3.3 第 3 条选路规则——本地手动聚合路由>本地自动聚合路由>本地 network 命令引入路由>本地 import 命令引入路由>从对等体学习到的路由

手动聚合路由指使用 **aggregate** 命令聚合的路由，这条命令及其用法在前文已经进行了介绍；自动聚合路由指使用 **summary automatic** 命令由 BGP 路由器自己生成的聚合路由。

为了展示第 3 条选路规则，我们需要对图 5-24 的拓扑进行简单修改，把 AR5 和 AR6 共享的网络修改为 10.0.0.0/8，因为自动聚合会把明细路由聚合为主类路由。在修改后的拓扑中，当管理员完成初始配置后，AR5 会向 EBGP 对等体 AR2 通告一条指向网络 10.0.0.0/8 的路由。接下来，我们首先会在 AR2 上配置两条去往该网络的 9 位明细路由，然后在 AR2 本地执行手动聚合和自动聚合，最后验证本地手动聚合、本地自动聚合和由 EBGP 对等体 AR5 通告的路由的优先级顺序。关于本地使用 **network** 命令引入的路由优于使用 **import** 命令引入的路由等，本书不进行演示。

图 5-29 展示了 AR2 上的相关配置。

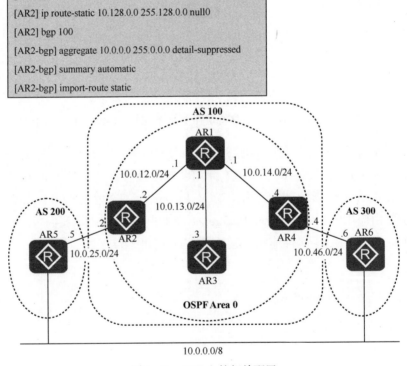

图 5-29   AR2 上的相关配置

在图 5-29 中，我们首先在 AR2 上配置了两条静态路由 10.0.0.0/9 和 10.128.0.0/9。接下来，我们进入 BGP 视图，使用 **aggregate** 命令生成一条聚合路由 10.0.0.0/8，同时使用命令 **summary automatic** 让 BGP 路由器自动生成聚合路由，并使用 **import** 命令把静态路由引入 BGP。当然，AR5 依然会向 AR2 通告去往网络 10.0.0.0/8 的路由。

我们通过 BGP 路由表查看当前去往网络 10.0.0.0/8 的最优路由，如图 5-30 所示。

```
[AR2]display bgp routing-table
BGP Local router ID is 2.2.2.2
 Status codes: * - valid, > - best, d - damped,
               h - history, i - internal, s - suppressed, S - Stale
               Origin : i - IGP, e - EGP, ? - incomplete


Total Number of Routes: 5
     Network         NextHop         MED        LocPrf    PrefVal Path/Ogn
 *>  10.0.0.0        127.0.0.1                             0       ?
 *                   127.0.0.1                             0       ?
 *                   10.0.25.5       0                     0       200?
 s>  10.0.0.0/9      0.0.0.0         0                     0       ?
 s>  10.128.0.0/9    0.0.0.0         0                     0       ?
```

图 5-30　通过 BGP 路由表查看不同方式引入路由的优先级

在图 5-30 中，聚合路由的优先级高于 AR5（BGP 对等体）通告的路由。不过仅通过查看路由表无法判断出最优路由是手动聚合路由还是自动聚合路由。前文曾经提到过，只有手动聚合产生的路由会携带 Atomic_Aggregate 属性，自动聚合产生的路由则不会携带这种属性。因此，我们可以使用命令 **display bgp routing-table 10.0.0.0 8** 来查看这条路由的详细信息，如图 5-31 所示，通过其是否携带 Atomic_Aggregate 属性来判断最优路由是手动聚合路由还是自动聚合路由。

```
[AR2]display bgp routing-table 10.0.0.0 8
BGP local router ID : 2.2.2.2
 Local AS number : 100
 Paths:   3 available, 1 best, 1 select
 BGP routing table entry information of 10.0.0.0/8:
 Aggregated route.
 Route Duration: 00h09m52s
 Direct Out-interface: NULL0
 Original nexthop: 127.0.0.1
 Qos information : 0x0
 AS-path Nil, origin incomplete, pref-val 0, valid, local, best, select, active,
 pre 255
 Aggregator: AS 100, Aggregator ID 2.2.2.2, Atomic-aggregate
 Advertised to such 2 peers:
    10.0.25.5
    1.1.1.1
```

图 5-31　查看 BGP 路由 10.0.0.0/8 的详情信息

在图 5-31 中，读者可以看到，这条路由携带了 Atomic_Aggregate 属性，因此最优路由是手动聚合路由。至此，本实验证明了本地手动聚合路由优于本地自动聚合路由，本地自动聚合路由优于对等体通告的路由。

在后面的内容中，我们会恢复使用图 5-24 所示的拓扑，即 AR5 和 AR6 共同连接到网络 10.1.1.0/24，同时图 5-29 所示的配置不保留。

5.3.4　第 4 条选路规则——优选 AS_PATH 属性值列表最短的路由

在图 5-24 所示的拓扑中，由 AR2 和 AR4 向 AR1 通告的路由 10.1.1.0/24，其 AS_PATH 属性的长度本应是相同的。

不过，管理员可以手动对其中一条路由的 AS_PATH 属性值进行修改。同样，如果希望实现更加精细化的管理，管理员可以使用 route-policy 仅针对 10.1.1.0/24 路由的

AS_PATH 属性进行修改。在图 5-32 中，管理员在 AR2 上创建了一个 route-policy，让 AR2 仅在（向 IBGP 对等体）通告去往网络 10.1.1.0/24 的路由时，为 AS_PATH 属性添加 AS 值 400。

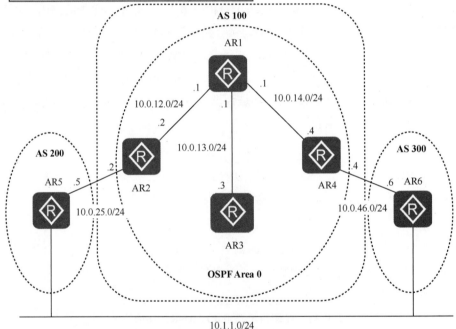

```
[AR2] ip ip-prefix AS_PATH permit 10.1.1.0 24
[AR2] route-policy AS_PATH permit node 10
[AR2-route-policy] if-match ip-prefix AS_PATH
[AR2-route-policy] apply as-path 400 additive
[AR2-route-policy] quit
[AR2] route-policy AS_PATH permit node 20
[AR2-route-policy] quit
[AR2] bgp 100
[AR2-bgp] peer  1.1.1.1 route-policy AS_PATH export
```

图 5-32　通过 route-policy 调整特定路由前缀的 AS_PATH 属性值

在图 5-32 中，管理员首先在 AR2 上定义了一个名为 AS_PATH 的 IP 前缀列表，用于匹配前缀为 10.1.1.0/24 的路由前缀。然后，管理员定义了一个名为 AS_PATH 的 route-policy，为匹配 IP 前缀列表的路由前缀 AS_PATH 属性中添加数值 400。最后，管理员在 BGP 视图下为对等体 AR1 应用 route-policy。这样，AR2 在向 AR1 通告路由前缀 10.1.1.0/24 时，就会向 AS_PATH 属性额外添加数值 400 了。

> 注释：忘记了关键词 **additive** 用法的读者可以阅读前文中相关 AS_PATH 属性的内容进行复习。

在完成上述配置后，当 AR1 从 AR2 和 AR4 同时接收到去往网络 10.1.1.0/24 的路由时，AR1 会优选从 AR4 接收到的路由，这是因为 AR2 发送的去往该目的网络路由的 AS_PATH 属性增加了值 400，所以该路由的 AS_PATH 属性的列表更长。

在 AR1 上查看调整 AS_PATH 属性参数后的 BGP 路由表，如图 5-33 所示。

```
[AR1]display bgp routing-table
BGP Local router ID is 1.1.1.1
 Status codes: * - valid, > - best, d - damped,
               h - history,  i - internal, s - suppressed, S - Stale
               Origin : i - IGP, e - EGP, ? - incomplete


Total Number of Routes: 2
     Network            NextHop         MED        LocPrf     PrefVal Path/Ogn
 *>i 10.1.1.0/24        10.0.46.6       0          100        0       300?
 * i                    10.0.25.5       0          100        0       400 200?
```

图 5-33　在 AR1 上查看调整 AS_PATH 属性参数后的 BGP 路由表

鉴于 AS_PATH 属性在路由优选中的排序高于后面要展示的路径属性，因此在开始展示通过后续优先次序的 BGP 路径属性影响路由优选之前，根据第 4 条选路规则配置的命令必须先删除。

5.3.5　第 5 条选路规则——优选 Origin 属性值最优的路由

在图 5-24 所示的基础配置中，网络 10.1.1.0/24 是被管理员使用 **import** 命令注入 BGP 网络的。因此，去往该网络的路由 Origin（Ogn）属性显示为"？"。为了展示不同路由来源对 BGP 最优路由选择的影响，在图 5-24 所示的拓扑中，我们把 AR5 向 BGP 引入网络 10.1.1.0/24 路由的方式由使用 **import** 命令修改为使用 **network** 命令引入，如图 5-34 所示。

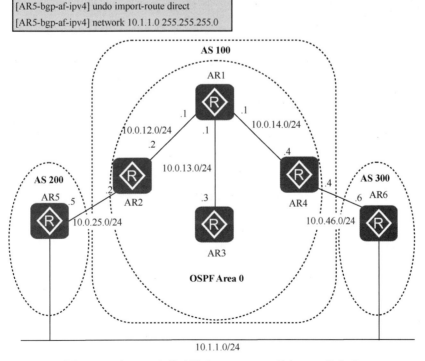

图 5-34　在 AR5 上修改路由 10.1.1.0/24 引入 BGP 的方式

根据定义，使用命令 **network** 引入 BGP 网络中的路由，其 Origin 属性应为 IBGP，在 BGP 路由表中显示为 i。因此，在 AR5 上完成图 5-34 所示的配置后，由 AR5 经 AR2 通告给 AR1 的 BGP 路由 10.1.1.0/24 应该优于由 AR6 经 AR4 通告给 AR1 的相同目的的路由，因为前者的 Origin 属性值现在变成了 i。在 AR1 无法通过排列靠前的其他选路规则判断出这两条去往同一目的网络的路由哪条更优时，Origin 属性值为 i 的路由优于属性值为?的路由，如图 5-35 所示。

```
[AR1]display bgp routing-table

 BGP Local router ID is 1.1.1.1
 Status codes: * - valid, > - best, d - damped,
               h - history,  i - internal, s - suppressed, S - Stale
               Origin : i - IGP, e - EGP, ? - incomplete


 Total Number of Routes: 2
       Network             NextHop         MED         LocPrf     PrefVal Path/Ogn

 *>i   10.1.1.0/24         10.0.25.5       0           100        0       200i
 * i                       10.0.46.6       0           100        0       300?
```

图 5-35　在 AR1 上查看修改路由引入方式后的 BGP 路由表

照例，在展示下面的选路规则前，我们会删除根据第 5 条选路规则配置的命令，以免影响后续结果。

5.3.6　第 6 条选路规则——优选 MED 属性值最小的路由

MED 属性的作用是本地 BGP 路由器向 EBGP 外部对等体标识进入自己所在 AS 的路径优劣，因此 BGP 路由器默认不会对位于不同 AS 的 EBGP 对等体发来的 MED 属性值进行比较。不过，我们可以通过配置来更改这种默认行为，让 BGP 路由器对不同 AS 中的 EBGP 对等体发来的 MED 属性值进行比较。

在图 5-36 中，管理员在 AR2 上创建了一个 route-policy，让 AR2 仅在向 AR1 通告去往网络 10.1.1.0/24 的路由时，把路由的 MED 属性值设置为 20；并且在 AR1 的 BGP 视图下使用命令 **compare-different-as-med** 使能该路由器针对不同 AS 来源的路由比较 MED 属性值。该命令也可以进入 IPv4 单播地址族视图下进行配置。

在图 5-36 中，管理员首先在 AR2 上定义了一个名为 MED 的 IP 前缀列表，其作用是匹配前缀为 10.1.1.0/24 的路由前缀。然后，管理员定义了一个同名的 route-policy，为匹配 IP 前缀列表的路由前缀设置 MED 属性值为 20。最后，管理员在 BGP 视图下为对等体 AR1 应用 route-policy。这样，AR2 在向 AR1 通告路由前缀 10.1.1.0/24 时，就会把这条路由的 MED 属性值设置为 20。同时，管理员还在 AR1 的 BGP 视图下使用命令 **compare-different-as-med** 让路由器可以对来自不同 AS 的 MED 属性值进行比较。

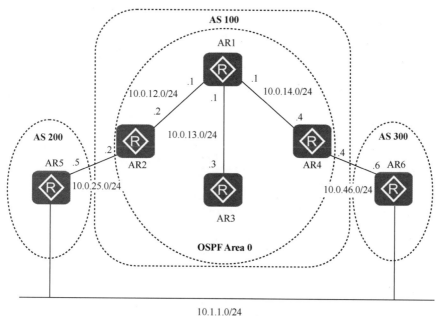

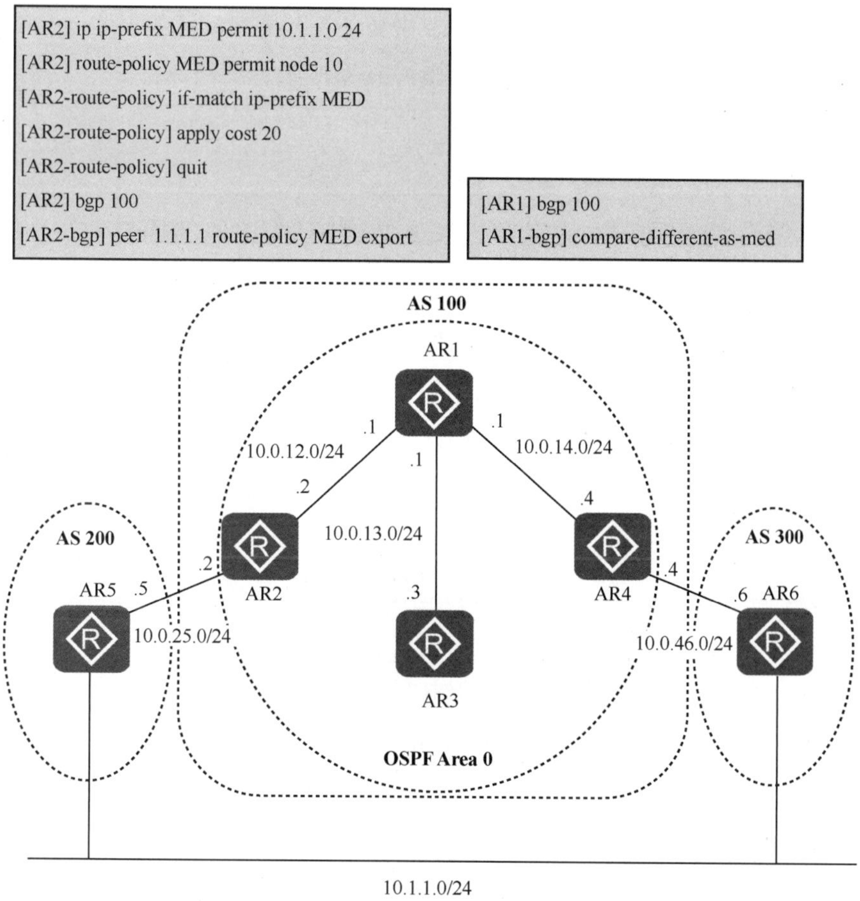

图 5-36　在 AR2 上通过 route-policy 修改 MED 值并启用不同 AS 来源的路由比较 MED 值

　　在完成上述配置后，当 AR1 从 AR2 和 AR4 同时接收到去往网络 10.1.1.0/24 的路由时，AR1 会优选从 AR4 接收到的路由，因为 AR4 发送的去往目的网络的路由没有设置 MED 属性值（相当于 MED 属性值为 0），所以 AR1 认为这条路由比 AR2 通告的、MED 属性值为 20 的去往同一目的网络的路由更优。在 AR1 上查看修改 MED 属性值后的 BGP 路由表，具体详情如图 5-37 所示。

```
[AR1]display bgp routing-table

 BGP Local router ID is 1.1.1.1
 Status codes: * - valid, > - best, d - damped,
               h - history,  i - internal, s - suppressed, S - Stale
               Origin : i - IGP, e - EGP, ? - incomplete


 Total Number of Routes: 2
      Network          NextHop         MED         LocPrf     PrefVal Path/Ogn

 *>i 10.1.1.0/24       10.0.46.6       0           100        0       300?
 * i                   10.0.25.5       20          100        0       200?
```

图 5-37　在 AR1 上查看修改 MED 属性值后的 BGP 路由表

从图 5-37 中可以看到，AR1 对不同 AS 来源的（相同目的网络）路由进行了 MED 属性值的比较，而且因 MED 属性值较小选择了由 AR4 通告的路由。

在展示下面的选路规则前，我们会删除根据第 6 条选路规则配置的命令，以免影响后续结果。

5.3.7　第 7 条选路规则——优选从 EBGP 对等体学习到的路由

为了验证从 EBGP 学到的路由比从 IBGP 学到的同一目的网络路由更优，我们需要对图 5-24 所示的拓扑进行简单修改。我们仅取图 5-24 中的左半部分，不考虑右半部分 AR3、AR4、AR6、它们彼此相连的链路以及它们连接其他路由器的链路。同时，我们让 AR1 连接网络 10.1.1.0/24。这样修改是为了让 AR2 可以在第 1~6 条选路规则无法作出判断的情况下，比较由 AR1 和 AR5 通告的路由（目的网络为 10.1.1.0/24）哪个更优，如图 5-38 所示。

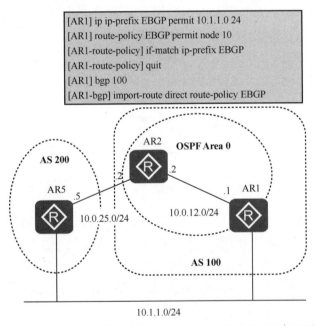

图 5-38　在 AR1 上把目的网络 10.1.1.0/24 的路由引入 BGP 网络

为了让 AR1 把去往网络 10.1.1.0/24 的路由使用相同的 Origin 属性通告到 BGP 网络，我们需要在 AR1 的 BGP 视图中向 BGP 引入直连路由，部分配置命令如图 5-38 所示。管理员如果希望准确引入目的网络为 10.1.1.0/24 的路由，同时不把 AR1 上的其他直连路由引入 BGP 网络，可以使用 route-policy 对引入的直连路由进行限制。

到目前为止，我们并没有对 Preferred-Value 属性进行配置，AR1 和 AR5 都是使用 import 命令在 BGP 网络中引入路由的，且 Local_Preference 属性和 MED 属性分别不适用于 EBGP 和 IBGP 对等体所通告的路由，因此比第 7 条选路规则优先级高的大多数选路规则都无法被 AR2 用来比较 AR1 和 AR5 通告的 10.1.1.0/24 网络路由。但第 4 条选路规则规定，BGP 路由器优选 AS_PATH 属性值列表最短的路由。鉴于 AR1 是 AR2 的 IBGP 对等体，因此它通告的路由会比 AR5（AR1 的 EBGP 对等体）通告的相同目的网络的路由拥有更短的 AS_PATH 属性列表。因此，为了让第 7 条选路规则生效，我们需要在 AR1 上为 10.1.1.0/24 网络路由的 AS_PATH 属性手动添加一个 AS 号，具体做法与图 5-32 基本相同，如图 5-39 所示。

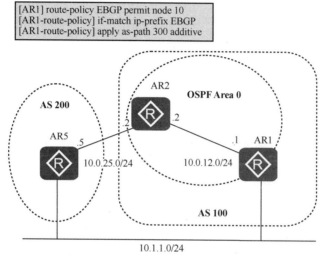

图 5-39　为 AS_PATH 属性手动添加 AS 号 300

完成上述操作后，AR2 就不能通过 BGP 路由选路规则的第 1～6 条来优选 AR1 和 AR5 通告的 BGP 路由 10.1.1.0/24。此时，AR2 的 BGP 路由表中针对网络 10.1.1.0/24 的显示如图 5-40 所示。

```
[AR2]display bgp routing-table

BGP Local router ID is 2.2.2.2
Status codes: * - valid, > - best, d - damped,
              h - history, i - internal, s - suppressed, S - Stale
              Origin : i - IGP, e - EGP, ? - incomplete


Total Number of Routes: 2
     Network          NextHop          MED        LocPrf     PrefVal Path/Ogn

*>   10.1.1.0/24      10.0.25.5        0                     0       200?
* i                   1.1.1.1          0          100        0       300?
```

图 5-40　查看 AR2 的 BGP 路由表

从图 5-40 可以看到，在无法通过 BGP 路由选路规则第 1～6 条优选路由时，AR2 把 EBGP 对等体 AR5 通告的路由视为最优路由。

管理员可以通过查看这条路由的详细信息，确认 AR2 优选 AR5 通告的路由是因为 AR5 是 AR2 的 EBGP 对等体。图 5-41 所示为在 AR2 上查看路由 10.1.1.0/24 的详细信息。

```
[AR2]display bgp routing-table 10.1.1.0 24

 BGP local router ID : 2.2.2.2
 Local AS number : 100
 Paths:   2 available, 1 best, 1 select
 BGP routing table entry information of 10.1.1.0/24:
 From: 10.0.25.5 (5.5.5.5)
 Route Duration: 00h23m50s
 Direct Out-interface: GigabitEthernet0/0/1
 Original nexthop: 10.0.25.5
 Qos information : 0x0
 AS-path 200, origin incomplete, MED 0, pref-val 0, valid, external, best, selec
t, active, pre 255
 Advertised to such 1 peers:
    1.1.1.1
 BGP routing table entry information of 10.1.1.0/24:
 From: 1.1.1.1 (1.1.1.1)
 Route Duration: 00h08m07s
 Relay IP Nexthop: 10.0.12.1
 Relay IP Out-Interface: GigabitEthernet0/0/0
 Original nexthop: 1.1.1.1
 Qos information : 0x0
 AS-path 300, origin incomplete, MED 0, localpref 100, pref-val 0, valid, intern
al, pre 255, IGP cost 1, not preferred for peer type
 Not advertised to any peer yet
```

图 5-41　在 AR2 上查看路由 10.1.1.0/24 的详细信息

从图 5-41 中可以看到，AR1 通告的路由 10.1.1.0/24 之所以不是优选路由，是因为 AR1 的对等体类型。至此，我们验证了在排序更加靠前的 BGP 路由优选条件相同的情况下，BGP 会优选由 EBGP 对等体通告的（去往相同网络的）路由。

在后面的内容中，我们会恢复使用图 5-24 所示的拓扑，同时删除在图 5-38 和图 5-39 中配置的命令。

5.3.8　第 8 条选路规则——优选 Next_Hop 属性值 IP 地址 IGP 度量值最小的路由

在图 5-24 中，AR2 和 AR4 通告的 BGP 路由 10.1.1.0/24 的 Next_Hop 属性值分别是 10.0.25.5 和 10.0.46.6。这两个 IP 地址所属网络分别连接在 AR2 和 AR4 上，它们也都通过 OSPF 进行了宣告。

前文曾经提到，OSPF 使用开销作为路由度量值。在缺省情况下，接口的开销值 = 100Mbit/s ÷ 接口带宽，取计算结果的整数部分作为接口开销值，如果计算结果小于 1 则接口开销值取 1。路由的开销值则等于本地路由器到达目的网络的沿途所有出站 OSPF 接口的开销值之和。鉴于千兆接口的默认接口开销值为 1，在图 5-24 中，AR1 到达 10.0.25.5 和 10.0.46.6 的开销值均默认为 2。

为了验证第 8 条选路规则，我们将 AR1 连接 AR4 的接口 G0/0/2 的 OSPF 开销值修改为 10，如图 5-42 所示。

在完成上述修改后，AR1 到达 10.0.25.5（AR2 所通告的路由 10.1.1.0/24 的 Next_Hop 属性值）的 OSPF 开销值仍然为 2，但 AR1 到达 10.0.46.6（AR4 所通告的路由 10.1.1.0/24 的 Next_Hop 属性值）的 OSPF 开销值则变成了 11。

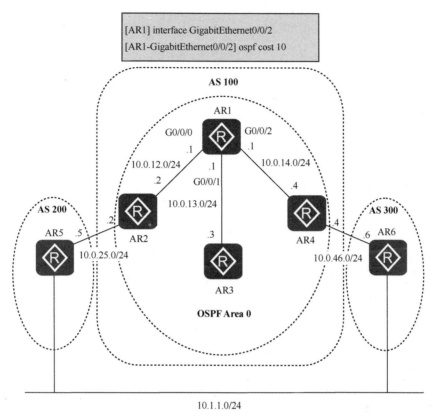

图 5-42　修改 AR1 接口的 OSPF 开销值

此时，查看 AR1 的 BGP 路由表，如图 5-43 所示。

```
[AR1]display bgp routing-table

BGP Local router ID is 1.1.1.1
Status codes: * - valid, > - best, d - damped,
              h - history,  i - internal, s - suppressed, S - Stale
              Origin : i - IGP, e - EGP, ? - incomplete


Total Number of Routes: 2
     Network           NextHop          MED        LocPrf     PrefVal Path/Ogn

*>i  10.1.1.0/24       10.0.25.5        0          100        0       200?
*  i                   10.0.46.6        0          100        0       300?
```

图 5-43　查看 AR1 的 BGP 路由表

在图 5-43 中可以看到，AR1 优选由 AR2 通告的路由 10.1.1.0/24。同样，我们仍然无法确定 AR1 优选该路由的原因。如果希望了解 AR1 优选该路由的原因，管理员可以查看这条路由的详细信息，如图 5-44 所示。

在图 5-44 中可以看到，AR4 通告的路由 10.1.1.0/24 之所以不是优选路由是因为（去往该路由的 Next_Hop 属性的）IGP 开销值，这条路径的 IGP 开销值为 11（IGP cost 11, not preferred for IGP cost）。

```
[AR1]display bgp routing-table 10.1.1.0 24

 BGP local router ID : 1.1.1.1
 Local AS number : 100
 Paths:   2 available, 1 best, 1 select
 BGP routing table entry information of 10.1.1.0/24:
 From: 2.2.2.2 (2.2.2.2)
 Route Duration: 01h45m55s
 Relay IP Nexthop: 10.0.12.2
 Relay IP Out-Interface: GigabitEthernet0/0/0
 Original nexthop: 10.0.25.5
 Qos information : 0x0
 AS-path 200, origin incomplete, MED 0, localpref 100, pref-val 0, valid, intern
al, best, select, active, pre 255, IGP cost 2
 Not advertised to any peer yet

 BGP routing table entry information of 10.1.1.0/24:
 From: 4.4.4.4 (4.4.4.4)
 Route Duration: 02h05m46s
 Relay IP Nexthop: 10.0.14.4
 Relay IP Out-Interface: GigabitEthernet0/0/2
 Original nexthop: 10.0.46.6
 Qos information : 0x0
 AS-path 300, origin incomplete, MED 0, localpref 100, pref-val 0, valid, intern
al, pre 255, IGP cost 11, not preferred for IGP cost
 Not advertised to any peer yet
```

图 5-44　查看路由 10.1.1.0/24 的详细信息

在展示下面的选路规则前，我们会删除图 5-42 所示对 AR1 接口 G0/0/2 的 OSPF 开销值的修改。

5.3.9　BGP 路由等价负载分担

观察图 5-24 所示的拓扑，读者或许会产生一种想法：当 AR1 有大量数据包需要向网络 10.1.1.0/24 发送的时候，两条路径都能得到有效利用才是最理想的结果。当去往同一个目的网络有多条路径，这些路径的优劣又不分伯仲时，充分利用这些路径而不是强制从中找出最优路径才是更加合理的做法。

如果希望 BGP 使用多条路径进行负载分担，管理员可以进入 VRP 系统的 BGP 视图，输入命令 **maximum load-balancing** [ebgp | ibgp] *number* 让本地路由器针对 EBGP 路由或 IBGP 路由执行负载分担。参数 *number* 用来指定去往同一目的网络的 EBGP 路由或 IBGP 路由，最大可以使用几条路径进行负载分担，缺省值为 1，即 BGP 路由器不执行负载分担。

从这条命令的配置参数可以看出，去往同一目的网络的 EBGP 路由和 IBGP 路由不能相互进行负载分担。管理员只能要求 BGP 路由器在去往同一目的网络的 EBGP 路由之间进行负载分担，或者在去往同一目的网络的 IBGP 路由之间进行负载分担，抑或同时在 EBGP 路由之间和 IBGP 路由之间执行负载分担。此外，在缺省条件下，仅通过配置命令 **maximum load-balancing** [ebgp | ibgp] *number* 不会让 BGP 路由器对携带不同 AS_PATH 属性的路由执行负载分担。管理员如果希望 BGP 路由器使用沿不同 AS 路径转发数据包的路由执行负载分担，就需要额外在 BGP 视图或 IPv4 单播地址族视图下输入命令 **load-balancing as-path-ignore**，要求 BGP 路由器选择执行负载分担的路由条目时，不考虑路由携带的 AS_PATH 属性值。

当然，即使完成了上述两条命令的配置，BGP 路由器也不会针对所有去往同一目的网络的路由执行负载分担，BGP 路由器只会对那些优劣不分伯仲的路径执行负载分担。具体来说，执行负载分担的路由需要具备以下条件。

① 拥有相同的 Preferred-Value 属性值。

② 拥有相同的 Local_Preference 属性值。

③ 皆为聚合路由或皆为非聚合路由。

④ AS_PATH 列表长度相同（如配置了命令 **load-balancing as-path-ignore**。否则需要 AS_PATH 属性值相同）。

⑤ Origin 类型相同。

⑥ 拥有相同的 MED 属性值。

⑦ AS 内部的 IGP 开销值相同。

综上所述，只有前文介绍的 8 条 BGP 路由选路规则都无法判断优劣的路由，才可以被 BGP 路由器用来作为去往相同目的网络的负载分担路由。

图 5-45 所示为管理员在图 5-24 所示的路由器 AR1 上配置的负载分担命令，允许 AR1 使用两条（满足负载分担条件的）IBGP 路由来执行负载分担。

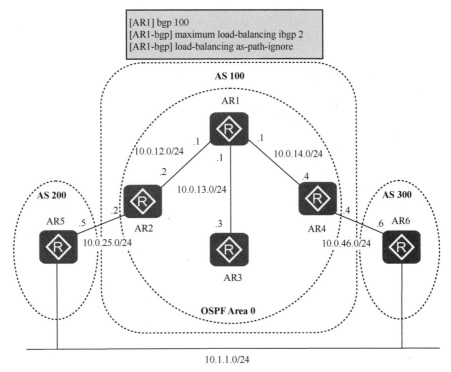

图 5-45　在 AR1 上配置 IBGP 路由负载分担命令

因为在图 5-24 中，由 AR2 和 AR4 通告的 BGP 路由 10.1.1.0/24 满足负载分担条件，所以在完成上述配置后，AR1 可以使用这两条路由执行负载分担。此时，管理员如果使用 **display ip routing-table 10.1.1.0 24** 命令查看去往该网络的路由，就会发现 IP 路由表中出现了去往该网络的等价路由，如图 5-46 所示。

```
[AR1]display ip routing-table 10.1.1.0 24
Route Flags: R - relay, D - download to fib
------------------------------------------------------------------------------
Routing Table : Public
Summary Count : 2
Destination/Mask    Proto   Pre  Cost      Flags NextHop        Interface

      10.1.1.0/24   IBGP    255  0          RD   10.0.25.5      GigabitEthernet0/0/0
                    IBGP    255  0          RD   10.0.46.6      GigabitEthernet0/0/2
```

图 5-46　IP 路由表中的等价 IBGP 路由

不过，BGP 路由表依然会显示出最优路由，如图 5-47 所示。

```
[AR1]display bgp routing-table

 BGP Local router ID is 1.1.1.1
 Status codes: * - valid, > - best, d - damped,
               h - history,  i - internal, s - suppressed, S - Stale
               Origin : i - IGP, e - EGP, ? - incomplete


 Total Number of Routes: 2
       Network           NextHop         MED        LocPrf      PrefVal Path/Ogn

 *>i  10.1.1.0/24        10.0.25.5       0          100         0       200?
 *  i                    10.0.46.6       0          100         0       300?
```

图 5-47　BGP 路由表显示最优路由

图 5-47 的输出信息证明，配置 BGP 负载分担只会让本地 BGP 路由器同时使用多条（目的网络相同的）优劣程度相近的 BGP 路由来转发数据包。但 BGP 路由器依然会在多条目的网络相同的路由中选出最优路由放入 BGP 路由表，同时依然只将这条最优路由通告给自己的 BGP 对等体。这一点需要读者特别注意。

在后面的内容中，我们不会沿用 BGP 负载分担配置，而会恢复使用图 5-24 所示的拓扑，删除图 5-45 所示的配置命令。

5.3.10　第 9 条选路规则——优选 Cluster_List 属性值列表最短的路由

在这个实验中，我们仍然需要对图 5-24 所示的拓扑进行修改。首先，删除 AR4 和 AR6，以及与它们相关的链路。其次，使用 AR2 和 AR3 的 Loopback0 接口在它们之间建立 IBGP 对等体关系。最后，将 AR1 配置为 RR，指定 AR3 作为它的客户端。

上述设置如图 5-48 所示。

根据图 5-48 所示的拓扑，AR5 引入 BGP 的路由 10.1.1.0/24 通过两种方式被 AR3 学习到，一种是 AR3 作为 AR2 的 IBGP 对等体直接从 AR2 学习到该路由；另一种是 AR3 作为 AR1 的 RR 客户端接收到 AR1 反射的路由。在这种情况下，由于 AR2 直接通告给 AR3 的路由并不是由 RR 反射的，因此该路由并不携带 Cluster_List 属性，AR3 会认为该路由的 Cluster_List 列表长度为 0；而 AR1 反射给 AR3 的路由携带该属性，且 Cluster_List 列表长度为 1。因此，AR3（在没有配置 BGP 负载分担的情况下）会优选 AR2 直接通告的路由。

```
[AR1] bgp 100
[AR1-bgp] peer 3.3.3.3 reflect-client
```

```
[AR2] bgp 100
[AR2-bgp] peer 3.3.3.3 as-number 100
[AR2-bgp] peer 3.3.3.3 connect-interface Loopback0
```

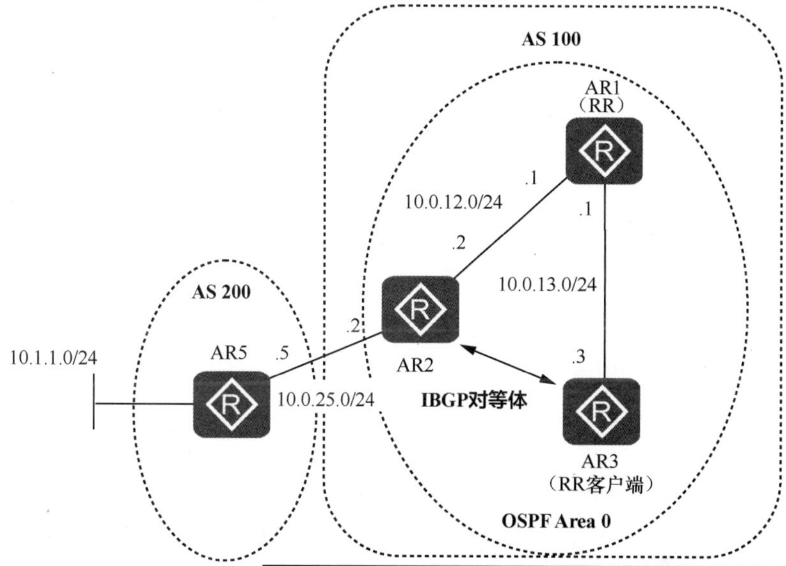


```
[AR3] bgp 100
[AR3-bgp] peer 2.2.2.2 as-number 100
[AR3-bgp] peer 2.2.2.2 connect-interface Loopback0
```

图 5-48　第 9 条选路规则的设置

显然，上述两条路由无法通过 BGP 路由表加以区分，我们需要使用命令 **display bgp routing-table 10.1.1.0 24** 来查看这条路由的详细信息，如图 5-49 所示。

```
[AR3]display bgp routing-table 10.1.1.0 24

 BGP local router ID : 3.3.3.3
 Local AS number : 100
 Paths:   2 available, 1 best, 1 select
 BGP routing table entry information of 10.1.1.0/24:
 From: 2.2.2.2 (2.2.2.2)
 Route Duration: 00h00m47s
 Relay IP Nexthop: 10.0.13.1
 Relay IP Out-Interface: GigabitEthernet0/0/0
 Original nexthop: 10.0.25.5
 Qos information : 0x0
 AS-path 200, origin incomplete, MED 0, localpref 100, pref-val 0, valid, intern
al, best, select, active, pre 255, IGP cost 3
 Not advertised to any peer yet

 BGP routing table entry information of 10.1.1.0/24:
 From: 1.1.1.1 (1.1.1.1)
 Route Duration: 00h00m38s
 Relay IP Nexthop: 10.0.13.1
 Relay IP Out-Interface: GigabitEthernet0/0/0
 Original nexthop: 10.0.25.5
 Qos information : 0x0
 AS-path 200, origin incomplete, MED 0, localpref 100, pref-val 0, valid, intern
al, pre 255, IGP cost 3, not preferred for Cluster List
 Originator:  2.2.2.2
 Cluster list: 1.1.1.1
 Not advertised to any peer yet
```

图 5-49　查看 10.1.1.0/24 路由的详细信息

在图 5-49 中，对于落选最优路由的路由条目，其 Cluster_List 属性值为 1.1.1.1，证明该路由是由 AR1 反射的，其落选原因是 Cluster_List（not preferred for Cluster List）。

在展示下面的选路规则前，我们需要恢复使用图 5-24 所示的拓扑。

5.3.11 第 10 条选路规则——优选 Router ID 最小的设备发布的路由

在图 5-24 中，如果管理员不在基本配置以外对任何路径属性进行修改，AR1 最终会优选由 AR2 通告的路由，如图 5-50 所示。

```
[AR1]display bgp routing-table

BGP Local router ID is 1.1.1.1
Status codes: * - valid, > - best, d - damped,
              h - history, i - internal, s - suppressed, S - Stale
              Origin : i - IGP, e - EGP, ? - incomplete


Total Number of Routes: 2
     Network          NextHop          MED        LocPrf     PrefVal Path/Ogn

 *>i  10.1.1.0/24      10.0.25.5        0          100        0       200?
 *  i                  10.0.46.6        0          100        0       300?
```

图 5-50　不更改图 5-24 拓扑路径属性时的 BGP 路由表

如果使用命令 **display bgp routing-table 10.1.1.0 24** 来查看这条路由的详细信息，如图 5-51 所示，就会发现 AR4 通告的路由落选最优路由是因为 Router ID（not preferred for router ID），因为 AR2 的 Router ID 2.2.2.2 比 AR4 的 Router ID 4.4.4.4 更小。

```
[AR1]display bgp routing-table 10.1.1.0 24

 BGP local router ID : 1.1.1.1
 Local AS number : 100
 Paths:   2 available, 1 best, 1 select
 BGP routing table entry information of 10.1.1.0/24:
 From: 2.2.2.2 (2.2.2.2)
 Route Duration: 00h17m33s
 Relay IP Nexthop: 10.0.12.2
 Relay IP Out-Interface: GigabitEthernet0/0/0
 Original nexthop: 10.0.25.5
 Qos information : 0x0
 AS-path 200, origin incomplete, MED 0, localpref 100, pref-val 0, valid, intern
 al, best, select, active, pre 255, IGP cost 2
 Not advertised to any peer yet

 BGP routing table entry information of 10.1.1.0/24:
 From: 4.4.4.4 (4.4.4.4)
 Route Duration: 00h04m56s
 Relay IP Nexthop: 10.0.14.4
 Relay IP Out-Interface: GigabitEthernet0/0/2
 Original nexthop: 10.0.46.6
 Qos information : 0x0
 AS-path 300, origin incomplete, MED 0, localpref 100, pref-val 0, valid, intern
 al, pre 255, IGP cost 2, not preferred for router ID
 Not advertised to any peer yet
```

图 5-51　10.1.1.0/24 路由的详细信息

在本实验中，我们在图 5-24 的基础上进行更改，让 AR5 和 AR6 也运行 OSPF，并把连接 AR2 和 AR4 的接口以及 Loopback 接口宣告到 OSPF 中。AR5 和 AR6 的 BGP AS 更改为 AS 100，分别与 AR2 和 AR4 使用 Loopback 接口建立 IBGP 对等体，通过 **import** 命令将 10.1.1.0/24 直连路由宣告到 BGP 中。AR2 和 AR4 配置为 RR，并指定 AR1 作为它们的客户端，使 AR2 和 AR4 将 AR5 和 AR6 通告的路由 10.1.1.0/24 反射给 AR1，如图 5-52 所示。

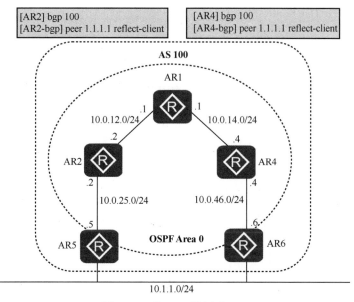

图 5-52　将 AR1 设置为 RR

根据图 5-52 所示的拓扑，AR5 和 AR6 通告给 IBGP 对等体 AR2 和 AR4 的路由 10.1.1.0/24 会分别被 AR2 和 AR4 反射给 AR1。因为 AR1 通过前面的路径属性无法比较这两条路由的优劣，所以会因 AR2 通告路由的 Originator_ID 属性值（2.2.2.2）小于 AR4 通告的相同目的网络路由的 Originator_ID 属性值（4.4.4.4）而选择 AR2 通告的路由。

因为上述两条路由无法通过 BGP 路由表加以区分，我们仍然需要使用命令 **display bgp routing-table 10.1.1.0 24** 来查看这条路由的详细信息，如图 5-53 所示。

```
[AR1]display bgp routing-table 10.1.1.0 24

BGP local router ID : 1.1.1.1
Local AS number : 100
Paths:   2 available, 1 best, 1 select
BGP routing table entry information of 10.1.1.0/24:
From: 2.2.2.2 (2.2.2.2)
Route Duration: 00h00m36s
Relay IP Nexthop: 10.0.12.2
Relay IP Out-Interface: GigabitEthernet0/0/0
Original nexthop: 5.5.5.5
Qos information : 0x0
AS-path Nil, origin incomplete, MED 0, localpref 100, pref-val 0, valid, intern
al, best, select, active, pre 255, IGP cost 2
Originator: 5.5.5.5
Cluster list: 2.2.2.2
Not advertised to any peer yet

BGP routing table entry information of 10.1.1.0/24:
From: 4.4.4.4 (4.4.4.4)
Route Duration: 00h00m35s
Relay IP Nexthop: 10.0.14.4
Relay IP Out-Interface: GigabitEthernet0/0/2
Original nexthop: 6.6.6.6
Qos information : 0x0
AS-path Nil, origin incomplete, MED 0, localpref 100, pref-val 0, valid, intern
al, pre 255, IGP cost 2, not preferred for router ID
Originator: 6.6.6.6
Cluster list: 4.4.4.4
Not advertised to any peer yet
```

图 5-53　10.1.1.0/24 路由的详细信息

在图 5-53 中，Originator 为 6.6.6.6 的路由落选最优路由，且该路由是因为 Router ID 落选最优路由（not preferred for router ID）。注意，这里的 router ID 就是路由的 Originator_ID。

5.3.12   第 11 条选路规则——优选 IP 地址最小的对等体通告的路由

如果同一台路由器通告的路由经不同的 RR 反射给同一个 RR 客户端，那么这两条路由就连 Originator_ID 属性都是相同的，这时 RR 客户端就需要根据对等体 IP 地址来比较它们的优劣。

在本实验中，我们需要重新构造一个简单的拓扑，如图 5-54 所示。

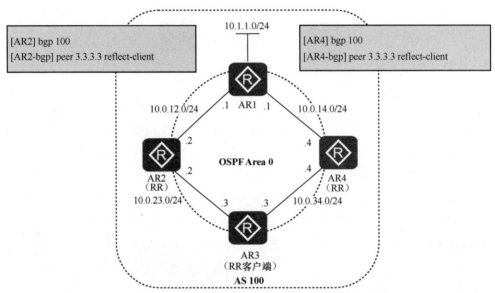

图 5-54   验证优选 IP 地址最小的对等体通告的路由

在图 5-54 中，4 台路由器全部位于 AS 100 中。4 台路由器均启用了 OSPF 并通告各自的直连网络，仅 AR1 未在 OSPF 中通告其直连网络 10.1.1.0/24。同样，在该拓扑中，路由器 ARx 均启用 Loopback0 接口并配置 IP 地址 $x.x.x.x$，同时使用该 IP 地址作为 BGP 的 Router ID。路由器 ARx 连接 ARy（$x<y$）的接口地址均使用 IP 地址 10.0.$xy.x$/24。在上述拓扑中，仅直连路由器之间建立 BGP 对等体关系，且 IBGP 对等体之间使用 Loopback0 接口建立。AR1 连接网络 10.1.1.0/24，该网络被管理员使用 **import** 命令注入 BGP 网络。在上述基本配置以外，管理员将 AR2 和 AR4 配置为 RR，同时把 RR 客户端指向 AR3。

根据上述配置，AR2 和 AR4 反射给 AR3 的路由 10.1.1.0/24 都是由 AR1 通告的，因此前文介绍的所有路由选路规则均无法比较这两条路由的优劣。此时，AR3 会根据 AR2 的对等体地址（2.2.2.2）小于 AR4 的对等体地址（4.4.4.4）而选择 AR2 反射的路由。

上述两条路由无法通过查看 BGP 路由表加以区分，我们需要使用命令 **display bgp routing-table 10.1.1.0 24** 来查看这条路由的详细信息，如图 5-55 所示。

```
[AR3]display bgp routing-table 10.1.1.0 24

 BGP local router ID : 3.3.3.3
 Local AS number : 100
 Paths:   2 available, 1 best, 1 select
 BGP routing table entry information of 10.1.1.0/24:
 From: 2.2.2.2 (2.2.2.2)
 Route Duration: 00h11m12s
 Relay IP Nexthop: 10.0.13.1
 Relay IP Out-Interface: GigabitEthernet0/0/1
 Original nexthop: 1.1.1.1
 Qos information : 0x0
 AS-path Nil, origin incomplete, MED 0, localpref 100, pref-val 0, valid, intern
 al, best, select, active, pre 255, IGP cost 1
 Originator:  1.1.1.1
 Cluster list: 2.2.2.2
 Not advertised to any peer yet

 BGP routing table entry information of 10.1.1.0/24:
 From: 4.4.4.4 (4.4.4.4)
 Route Duration: 00h01m54s
 Relay IP Nexthop: 10.0.13.1
 Relay IP Out-Interface: GigabitEthernet0/0/1
 Original nexthop: 1.1.1.1
 Qos information : 0x0
 AS-path Nil, origin incomplete, MED 0, localpref 100, pref-val 0, valid, intern
 al, pre 255, IGP cost 1, not preferred for peer address
 Originator:  1.1.1.1
 Cluster list: 4.4.4.4
 Not advertised to any peer yet
```

图 5-55　10.1.1.0/24 路由的详细信息

在图 5-55 中，Cluster_List 属性值为 4.4.4.4 的路由落选最优路由。该路由是因为对等体地址落选最优路由（not preferred for peer address）。

在本章中，我们介绍了 11 种 BGP 路径属性，解释了 BGP 路由反射器的用途和工作原理，并且重点说明了 BGP 使用路径属性优选 BGP 路由的选路规则，同时通过实验展示了使用 BGP 路径属性干预 BGP 路由选路的方法。

练 习 题

1.　下列哪种 BGP 路径属性不是公认必遵属性？（　　　）

　　A.　AS_PATH　　　　　　　　　　　B.　Origin

　　C.　Next_Hop　　　　　　　　　　　D.　Local_Preference

2.　下列哪种 BGP 路径属性是公认属性？（　　　）

　　A.　Atomic_Aggregate　　　　　　　B.　Aggregator

　　C.　Originator_ID　　　　　　　　　D.　Cluster_List

3.　下列哪种 BGP 路径属性是向 EBGP 对等体标识进入本地 AS 路径的优劣？（　　　）

　　A.　Local_Preference　　　　　　　　B.　MED

　　C.　Preferred-Value　　　　　　　　D.　Originator_ID

4. 下列哪种 BGP 路径属性的作用不包括避免环路？（　　）

    A. AS_PATH   B. Local_Preference

    C. Originator_ID   D. Cluster_List

5. 下列关于 BGP 路由反射器的说法，错误的是？（　　）

    A. 路由反射器如果从非客户端 IBGP 对等体学习到一条 BGP 路由，就会把该路由反射给所有客户端 IBGP 对等体

    B. 路由反射器如果从客户端 EBGP 对等体学习到一条 BGP 路由，就会把该路由反射给除发送方外的 BGP 对等体

    C. 路由器反射器只会反射最优路由

    D. 路由反射器如果从客户端 IBGP 对等体学习到一条 BGP 路由，就会把该路由反射给除发送方外的所有 IBGP 对等体

6. BGP 在判断最优路径时，以下哪一项的优先级最高？（　　）

    A. AS_PATH 属性值列表最短   B. MED 属性值最小的路由

    C. Local_Preference 属性值最大   D. Origin 属性值最优

7. 下列哪一项不是 BGP 为多条去往同一目的网络的路由执行负载分担的必要条件？（　　）

    A. 各路由的 Origin 类型相同

    B. 各路由的 MED 属性值相同

    C. 各路由均为聚合路由，或均为非聚合路由

    D. 各路由的 Cluster_ID 长度相同

8. 路由器的输出信息显示"not preferred for Cluster List"（不是最优路由是因为 Cluster_ID），说明该路由（　　）。

    A. 一定与最优路由携带的 Origin 属性值相同

    B. 一定与最优路由携带的 Next_Hop 属性值相同

    C. 一定与最优路由携带的 Originator_ID 属性值相同

    D. 一定都是非聚合路由，不能是聚合路由

9. 下列哪种路径属性仅本地有效，不会随 BGP 更新报文传输给任何 BGP 对等体？（　　）

    A. MED   B. Local_Preference

    C. Preferred-Value   D. Community

10. 下列哪种路径属性会随更新报文传输给 IBGP 对等体，但不会传输给 EBGP 对等体？（　　）

    A. Preferred-Value   B. MED

    C. Next_Hop   D. Local-Preference

答案：

1. D   2. A   3. B   4. B   5. B   6. C   7. D   8. A   9. C   10. D

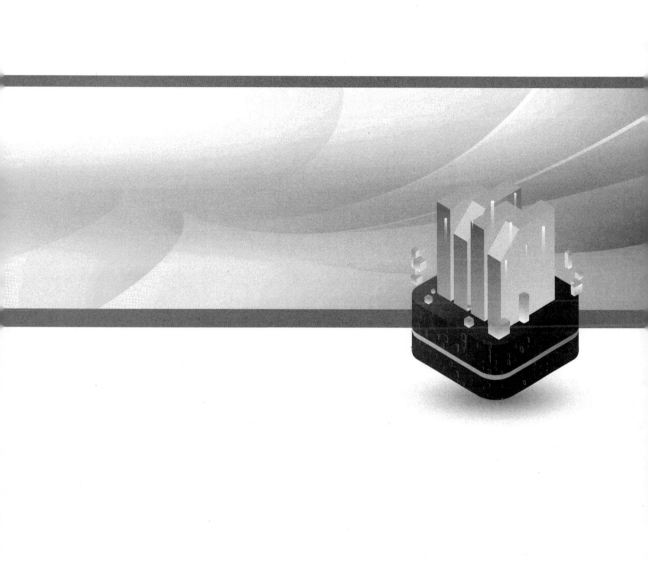

第6章
BGP EVPN 基础

本章主要内容

前文已经对 BGP-4 的基本原理和特性进行了介绍。本章仍然围绕 BGP 展开，重点介绍多协议 BGP（MP-BGP）和 BGP EVPN。

为了兼容传统的 BGP，同时能够灵活兼容各类网络层协议，MP-BGP 不再把目的网络的路由封装到 NLRI 字段中，也不再把要撤销的路由封装在撤回路由字段中，而是新增了两种可选非过渡属性。6.1 节会详细介绍这两种路径属性所携带的信息，解释这两种路径属性为何可以为 BGP 支持更多网络层协议提供支持。

6.2 节的重点是 BGP EVPN。为了引出 EVPN 的概念，6.2 节首先会介绍 MPLS 和基于 MPLS 的 VPLS，并且解释 VPLS 的限制；然后会对 EVPN 的基本原理进行介绍，并解释几种 EVPN NLRI 的路由类型；最后会介绍 EVPN 的几种典型应用场景。

本章重点

- MP-BGP 的概念；
- MP-BGP 新增的路径属性；
- BGP EVPN 的由来；
- BGP EVPN 的基本原理；
- BGP EVPN 的典型应用场景。

6.1 MP-BGP

在第 5 章学习 BGP 路径属性的过程中，读者已经看到有很多命令可以在 IPv4 单播地址族视图下配置。根据 IANA 的定义，支持一种地址族指 BGP-4 能够关联这种网络层协议的下一跳信息，同时能够关联其他网络层协议的 NLRI。换言之，BGP-4 支持一种地址族就代表它具备使用该网络层地址协议进行寻址的能力。

如果读者在进行前面的配置实验时查询一下 BGP 视图，不难发现 BGP 还支持其他的地址族视图。不过，IPv4 单播确实是最初版本的 BGP-4（RFC 1654）唯一支持的网络层协议。在 RFC 1654 问世时，RFC 甚至尚未发布最初的 IPv6 标准。在最初的 BGP-4 版本发布后，为了让 BGP-4 能够支持其他的网络层协议（如 IPv6、L3VPN、EVPN），多协议 BGP（MP-BGP）应运而生。MP-BGP 定义在 RFC 4760 中，它不仅支持包括 IPv4 单播在内的大量网络层协议，而且提供了良好的向后兼容，因此运行传统 BGP-4 的路由器可以与运行 MP-BGP 的路由器执行正常的路由信息交互。

在学习 BGP Update 报文的封装格式时，读者已经看到传统 BGP Update 报文会把路由条目封装在 NLRI 字段中。除了 NLRI 字段外，Update 报文还包含了路径属性，也可以包含要撤销的路由。MP-BGP 新增了两种可选非过渡属性，即用于发布可达网络信息的 MP_REACH_NLRI 和用于删除不可达网络的 MP_UNREACH_NLRI，并把目的网络信息封装在路径属性中。下面我们分别介绍这两种属性。

6.1.1　MP_REACH_NLRI

支持一种地址族要求协议能够关联这种网络层协议的下一跳信息，同时能够关联其他网络层协议的 NLRI，因此用于发布可达网络信息的 MP_REACH_NLRI 属性需要包含用于发布网络的可达路由和下一跳信息。

MP_REACH_NLRI 属性携带的信息如图 6-1 所示。

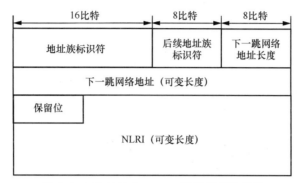

图 6-1　MP_REACH_NLRI 属性携带的信息

下面对图 6-1 中包含的信息进行简单说明。

① **地址族标识符**：简称 AFI，标识 Update 报文所更新的网络层协议，如 1 表示 IPv4、2 表示 IPv6 等。

② **后续地址族标识符**：简称 SAFI，它需要和 AFI 一起使用，作用是提供更加具体的地址族信息，如 1 表示单播、2 表示组播等。

上述两个字段合称地址族信息域，用来标识 Update 报文更新的网络属于哪种网络层协议。

③ **下一跳网络地址长度**：顾名思义，用来标识下一跳网络地址的长度。这个字段的长度是 8 位，因此最多可以支持长度为 256 位的网络地址。鉴于 IPv6 地址的长度只有 128 位，MP-BGP 的地址封装字段几乎可以支持当今所有的地址格式。

④ **下一跳网络地址**：标识去往目的网络路径上的下一个设备网络地址。

上述两个字段合称下一跳信息域，用来标识到达目的网络路径中的下一跳地址。

⑤ **NLRI**：旨在标识可达路由的地址。

通过在 MP_REACH_NLRI 属性携带上述信息，MP-BGP Update 报文可以发送多种网络层协议。

6.1.2　MP_UNREACH_NLRI

在传统 BGP Update 报文中，BGP 路由器会把要撤销的路由封装在 BGP Update 报文的撤回路由字段中。在 MP-BGP Update 报文中，MP-BGP 路由器则会把要撤销的路由封装在 BGP Update 报文的 MP_UNREACH_NLRI 属性中。

MP_UNREACH_NLRI 属性携带的信息如图 6-2 所示。

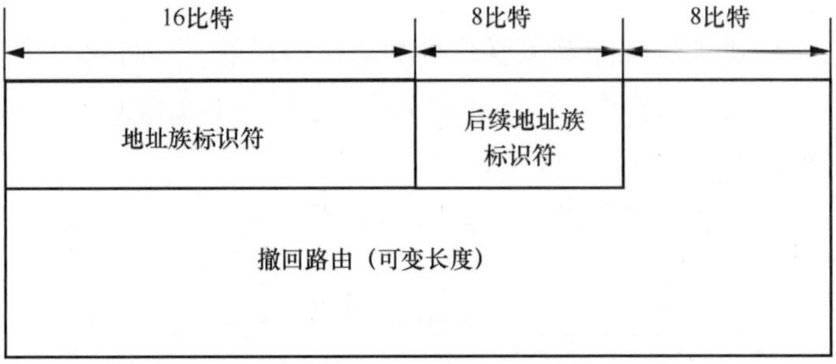

图 6-2　MP_UNREACH_NLRI 属性携带的信息

在图 6-2 中，AFI 和 SAFI 的作用与 MP_REACH_NLRI 属性中的对应字段相同。撤回路由字段则用于标识 BGP Update 报文要求对等体 BGP 路由器删除的不可达路由。

本节的目标是向读者简单介绍 MP-BGP 的由来及其发布路由更新和路由撤回的方法，以及 MP-BGP 向后兼容传统 BGP-4 的方法。在下文中，我们会对 BGP EVPN 的原理和应用场景进行说明。

6.2　BGP EVPN 简介

在有些情况下，通过广域网建立连接的站点希望能够实现数据链路层的通信。随着虚拟化技术的普及和多站点云数据中心的广泛应用，虚拟机迁移变得愈发频繁。要求站点间能够建立二层通信，避免虚拟机跨站点迁移给客户带来不便的需求也越来越强烈。

在 EVPN 问世之前，有一些二层 VPN 技术可以满足上述需求，但这些技术存在着各种各样的缺陷。本节会对 EVPN 的由来、原理和使用场景进行简要介绍。

6.2.1　EVPN 的由来

HCIA-Datacom 曾经对 MPLS 进行了简要介绍。MPLS 会在数据链路层和网络层之间插入一个头部，头部携带一个用来标识转发路径的 MPLS 标签。在运行 MPLS 协议的网络设备之间，这个标签会代替网络层地址，成为设备转发报文的依据。这些运行 MPLS 协议的网络设备则称为一个 MPLS 域。报文在 MPLS 域转发过程中，路由器会对 MPLS 标签进行交换，这正是标签交换得名的原因。

MPLS 转发的基本方式如图 6-3 所示。

无论从标签长度来看，还是从标签转发信息表条目数量来看，MPLS 都可以比传统 IP 路由提供更高的转发效率。此外，既然名为多协议标签交换，MPLS 也可以支持大量的网络层协议，包括 IPv4、IPv6，以及如今已经被淘汰的 IPX 和 Appletalk 等。

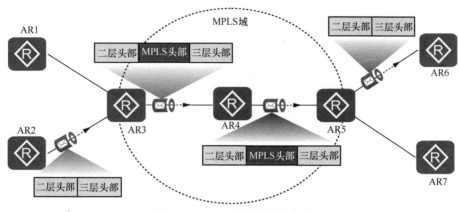

图 6-3　MPLS 转发的基本方式

MPLS 可以提供大量服务，包括二层 VPN 服务。VPLS 就是一种可以通过 MPLS 实现的二层 VPN 服务，它可以跨越 MPLS 网络建立一个虚拟的局域网，让接入 MPLS 网络的站点可以按需组成多个虚拟的局域网。换言之，VPLS 可以让网络成为一台连接各个站点的二层交换机，为连接这个网络的设备提供数据帧交换服务。VPLS 原理如图 6-4 所示。

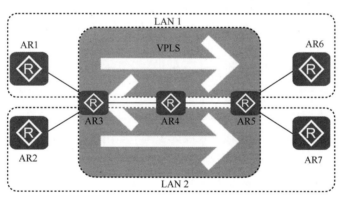

图 6-4　VPLS 原理

既然二层 VPN 服务可以在跨越广域网的站点之间建立二层连接，就意味着连接这些站点的运营商广域网设备需要承载虚拟局域网中泛洪的控制流量（例如远端 MAC 地址的学习需要依靠 ARP 广播泛洪），这必然会占用大量的带宽。这是传统二层 VPN 的一大缺陷。当然，VPLS 本身还有其他问题，在此不进行介绍。

随着越来越多新技术和新场景的涌现，人们希望有一种技术能够提供新的解决方案。RFC 7209 不仅指出了 VPLS 为何无法满足各类新场景的需求，更提出了新技术 Ethernet VPN（EVPN）需要满足哪些条件。

EVPN 标准此后被定义在 RFC 7432。它在管理控制平面和数据平面使用了不同的技术，其中管理控制平面使用 MP-BGP，数据平面则支持 MPLS LSP 或者 IP/GRE 隧道技术。管理控制平面利用 MP-BGP 报文来传递 MAC 地址和 IP 地址，让远端设备可以学习到完成局域网交换所需的 MAC 地址和 IP 地址信息；数据平面则使用 IP 隧道/MPLS 域中的转发机制来承担数据流量的转发，不需要通过在核心网络中泛洪的形式来学习 MAC 地址。通过管理控制平面和数据平面的分离，EVPN 规避了传统二层 VPN 的问题。此外，EVPN可以让客户边缘设备（CE，即各个客户网络中连接运营商网络的路由设备）通过多条链路连接运营商边缘设备（PE，即运营商网络中连接客户网络的设备）并且同时发送流量，在实现备份链路的同时对流量进行负载分担。EVPN 也可以实现快速收敛，简化网络运维。不仅如此，EVPN 还有支持环路避免、支持运营商边缘设备自动发现、支持等价多路径路由等优势。

在下面的内容中，我们会简单介绍 EVPN 控制平面，解释它如何利用 MP-BGP 报文来传输 MAC 地址和 IP 地址信息。

6.2.2　EVPN 的基本原理

为了通过 MP-BGP 发布建立 EVPN 控制平面所需的信息，EVPN 定义了一种专门的NLRI，称为 EVPN NLRI。这种 NLRI 会出现在发布和撤回 EVPN 信息的 BGP 报文中，封装在 MP_REACH_NLRI 或 MP_UNREACH_NLRI 属性中。当 MP-BGP 的 Update 报文中封装的是 EVPN 地址族时，AFI 字段的取值为 25、SAFI 字段的取值为 70。MP_REACH_NLRI属性的 EVPN NLRI 字段和 MP_UNREACH_NLRI 的撤回路由字段均采用了 TLV 结构，这样可以为报文提供更强的灵活性和扩展性。

> **注释**：如果对 TLV 的概念感到生疏，读者可以参考第 3 章中 IS-IS 报文封装方式进行理解。

在 EVPN NLRI 的封装部分，T 代表的类型字段（长度为 1 字节）用于定义不同的EVPN 路由类型，L 代表的长度字段（长度为 1 字节）用于定义这个字段的长度，而 V 代表的值字段（长度可变）封装何种信息则取决于 EVPN 路由类型——即取决于 T 字段的取值。

EVPN NLRI 的路由类型包括以下 5 种。

① **类型 1**：以太网自动发现路由，用来进行 MAC 地址的批量撤回、多活指示、别名[1]、通告以太网段标识符（ESI）标签等。

② **类型 2**：MAC/IP 通告路由，用来进行 MAC 地址学习通告、MAC/IP 绑定、支持MAC 地址移动性[2]等。这种类型的路由最初设计用于承载 MAC/IP 路由。

③ **类型 3**：包含组播以太网标签的路由，用来进行组播隧道端点自动发现以及组播类型自动发现。

---

[1] 别名：简言之，在一台 CE 通过以太网链路聚合这种二层逻辑链路捆绑的方式连接到多台 PE 的环境中，只有其中一台 PE 可以学习到 CE 转发流量所对应的 MAC 地址。这会使远端 PE 在向这个 CE 身后的网络发送流量时忽略那些没有学习到该网络 MAC 地址的 PE，因而无法利用那些 PE 进行负载分担。别名是让 PE 主动对外发出信号，表示自己可以访问身后的网络，无论它有没有学习到 MAC 地址。这种功能正是需要通过以太网自动发现路由来实现。

[2] MAC 地址移动性：原本连接到一个 PE 身后网络的 MAC 地址发生了迁移，需要通过另一个 PE 才能访问。前文中提到的虚拟机在多站点云数据中心中进行迁移，就会出现这种情况。

④ **类型 4**：以太网段路由，用来进行以太网段[①]成员自动发现和指定转发设备选举。

随着 EVPN 大行其道，IETF 开始定义新的 EVPN 路由类型，以便让 EVPN 支持更多的应用，如三层 VPN。这其中包括目前仍停留在草案阶段的 EVPN NLRI 路由类型。

⑤ **类型 5**：IP 前缀路由，用来通告 IP 前缀，支持三层 VPN。

在本书中，读者可以停留在上述关于 EVPN 的模糊概念上，暂不需要深入掌握其详细内容。

6.2.3　EVPN 的典型应用场景

1. 典型应用场景一：广域 IP 承载网

EVPN 一种常用的场景就是广域 IP 承载网。按照城域以太网论坛（MEF）的定义，以太网虚拟电路（EVC）分为以下 3 种类型，即 E-LINE、E-TREE 和 E-LAN。

① E-LINE：两个站点之间建立点到点的 EVC 连接。利用 EVPN 建立这种广域网连接的标准定义在 RFC 8214 中，该标准称为以太网 VPN 中的虚拟专线服务支持（EVPN VPWS）。

② E-TREE：在站点之间建立一种类似于三层 VPN 的星型连接，其中一个或多个站点充当星型连接的中心（Hub）站点，称为根（Root）站点；还有多个站点充当星型连接的分支（Spoke）站点，称为叶（Leaf）站点。根站点可以和叶站点直接通信，但叶站点相互之间不能直接通信。利用 EVPN 建立这种广域网连接的标准定义在最初的 EVPN 标准 RFC 7432 和 RFC 7623 中，其中标准 RFC 7623 称为结合以太网 VPN 的运营商骨干桥接（Provider Backone Bridging Combined with Ethernet VPN，PBB-EVPN）。

③ E-LAN：所有不同站点之间建立全互联的网络连接。利用 EVPN 建立这种广域网连接的标准仍然停留在草案阶段。

除了可以用于建立上述几种二层广域网连接外，EVPN 还可以用来建立三层 VPN。

2. 典型应用场景二：云数据中心网络

云数据中心网络常常存在部署 EVPN 的需求。随着各类虚拟化技术的大规模普及，云数据中心部署 EVPN 的需求也在显著增加。

RFC 8365 定义了在云数据中心使用 EVPN 的网络虚拟化覆盖层解决方案。

如今的云数据中心网络，比较常见的架构是利用 Spine-Leaf 架构搭建的交换机矩阵作为底层，提供数据的高速转发；覆盖层则一般推荐数据平面使用 VXLAN 封装与管理控制平面使用 EVPN 相结合。

3. 典型应用场景三：园区网

园区网的虚拟化解决方案和云数据中心的解决方案相同，因此也适用 RFC 8365 标准。两个场景唯一的区别是在底层提供转发的设备架构：园区网通常会采用传统的核心层−分布层−接入层的 3 层架构。

[①] 以太网段：在 EVPN 术语中，指客户站点连接一台或多台 PE 的链路总和。

4. 典型应用场景四：软件定义广域网络（SD-WAN）

SD-WAN 是伴随软件定义网络（SDN）出现的一种新型广域网解决方案。人们可以在集中式的控制器上，通过软件的方式对广域网进行部署。这种解决方案支持智能动态选路、零接触配置（ZTP）和可视化等特性。

在这种解决方案中，EVPN 可以部署在集中的控制器与连接运营商网络的客户终端设备（CPE）之间，作为 SD-WAN 的控制平面，用来实现覆盖层 VPN 路由的下发。数据平面则在 CPE 之间使用 IPSec VPN 构建加密的转发通道，从而实现站点间数据流量的安全传输。覆盖层 VPN 路由包括站点 VPN 路由前缀、下一跳传输网络端口（TNP）[①]路由信息，以及 CPE 之间建立 IPSec VPN 所需要的信息。

本章首先对 MP-BGP 及其定义的两种路径属性进行了介绍，以便为后文介绍 BGP EVPN 进行铺垫。接下来，本章通过介绍 VPLS 引出 EVPN 技术的由来，并结合 MP-BGP 的两种新路径属性介绍了 EVPN 的基本原理。最后，我们对 EVPN 的 4 种典型应用场景进行了介绍。

无论是 MP-BGP 还是 BGP EVPN，本章的介绍都相当笼统。希望了解更多内容的读者可以自行学习。

练 习 题

1. MP-BGP 为了实现向后兼容，如何封装 NLRI 字段？（　　　）

　　A. 封装在 Update 报文的 NLRI 字段中

　　B. 封装在 Update 报文的路径属性字段中

　　C. 封装在 Update 报文的撤回路由字段中

　　D. 封装在 BGP 头部中

2. 下列哪一项是 MP-BGP 定义的新路径属性？（　　　）

　　A. MP_REACH_NLRI　　　　　　　　B. EVPN_NLRI

　　C. PBB_EVPN　　　　　　　　　　　D. E_LAN

3. MPLS 的优势不包括下列哪一项？（　　　）

　　A. 转发效率更高

　　B. 可以支持大量网络层协议

　　C. 不增加报文封装字段

　　D. 支持二层 VPN 等多种服务

4. 下列哪一项不属于 EVPN 相对于 VPLS 的优势？（　　　）

　　A. 提供数据加密

　　B. 管理控制平面与数据平面分离

---

① 即 CPE 的 WAN 接口。

    C. 支持 CE 和 PE 之间的多活连接

    D. 支持等价多路径路由

5. BGP EVPN 使用哪种类型的 EVPN NLRI 路由发布 MAC/IP 路由？（   ）

    A. 类型 1   B. 类型 2   C. 类型 3   D. 类型 4   E. 类型 5

6. BGP EVPN 使用哪种类型的 EVPN NLRI 路由批量撤回 MAC 地址？（   ）

    A. 类型 1   B. 类型 2   C. 类型 3   D. 类型 4   E. 类型 5

7. BGP EVPN 使用哪种类型的 EVPN NLRI 路由通告 IP 前缀？（   ）

    A. 类型 1   B. 类型 2   C. 类型 3   D. 类型 4   E. 类型 5

8. MEF 把 EVC 分为 3 种类型，其中不包括下列哪一项？（   ）

    A. E-LINE   B. E-TREE   C. E-LAN   D. L3VPN

9. 两个站点之间使用 EVC 建立点到点连接的场景，适合使用下列哪种 EVC 类型？（   ）

    A. E-LINE   B. E-TREE   C. E-LAN   D. L3VPN

10. 下列哪种应用场景一般以使用 Spine-Leaf 架构搭建的交换机矩阵作为底层，覆盖层的管理控制平面推荐使用 BGP EVPN？（   ）

    A. 广域 IP 承载网   B. 数据中心网络

    C. 园区网   D. SD-WAN

答案：

    1. B 2. A 3. C 4. A 5. B 6. A 7. E 8. D 9. A 10. B

第 7 章
路由控制与路由策略

本章主要内容

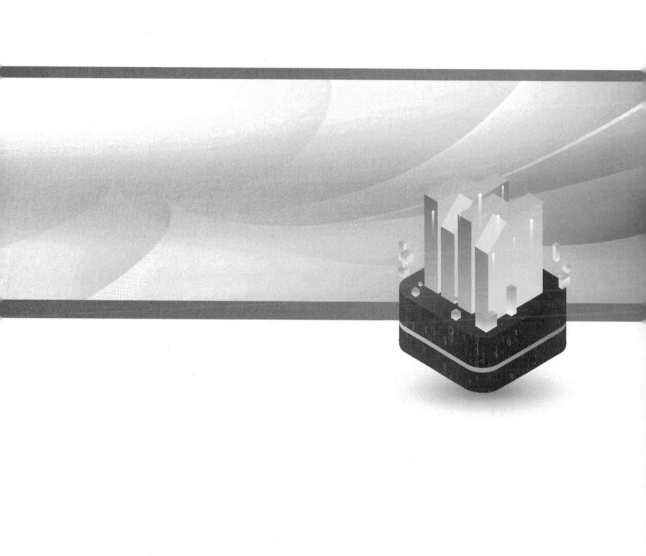

在介绍 BGP 路径属性与 BGP 路由优选时，我们曾在大量案例中演示了如何使用 Route-Policy 来修改 BGP 路径属性参数，从而影响 BGP 路由优选并最终改变流量转发的路径。当然，Route-Policy 并不是 BGP 的专属工具。无论报文的转发路径是否由路由器通过 BGP 选定，甚至无论报文的转发路径是否由动态路由协议决定，技术人员都可以利用工具对报文的转发路径进行干涉。有的工具可以让路由器根据报文的参数，决定该报文能否进入或者离开某个路由器接口。本章的重点就是对这些工具进行介绍。

7.1 节首先会帮助读者复习访问控制列表（ACL），并向读者介绍另一种类似的工具——IP 前缀列表。这两种列表都会作为定义策略对象的工具在本章中被大量使用。接下来，7.1 节会介绍两种常用的路由策略工具，Filter-Policy 和 Route-Policy。前者的作用是影响路由器接收、引入和通告路由条目，后者则提供了更加丰富的路由信息匹配和干预手段。最后，7.1 节还会介绍双点双向重发布这种比较复杂的路由引入场景，解释这类场景中潜在的问题，并且讲解如何使用路由控制工具来解决这些问题。

7.2 节则会介绍影响数据报文转发的 3 种工具。其中，PBR 可以影响数据报文的选路，对匹配策略的报文执行重定向。MQC 是一种灵活的模块化工具，管理员可以使用 MQC 对匹配的报文进行标记、重定向、过滤和流量统计。最后一种工具是流量过滤，它可以拒绝或者放行匹配条件的流量进入或者离开某个路由器接口。7.2 节最后的案例会使用同一个场景，分别演示如何使用不同的工具来满足相同的需求。

本章重点

- 访问控制列表（ACL）的基本原理与配置；
- IP 前缀列表的原理与配置；
- 路由控制工具（Filter-Policy 与 Route-Policy）的原理与配置；
- 路由策略工具（PBR、MQC 与流量控制）的原理与配置。

7.1 路由控制

在设计、配置和管理网络的工作中，人们经常希望对要发布、接收和引入的路由设置某种条件，而非单纯按照路由协议或者路由引入的工作机制全盘发布、接收或者引入路由。本书在第 1 章中通过图 1-21 所示的环境介绍了路由引入的概念，就以图 1-21 所示的环境为例，若需求规定，AR1 在把 OSPF 引入 IS-IS 网络时，不能把 10.1.1.0/24 的路由引入 IS-IS；同时，AR1 在把 IS-IS 引入 OSPF 网络时，不能把 10.2.1.0/24 的路由引入 OSPF。这样的需求就必须通过路由控制来实现。

注释： 限于已然过大的篇幅，这里不再重复展示图 1-21 的环境。

综上所述，路由控制的目标就是设置一个或一系列条件，只有满足条件的路由才能被路由器发布、接收或引入。为了给发布、接收和引入的路由设置条件，管理员可以先创建 ACL 或 IP 前缀列表来匹配路由的目的地址或者 Tag 值等，再使用路由策略

（Route-Policy）调用 ACL 或 IP 前缀列表，以便对匹配条件的路由执行特定的操作。

为了帮助读者了解路由控制的操作，下面我们回顾一下 ACL 的概念、术语和用法，然后对 IP 前缀列表进行说明。

7.1.1　ACL 回顾

ACL 可以通过一系列参数对路由和报文中的参数进行匹配，是最常用的匹配工具之一。ACL 是由一组具有特定顺序的语句组成的，每一条语句都由以下重要信息构成。

① 匹配项：需要匹配的流量。根据 ACL 种类的不同，设备可以根据不同的参数对流量进行匹配。以本章介绍的 ACL 为例，管理员可以使用与 IP 相关的一些参数来对流量进行匹配，包括源 IP 地址、目的 IP 地址、源端口号和目的端口号等。

② 动作：允许（permit）或拒绝（deny）。以流量过滤 ACL 为例，permit 表示放行相匹配的数据包，deny 表示丢弃相匹配的数据包。动作的具体执行方法以应用 ACL 的功能为准，因此语句动作在其他功能中的解释，需要读者在华为设备配置指南中进行进一步的查询和确认。

③ 编号：编号决定了这条语句在 ACL 中的位置，可配置的编号范围为 0～4294967294。在一些情况下，编号所代表的位置非常重要，因为设备在查询 ACL 时，会根据编号从小到大按序查找匹配项，一旦发现匹配项，就会立即执行该匹配项所关联的动作，终止查找并退出 ACL 匹配逻辑。后文会通过示例来具体说明编号的重要性。

在 ACL 中，除了管理员自定义的所有 ACL 语句，每个 ACL 的末尾还有一条隐含的语句，这条语句可以匹配任意数据包。也就是说，所有与管理员手动配置的语句不匹配的数据包，都会与末尾的隐含语句相匹配。而这条语句的行为就叫作"未匹配"。在这种情况下，以流量过滤功能来说，设备会放行数据包。换句话说，针对 ACL 的流量过滤功能，设备会放行与所有管理员手动配置的语句都不匹配的数据包。

表 7-1 以流量过滤功能和 Telnet 功能为例，展示了在不同功能模块中 ACL 的处理机制。

表 7-1　不同功能模块中 ACL 的处理机制

ACL 的处理机制	流量过滤功能	Telnet 功能
permit	permit（放行数据包）	permit（允许登录）
deny	deny（丢弃数据包）	deny（拒绝登录）
ACL 中配置了规则，但未匹配任何规则（未匹配）	permit（功能不生效）	deny（拒绝登录）
ACL 中未配置任何规则	permit（功能不生效）	permit（允许登录）
未创建 ACL	permit（功能不生效）	permit（允许登录）

从表 7-1 可以看出，流量过滤和 Telnet 这两个功能对于 ACL 处理行为的解释是不同的，对于"未匹配"结果的处理也是不同的。因此读者在为功能模块设置 ACL 时，需要查询华为设备配置手册，以确认自己该如何配置相应的 ACL。再次强调，本小节的描述仅针对流量过滤功能。

图 7-1 在几条 ACL 语句的配置命令中标识了 ACL 语句的组成部分，具体的 ACL 语法会在后文进行介绍。

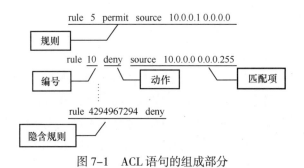

图 7-1　ACL 语句的组成部分

在图 7-1 中，ACL 匹配项中设置的参数 0.0.0.255 显然不是普通的子网掩码，而是通配符掩码。下文会带领读者简要回顾通配符掩码的概念。

1. 通配符掩码

顾名思义，通配符原指可以代替所有字符的符号。例如，正则表达式中英文的句号（.）可以匹配（除了 "/r" 和 "/n" 外的）所有单个字符，这就可以视为一种通配符。但通配符掩码指一个和子网掩码同为 32 位长度的数值，其目的是指示 IP 地址中哪些比特位需要匹配，哪些比特位无须匹配。通配符掩码和子网掩码的区别在于，通配符掩码中的 0 表示 "需要匹配"，1 则表示 "无须匹配"。例如，在图 7-1 所示的 rule 5 中，地址 10.0.0.1 的通配符掩码为 0.0.0.0。这表示 10.0.0.1 的每一位都需要严格匹配。因此，只有地址 10.0.0.1 可以匹配这条规则。再如，在 **rule 15 permit 192.168.100.5 0.0.255.255** 这条规则中，地址 192.168.100.5 的前 16 位（因对应的通配符掩码为 0）需要严格匹配，后 16 位（因对应的通配符掩码为 1）则无须匹配。因此，地址 192.168.1.1 会匹配这条规则，但 172.16.100.5 不会匹配这条规则。

基于这种规则，如果管理员需要匹配网络 192.168.1.0/24 的地址，需要把通配符掩码设置为 0.0.0.255，因为 24 位子网掩码（/24）表示这个地址的前 24 位需要匹配，而后 8 位地址则无须匹配。

在简要介绍了通配符掩码的概念后，下面我们继续回顾 ACL 的分类和标识。

2. ACL 的分类和标识

ACL 可以从两个不同的角度进行分类：规则的定义方式和标识方法。

基于 ACL 规则定义方式进行分类时，ACL 可以分为基本 ACL、高级 ACL、二层 ACL、用户自定义 ACL 和用户 ACL。华为数通设备会根据管理员设置的 ACL 编号来判断 ACL 的类型。

表 7-2 总结了部分基于 ACL 规则定义方式的分类方法，完整的 ACL 分类方法请参考华为设备配置指南。

表 7-2　部分基于 ACL 规则定义方式的分类方法

分类	ACL 编号范围	描述
基本 ACL	2000～2999	主要基于数据包的源 IP 地址对流量进行匹配

分类	ACL 编号范围	描述
高级 ACL	3000~3999	主要基于数据包的源和目的 IP 地址、IP 类型、ICMP 类型、TCP/UDP 源和目的端口号等第 3 层和第 4 层信息对流量进行匹配
二层 ACL	4000~4999	主要基于数据帧的源和目的 MAC 地址、二层协议类型等第 2 层信息对流量进行匹配
用户自定义 ACL	5000~5999	主要基于报文头（二层头部、IPv4 头部等）、偏移位置、字符串掩码和用户自定义字符串来对流量进行匹配。也就是说，以报文头为基准，指定从报文的第几字节开始与字符串掩码进行"与"运算，并将提取出的字符串与用户自定义的字符串进行对比，以此进行匹配

基于 ACL 标识方法进行分类时，ACL 可以分为数字型 ACL 和命名型 ACL。从表 7-2 中也可以看出每种类型的 ACL 对应着一系列编号，华为数通设备通过编号就可以识别 ACL 的类型，并为管理员提供相应的配置选项。

对于命名型 ACL 来说，管理员也可以在命名的同时指定该 ACL 的编号，使设备能够识别它的类型。在管理员没有指定命名型 ACL 的编号时，设备会默认它为高级 ACL，并且从 3999 开始，从大到小自动为其分配一个空闲编号。

后文会为读者展示标准 ACL 的配置命令。

3. ACL 的匹配流程

读者现在已经知道，一个 ACL 可以包含多个规则，这些规则会按照一定的顺序进行排列。现在我们来具体介绍一下 ACL 的匹配机制。首先，我们来看看 ACL 内部的匹配机制，也就是说设备发现需要将流量与一个 ACL 中的规则进行匹配时所遵从的规则。ACL 内部的匹配机制非常简单，就是按照规则的编号从小到大进行匹配。一旦发现匹配项，立即按照该条规则执行接下来的操作，并终止匹配，退出 ACL 匹配逻辑。图 7-2 展示了 ACL 内部匹配逻辑示例（1）。

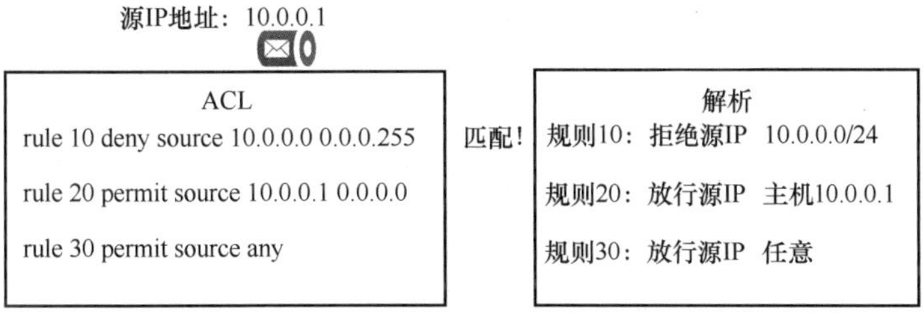

图 7-2　ACL 内部匹配逻辑示例（1）

如图 7-2 所示，源 IP 地址为 10.0.0.1 的数据包需要与 ACL 进行匹配，以便决定应该对其执行的动作。管理员的意图是放行来自主机 10.0.0.1 的流量，并且拒绝这个子网中其他主机的流量。由于 ACL 是按顺序进行匹配的，且一旦匹配就会立即执行并退出 ACL 匹配逻辑。因此，来自 10.0.0.1 的数据包会与规则 10（rule 10）相匹配，并且被设备拒绝（deny）。

显然，ACL 的匹配原则是"顺序匹配"，因此，规则 20 永远不会获得匹配。为了使

ACL 的工作效果与管理员的意图相符合，我们需要调整 ACL 的配置。ACL 内部匹配逻辑示例（2）如图 7-3 所示。

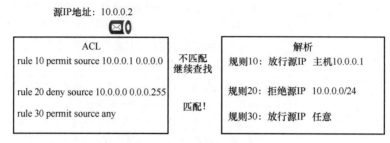

图 7-3　ACL 内部匹配逻辑示例（2）

总之，在图 7-3 中，对于匹配范围有部分重叠的多条规则来说，应该将更为精确的匹配规则放在较为模糊的匹配规则前，这样可以使流量匹配到更为精确的规则，并按照这条规则中的动作对数据包进行处理。

ACL 内部匹配逻辑可以总结为以下几个要点。

① 按照规则编号顺序从小到大进行匹配。

② 一旦匹配成功，就立即执行该条规则所定义的动作，并退出 ACL 匹配逻辑。

③ 在编写 ACL 规则时，对于匹配范围具有部分重叠的多条规则，需要将更为精确的规则放在靠前的位置，使其可以正确匹配到数据包并使设备对数据包执行相应的动作。

现在我们将视野扩大到整个数通设备（比如路由器），看看当设备在接收和转发数据包时，涉及的 ACL 工作流程。图 7-4 展示了 ACL 匹配的流程。

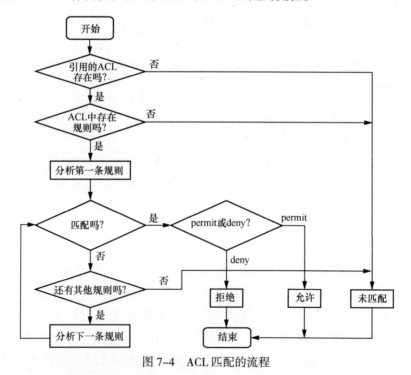

图 7-4　ACL 匹配的流程

　　图 7-4 所示的流程可以与表 7-1 对应起来理解，我们根据流程图来简单汇总一下 ACL 的匹配机制。首先，一共有 3 种 ACL 匹配结果：拒绝、允许、未匹配。拒绝和允许分别对应着规则中指定的动作：deny 和 permit。需要关注的是未匹配这个结果，一共有 3 种情况会被判定为未匹配，具体如下。

　　① **引用的 ACL 不存在**：路由器发现在接口上引用了一个 ACL，但路由器的配置中却没有创建过这个 ACL。比如在路由器 G0/0/1 接口的入方向上引用了 ACL 2000，当路由器从 G0/0/1 接口接收到数据包时，它会发现自己应该根据 ACL 2000 来过滤数据包，但配置中却没有 ACL 2000。此时，路由器会如常处理所有数据包，就好像接口上没有引用入向 ACL 一样。

　　② **ACL 中不存在任何规则**：路由器发现在接口上引用了一个 ACL，并且路由器的配置中也有这个 ACL，但 ACL 中却没有配置任何自定义规则。比如路由器 G0/0/1 接口的入方向上引用了 ACL 2000，当路由器从 G0/0/1 接口接收到数据包时，它会发现自己应该根据 ACL 2000 来过滤数据包，进而它在配置中找到了 ACL 2000，但 ACL 2000 中没有配置任何规则。此时，路由器会如常处理所有数据包，就好像接口上没有引用入向 ACL 一样。

　　③ **ACL 中没有与数据包相匹配的规则**：路由器发现在接口上引用了一个 ACL，路由器配置中有这个 ACL，ACL 中也包含一条或多条规则，但没有任何一条规则与数据包相匹配。比如路由器 G0/0/1 接口的入方向上引用了 ACL 2000，当路由器从 G0/0/1 接口接收到数据包时，它会发现自己应该根据 ACL 2000 来过滤数据包，进而它在配置中找到了 ACL 2000，并根据 ACL 2000 中配置的规则一一与数据包进行匹配，但没有一条能够匹配上。此时，路由器认为数据包的匹配结果为未匹配，并放行数据包。

　　在回顾了 ACL 的匹配机制后，下面我们回顾一下基本 ACL 的配置。

4. 基本 ACL 的配置

　　前文介绍了 ACL 的种类，下面我们仅针对基本 ACL 的配置进行介绍。无论是哪一种 ACL，配置步骤都包含下列 3 步，只是具体的命令参数有所不同。

　　① 创建基本 ACL。

　　② 配置基本 ACL 的规则。

　　③ 应用基本 ACL。

　　下面我们按照上述配置步骤来介绍基本 ACL 的配置和应用。

步骤 1　创建基本 ACL

　　基本 ACL 在配置时可分为数字型 ACL 和命名型 ACL，在创建数字型 ACL 时，管理员需要在 VRP 系统的系统视图中使用下列命令。

```
[Huawei] acl [ number ] acl-number [ match-order { auto | config } ]
```

　　基本 ACL 的编号范围是 2000～2999，当管理员在系统视图中输入命令 **acl 2000** 后，就在系统中成功创建了 ACL 2000，同时也会进入 ACL 2000 的配置视图。

　　创建数字型 ACL 的配置命令中包含以下关键字和配置参数。

① **number**：这个关键字对应着"数字型"ACL，但它是一个可选关键字，在创建数字型 ACL 时，管理员可以省略这个关键字，而直接输入 ACL 的编号。在命名型 ACL 的创建命令中有一个关键字与 **number** 相对应，即 **name**。

② *acl-number*：ACL 的编号，基本 ACL 的编号范围是 2000～2999，高级 ACL 的编号范围是 3000～3999。就目前而言，读者只需要掌握这两个编号范围即可。在使用特定的编号创建 ACL 后，系统会根据创建的 ACL 类型来提供接下来的规则配置参数，因此读者在进行配置时需要选择正确的 ACL 编号。

③ **match-order** { **auto** | **config** }：指定 ACL 中规则的排列顺序，这是一组关键字，在配置 **match-order** 关键字后，就必须在其后的两个排列方法之间选择一个，其中缺省的 ACL 匹配顺序是 config 模式。

1）**auto** 指的是自动排序，也就是说，系统会根据"深度优先"原则，将 ACL 中配置的多个规则按照精确度从高到低进行排序，从而使系统按顺序对数据包进行匹配。深度优先的匹配原则具体如下。

- 比较源 IP 地址范围，源 IP 地址范围小的规则优先，IP 地址通配符掩码中的 0 位数多的地址范围小。
- 在源 IP 地址范围相同的条件下，规则编号小的优先，也就是说按照管理员的输入顺序自然排序。

2）**config** 指的是配置顺序，也就是按照管理员指定的规则编号从小到大进行排序，当管理员没有指定规则编号时，系统会按照"步长"的设置，根据管理员的输入顺序，自动对规则从小到大进行排序。步长会在后文中进行介绍。

创建命名型 ACL 时，管理员需要在 VRP 系统的系统视图中使用下列命令。

```
[Huawei] acl name acl-name { basic | acl-number } [ match-order { auto | config } ]
```

创建命名型 ACL 的配置命令中包含以下关键字和配置参数。

① **name**：这个关键字对应着"命名型"ACL，与 **number** 不同的是，它是一个必选关键字，在创建命名型 ACL 时，管理员必须使用这个关键字。

② *acl*-number：ACL 的编号，基本 ACL 的编号范围是 2000～2999，高级 ACL 的编号范围是 3000～3999。

③ **basic** | *acl-number*：这一组必选参数选择其一进行配置即可。如果使用关键字 **basic**，设备会按照从大到小的顺序选择可用的基本 ACL 编号进行自动分配，即从 2999 开始进行分配。如果以 ACL 编号进行配置，设备会根据编号所属的范围来判断 ACL 的类型。实际上，管理员也可以在这里配置高级 ACL 编号，使之成为高级 ACL。

④ **match-order** { **auto** | **config** }：指定 ACL 中规则的排列顺序，这是一组关键字，在配置 **match-order** 关键字后，就必须在其后的两个排列方法之间选择一个，其中缺省的 ACL 匹配顺序是 config 模式。

配置这条命令后，管理员就在系统中创建了一个新的基本 ACL 并进入这个 ACL 的配置视图，接着就可以在 ACL 中设置各种规则。

步骤 2　配置基本 ACL 的规则

基本 ACL 中可以使用的匹配参数为源 IP 地址、是否分段，并且可以设置执行过滤的时间。管理员可以使用下列命令来配置基本 ACL 中的规则。

```
rule [ rule-id ] { deny | permit } [ source { source-address source-wildcard | any
} | time-range time-name ]
```

配置基本 ACL 规则的命令中包含以下关键字和配置参数。

① **rule** [*rule-id*]：设置规则及其编号。规则编号是一个可选参数，在默认情况下，设备会根据"步长"的设置自动进行编号设置。默认的"步长"为 5。设备在自动编号时，选取的第 1 个编号就是步长值（即 5），第 2 个编号为第 1 个编号加步长（即 5+5=10），第 3 个编号为第 2 个编号加步长（即 10+5=15），以此类推。

② **deny** | **permit**：设置规则的动作，**deny** 表示拒绝，**permit** 表示允许。

③ **source** { *source-address source-wildcard* | **any** }：这一组参数用来设置匹配项。基本 ACL 需要根据源 IP 地址信息进行匹配，因此这一组是必选参数。其中管理员可以使用源地址+通配符掩码的方式指定一台主机或多台主机，也可以使用关键字 **any** 指定任意主机。**any** 相当于源地址设置为 0.0.0.0，且通配符掩码设置为 255.255.255.255。

④ **time-range** *time-name*：这一组参数用来设置 ACL 规则生效的时间段。*time-name* 是系统中配置的时间范围，设备会根据时间范围来应用这条规则对数据包进行过滤。这是一组可选参数，当管理员没有在规则中配置这组参数时，这个 ACL 规则总是生效。当管理员在规则中引用了一个系统中不存在的时间范围时，该规则不会生效。

如果管理员需要配置多条规则，就需要多次重复这条命令，直到将所有规则配置完成。

步骤 3　应用基本 ACL

管理员可以在接口上直接应用基本 ACL，也可以在路由策略工具中进行应用。应用 ACL 的命令与 ACL 的应用位置直接相关，我们会在后文的 Filter-Policy 和 Route-Policy 中进行介绍。

在回顾了 ACL 后，下面我们介绍 IP 前缀列表。

7.1.2　IP 前缀列表简介

IP 前缀列表可以把网络地址、掩码长度作为匹配条件，是另一种常用的路由匹配工具。在前文介绍 BGP 路径属性和 BGP 路由优选的过程中，我们已经演示过如何通过 IP 前缀列表匹配一个 IP 前缀。

1. IP 前缀列表的用法与匹配流程

典型的 IP 前缀列表如下。

```
ip ip-prefix name index 10 permit 192.168.100.0 24
```

在上面展示的前缀列表中，name 是前缀列表的名称，192.168.100.0 和 24 分别是要匹配的网络地址和掩码长度。此外，permit 表示这个前缀列表采取的动作，即匹配。IP

前缀列表的动作，和前文中介绍的 ACL 相同。

此外，IP 前缀列表还可以用来匹配一个掩码长度区间，具体如下。

```
ip ip-prefix name index 10 permit 192.168.100.0 24 greater-equal 24 less-equal 28
```

在上面这个前缀列表中，greater-equal 24 表示匹配大于等于 24 位掩码长度的前缀，less-equal 表示匹配小于等于 28 位掩码长度的前缀。因此，这个 IP 前缀列表可以匹配长度为 24～28 的网络前缀 192.168.100.0。以此命令为例，在前缀 192.168.100.0/24、192.168.100.0/25、192.168.100.0/26、192.168.100.0/27、192.168.100.0/28、192.168.100.0/29 和 192.168.100.0/30 中，前 5 个前缀可以匹配该 IP 前缀列表，后 2 个前缀则不匹配该列表。

IP 前缀列表的匹配流程在逻辑上和 ACL 的匹配流程相同，但是比 ACL 的匹配流程简单，如图 7-5 所示。

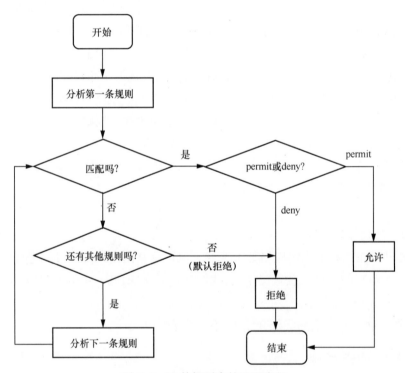

图 7-5　IP 前缀列表的匹配流程

对比图 7-5 和图 7-4，读者可以发现 IP 前缀列表的匹配更加简单，这是因为 IP 前缀列表不能在接口调用，所以构成图 7-4 中发生未匹配事件的条件并不适用于 IP 前缀列表。

2. IP 前缀列表的配置

在创建 IP 前缀列表时，管理员需要在 VRP 系统的系统视图中使用以下命令。

```
[Huawei] ip ip-prefix ip-prefix-name [ index index-number ] { deny | permit } ipv4-
address mask-length [match-network] [ greater-equal greater-equal-value] [less-equal
less-equal-value ]
```

上述命令包含以下关键字和配置参数。

① *ip-prefix-name*：设置 IP 前缀列表的名称。名称是字符串的形式，长度为 1～169，不支持空格，名称区分大小写。

② **index** *index-number*：设置这条匹配项在 IP 前缀列表中的编号，其逻辑与 ACL 的规则编号类似，取值范围是 1～4294967295。在默认情况下，设备会根据"步长"的设置自动进行编号设置。默认的"步长"为 10。设备在自动编号时，选取的第 1 个编号就是步长值（即 10），第 2 个编号为第 1 个编号加步长（即 10+10=20），以此类推。

③ **deny | permit**：设置规则的动作，与 ACL 的对应关键字概念相同，**deny** 表示拒绝，**permit** 表示允许。

④ *ipv4-address mask-length*：指定要匹配的 IP 网络地址和掩码长度。

⑤ **greater-equal** *greater-equal-value*：指定掩码长度匹配范围的下限。

⑥ **less-equal** *less-equal-value*：指定掩码长度匹配范围的上限。

注释：通过前面的示例，读者应该可以看出，如果不配置 **greater-equal** 和 **less-equal**，列表会准确匹配长度为 *mask-length* 的前缀。此外，如果只配置 **greater-equal**，列表就会匹配掩码长度在参数值 *greater-equal-value* 和 32 之间的前缀；如果只配置 **less-equal**，列表则会匹配掩码长度在参数值 *mask-length* 和 *less-equal-value* 之间的前缀。因此在进行配置时，管理员要保证 *mask-length* 小于等于 *greater-equal-value*，*greater-equal-value* 小于等于 *less-equal-value*。

下面，我们通过表 7-3 中几个 IP 前缀列表的配置，进一步说明 IP 前缀列表的具体用法。在 IP 前缀列表的所有配置示例中，路由器通告的路由为 192.168.1.0/24、192.168.1.0/26、192.168.1.0/29、192.168.1.1/32、192.168.2.0/24 这 5 条。下面，我们分别展示几种 IP 前缀列表的配置，并且解释它们分别会匹配哪些路由。

注释：如前所述，某路由器通告了 5 条路由（192.168.1.0/24、192.168.1.0/26、192.168.1.0/29、192.168.1.1/32、192.168.2.0/24），下面请读者尝试思考第一列中的 IP 前缀列表会 permit 其中哪些路由，第二列给出了结论，第三列则对结论作出了解释。

表 7-3　IP 前缀列表使用示例

配置命令	permit 的路由	原因
ip ip-prefix a index 10 permit 192.168.1.0 26	192.168.1.0/26	只有掩码长度完全相同的路由 192.168.1.0/26 会匹配这条表项，因为这条列表也是 permit 语句，所以该路由被 permit，其他路由根据默认拒绝原则未被匹配而被 deny
ip ip-prefix b index 10 deny 192.168.1.0 26	无	同样只有掩码长度完全相同的路由 192.168.1.0/26 匹配这条表项，但因为这条列表是 deny 语句，所以该路由被 deny，其他路由根据默认拒绝原则未被匹配而被 deny

续表

配置命令	permit 的路由	原因
ip ip-prefix c index 10 deny 192.168.1.0 26 ip ip-prefix c index 20 permit 192.168.1.1 32	192.168.1.1/32	第一条语句（index 10）为 deny 语句，因此严格匹配的路由 192.168.1.0/26 被 deny。 第二条 permit 语句（index 20）只匹配掩码长度完全相同的路由 192.168.1.1/32，故该路由获得 permit。其他路由根据默认拒绝原则未被匹配而被 deny
ip ip-prefix d index 10 permit 192.168.1.0 24 greater-equal 26 less-equal 32	192.168.1.0/26 192.168.1.0/29 192.168.1.1/32	这条 IP 前缀列表语句匹配所有网络前缀为 192.168.1.x，且前缀长度在 26～32 位的路由，因为这条列表也是 permit 语句，所以符合上述条件的 3 条路由均被 permit
ip ip-prefix e index 10 permit 192.0.0.0 8 less-equal 32	192.168.1.0/24 192.168.1.0/26 192.168.1.0/29 192.168.1.1/32 192.168.2.0/24	这条 IP 前缀列表语句匹配所有网络前缀为 192.x.x.x，且前缀长度为 8～32 位的前缀，因此 5 条路由全部都匹配这条语句。又因为这条列表是 permit 语句，所以全部路由均被 permit
ip ip-prefix f index 10 deny 192.168.1.0 26 less-equal 32 ip ip-prefix f index 20 permit 192.0.0.0 8 less-equal 32	192.168.1.0/24 192.168.2.0/24	第一条语句（index 10）为 deny 语句，因此所有网络前缀为 192.168.1.x，且前缀长度为 26～32 位的路由（包括 192.168.1.0/26、192.168.1.0/29 和 192.168.1.1/32）被 deny。 第二条 permit 语句（index 20）匹配所有网络前缀为 192.x.x.x，且前缀长度为 8～32 位的前缀，因此其余 2 条路由都匹配这条语句

　　在介绍了上述匹配工具后，下面我们对调用和应用这些匹配工具的两项策略工具进行介绍。

7.1.3　Filter-Policy 简介

　　Filter-Policy 是一种常用的策略工具，可以在路由协议中对路由的接收、发布和引入进行过滤。但这种工具的用法针对矢量型路由协议和链路状态型路由协议存在一定的差异，具体如下。

　　① 针对矢量型路由协议，因为路由器本身发布的就是路由条目，所以配置 Filter-Policy 的作用就是直接对本地路由器发布和接收的路由条目产生影响。

② 针对链路状态型路由协议，鉴于路由器发布的是 LSA 而非路由，路由是由路由器在本地通过 LSDB 计算出来的，而 Filter-Policy 只能过滤路由信息而不能过滤 LSA，所以 Filter-Policy 入站过滤是使路由器把 SPF 算法（从 LSDB 中）计算出来的部分路由放入路由表，而出站过滤则是在路由器把引入（链路状态型）路由协议的路由条目对外发布时，根据出站过滤规则进行过滤。

不仅在工作方式层面，Filter-Policy 针对矢量型路由协议和链路状态型路由协议的操作有所不同，Filter-Policy 针对不同路由协议的配置也存在细微的差异。下面分别介绍在 OSPF、IS-IS 和 BGP 中配置 Filter-Policy 的命令，并针对 OSPF 和 BGP 举例说明配置的效果。

1. OSPF 中的 Filter-Policy 配置

如果管理员希望针对路由器本地的 OSPF 协议配置入站方向的 Filter-Policy，就需要进入该路由器 VRP 系统的 OSPF 视图并输入下列命令。

```
[Huawei-ospf-1] filter-policy {acl-number | acl-name acl-name | ip-prefix ip-prefix-
name | route-policy route-policy-name [ secondary ] } import
```

如果管理员希望在该场景中配置出站方向的 Filter-Policy，让 OSPF 路由器在对外发布引入路由的 LSA 前过滤掉部分路由，就需要在 OSPF 视图下输入以下命令。

```
[Huawei-ospf-1] filter-policy {acl-number | acl-name acl-name | ip-prefix ip-prefix-
name | route-policy route-policy-name } export [ protocol [ process-id ] ]
```

上述两条 Filter-Policy 配置命令包含以下关键字和配置参数。

① *acl-number*：指定基本访问控制列表的编号，取值范围是 2000～2999，取整数。

② **acl-name** *acl-name*：指定访问控制列表的名称，名称是字符串的形式，长度为 1～32，以英文字母 a～z 或 A～Z 开始，不支持空格，名称区分大小写。

③ **ip-prefix** *ip-prefix-name*：指定 IP 前缀列表的名称。名称是字符串的形式，长度为 1～169，不支持空格，名称区分大小写。

④ **route-policy** *route-policy-name*：指定路由策略的名称。名称是字符串的形式，长度为 1～40，不支持空格，名称区分大小写。

⑤ **secondary**：设置优选次优路由。

⑥ *protocol*[*process-id*]：指定对从哪种协议引入的路由执行过滤。如果要过滤路由的协议为 RIP、IS-IS 和 OSPF，可以使用方括号中的参数 *process-id* 指定进程号（取值范围为 1～65535 的整数，默认值为 1）。

综上所述，如果管理员希望防止本地路由器的 OSPF 协议把路由条目 192.168.1.0/24 放入路由表，但不希望影响其他 OSPF 路由条目进入路由表，就可以首先定义一个匹配该网络的 ACL 或 IP 前缀列表。结合前文，这个 IP 前缀列表可以使用以下命令定义。

```
[Huawei] ip ip-prefix ospfi index 10 deny 192.168.1.0 24
[Huawei] ip ip-prefix ospfi index 20 permit 0.0.0.0 0 less-equal 32
```

上述配置的目的是拒绝路由 192.168.1.0/24，同时放行其他路由。

接下来，管理员需要进入 OSPF 视图配置入站方向的 Filter-Policy，命令如下。

```
[Huawei] ospf 1
[Huawei-ospf-1] filter-policy ip-prefix ospfi import
```

配置上述命令并不会影响其他 OSPF 路由器通过 LSU 中包含的 LSA 向本地路由器通告与网络 192.168.1.0/24 有关的链路状态信息，也不会影响本地 LSDB 保存该链路状态信息，但不允许这台路由器把计算出来的路由 192.168.1.0/24 放入自己的路由表，因为只有符合 Filter-Policy 的路由才会被放入路由表。注意，因为上述配置不影响网络 192.168.1.0/24 的链路状态信息被保存在本地 LSDB 中，所以也不影响本地路由器向其他 OSPF 路由器通告与其相关的 LSA（尽管这台路由器的路由表中没有对应的路由条目）。

管理员在把静态路由引入 OSPF 时，如果不希望静态路由条目 10.1.1.0/24 被发布给其他 OSPF 路由器，就需要定义一个匹配该网络的 ACL 或 IP 前缀列表，具体如下。

```
[Huawei] ip ip-prefix ospfe index 10 deny 10.1.1.0 24
[Huawei] ip ip-prefix ospfe index 20 permit 0.0.0.0 0 less-equal 32
```

上述配置的目的是拒绝路由 10.1.1.0/24，同时放行其他路由。

接下来，管理员需要进入 OSPF 视图，把静态路由引入 OSPF，同时配置出站方向的 Filter-Policy，具体如下。

```
[Huawei] ospf 1
[Huawei-ospf-1] import-route static
[Huawei-ospf-1] filter-policy ip-prefix ospfe export
```

配置完上述命令后，本地路由器只会把符合 Filter-Policy 的路由前缀转换为 LSA 发布给其他 OSPF 路由器，因此关于直连网络 10.1.1.0/24 的链路状态信息不会再从这台路由器上对外发布。

2. IS-IS 中的 Filter-Policy 配置

如果管理员希望针对路由器本地的 IS-IS 协议配置入站方向的 Filter-Policy，就需要进入该路由器 VRP 系统的 IS-IS 视图并输入下列命令。

```
[Huawei-isis-1] filter-policy { acl-number | acl-name acl-name | ip-prefix ip-prefix-name | route-policy route-policy-name } import
```

如果管理员希望在该场景中配置出站方向的 Filter-Policy，让 IS-IS 路由器在对外发布引入路由的 LSA 前过滤掉部分路由，就需要在 IS-IS 视图下输入以下命令。

```
[Huawei-isis-1] filter-policy { acl-number | acl-name acl-name | ip-prefix ip-prefix-name | route-policy route-policy-name } export [ protocol [ process-id] ]
```

除了不支持设置优选次优路由外，Filter-Policy 在 IS-IS 中的配置与其在 OSPF 中的配置没有区别。不仅如此，鉴于 IS-IS 与 OSPF 同为链路状态型路由协议，Filter-Policy 在出站和入站方向针对两种路由协议的操作方式也并无不同。因此，读者可以参考上文在 OSPF 中配置 Filter-Policy 过滤路由的例子，自行构思如何在 IS-IS 中配置 Filter-Policy 来防止 IS-IS 路由器将某些路由条目放入路由表，或者防止 IS-IS 路由器将从其他协议中引入的路由条目发布给其他 IS-IS 路由器，这里不再重复。

3. BGP 中的 Filter-Policy 配置

如果管理员希望针对路由器本地的 BGP 配置入站方向的 Filter-Policy，就需要进入该路由器 VRP 系统的 BGP 视图，（也可继续进入相关 BGP 地址族视图）并输入下列命令。

```
[Huawei-bgp-af-ipv4] filter-policy { acl-number | acl-name acl-name | ip-prefix ip-
prefix-name } import
```

如果管理员希望在该场景中配置出站方向的 Filter-Policy，那么 BGP 视图下的命令如下。

```
[Huawei-bgp-af-ipv4] filter-policy { acl-number | acl-name acl-name | ip-prefix ip-
prefix-name } export [ protocol [ process-id ] ]
```

此外，管理员可以针对特定 BGP 对等体配置 BGP 路由过滤策略，包括从特定对等体接收 BGP 路由和向特定对等体发布 BGP 路由的策略。注意，针对 BGP 对等体的路由过滤策略只能使用 ACL 执行路由匹配，具体的配置命令如下。

```
[Huawei-bgp-af-ipv4] peer { group-name | ipv4-address } filter-policy { acl-number |
acl-name acl-name } { import | export }
```

综上所述，管理员如果希望过滤接收到的 BGP 路由 192.168.2.0/24，只让路由器把其他路由添加到 BGP 路由表，就需要首先定义一个匹配该网络的 ACL 或 IP 前缀列表，这个 IP 前缀列表可以按照如下方式定义。

```
[Huawei] ip ip-prefix bgpi index 10 deny 192.168.2.0 24
[Huawei] ip ip-prefix bgpi index 20 permit 0.0.0.0 0 less-equal 32
```

接下来，管理员可以进入 BGP 的 IPv4 地址族视图，配置入站方向的 Filter-Policy，具体如下。

```
[Huawei] bgp 100
[Huawei-bgp] ipv4-family unicast
[Huawei-bgp-af-ipv4] filter-policy ip-prefix bgpi import
```

配置上述命令后，BGP 路由器会过滤掉路由器上（从所有 BGP 对等体）接收到的路由 192.168.2.0/24，同时把其他路由添加到 BGP 路由表。

在另一种场景中，管理员如果只希望 BGP 路由器把路由 10.1.2.0/24 发布给其他 BGP 对等体，其他 BGP 路由一概不予通告，那么依然需要首先定义一个匹配该网络的 ACL 或 IP 前缀列表，具体如下。

```
[Huawei] ip ip-prefix bgpe index 10 permit 10.1.2.0 24
```

上述配置的目的是允许路由 10.1.2.0/24，其他路由会被默认拒绝。

接下来，管理员需要进入 BGP 的 IPv4 地址族视图，配置出站方向的 Filter-Policy 来调用这个 IP 前缀列表，具体如下。

```
[Huawei] bgp 100
[Huawei-bgp] ipv4-family unicast
[Huawei-bgp-af-ipv4] filter-policy ip-prefix bgpe export
```

配置完上述命令后，本地路由器只会把符合 Filter-Policy 的路由，即 10.1.2.0/24 发布给 BGP 对等体，其他路由则不会被发布给对等体。

关于 Filter-Policy 的概念、用法和示例暂时告一段落。下面介绍另一种常用的策略工具。

7.1.4　Route-Policy 简介

在介绍 BGP 路由优选的过程中，我们已经多次使用 Route-Policy 设置策略对 BGP 路由携带的路径属性进行修改，使得最优路由的选择发生了变化。简言之，Route-Policy 是一种不仅可以过滤路由，还可以设置路由属性的策略工具。

BGP 路由优选部分的配置显示，Route-Policy 包含节点的概念。读者在学习 BGP 路由优选内容时或许已经看出 Route-Policy 的基本逻辑，其中节点的概念类似于 ACL 的规则编号，每个节点都包含由 if-match 语句定义的匹配条件和由 apply 语句定义的执行操作。

事实上，一个 Route-Policy 可以包含多个节点，每个节点都可以包含多个匹配条件，这些匹配条件之间的关系是"与"，即仅当一个节点中的所有条件全部匹配时才应该执行这个节点内的动作。每个节点拥有一个编号，编号按照从小到大的顺序排列。在应用 Route-Policy 时，设备会按编号从小到大的顺序依次尝试匹配和执行各个节点，但遇到一个匹配的节点就不会继续匹配。

多节点的 Route-Policy 示例如图 7-6 所示。

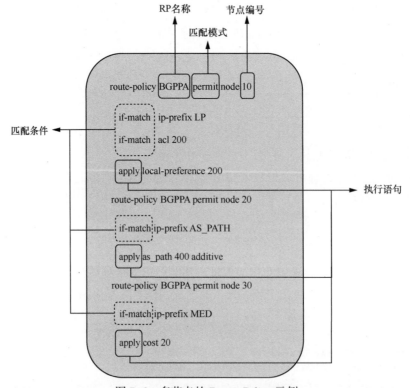

图 7-6　多节点的 Route-Policy 示例

在图 7-6 中，名为 BGPPA 的 Route-Policy 由 3 个节点组成，即节点 10、节点 20 和节点 30，3 个节点的匹配模式均为 permit。上述 Route-Policy 的执行逻辑如下。

① 查看路由是否同时匹配 IP 前缀列表 LP 和 ACL 200，若匹配则将其携带的 Local_Preference 参数设置为 200。

② 否则查看路由是否匹配 IP 前缀列表 AS_PATH，若匹配则为其携带的 AS_PATH 列表增加一个 AS 号：400。

③ 否则查看路由是否匹配 IP 前缀列表 MED，若匹配则将其携带的 MED 值设置为 20。

④ 若不匹配，不执行 Route-Policy 中定义的任何操作。

如图 7-6 所示，Route-Policy 的命令包含以下关键字和配置参数。

① **匹配模式（permit/deny）**：指定 Route-Policy 的匹配模式为允许或拒绝。

1）**permit**：节点的匹配模式为允许。当匹配模式为 permit 时，路由若匹配该节点的所有条件，设备就会执行该节点的 apply 子句，且不会进入下一个节点；路由若不匹配其中任何条件，则会进入下一个节点继续尝试匹配。

2）**deny**：节点的匹配模式为拒绝。当匹配模式为 deny 时，路由若匹配该节点的所有 if-match 子句，设备就不会执行 apply 子句，同时这条路由会被拒绝通过这个节点，因此不会进入下一个节点；路由若不匹配该节点的任何一条 if-match 子句，则会进入下一个节点继续尝试匹配。

② **node** *node*-number：节点的编号，取值范围是 0～65535 的整数。设备按编号值从小到大的顺序对节点依次尝试匹配和执行，遇到匹配的节点就不会继续匹配。

③ **if-match** 语句：设置节点的匹配条件。这条语句可以设置的条件包括但不限于下列几项。

1）**acl**：匹配基本 ACL。

2）**cost**：匹配路由的开销值。

3）**interface**：匹配路由信息的出接口。

4）**ip-prefix**：匹配 IP 前缀列表。

④ **apply** 语句：设置针对匹配（全部条件）路由的操作。这条语句可以设置的操作如下。

1）**cost**：设置路由的开销值。

2）**ip-address next-hop**：设置 IPv4 路由的下一跳地址。

3）**preference**：设置路由协议的优先级值。

4）**tag**：设置路由信息的标记信息。

5）**cost-type {type-1 | type-2}**：设置 OSPF 路由的开销类型。

6）**local-preference**：匹配 BGP 路由的 Local_Preference 路径属性参数。

综上所述，设备在使用一个包含多个节点的 Route-Policy 匹配路由时，匹配顺序为先尝试匹配编号值最小的节点，判断是否满足所有 **if-match** 条件，若全部条件满足，则继续判断节点的匹配模式。若匹配模式为 permit，则执行节点中的 apply 语句，通过路由策略，并不再尝试继续匹配后面的节点；若匹配模式为 deny，则拒绝通过该节点，也不再尝试匹配下一个节点。若任一条件不满足，则继续尝试匹配编号次小的节点，以此类推。若路由最终无法与任何节点相匹配，则该路由被路由策略拒绝通过。Route-Policy 的匹配流程如图 7-7 所示。

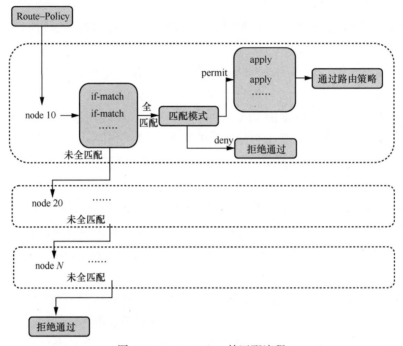

图 7-7　Route-Policy 的匹配流程

鉴于学习 BGP 路由优选部分的读者可能会把 Route-Policy 视为单纯的路由属性修改工具，进而难以理解 deny 匹配模式的节点如何使用，也不容易理解"拒绝通过"的概念，下面我们通过一个使用 Route-Policy 过滤路由的案例，简单解释一下 deny 匹配模式的用法。

使用 Route-Policy 过滤路由如图 7-8 所示。

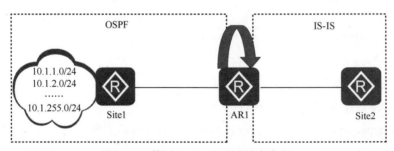

图 7-8　使用 Route-Policy 过滤路由

在图 7-8 中，假设人们需要在 AR1 上将 OSPF 路由引入 IS-IS 网络，但是不希望把任何一条开销值为 2 的路由引入 IS-IS 网络。根据需求，管理员可以定义一个 Route-Policy，并且把第一个节点（node 10）设置为 deny 匹配模式，其中只有 if-match cost 2 这样一个条件语句。此外，为了避免其他不匹配这个节点（所设条件）的路由也被"拒绝通过"，管理员需要再定义一个 permit 匹配模式的节点（node 20），其中不设置任何条件，以便其他路由都能"通过路由策略"。接下来，管理员只需要在向 IS-IS 中引入 OSPF 路由时调用这个 Route-Policy 即可。

AR1 上的相关配置见例 7-1。

例 7-1　AR1 的相关配置

```
[AR1]route-policy OSPF2ISIS deny node 10
[AR1-route-policy]if-match cost 2
[AR1-route-policy]quit
[AR1]route-policy OSPF2ISIS permit node 20
[AR1-route-policy]quit
[AR1]isis 10
[AR1-isis-10]import-route ospf 1 route-policy OSPF2ISIS
```

通过上述内容，我们可以得出下列关于 deny 匹配模式的结论。

① 匹配模式为 deny 的节点，无须配置 apply 语句。

② 若一个 Route-Policy 的所有节点都是 deny 匹配模式，则没有路由信息能够通过这个 Route-Policy。

③ 在 deny 节点后，通常需要设置一个不含任何条件（if-match）和操作（apply）语句的节点，用来允许其他路由通过路由策略。

在完成基本工具的介绍后，下面对路由控制的案例进行一下展示。

7.1.5　路由控制案例

图 1-22 和图 1-23 演示了这样一个环境：两个路由域（OSPF 路由域和 IS-IS 路由域）通过两台路由器相连，这两台路由器均执行某个方向的路由引入。这样的场景若配置不当，可能会导致路由环路和次优路由问题。

在实际网络中，当两个路由域通过两台路由器相连时，部署两台路由器执行单向路由引入不是常见的做法。为了实现（任何一台路由器或相关链路）故障场景下的平滑过渡、提升网络的可靠性，最常见的做法其实是同时在两台路由器上配置双向路由引入，这种场景称为双点双向重发布，即两台路由器均负责把任何一个路由域中的路由信息重发布到另一个路由域，最终两个路由域中的网络可以实现相互访问。但双点双向重发布同样容易导致类似的问题。

在这个案例中，我们就利用类似图 1-22 的拓扑来部署双点双向重发布，如图 7-9 所示。

在图 7-9 中，AR1 和 AR4 分别把自己的直连网络 10.1.1.0/24 和 10.4.4.0/24 引入 OSPF 和 IS-IS 路由域。与此同时，连接 OSPF 和 IS-IS 这两个路由域的设备有两台：AR2 和 AR3。这两台路由器都执行了双向路由引入。

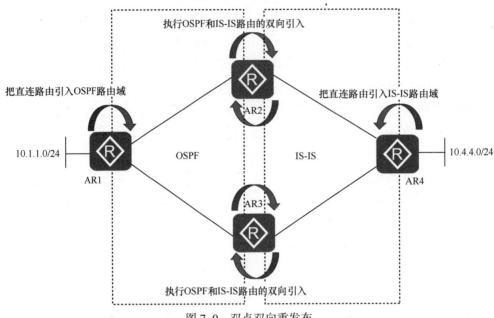

图7-9　双点双向重发布

下面我们利用这个环境展示一下双点双向重发布存在的潜在问题，以及如何使用路由控制手段来解决这些问题。

1. 次优路由问题及其解决方法

当 AR2 把 AR1 引入 OSPF 路由域中的直连路由 10.1.1.0/24 引入 IS-IS 路由域中时，AR3 就会通过 IS-IS 路由域学习到去往该网络的路由。根据表 1-1 可知，IS-IS 路由的优先级为 15，优于 OSPF ASE 路由（从自治系统外部引入 OSPF 的路由）的优先级 150，因此 AR3 会选择 AR2 引入 IS-IS 路由域的路由来转发去往网络 10.1.1.0/24 的数据包。双点双向重发布的次优路由问题如图 7-10 所示。

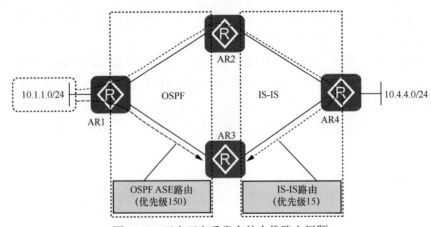

图7-10　双点双向重发布的次优路由问题

因此，当 AR3 需要向网络 10.1.1.0/24 转发报文时，设备就会使用次优的转发路径（AR3→AR4→AR2→AR1）转发报文。

解决上述问题的方法有很多种，其中一种是在 AR3 的 IS-IS 进程中配置一个 Filter-Policy，禁止 AR3 从 IS-IS 路由域中引入该路由。这样一来，AR1 从 OSPF 路由域中引入的路由就成为唯一的选择。这种方法的相关配置见例 7-2。

例 7-2　解决双点双向重发布次优路由的方法（1）

```
[AR3]ip ip-prefix isisfilter deny 10.1.1.0 24
[AR3]isis
[AR3-isis-1]filter-policy ip-prefix isisfilter import
```

另一种方法是在 AR3 上创建一个 Route-Policy，匹配 OSPF 路由域中学习到的这条路由，把它的路由优先级设置为低于 15 的值，然后在 OSPF 进程设置优先级值的命令中调用这个 Route-Policy。当然，也可以匹配 IS-IS 路由域中学习到的路由，把它的路由优先级设置为高于 150 的值。下面我们通过例 7-3 演示前一种修改 OSPF 路由优先级的配置，读者可以自行尝试后一种来修改 IS-IS 路由优先级。

例 7-3　解决双点双向重发布次优路由的方法（2）

```
[AR3]ip ip-prefix ospfpreference permit 10.1.1.0 24
[AR3]route-policy ospf permit node 10
[AR3-route-policy]if-match ip-prefix ospfpreference
[AR3-route-policy]apply preference 10
[AR3-route-policy]quit
[AR3]ospf 1
[AR3-ospf-1]preference ase route-policy ospf
```

注释： 命令 **preference ase** 的作用是设置 OSPF ASE 路由的优先级值。

虽然两种方法都可以解决次优路由的问题，但第二种解决方法明显优于第一种解决方法。因为按照例 7-2，如果 AR3 与 AR1 之间的连接断开或连接这两台路由器的接口发生故障，AR3 就无法再向网络 10.1.1.0/24 发送路由。也就是说，第二种方法能够实现更好的冗余性。

2. 路由环路问题及其解决方法

随着 AR1 把直连路由 10.1.1.0/24 引入 OSPF 路由域，AR2 学习到这条路由，并且会把 OSPF 路由域中的路由通告到 IS-IS 路由域，因此 IS-IS 路由域学习到这条路由。当 AR3 学习到这条路由后，因为它会把 IS-IS 路由域中的路由通告到 OSPF 路由域，所以这条路由又被引入 OSPF 路由域，这就形成了路由环路，反向亦然。双点双向重发布的路由环路问题如图 7-11 所示。

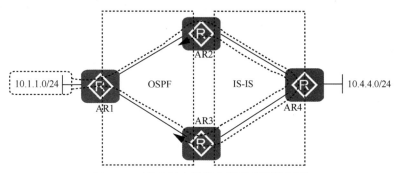

图 7-11　双点双向重发布的路由环路问题

　　解决路由环路的直观思路是在 AR2 或 AR3 的某个路由协议进程中配置过滤策略，不允许路由 10.1.1.0/24 被引入另一个路由协议。例如，我们可以在 AR3 的 OSPF 进程中配置一个策略，禁止 AR3 把这条路由引入 IS-IS 路由域。可以实现这个思路的配置方法有很多种，例 7-4 所示为其中一种。

　　例 7-4　解决双点双向重发布路由环路的方法（1）

```
[AR3]ip ip-prefix ospffilter permit 10.1.1.0 24
[AR3]route-policy ospf2isis deny node 10
[AR3-route-policy]if-match ip-prefix ospffilter
[AR3-route-policy]quit
[AR3]route-policy ospf2isis permit node 20
[AR3-route-policy]quit
[AR3]ospf
[AR3-ospf-1]import-route isis 1 route-policy ospf2isis
```

　　在例 7-4 中，我们再次演示了匹配模式 deny 的 Route-Policy 节点应该如何使用。读者可以结合前面的例 7-1 进行理解。

　　除了上述方法外，另一种方法是利用 Route-Policy 为在某个方向引入的路由打上标签（tag），在另一个方向则匹配已经打上标签的路由，并进行有针对性的过滤，避免路由被引入之前的路由域。

　　首先，我们需要在其中一台双向重发布的路由器上添加标签。例 7-5 以 AR2 为例，演示了如何使用 Route-Policy 给路由打标签。

　　例 7-5　解决双点双向重发布路由环路的方法（2）——给路由打标签

```
[AR2]ip ip-prefix routeimport permit 10.1.1.0 24
[AR2]route-policy routeimport permit node 10
[AR2-route-policy]if-match ip-prefix routeimport
[AR2-route-policy]apply tag 200
[AR2-route-policy]quit
[AR2]isis 1
[AR2-isis-1]import-route ospf 1 route-policy routeimport
```

　　例 7-5 创建了一个 Route-Policy，用它给匹配的路由打上标签 200，并且在把 OSPF 路由引入 IS-IS 路由域时调用了这个 Route-Policy，因此 OSPF 路由在引入 IS-IS 路由域后都是打标签（当然也是匹配 if-match 条件）的路由。

　　下面，我们在另一台路由器上配置一个 Route-Policy 来匹配打标签的路由，并且在引入时拒绝这些路由通过。例 7-6 演示了其中一种配置方法。

　　例 7-6　解决双点双向重发布路由环路的方法（3）——不允许携带标签 200 的路由被引入 OSPF

```
[AR3]route-policy tagfilter deny node 10
[AR3-route-policy]if-match tag 200
[AR3-route-policy]quit
[AR3]route-policy tagfilter permit node 20
[AR3-route-policy]quit
[AR3]ospf
[AR3-ospf-1]import-route isis 1 route-policy tagfilter
```

　　在将路由首次引入另一个路由域时，对路由进行打标签是真实网络环境中用于避免双点双向重发布网络引入路由环路的做法。真实的双点双向重发布网络往往涉及在路由器上对大量路由条目进行引入，通过匹配 IP 前缀的方法过滤路由既会增加工作负担，又容易出现人为引入的错误，不是值得推荐的做法。

　　关于路由控制的介绍到此为止，下面介绍另一个主题——路由策略。

7.2　路由策略

　　路由策略和路由控制的对象有所不同。顾名思义，路由控制的对象是路由条目。路由策略的对象则是数据流量本身，即管理员制订路由策略的目的是对流量的转发或参数直接加以干预。概括地说，路由控制包括直接指定特定流量的转发路径、修改流量的参数、对流量执行统计及对流量本身进行过滤等操作。

　　下面，我们首先介绍一种常见的路由策略工具。

7.2.1　策略路由

　　策略路由（PBR）可以直译为"基于策略的路由转发"，与之相对的概念是"基于路由条目的路由转发"。换言之，策略路由的目标是让设备按照管理员设置的策略对特定流量执行指定的转发行为，而非按照默认情况查询路由表进行转发。因此，策略路由属于一种路由策略工具（而不是路由控制工具），这句话并不是文字游戏。

1. PBR 的工作方式

　　管理员可以通过部署 PBR，让设备根据流量的源 IP 地址、源 MAC 地址、目的 MAC 地址、源端口号、目的端口号、VLAN-ID 等参数决定如何对流量进行转发，而非仅根据流量的目的 IP 地址选择流量转发路径。管理员也可以使用 ACL 匹配指定流量，针对该流量部署专门的转发策略。一旦管理员部署了 PBR，针对策略匹配的流量，设备会优先使用 PBR 制定的策略进行转发，而不会优先根据路由表执行转发。例如，在图 7-12 中，AR1 的路由表显示去往网络 10.0.1.0/24 的流量应该通过接口 G0/0/1 转发，但是因为管理员部署了 PBR，所以流量实际上通过 G0/0/2 接口转发。

　　在命令结构上，PBR 和前文介绍的 Route-Policy 类似，它同样包含多个节点，每个节点包含了一个或多个由 if-match 语句定义的匹配条件和一个或多个由 apply 语句定义的执行操作。一个节点中各个匹配条件之间的关系是"与"，即只有一个节点中的所有条件匹配才应该执行这个节点内的动作。每个节点拥有一个编号，编号按照从小到大的顺序排列。在应用 PBR 时，设备按编号从小到大的顺序对节点依次尝试匹配和执行，但遇到一个匹配的节点就不会继续匹配。

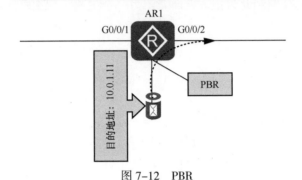

图 7-12   PBR

图 7-13 所示为一个多节点 PBR 的结构示例。

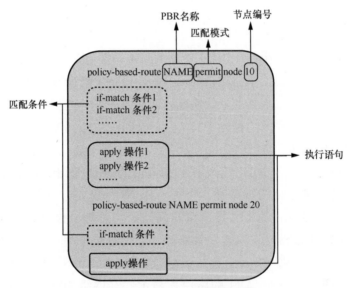

图 7-13   多节点 PBR 的结构示例

虽然 PBR 在逻辑上和 Route-Policy 相似，但 Route-Policy 是一种路由控制工具，因此它控制的对象是路由。使用 Route-Policy 的初衷是通过对路由进行过滤或者对路由属性进行操作来间接影响流量转发。PBR 则是一种路由策略工具，它控制的对象是流量本身。使用 PBR 的初衷是直接匹配要操作的流量，然后执行对应的转发操作。

鉴于 Route-Policy 和 PBR 的控制对象不同，PBR 的两种匹配模式与 Route-Policy 有所不同。PBR 两种匹配模式的操作如下。

① **permit**：对匹配节点中全部条件的报文执行策略路由。

② **deny**：对匹配节点中全部条件的报文不执行策略路由。

换言之，若报文匹配某个匹配模式为 permit 的节点，设备会根据该节点的执行语句（而不是路由表中的匹配条目）来对匹配的报文执行转发；若报文匹配某个匹配模式为 deny 的节点或没有匹配 PBR 的任何节点，设备则会按照路由表执行传统的路由转发。

2. PBR 的分类与应用

根据调用的视图和生效的对象流量，PBR 可以分为下面两类。

① 接口 PBR：在接口视图中调用，仅对从该接口入站的流量生效。

② 本地 PBR：在系统视图中调用，仅对由该设备始发的流量生效。

无论部署哪种类型的 PBR，匹配流量的转发行为都会由默认根据（路由表中的）路由条目转发，变为根据 PBR 中的策略进行转发。只有匹配了匹配模式为 deny 节点的流量，或未匹配任何 PBR 节点的流量，设备才会根据路由表条目执行常规的路由转发。

PBR 有很多使用场景，一切管理员希望在本地改变特定流量转发策略的情形都可以考虑使用 PBR 解决。但下面两个场景为典型的 PBR 应用场景。

场景一：引流

一个园区网把防火墙采用旁挂的方式连接在园区网的核心层交换机。在默认情况下，来自外部网络的流量不会穿越防火墙而会通过汇聚层交换机直接进入内部网络，防火墙也无法起到流量监控和过滤的目的。因此，管理员可以在核心交换机的外部接口上部署接口 PBR，把外部网络的流量引到防火墙进行监控和过滤，防火墙发回核心交换机的流量则会被核心交换机转发到内部网络。这种把流量引导到其他设备的操作称为"引流"，其场景如图 7–14 所示。PBR 是常见的引流工具。

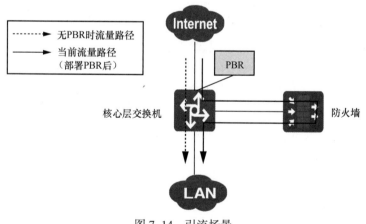

图 7–14 引流场景

场景二：多出口网络

当一个企业网连接了多个 ISP 网，有时管理员希望让一部分流量选择特定出口访问互联网，这时也可以在出口设备连接内部网络的接口上部署接口 PBR，引导那部分流量去往管理员指定的 ISP。多出口网络场景如图 7–15 所示。

在图 7–15 中，原本所有流量都会被转发给 ISP1。随着管理员在出口路由器连接内部网络的接口上部署了 PBR，匹配 PBR 的流量被引导给 ISP2，这就通过 PBR 实现了多出口网络的分流。

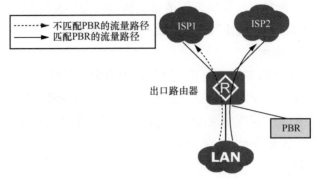

图 7-15　多出口网络场景

在介绍了 PBR 的应用场景后，下面我们解释 PBR 的配置命令。

3. PBR 的配置

前文已经展示了配置 PBR 的框架和逻辑，尽管框架和逻辑与 Route-Policy 相同，但因为两者控制的对象不同，所以两者可以设置的条件和操作存在很多不同。

（1）if-match 条件语句

在 PBR 中,管理员可以把 ACL 作为匹配条件,配置的命令也与 Route-Policy 中相同。但读者应该清楚，在 PBR 中通过 ACL 设置匹配条件，匹配的对象是报文而不是路由条目。这条语句的配置命令如下。

```
[Huawei-policy-based-route-PBR-10] if-match acl acl-number
```

此外，在 PBR 中，管理员可以把报文长度的范围作为匹配报文的条件，命令如下。

```
[Huawei-policy-based-route-PBR-10] if-match packet-length min-length max-length
```

在这条命令中，管理员可以使用 *min-length* 参数设置报文的最小长度值，使用 *max-length* 参数设置报文的最大长度值。

（2）apply 操作语句

在 PBR 中，管理员可以针对匹配的报文设置出站接口，具体命令如下。

```
[Huawei-policy-based-route-PBR-10] apply output-interface interface-type interface
number
```

除了设置出站接口外，PBR 可以应用的操作还包括设置匹配报文的下一跳地址，命令如下。

```
[Huawei-policy-based-route-PBR-10] apply ip-address next-hop ip-address1 [ip-address2]
```

（3）PBR 调用语句

如前文所述，根据 PBR 控制的流量是否为设备本地起源，PBR 可以分为本地 PBR 和接口 PBR，因此 PBR 也可以在系统视图和接口视图下进行调用。在两种视图下调用的命令略有区别，分别如下。

```
[Huawei] ip local policy-based-route Policy-name
[Huawei-GigabitEthernet0/0/0] ip policy-based-route Policy-name
```

除了上述方式外，接口 PBR 也可以使用模块化 QoS 命令行界面（MQC）的方式进行配置。关于 MQC 的内容，后文会进行介绍，这里暂且略过。

4. PBR 的配置案例

PBR 配置案例拓扑如图 7-16 所示，LAN 包含 10.1.1.0/24 和 10.1.2.0/24 两个子网，同时这个园区网连接两个 ISP 网。现在要求管理员在网络出口路由器 AR1 的 G0/0/0 接口上部署 PBR，让源自于 10.1.1.0/24 的流量通过 ISP1 访问互联网、源自于 10.1.2.0/24 的流量通过 ISP2 访问互联网，但它们访问服务器 10.1.255.254 的流量不受 PBR 影响，即由 AR1 执行正常的路由转发。

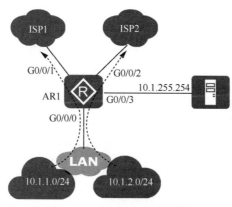

图 7-16　PBR 配置案例拓扑

首先，为了匹配对应的流量，我们需要配置两个不同的高级 ACL。一个 ACL 匹配源地址为 10.1.1.0/24 的报文，另一个 ACL 匹配源地址为 10.1.2.0/24 的报文，同时两个 ACL 都把目的地址为 10.1.255.254 的报文排除在外。这样做的目的是在 PBR 中调用 ACL 后，设备可以准确地对匹配的流量执行对应的 PBR 操作。

上述配置见例 7-7。

例 7-7　配置 ACL

```
[AR1]acl number 3001
[AR1-acl-adv-3001]rule 1 deny ip source 10.1.1.0 0.0.0.255 destination 10.1.255.254 0
[AR1-acl-adv-3001]rule 2 permit ip source 10.1.1.0 0.0.0.255 destination 0.0.0.0 0
[AR1-acl-adv-3001]acl number 3002
[AR1-acl-adv-3002]rule 1 deny ip source 10.1.2.0 0.0.0.255 destination 10.1.255.254 0
[AR1-acl-adv-3002]rule 2 permit ip source 10.1.2.0 0.0.0.255 destination 0.0.0.0 0
```

然后，创建 PBR。PBR 应该包含两个节点，一个节点调用 ACL 3001，让匹配的流量通过接口 G0/0/1 发送出去；另一个节点调用 ACL 3002，让匹配的流量通过接口 G0/0/2 发送出去，见例 7-8。

例 7-8　创建 PBR

```
[AR1]policy-based-route 2exits permit node 10
[AR1-policy-based-route-2exits-10]if-match acl 3001
[AR1-policy-based-route-2exits-10]apply output-interface GigabitEthernet0/0/1
[AR1-policy-based-route-2exits-10]quit
```

```
[AR1]policy-based-route 2exits permit node 20
[AR1-policy-based-route-2exits-20]if-match acl 3002
[AR1-policy-based-route-2exits-20]apply output-interface GigabitEthernet0/0/2
```

最后，调用 PBR。因为 PBR 需要作用于穿越 AR1 的流量，而不是 AR1 本地生成的流量，因此需要部署接口 PBR，而且应该在流量的入站接口上调用 PBR，见例 7-9。

例 7-9　调用 PBR

```
[AR1-GigabitEthernet0/0/0]ip policy-based-route 2exits
```

至此，这个简单的 PBR 案例完成。

在介绍了 PBR 的原理和配置后，下面我们对 MQC 进行介绍。

7.2.2　MQC

模块化 QoS 命令行界面（MQC）既可以说是一种路由策略，也可以说是一种路由策略的配置和实现方式。

1. MQC 的工作方式

MQC 包括以下 3 个要素。

① **流分类**：把拥有某种指定特征的流量分为一类。MQC 可以根据下列因素对流量实施分类。

1）二层匹配项：VLAN 报文的 Tag 信息、ACL 4000～4999 匹配的字段（如源/目的 MAC 地址）等。

2）三层匹配项：IPv4 报文长度、IPv4 报文的 IP 优先级、ACL 2000～3999 匹配的字段（如源/目的 IP 地址）等。

3）其他匹配项：如报文的入站/出站接口等。

② **流行为**：对匹配流量所执行的操作。MQC 可以对流量执行的操作包括：过滤报文、对报文执行 PBR、为报文添加 VLAN Tag、重新设置报文优先级、执行流量统计等。

③ **流策略**：作用是把流分类和流行为关联在一起，从而让分类后的流执行定义的行为。流策略的调用是有方向性的。例如，部署在接口入方向上的流策略只会对从该接口进入设备的流量生效，部署在接口出方向上的流策略则只会对从该接口离开设备的流量生效。

在部署 MQC 时，一个流策略可以绑定多个流分类和多个流行为，从而使得符合某种分类的流量执行一种指定的行为，符合另一种分类的流量执行另一种指定的行为，以此类推。

一个流分类也可以包含多项规则。流分类中各规则的关系分为 and 或 or。当关系为 and 时，若流分类中包含 ACL 规则，则匹配这种分类的流量必须匹配其中一条 ACL 规则、同时匹配所有非 ACL 规则；若流分类中不包含 ACL 规则，则匹配这种分类的流量必须匹配所有规则。当关系为 or 时，匹配这种分类的流量则只需要匹配其中任意一条规则。在缺省情况下，流分类中各规则的关系为 or。

同样，一个流行为也可以包含多项操作。流行为中各操作的关系为 or，即只要流量匹配流策略所关联的流分类，设备就会对该流量执行所有流行为。

MQC 逻辑关系示意如图 7-17 所示。

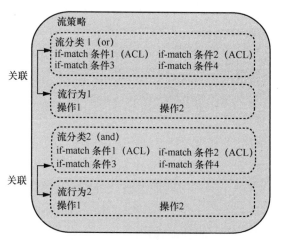

图 7-17　MQC 逻辑关系示意

在图 7-17 中，一个流策略对流分类 1 和流行为 1 建立了关联，同时也对流分类 2 和流行为 2 建立了关联。因为流分类 1 中各操作的关系为 or，所以如果报文匹配了流分类 1 中 4 项条件的任何一项，设备就会执行流行为 1 中的两项操作。因为流分类 2 中各操作的关系为 and，所以报文必须匹配流分类 2 中的条件 3 和条件 4，同时还要匹配条件 1 或条件 2 的其中一条，设备才会执行流行为 2 中的两项操作。

2. MQC 的配置

MQC 的配置步骤包含 4 步，具体如下。

① 创建流分类。

② 创建流行为。

③ 创建流策略，并关联流分类和流行为。

④ 调用流策略。

这 4 个步骤的配置命令都很直观，下面我们依次介绍 MQC 的配置步骤。

步骤 1　创建流分类

流分类需要在 VRP 系统的系统视图中使用以下命令创建。

```
[Huawei] traffic classifier classifier-name [ operator { and | or } ]
```

管理员在创建流分类时，可以添加关键字 **operator and** 将流分类中各规则的关系由默认的 or 修改为 and。

创建流分类后，系统会进入流分类视图，管理员可以在该视图下使用 **if-match** 语句来设置流量的匹配条件。

步骤 2　创建流行为

流行为需要在 VRP 系统的系统视图中使用以下命令创建。

```
[Huawei] traffic behavior behavior-name
```

创建流行为后，系统会进入流行为视图，管理员需要在该视图下设置具体的流行为。流行为可以使用下列关键字进行配置。

① **redirect**：将匹配的报文重定向到其他位置。使用这个关键字，流量可以被重定向到不同的接口（redirect interface）、IPv4 下一跳（redirect ip-nexthop）和 IPv6 下一跳（redirect ipv6-nexthop）。

② **remark**：对匹配的报文重新设置对应参数。使用这个关键字，流量可以对报文重新设置 802.1p 标签（remark 8021p）、DSCP 值（remark dscp）和内部优先级值（remark local-precedence）。

③ **permit**：对匹配的报文不执行任何动作，按照原本的策略执行转发。

④ **deny**：禁止匹配的报文通过。

⑤ **statistic enable**：在流行为中对匹配的报文启用流量统计功能。

注释：流分类本身可以调用 ACL，而 ACL 也有 permit/deny 动作。在流分类调用 ACL，流行为的操作也包括 permit/deny 的情况下，如果 ACL 的动作是 permit，则针对匹配报文的操作取决于流行为中配置的操作为 permit 还是 deny；如果 ACL 的动作是 deny，则无论流行为中配置的操作为 permit 还是 deny，匹配的报文都会被丢弃。

限于篇幅，在后文的 MQC 配置案例演示中，仅会演示使用 **redirect** 关键字设置流行为。强烈建议读者在实验环境中自行尝试使用其他关键字来设置流策略并观察设置的效果。

步骤 3　创建流策略，并关联流分类和流行为

流策略需要在 VRP 系统的系统视图中使用以下命令创建。

```
[Huawei] traffic policy policy-name
```

创建流策略后，系统会进入流策略视图，管理员需要使用以下命令关联之前创建的流分类和流行为。

```
[Huawei-trafficpolicy-policyname] classifier classifier-name behavior behavior-name
```

步骤 4　调用流策略

在完成流策略的配置后，最后一步是在合理的位置调用前面步骤中创建的流策略。在接口视图下，调用流策略的命令如下。

```
[Huawei-GigabitEthernet0/0/1] traffic-policy policy-name { inbound | outbound }
```

如前文所述，MQC 是有方向性的。因此，在使用这条命令调用 MQC 时，需要通过设置关键字 **inbound** 或 **outbound** 来指明调用 MQC 的方向是入站方向还是出站方向。

在介绍了 MQC 的原理和配置命令后，我们下面照例通过一个案例来演示 MQC 的配置。

3. MQC 的配置案例

MQC 配置案例拓扑如图 7-18 所示。图 7-18 对图 7-16 所示的环境进行了简化，LAN 包含 10.1.1.0/24 和 10.1.2.0/24 两个子网，同时这个园区网连接两个 ISP 网。现在要求管理员通过部署 MQC，让源自于 10.1.1.0/24 的流量通过 ISP1 访问互联网、源自于 10.1.2.0/24 的流量通过 ISP2 访问互联网。

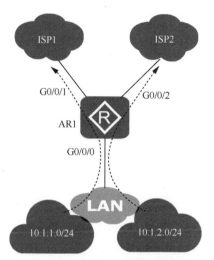

图 7-18 MQC 配置案例拓扑

与 PBR 的配置案例相同，MQC 配置案例同样需要配置两个不同的高级 ACL。一个 ACL 匹配源地址为 10.1.1.0/24 的报文，另一个 ACL 匹配源地址为 10.1.2.0/24 的报文。生成这两个 ACL 是为了在流量分类中作为匹配条件加以调用。

上述配置见例 7-10。

例 7-10　创建 ACL

```
[AR1]acl number 3001
[AR1-acl-adv-3001]rule 1 permit ip source 10.1.1.0 0.0.0.255 destination 0.0.0.0 0
[AR1-acl-adv-3001]acl number 3002
[AR1-acl-adv-3002]rule 1 permit ip source 10.1.2.0 0.0.0.255 destination 0.0.0.0 0
```

下一步，创建两个流分类，把例 7-10 中创建的 ACL 设置为匹配条件，见例 7-11。

例 7-11　创建流分类

```
[AR1]traffic classifier 1
[AR1-classifier-1]if-match acl 3001
[AR1-classifier-1]quit
[AR1]traffic classifier 2
[AR1-classifier-2]if-match acl 3002
```

接下来，创建两个流行为，分别把流量导向 ISP1 和 ISP2，见例 7-12。

例 7-12　创建流行为

```
[AR1]traffic behavior 1
[AR1-behavior-1]redirect interface GigabitEthernet0/0/1
[AR1-behavior-1]quit
[AR1]traffic classifier 2
[AR1-behavior-2]redirect interface GigabitEthernet0/0/2
```

然后，创建一个流策略，把流分类 1 和流行为 1 关联起来，把流分类 2 和流行为 2 关联起来，见例 7-13。

例 7-13　创建流策略

```
[AR1]traffic policy 2exits
[AR1-trafficpolicy-2exits]classifier 1 behavior 1
[AR1-trafficpolicy-2exits]classifier 2 behavior 2
```

最后一步，把流策略应用在 AR1 G0/0/0 接口的入站方向上，见例 7-14。如果读者此时不理解为何应用在 G0/0/0 接口的入站方向上，可以观察图 7-18 所示的流量方向。

例 7-14　调用流策略

```
[AR1]interface GigabitEthernet0/0/0
[AR1-GigabitEthernet0/0/0] traffic-policy 2exits inbound
```

至此，这个简单的 MQC 案例完成。

在结束本章前，还要介绍一项流量策略工具——流量过滤。

7.2.3　流量过滤

1．流量过滤概述

顾名思义，流量过滤的目标就是通过过滤与策略相匹配的流量，限制对应流量访问指定网段。HCIA-Datacom 认证书籍在介绍 ACL 时，就通过流量过滤调用 ACL，目的是防止与 ACL 匹配的流量通过某个路由器接口。执行流量过滤也是人们部署 ACL 最基本、最直观、也最常见的动机之一。

正如 HCIA-Datacom 认证内容展示的那样，流量过滤是有方向性的，管理员在应用流量过滤时需要选择执行流量过滤的方向是入站方向还是出站方向，这一点和应用 MQC 一致。但不同于 MQC 可以在很多视图下使用，流量过滤只能在接口视图下使用，以过滤进入该接口或从该接口发出的流量。

鉴于流量过滤的目标是部署在接口的某个方向上，以便对进入或离开该接口的流量执行过滤，因此流量过滤常常可以部署在不同位置上，但达到的目的乍看之下却很类似。例如，在图 7-19 所示的环境中，如果管理员希望禁止 10.1.15.0/24 的流量访问网络 192.168.1.0/24，那么根据流量方向，管理员既可以选择把流量过滤部署在 AR1 G0/0/0 接口的入方向上，也可以选择把流量过滤部署在其 G0/0/1 接口的出方向上，这两种部署方式的效果相近。

图 7-19　流量过滤部署位置与方向示例

虽然效果类似，但部署流量过滤还是存在一些最佳实践。比如，当流量过滤调用的是基本 ACL 时，考虑到基本 ACL 匹配的只是流量的源 IP 地址，推荐做法是把流量过滤部署在尽可能接近目的地址的位置。如果把流量过滤部署在过于接近源地址的位置，源于该地址但去往不同目的地址的流量也会遭到"错杀"。当流量过滤调用的是高级 ACL，鉴于高级 ACL 可以精确匹配流量的多项参数，推荐做法是把流量过滤部署在尽可能接近源地址的位置，避免早该被过滤的流量穿越整个网络才被过滤，导致大量设备和链路资源被白白浪费。

因为流量过滤的命令相当简单，所以下面我们直接展示流量过滤的配置案例。

2. 流量过滤的配置案例

流量过滤配置案例拓扑如图 7-20 所示，路由器 AR1 的接口 G0/0/0、G0/0/1 和 G0/0/2 分别连接 3 个不同的网络 10.1.0.0/24、10.1.1.0/24 和 10.1.2.0/24。因为这 3 个网络属于 AR1 的直连网络，所以它们在默认情况下可以相互进行访问。现要求通过配置流量过滤，禁止来自网络 10.1.1.0/24 的流量访问网络 10.1.0.0/24。

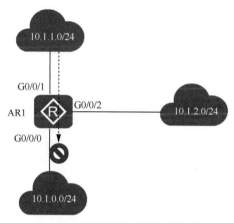

图 7-20　流量过滤配置案例拓扑

实现上述需求的方法有很多种，本案例展示最简单的一种，即配置基本 ACL 并使用流量过滤在 G0/0/0 出站方向上调用该 ACL。

首先，创建一个基本 ACL，并且匹配网络 10.1.1.0/24 的流量，具体配置见例 7-15。

例 7-15　创建基本 ACL

```
[AR1]acl number 2000
[AR1-acl-basic-2000]rule deny source 10.1.1.0 0.0.0.255
[AR1-acl-basic-2000]rule permit source any
```

在配置基本 ACL 时，切记要在列表最后放行源自网络 10.1.1.0/24 以外的流量。若只配置一条 deny 语句，所有流量都将无法通过流量过滤调用这个 ACL 的接口。

下一步，进入 G0/0/0 接口的接口视图并使用流量过滤的配置命令 **traffic-filter** { **inbound** | **outbound** } **acl** { *bas-acl* | *adv-acl* | **name** *acl-name* }，在出站方向上调用刚刚创建的基本 ACL，见例 7-16。

例 7-16　使用流量过滤调用基本 ACL

```
[AR1]interface GigabitEthernet0/0/0
[AR1-GigabitEthernet0/0/0] traffic-filter outbound acl 2000
```

除了上述配置方法外，读者应该自己尝试通过在 G0/0/1 接口上通过流量过滤调用高级 ACL 的方法达到相同的目的。

此外，读者不应混淆流量过滤和 Filter-Policy。流量过滤作为一种策略路由工具，其过滤的对象是数据流量；而 Filter-Policy 作为一种路由控制工具，其过滤的对象是路由条目。

最后，我们基于相同的环境，演示一下如何通过 MQC 来实现同一种需求。

首先，我们需要配置一个高级 ACL，以便对流量的源和目的进行精确匹配，具体配置见例 7-17。

例 7-17　创建高级 ACL

```
[AR1]acl number 3000
[AR1-acl-adv-3000]rule 1 permit ip source 10.1.1.0 0.0.0.255 destination 10.1.0.0 0.0.0.255
```

接下来，我们创建对应的流分类来调用这个高级 ACL，见例 7-18。

例 7-18　创建流分类

```
[AR1]traffic classifier 1
[AR1-classifier-1]if-match acl 3000
```

然后，创建流行为。

本案例的需求是禁止匹配流分类的报文通过。同时，在流分类中用来匹配流量的高级 ACL 动作为 permit，根据介绍流行为操作关键字后面的注释部分所述，这里需要设置的流行为操作为 deny，见例 7-19。

例 7-19　创建流行为

```
[AR1]traffic behavior 1
[AR1-behavior-1]deny
```

下一步，创建一个流策略，把流分类 1 和流行为 1 关联起来，见例 7-20。

例 7-20　创建流策略

```
[AR1]traffic policy filter
[AR1-trafficpolicy-filter]classifier 1 behavior 1
```

最后，把流策略应用在 AR1 G0/0/1 接口的入站方向上，见例 7-21。

例 7-21　调用流策略

```
[AR1]interface GigabitEthernet0/0/1
[AR1-GigabitEthernet0/0/1] traffic-policy filter inbound
```

上面的配置演示了流行为 deny 的用法，以及如何通过 MQC 来达到流量过滤的效果。

练 习 题

1. 下列哪一项是 IP 前缀列表 ip ip-prefix name index 10 permit 10.0.0.0 16 less-equal 28 可以匹配的掩码长度或掩码长度范围？（　　）

　　A. 0~16　　　　　　　　　　　　B. 0~28

　　C. 16~28　　　　　　　　　　　　D. 16

2. 管理员配置入方向的 Filter-Policy, 其作用是? ( )

    A. 影响本地路由器选择接收哪些路由条目

    B. 影响本地路由器选择把哪些路由条目放入自己的路由表中

    C. 影响本地路由器选择将哪些路由条目通告给其他路由器

    D. 作用取决于该 Filter-Policy 应用在哪一类路由协议中

3. 关于 Route-Policy 的一个节点中, 各匹配条件之间关系的说法, 下列正确的是? ( )

    A. 关系是与 (and)

    B. 关系是或 (or)

    C. 关系取决于管理员的设置, 默认是与 (and)

    D. 关系取决于管理员的设置, 默认是或 (or)

4. 关于 Route-Policy 的一个节点中, 各应用操作之间关系的说法, 下列正确的是? ( )

    A. 关系是与 (and)

    B. 关系是或 (or)

    C. 关系取决于管理员的设置, 默认是与 (and)

    D. 关系取决于管理员的设置, 默认是或 (or)

5. 在对数据流量而非路由条目进行操作时, 不应该选择下列哪项工具? ( )

    A. Filter-Policy   B. PBR

    C. MQC   D. Traffic Filter

6. 下列关于 PBR 匹配模式的说法, 正确的是? ( )

    A. 匹配模式 permit 表示放行匹配节点各条件的报文

    B. 匹配模式 deny 表示拒绝匹配节点各条件的报文

    C. 匹配模式 deny 表示对匹配节点各条件的报文执行常规路由转发

    D. 匹配模式 permit 表示对匹配节点条件的报文执行常规路由转发

7. 如果希望对路由器自己生成的流量执行策略路由, 应该使用下列哪种类型的 PBR? ( )

    A. 板卡 PBR   B. 设备 PBR

    C. 接口 PBR   D. 本地 PBR

8. MQC 不包括下列哪个要素? ( )

    A. 流分类   B. 流标记

    C. 流行为   D. 流策略

9. 关于流分类中, 各匹配条件之间关系的说法, 下列正确的是? ( )

    A. 关系是与 (and)

    B. 关系是或 (or)

    C. 关系取决于管理员的设置, 默认是与 (and)

    D. 关系取决于管理员的设置, 默认是或 (or)

10. 若管理员将匹配流分类的流行为设置为 permit, 那么在应用对应的流策略后, 设备会如何处理匹配流分类的报文? ( )

A. 不执行任何动作，按照原本的策略转发

B. 放行

C. 不确定，取决于流分类中有无调用 ACL

D. 不确定，取决于流策略在接口上应用的方向

答案：

1. C　2. D　3. A　4. B　5. A　6. C　7. D　8. B　9. D　10. C

第 8 章
交换技术核心知识

本章主要内容

前文均围绕路由技术展开，本章会把着眼点放在交换技术上。

8.1 节的重点是快速生成树协议（RSTP）。这一节首先会对生成树协议（STP）的原理进行简要回顾，并重点介绍 STP 在收敛效率方面的缺陷，由此引出 RSTP 的原理。8.1 节会对 RSTP 的内容进行更加详细的介绍。除了 P/A（Proposal/Agreement）机制、RSTP 的端口角色与状态外，8.1 节还会介绍 RSTP 的桥协议数据单元（BPDU）封装、RSTP 的拓扑变更机制和几种 RSTP 的保护机制。最后，8.1 节会回顾 RSTP 的配置命令，并且演示一个简单的 RSTP 配置案例。

8.2 节会介绍 MSTP。首先，8.2 节会通过一个拓扑解释将所有 VLAN 计算为同一棵生成树有可能给网络带来的问题，并由此引出 MSTP 的概念。接下来，8.2 节会介绍一系列与 MSTP 有关的术语，包括 MSTP 网络中涉及的几类生成树、交换设备的类型、端口的角色与状态。此外，8.2 节还会对 MSTP 的 BPDU 封装格式进行说明。基于上述内容，8.2 节最后会对 MSTP 的原理、MSTP 的配置命令进行介绍，并通过一个简单的案例对 MSTP 的配置进行演示。

8.3 节会介绍旨在扩展交换机端口、提升交换网络性能和可靠性的技术——堆叠与集群。首先，8.3 节会对堆叠的原理进行介绍，同时会对堆叠环境中用于检测地址冲突的多主检测（MAD）技术进行介绍。鉴于集群和堆叠在原理和用途上相当接近，8.3 节接下来会对比堆叠的知识，对集群的原理进行概述。最后，8.3 节会对堆叠和集群的配置命令进行介绍，并且通过案例演示堆叠和集群的配置流程。

本章重点

- RSTP 的原理（RSTP 对 STP 的改进）；
- RSTP 提供的保护功能；
- RSTP 的配置命令与配置流程；
- MSTP 网络中包含的几种生成树；
- MSTP 网络中的交换机角色、端口角色与端口状态；
- MSTP 的报文封装方式；
- MSTP 的工作流程；
- MSTP 的配置命令与配置流程；
- 堆叠的建立、合并与分裂；
- 堆叠成员的加入与退出；
- MAD 的用途及工作原理；
- 集群与堆叠的异同；
- 堆叠和集群的配置命令与配置流程。

8.1　RSTP 的原理与配置

追求高效率、高可靠性的以太网存在大量物理环路。但是在网络中，环路总会导致严重的问题。根据交换机的工作原理，如果交换机接收到一个广播数据帧，它就会对这个数据帧执行泛洪。泛洪指交换机把广播数据帧从（除了接收到这个广播数据帧的接口外的）与接收端口处于相同 VLAN 的端口转发出去。在这种场景中，如果存在数据链路层环路，广播数据就会在网络中不断被振荡放大，这种现象称为广播风暴，如图 8-1 所示。

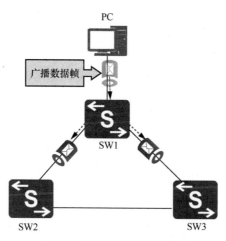

图 8-1　环路引发的广播风暴

在图 8-1 中，交换机 SW1 连接的一台 PC 发送了一个广播数据帧。按照交换机的工作原理，SW1 应该把这个广播数据帧分别从它连接 SW2 和 SW3 的端口转发出去。当 SW2 接收到这个数据帧时，它会将其发送给 SW3。SW3 在接收到来自 SW2 的数据帧时，会继续把这个数据帧发送给 SW1。同样，当 SW3 接收到 SW1 的广播数据帧时，它会将其发送给 SW2。SW2 在接收到来自 SW3 的数据帧时，也会把这个数据帧发送给 SW1。这样一来，不仅广播数据帧会在环路中循环往复地发送，而且在大型网络中，这个振荡过程会导致广播数据帧的数量因每台交换机的泛洪行为而不断增加。理论上来说，最终的结果是，PC 发送一个广播数据帧到二层环路就可以导致整个网络崩溃。

8.1.1　STP 原理回顾

设计 STP 就是为了解决上述问题。这个协议的作用是通过阻塞部分交换机端口，在逻辑上打断数据链路层环路，从而避免广播风暴发生，同时监听网络，在必要时恢复被阻塞的端口，确保冗余链路发挥作用。

STP 是通过配置 BPDU 来实现的。配置 BPDU 是 BPDU 的一种类型。在初始状态下，每台交换机都会认为自己是根交换机，也都会周期性地发送配置 BPDU。在缺省状态下，发送周期是 2s。同时，每台交换机会接收到其他交换机发送的配置 BPDU。各台交换机通过将自己的配置 BPDU 与其他交换机发送的配置 BPDU 进行对比，最终选举出根交换机，并且确定各台交换机端口的角色和状态。此时，整个交换机网络完成收敛，只有根交换机会继续周期性地发送配置 BPDU。非根交换机则会在自己的根端口接收到配置

BPDU 后，通过自己的指定端口把这个配置 BPDU 发送出去，从而让配置 BPDU 从根向各台交换机传输。

配置 BPDU 携带的下列参数会对根交换机的选举、交换机端口角色和状态的判定发挥作用。

① 根 ID。

② 根路径开销（RPC）。

③ 桥 ID。

④ 端口 ID。

交换机使用上述参数选举根交换机、确定交换机端口角色和状态的过程如下。

步骤 1：选举根交换机。在这个过程中，每台交换机都会发送以自己的桥 ID 作为根 ID 的配置 BPDU。同时，每台交换机也都会查看自己接收到的配置 BPDU，并且把自己的桥 ID 和该（接收到的）BPDU 中的根 ID 进行比较。如果交换机发现该 BPDU 的根 ID 小于（即优于）自己的桥 ID，它就会认定这个配置 BPDU 的发送方才是根交换机。之后，这台交换机发送的 BPDU 就会以对方交换机的桥 ID 作为根 ID，表示自己已经认可对方交换机是这个交换网络中的根交换机。

步骤 2：选择根端口。每台非根交换机会比较所有端口的 RPC，并选择 RPC 最低的端口作为本地交换机上的根端口。如果两个及以上端口的 RPC 相同，交换机就会选择对端桥 ID 最低的端口作为根端口。如果有多个端口的对端桥 ID 相同，交换机就会选择对端端口 ID 最低的端口作为根端口。如果多个对端端口 ID 相同，交换机就会比较自己本地端口的端口 ID，并且选择本地端口 ID 最低的端口作为根端口。

步骤 3：从非根端口中选择指定端口。指定端口在一个数据链路网段中进行选择，每个数据链路网段中只能有一个指定端口。在一个数据链路网段中，STP 会选择 RPC 最低的端口作为指定端口，因此根交换机的所有 STP 端口都会成为其所在数据链路网段的指定端口。如果两个及以上端口的 RPC 相同，STP 会选择桥 ID 最低的端口作为指定端口。如果有多个端口的桥 ID 相同，端口 ID 最低的端口就会被选择为指定端口。

步骤 4：阻塞端口。在确定了根端口和指定端口后，剩余的（非根、非指定）端口都会被阻塞。在华为公司的产品中，被阻塞的端口称为预备端口。

在简单回顾了 STP 基本原理后，我们在下文中继续回顾 STP 的接口状态机，这正是 STP 此后日渐被 RSTP 取代的重要原因之一。

8.1.2   STP 接口状态机回顾

STP 定义了接口实现状态过渡的流程，分为未使能（Disabled）、阻塞（Blocking）、侦听（Listening）、学习（Learning）和转发（Forwarding）几种接口状态。下面我们对这几种状态分别进行简单的介绍。

① **未使能状态**：即端口处于关闭状态。此时端口不会接收和发送任何数据帧。当一个端口开启后，它就会进入阻塞状态。当然，处于其他状态下的端口如果被管理员禁用

或者其连接的链路失效，也会过渡到未使能状态。

② **阻塞状态**：当一个端口既没有成为根端口、也没有成为指定端口时，它就会被阻塞，进入阻塞状态。阻塞状态并不意味着端口关闭，而是端口会接收并且处理 BPDU，但是它不会学习 MAC 地址、不会对外发送 BPDU，交换机也不会把数据从阻塞状态的端口发送出去。

③ **侦听状态**：表示 STP 已经把端口认定为根端口或者指定端口，所以 STP 允许这个端口从阻塞状态向转发状态过渡。因此，侦听状态是从阻塞状态向转发状态过渡的一种临时状态。在侦听状态下，端口仍然不会学习 MAC 地址，交换机也不会把数据从侦听状态的端口发送出去，但端口已经可以接收并且对外发送 BPDU。交换机在侦听状态和接下来的学习状态下停留的时间称为转发延迟，缺省为 15s，即一个端口进入侦听状态会在这个状态下缺省停留 15s。

④ **学习状态**：是侦听状态结束后，端口进入的下一个（向转发状态过渡的）临时状态。交换机仍然不会把数据从学习状态的端口转发出去，但处于学习状态的端口已经开始学习 MAC 地址，当然也可以继续接收并且对外发送 BPDU。转发延迟也定义了交换机在学习状态下停留的时间，缺省为 15s。

⑤ **转发状态**：当一个端口进入转发状态时，交换机就会通过这个端口对外转发数据帧。当然，这个端口会继续学习 MAC 地址、继续接收并且发送 BPDU。换言之，转发状态就是一个端口履行其正常交换功能的状态，也只有根端口或指定端口才能进入转发状态。

STP 接口状态机定义了一个冗长的过程，这个过程使 STP 网络的收敛成为一个效率很低的过程。下面，我们结合上文中介绍的内容，简要说明一下 STP 的主要问题，以便后文引出 RSTP。

8.1.3 STP 的不足

STP 的状态机定义了一个高度依赖计时器的、冗长的状态过渡流程。这里的计时器不仅指转发延迟计时器，也包括最大寿命计时器。一台交换机在计时器到时的那一刻仍然没有接收到对端发来的 BPDU，就会开始执行对应的状态过渡。在缺省状态下，最大寿命计时为 20s。在这样的机制中，一个预备端口从接收到对端发送的 BPDU 开始，直至其过渡到转发状态，需要等待的时间为一个最大寿命计时器所定义的时长以及两个转发时延，这个过程缺省时长有 50s。当然，交换机端口可以即时检测出其所连链路发生了物理故障或者断开。在交换机端口发生物理故障的情况下，若该交换机有预备端口要向转发状态过渡，那么这个端口并不需要等待最大寿命计时器超时，而会直接向转发状态过渡。但即使在这种情况下，过渡也需要两个转发延迟的时间，缺省为 30s。总之，在任何情况下，一个传统 STP 端口从阻塞状态向转发状态过渡，缺省需要至少 30s 等待计时器到时。在当今交换网络中，这样的效率已经越来越无法令人接受。

传统 STP 导致网络收敛效率低，不仅体现在端口状态机及其配套的计时器上，传统
STP 的拓扑的变更流程也非常复杂，如图 8-2 所示。当一台位于下游的交换机检测到拓
扑发生变化时，它会使用自己的根端口不断向上游交换机发送拓扑更改通知（TCN）
BPDU 报文，其目的是向上游交换机通告拓扑的变化。上游交换机在通过指定端口接收
到 TCN BPDU 时，会向下游交换机回复 TCA 位置位的 BPDU，其目的是向正在发送 TCN
BPDU 的下游交换机确认自己已经知道拓扑变化，要求下游交换机不再以固定间隔发送
TCN BPDU。与此同时，上游交换机则会开始使用自己的根端口不断向自己的上游交换
机发送 TCN BPDU，继续向上游通告拓扑变化，直至位于最上游的根交换机接收到 TCN
BPDU。此时，根交换机既会向正在发送 TCN BPDU 的下游交换机回复 TCA 位置位的
BPDU，还会向所有下游设备发送 TC 位置位的 BPDU，其目的是告知其他设备拓扑发生
变化，请它们直接删除交换机 MAC 地址表项，从而完成网络收敛。

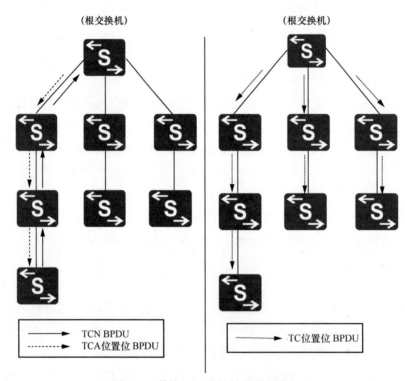

图 8-2　传统 STP 的拓扑的变更流程

上述流程虽然不涉及等待计时器的设计，但这种变更位置逐级向上游通告、由
根交换机统一下发拓扑变更通知并统一变更的机制仍然极为低效，在设计上缺乏合
理性。在网络变更频繁的环境中，这无疑会因为网络收敛速度过慢，严重影响用户
体验。

除了网络收敛效率外，STP 定义的接口状态也比较繁杂。此外，接口状态机定义的
状态和接口的角色（根端口、指定端口、预备端口）之间关联性不够强，容易给学习和
部署制造困难。

为了解决上述传统 STP 的问题，RSTP 应运而生。

8.1.4 RSTP 原理回顾

传统 STP 的官方标准为 IEEE 802.1d，RSTP 的官方标准则是 IEEE 802.1w。后者是 IEEE 在 2001 年针对前文提到的问题进行改进后推出的版本，不仅拥有更快的收敛速度，而且可以兼容传统的 STP。

注释：RSTP 虽然可以兼容 STP，但 RSTP 和传统 STP 在同一个交换网络中共存会让 RSTP 的快速收敛机制回退到传统的 STP 机制，从而丧失快速收敛等优势。在华为数通设备组成的交换网络中，当网络中所有运行传统 STP 的网络设备都从网络中撤离后，其他运行 RSTP 的交换设备可以迁移回 RSTP 工作模式。

概括地说，RSTP 对 STP 作出了以下改进。

① RSTP 对端口的角色进行了明确定义，同时对端口状态进行了简化，避免人们在学习和部署 RSTP 的过程中产生混淆。

② RSTP 对配置 BPDU 的格式进行了变更。

③ RSTP 对交换机处理配置 BPDU 的方式进行了调整。

④ 为了既不使用计时器来硬性规定等待时间，又避免网络中出现临时环路，RSTP 采用了一种一边收敛，一边选举的快速收敛机制来判断哪些端口应该进入转发状态，哪些端口必须阻塞。

⑤ RSTP 对拓扑的变更流程进行了修改，避免拓扑变更时由根交换机集中泛洪 TC 位置位的报文导致的低效。

⑥ RSTP 定义了一系列保护功能，可以防止交换网络因恶意攻击或配置错误而发生故障。

结合上述 6 点改进方案，下面对 RSTP 的工作原理进行说明。

1. RSTP 的端口角色与端口状态

RSTP 定义了 4 种端口角色：根端口、指定端口、预备端口和备份端口。根端口、指定端口和预备端口的角色在传统 STP（IEEE 802.1d）中已经定义过，备份端口是 RSTP 新定义的端口角色。

备份端口和预备端口一样是会被阻塞的端口，两者的区别具体如下。

① 预备端口：预备端口接收到的最优 BPDU 是由其他交换机发送过来的。当这个交换机的根端口或者根端口所连接的链路发生故障时，优先级最高的预备端口不需要等待计时器计时结束，也不需要经历过渡状态，而是立刻进入转发状态接替根端口的角色。

② 备份端口：备份端口接收到的 BPDU 是由本交换机发送过来的。当备份端口所在数据链路网段中的指定端口发生故障时，优先级最高的备份端口不需要等待计时器计时结束（但会经历过渡状态），而是立刻接替指定端口的角色。

预备端口和备份端口示例如图 8-3 所示。

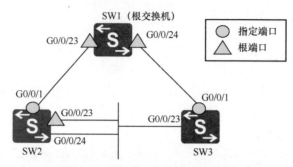

图 8-3 预备端口与备份端口示例

在图 8-3 中,SW1 是根交换机,与 SW1 连接的 SW2 和 SW3 的端口 G0/0/1 为根端口。同时 SW2 用两个端口 G0/0/23 和 G0/0/24、SW3 用端口 G0/0/23 作为共享类型的端口连接到一条共享链路。在这条链路的选举中,SW2 的端口 G0/0/23 被选举为指定端口。

显然,这条共享链路中的最优 BPDU 来自 SW2(同一台交换机)的端口 G0/0/23,因为这个端口是其所在数据链路网段的指定端口。对于 SW2 的端口 G0/0/24 来说,更优的 BPDU 是由本交换机发送过来的,因此 SW2 的端口 G0/0/24 就会成为备份端口,它会在 SW2 的指定端口发生故障时接替其角色。对于 SW3 的端口 G0/0/23 来说,更优的 BPDU 是由其他交换机(SW2)发送过来的,因此 SW3 的端口 G0/0/23 会成为预备端口,它会在 SW3 根端口发生故障时接替其角色,如图 8-4 所示。

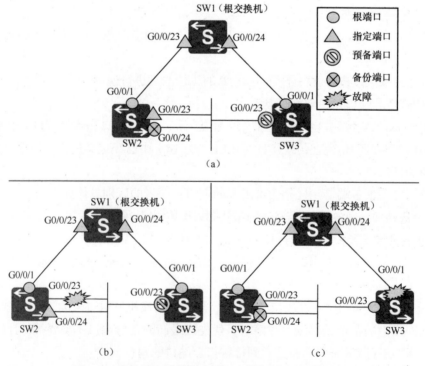

图 8-4 备份端口接替指定端口、预备端口接替根端口

图 8-4（a）的拓扑是完整的端口角色分配情况；图 8-4（b）显示了当共享数据链路网段的指定端口所连接的链路发生故障时，备份端口接替了指定端口的角色；图 8-4（c）所示是当 SW3 的根端口发生故障时，SW3 的预备端口接替了根端口的角色。

当然，因为备份端口与多台交换机通过一个冲突域相连，而这种连接方式早已淡出了交换网络，所以备份端口如今在交换网络中也相当罕见。但在二十多年前，备份端口确实在客观上起到了明确端口角色的作用。

综上所述，一个 RSTP 网络在收敛的过程中会确定各个端口的角色，直至各个端口的角色确定下来，端口也根据各自的角色进入相应状态，RSTP 网络即完成收敛。

关于端口状态，RSTP 把端口状态简化成丢弃（Discarding）状态、学习（Learning）状态和转发（Forwarding）状态，具体如下。

① **丢弃状态**：丢弃状态下的端口既不转发用户流量，也不学习 MAC 地址。从这种状态下端口的行为来看，STP 中的未使能状态、阻塞状态和侦听状态都被合并到 RSTP 的丢弃状态中。预备端口和备份端口会保持在丢弃状态下，直到它们的端口角色发生变化为止。

② **学习状态**：学习状态下的端口不会转发用户流量，但是会开始学习 MAC 地址。STP 的学习状态和 RSTP 的学习状态基本相同。因此，只有已经被 RSTP 认定为根端口或者指定端口才会在从阻塞状态向转发状态过渡的过程中临时进入这种状态。

③ **转发状态**：转发状态下的端口既转发用户流量，也学习 MAC 地址。RSTP 的转发状态与 STP 转发状态一致，也同样只有根端口或指定端口会保持在这种状态下。

综上所述，RSTP 不但对端口角色进行了明确，而且简化了端口状态，这不仅让端口角色和端口状态之间的关联变得更加清晰，也让端口状态机变得更加简洁。

2. RSTP 的 BPDU 封装

无论 STP 还是 RSTP，它们封装的报文格式均如图 8-5 所示。

PID	PVI	BPDU类型	标志	根ID	RPC	桥ID	端口ID	消息寿命	最大寿命	Hello时间	转发延迟

图 8-5　BPDU 的封装

尽管封装格式一致，但 RSTP 在 BPDU 类型字段和标志字段中定义了一些新的值。在传统 STP 标准中，配置 BPDU 的 BPDU 类型字段取值为 0（0x00）。但在 RSTP 中，配置 BPDU 的 BPDU 类型字段的取值被定义为 2（0x02）。这种配置字段取值为 0x02 的 RSTP 配置 BPDU 称为 RST BPDU。

前文提到过，RSTP 虽然可以兼容 STP，但 RSTP 和传统 STP 在同一个交换网络中共存会让 RSTP 的快速收敛机制回退到传统的 STP 机制，从而丧失快速收敛等优势。这种机制的原理就是让运行传统 STP（IEEE 802.1d）的交换机丢弃 RST BPDU 报文。

此外，RSTP 标准还针对 RST BPDU 重新定义了标志字段（长度为 1 字节）中的每一位（bit），如图 8-6 所示。

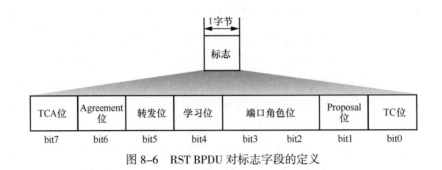

图 8-6　RST BPDU 对标志字段的定义

在 RST BPDU 标志字段的定义中，bit0（TC 位）和 bit7（TCA 位）在 STP 中存在相同的概念，这里无须进行解释。读者根据传统 STP（IEEE 802.1d）定义的拓扑变更机制不难推断出，BPDU 类型字段值为 0x00 的配置 BPDU 同样定义了这两位，但也只定义了这两位（bit0 和 bit7）。其余 6 位则是 RSTP 标准（IEEE 802.1w）新增的定义。

此外，bit4 和 bit5 用来标识端口的状态是学习还是转发，而 bit2 和 bit3 的组合则用来标识端口的角色是未知端口（取值为 00）、预备端口/备份端口（取值为 01）、根端口（取值为 10），还是指定端口（取值为 11）。bit1 和 bit6 则用于提升生成树网络收敛速度的 P/A 机制。

3. 交换机对配置 BPDU 的处理

传统 STP 定义的流程中，以下几点操作影响了 STP 的收敛速度。

① 首先，在拓扑稳定后，根交换机会按照 Hello 时间（见图 8-5）向下游发送配置 BPDU。非根交换机只有在直接或间接地接收到根交换机发送的配置 BPDU 后，才会发送配置 BPDU。换言之，非根交换机的配置 BPDU 只会被动地进行触发更新，这会延缓传统 STP 的收敛速度。

② 其次，STP 规定，一台交换机在最大寿命计时器超时前仍然没有接收到对端设备发送的配置 BPDU，才会开始变更端口的角色，而最大寿命计时器的计时时长默认为 20s。这段时间极大地延长了 STP 网络的收敛时间。

③ 最后，在 STP 网络中，只有连接下游交换机的指定端口才会立刻处理次优 BPDU。具体来说，当交换机的指定端口接收到一个 BPDU 时，它会将接收到的 BPDU 与缓存中的 BPDU 进行对比。如果缓存中的 BPDU 优于接收到的 BPDU，交换机就会丢弃接收到的 BPDU，并且用自己缓存的配置 BPDU 作出响应。但如果接收到次优 BPDU 的是非指定端口，交换机则会等待最大寿命计时器到时、缓存中的 BPDU 老化，才会发送自己更优的配置 BPDU，触发 STP 拓扑收敛。这必然会延长传统 STP 的拓扑收敛时间。

RSTP 针对上述缺陷分别进行了以下改进。

① RSTP 规定，在拓扑稳定后，非根交换机也会按照 Hello 时间发送 RST BPDU，无论其是否接收到根交换机发送的配置 BPDU。换言之，在 RSTP 网络中，当拓扑稳定后，非根交换机发送配置 BPDU 的行为由触发更新改为周期更新。

② 运行 RSTP 的交换机端口只需等待计时器超时，如果在这段时间没有接收到对端设备发送的 RST BPDU，就会认为自己与邻居的链路发生了故障，并启动拓扑重新收敛。考虑到超时时间为 3 个 Hello 时间，而每个 Hello 时间缺省为 2s，把最大寿命替换为超时时间可以在网络发生故障时，大大提升网络的收敛速度。

③ RSTP 标准允许连接上游交换机的根端口立刻处理次优 BPDU，并且使用缓存中的（更优）RST BPDU 作出响应。这样一来，RSTP 交换机就不需要等待缓存中的配置 BPDU 老化，才能对上游交换机的次优 BPDU 作出响应。

除了上述改进外，RSTP 相比 STP 的一大优点在于前者提出了 P/A 机制，从而进一步消除了协议标准对计时器的依赖。

4. RSTP 的快速收敛机制

前文提到过，RSTP 定义了预备端口和备份端口两种角色。其中，优先级最高的预备端口可以在其所在交换机的根端口（或其连接的链路）发生故障时，不等待计时器、不经历过渡状态，直接进入转发状态接替其交换机的根端口角色；而优先级最高的备份端口则会在其所在数据链路网段中的指定端口发生故障时，不需要等待计时器到时，仅经历过渡状态就立刻接替指定端口的角色。这是 RSTP 快速收敛机制规避对计时器的依赖，实现快速收敛的设计之一。

除此之外，RSTP 定义的另一种快速收敛机制称为边缘端口（Edge Port）。交换机的设计初衷是连接以太网中的终端设备，并为这些设备执行数据帧交换，而交换机连接终端设备的端口不会处于转发环路当中。边缘端口的设计切入点正在于此：一旦管理员把一个端口配置为边缘端口，RSTP 就会认为这个端口连接的是终端设备，于是 RSTP 在计算生成树时，就不会考虑那些被配置为边缘端口的端口，这些端口也就不需要等待计时器到时，而是直接进入转发状态。

除了上述旨在实现快速收敛的设计外，RSTP 针对快速收敛最知名的设计当属 P/A 机制。这种机制就是为了达到一边收敛，一边选举的效果，以规避计时器给收敛效率带来的影响，实现生成树网络的快速收敛。

> **注释：** RSTP 定义了两种端口类型，即点到点类型和共享类型。点到点类型端口是指（交换机）通过一条链路与另一台交换机直接相连的端口，而共享类型端口是指（交换机）连接到一个（诸如集线器这样的设备所搭建的）有多台交换机参与的共享型网络的端口，这种端口会和其他交换机的端口处于同一个冲突域中。下文中要回顾的 P/A 机制，是 RSTP 针对点到点类型的端口所定义的快速收敛机制。鉴于使用同一个冲突域连接多台交换机端口的做法如今已经淘汰，共享类型的端口在交换机网络中已经基本绝迹。

传统 STP 的机制之所以收敛速度慢，是因为端口必须等待计时器到时才能进入转发状态，这是为了避免多个端口同时进入转发状态，造成网络中产生环路。P/A 机制则可以自根交换机开始，让各直连交换机的上游端口立刻过渡到转发状态、同时阻塞这些交换机的下游端口，再让这些交换机的下游端口把这个流程向它们下游交换机的上游端口传导，以此类推。这样就可以在避免环路的前提下，提升端口进入转发状态的速度，从而加速网络的收敛。

下面我们通过图 8-7 所示的网络来解释一下 P/A 机制是如何让 RSTP 网络做到一边收敛，一边选举的。

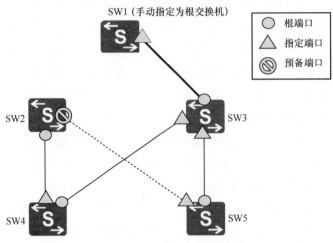

图 8-7　一个运行 RSTP 的网络

图 8-7 所示为一个运行 RSTP 的网络。在这个网络中，SW1 被管理员手动指定为根交换机，同时 SW1 连接 SW3 的链路拥有最大的链路带宽（这条链路使用粗线条进行标识），因此这条链路的链路开销最小。其余 4 条链路的链路开销相等。在这个网络中，SW2 连接 SW5 的端口是预备端口，因此 SW2 连接 SW5 的链路不会用于数据帧转发（这条链路使用虚线进行标识）。目前，这个以 SW1 为根的以太网络显然并不存在逻辑环路。

接下来，这个网络的管理员为了提升网络的转发效率，把 SW1 和 SW2 用一条高速链路连接起来，这条链路的带宽与 SW1 和 SW3 之间的链路带宽相同，如图 8-8 所示。

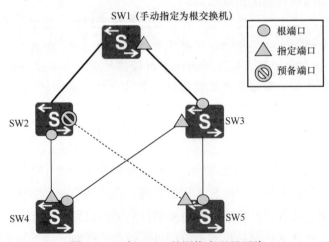

图 8-8　运行 RSTP 的网络出现了环路

可以看到，如果这个网络的所有端口仍然扮演过去的角色，只是 SW1 和 SW2 相连的链路开始承担数据转发任务，那么这个网络就会沿 SW1–SW2–SW4–SW3–SW1 形成环路。但如果 SW1 和 SW2 相连的链路并不承担任何转发任务，这个网络的转发操作显然不是最优的，因为管理员刚刚添加的高速链路被浪费了。

在实际环境中，RSTP 打断环路、利用高速链路，同时实现快速收敛的操作如下。

首先，管理员通过把桥优先级设置为 0 的方式，将 SW1 手动配置为根交换机，而根交换机的所有端口都会成为指定端口。于是，RSTP 会让 SW1 连接 SW2 的端口进入丢弃状态，同时向 SW2 发送一个标志位封装为 Proposal（提议）的 BPDU，提议 SW2 让这个端口立刻进入转发状态。

当 SW2 接收到标志位为 Proposal 的 BPDU 消息时，它会首先判断接收到这个 BPDU 的端口是不是根端口。鉴于 SW1 是根交换机，它连接 SW2 的链路又拥有最小的链路开销，所以它接收到 Proposal BPDU 的端口就是根端口（即接收到的 BPDU 是最优的 BPDU）。于是，SW2 就会向 SW1 发送一条标志位封装为 Agreement（协议）的 BPDU，允许 SW1 连接 SW2 的那个端口直接进入转发状态，同时也让自己连接 SW1 的端口直接进入转发状态。但前文中也提到过，这个网络会沿 SW1–SW2–SW4–SW3–SW1 形成一个环路。所以，P/A 机制会让 SW2 把所有非边缘的指定端口都置入阻塞状态，以避免产生环路。而 SW1 在接收到 SW2 发送的 Agreement BPDU 后，也会跳过计时器，让它连接 SW2 的端口直接进入转发状态，这就是 P/A 同步的过程。

图 8-9 所示为 P/A 同步流程（1）。在图中可以看到，虽然 SW1 和 SW2 之间的链路已经可以转发数据帧，但网络中仍然不存在环路。

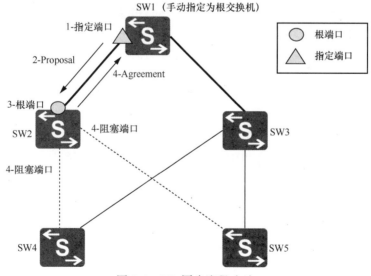

图 8-9　P/A 同步流程（1）

接下来，SW2 会继续执行 P/A 同步流程。它会给 SW4 和 SW5 发送标志位为 Proposal 的 BPDU，提议允许自己与其连接的两个端口进入转发状态。SW4 和 SW5 在接收到标志位为 Proposal 的 BPDU 消息时，会首先判断接收到 Proposal BPDU 的端口是不是根端口。如果 SW2 比 SW3 的桥 ID 更小，SW4 和 SW5 就会认定自己接收到 Proposal BPDU 的端口就是根端口（即接收到的 BPDU 是最优的 BPDU）。于是，它们都会向 SW2 发送一条标志位封装为 Agreement（协议）的 BPDU，允许 SW2 让与其连接的端口直接进入转发状态，也让自己连接 SW2 的端口直接进入转发状态。同时，RSTP 会让 SW4 和 SW5 把所有非边缘的指定端口都置入阻塞状态，也就是让它们把连接 SW3 的端口置入阻塞状态，以避免产生环路。SW2 在接收到 SW4 和 SW5 发送的 Agreement BPDU 后，会跳过计时器，直接让它的两个指定端口进入转发状态。P/A 同步流程（2）如图 8-10 所示。可以看到，即使 SW2 在接收到 Agreement BPDU 后，立刻通过自己的两个指定端口开始转发数据帧，网络中也依然不存在环路。

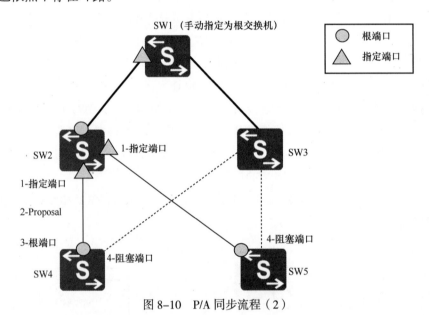

图 8-10　P/A 同步流程（2）

下一步，SW4 和 SW5 会继续执行 P/A 同步流程，它们会给 SW3 发送标志位为 Proposal 的 BPDU，提议它允许自己与其连接的两个端口进入转发状态。然而，SW3 接收到标志位为 Proposal 的 BPDU 消息时，它会发现自己接收到这两个 BPDU 的端口都不是根端口（即接收到的 BPDU 并不是最优的 BPDU），因为 SW3 的根端口显然应该是它连接 SW1 的端口，而 SW3 连接 SW4 和 SW5 的端口是指定端口，如图 8-7 所示。

此时，RSTP 就需要在 SW3 连接 SW4 和 SW5 的两条链路中，分别选举出一个指定端口，那么落选的端口则会成为预备端口，这一步的逻辑和 STP 别无二致。在这个环境中，SW3 连接 SW4 和 SW5 的两个端口，它们的 RPC 应该小于对端的 RPC。因此，SW3 连接 SW4 和 SW5 的端口会成为指定端口，而 SW4 和 SW5 连接 SW3 的端口则会成为预备端口，进入阻塞状态。至此，RSTP 网络实现了重收敛，如图 8-11 所示。

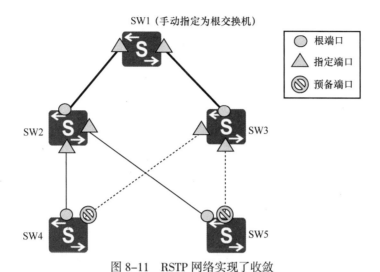

图 8-11　RSTP 网络实现了收敛

> **注释**：如果一台交换机的 RSTP 指定端口为共享类型端口，它就不会对外发送标志位为 Proposal 的 BPDU，而会参照传统 STP 的机制来执行状态过渡。这是因为共享类型端口往往连接了不只一台交换机，以其中任何一台交换机响应的 Agreement BPDU 作为依据快速过渡到转发状态，都意味着共享类型端口所连接的其他交换机可能处在一条环路的路径当中。

5. RSTP 的拓扑变更机制

传统 STP（IEEE 802.1d）针对拓扑变更所定义的流程是，由检测到拓扑变更的交换机逐级向上游通告 TCN BPDU，直至最后由根交换机统一向整个网络下发 TC 位置位的配置 BPDU。这种流程的效率显然相当低下。

RSTP 对拓扑变更机制进行了修改。RSTP 对拓扑变更是否发生只有一个标准，即有一个非边缘端口迁移到转发状态。当一台交换机检测到拓扑发生变化时，它会启动一个拓扑变化周期（TC While）计时器，这个计时器设定的时间是 Hello 时间的两倍，因此缺省为 4s。在计时器设定的时间内，RSTP 会一边通过非边缘的指定端口和根端口向外发送 TC 位置位的 RST BPDU，一边把发生状态变化的端口学习到的 MAC 地址清空。一旦计时器超时，交换机就会停止发送 RST BPDU。因为 TC 位置位的配置 BPDU，其作用是告知其他设备拓扑发生变化，请它们直接删除交换机 MAC 地址表项，所以当其他交换机接收到 TC 位置位的 RST BPDU 时，就会清空它们（除了接收到该 BPDU 的端口和边缘端口外）所有端口学习到的 MAC 地址。接下来，这些交换机也会在非边缘的指定端口和根端口上启用拓扑变化周期计时器，并且在计时器超时前通过这些端口对外发送 TC 位置位的 RST BPDU。整个流程以此类推，直到整个 RSTP 网络中所有交换机都接收到 TC 位置位的 RST BPDU 并且删除相关端口学习到的 MAC 地址为止。RSTP 的拓扑变更流程如图 8-12 所示。

在图 8-12 中，最下方的交换机检测到拓扑变化。于是，最下方交换机发起的（TC 位置位的）RST BPDU 就泛洪遍及了整个 RSTP 网络。读者对比图 8-12 和图 8-2 不难发现，由检测到拓扑变更的交换机发起 TC 位置位的 RST BPDU 泛洪，远比由该交换机将拓扑变更层层通告给根交换机，再由根交换机泛洪 TC 位置位的 RST BPDU 效率要高、设计上也更合理。

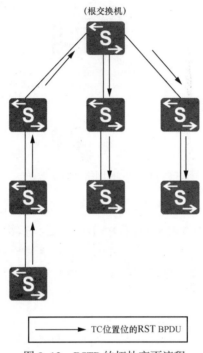

图 8-12　RSTP 的拓扑变更流程

6. RSTP 的保护功能

上文介绍了 RSTP 提供的快速收敛机制。然而，RSTP 引入的大量快速收敛机制之所以没有在一开始就被定义在传统 STP 的标准中，是因为部分快速收敛机制有可能引入环路风险。因此，RSTP 也相应地提供了一系列保护功能。

（1）BPDU 保护功能

若管理员把交换机 A 连接到另一台交换机 B 的端口误设置为边缘端口，而交换机 A 又不加区分地让这个端口进入转发状态，这个网络就有产生转发环路的风险。因此，交换机增加了这样的机制：一旦边缘端口接收到（终端设备通常不会发送、只有交换机才会发送的）BPDU 消息，交换机就会忽略它的边缘端口设置。RSTP 也会把这个端口考虑进去，并重新计算这个网络的生成树拓扑。

虽然上述机制可以避免网络环路的产生，但如果有用户向其连接的边缘端口发送伪造的 BPDU，依然可以利用上述机制引发生成树拓扑的重新计算，从而导致网络振荡。为了避免上述问题，管理员可以在边缘端口上启用 BPDU 保护功能。此时边缘端口如果接收到 BPDU，就会被置于 error-down 状态，同时通知网管系统，并且这个端口仍然会保留边缘端口的属性，这就是边缘端口的 BPDU 保护功能，如图 8-13 所示。

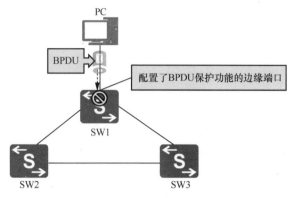

图 8-13　边缘端口的 BPDU 保护功能

在图 8-13 中，管理员将 SW1 连接 PC 的端口配置为边缘端口，同时在该端口启用了 BPDU 保护功能。于是，当这个端口接收到 PC 用户伪造的 BPDU 后，RSTP 并没有把这个端口纳入生成树的计算，SW1 让这个端口进入 error-down 状态，避免其在管理员手动重新开放该端口前继续接收新的报文。

（2）根保护功能

交换网络中还有另一种常见的攻击方式，那就是攻击者使用自己管理的流氓设备向根交换机发送优先级更高的 RST BPDU，使其失去根交换机的位置。这不仅会导致网络拓扑发生变化、形成网络振荡，而且网络拓扑的变更可能会让原本通过高速链路转发的流量转而通过低速链路转发，从而导致网络阻塞。

为了避免上述问题的发生，管理员可以在交换机的指定端口上配置根保护功能。只要指定端口配置了根保护功能，那么一旦该端口接收到优先级更高的配置 BPDU，这个端口就会立刻从转发状态进入丢弃状态，并且在丢弃状态下停留一段时间。该端口如果在这段时间内没有接收到优先级更高的配置 BPDU，就会恢复到转发状态。

指定端口的根保护功能如图 8-14 所示，SW2 向根交换机 SW1 发送了更优的 BPDU。SW1 的所有端口都是指定端口，并且 SW1 的所有端口都配置了根保护功能，因此当 SW1 接收到 SW2 发送的更优 BPDU 时，它会立刻让接收到这个 BPDU 的端口进入丢弃状态，而不会启动状态过渡。

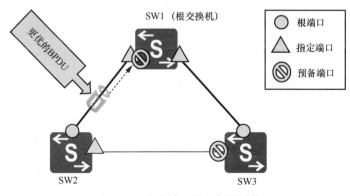

图 8-14　指定端口的根保护功能

反之，如果在图 8-14 所示的环境中，SW1 的指定端口没有配置根保护功能，那么 SW1 就会在接收到 SW2 发送的更优 BPDU 时重新进行生成树计算，根交换机也会从 SW1 变为 SW2。

（3）环路保护功能

在运行 RSTP 的网络中，根端口只有不断接收到上游设备发送的 RST BPDU 才能维持其根端口的角色。如果因为链路拥塞或者单向链路故障，根端口无法接收到上游交换机发送的 RST BPDU，交换机就会重新选择根端口。根据 RSTP 的设计，当这种情况出现时，优先级最高的预备端口无须等待计时器计时结束、不经历过渡状态，而是直接进入转发状态接替根端口角色，而原本的根端口此时会转变为指定端口，这就有可能导致网络出现环路，如图 8-15 所示。

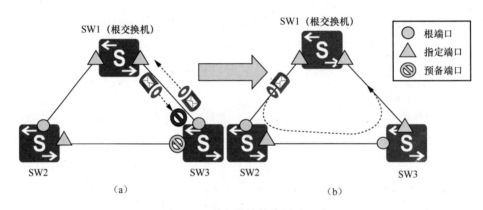

图 8-15　单向链路故障导致环路

在图 8-15（a）所示的环境中，SW1 和 SW3 之间的链路发生了单向链路故障，导致 SW3 无法接收到 SW1 发送的报文，包括 RST BPDU，但 SW1 却可以接收到 SW3 发送的报文。在图 8-15（b）所示的环境中，因为无法接收到 RST BPDU，所以 SW3 的预备端口转变为根端口，原本的根端口则成为指定端口。于是，网络形成了环路。

环路保护功能可以针对以下这种环境提供保护。在管理员启用了环路防护后，若根端口或预备端口长时间没有接收到上游设备的 BPDU 报文，端口就会向网管发出通知。同时，如果无法接收到 BPDU 的端口是根端口，环路保护功能就会让其切换为指定端口，同时进入丢弃状态；如果无法接收到 BPDU 的端口为预备端口，环路保护功能则会让其切换为指定端口，同时让其继续保持在丢弃状态。在上述情况下，直到链路故障恢复或链路不再拥塞，端口重新接收到 BPDU 后，它们才会恢复到正常通信情况下的角色和状态。因为接收不到 BPDU 的端口不会参与转发，所以潜在的环路风险也就不存在了。

（4）TC BPDU 报文保护功能

TC 位置位的配置 BPDU，其作用是告知其他设备拓扑发生变化，请它们直接删除交换机 MAC 地址表项。因此，交换机接收到 TC 位置位的 RST BPDU 时，就会清空自己（除了接收到该 BPDU 的端口和边缘端口外）所有端口学习到的 MAC 地址。攻击者也可以利用这样的机制伪造 TC 位置位的 BPDU 报文，让网络中的交换机删除它们各个端口学习到的 MAC 地址，这样不仅会给交换机造成沉重的负担，也会严重影响网络的稳定性，使网络无法完成收敛。

TC BPDU 报文保护功能可以配置交换机在单位时间内处理 TC BPDU 报文的数量。此时，如果交换机在单位时间内收到的 TC BPDU 报文数量超过了管理员配置的数量，交换机只会按照管理员指定数量处理 TC BPDU 报文。对于其他超出管理员配置值的 TC BPDU 报文，交换机只会在时间到期时统一处理一次。因此，通过配置 TC BPDU 报文保护功能，管理员可以让交换机避免过于频繁地处理 TC BPDU 报文。

8.1.5　RSTP 的拓扑收敛流程

下面，我们结合 STP（IEEE 802.1d）的拓扑收敛流程和前文中介绍的 RSTP 机制，对 RSTP 的拓扑收敛流程进行说明。

大致上，RSTP 收敛的过程与 STP 类似，比如在建立生成树的过程中，RSTP 的第一步也是选举根交换机。在此过程中，每台交换机都会发送以自己的桥 ID 作为根 ID 的 RST BPDU 来向其他交换机声明自己的根交换机身份。同时，每台交换机都会查看自己接收到的 RST BPDU，并且把自己的桥 ID 和（接收到的）BPDU 中的根 ID 进行比较。如果交换机发现该 BPDU 的根 ID 小于（即优于）自己的桥 ID，它就会认定这个 RST BPDU 的发送方才是根交换机。之后，这台交换机发送的 BPDU 就会以根交换机的桥 ID 作为根 ID，这就表示自己已经认可那台交换机是这个交换网络中的根交换机。

下面以图 8-16 所示的环境说明这个流程。

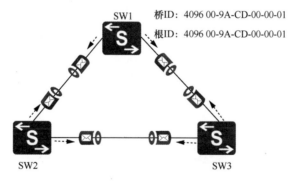

SW1　桥ID：4096 00-9A-CD-00-00-01
　　　根ID：4096 00-9A-CD-00-00-01

SW2
桥ID：4096 00-9A-CD-00-00-02
根ID：4096 00-9A-CD-00-00-02

SW3
桥ID：4096 00-9A-CD-00-00-03
根ID：4096 00-9A-CD-00-00-03

图 8-16　交换机之间通过交换 RST BPDU、比较根 ID 选举根交换机

在图 8-16 中，3 台运行 RSTP 的交换机 SW1、SW2 和 SW3 分别把自己的桥 ID 封装为根 ID，向其他 STP 交换机发送了 BPDU 消息。然而，它们都接收到另外两台交换机发送的 BPDU，并且查看了其中的根 ID 后，就会达成一个共识，即 SW1 的桥 ID 数值最小。因此，它们都认定 SW1 就是这个以太网络中的根交换机，如图 8-17 所示。

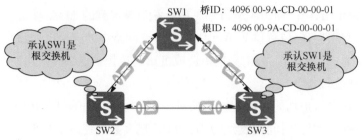

图 8-17　选举出根交换机

在图 8-17 中，所有交换机端口均为点到点类型的端口，因此 SW1 和 SW2 之间的互联端口，以及 SW1 和 SW3 之间的互联端口会通过 P/A 机制快速进入转发状态。因为根交换机的所有端口都会成为指定端口，所以 RSTP 会让 SW1 连接 SW2 的端口进入丢弃状态，同时向 SW2 发送一个标志位封装为 Proposal 的 BPDU，提议 SW2 让这个端口立刻进入转发状态。

当 SW2 接收到这个标志位为 Proposal 的 BPDU 消息时，它会首先判断接收到这个 BPDU 的端口是不是根端口。鉴于 SW1 是根交换机，所以接收到 Proposal BPDU 的端口就是根端口（即接收到的 BPDU 是最优的 BPDU）。于是，SW2 会阻塞其他非边缘端口，并且使用根端口向 SW1 发送一条标志位封装为 Agreement 的 BPDU，同时允许根端口直接进入转发状态。SW1 在接收到 SW2 发送的 Agreement BPDU 后，会跳过计时器，让它连接 SW2 的指定端口直接进入转发状态，这就是 P/A 同步流程第一步，如图 8-18 所示。

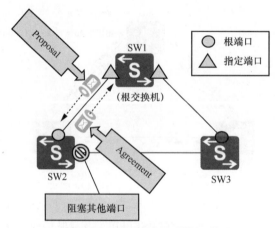

图 8-18　P/A 同步流程第一步

接下来，SW2 继续执行 P/A 同步流程。它会给 SW3 发送标志位为 Proposal 的 BPDU，提议它允许自己与其连接的端口进入转发状态。SW3 在接收到标志位为 Proposal 的 BPDU 消息后，也会首先判断接收到这个 BPDU 的端口是不是根端口。显然，SW3 的根端口是它连接 SW1 的端口，因此 SW3 接收到标志位为 Proposal 的端口不是根端口（即接收到的 BPDU 不是最优的 BPDU），SW3 会忽略这个 Proposal，不会发送 Agreement 位置位的 RST BPDU 作出响应。SW2 发送 Proposal 的端口没有接收到 Agreement，会在等待两倍的转发时延后成为指定端口，进入转发状态。而 SW3 连接 SW2 的端口则会成为预备端口，进入阻塞状态，这就是 P/A 同步流程第二步，如图 8-19 所示。

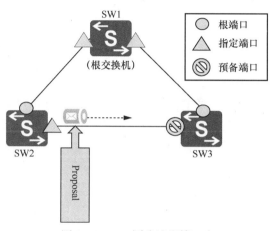

图 8-19　P/A 同步流程第二步

在上述流程中，SW1 和 SW3 互联的链路也会执行 P/A 机制。因此在 SW2 和 SW3 互联的端口中，哪个端口会成为指定端口，其选择标准与传统 STP 选择指定端口的标准相同。如果各链路带宽相等，那么因为 SW2 的桥 ID 更小（如图 8-17 所示），所以 SW2 连接 SW3 的端口会成为指定端口。SW3 连接 SW2 的端口则会落选指定端口，成为预备端口。

在介绍了 STP 和 RSTP 的原理后，下面我们介绍一下在 VRP 系统上配置 STP 和 RSTP 的命令。

8.1.6　STP 与 RSTP 的配置命令

管理员对交换机的生成树运行机制进行配置，首先需要进入系统视图。在系统视图下，管理员可以使用以下命令来启用 STP（包括 STP 各种模式）。

```
[Huawei] stp enable
```

注释： 在缺省情况下，华为交换机的 STP 是处于启用状态的，所以上述命令通常无须手动配置。

管理员可以在系统视图下通过下面的命令来修改生成树的模式。

```
[Huawei] stp mode { stp | rstp | mstp }
```

如果管理员输入的是关键字 **stp**，这台交换机就会运行传统的 STP（802.1d）；如果管理员输入的是关键字 **rstp**，这台交换机就会运行 RSTP（802.1w）；如果管理员输入的是

关键字 **mstp**，这台交换机则会运行多生成树（MSTP）模式。MSTP 的内容会在后文中进行详细介绍。如果管理员不对 STP 的模式进行手动设置，交换机缺省会运行 MSTP 模式。

此外，管理员如果需要把一台交换机设置为根交换机，那就需要在系统视图下输入下面的命令。

```
[Huawei] stp root primary
```

华为交换机的桥优先级缺省为 32768。在管理员输入上述命令后，这个设备的桥优先级就会成为 0。

如果管理员希望把一台交换机设置为备用的根交换机，以便它在根交换机发生故障时成为根交换机，那就需要在系统视图下输入以下命令。

```
[Huawei] stp root secondary
```

在管理员输入上述命令后，这个设备的桥优先级就会成为 4096。

管理员如果希望把桥优先级值修改为自己希望的参数，则可以在系统视图下输入以下命令。

```
[Huawei] stp priority priority
```

桥优先级（即 priority 参数）的取值范围是 0～65535，这个值越小，交换机在根交换机的选举中优先级就越高。

除了上述参数外，管理员也可以进入接口视图，并且使用下面两条命令来修改相关接口的开销值和端口优先级值。

```
[Huawei-GigabitEthernet0/0/1] stp cost cost
[Huawei-GigabitEthernet0/0/1] stp priority priority
```

如果管理员不修改，端口的优先级值缺省为 128；关于端口开销值，交换机缺省会使用一种路径开销计算标准来根据端口的带宽进行计算。

华为交换机提供了 3 种不同的端口路径开销计算方式。管理员可以在系统视图下，使用下面的命令来指定交换机使用其中一种端口路径开销方式来计算所有端口的路径开销值。

```
[Huawei] stp pathcost-standard { dot1d-1998 | dot1t | legacy }
```

在缺省情况下，华为交换机会使用 dot1t（IEEE 802.1t）来计算端口路径开销值。

在缺省情况下，交换机上没有边缘端口。因此，如果管理员希望将一个交换机端口设置为边缘端口，需要进入该端口的视图输入以下命令。

```
[Huawei-GigabitEthernet0/0/1] stp edged-port enable
```

边缘端口在缺省情况下没有启用 BPDU 保护功能。如果管理员希望针对所有边缘端口启用 BPDU 保护功能，需要在 VRP 的系统视图下输入以下命令。

```
[Huawei] stp bpdu-protection
```

在缺省情况下，交换机的指定端口没有启用根保护功能。如果管理员希望针对指定端口启用根保护功能，需要进入该端口的视图输入以下命令。

```
[Huawei-GigabitEthernet0/0/1] stp root-protection
```

需要说明的是，只有端口的角色是指定端口时，这条启用根保护的命令才会生效。

如果一个端口配置了根保护功能，这个端口就不能配置环路保护功能。在缺省情况下，环路保护功能不会针对根端口或者预备端口启用。如果管理员希望启用环路保护功能，需要进入该端口的视图输入以下命令。

```
[Huawei-GigabitEthernet0/0/1] stp loop-protection
```

如果管理员希望对一台交换机的 TC BPDU 报文保护功能进行设置，可以首先在该交换机的系统视图下使用以下命令设置处理指定数量 TC BPDU 报文的时间间隔。

```
[Huawei] stp tc-protection interval interval-value
```

在缺省情况下，华为 CloudEngine 系列交换设备处理指定报文数量的时间间隔就是 Hello 时间，而华为 S 系列交换设备处理指定报文数量的时间间隔是 10s。具体的缺省设置，读者可以查询华为设备的在线配置指南。

此外，管理员也可以在系统视图下使用以下命令来设置设备在指定时间间隔内可处理的 TC BPDU 报文数量最大值。

```
[Huawei] stp tc-protection threshold threshold
```

在缺省情况下，设备在指定时间间隔内处理的 TC BPDU 报文数量最大值是 1。

尽管上述两条命令都有缺省值，但交换机在缺省状态下并不会执行 TC BPDU 报文保护功能。管理员需要至少配置上述两条 **stp tc-protection** 命令中的一条，才能在交换机上启用 TC BPDU 报文保护功能。

在介绍了基本配置命令后，下面我们演示一个简单的配置案例。

8.1.7　STP 与 RSTP 的配置案例

在图 8-20 所示的 RSTP 配置拓扑中，管理员需要首先将所有交换机的 STP 模式修改为 RSTP 模式，然后把 SW1 设置为根交换机，将 SW2 设置为备用根交换机。此外，管理员还需要将 SW1 连接 PC 的端口设置为边缘端口，在 SW1 上启用 TC BPDU 报文保护功能，并且在 SW1 连接 SW2 和 SW3 的指定端口启用根保护功能。

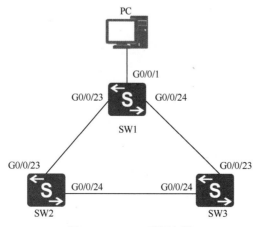

图 8-20　RSTP 配置拓扑

第一步是在 3 台交换机上将 STP 模式修改为 RSTP 模式，并分别把 SW1 和 SW2 设置为根交换机和备份根交换机，具体见例 8-1 所示。

例 8-1　修改 STP 模式与根交换机的设置

```
[SW1]stp mode rstp
[SW1]stp root primary

[SW2]stp mode rstp
[SW2]stp root secondary

[SW3]stp mode rstp
```

完成上述设置后，下面我们将 SW1 连接 PC 的端口设置为边缘端口，在 SW1 上启用 TC BPDU 报文保护功能，然后在 SW1 连接 SW2 和 SW3 两台交换机的端口上启用根保护功能，具体见例 8-2。

例 8-2　RSTP 保护功能的设置

```
[SW1]interface GigabitEthernet0/0/1
[SW1-GigabitEthernet0/0/1]stp edged-port enable
[SW1-GigabitEthernet0/0/1]quit
[SW1]stp bpdu-protection
[SW1]interface GigabitEthernet0/0/23
[SW1-GigabitEthernet0/0/23]stp root-protection
[SW1-GigabitEthernet0/0/23]interface GigabitEthernet0/0/24
[SW1-GigabitEthernet0/0/24]stp root-protection
```

演示实验相当简单，只是为了向读者展示 RSTP 配置命令的使用。当然，在实际网络中，STP 的配置也并不复杂。

至此，我们完成了 STP 和 RSTP 的回顾和对补充知识点的介绍。在下一节中，我们会介绍 MSTP。

8.2　MSTP 的原理与配置

针对 STP 收敛速度慢的问题，RSTP 通过一系列机制进行了改善，但 RSTP 依然采用了整个交换网络收敛为一棵生成树的做法。在 VLAN 技术大行其道的时代，这种做法就会导致次优路径问题，同时链路也无法得到更加合理的应用。

传统 STP/RSTP 无法解决的流量次优问题如图 8-21 所示，3 条链路带宽相同，SW1 没有连接任何属于 VLAN 100 的终端，SW2 没有连接属于 VLAN 300 的终端，SW3 则没有连接属于 VLAN 200 的终端。在这个场景中，如果整个物理局域网只能收敛为一棵生成树，那么无论哪台交换机被选举为根交换机，这个网络都（会在为某个 VLAN 中的终端转发流量时）存在流量次优的问题。下面我们以将 SW1 设置为根交换机为例解释这种情况。

若将 SW1 设置为根交换机，那么根据生成树的原理，SW2 与 SW3 之间的链路势必无法用来传输用户数据（无论 SW2 连接 SW3 的端口成为预备端口，还是 SW3 连接 SW2

的端口成为预备端口)。于是，当 PC1 需要与 PC2 进行通信时，流量就必须由 SW1 进行转发。因为 3 条链路带宽相同，所以 PC1 通过 SW1 向 PC2 转发流量的做法无疑采用了次优路径。这种做法不仅会影响通信效率，而且占用了 SW1 及其两条链路上的资源，SW2 和 SW3 之间的链路遭到浪费。

解决上述问题的方法是让每个 VLAN 分别收敛出一棵生成树，如图 8-22 所示。这样一来，不仅不会产生次优路径，而且各个 VLAN 内部的数据也能更加合理地分布在各条链路和各台设备上，实现有效的负载分担。

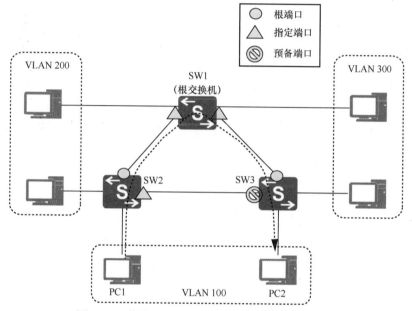

图 8-21　传统 STP/RSTP 无法解决的流量次优问题

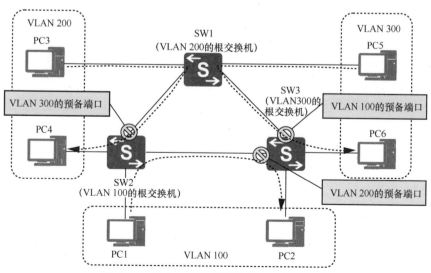

图 8-22　每个 VLAN 分别收敛出一棵生成树

在图 8-22 中，每个 VLAN 分别收敛出一棵生成树，SW1、SW2、SW3 分别作为 VLAN200、VLAN100 和 VLAN300 生成树的根交换机。这样收敛的结果是，每个 VLAN 中的 PC 互访都不会使用次优路径，同时网络中的每条链路都可以得到有效利用。虽然 因为没有跨 VLAN 的生成树，网络中没有端口同时针对多个 VLAN 进入阻塞状态，但 因为数据流量本身就不会在数据链路层跨 VLAN 转发，所以网络中不会产生数据链路 层环路。

不过，在如今稍具规模的园区网中，VLAN 数量动辄百千计，如果要求网络中的各 台交换机都针对每个 VLAN 协商出一棵生成树，势必给交换机造成沉重的负担。为了平 衡整个网络收敛出一棵生成树所带来的流量转发问题和每个 VLAN 分别收敛出一棵生成 树所带来的交换机性能问题，IEEE 发布了 MSTP 的 IEEE 802.1s 标准。MSTP 支持管理员 把任意多个 VLAN 捆绑为一个生成树实例，每个生成树实例收敛为一棵生成树，网络中 的多个生成树实例（MSTI）就会收敛出多棵生成树，MSTP 采用了 RSTP 的收敛机制，但 MSTP 在每个网络一棵树和每个 VLAN 一棵树之间找到了平衡，管理员可以根据自己的需要 设置网络中的生成树实例数量，决定哪些 VLAN 共用一棵生成树。

例如，在图 8-22 所示的场景中，网络实际上并不需要针对每个 VLAN 分别收敛出一棵 生成树就可以解决次优路径和负载分担问题。我们如果把 VLAN 200 和 VLAN 300 捆绑为一 个生成树实例，把这个生成树实例的根交换机设置为 SW1（VLAN 100 则单独作为一个生 成树实例，其根交换机还是 SW2），那么此时不但网络的流量转发路径不变，而且网络只 需收敛出两棵生成树，而不需要收敛出 3 棵生成树，如图 8-23 所示。

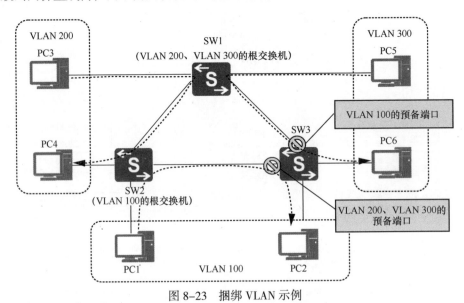

图 8-23　捆绑 VLAN 示例

8.2.1　MSTP 术语

MST 支持把一个交换网络划分成多个域，每个域内再把多个 VLAN 绑定成一个实例，最终为每个生成树实例计算出一棵生成树。在这个层次结构中，域称为多生成树（MST）域。一个局域网可以分为多个 MST 域，也可以只包含一个 MST 域。处于同一个 MST 域中的交换机除了都要启用 MSTP 模式的 STP 外，还需要进行以下配置。

① 配置相同的 MST 域名。

② 配置相同的 VLAN 与生成树实例映射关系。

③ 配置相同的 MSTP 修订级别。

在图 8-23 中，所有设备的 VLAN 与生成树实例映射关系相同，所以可以视为一个 MST 域。一个 MST 域可以包含多个生成树实例，也可以只包含一个生成树实例，每个生成树实例都称为一个 MSTI。MSTI 需要使用一个 Instance ID（实例 ID）。在华为设备上，Instance ID 的取值范围是 0～4094。其中，运行 MSTP 的交换机缺省即配置有 Instance0，且所有 VLAN 缺省都映射到 Instance0 中。

在一个 MST 域中，管理员需要在每台设备上配置相同的 VLAN 映射表，确保它们拥有相同的 VLAN 与 MSTI 映射关系。其中，每个 VLAN 只能映射到一个 MSTI，而一个 MSTI 可以对应多个 VLAN。在图 8-23 中，管理员需要对 SW1、SW2 和 SW3 进行设置，让它们都加入相同的 MST 域（如 MST Region 1），然后将 VLAN 100 映射到一个 MSTI（如 Instance1），将 VLAN 200 和 VLAN 300 映射到另一个 MSTI（如 Instance2），如图 8-24 所示。

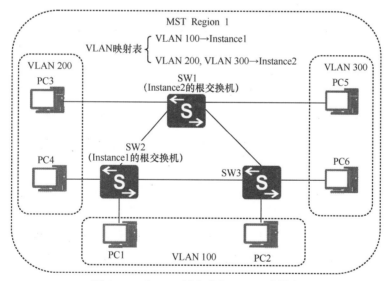

图 8-24　在 MST 域中建立 VLAN 映射表

8.2.2 MSTP 网络的生成树类型

在 MST 网络中，除了每个 MSTI 对应一棵生成树外，还包括下列几种特殊的生成树。

① **公共生成树（CST）**：连接各个 MST 域，用来避免 MST 域间形成环路的生成树。MST 交换机在计算 CST 时，会把每个 MST 域视为一个节点（即一台交换机）运行生成树协议，计算出一棵遍及整个 MST 网络的生成树。

② **内部生成树（IST）**：Instance ID 为 0 的 MSTI 所对应的生成树。运行 MSTP 的交换机缺省会把所有 VLAN 都映射到 Instance0 中，因此所有没有被映射给其他 MSTI 的 VLAN 都属于 Instance0，这些 VLAN 也都会共享 IST。简言之，IST 是一个 MST 域的缺省生成树。

③ **公共和内部生成树（CIST）**：在一个（运行 MST 的）交换网络中，CST 和所有 MST 域的 IST 所组成的生成树。换言之，CIST 是由域间生成树和各域的缺省生成树组成的生成树，会把交换网络中的所有交换设备连接起来。

④ **单生成树（SST）**：当一个 MST 域中只有一台交换设备，这台设备就构成一个单生成树。

8.2.3　MSTP 网络的交换设备角色

因为运行 MSTP 的交换网络包含 CIST 和各域的 IST 等多棵生成树，这些生成树分别拥有各自的根交换机，所以运行 MSTP 的交换网络就会包含下列几类交换设备。

① **总根**：CIST 的根桥。

② **域根**：分为 IST 域根和 MSTI 域根。

③ **IST 域根**：每个 IST 中，距离总根最近的交换设备。

④ **MSTI 域根**：每个 MSTI 的根交换机。

⑤ **主桥**：每个 MST 域中，距离总根最近的交换设备。在总根所在的 MST 域中，总根即主桥。

8.2.4　MSTP 网络的端口角色与状态

因为交换设备的类型较多，所以 MSTP 定义了更多端口角色，其中包括根端口、指定端口、预备端口、备份端口、Master 端口、域边缘端口和边缘端口。鉴于根端口、指定端口、预备端口、备份端口和边缘端口的概念与其他模式的 STP 一致，且在前文中已经对这些端口进行了介绍，下面我们仅对 MSTP 特有的 Master 端口和域边缘端口进行介绍。

① **Master 端口**：主端口，在一个 MST 域所有连接其他域的端口中，它是距离总根最近（即开销最小）的端口，是 MST 域连接总根的端口，位于 MST 域到总根的最短路径上。因此，Master 端口也是一种特殊的域边缘端口。需要注意的是，Master 端口只存在于 MSTI。在 CIST 上，Master 端口的角色是根端口。

② **域边缘端口**：位于 MST 边缘，将该 MST 连接到其他 MST 域的端口。

图 8-25 利用一个多 MST 域的交换网络展示了 Master 端口和域边缘端口。

如前文所述，Master 端口本身是域边缘端口，但它必须是域边缘端口中距离总根最近的端口。关于 Master 端口，读者还应该理解，虽然同一台交换机在不同 MSTI 中完全可以扮演不同的角色（如图 8-24 中的 SW1 和 SW2 分别扮演 Instance2 和 Instance1 的根交换机），同一台交换机上的同一个端口也会在不同 MSTI 中扮演不同的端口角色，但 Master 端口在所有 MSTI 的角色都是相同的。换言之，无论管理员在图 8-25 中的 MST Region 2 中创建了多少实例，还是建立多少 VLAN 与实例之间的映射关系，这些 MSTI 的 Master 端口都是 SW2 连接 SW1 的端口。

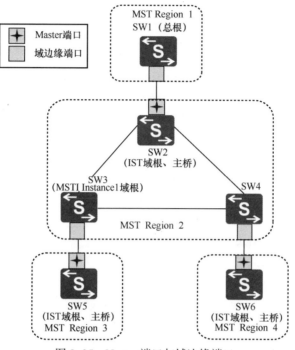

图 8-25　Master 端口与域边缘端口

上述情况是因为实例的创建、映射的建立不会影响端口与总根的距离。换言之，Master 端口是在 MSTP 计算 CST 的过程中得到的端口角色。MST 交换机在计算 CST 时，会把每个 MST 域视为一个节点来运行生成树协议，因此 MST 域内部的生成树计算和映射关系划分并不会影响 MST 对 CST 的计算，自然也不会影响 Master 端口角色的选择。在图 8-25 中，如果读者将 4 个 MST 域分别看成一台交换机，可以看出 Master 端口分别是它们连接根交换机（总根所在域）的根端口。因此，Master 端口也称为 CST 根端口。

同理，虽然在图 8-25 中，Master 端口都在 IST 域根上，但 IST 域根与 Master 端口之间并不存在设计上的关联。实际上，MST Region 2 的 IST 域根也可以是 SW3 和 SW4，但它们扮演域根并不影响 SW2 连接 SW1 的端口成为 Master 端口。再次强调，Master 端口的选择是 MSTP 计算 CST 的结果，而 IST 域根的选举是 MST 域内的计算结果，MSTP 计算 CST 不会考虑 MST 域内的结构，因为此时 MSTP 会把每个 MST 域视为一个节点。

虽然 MSTP 定义了两种新的端口角色，但 MSTP 的端口状态与 RSTP 相同，即仅定义了转发状态、学习状态和丢弃状态，且每种状态下的端口操作与 RSTP 一致。MSTP 新定义的 Master 端口和域边缘端口最终也会保持在转发状态。

8.2.5　MSTP 的报文格式

MSTP BPDU 的封装字段前半部分和 STP/RSTP BPDU 的封装字段相同，但是又增加了一些新的封装字段。

MSTP BPDU 的封装格式如图 8-26 所示。

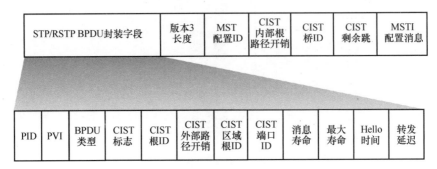

图 8-26　MSTP BPDU 的封装格式

关于图 8-26 所示的 MSTP BPDU 封装，以下字段需要特别关注。

① **STP/RSTP BPDU 封装字段**：具体字段如下。

- **PVI（协议版本标识符）**：针对 MSTP BPDU，这个字段的取值为 3（STP BPDU 的取值为 0，RSTP BPDU 的取值为 2）。
- **BPDU 类型**：针对 MST BPDU，这个字段的取值为 0x02。
- **CIST 根 ID**：这个字段的长度为 8 字节，作用是标识总根的桥 ID。
- **CIST 外部路径开销**：这个字段的长度为 4 字节，作用是标识从这台交换设备所在 MST 域根到总根交换设备所在 MST 域的累计路径开销。CIST 外部路径开销是根据链路带宽计算的。
- **CIST 区域根 ID**：这个字段的长度为 8 字节，作用是标识当前的 MST 域根桥 ID。

② **MST 配置 ID**：这个字段的长度为 51 字节，包含 MST 配置命令、修订版本级别等信息。

③ **CIST 内部根路径开销**：这个字段的长度为 4 字节，作用是标识去往 CIST 域根交换机的路径开销。路径开销同样是根据链路带宽进行计算的。

④ **CIST 桥 ID**：这个字段的长度为 8 字节，用于标识传输网桥的 CIST 桥 ID。

上文对 MSTP 的基本术语、概念和封装格式进行了说明。下面我们对 MSTP 的工作原理进行介绍。

8.2.6　MSTP 的工作原理

运行 MSTP 的交换网络可以分为多个 MST 域。MSTP 会以每个域为节点计算各域之间的 CST，也会在各域内部分别计算 IST。CST 和各域的 IST 共同构成这个交换网络的 CIST。除了 CST 和各域的 IST 外，每个域还可以根据管理员创建的生成树实例分别计算出一棵生成树，这些生成树称为 MSTI。

CIST 和 MSTI 都是使用优先级向量计算的，计算 CIST 和 MSTI 的信息都包含在图 8-26 所示的 BPDU 中，交换设备相互交换这些 BPDU 来生成 CIST 和 MSTI。当然，计算 CIST

和 MSTI 的优先级向量有所不同。其中，参与 CIST 计算的优先级向量，其具体优先级顺序如下。

① **根桥 ID**：封装在 CIST 根 ID 字段中的信息，用来选择 CIST 根交换机，即总根。这个字段的长度为 8 字节，由前 2 字节的优先级和后 6 字节的 MAC 地址组成。需要注意的是，这里的优先级是 Instance0 的优先级，而不是其他实例的优先级。

② **CIST 外部路径开销**：指从域根到达总根的路径开销。显然，一个 MST 域内部所有交换机保存的 CIST 外部路径开销都是相同的，而且在总根所在的 MST 域中，所有交换机保存的 CIST 外部路径开销都是 0。

③ **域根 ID**：交换机所在 MST 域的根交换机 ID，同样由前 2 字节的优先级和后 6 字节的 MAC 地址组成，这里的优先级也同样是 Instance0 的优先级。

④ **CIST 内部路径开销**：本地交换机到达域根交换机的路径开销。

⑤ **指定桥 ID**：这里的指定交换机（指定桥）指本地交换机通向域根交换机的最近一台上游交换机。如果本地交换机就是域根交换机，那么指定桥 ID 就是本地交换机的桥 ID。

⑥ **指定端口 ID**：即指定交换机上同本地交换机根端口相连的那个端口的 ID。端口 ID 是由 4 位的优先级和 12 位端口编号组成。需要注意的是，端口优先级必须是 16 的整数倍。

⑦ **接收端口 ID**：即接收 BPDU 报文的那个端口的 ID。端口 ID 的组成与指定端口 ID 一致。

在计算 CIST 的过程中，各台交换机会先根据上述优先级向量比较 MST BPDU，然后在整个交换网络中选择一个优先级最高的交换机作为总根。如果有两台交换机优先级相同，则按照优先级顺序继续比较下面的向量。在选举出总根后，MSTP 会继续以每个域为节点计算各域之间的 CST，也会在各域内部分别计算 IST。CST 和各域的 IST 共同构成这个交换网络的 CIST。

在执行流量转发时，如果报文的目的地在同一个 MST 域中，报文就会沿着其所属 VLAN 对应的 MSTI 进行转发。如果报文的目的地在不同的 MST 域中，报文则会沿着 CST 进行转发。

参与 MSTI 计算的优先级向量比参与 CIST 计算的优先级向量少，具体优先级顺序如下。

① 域根 ID。

② CIST 内部路径开销。

③ 指定桥 ID。

④ 指定端口 ID。

⑤ 接收端口 ID。

在 MST 域内，MSTP 会根据实例中定义的 VLAN 映射表分别独立计算各个实例对应的生成树，整个过程与 STP 计算生成树的过程基本一致。

在一个 MST 域中，MSTP 可以自动计算各个实例的根交换机，管理员也可以手动指定它们的根交换机和备份根交换机。在一棵生成树中，根交换机只有一台，如果管理员把多台交换机指定为同一棵生成树的根交换机，则 MSTP 会选择 MAC 地址最小的交换机作为根交换机。不过，一棵生成树可以指定多台备份根交换机。当根交换机出现故障时，除非管理员配置了其他（MAC 地址较小的）根交换机，否则 MAC 地址最小的备份根交换机会接替原本的根交换机成为这棵生成树的新根交换机。

交换设备及其端口在各个生成树实例中的角色是相互独立的，一台交换机可以同时充当多个实例的根交换机，在其他实例中则充当备份根交换机或不担任根交换机的角色。但在同一棵生成树中，一台交换机不能同时充当根交换机和备份根交换机。

8.2.7 MSTP 的配置命令与配置示例

下面介绍 MSTP 的配置命令，并根据图 8-3 所示拓扑展示相关的配置。

工程师需要使用以下命令对 MSTP 进行配置。

① **stp mode** { **stp** | **rstp** | **mstp** }：系统视图的命令，用来将交换机的 STP 模式配置为 MSTP。在缺省情况下，华为交换机运行的正是 MSTP 模式，MSTP 模式与 STP 模式和 RSTP 模式兼容。

② 配置 MST 域并激活，具体如下。

- **stp region-configuration**：系统视图的命令，进入 MST 域配置视图。
- **region-name** *name*：MST 域配置视图的命令，用来指定 MST 域的域名。在缺省情况下，域名为交换机的桥 MAC 地址。*name* 长度为 1～32 个字符，区分大小写，不支持空格。
- **instance** *instance-id* **vlan** { *vlan-id1* [**to** *vlan-id2*] }：MST 域配置视图的命令，用来在指定的生成树实例上指定 VLAN 映射。在缺省情况下，所有 VLAN 都映射在 Instance 0 上。*instance-id* 取值范围为 0～4094，取值为 0 代表 CIST。
- （可选）**revision-level** *level*：MST 域配置视图的命令，用来配置 MST 域的 MSTP 修订级别，缺省值为 0，取值范围为 0～65535。
- **active region-configuration**：MST 域配置视图的命令，用来激活 MST 域的配置，使域名、VLAN 映射表和 MSTP 修订级别生效。

③（可选）配置根桥和备份根桥，具体如下。

- **stp** [**instance** *instance-id*] **root primary**：系统视图的命令，用来将当前设备配置为相应实例的根桥。在缺省情况下，交换机不作为任何生成树的根桥。配置后该设备的根桥优先级值变为 0，且工程师不能手动更改。
- **stp** [**instance** *instance-id*] **root secondary**：系统视图的命令，用来将当前设备配置为相应实例的备份根桥。在缺省情况下，交换机不作为任何生成树的备份根桥。配置后该设备的根桥优先级值变为 4096，且工程师不能手动更改。

④（可选）配置交换机在实例中的根桥优先级：**stp** [**instance** *instance-id*] **priority**

priority，系统视图的命令，取值范围为 0～61440，缺省值为 32768，配置步长为 4096，数值越小，优先级越高。

⑤（可选）配置端口路径开销的计算方法：**stp pathcost-standard** { **dot1d-1998** | **dot1t** | **legacy** }，系统视图的命令，缺省使用 **dot1t** IEEE 808.1t 标准方法，同一网络内所有交换机端口应该使用相同的方法来计算路径开销。**dot1d-1998** 指定的是 IEEE 802.1d-1998 标准方法，此时取值范围是 1～65535。**dot1t** 指定的是 IEEE 802.1t 标准方法，此时取值范围是 1～200000000。**legacy** 指定的是华为计算方法，此时取值范围是 1～200000。

⑥（可选）配置接口优先级：**stp** [**instance** *instance-id*] **priority** *priotiry*，接口视图的命令，取值范围为 0～240，步长为 16，缺省值为 128。

⑦（可选）配置接口路径开销：**stp** [**instance** *instance-id*] **cost** *cost*，接口视图的命令，配置当前端口在指定生成树上的端口路径开销。在缺省情况下，端口在各个生成树上的路径开销与端口速率相对应。

MSTP 的配置拓扑如图 8-27 所示，这是一个单域多实例 MSTP 环境，3 台交换机都运行 MSTP。为了充分利用所有链路，MSTP 引入了多实例，工程师需要按照图中所示建立 VLAN 映射表，把 VLAN 和生成树实例相关联。

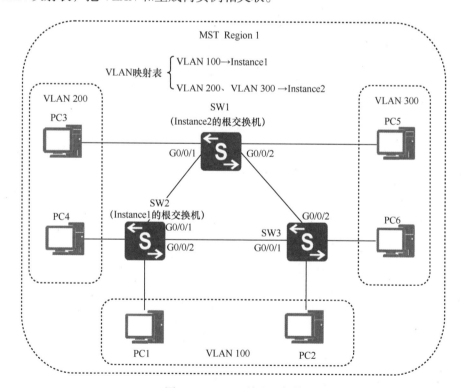

图 8-27　MSTP 的配置拓扑

根据需求，我们可以先完成 VLAN 的创建和 Trunk 链路的连通性配置，例 8-3 所示为 SW1 上的对应配置。

例 8-3　在 SW1 上创建 VLAN 并配置 Trunk

```
[SW1]vlan batch 100 200 300
Info: This operation may take a few seconds. Please wait for a moment...done.
[SW1]interface GigabitEthernet 0/0/1
[SW1-GigabitEthernet0/0/1]port link-type trunk
[SW1-GigabitEthernet0/0/1]port trunk allow-pass vlan 100 200 300
[SW1-GigabitEthernet0/0/1]quit
[SW1]interface GigabitEthernet 0/0/2
[SW1-GigabitEthernet0/0/2]interface GigabitEthernet 0/0/2
[SW1-GigabitEthernet0/0/2]port link-type trunk
[SW1-GigabitEthernet0/0/2]port trunk allow-pass vlan 100 200 300
```

读者可以按照例 8-3 完成 SW2 和 SW3 的 VLAN 创建和 Trunk 配置，在此不重复进行演示。在开始配置 MSTP 前，我们可以先查看当前环境中的生成树状态，见例 8-4。

例 8-4　查看 SW1 缺省的生成树状态

```
[SW1]display stp brief
 MSTID  Port                     Role   STP State    Protection
    0   GigabitEthernet0/0/1     ALTE   DISCARDING   NONE
    0   GigabitEthernet0/0/2     ROOT   FORWARDING   NONE
```

从例 8-4 可以判断出 SW1 G0/0/2 为根端口，该端口连接 SW3，因此当前 SW3 是根桥。我们可以从 SW3 的生成树状态来验证这一点，见例 8-5。

例 8-5　查看 SW3 缺省的生成树状态

```
[SW3]display stp brief
 MSTID  Port                     Role   STP State    Protection
    0   GigabitEthernet0/0/1     DESI   FORWARDING   NONE
    0   GigabitEthernet0/0/2     DESI   FORWARDING   NONE
```

从例 8-5 可以看到 SW3(根桥)上的端口都是指定端口。接下来我们按照要求在 SW1 上配置 MSTP，并使 SW1 成为 Instance2 的根桥，见例 8-6。

例 8-6　在 SW1 上配置 MSTP

```
[SW1]stp region-configuration
[SW1-mst-region]region-name 1
[SW1-mst-region]instance 1 vlan 100
[SW1-mst-region]instance 2 vlan 200 300
[SW1-mst-region]active region-configuration
Info: This operation may take a few seconds. Please wait for a moment...done.
[SW1-mst-region]quit
[SW1]stp instance 2 root primary
```

例 8-7 展示了 SW2 上的 MSTP 配置，根据要求，将 SW2 配置为 Instance1 的根桥。

例 8-7　在 SW2 上配置 MSTP

```
[SW2]stp region-configuration
[SW2-mst-region]region-name 1
[SW2-mst-region]instance 1 vlan 100
[SW2-mst-region]instance 2 vlan 200 300
[SW2-mst-region]active region-configuration
Info: This operation may take a few seconds. Please wait for a moment...done.
[SW2-mst-region]quit
[SW2]stp instance 1 root primary
```

例 8-8 展示了 SW3 上的 MSTP 配置。

例 8-8　在 SW3 上配置 MSTP

```
[SW3]stp region-configuration
[SW3-mst-region]region-name 1
[SW3-mst-region]instance 1 vlan 100
[SW3-mst-region]instance 2 vlan 200 300
[SW3-mst-region]active region-configuration
Info: This operation may take a few seconds. Please wait for a moment...done.
```

配置完成后，我们可以再次在 SW1 上查看生成树状态，见例 8-9。

例 8-9　在 SW1 上查看生成树状态

```
[SW1]display stp brief
MSTID  Port                    Role  STP State   Protection
  0    GigabitEthernet0/0/1    ALTE  DISCARDING    NONE
  0    GigabitEthernet0/0/2    ROOT  FORWARDING    NONE
  1    GigabitEthernet0/0/1    ROOT  FORWARDING    NONE
  1    GigabitEthernet0/0/2    ALTE  DISCARDING    NONE
  2    GigabitEthernet0/0/1    DESI  FORWARDING    NONE
  2    GigabitEthernet0/0/2    DESI  FORWARDING    NONE
```

从例 8-9 的阴影行可以判断出 SW1 现在是 MSTID 1 的根桥，即 Instance2 的根桥。例 8-10 展示了 SW2 的生成树状态。

例 8-10　在 SW2 上查看生成树状态

```
[SW2]display stp brief
MSTID  Port                    Role  STP State   Protection
  0    GigabitEthernet0/0/1    DESI  FORWARDING    NONE
  0    GigabitEthernet0/0/2    ROOT  FORWARDING    NONE
  1    GigabitEthernet0/0/1    DESI  FORWARDING    NONE
  1    GigabitEthernet0/0/2    DESI  FORWARDING    NONE
  2    GigabitEthernet0/0/1    ROOT  FORWARDING    NONE
  2    GigabitEthernet0/0/2    ALTE  DISCARDING    NONE
```

从例 8-10 的阴影行可以判断出 SW2 现在是 Instance1 的根桥。例 8-11 展示了 SW3 的生成树状态。

例 8-11　在 SW3 上查看生成树状态

```
[SW3]display stp brief
MSTID  Port                    Role  STP State   Protection
  0    GigabitEthernet0/0/1    DESI  FORWARDING    NONE
  0    GigabitEthernet0/0/2    DESI  FORWARDING    NONE
  1    GigabitEthernet0/0/1    ROOT  FORWARDING    NONE
  1    GigabitEthernet0/0/2    DESI  FORWARDING    NONE
  2    GigabitEthernet0/0/1    DESI  FORWARDING    NONE
  2    GigabitEthernet0/0/2    ROOT  FORWARDING    NONE
```

从例 8-11 的阴影行可以判断出 SW3 仍是 Instance0 的根桥。

8.3　交换机堆叠与集群

随着网络规模的扩大，人们对网络可靠性、易管理性的需求也在不断增加。不过，传统的园区网高可靠性技术不但很难在设备或链路发生故障时实现毫秒级别的切换，而且主备设计常常意味着备用设施的资源被白白浪费。此外，因为高可靠性技术常常涉及大量设备之间的联动，所以管理员需要对参与高可靠性的技术分别进行管理，配置各类高可靠性技术增加了管理的难度和人工引入错误的概率。为此，交换机引入了堆叠、集群技术，旨在提供高可用性的同时，确保资源得到有效利用，并且可以更加有效地对大量设备进行管理。

堆叠（iStack）是把多台支持堆叠特性的物理交换机连接为一台逻辑的交换机，从而让它们作为一个整体执行数据转发。集群（CSS）是把两台支持集群特性的物理交换机连接为一台逻辑交换机，让它们联合转发数据流量。交换机堆叠和集群的区别在于，堆叠可以支持多台设备，集群只能支持两台设备；支持堆叠的往往为盒式交换机，而支持集群的则一般为高端框式交换机。

将堆叠/集群技术和链路聚合结合起来使用，可以规避因 STP 打断环路、阻塞冗余端口所造成的带宽浪费，提升链路的使用率，如图 8-28 所示。

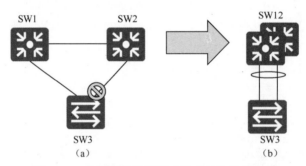

图 8-28　使用堆叠/集群技术提升链路的使用率

图 8-28（a）中没有使用堆叠/集群技术，为了避免出现二层环路，STP 阻塞了网络中的一个端口。然而，在图 8-28（b）中，两台交换机通过堆叠/集群技术成为一台逻辑交换机，于是管理员通过链路聚合的方式把这台逻辑交换机与其他交换机相连，这就实现了跨设备的链路聚合，因此可以避免 STP 阻塞链路，提升链路和端口的使用率。

此外，图 8-28（b）也可以避免像图 8-28（a）那样在各台设备上进行 STP 的配置和管理，因此可以降低网络的复杂度，也可以减轻管理员的配置负担。管理员在完成简单的堆叠/集群安装和配置后，只需管理堆叠/集群的逻辑设备，而不需要对其中的成员设备进行管理。

堆叠/集群的另一个优势是可以把 STP 等技术动辄长达数秒的故障切换时间缩短到几乎感知不到业务中断的程度。例如在图 8-28（b）中，如果 SW1 或 SW2 中的一台设备发生故障，业务流量的转发不会受到影响，因为 SW3 会通过链路聚合把所有流量都交给没有发生故障的设备。

在对堆叠/集群的概念进行概述后，后文会详细介绍它们的技术原理。

8.3.1　堆叠的原理概述

在一个堆叠系统中，所有组成堆叠的交换机都称为成员交换机，这个概念在前文中已经出现过。成员交换机的角色可以分为下面 3 种。

① **主交换机**：在一个堆叠系统中，主交换机只有一台，它负责管理整个堆叠。

② **备交换机**：在一个堆叠系统中，备交换机同样只有一台，其作用是在主交换机发生故障的情况下接替主交换机的角色。

③ **从交换机**：在一个堆叠系统中，除了主交换机和备交换机外，其余成员交换机皆为从交换机。当备交换机发生故障或接替主交换机的情况下，其中一台从交换机会接替备交换机的角色。

一台成员交换机在堆叠系统中扮演的角色是通过比较堆叠优先级来选举的。堆叠优先级值越大，当选主交换机的可能性越高。

在一个堆叠系统中，每台成员交换机都拥有一个唯一的堆叠 ID，这个堆叠 ID 就是交换机在堆叠中的槽位号。在缺省情况下，堆叠 ID 为 0。成员交换机的堆叠 ID 由主交换机负责管理。当堆叠系统中加入新的成员交换机时，如果新的成员交换机堆叠 ID 与堆叠系统中当前某台成员交换机的堆叠 ID 冲突，主交换机会从 0 到最大的堆叠 ID 进行遍历，把找到的第一个空闲的堆叠 ID 分配给新的成员交换机。不过，建立交换机堆叠的最佳时间是管理员在组建堆叠系统前，提前为堆叠的成员交换机规划好堆叠 ID。

为了建立堆叠，成员交换机之间可以通过堆叠逻辑接口建立连接。一个堆叠逻辑接口可以绑定多个物理成员接口来提高堆叠的可靠性和堆叠带宽。每台交换机支持两个堆叠逻辑接口，stack-port n/1 和 stack-port n/2，其中 n 为成员交换机的堆叠 ID。在建立堆叠时，本端交换机的 stack-port n/1 需要连接对端交换机的 stack-port m/2，但堆叠逻辑接口中的物理成员端口可以任意连接。使用堆叠逻辑接口建立堆叠的方式如图 8-29（a）所示。

成员交换机之间除了使用堆叠逻辑接口建立连接外，一些交换机还集成有堆叠插卡或者安装专用的堆叠插卡。堆叠插卡配备堆叠端口，需要使用专用的堆叠线缆进行连接。堆叠端口的连接方式与堆叠逻辑接口的连接方式相同，即本端交换机的 STACK 1 端口需要连接对端交换机的 STACK 2 端口。使用堆叠端口建立堆叠的方式如图 8-29（c）所示。

在图 8-29（a）中，交换机 SW1 和 SW2 各自使用两个端口绑定了一个堆叠逻辑接口。因为 SW1 的堆叠 ID 为 1，所以 SW1 的堆叠逻辑接口编号为 stack-port 1/x。同理，SW2 的堆叠逻辑接口编号为 stack-port 2/x。为了建立堆叠，SW1 和 SW2 分别使用堆叠逻辑接口 stack-port 1/2 和 stack-port 2/1 进行连接，两个堆叠逻辑接口中的成员物理接口如何连接没有要求。

在图 8-29（b）中，交换机 SW1 和 SW2 分别使用各自的堆叠端口 STACK1 和 STACK2 建立了堆叠。SW2 和 SW3 则继续分别使用各自的对端端口 STACK1 和 STACK2 进行连接，这种连接方式称为链式连接，可靠性比较低，当中间的成员交换机离开堆叠、中间的某一条堆叠链路或中间的某一台成员交换机发生故障时，堆叠就有可能发生分裂。

如果除了链式连接所涉及的线缆外，管理员在连接到最后一台交换机 SWn 时，还用一条堆叠线缆将 SWn 的 STACK1 连接回 SW1 的 STACK2，这种连接方式称为环形连接，如图 8-29（c）所示。这种连接方式可靠性比较高，任何一条链路发生故障只会让环形连接的堆叠变为链式连接的堆叠，不会影响堆叠的正常工作，但是有时受限于堆叠成员交换机之间的距离，难以采用这种连接方式建立堆叠。

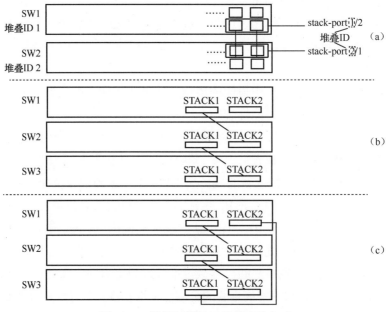

图 8-29　堆叠逻辑接口及其连接方式

当然，堆叠的连接方式与建立堆叠所使用的接口类型无关，因此使用堆叠逻辑接口来组建堆叠同样可以建立链式连接和环形连接的堆叠。

8.3.2　堆叠的建立

在完成堆叠所需的连接和配置后，建立堆叠的几台交换机就会相互发送堆叠竞争报文，它们会根据交换机的优先级和 MAC 地址选举出一台主交换机。主交换机会从其他交换机收集拓扑信息，向其他成员交换机分配它们的堆叠 ID。同时，堆叠还会再选举出一台备用交换机，用于在主交换机发生故障时接替主交换机的角色。在选举后，其他交换机还会同步并且运行主交换机的系统软件和配置文件，主交换机也会把堆叠系统的拓扑信息同步给其他成员交换机。此后，管理员只需要连接任何一台成员交换机的 Console（控制台）端口，就可以管理整个堆叠，也可以在 IP 地址可达的情况下，通过管理方式连接堆叠系统的任意 IP 地址来对整个堆叠发起管理。

下面我们对上述流程进行具体说明。

① **主交换机的选举**：参与堆叠的交换机之间会通过比较堆叠优先级来选举出主交

换机。如果多台交换机的堆叠优先级相同，则进一步比较 MAC 地址，MAC 地址最小的交换机成为主交换机。此外，华为交换机给主交换机的选举设置了 20 s 的超时时间，这是因为成员交换机不会同时启动，先启动的交换机有必要等待后启动的交换机参与选举。主交换机一经选举完成，当时没有参与选举的交换机即使拥有更理想的参数也不会自动抢占主交换机的角色。

② **备交换机的选举**：除了主交换机外，堆叠优先级最高的交换机会成为备交换机。如果多台交换机的堆叠优先级相同，则成员交换机之间进一步比较 MAC 地址，由 MAC 地址最小的交换机成为备交换机。

③ **系统软件的同步**：当一个堆叠中其他成员交换机的软件版本和主交换机不一致时，其他成员交换机就会自动从主交换机下载系统软件，然后使用主交换机的系统软件重启，再重新接入堆叠。

④ **配置文件的同步**：为了多台交换机能够堆叠为一台逻辑交换机，并且可以通过一台交换机进行集中式管理，其他成员交换机也会从主交换机下载配置文件，并且同步到本设备执行，管理员对整个堆叠的管理操作也都会保存至主交换机的配置文件。因为备交换机会同步主交换机的配置文件，所以如果备交换机接替主交换机，配置文件也可以继续得到执行。成员交换机从主交换机同步的配置文件包含以下内容。

- 全局配置，包括 IP 地址、STP、VLAN 和 SNMP 等。全局配置适用于堆叠的所有成员交换机。
- 接口配置，仅适用于该接口所属的成员交换机。接口上的配置与堆叠 ID 有关，当堆叠 ID 发生改变时，如果新堆叠 ID 在配置文件中不存在对应的接口配置，那么新堆叠 ID 的接口配置使用默认配置；如果新堆叠 ID 在配置文件中存在对应的接口配置，那么新堆叠 ID 的接口配置使用对应的配置。

8.3.3　堆叠成员的退出

当堆叠成员离开堆叠系统时，根据堆叠成员角色的不同，堆叠系统的操作也会有以下区别。

① 如果离开的是主交换机，备交换机就会接替主交换机的角色，重新计算堆叠拓扑并且同步到其他成员交换机，然后指定新的备交换机。

② 如果离开的是备交换机，主交换机会重新指定备交换机，重新计算堆叠拓扑并且同步到其他成员交换机。

③ 如果离开的是从交换机，主交换机会重新计算堆叠拓扑并且同步到其他成员交换机。

在环形连接建立的堆叠中，因为每一台成员交换机都会连接堆叠中的另外两台成员交换机，所以任何一台成员交换机离开都不会使其他成员交换机与整个堆叠失去连接，也就不会导致堆叠分裂。但是在链式连接建立的堆叠中，中间交换机的离开会导致堆叠分裂，这时管理员就需要提前进行分析以减少堆叠分裂对业务造成的影响。例如在图 8-29（b）所示的链式连接堆叠中，SW2 离开堆叠就会导致堆叠分裂。关于堆叠分裂，后文还会进行详细说明。

当一台交换机离开堆叠后，因为这台交换机已经从原本的主交换机同步了配置文件，所以这台交换机上的堆叠相关配置仍会存在。如果管理员希望清除堆叠配置，则需要手动输入清除堆叠配置的命令。管理员可以手动清除的堆叠相关配置包括以下内容。

 ① 交换机槽位号。

 ② 堆叠优先级。

 ③ 堆叠保留 VLAN。

 ④ 系统 MAC 切换时间。

 ⑤ 堆叠端口的配置。

 ⑥ 堆叠端口的速率配置。

当管理员执行了手动清除堆叠配置的命令后，设备会进行重启。

8.3.4　堆叠成员的加入和堆叠的合并

在一个堆叠系统已经进入稳定运行状态后，向堆叠中添加新成员交换机的操作就称为堆叠成员的加入。在加入堆叠成员时，操作人员要确保交换机未加电或已下电，然后再进行连接。当堆叠采用链式连接时，管理员可以直接把新的成员交换机作为堆叠的首台或末台交换机进行连接。当堆叠采用的是环形连接时，管理员需要先拆除一条链路，把环形连接变为链式连接，然后将新的成员交换机作为堆叠的首台或末台交换机进行连接，最后再将链式连接的堆叠首尾相连，重组成环形连接。

在完成连接并且对新成员交换机上电后，这台交换机会成为从交换机，不会抢占原堆叠的主交换机和备交换机角色。主交换机会更新堆叠拓扑信息，并且同步给其他成员交换机。如果新加入的成员交换机的堆叠 ID 与堆叠系统中某成员交换机的堆叠 ID 冲突，主交换机也会向新的成员交换机分配堆叠 ID，新成员交换机则会以此更新堆叠 ID。新的成员交换机还会从主交换机下载配置文件和系统软件，然后堆叠进入稳定运行状态。

堆叠合并和堆叠成员加入存在一些相似之处，但不同之处在于新加入的堆叠成员是未加电设备。堆叠合并是把两个正在运行的堆叠系统通过连接堆叠线缆的方式合并成一个新的堆叠系统。在合并过程中，两个堆叠系统的主交换机之间需要首先按照主交换机的选举原则选举出一台更优的交换机作为合并后堆叠系统的主交换机。接下来，这台主交换机所在的原堆叠系统中的交换机保持主备从角色和配置不变，而另一个堆叠系统的所有成员交换机重新启动，按照堆叠成员加入的流程，作为从交换机加入合并后的堆叠系统，由主交换机重新分配堆叠 ID，并且从主交换机同步系统软件和配置文件。在上述过程中，主交换机所属的原堆叠业务不会受到影响，但另一个堆叠的业务会中断。

8.3.5　堆叠分裂

堆叠分裂在前文曾经提到。在技术上，堆叠分裂指一个稳定运行的堆叠系统因为故障变成多个堆叠系统，或者一个堆叠系统中带电移出部分成员交换机。

注释：在一个堆叠系统中，即使只有一台运行堆叠技术的交换机，其依然构成一个堆叠系统。

堆叠分裂后发生的情形，按照分裂后主备交换机是否处于同一个堆叠中分成两种：如果分裂后，主备交换机处于同一个堆叠中，那么没有了主备交换机的堆叠就会因为协议报文超时而重新选举新的主备交换机，拥有主备交换机的堆叠系统则不会受到影响；如果分裂后，主备交换机处于两个不同的堆叠系统，则在主交换机的堆叠中，主交换机会重新指定备交换机，重新计算堆叠拓扑并且同步到其他成员交换机，而在备交换机的堆叠中，备交换机就会接替主交换机的角色，重新计算堆叠拓扑并且同步到其他成员交换机，然后指定新的备交换机。

堆叠分裂可能会引发网络中出现 IP 地址冲突和 MAC 地址冲突的问题。这是因为堆叠系统中的成员交换机为了作为一台逻辑设备与网络中的设备通信，它们会使用相同的 IP 地址（VLAN IF 接口地址）和 MAC 地址来封装报文。例如，堆叠系统会使用主交换机的 MAC 地址作为系统的 MAC 地址。如果主交换机离开堆叠系统，堆叠系统缺省会延时 10min 进行 MAC 地址切换。在这段时间中，分裂的两个堆叠就会使用相同的 MAC 地址进行通信。为了防止堆叠分裂后，产生多个具有相同 IP 地址和 MAC 地址的堆叠系统，引起网络故障，必须进行 IP 地址和 MAC 地址的冲突检查。

8.3.6　MAD 检测

多主检测（MAD）是一种检测和处理堆叠分裂的协议，可以在链路故障导致堆叠系统分裂后执行检测、冲突处理和故障恢复，降低堆叠分裂对业务的影响。

具体来说，当出现堆叠分裂时，堆叠系统会通过 MAD 链路发送 MAD 报文进行竞选。竞选失败的堆叠系统会关闭所有物理接口，从而避免 IP、MAC 地址冲突对业务造成影响。

根据 MAD 链路的不同，MAD 方式可以分为直连检测方式和代理检测方式两种。同一个堆叠系统不可以同时配置这两种检测方式。

1．直连检测方式

直连检测方式指堆叠成员交换机间通过普通线缆直连的专用链路进行多主检测。如果使用直连检测方式，管理员需要手动把这条线缆配置为 MAD 链路。

在直连检测方式中，堆叠系统在正常运行时不发送 MAD 报文；堆叠系统分裂后，分裂的两台交换机之间则会以 1s 为周期通过检测链路发送 MAD 报文进行多主冲突处理。

直连检测的连接方式包括通过中间设备直连和堆叠成员交换机 Full-mesh 方式直连，如图 8-30 所示。

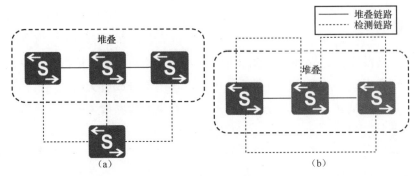

图 8-30　直连检测的连接方式

① **通过中间设备直连**：如图 8-30（a）所示，堆叠系统的所有成员交换机之间至少有一条检测链路与中间设备相连。

② **Full-mesh 方式直连**：如图 8-30（b）所示，堆叠系统的各成员交换机之间通过检测链路建立 Full-mesh 全连接，即每两台成员交换机之间至少有一条检测链路。

对比两种直连检测的连接方式，通过中间设备直连可以缩短堆叠成员交换机之间的检测链路长度，因此适用于成员交换机之间相距较远的场景，而 Full-mesh 方式直连可以避免中间设备故障导致 MAD 失败，但也会占用成员交换机更多的接口，且占用的接口数量会随成员交换机数量的增加而大幅提高，因此这种方式适用于成员交换机数量较少的场景。

2. 代理检测方式

代理检测方式是在堆叠系统的链路聚合上启用代理检测，在代理设备上启用 MAD 功能。这种方式要求堆叠系统中的所有成员交换机都与代理设备连接，并将这些链路加入同一个链路聚合内。与直连检测方式相比，代理检测方式无须占用额外的接口，因为链路聚合接口可同时运行 MAD 代理检测和其他业务。

代理检测方式可以使用单机代理检测，也就是使用一台代理设备通过链路聚合连接堆叠中的各台设备，如图 8-31（a）所示。此外，代理检测方式也可以通过链路聚合连接两个堆叠，互相执行 MAD 代理检测，如图 8-31（b）所示。

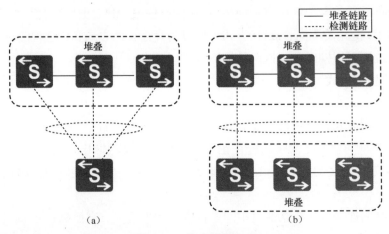

图 8-31　代理检测方式

如果使用代理检测方式，在堆叠系统正常运行时，堆叠成员交换机之间也会以 30s 为周期通过检测链路发送 MAD 报文。堆叠成员交换机对在正常工作状态下接收到的 MAD 报文不进行任何处理。在堆叠分裂后，分裂后的两台交换机以 1s 为周期通过检测链路发送 MAD 报文进行多主冲突处理。

这里需要注意的是，执行 MAD 代理检测的代理设备也必须为支持 MAD 代理功能的交换机。在华为交换机产品线中，S 系列交换机都支持 MAD 代理功能。对于图 8-31（b）所示的两个堆叠互相执行 MAD 代理检测的环境，管理员必须通过手动配置，保证两个堆叠系统的堆叠域的域编号不同。

> **注释**：组成一个堆叠系统的交换机构成一个堆叠域。一个网络中可以部署多个堆叠系统，因此会有多个堆叠域，不同的堆叠域的域编号不同。

3. MAD 冲突处理

堆叠分裂后，MAD 冲突处理机制会使分裂后的堆叠系统处于 Detect（检测）状态或 Recovery（恢复）状态。其中，Detect 状态表示堆叠处于正常工作状态；Recovery 状态则表示堆叠处于禁用状态，此时堆叠系统会关闭（除了手动配置的保留端口外的其他）所有物理端口。

MAD 竞争原则与主交换机的竞争原则类似，具体如下。

① 先比较启动时间，启动完成时间早的堆叠系统处于 Detect 状态。启动完成时间差在 20s 内则认为堆叠的启动完成时间相同。

② 启动完成时间相同时，比较堆叠中主交换机的优先级，优先级高的堆叠系统处于 Detect 状态。

③ 优先级相同时，比较堆叠系统的 MAC，MAC 小的堆叠系统处于 Detect 状态。

4. MAD 故障恢复

通过修复故障链路，分裂后的堆叠系统会重新合并为一个堆叠系统。重新合并的方式有以下两种。

① 堆叠链路修复后，处于 Recovery 状态的堆叠系统重新启动，与 Detect 状态的堆叠系统合并，同时将被关闭的业务端口恢复为 Up 状态，整个堆叠系统恢复。

② 如果故障链路修复前，承载业务的 Detect 状态的堆叠系统也出现了故障，此时，可以先将该堆叠系统从网络中移除，再通过命令行启用 Recovery 状态的堆叠系统，接替原来的业务，然后修复原 Detect 状态的堆叠系统的故障及链路故障。故障修复后，重新合并堆叠系统。

8.3.7　堆叠升级

堆叠升级是让堆叠系统或者堆叠中的成员交换机运行新的系统软件版本。堆叠升级的方式有 3 种，即智能升级、传统升级和平滑升级，具体如下。

① **智能升级**：堆叠建立或者新的交换机加入堆叠时，备从交换机或新加入的成员交换机会与主交换机的软件版本进行比较，如果不一样，它们就会自动从主交换机下载系

统软件,并在新的系统软件重启后重新加入堆叠系统。

② **传统升级**:和普通设备升级一样,管理员指定下次启动版本,重启整个堆叠系统进行升级。传统升级会造成较长时间的业务中断。

③ **平滑升级**:平滑升级会把系统划分为 active 和 backup 区域,并对堆叠分区轮流进行升级。其中,主交换机所在的区域即 active 区域。整个堆叠系统的上下行链路采用备份组网。

图 8-32 所示为对一个由两台交换机组成的堆叠进行平滑升级,这个堆叠通过上下行链路(均为 Eth-Trunk)进行备份组网。在平滑升级组网中,主交换机所在的区域为 active 区域,备交换机所在的区域则为 backup 区域。

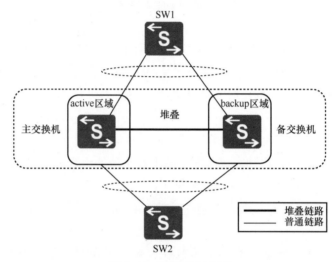

图 8-32 平滑升级组网

平滑升级的优点是可以实现升级时业务不中断,因此,平滑升级适用于对业务中断时间要求较高的场景。具体来说,平滑升级分为以下 3 个阶段。

阶段 1:主交换机下发命令触发整个堆叠系统进入平滑升级状态,backup 区域各成员交换机用新的系统软件启动。

阶段 2:backup 区域以新系统软件版本启动,建立一个独立的堆叠系统,然后通知 active 区域进入升级阶段。此时,主控权会从 active 区域的主交换机转移到 backup 区域的备交换机,由 backup 区域负责流量传输,active 区域则进入升级流程。

阶段 3:active 区域以新系统软件版本启动,并且加入 backup 区域的堆叠系统。backup 区域的主交换机根据最终堆叠建立的结果发布升级的结果。

关于平滑升级,管理员应该保证堆叠满足以下条件。

① 堆叠的任何一台成员交换机不能同时属于 active 区域和 backup 区域。

② 堆叠的任何一台成员交换机不能既不属于 active 区域也不属于 backup 区域。

③ 任何区域的成员交换机数量都不能为 0。

④ 主交换机不能包含在 backup 区域中。

⑤ 两个区域中的成员交换机要各自相互直接连接（两个区域都不能在中间断开）。

以图 8-29（b）的链式连接堆叠为例，基于上述原则，SW1 和 SW3 就不能同属 active/backup 区域。

注释：对堆叠系统进行平滑升级会导致堆叠系统的 MAC 地址发生变更。

8.3.8 跨设备链路聚合

如前文多次展示的那样，堆叠支持跨设备链路聚合技术，因为堆叠后多台设备会成为一台逻辑交换机，所以 Eth-Trunk 的成员接口也可以分布在同一个堆叠的不同成员交换机上。例如在图 8-33 所示的环境中，堆叠与 SW1/SW2 建立链路聚合的成员接口，就分别位于堆叠的主交换机和备交换机上。此时，当链路聚合的一条成员链路或者堆叠的某台成员交换机发生了故障，Eth-Trunk 接口就会通过堆叠线缆把流量重新分布到其他聚合链路上，这样就同时实现了链路间和设备间的备份，保证了流量传输的可靠性。

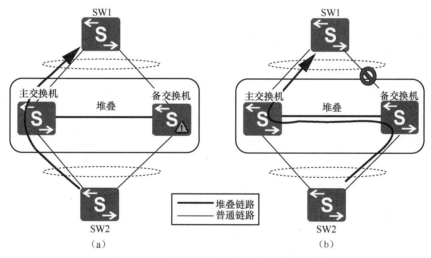

图 8-33 跨设备链路聚合中的可靠性示例

在图 8-33（a）中，堆叠的备交换机发生了故障，主交换机承担整个堆叠的转发工作。在图 8-33（b）中，堆叠备交换机连接 SW1 的链路发生了故障，Eth-Trunk 接口通过堆叠线缆把流量重新分布到另一条聚合链路上。

虽然上述做法可以提升堆叠系统的可靠性，但利用堆叠线缆转发数据流量仅应作为一种临时的解决方案，管理员仍然应该尽快实现链路的恢复。当数据流量较大的时候，利用堆叠线缆转发数据流量会给堆叠线缆带来很大的负担。

这里需要说明的是，链路聚合的负载分担算法本身就可以根据流量特征把报文分担在不同的成员链路上。因此，在堆叠环境中组建跨设备的链路聚合，这就意味着即使没有链路故障，负载分担算法也有可能把一个报文的出接口分配给堆叠中（不同于入接口）的另一台成员交换机，这就再次涉及图 8-33（b）所示的使用堆叠链路传输数据流量的情形。鉴于堆叠线缆转发数据流量仅应作为一种临时的解决方案，管理员可以在设备上开启流量本地优先转发，把从本设备接收到的流量优先从本设备转发出去，从而避免在链路正常的情况下使用堆叠链路转发数据流量，如图 8-34 所示。

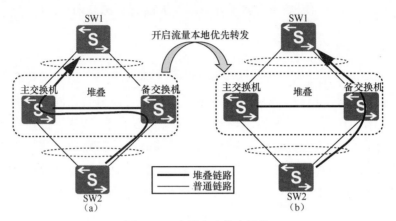

图 8-34　流量本地优先转发

以上介绍了堆叠的概念，接下来介绍堆叠的配置。

8.3.9　堆叠的配置命令

以华为 S 系列交换机为例介绍堆叠的配置命令，华为 CE 系列交换机的配置命令可能略有不同，读者可以在华为官网查询。

在配置堆叠时，管理员需要首先创建堆叠逻辑接口，并且把物理接口划分到堆叠逻辑接口中。

创建堆叠逻辑接口的命令如下。

```
[Huawei] interface stack-port member-id/port-id
```

在上述命令中，*member-id* 是设备的堆叠 ID，而 *port-id* 则是本地的堆叠逻辑接口编号，这个参数只能为 1 或者 2。

在输入上述命令后，系统就会进入堆叠端口视图。在这个视图下，管理员需要输入以下命令将这个堆叠逻辑接口划分到物理成员端口。

```
[Huawei-stack-port0/1] port interface stack-port { interface-type interface-number1
[ to interface-type interface-number2 ] } &<1-10> enable
```

在配置堆叠的过程中，管理员可以在系统视图下输入以下命令来给设备配置堆叠 ID。在缺省情况下，交换机的堆叠 ID 为 0。

```
[Huawei] stack slot slot-id renumber new-slot-id
```

在输入以上命令后，管理员需要保存当前配置并且重启设备，修改的堆叠 ID 才会生效。

管理员在系统视图下可以输入以下命令来修改设备的堆叠优先级，从而影响这台交换机在堆叠中的角色。在缺省情况下，堆叠成员交换机的堆叠优先级为 100。

```
[Huawei] stack slot slot-id priority priority
```

如果管理员需要配置直连方式的 MAD，就需要进入堆叠连接检测链路的接口，在接口视图下输入以下命令。

```
[Huawei-GigabitEthernet0/0/1] mad detect mode direct
```

如果管理员需要配置单机的代理方式 MAD，需要进入堆叠的对应 Eth-Trunk，并且在该链路聚合视图下输入以下命令。

```
[Huawei-Eth-Trunk1] mad detect mode relay
```

此外，在配置单机的代理方式 MAD 时，管理员还需要进入代理交换机的对应 Eth-Trunk，并且在该链路聚合视图下输入以下命令。

```
[Huawei-Eth-Trunk1] mad relay
```

如果管理员需要配置两个堆叠互相执行 MAD 代理检测，需要首先在系统视图中使用以下命令为两个堆叠配置不同的 MAD 域值。因为在缺省情况下，堆叠系统的 MAD 阈值均为 0。

```
[Huawei] mad domain domain-id
```

接下来，管理员需要分别进入两个堆叠系统各自连接对方的链路聚合端口，在它们的对应 Eth-Trunk 视图中分别开启 MAD 检测和 MAD 代理，从而让它们互为对方的代理系统，具体命令如下。

```
[Huawei-Eth-Trunk1] mad detect mode relay
[Huawei-Eth-Trunk1] mad relay
```

如果管理员希望让堆叠当前的备交换机充当主交换机的角色，可以在系统视图下输入以下命令。

```
[Huawei] slave switchover
```

在输入上面的命令后，堆叠的备交换机会充当主交换机，新的主交换机会在从交换机中指定其中一台来充当新的备交换机，原本的主交换机则会重新加入堆叠成为从交换机。

如果拥有堆叠系统 MAC 地址的成员交换机离开堆叠，会引起堆叠系统的 MAC 地址切换。这会导致堆叠处理的流量发生中断，对业务产生影响。为了解决这个问题，管理员可以采用下列 3 种方式之一来减少流量中断时间。

① 如果堆叠系统 MAC 的成员交换机只是在短时间离开后又回到堆叠系统，此时可以配置堆叠系统 MAC 地址的切换时间。当此成员交换机离开后，在切换时间内，则仍然保持原 MAC 地址不变。如果超过设置的切换时间，则使用新选举的主交换机的 MAC 地址作为系统 MAC。

② 可以配置堆叠系统 MAC 的成员交换机离开堆叠系统后立即切换 MAC 地址，此时当此成员交换机离开堆叠系统时，堆叠系统会立即使用新选举的主交换机的 MAC 作为堆叠系统 MAC。

③ 可以配置堆叠系统 MAC 的成员交换机离开堆叠系统后不进行 MAC 切换，此时不管此交换机是否离开，堆叠系统 MAC 地址都不会切换。

为此，管理员需要在系统视图中输入以下命令。

```
[Huawei] stack timer mac-address switch-delay delay-time
```

在缺省情况下，系统 MAC 地址的切换时间为 10min。如果管理员把这个时间设置为 0，系统就不会进行 MAC 地址切换。如果管理员输入命令 **undo stack timer mac- address switch-delay**，系统则会立即执行 MAC 地址切换。

如果管理员希望清除堆叠配置，就需要手动输入清除命令。这条命令需要在系统视图下输入，具体如下。

```
[Huawei] reset stack configuration
```

有时，交换机插入专用堆叠线缆进行堆叠时，管理员希望根据专用堆叠线缆的连线顺序自动生成槽位号，此时就可以使用上述命令。在管理员输入这条命令后，堆叠系统的所有配置都会被清除，具体包括以下内容。

① 交换机槽位号。

② 堆叠优先级。

③ 堆叠保留 VLAN。

④ 系统 MAC 切换时间。

⑤ 堆叠端口的配置。

⑥ 堆叠端口的速率配置。

上述清除命令执行后，原有堆叠会分裂，设备会进行重启。

关于堆叠的配置命令，我们就介绍到这里。下面我们通过一个简单的示例对堆叠的配置进行演示。

8.3.10 堆叠的配置示例

在这个示例中，我们尝试对 3 台交换机 SW1、SW2 和 SW3 进行配置，使它们组成一个环形连接的堆叠。其中 SW1、SW2 和 SW3 的角色分别为主交换机、备交换机、从交换机，且它们的优先级分别为 200、100、100。

堆叠配置示例接线示意如图 8-35 所示。在管理员配置时，交换机之间的堆叠线缆尚未连接。

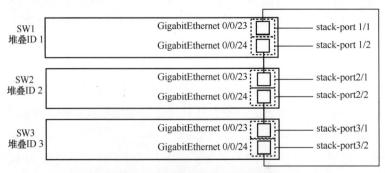

图 8-35　堆叠配置示例接线示意

　　在缺省情况下，每台交换机的堆叠 ID 均为 0。本示例暂不对堆叠 ID 进行更改，待配置完成后再统一加以修改。

　　首先，我们按照图 8-35 所示创建堆叠逻辑接口，并且把物理端口划分到堆叠逻辑端口中，具体操作见例 8-12。

例 8-12　创建堆叠逻辑接口并向其划分交换机物理端口

```
[SW1]interface stack-port 0/1
[SW1-stack-port0/1]port interface gigabitethernet 0/0/23 enable
[SW1-stack-port0/1]quit
[SW1]interface stack-port 0/2
[SW1-stack-port0/2]port interface gigabitethernet 0/0/24 enable
[SW2]interface stack-port 0/1
[SW2-stack-port0/1]port interface gigabitethernet 0/0/23 enable
[SW2-stack-port0/1]quit
[SW2]interface stack-port 0/2
[SW2-stack-port0/2]port interface gigabitethernet 0/0/24 enable
[SW3]interface stack-port 0/1
[SW3-stack-port0/1]port interface gigabitethernet 0/0/23 enable
[SW3-stack-port0/1]quit
[SW3]interface stack-port 0/2
[SW3-stack-port0/2]port interface gigabitethernet 0/0/24 enable
```

　　在完成接口配置后，我们接下来按照需求来调整各交换机的堆叠 ID 和优先级值，具体操作见例 8-13。

例 8-13　配置堆叠 ID 和堆叠优先级值

```
[SW1]stack slot 0 priority 200
[SW1]stack slot 0 renumber 1
[SW2]stack slot 0 renumber 2
[SW3]stack slot 0 renumber 3
```

　　完成上述配置后，管理员应该使用 **save** 命令对此前所作的配置进行保存，然后让 SW1、SW2、SW3 下电，完成物理连接后再上电。至此，配置部分已完成。

　　再次启动交换机后，管理员可以查看堆叠状态，见例 8-14。

例 8-14　在 SW1 上查看堆叠状态

```
<SW1>display stack
Stack mode: Service-port
Stack topology type: Link
Stack system MAC: 0018-82b1-6eb4
MAC switch delay time: 10 min
Stack reserved VLAN: 4093
Slot of the active management port: 0
Slot    Role      MAC address      Priority   Device type
-------------------------------------------------------------
   0    Master    0018-82b1-6eb4   200        S5700-28P-LI-AC
   1    Standby   0018-82b1-6eba   100        S5700-28P-LI-AC
   2    Slave     0018-82b1-6ebc   100        S5700-28P-LI-AC
```

8.3.11　集群

　　堆叠和集群的概念、用途和原理大致相同，下面我们围绕集群的概念，介绍它与堆叠的异同。集群（CSS）是把两台支持集群特性的物理交换机连接为一台逻辑交换机，让它们联合转发数据流量。集群与堆叠的区别在于，堆叠可以支持多台设备，而集群只能支持两台设备；但支持堆叠的往往为盒式交换机，而支持集群的一般为高端框式交换机。

在一个集群系统中，组成这个集群的交换机同样称为成员交换机，且分为下面两个角色。

① **主交换机**：负责管理整个集群。

② **备交换机**：充当主交换机的备份设备，会在主交换机发生故障时接替原主交换机的所有业务。

同样，成员交换机选举主交换机也需要通过比较成员交换机的集群优先级来实现，且优先级值越大的交换机优先级就越高。

和堆叠用堆叠 ID 标识成员交换机类似，集群也要用集群 ID 来标识成员交换机的身份，因此成员交换机在集群中的 ID 是唯一的。在缺省情况下，交换机的集群 ID 为 1。需要特别注意的是，两台设置了相同集群 ID 的交换机不能建立集群，因此管理员需要在建立集群前手工对成员交换机的集群 ID 进行修改，确保它们并不相同。

集群的成员交换机之间需要使用集群链路进行连接。集群链路可以是一条链路，也可以把多条链路捆绑，共同组成集群链路。

在两台交换机使用集群链路完成连接后，管理员需要启用集群功能，正确完成配置并且重启设备后，两台设备就会自动组建集群。之后，主交换机的主用主控板会成为集群系统的控制平面，备交换机的主用主控板会成为集群系统的备用控制平面。两台交换机的备用主控板则会成为集群系统的候选备用主控板。

集群的发展分为两个阶段，即传统 CSS 和 CSS2，两个阶段的物理连接方式也不尽相同。

1. 传统 CSS

传统 CSS 使用主控板上的集群卡来建立集群连接，或者使用业务接口建立集群连接。其中，使用主控板上的集群卡建立集群连接如图 8-36 所示。

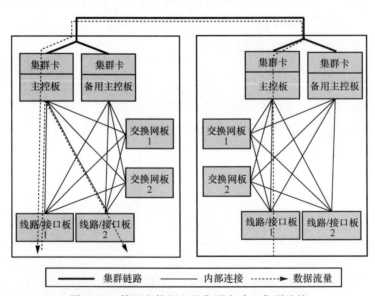

图 8-36　使用主控板上的集群卡建立集群连接

在使用业务接口连接时，两端的成员交换机使用的接口数量、类型必须相同，但接线顺序不受接口编号限制。

业务接口连接的集群按照链路分布，有以下两种组网方式。

① **1+0 组网**：管理员在每台成员交换机上配置一个集群逻辑端口，物理成员接口分布在一块线路/接口板上，依靠一块线路/接口板上的物理成员端口与对端框式交换机的物理成员端口建立集群。

② **1+1 组网**：管理员在每台成员交换机上配置两个集群逻辑端口，物理成员接口分布在两块线路/接口板上，不同线路/接口板上的集群链路形成备份。

图 8-37 所示为使用 1+0 组网业务接口建立集群连接。如果左侧框式交换机的线路/接口板 1 和右侧框式交换机的线路/接口板 2 之间也有一条集群连接，则采用的是 1+1 组网业务接口建立集群连接。

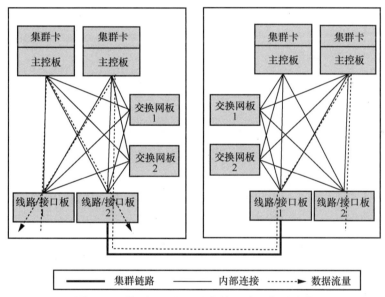

图 8-37　使用 1+0 组网业务接口建立集群连接

如图 8-36 和图 8-37 所示，对于只支持 CSS 架构的框式交换机，框（式交换机）内接口板之间的流量和跨框流量都必须经过主控板。如果单框内已经没有正常工作的主控板，流量也就无法在接口板之间转发，也无法跨框转发。

2. CSS2

CSS2 专指通过交换网板上的集群卡建立集群。CSS2 连接方式如图 8-38 所示。

支持 CSS2 架构的框式交换机使用了转控分离的架构。在图 8-38 中，框（式交换机）内接口板之间的流量和跨框流量都不必经过主控板，集群系统内单框即使没有能够正常工作的主控板，也不影响框内的流量转发。在 CSS2 集群中，只要有一台框式交换机装有一个能够正常工作的主控板，集群两台框式的接口板就可以正常转发报文，这种特性称为集群主控 1+N 备份。

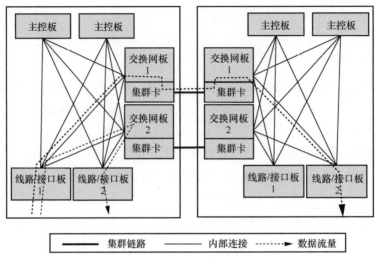

图 8-38   CSS2 连接方式

集群原理的介绍到此为止，其余未涉及的原理部分基本可以参照堆叠的原理进行学习。下面，我们对集群的配置命令进行介绍。

8.3.12   集群的配置命令

集群的配置命令和堆叠的配置命令类似。管理员可以在系统视图下输入下列命令，来给设备配置集群 ID。在缺省情况下，交换机的集群 ID 为 1。

```
[Huawei] set css id new-id
```

如前文所述，两台设置了相同集群 ID 的交换机不能建立集群，因此管理员需要在建立集群前，手动将其中一台交换机的集群 ID 设置为 2。

同样，在配置集群时，管理员需要首先创建集群逻辑接口，并且把物理接口划分到集群逻辑接口中。

创建集群逻辑接口的命令如下。

```
[Huawei] interface css-port port-id
```

在输入上述命令后，系统就会进入集群端口视图。在这个视图下，管理员需要输入以下命令给集群逻辑接口划分物理成员端口。

```
[Huawei-css-port1] port interface { interface-type interface-number1 [ to interface
-type interface-number2 ] } &<1-10> enable
```

管理员在系统视图下可以输入以下命令来修改设备的集群优先级，从而影响这台交换机在集群中的角色。在缺省情况下，集群成员交换机的堆叠优先级为 1。

```
[Huawei] set css priority priority
```

在缺省情况下，交换机的集群功能并未启用，这就需要管理员在两台成员交换机的系统视图下输入以下命令启用集群功能。

```
[Huawei] css enable
```

在启用了集群功能后，系统会提示管理员立即重启，以便让集群配置生效。

在系统视图下，管理员需要使用以下命令设置设备的集群连接方式。

```
[Huawei] set css mode { lpu | css-card }
```

在这条命令中，关键字 **lpu** 指使用交换机线路板的业务接口来建立集群，因为线路板也称为 LPU。关键字 **css-card** 则指使用交换机集群卡来建立集群。

集群的 MAD 检测方式、配置方式、配置命令均与堆叠一致，本处不赘。

上文介绍了集群的配置命令。下面我们照例通过一个简单的示例对集群的配置进行演示。

8.3.13　集群的配置案例

在这个案例中，我们会对 SW1 和 SW2 进行配置，使它们通过线路板的业务接口建立集群。其中，SW1 和 SW2 的集群 ID 分别为 1 和 2，集群优先级分别为 100 和 10。

集群配置案例接线示意如图 8–39 所示。

图 8–39　集群配置案例接线示意

首先，我们对集群的连接方式、ID 和优先级进行设置，具体见例 8–15。

例 8–15　配置集群 ID 和优先级

```
[SW1]set css mode lpu
[SW1]set css id 1
[SW1]set css priority 100
[SW2]set css mode lpu
[SW2]set css id 2
[SW2]set css priority 10
```

然后，我们需要配置集群逻辑接口，并把物理端口划分到集群逻辑接口中，具体操作见例 8–16。

例 8–16　创建集群逻辑接口并向其划分物理端口

```
[SW1]interface css-port 1
[SW1-css-port1]port interface xgigabitethernet 1/0/1 enable
[SW1-css-port1]quit
[SW1]interface css-port 2
[SW1-css-port2]port interface xgigabitethernet 2/0/1 enable
[SW2]interface css-port 1
[SW2-css-port1]port interface xgigabitethernet 1/0/1 enable
[SW2-css-port1]quit
[SW2]interface css-port 2
[SW2-css-port2]port interface xgigabitethernet 2/0/1 enable
```

最后，在两台交换机上启用集群功能，具体操作见例 8–17。

例 8-17 启用集群功能

```
[SW1]css enable
Warning: The CSS configuration will take effect only after the system is rebooted.
The next CSS mode is LPU. Reboot now?[Y/N].y
```

```
[SW2]css enable
Warning: The CSS configuration will take effect only after the system is rebooted.
The next CSS mode is LPU. Reboot now?[Y/N].y
```

在管理员确认（y）重启系统之后，两台交换机就会重启并且在重启后组成集群。

本章首先介绍了生成树两种模式的原理和配置，即 RSTP 和 MSTP。在最后一节中，本章对堆叠和集群的原理与配置进行了说明。

练 习 题

1. RSTP 的接口状态不包括下列哪种？（   ）
   - A. 丢弃
   - B. 侦听
   - C. 学习
   - D. 转发
2. 下列哪个 RSTP BPDU 标志位，在 STP BDPU 中拥有同样的定义？（   ）
   - A. TCA 位和 TC 位
   - B. Agreement 位和 Proposal 位
   - C. 转发位和学习位
   - D. 端口角色位
3. 快速生成树的 P/A 机制适用于哪种类型的端口？（   ）
   - A. 广播
   - B. 共享
   - C. 点到多点
   - D. 点到点
4. 当一台交换机接收到 Proposal 报文时，它不会执行下列哪项操作？（   ）
   - A. 判断接收到的 BPDU 是否为最优 BPDU
   - B. 向 Proposal 报文的始发交换机响应一个 Agreement 位置位的报文
   - C. 把自己连接 Proposal 报文始发交换机的端口置为阻塞状态
   - D. 把自己其他非边缘的指定端口置为阻塞状态
5. 下列哪种 BPDU 保护功能应该配置在边缘端口上？（   ）
   - A. BPDU 保护
   - B. 根保护
   - C. 环路保护
   - D. TC BPDU 报文保护
6. 管理员不需要给处于同一个 MST 域中的交换机配置以下哪个选项？（   ）
   - A. 相同的 MST 域名
   - B. 相同的 VLAN 映射表
   - C. 相同的 MSTP 修订级别
   - D. 相同的桥 ID
7. 仅连接各 MST 域、不连接域内交换机的生成树是以下哪个术语？（   ）
   - A. CST
   - B. IST
   - C. CIST
   - D. SST

8. 每个 MST 域中，距离总根最近的交换设备是以下哪个术语？（　　）

  A. 根桥　　　　　　　　　　　　B. IST 域根

  C. MSTI 域根　　　　　　　　　D. 主桥

9. 下列关于堆叠和集群的说法，正确的是？（　　）

  A. 堆叠和集群的交换机角色都分为主交换机、备交换机和从交换机

  B. 堆叠可以支持多台交换机，集群只支持两台交换机

  C. 堆叠需要用专用的堆叠接口进行连接，但集群可以使用普通业务接口进行连接

  D. 堆叠和集群均由主交换机执行数据转发，在主交换机发生故障时，由备交换机接替主交换机的角色执行数据转发

10. 管理员如果希望对整个堆叠进行升级，同时要确保业务流量可以始终得到转发，应该采取哪种升级方式？（　　）

  A. 平滑升级　　　　　　　　　　B. 智能升级

  C. 传统升级　　　　　　　　　　D. 带外升级

答案：

1. B　2. A　3. D　4. C　5. A　6. D　7. A　8. D　9. B　10. A

第 9 章
IP 组播基础

本章主要内容

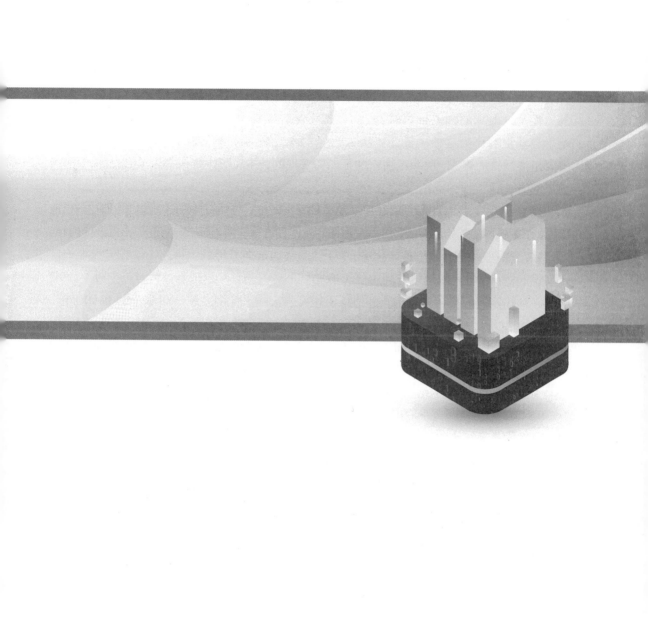

组播的目的是建立一对多的通信模型，满足一台设备把一个报文发送给多个目的设备的需求。组播不同于网络中只有一个接收方的单播，也不同于在本地网络中泛洪给所有接收方的广播。当同一个报文的接收方散布在多个不同的网络中，但又需要用相同的组播地址对它们加以标识时，人们显然无法直接套用按照目的地址进行转发的单播路由寻址机制作为这种场景的解决方案。本章旨在向读者介绍 IP 组播的工作机制，解释组播网络的构成，说明组播转发是如何实现的，并演示如何在华为 VRP 系统中配置组播网络。

在 9.1 节中，我们首先会介绍 IPv4 组播的基本概念，包括组播 IPv4 地址和组播 MAC 地址，展示组播网络的构成要素，然后对组播转发原理进行简要概述，并由此引出后面的内容。

9.2 节的重点是介绍组播架构中，用于让组播成员向直连的组播路由器报告和维护自己身份的协议——互联网组管理协议（IGMP）。IGMP 有 3 个版本，针对每个版本，9.2 节都会介绍它们的报文封装格式和协议工作流程。除了详细介绍 3 个版本的 IGMP 外，9.2 节还会介绍用来建立组播组和交换机端口之间映射关系的 IGMP 嗅探（IGMP Snooping），以及用来帮助 IGMPv1 和 IGMPv2 组播接收方设备接入指定源组播（SSM）的 IGMP SSM 映射（Mapping）。在 9.2 节最后，我们还会介绍几条简单的 IGMP 配置命令，并且对配置的流程进行演示。

9.3 节的重点是介绍用来在组播网络内部建立组播分发树的组播路由协议——PIM。PIM 分为密集模式（DM）和稀疏模式（SM），稀疏模式又可以对任意源组播（ASM）和指定源组播（SSM）提供支持。9.3 节会针对 3 种模式（PIM–DM、PIM–SM[ASM]和 PIM–SM[SSM]）所涉及的报文和机制进行介绍，让读者理解 3 种模式的工作原理和适用场景。此外，9.3 节还会分别介绍 PIM–DM 和 PIM–SM 的配置命令，并且对它们的配置流程进行演示。

本章重点

- 组播 IPv4 地址与组播 MAC 地址；
- 组播网络的基本架构；
- IGMP 各版本的协议报文封装结构与工作原理；
- IGMP 的基本配置；
- PIM–DM 的协议报文封装结构、工作原理与机制；
- PIM–DM 的基本配置；
- PIM–SM 的协议报文封装结构、工作原理与机制；
- PIM–SM 的基本配置。

9.1 组播的基本原理

如果一台设备需要把一个数据包发送给多台目的设备，那么这台设备可以通过单播报文或者广播报文的方式达到目的。然而，借助单播报文或者广播报文实现一对多通信的做法存在着不同程度的问题。

如果始发设备使用单播向多个目的设备发送报文，考虑到每个目的设备的 IP 地址各不相同，始发设备必须针对每台目的设备单独封装单播报文。因此，如果始发设备需要向成千上万台目的设备发送封装相同负载的报文，使用单播进行传输必然会影响始发设备的性能。

如果始发设备使用广播发送报文，那么只有广播域中的设备会接收到这个报文，因此广播难以满足跨网络通信的需求。此外，广播域中的所有设备都会接收到这个报文。若广播域中的部分设备并不想接收该报文，就需要浪费资源去处理与自己无关的报文。除了浪费无关设备的资源外，无关设备处理报文的做法还会影响信息的安全性，并且这种做法无法仅为付费用户提供订阅的数据。

为了解决使用单播报文或广播报文实现一对多通信所存在的种种问题，人们定义了组播的机制。在组播中，一组携带相同组播目的地址的信息流被中间设备有选择地复制和转发给连接了接收方的链路，使信息可以沿着组播分发树发送给一组用户，同时每条链路上最多承载一组相同的组播数据流。通过这种机制，不仅跨网络一对多通信的需求得到了满足，报文的始发设备也不需要消耗大量资源给不同目的设备封装不同目的地址的报文，接收设备更不需要浪费资源去处理与自己无关的报文，报文自然不会暴露给无关设备。

9.1.1　组播地址

组播报文在结构上与单播报文无异，只是组播报文的目的地址需要封装组播地址。一个组播地址会标识一个组播组，所有加入这个组播组的设备都会监听发送给这个组播组对应组播地址的报文。因此，当加入某个组播组的设备接收到以该组所对应的组播地址为目的地址的报文时，就会对该报文进行进一步解封装。

注释： 组播报文的源地址依然为报文始发设备的单播 IP 地址，组播 IP 地址（和广播 IP 地址）不能作为 IP 报文的源地址。

在有类 IP 地址的分类中，前 4 位二进制数为 1110 的 IP 地址为 D 类 IP 地址。这类 IP 地址预留为组播地址，因此组播 IP 地址的理论范围是 224.0.0.0～239.255.255.255。针对这个地址范围，IANA 进行了进一步划分，见表 9-1。

表 9-1　组播地址分类

范围	含义
224.0.0.0～224.0.0.255	为路由协议预留的永久组播组地址
224.0.1.0～231.255.255.255	Any-Source 临时组播组地址
233.0.0.0～238.255.255.255	
232.0.0.0～232.255.255.255	Source-Specific 临时组播组地址
239.0.0.0～239.255.255.255	本地管理的 Any-Source 临时组播组地址

当然，在封装组播报文时，为了让接收方设备的数据链路层判断出自己是组播报文的接收方之一，始发设备必须把报文的目的 MAC 地址封装为组播 IPv4 地址对应的组播地址。因此，报文的发送方需要把组播 IPv4 地址映射为组播 MAC 地址。

注释：组播报文的源 MAC 地址依然使用报文始发设备接口的 MAC 地址，组播 MAC 地址（和广播 MAC 地址）不能作为数据帧的源 MAC 地址。

根据 IANA 的规定，将组播 IPv4 地址映射为组播 MAC 地址的具体做法如下。

① MAC 地址的前 24 位取固定值 0x01005e（二进制为 0000 0001 0000 0000 0101 1110）。

② MAC 地址的第 25 位取固定值 0。

③ MAC 地址的后 23 位取 IPv4 地址的后 23 位。

组播 IPv4 地址映射为组播 MAC 地址的流程如图 9-1 所示。

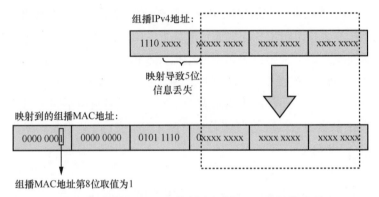

图 9-1　组播 IPv4 地址映射为组播 MAC 地址的流程

当一台设备加入一个 IPv4 组播组后，这台设备的数据链路层会侦听该 IPv4 组播地址对应的 MAC 地址。

在图 9-1 中，组播 IPv4 地址只有 23 位可以在组播 MAC 地址中得到体现。由于组播 IPv4 地址的前 4 位固定为 1110，因此仍然有 5 位组播地址（32-4-23=5）无法被映射到组播 MAC 地址。如果某些组播 IPv4 地址的差异体现在它们的第 5 位～第 9 位，这些组播 IPv4 地址就会被映射为相同的组播 MAC 地址。为了避免网络中出现组播 MAC 地址重合的问题，网络管理员在分配地址时需要考虑这种情况。

读者需要注意的是，前 24 位取值为 0x01005e 的组播 MAC 地址并不是全部的组播 MAC 地址，它只是由组播 IPv4 地址映射的组播 MAC 地址。如图 9-1 所示，所有第 8 位取值为 1 的 MAC 地址皆为组播 MAC 地址。

9.1.2　组播网络的基本架构

一个组播网络往往由下列组件共同组成。

① **组播源**：组播流量的发送方。组播源不需要运行组播协议，也不需要加入任何组播组，它只是把报文的目的地址封装为目的组播组所对应的组播地址。

② **组播组**：组播组会使用组播 IP 地址进行标识。组播接收方通过加入组播组成为

其成员，从而对组播组对应的组播 IP 地址进行侦听，接收发送给该组播组的报文。

③ **组播接收方**：组播组的成员设备。组播接收方通过加入组播组来接收发送给组播组的数据。

④ **组播路由器**：支持组播、运行组播协议的网络设备。组播路由器还包括三层交换机、防火墙等运行了组播功能的路由设备。这些设备共同组成组播转发网络，在组播源和组播接收方之间转发组播数据。

⑤ **IGMP**：旨在管理 IP 组播成员的协议，用来在组播接收方和直连的组播路由器之间建立、维护组播组成员关系。

同一个组播组未必只有一个组播源，根据组播接收方在接收组播数据时是否会对组播源进行选择，可以把组播服务模型分为任意源组播（ASM）和指定源组播（SSM），具体解释如下。

① **ASM**：在这种服务模型中，组成员加入组播组后，可以接收到任意源发送到该组播组的数据。为了避免多个组播源向同一个组播组中的接收方发送相关数据，ASM 模型要求组播组的地址必须在整个网络中唯一，即同一时刻一个 ASM 地址只能由一种组播应用使用。

图 9-2 所示为 ASM 服务模型的示意。

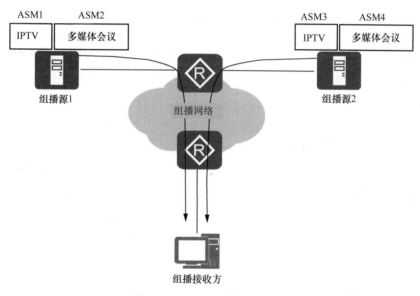

图 9-2　ASM 服务模型的示意

注释：为了提高安全性，ASM 支持管理员在组播路由器上配置针对组播源的过滤策略，从而决定哪些组播源发布的组播流量可以通过路由器，帮助组播接收方进行数据筛选。

② **SSM**：在这种服务模型中，组成员加入组播组后，只会接收到指定源发送到该组播组的数据，因此 SSM 不要求组播组地址在网络中的唯一性，只要求组播源保持唯一，即同一个源的不同组播应用必须使用不同的 SSM 地址加以区分，但不同的源可以使用相同的组地址。

图 9-3 所示为 SSM 服务模型的示意。

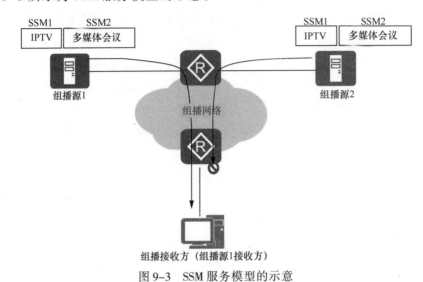

图 9-3　SSM 服务模型的示意

9.1.3　组播转发原理与组播协议构成

组播转发的目的地不是一个接收方，而是一组接收方，因此一个路由器接口接收到的组播报文有可能从多个路由器接口转发出去。这有可能导致单一数据报文在环路中被沿途的组播路由器不断复制，形成类似于广播风暴的组播风暴，从而加剧网络环路的隐患。换言之，组播（以及广播）环路的后果比单播环路的后果要严重得多。

避免组播风暴的合理方式是让每一台路由器在接收到组播报文时，通过报文的源地址查看这个组播报文是否正在远离组播源，以此判断这个组播报文是否处于一条合理的转发路径上。基于这样的机制，组播流量的转发路径也称为组播转发树，意指组播数据的转发会沿一条无环路径实现。

为了避免组播风暴，组播设备会使用反向路径转发（RPF）校验，它会在路由表中查找组播报文的源 IP 地址，判断向该源 IP 地址转发报文的接口是否就是接收到这个组播报文的接口。如果两个接口一致，组播设备就会认为这个组播报文是通过正确的接口接收到的，即这个组播报文正在沿着从组播源到组播接收方的路径正常转发，组播设备会继续沿着组播转发树向下游转发该报文。如果向报文源 IP 地址转发报文的接口并非接收到这个组播报文的接口，组播设备就会丢弃该组播报文。

RPF 校验如图 9-4 所示，AR2 向 AR1 转发的（由组播源 192.168.1.254 发送的）组播报文经 AR1 执行 RPF 校验后，发现向该报文源 IP 地址 192.168.1.254 转发报文的接口是 G0/0/0，并不是接收到该报文的接口 G0/0/1，因此该报文被 AR1 丢弃。AR1 向 AR3 转发的报文经 AR3 执行 RPF 校验后，发现向该报文源 IP 地址 192.168.1.254 转发报文的接口是 G0/0/0，正是接收到该报文的接口，因此这个报文处于一条合理的转发路径上，于是 AR3 继续对该报文执行转发。

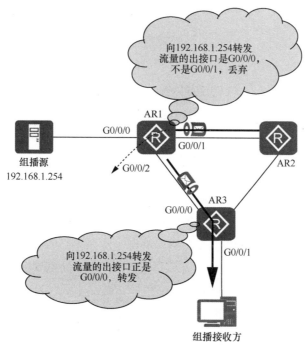

图 9-4　RPF 校验

　　为了执行 RPF 校验，路由器需要能够对组播报文源 IP 地址进行路由查找。路由器可以利用下列 3 个路由表中保存的信息进行路由查找。

① 单播路由表。

② 组播 BGP（MBGP）路由表。

③ 组播静态路由表。

　　注释： 组播 BGP 路由表主要用于传递与组播相关的路由条目；组播静态路由表则是由管理员手工配置的、组播源与出接口之间的映射关系。

　　如果在上述不止一个路由表中，路由器都可以查找到匹配该组播报文的路由，那么 3 个路由表中匹配的路由都会成为备选 RPF 路由。在从备选 RPF 路由中选择 RPF 路由的过程中，路由器会选择掩码匹配长度最长的路由；如果多条备选 RPF 路由拥有相同的掩码匹配长度，路由器就会在它们中选择拥有最高优先级（Pre 值最大）的路由；如果此时仍然没有选择出 RPF 路由，路由器则会优选组播静态路由表中的备选 RPF 路由，其次为 MBGP 路由表中的备选 RPF 路由，最后选择单播路由表中的备选 RPF 路由。

　　在完成 RPF 校验后，路由器会对通过校验的组播报文执行转发。为了实现报文转发，路由器需要知道组播报文的出接口，这就需要通过组播路由协议来实现。组播路由协议是一类协议的总称，其作用是实现组播流量在网络中的转发。这类协议包括以下 3 种。

① **PIM**：主要用于在 AS 域内生成组播分发树。

② **组播源发现协议（MSDP）**：主要用于在 AS 域间生成组播分发树。

③ **MBGP**：主要用于对跨域组播流执行 RPF 校验。

9.3 节会对 PIM 进行详细介绍。MSDP 和 MBGP 超出了 HCIP-Datacom-Core Technology

认证大纲的范围。

除了组播路由协议外，工作在组播组成员端的 IGMP 在组播协议架构中也扮演着重要的角色，它的作用是向组播网络告知组成员的位置与其加入的组播组。考虑到 IGMP 的重要性，9.2 节会专门对其进行详细介绍。

9.2 IGMP 的原理与配置

组播和单播的不同之处在于，组播报文并非只有一个目的接收方，组播源在封装组播报文的时候并不关心接收方的位置信息。组播和广播的不同之处在于，组播并不是在广播域中把报文泛洪给所有接收方，它不仅需要跨网段进行转发，而且不能以所有接收方为目的。这就给组播报文的收发带来了一个问题，那就是组播网络怎么知道哪里有组播组的接收方。

概括地说，有两种方法可以向组播网络告知组播成员的位置，具体如下。

① **手工静态配置**：由管理员在组播路由器上通过配置命令指定连接了组播组成员的接口，配置组成员加入信息。显然，这种方法只适用于规模相当小、组播组成员身份固定的组播网络。如果网络中的组播路由器、组播成员数量过多，或者组播成员变动频繁，手工静态配置的方法就难以为继。总之，手工静态配置的方法扩展性、灵活性差。

② **动态感知**：组播成员主动向组播网络通告自己加入组播组的信息，从而使组播网络感知到组播组成员加入信息，进而了解到组播组成员所在的接口。这种方法需要借助即将介绍的 IGMP 协议来实现。动态感知的方法比手工静态配置的方法要灵活得多，配置起来也不复杂，因此在如今网络中的使用远比手工静态配置更为广泛。

9.2.1 IGMP 概述

IGMP 是一项负责 IPv4 组播成员管理的协议，用来在组成员和直连的组播路由器之间建立和维护组播组成员关系。通过 IGMP，组播组成员和组播路由器可以通过交互 IGMP 报文生成 IGMP 路由条目和 IGMP 组条目，以此对组播组成员身份进行管理。IGMP 路由条目和 IGMP 组条目还可以帮助组播路由器生成组播路由条目。这两种条目具体介绍如下。

① IGMP 路由条目的作用是扩展组播路由条目的出站接口。IGMP 路由条目见例 9-1，路由器会使用 G0/0/1 作为唯一的出接口（下游接口）对去往组播组 232.1.1.1 的报文进行转发。

例 9-1   IGMP 路由条目

```
00001. (*, 232.1.1.1)
       List of 1 downstream interface
       GigabitEthernet0/0/1 (10.1.1.254)
                Protocol: IGMP
```

② IGMP 组条目是由希望成为组播组成员的设备所发送的 IGMP 加入报文触发创建的，组播路由器会使用这种条目来维护组成员的加入信息，并通知组播路由协议针对加

入信息来创建对应的组播路由条目。IGMP 组条目见例 9-2，设备要加入的组播组地址为
232.1.1.1，要求加入这个组的设备的 IP 地址为 10.1.1.1。

例 9-2　IGMP 组条目

```
GigabitEthernet0/0/1 (10.1.1.254):
 Total 1 IGMP Group reported
 Group Address    Last Reporter    Uptime      Expires
 232.1.1.1        10.1.1.1         00:01:44    00:00:26
```

在最后一跳组播路由器（也就是连接组播接收方的路由器）上，组播路由表会由上
面两种条目（IGMP 路由条目和 IGMP 组条目）与组播路由协议生成的组播路由表汇总后
形成。关于组播路由协议和组播路由表条目，我们会在后文进行详细介绍。

9.2.2　IGMPv1

IGMPv1 规定，组播路由器和组播组成员之间要采用查询和响应机制实现组成员的注
册。概括地说，组播路由器需要周期性地在共享网络中向组播地址 224.0.0.1 发送普遍组
查询报文，以查询哪些组播组在这个共享网络中拥有成员设备。在接收到普遍组查询报
文后，组播组成员设备则会用成员关系报告报文作出响应。因为所有侦听组播地址
224.0.0.1 的设备都会接收到组播路由器发送的普遍组查询报文，而任何组播组的成员设
备都会侦听这个组播地址，所以如果共享网络中连接了多台组播路由器，就只需要其中
一台组播路由器发送查询报文。这台负责在直连的组播组中发送查询报文的路由器称为
IGMP 查询器。

IGMPv1 报文的封装格式如图 9-5 所示。

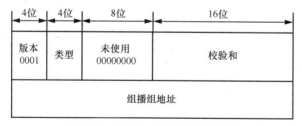

图 9-5　IGMPv1 报文的封装格式

在图 9-5 中，类型字段的作用是标识 IGMPv1 报文的类型。IGMPv1 定义的报文类型
包括普遍组查询报文（取值为 0x11）和成员关系报告报文（取值为 0x12）。组播组地址
字段的作用是标识成员关系报告报文中组播组成员要加入或者要报告的组播组地址；但
是在普遍组查询报文中，这个字段的取值为 0。

下面我们结合图 9-6 所示的拓扑，对 IGMPv1 的工作流程进行详细解释。

如图 9-6 所示，AR1 作为所在共享网络（以太网）的查询器，在该共享网络中向组
播地址 224.0.0.1 发送了一个普遍组查询报文。根据 IGMPv1 标准，普遍组查询报文会周
期性地进行发送，发送周期默认为 60s，管理员可以配置组播路由器发送普遍组查询报
文的周期。

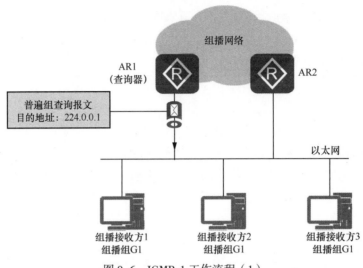

图 9-6　IGMPv1 工作流程（1）

组播接收方在接收到普遍组查询报文时，会启动一个定时器。在缺省情况下，定时器随机定时，范围是 0～10s。每个组播接收方都会在定时器计时结束时，以自己所在/要加入的组播组地址作为目的地址，封装一个成员关系报告报文作出响应。因此，定时器时间最短的组播接收方会先回复成员关系报告报文。上述工作流程如图 9-7 所示。

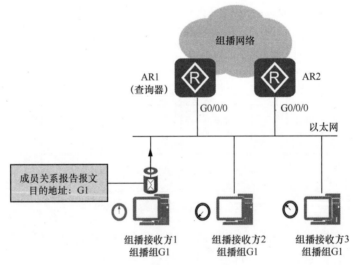

图 9-7　IGMPv1 工作流程（2）

查询器在接收到组播组成员的报告报文后，就会知道共享网络中存在其报告的组播组的成员，于是就会生成对应的 IGMP 组条目和 IGMP 路由条目。例如，在图 9-7 中，AR1 接收到组播接收方 1 发送的成员关系报告报文后，就会生成 IGMP 组条目和（*，G1）IGMP 路由条目。其中，星号（*）代表任意组播源，G1 则代表组播组。通过这个路由条目，路由器再接收到去往组播组 G1 的组播报文，就会使用连接共享网络的接口 G0/0/0 向整个共享网络转发该报文。

因为图 9-7 所示报文的目的地址是组播接收方所在/要加入的组播组，所以共享网络中其他属于/要加入这个组播组的组播接收方也会接收到成员关系报告报文。当它们接收到这个消息时，它们就会停止自己的定时器，不再发送成员关系报告报文。这就消除了网络中重复的成员关系报告报文，减少了共享网络中的流量。这种机制称为成员关系报告报文抑制机制，如图 9-8 所示。

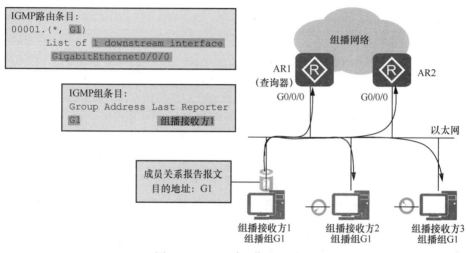

图 9-8　IGMPv1 工作流程（3）

在图 9-8 中，查询器 AR1 和非查询器 AR2 都会接收到组播接收方响应的成员关系报告报文，因此它们都会生成 IGMP 组条目和 IGMP 路由条目。

需要注意的是，IGMPv1 没有查询器选举机制，因此需要依赖 PIM 来进行 IGMP查询器选举。IGMPv1 会将 PIM 选举的唯一组播信息转发者（Assert Winner 或 DR）作为 IGMPv1 查询器，负责在共享网络中发送普遍组查询报文。这部分内容会在 9.3节中进行介绍。

IGMPv1 也没有定义离开消息。前文提到过，查询器只会周期性地在共享网络中发送普遍组查询报文，而离开了组播组的设备不会使用成员关系报告报文对该消息进行响应。当整个共享网络中不再连接任何一个组播组的成员时，查询器就不会再接收到关于这个组播组的成员关系报告报文。组播路由器没有接收到某个组成员关系报告报文的时长超过设定值（缺省为 130s），就会删除这个组播组所对应的组播转发条目。例如，在图 9-8中，如果组播组 G1 的 3 个组播接收方都退出了这个组播组，那么这个共享网络就不会有设备使用成员关系报告报文对查询器的普遍组查询报文进行响应。等待足够时间后，AR1 和 AR2 都会将图 9-8 所示的条目删除。之后，它们如果接收到以 G1 为目的 IP 地址的组播报文，就不会再通过自己的 G0/0/0 接口对该报文进行转发。

9.2.3　IGMPv2

IGMPv1 定义的流程相当简单，并没有定义离开消息，这使组播路由器只有被动地等待足够的时间后才能删除对应的组播表条目，导致当网络中长时间没有组播组的接收方时，组播路由器依然向该网络转发该组播组的流量，造成资源的浪费。此外，IGMPv1机制也没有定义独立的查询器选举机制，因此 IGMPv1 必须依赖 PIM 进行选举，降低了选举的灵活性。

　　IGMPv2 针对上述问题进行了改进，它在保留 IGMPv1 机制的基础上定义了主动离开组播组的机制，增加了查询器选举机制。不仅如此，IGMPv2 还能够与 IGMPv1 兼容。IGMPv2 报文的封装格式如图 9-9 所示。

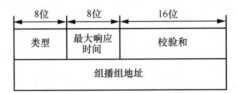

图 9-9　IGMPv2 报文的封装格式

　　虽然与 IGMPv1 报文的封装格式大致相同，但 IGMPv2 对类型字段的长度进行了扩展，并支持了更多的报文类型。具体来说，IGMPv2 定义了以下报文类型。

　　① **查询报文**：类型字段取值依然为 0x11。

　　② **IGMPv1 成员关系报告报文**：类型字段取值依然为 0x12。

　　注释：上述两个字段取值一致，是 IGMPv2 可以兼容 IGMPv1 的核心原因。

　　③ **IGMPv2 成员关系报告报文**：类型字段取值为 0x16。

　　④ **离开报文**：类型字段取值为 0x17。

　　虽然从上述内容来看，IGMPv2 支持的报文类型只有 4 种。但 IGMPv2 把查询报文进一步分为普遍组查询报文和特定组查询报文，前者会以组播地址 224.0.0.1 作为目的地址，查询共享网络中是否包含所有组播组的成员；后者则会以要查询的组播组地址作为目的地址，查询共享网络中是否包含该组播组的成员。

　　在 IGMPv2 报文中，组播组地址字段的作用是标识（成员关系报告报文中）组播组成员要报告、要加入或要离开的组播组地址。需要注意的是，在普遍组查询报文中，组播组地址字段的取值为 0；但在特定组查询报文中，组播组地址字段的取值是特定组的组播 IP 地址。

　　另外，IGMPv2 还定义了最大响应时间字段，用来标识组播接收方响应返回报告的最大时间。对于普遍组查询报文，该字段的缺省值为 10s；对于特定组查询报文，该字段的缺省值则为 1s。

　　鉴于 IGMPv2 基本沿用了 IGMPv1 的机制，下文我们只对 IGMPv2 定义的查询器选举机制和组播成员离开机制进行介绍。

　　IGMPv2 定义的查询器选举机制非常简单：当共享网段中存在多台组播路由器时，每台组播路由器在初始状态都会认为自己是这个共享网段中的查询器。在相互交换普遍组查询报文后，所有路由器都会认为 IP 地址最小的路由器是这个共享网络的 IGMP 查询器。

自此，非查询器会启动一个定时器，即其他查询器存在时间定时器。每当非查询器在这个定时器超时前接收到来自查询器的查询报文，它就会重置定时器。非查询器如果直至这个定时器超时都没有接收到查询器的查询报文，就会认为该共享网络的查询器发生故障，此时这些组播路由器就会发起新的查询器选举。

IGMPv2 定义了特定组查询报文和离开报文，因此可以提升组播组成员离开组播组的效率。具体来说，当一个组播组成员要离开组播组时，它会向组播地址 224.0.0.2 发送针对这个组的离开报文。IGMPv2 组成员离开流程（1）如图 9-10 所示。

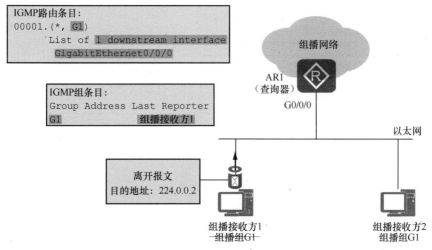

图 9-10　IGMPv2 组成员离开流程（1）

当查询器接收到离开报文时，它会发送针对这个组播组的特定组查询报文，同时启动组成员关系定时器。在此过程中，查询器发送特定组查询报文的次数、发送报文的时间间隔可以由管理员手动定义。在缺省情况下，查询器一共会发送 2 次该报文，每隔 1s发送 1 次。IGMPv2 组成员离开流程（2）如图 9-11 所示。

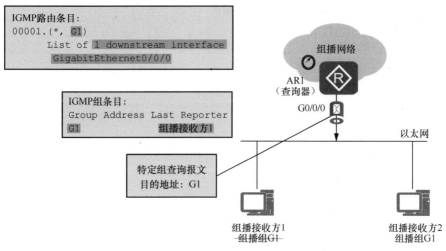

图 9-11　IGMPv2 组成员离开流程（2）

注释：特定组查询报文的目的地址是这个报文查询的组播组 IP 地址，普遍组查询报文的目的地址则是 224.0.0.1。

如果这个网段内还有该组的其他成员，这些成员就会在接收到查询器发送的特定组查询报文后，立刻发送针对该组的成员关系报告报文。查询器如果接收到该报告报文，就会保留相关的组播条目，并且继续维护该组的成员关系。IGMPv2 组成员离开流程（3）如图 9-12 所示。

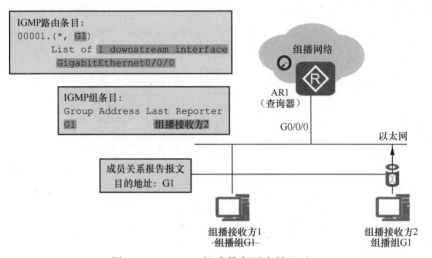

图 9-12　IGMPv2 组成员离开流程（3）

反之，如果这个网段内已经没有该组的其他成员，查询器就不会接收到关于这个组播组的成员关系报告报文。在组成员关系定时器计时结束时，路由器就会删除这个组播组所对应的组播转发条目。IGMPv2 组成员离开流程（4）如图 9-13 所示。

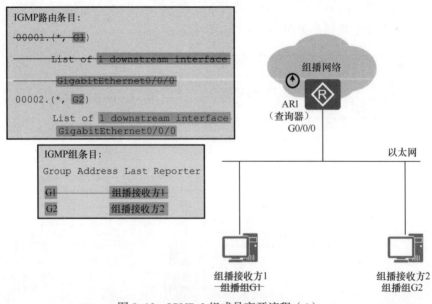

图 9-13　IGMPv2 组成员离开流程（4）

IGMPv2 有效地解决了 IGMPv1 效率不高、查询器选举灵活性差的问题，但无论是 IGMPv1 报文还是 IGMPv2 报文，都没有可以携带组播源信息的字段。因此，除非使用 SSM Mapping，否则 IGMPv1 和 IGMPv2 都无法仅让组播组成员接收特定组播源发送的报文。

9.2.4 IGMPv3

恰如 IGMPv2 沿用了 IGMPv1 的大部分机制一样，IGMPv3 同样沿用了 IGMPv2 的大部分机制，只是增加了对携带组播源信息的支持，以便更好地支持 SSM 模型。

IGMPv3 针对 IGMPv2 进行了以下调整。

① IGMPv3 查询报文在原本普遍组查询报文和特定组查询报文的基础上，增加了特定源组查询报文，其作用是查询这个组的成员是不是愿意接收特定组播源发送的数据。

② IGMPv3 使用了统一的成员关系报告报文，不再把不同版本的成员关系报告报文定义为不同的 IGMP 报文类型。

③ IGMPv3 成员关系报告报文会报告携带其要接收的组播源的地址。

④ IGMPv3 没有成员关系报告报文抑制机制。

⑤ IGMPv3 取消了对离开报文的定义，组播成员会使用特定类型的成员关系报告报文通告自己的离开。

理清上述调整可以得出结论，即 IGMPv3 只定义了两种类型的报文：查询报文和成员关系报告报文。下面分别介绍这两种报文的封装格式。

IGMPv3 查询报文的封装格式如图 9-14 所示。

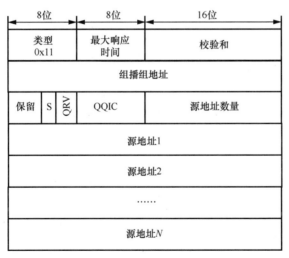

图 9-14　IGMPv3 查询报文的封装格式

读者需要特别注意的是，图 9-14 所示的是 IGMPv3 查询报文，因此其中的类型字段取值固定为 0x11。正如 IGMPv2 把查询报文进一步分为普遍组查询报文和特定组查询报文，IGMPv3 查询报文也可以分为普遍组查询报文（目的 IP 地址为 224.0.0.1）、特定组查询报文和特定源组查询报文（目的 IP 地址为该组播组的 IP 地址）。

从图 9-14 中的源地址数量字段和各个源地址字段可以看到，IGMPv3 查询报文可以携带多个源地址，携带数量的限制在于所在网络的 MTU。但对于普遍组查询报文和特定组查询报文，源地址数量字段的取值为 0。

IGMPv3 成员关系报告报文的封装格式如图 9-15 所示。

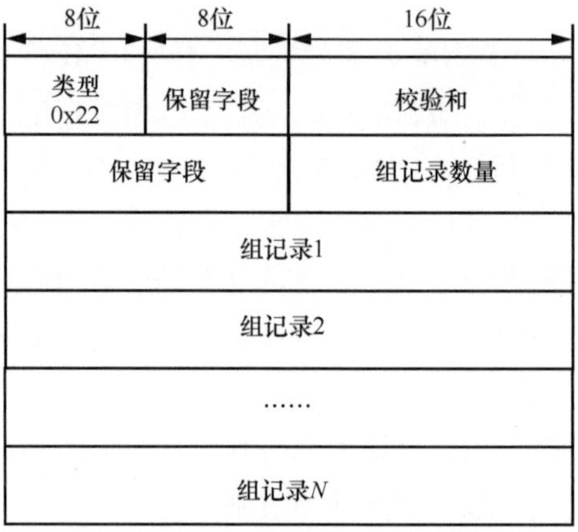

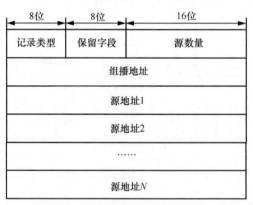

图 9-15   IGMPv3 成员关系报告报文的封装格式

在图 9-15 中，一个 IGMPv3 成员关系报告报文可以包含多个组记录，当组播组成员需要加入多个组播组时，这样的封装格式就可以大大减少网络中的 IGMP 成员关系报告报文数量。其中，每个组记录的封装格式如图 9-16 所示。

图 9-16   组记录的封装格式

IGMPv3 成员关系报告报文除了通告组成员加入/属于某个组播组的信息外，还可以通告这个组成员希望接收哪个组播源发送的信息。在这里，组播组成员可以通过以下两种模式通告组播源。

① **INCLUDE**：标识自己希望接收哪些组播源发送的组播流量。

② **EXCLUDE**：标识自己不希望接收哪些组播源发送的组播流量。

组记录的类型分为以下 3 种，用记录类型字段进行标识。

① **当前状态记录**：组成员对自己接收到的查询报文进行响应时，在报文中携带的记

录类型。这种成员关系报告报文会报告组成员针对单个组播地址的状态，具体如下。

- **MODE_IS_INCLUDE**：表示接收源地址列表中的源地址发送的组播数据。如果接收源地址列表为空，那么这个报文无效。
- **MODE_IS_EXCLUDE**：表示不接收源地址列表中的源地址发送的组播数据。

② **过滤模式改变记录**：当组和源的关系在 INCLUDE 和 EXCLUDE 之间切换时，组播成员会使用这种成员关系报告报文通告过滤模式发生了变化，具体如下。

- **CHANGE_TO_INCLUDE_MODE**：表示过滤模式由 EXCLUDE 变为 INCLUDE，接收源地址列表中的源地址发送的组播数据。如果指定源地址列表为空，成员就会离开这个组播组。
- **CHANGE_TO_EXCLUDE_MODE**：表示过滤模式由 INCLUDE 变为 EXCLUDE，不接收源地址列表中的源地址发送的组播数据。

③ **源列表改变记录**：如果源地址列表的改变和过滤模式的改变不一致，组播成员会使用这种成员关系报告报文通告自己希望源列表如何处理新的源地址，具体方式包括下面两种。

- **ALLOW_NEW_SOURCES**：表示组记录中的源地址字段包含一些其他源，这些源向该组播组发送的组播也是组播成员希望接收的组播。因此，如果这是对 INCLUDE 源列表所作的变更，这些地址就会加入列表；如果这是对 EXCLUDE 源列表所作的变更，这些地址就会从列表中删除。
- **BLOCK_OLD_SOURCES**：表示组记录中的源地址字段包含一些其他源，但这些源向该组播组发送的组播是组播成员不希望接收的。因此，如果这是对 INCLUDE 源列表所作的变更，这些地址就会从列表中删除；如果这是对 EXCLUDE 源列表所作的变更，这些地址就会加入列表。

IGMPv3 成员关系报告报文会被发送给组播地址 224.0.0.22。

IGMPv3 基本沿用了 IGMPv2 的组成员加入机制，只是 IGMPv3 的成员关系报告报文可以携带组播源的地址，而且因为同一个组播组的成员可能会选择不同的组播源，所以 IGMPv3 没有定义成员关系报告报文抑制机制。鉴于 IGMPv3 的组成员加入机制与 IGMPv2 类似，这里不再进行介绍。

IGMPv3 的组成员离开机制与 IGMPv2 不同，IGMPv3 没有定义专门的组成员离开报文，组成员需要通过成员关系报告报文向组播路由器通告自己离开组的信息。因为在成员关系报告报文中，组成员可以通过 EXCLUDE 选择不接收哪些组播源发送的组播报文。于是，当 IGMP 查询器接收到通过特定组播源接收某组播组的成员所发送的组成员关系报告报文，表示它此后不再接收由该组播源发送的消息，IGMP 查询器就会认为这个组成员要离开该组播组。IGMPv3 组成员离开流程（1）如图 9-17 所示。

在图 9-17 中，原本接收组播源 S1 发往组播组 G1 报文的组播接收方 1 发送了一个成员关系报告报文（G1，EXCLUDE, S1），表示自己不再接收组播源 S1 发往组播组 G1 的报文。

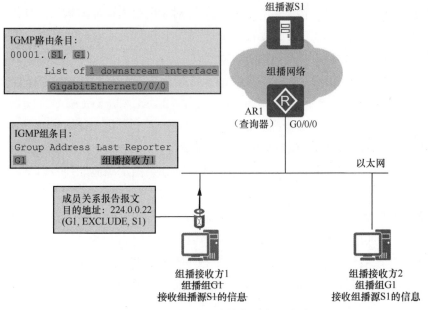

图 9-17   IGMPv3 组成员离开流程（1）

当查询器 AR1 接收到上述报文时，它会向报文指定的组播组 G1 发送针对这个组播组的特定源组查询报文，目的是确认该共享网络中是否还有其他组播接收方在接收组播源 S1 向组播组 G1 发送的报文，同时查询器会启动组成员关系定时器。IGMPv3 组成员离开流程（2）如图 9-18 所示。

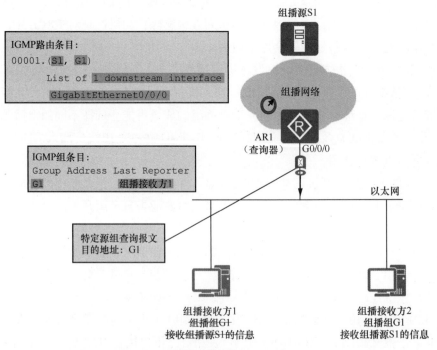

图 9-18   IGMPv3 组成员离开流程（2）

如果这个网段内还有该组的其他成员接收特定源的报文，这些成员就会在接收到查询器发送的特定源组查询报文后，立刻发送针对特定源组的成员关系报告报文。查询器如果接收到该报告报文，就会保留相关的组播条目，并且继续维护该组的成员关系。IGMPv3 组成员离开流程（3）如图 9-19 所示。

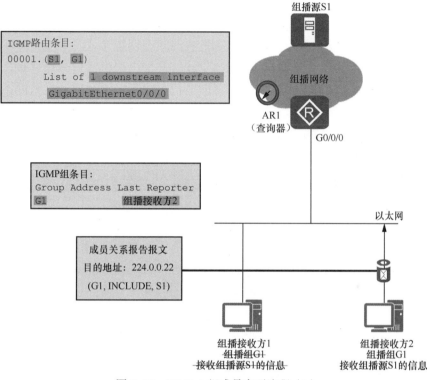

图 9-19　IGMPv3 组成员离开流程（3）

反之，如果这个网段内已经没有该组的其他成员，查询器就不会接收到关于这个组播组的成员关系报告。在组成员关系定时器计时结束时，路由器就会删除这个组播组所对应的组播转发条目。

在前面的各个示例中，组播路由器和组播接收方之间的网络均为以太网。尽管组播设备在发送组播报文时会使用组播 IP 地址映射的组播 MAC 地址，但（在以太网中把各台设备连接在一起的）交换机在接收到以组播 MAC 地址为目的 MAC 地址的组播数据帧时，默认会按照处理广播的方式，把该数据帧从（本 VLAN 中除了接收端口外的）其他端口泛洪出去。换言之，处于同一个共享网络中的所有设备都会接收到其他设备发送的组播报文，这就导致共享网络依然存在使用广播报文发送组播的问题：安全性不佳、浪费网络带宽。IGMP Snooping 技术则可以解决上述问题。

9.2.5　IGMP Snooping

当组播路由器和组播接收方之间传递的 IGMP 报文通过以太网交换机进行转发时，

IGMP Snooping 会对报文携带的信息进行分析,使用这些信息建立并维护一个二层组播转发表,这个转发表可以建立组播组和交换机端口之间的映射关系。交换机可以通过这个二层组播转发表在共享网络中按需转发组播数据。

二层组播转发表可以建立组播组和交换机端口之间的映射关系,IGMP Snooping 把直连端口分为以下两种。

① **路由器端口**:交换机连接组播路由器的端口,即交换机接收由组播源所发送的组播流量的端口。当一个端口接收到 IGMP 普遍组查询报文或者 PIM Hello 报文,IGMP Snooping 就会把这个端口指定为路由器端口,这种由交换机通过协议报文自动认定的路由器端口被称为动态路由器端口。管理员也可以通过命令手动配置静态路由器端口。

② **成员端口**:交换机连接组播组成员设备的端口,即交换机对外转发组播数据流量的端口。当一个端口接收到 IGMP 报告,IGMP Snooping 就会把这个端口指定为成员端口,这种由交换机通过协议报文自动认定的成员端口被称为动态成员端口。管理员也可以通过命令手动配置静态成员端口。

IGMP Snooping 端口类型如图 9-20 所示。

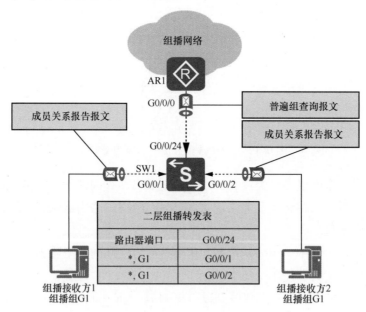

图 9-20　IGMP Snooping 端口类型

根据上文应不难理解,在图 9-20 中,若交换机 SW1 启用了 IGMP Snooping,则其端口 G0/0/1 和 G0/0/2 应为成员端口,端口 G0/0/24 则为路由器端口。

路由器端口形成后,交换机会启动老化计时器,每当路由器端口接收到新的普遍组查询报文后,交换机就会刷新这个计时器。同理,成员端口形成后,交换机也会启动老化计时器,每当路由器端口接收到新的成员关系报告报文后,交换机也会刷新这个计时器。老化计时器的缺省时间为 180s。

在建立了如图 9-20 所示的二层组播转发表后，当交换机从路由器端口接收到组播报文时，它会根据二层组播转发表把报文只从相关的端口发送出去；当交换机从成员端口接收到成员关系报告报文时，它也只会把这个报文通过路由器端口转发出去，而不会通过其他成员端口进行转发。这样一来，交换机按照泛洪的方式处理组播报文所导致的问题也就得到了解决。

同理，IGMP Snooping 也会通过监听 IGMP 离开报文（IGMPv2）和 IGMP 成员关系报告报文（IGMPv3）来维护自己的二层组播转发表，并通过这个表来判断是否需要继续通过某个端口转发某个组播组的报文。以 IGMPv2 为例，当交换机接收到一个组成员发送的离开报文时，它会使用自己的路由器端口将这个报文转发给组播路由器，同时还会针对接收到这个报文的成员端口启动一个老化计时器。这个老化计时器的时间等于健壮系数（缺省值为 2）与特定组查询间隔（缺省值为 1s）的乘积。IGMP Snooping 的组成员离开流程（1）如图 9-21 所示。

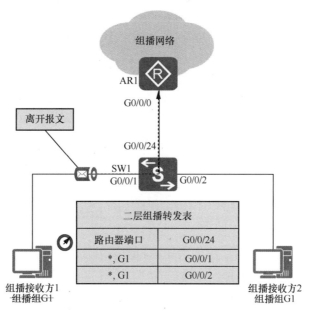

图 9-21　IGMP Snooping 的组成员离开流程（1）

组播路由器照旧回复特定组查询报文，而交换机会将这个报文通过所有对应该组的成员端口发送出去，包括接收到离开报文的端口。如果当老化计时器超时，交换机依然没有在之前接收到离开报文的端口接收到加入该组的成员关系报告报文，交换机就会从自己的二层组播转发表中删除这个端口与该组建立映射的条目。IGMP Snooping 的组成员离开流程（2）如图 9-22 所示。

这里需要说明一点，因为在 IGMP Snooping 的作用下，当交换机从成员端口接收到成员关系报告报文时，它只会把这个报文通过路由器端口转发出去，所以成员关系报告抑制机制就不存在了。因为 IGMP Snooping 判断端口角色的依据是交换机端口接收到的报文，所以组成员都需要分别发送 IGMP 组成员关系报告报文。

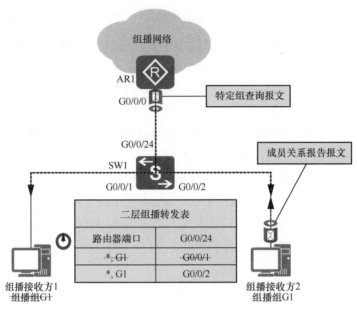

图 9-22　IGMP Snooping 的组成员离开流程（2）

9.2.6　IGMP SSM Mapping

无论 IGMPv1 报文还是 IGMPv2 报文都没有可以携带组播源信息的字段，因此，除非使用 SSM Mapping，否则 IGMPv1 和 IGMPv2 都无法仅让组播组成员接收特定组播源发送的报文。

IGMPv3 通过扩展报文封装格式对 SSM 提供了支持。但如今网络中仍然存在一些无法支持 IGMPv3 的旧终端，如果需要让这些组播组成员支持 SSM，使用 IGMP SSM Mapping 是唯一的选择。

IGMP SSM Mapping 可以静态绑定组播源和组播组，使 IGMPv1 和 IGMPv2 的组成员也可以接入 SSM 组播网络。这种静态绑定的映射关系需要由管理员手动配置在 IGMP 查询器上，管理员指定哪些组地址只提供 ASM 服务，哪些组地址提供 SSM 服务，以及如何提供 SSM 服务。

管理员在查询器上配置 IGMP SSM Mapping 后，查询器如果接收到来自成员设备的 IGMPv1 报文或 IGMPv2 报文，就会对报文中携带的组播组地址进行检查。检查的结果包括下列 3 种。

① 组播地址在 ASM 地址范围内：查询器为成员设备提供 ASM 服务。

② 组播地址在 SSM 地址范围内，但没有针对该组播地址配置 SSM Mapping 规则：查询器丢弃该报文。

③ 组播地址在 SSM 地址范围内，且已针对该组播地址配置 SSM Mapping 规则：查询器按照规则所包含的信息为成员设备提供 SSM 服务。

注释：SSM 地址范围缺省为 232.0.0.0～232.255.255.255。

注意，查询器不会根据 SSM Mapping 处理 IGMPv3 的成员关系报告报文。因此，如果管理员希望保证在同一个共享网络中，运行任何版本 IGMP 的成员设备都可以使用 SSM 服务，就需要在使用 SSM Mapping 的同时，在连接成员设备的查询器接口上也运行 IGMPv3。

SSM Mapping 工作原理示意如图 9-23 所示，管理员在查询器 AR1 上配置了 SSM Mapping，手动为 IGMPv1 和 IGMPv2 的成员设备建立了组播组 G1 和组播源 1 之间的映射关系。同时，AR1 也在所有连接成员设备的接口上启用了 IGMPv3。当运行 IGMPv2 的组播接收方 1 和运行 IGMPv3 的组播接收方 2 都向 AR1 发送成员关系报告报文后，AR1 把 IGMPv2 成员关系报告报文中的组信息映射为源组信息。接下来，当 AR1 接收到组播源 1 发送给组播组 G1 的报文时，它就会根据 SSM Mapping 规则把报文通过连接组播接收方 1 的接口转发出去。IGMPv3 报文不会按照 SSM Mapping 规则进行处理，所以 AR1 依然按照组播接收方 2 发送的 IGMPv3 成员关系报告报文中携带的信息来为组播接收方 2 转发组播源 2 发往组播组 G1 的报文。

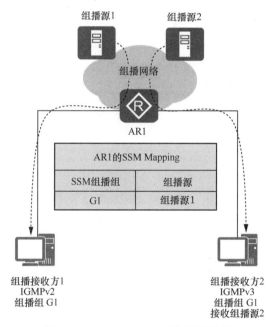

图 9-23　SSM Mapping 工作原理示意

9.2.7　IGMP 代理介绍

在拥有大量成员设备且成员设备频繁变动所在组播组的网络中，查询器势必会面临大量的 IGMP 报文。在这种网络中，如果查询器和成员设备之间部署了其他三层设备，那么这台三层设备可以充当 IGMP 代理，减轻查询器的压力。

IGMP 代理减轻查询器压力的方式是，只向查询器发送会触发查询器组播转发行为变化的组成员报文。因此，IGMP 代理可以代理查询器发送查询报文，也可以维护组成员关系，并且根据组成员关系转发组播报文。

IGMP 代理定义了以下两类接口。

① **主机接口**：一般是连接查询器的接口，其作用是代理主机（组成员）向查询器发送 IGMP 报告（和离开）报文。

② **路由器接口**：一般是连接组成员设备的接口，其作用是代理查询器向组成员发送查询报文。

上述两类接口在配置中均需启用 IGMP 代理功能。

IGMP 代理的架构如图 9-24 所示。

如果一个组播网络的查询器和组成员之间部署了 IGMP 代理，IGMP 代理的路由器接口就会代理查询器发送查询报文。如果 IGMP 代理的路由器接口接收到组播组成员发送的成员关系报告报文，IGMP 代理就会以此形成自己的 IGMP 条目，并且把这个成员关系报告报文从主机接口发送给上游的 IGMP 查询器。此后，如果 IGMP 代理从其他设备接收到加入同一个组播组的成员关系报告报文，它通过查询自己的 IGMP 组条目，发现自己已经记录了关于该组的条目，说明它此前已经向查询器转发过加入该组的成员关系报告报文，查询器也会把以该组播组为目的的组播流量发送给它，因此 IGMP 代理不会再将这次的报文发送给查询器。

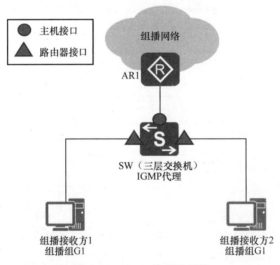

图 9-24　IGMP 代理的架构

如果 IGMP 代理的路由器接口接收到 IGMPv2 组播组成员发送的离开某组播组报文，它会首先使用路由器接口发送关于该组播组的特定组查询报文，以判断该组是否还有其他成员。如果在定时器超时前，IGMP 代理接收到关于该组的成员关系报告报文，IGMP 代理不但不会使用主机接口向查询器转发该组播组的离开消息，而且会继续使用该接口转发去往该组播组的报文。如果直到定时器超时，IGMP 代理依然没有接收到成员关系报告报文，IGMP 代理就会从组播转发表中把这个接口删除，并且查看自己是否还有其他接口连接了该组的成员。如果有，那么 IGMP 代理依然不会向查询器转发该组播组的离开消息。只有 IGMP 代理发现自己已经没有接口连接该组的成员时，才会通过主机接口向查询器转发该组播组的离开消息。因为只有在这种情况下，IGMP 查询器才不需要再向 IGMP 代理转发去往该组播组的组播流量，这时查询器的组播转发行为也才需要发生变化。

通过上述方式，IGMP 代理在成员设备和查询器之间进行了信息的筛选和汇总，从而大大减少了查询器需要处理的 IGMP 报文数量。

9.2.8　IGMP 配置命令

在本书中，读者需要掌握的 IGMP 配置命令如下。

① **igmp enable**：在接口视图下输入这条命令，可以在该接口上启用 IGMP。在缺省情况下，设备接口不会启用 IGMP 功能。

② **igmp version** *number*：在接口视图下输入这条命令，可以设置该接口的 IGMP 版本。在缺省情况下，设备会运行 IGMPv2。

③ **igmp-snooping enable**：在系统视图下输入这条命令，可以在设备全局启用 IGMP Snooping 功能。这条命令也可以在（VLAN）接口视图下输入，从而在该（VLAN）接口上启用 IGMP 代理功能。在缺省情况下，IGMP Snooping 功能在全局和接口均未启用。

④ **igmp-snooping proxy**：在接口视图下输入这条命令，可以在该接口上启用 IGMP 代理功能。在缺省情况下，接口未启用 IGMP 代理功能。

⑤ **igmp ssm-mapping enable**：在接口视图下输入这条命令，可以在该接口上启用 IGMP SSM Mapping。

⑥ **ssm-mapping** *group-address group-mask source-address*：在 IGMP 视图下输入这条命令，可以在全局建立组地址和源地址之间的映射关系。管理员需要在系统视图下输入命令 **igmp** 进入 IGMP 视图。在缺省情况下，接口并未启用 IGMP SSM Mapping 功能，设备上也没有配置任何 IGMP SSM Mapping 规则。

完成配置后，管理员可以使用下列命令检查 IGMP 的配置结果。

① **display igmp group**：查看组播组的成员信息。

② **display l2-multicast forwarding-table** vlan *vlan-id*：查看二层组播转发表。

③ **display igmp ssm-mapping**：查看 IGMP SSM Mapping 静态映射表。

IGMP 的配置命令通常设置在组播路由器连接组播组成员网络的接口，以及连接组播组成员和组播路由器的交换机上，且配置命令相当简单，因此不再针对 IGMP 提供配置示例。

IGMP 运行在组播组成员、最后一跳组播路由器，以及将它们连接在一起的中间设备上。在 9.3 节，我们会介绍运行在组播网络内部的组播路由协议。

9.3　PIM 的原理与配置

组播路由协议的作用是在组播网络内部建立组播分发树。组播路由协议是一类协议，包括用来生成 AS 域内组播分发树的 PIM、用来生成 AS 域间组播分发树的 MSDP 和帮助跨域组播流进行 RPF 校验的 MBGP。下面,我们只对 PIM 进行介绍。

9.3.1   PIM 基础

PIM 有两个版本,目前常用的版本是 PIMv2,其组播地址为 224.0.0.13。PIM 报文会封装在 IP 报文内部,协议号为 103。

PIMv2 报文封装格式如图 9-25 所示。

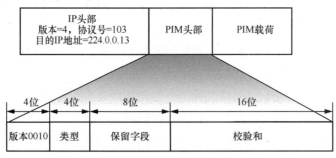

图 9-25   PIMv2 报文封装格式

PIM 名称中的"协议无关"指 PIM 与组播网络中运行的单播路由协议无关,即 PIM 不需要维护专门的单播路由信息,但 PIM 依然会利用单播路由表中的路由信息对组播报文执行 RPF 校验,创建组播路由条目,并根据组播路由条目来转发组播报文。组播路由器通过组播路由条目向各个组播组成员转发组播数据的路径呈现树型结构,这个树型结构称为组播分发树。无论网络中包含多少组播组成员,每条链路上最多只有一份相同的组播数据,组播数据也一定会在距离组播源尽可能远的分支路径上进行复制和分发。

在目前的网络中,PIM 主要分为下面两种模式。

① **PIM-DM**:即 PIM 密集模式,主要用于组成员数量比较少且相对密集的组播网络中。这种模式建立组播分发树的基本思路是"扩散-剪枝",即先将组播流量在全网扩散,然后剪去全网中没有组成员的路径,最终形成组播分发树。

② **PIM-SM**:即 PIM 稀疏模式,主要用于组成员数量比较多且相对稀疏的组播网络中。这种模式建立组播分发树的基本思路是先收集组成员信息,然后使用这些信息组成组播分发树。因为这种模式不在全网扩散组播流量,对现网影响较小,所以使用远比 PIM-DM 广泛。根据组播服务模型,PIM-SM 又可以分为以下两种。

- **PIM-SM(ASM)**:为任意源组播组建立组播分发树。
- **PIM-SM(SSM)**:为指定源组播组建立组播分发树。

通过 PIM 形成的组播分发树还可以分为下面两种。

① 以组播源为根,组播组成员为叶的组播分发树称为最短路径树(SPT)。SPT 也称为源树,其在 PIM-DM 和 PIM-SM 中均有使用。

② 以汇集点（RP）为根，组播组成员为叶的组播分发树称为 RP 树（RPT）。RPT 只在 PIM-SM 中使用。

PIM 路由条目就是通过 PIM 建立的组播协议路由条目。针对上面两种组播分发树，PIM 网络中的路由条目也可以分为以下两类。

① (S, G)：这种路由条目可以在 PIM 网络中建立 SPT，同时适用于 PIM-DM 和 PIM-SM。

② (*, G)：这种路由条目可以在 PIM 网络中建立 RPT，只适用于 PIM-SM。

如果 PIM 路由器上同时存在上述两种路由条目或者只存在(S,G)路由条目，当这台路由器接收到源地址为 S，目的地址为 G 的组播报文时，它就会在该报文通过 RPF 校验后，使用(S,G)条目转发报文。如果在上述情形中，这台路由器上只存在(*,G)路由条目，它则会首先按照(*,G)条目创建出(S,G)条目，然后再根据该(S,G)条目转发报文。

前文曾经提到，在最后一跳组播路由器上，组播路由表会由 IGMP 路由条目和 IGMP 组条目与组播路由协议生成的组播路由表汇总后形成。现在读者应该理解，IGMP 的作用范围是组播成员设备和最后一跳组播路由器之间的网络，而在除了最后一跳组播路由器外的组播路由器上，组播路由表条目主要是根据 PIM 路由表形成的。

这里需要补充说明的是，组播转发路径只能基于 PIM (S, G)路由条目形成。(*, G)路由条目因为缺少入站接口信息，所以无法形成组播转发路径。

9.3.2　PIM-DM 的原理与配置

PIM-DM 主要用于组成员数量比较少且相对密集的组播网络中。这种模式的核心是采用"扩散-剪枝"的方法组建组播分发树，即先将组播流量在全网扩散，然后剪去全网中没有组成员的路径，最终形成组播分发树。除了"扩散"和"剪枝"外，PIM-DM 还会在组建组播分发树的过程中采取一些其他操作。例如，PIM-DM 路由器会在下游连接的多路访问网络中选举一台路由器来向下游转发组流量，以避免多台路由器同时向下游转发重复的流量，这种机制称为"断言"。

PIM 路由器通过发送不同类型的 PIM-DM 报文来完成"扩散""剪枝""断言"操作。PIM-DM 的报文包括以下几种。

① **Hello**：Hello 报文的 PIMv2 头部封装类型字段取值为 0，其作用类似 OSPF 协议定义的同名报文，即用于发现 PIM 邻居、交互协议参数、维护邻居关系等。

② **Join/Prune**：加入/修剪报文。在 PIMv2 中，加入和修剪功能由同一种报文提供，这种报文的头部封装类型字段取值为 3。顾名思义，这种报文的作用是加入和修剪组播分发树。

③ **Assert**：断言报文，其 PIMv2 头部封装类型字段取值为 5，用于断言机制。

④ **Graft**：嫁接报文，其 PIMv2 头部封装类型字段取值为 6，其作用是把设备所在的分支嫁接到组播分发树。

⑤ **Graft Ack**：嫁接确认报文，其 PIMv2 头部封装类型字段取值为 7，用于对邻居发送的 Graft 报文进行确认。

⑥ **State Refresh**：状态刷新报文，其 PIMv2 头部封装类型字段取值为 9，用于状态刷新机制，即刷新组播分发树的状态。

1. Hello 报文与邻居关系的建立

在上述报文中，Hello 报文是在 PIMv2 头部中封装一个或多个 TLV 格式的选项。PIMv2 Hello 报文的封装格式如图 9-26 所示。

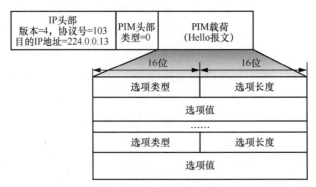

图 9-26　PIMv2 Hello 报文的封装格式

Hello 报文可以封装的选项包括但不限于下面几种。

① **邻居超时时间**：该选项的类型值为 1，长度值为 2。邻居超时时间的作用就是标识邻居为可达状态的超时时间。一台 PIM 路由器如果在这个时间内没有接收到邻居 PIM 路由器发来的 Hello 报文，就会认为该邻居已经不可达。PIM-DM 路由器发送的 Hello 报文必须携带邻居超时时间这个选项。

② **LAN 修剪时延**：该选项的类型值为 2，长度值为 4。该选项标识的是共享网段内传输 Prune 报文的延迟时间。PIM-DM 路由器会把 Hello 报文中的这个选项值设置为全 0。

③ **DR 优先级**：该选项的类型值为 19，原本是仅供 PIM-SM 路由器 Hello 报文使用的选项，因为 PIM-DM 本身并不需要选举 DR。但 IGMPv1 没有查询器选举机制，因此会将 PIM 选举出的组播信息转发者（DR）作为 IGMPv1 查询器，负责在共享网络中发送普遍组查询报文。DR 优先级的作用就是影响 PIM 路由器接口 DR 的选举，优先级越高越容易赢得选举。因此，最后一跳 PIM-DM 路由器发送的 Hello 报文也可能携带 DR 优先级选项，以便在连接组播组成员的共享网段中选举 DR。

PIMv2 的组播地址为 224.0.0.13。当一台路由器的接口启用了 PIM 后，它就会周期性地向这个组播地址发送 PIM 报文，同时它会监听发送给这个组播地址的报文。在缺省情况下，启用 PIM 的路由器接口发送报文的周期为 30s。两台交互 PIM Hello 报文的相邻路由器之间会建立 PIM 邻居关系。一台建立了 PIM 邻居关系的路由器如果经过邻居超时时间（缺省为 105s）依然没有接收到邻居 PIM 路由器发送的 Hello 报文，则会删除邻居关系。这就是 PIM 路由器使用 Hello 报文发现和维护邻居关系的方式。

2. 扩散机制

随着组播网络中 PIM 路由器之间建立邻居关系，PIM-DM 需要在这个组播网络中组建组播分发树，以便有效地把组播源发送的组播流量转发给遍布在组播网络中的组播组成员。PIM-DM 的核心理念是"扩散"和"剪枝"，因此 PIM-DM 组建组播分发树的第一步就是在整个组播网络中扩散组播源发送的组播报文。在这个过程中，当一台 PIM 路由器接收到组播报文时，如果这个报文通过了路由器的 RPF 校验，路由器就会创建一个 (S, G) 条目，然后向所有 PIM 邻居发送该组播报文。这个 (S, G) 条目有一个老化时间。如果直到这个老化时间计时结束，PIM-DM 路由器仍然没有接收到新的组播报文，它就会删除对应的 (S, G) 条目。

> **注释：** 在缺省情况下，扩散机制会在全网扩散组播数据，以便检测组播网络中是否有新成员加入组播组。不过，这样会浪费大量带宽，因此如今组播网络会使用"状态刷新机制"和"嫁接机制"来感知网络中是否有新的组成员加入组播组。

3. Assert 报文与断言机制

如果网络中连接了多台上游 PIM 路由器，这些路由器就需要通过断言机制来保证只有其中一台 PIM 路由器向该网段转发组播报文。断言机制是由组播数据触发的，当一台 PIM 组播路由器接收到邻居 PIM 路由器发送的相同组播数据时，就会向接收到该数据的网络发送 Assert 报文，进行断言选举。PIMv2 Assert 报文的封装格式如图 9-27 所示。

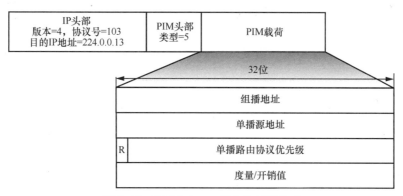

图 9-27　PIMv2 Assert 报文的封装格式

单播路由协议优先级的概念与协议优先级相同，用于度量不同单播路由协议的优劣，其值越高的 Assert 报文，发送方越容易赢得选举。度量/开销值则是单播路由表中，去往组播源的路由开销值。如果两台以上 PIM 路由器拥有相同的单播路由协议优先级，开销值较小的路由器会赢得选举。如果上述两个参数均相同，那么组播数据下游接口 IP 地址最大的 PIM 路由器会赢得选举。

赢得选举的下游接口称为 Assert Winner，主要承担向下游网段转发组播报文的工作。其他连接该共享网络的下游接口称为 Assert Loser，这些接口所在的设备会抑制向该接口所在的下游网段转发去往对应组的组播报文。抑制时间称为 Assert 保持时间，缺省为 180s。在这段时间内，PIM 路由器也会把这个接口从 (S, G) 条目下游接口列表中删除。Assert

保持时间超时后，Assert Loser 接口所在的 PIM 路由器如果再次接收到去往该组的组播报文，则会把接口重新添加到(S, G)条目的下游接口列表中并且转发报文，从而触发新一轮的 Assert 选举。

> **注释：** 在 PIM-DM 环境中，R 位会被设置为 0。

断言机制如图 9-28 所示。

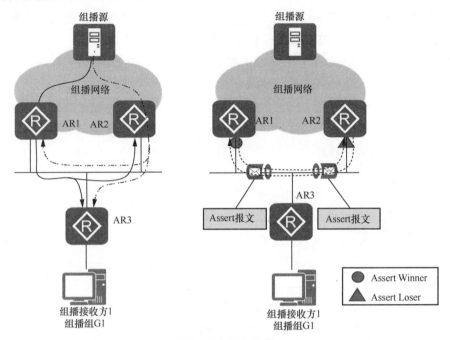

图 9-28　断言机制

在图 9-28 中，AR1、AR2 和 AR3 组成一个共享网络。当组播源发送的流量分别被 AR1 和 AR2 转发到这个共享网络中时，AR1 和 AR2 也接收到对方发送的相同组播报文，这就触发了断言机制。AR1 和 AR2 分别发送 Assert 报文进行选举，最终 AR1 连接这个共享网络的接口赢得选举，成为 Assert Winner；AR2 连接这个共享网络的接口则成为 Assert Loser。之后，AR2 会在 Assert 保持时间内不再向连接 AR3 的共享网络中转发组播源去往组播组 G1 的报文，AR2 也会把成为 Assert Loser 的接口从(S, G)条目下游接口列表中删除。直到 Assert 保持时间超时，当 AR2 再次接收到组播源去往组播组 G1 的报文，它才会重新把这个接口添加到(S, G)条目的下游接口列表中，并且转发报文，这个转发行为也会再次触发图 9-28 左侧的断言机制。

4. Prune 报文与剪枝机制

除了"扩散"和"断言"，PIM-DM 最核心的机制是"剪枝"。在扩散的过程中，一台组播路由器如果发现自己没有连接这个组播组的组成员，就会向上游路由器发送一个 Prune 报文，让上游路由器把与自己相连的接口从(S, G)条目下游接口列表中删除。这台路由器自己则会保留这个组播路由条目，等待有该组成员加入时更新这条路由的出接口。剪枝机制如图 9-29 所示。

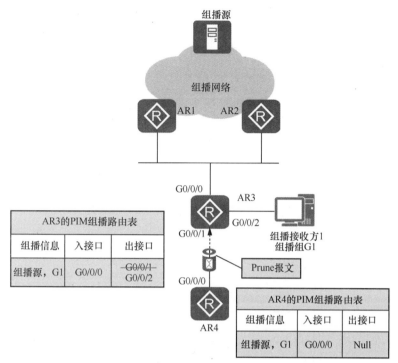

图 9-29　剪枝机制

在图 9-29 中，因为 AR4 没有连接组播组 G1 的组成员，所以 AR4 在完成 RPF 校验后向组播报文的入站方向发送了一个 Prune 报文，并且将自己对应组播路由表条目的出接口置为空。AR3 在接收到 Prune 报文后，则将自己连接 AR4 的接口 G0/0/1 从自己 PIM 组播路由表对应条目的出接口列表中删除。

PIMv2 的 Join 报文和 Prune 报文采用了相同的封装格式，但封装的字段不同。PIMv2 Prune 报文的封装格式如图 9-30 所示。

下面，我们解释一下图 9-30 中的重要封装字段。

① **单播上游邻居地址**：这个字段封装的是 Prune 报文的目的地址，即该报文始发路由器上游 PIM 邻居的直连接口地址。

② **组数量**：这个字段封装的是 Prune 报文要剪除的组播组地址数量。这个字段的值代表这个报文中封装了几个组播组地址。

③ **保持时间**：这个字段用于设置剪枝计时器的时间。关于剪枝计时器，后文会进行介绍，这里暂略。

④ **组播组地址**：这个字段指定的是这个报文所要剪除的组播组。

⑤ **加入的源数量**：对于 Join 报文，这个字段用来标识组播组要接收的组播源数量。这个字段的值代表组播组地址所关联的、加入源地址字段数量。对于 Prune 报文，这个字段的取值为全 0。

⑥ **剪除的源数量**：对于 Prune 报文，这个字段的作用是标识组播组要剪除的组播源数量。这个字段的值代表组播组地址所关联的、剪除源地址字段数量。对于 Join 报文，

这个字段的取值为全 0。

⑦ **剪除源地址**：这个字段的作用是标识组播组所关联的、要剪除的各个组播源 IP 地址。

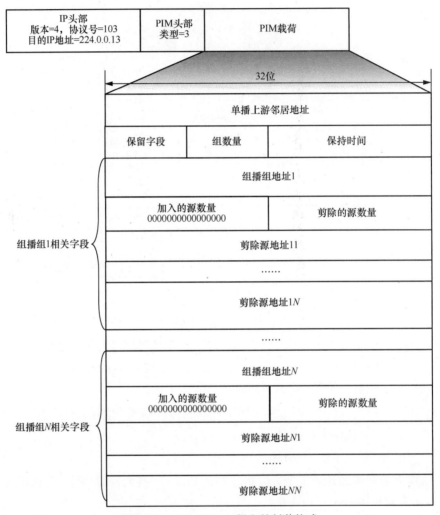

图 9-30　PIMv2 Prune 报文的封装格式

因为一个 Prune 报文可以包含多个组播组地址，每个组播组地址又可以封装多个源地址，所以通过 Prune 报文，路由器可以一次性让上游路由器把自己的接口从多个(S, G)条目的下游接口列表中删除。

在接收到 Prune 报文后，上游路由器会根据报文的保持时间字段，为被剪除的下游接口启动一个计时器。这个计时器称为剪枝计时器，缺省时间为 210s。当剪枝计时器超时后，上游路由器就会恢复使用被剪除的接口进行转发。组播报文重新在网络中扩散，新一轮的"扩散""剪枝"机制就此开始。这也是 PIM-DM 刷新 SPT 的方式。对于下游路由器来说，如果它有新的组成员加入，需要在下次"扩散""剪枝"机制启动前让上游路由器向自己转发对应组播组的报文，下游路由器就需要执行嫁接操作。

5. State Refresh 报文与状态刷新机制

剪枝计时器会周期性地超时，如果 PIM-DM 依赖剪枝计时器，被剪除的接口也会周期性地恢复转发。为了避免下游没有连接组播组成员的网络周期性地接收到无关的组播流量，PIM-DM 中包含了状态刷新机制。这种机制的原理是，距离组播源最近的第一跳组播路由器会周期性地在全网内封装 State Refresh 报文，这个报文可以刷新沿途各个剪枝计时器的状态，将剪枝计时器重置。这样一来，组播网络中被剪除的接口如果没有被下游路由器进行"嫁接"，就会一直处于抑制状态。在缺省情况下，第一跳组播路由器发送 State Refresh 报文的周期是 60s。

PIMv2 State Refresh 报文的封装格式如图 9-31 所示。

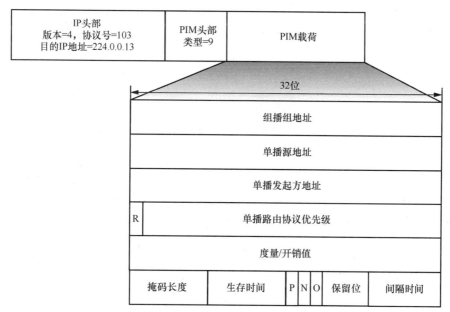

图 9-31　PIMv2 State Refresh 报文的封装格式

下面我们解释一下图 9-31 中的重要封装字段。

① **单播发起方地址**：这个字段封装 State Refresh 报文的始发路由器地址，也就是该组播源第一跳组播路由器的地址。

② **R 位**：在 PIM-DM 环境中，R 位会被设置为 0。

③ **单播路由协议优先级、度量/开销值**：这两个字段与 Assert 报文的同名字段意义相同。

④ **掩码长度**：这个字段标识的是去往组播源的单播路由的掩码长度。

⑤ **生存时间**：State Refresh 报文的生存时间，每经路由器转发，该字段的值就会减 1，其目的是限制 State Refresh 报文在网络中的传播范围。

⑥ **间隔时间**：发起路由器针对(S, G)条目设置的 State Refresh 报文发送周期。

6. Graft 报文与嫁接机制

State Refresh 报文可以抑制刷新沿途各个剪枝计时器的状态，将剪枝计时器重置，从而抑制被剪除的接口因为剪枝计时器到时而重新开始转发组播流量。但被剪除接口的下游路由器如果连接了新的组播成员，就需要激活被剪除的接口，从而对组播分发树进行更新。在这种情况下，下游路由器就需要进行"嫁接"。

当上游路由器剪除了自己连接下游路由器的接口，而下游路由器通过 IGMP 发现自己连接的网络中加入了组播组的成员，这台下游路由器就会向上游发送 Graft 报文，要求上游路由器恢复该接口的转发，并且将被剪除的接口添加到(S, G)条目的下游接口列表中。这种嫁接机制就实现了对组播分发树的更新。

嫁接机制如图 9-32 所示。

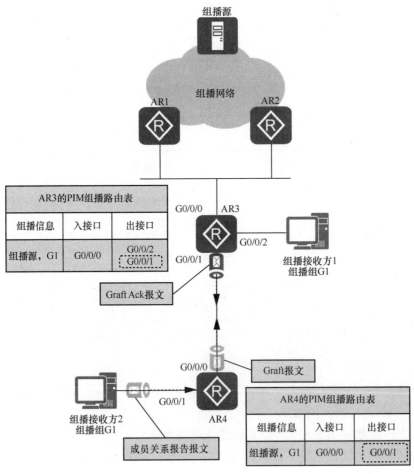

图 9-32 　嫁接机制

图 9-32 中的嫁接机制延续了图 9-29 中的剪枝机制，即 AR3 因为接收到 AR4 发送的 Prune 报文而剪除了自己的 G0/0/1 接口。此时，组播接收方 2 连接到 AR4 的 G0/0/1 接口，并且向 AR4 发送了 IGMP 成员关系报告报文。于是，AR4 更新 PIM 组播路由表中的对应条目的出接口，并且向 AR3 发送 Graft 报文要求 AR3 将其 G0/0/1 接口添加到其组播路由表中对应条目的出接口列表中，继续向自己转发匹配组播路由表条目(S, G)

的组播报文。AR3 从 G0/0/1 接口发送组播报文后，会向 AR4 发送 Graft Ack 报文进行确认。

> **注释：** Graft 和 Graft Ack 报文的封装结构与 Join/Prune 报文封装结构相同。但这两种 PIMv2 报文的目的 IP 地址并不是组播地址 224.0.0.13。Graft 和 Graft Ack 均为单播报文，其中 Graft 报文的目的地址是上游直连接口（RPF）地址，而 Graft Ack 报文的目的地址则是 Graft 报文的源 IP 地址。

7. PIM-DM 的基本配置

在本书中，读者需要掌握以下 PIM-DM 配置命令。

① **multicast routing-enable**：在系统视图下输入这条命令，可以在这台设备上启用组播功能。

② **pim dm**：在接口视图下输入这条命令，可以在该接口上启用 PIM-DM。

完成 PIM 配置后，管理员可以使用下列命令检查 PIM 的配置结果。

① **display pim neighbor**：查看 PIM 邻居的参数。

② **display pim routing-table**：查看 PIM 路由表参数。

PIM-DM 的配置相当简单，下面我们通过图 9-33 所示的环境展示 PIM-DM 的配置案例。

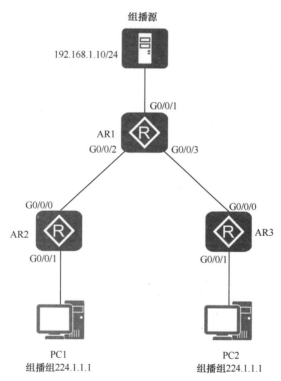

图 9-33 PIM-DM 的配置案例

在图 9-33 中，整个网络已经可以实现单播通信。当前的需求是让 PC1、PC2 可以接收到组播源发送的组播报文。

实现需求的第一步是在 3 台路由器上启用组播功能，见例 9-3。

例 9-3　在路由器上启用组播功能

```
[AR1]multicast routing-enable

[AR2]multicast routing-enable

[AR3]multicast routing-enable
```

第二步是在 3 台路由器的组播网络接口上启用 PIM-DM，见例 9-4。

例 9-4　在路由器各接口上启用组播功能

```
[AR1]interface GigabitEthernet0/0/1
[AR1-GigabitEthernet0/0/1]pim dm
[AR1-GigabitEthernet0/0/1]interface GigabitEthernet0/0/2
[AR1-GigabitEthernet0/0/2]pim dm
[AR1-GigabitEthernet0/0/2]interface GigabitEthernet0/0/3
[AR1-GigabitEthernet0/0/3]pim dm

[AR2]interface GigabitEthernet0/0/0
[AR2-GigabitEthernet0/0/0]pim dm

[AR3]interface GigabitEthernet0/0/0
[AR3-GigabitEthernet0/0/0]pim dm
```

第三步，在 AR2 和 AR3 连接成员设备的接口上启用 IGMP，见例 9-5。

例 9-5　在连接成员设备的接口上启用 IGMP

```
[AR2]interface GigabitEthernet0/0/1
[AR2-GigabitEthernet0/0/1]igmp enable

[AR3]interface GigabitEthernet0/0/1
[AR3-GigabitEthernet0/0/1]igmp enable
```

至此，本案例的配置完成。管理员使用命令 **display pim routing-table** 可以看到（192.168.1.10 224.1.1.1）的条目及该条目对应的下游（即出站）接口。

在上文中，我们已经对 PIM-DM 的原理和配置进行了介绍。接下来，我们会对更加常用的 PIM-SM 进行介绍。

9.3.3　PIM-SM 的原理与配置

PIM-DM 的"扩散-剪枝"机制涉及报文在全网的扩散。在某种程度上，这种机制不可避免地会引入使用广播报文建立一对多通信的通病，包括对资源的过度占用、无关设备对转发的参与、潜在的安全问题等。基于相同的原因，网络中的组成员越稀疏，上述问题就越严重。

PIM-SM（ASM）形成组播分发树的方法和 PIM-DM 不同，前者会把组成员的位置事先告知一台名为汇聚点的组播路由器，形成 RPT。组播源在发送组播数据时，组播网络会把组播数据发送至 RP，然后由 RP 转发给组成员。因此在这种架构中，RP（而不是组播源）才是 RPT 的根。

在 PIM-SM（ASM）中，所有组播路由器都可以通过 RP 了解到组成员的位置。此外，这种机制避免了"扩散"问题，组播报文不必在全网中扩散，只有组播转发路径上的组播路由器需要维护组播路由表。这就是 PIM-SM（ASM）模式的优势。

PIM-SM 的报文包括以下几类。

① **Hello**：Hello 报文，其 PIMv2 头部封装类型字段取值为 0，作用类似 OSPF 协议定义的同名报文，即用于发现 PIM 邻居、交互协议参数、维护邻居关系等。

② **Register**：注册报文，其 PIMv2 头部封装类型字段取值为 1，作用是执行组播源注册。在源注册过程中，组播数据会被第一跳路由器封装在单播报文中发送给 RP。因此，Register 报文是一种单播报文，其目的地址并不是 224.0.0.13，而是 RP 的 IP 地址。

③ **Register-Stop**：注册停止报文，其 PIMv2 头部封装类型字段取值为 2，由 RP 通知第一跳路由器停止通过 Register 报文发送组播流量。Register-Stop 报文也是一种单播报文，其目的 IP 地址是此前 Register 报文的源 IP 地址。

④ **Join/Prune**：加入/修剪报文。在 PIMv2 中，加入和修剪功能使用同一种报文提供，这种报文的头部封装类型字段取值为 3，用于加入和修剪组播分发树。

⑤ **Bootstrap**：自举报文，其 PIMv2 头部封装类型字段取值为 4，用于自举路由器（BSR）选举。BSR 也会使用该报文向网络中扩散候选 RP（C-RP）的汇总信息。

⑥ **Assert**：断言报文，其 PIMv2 头部封装类型字段取值为 5，用于断言机制。

⑦ **Candidate-RP-Advertisement**：候选 RP 通告报文，其 PIMv2 头部封装类型字段取值为 8。C-RP 使用该报文向 BSR 发送通告，其中包含该 C-RP 的 IP 地址及优先级等信息。

1. RP 的选举

通过上文不难发现，在 PIM-SM 中，RP 扮演着相当重要的角色。它既在组成员中承担着接受组播成员注册的责任，又在组播源中肩负着把组播源发送的组播报文转发给组播成员的任务。组播网络可以通过下列方式为各个组播组选择它们的 RP。

① **静态 RP**：管理员在网络中的所有 PIM 路由器上为同一个组播组配置相同的 RP 地址，从而指定 RP 的身份。

② **动态 RP**：通过 PIM-SM 选举机制在各个组播组的 C-RP 中选举出它们的 RP。动态 RP 是一定规模组播网络的不二之选，下面的内容也主要围绕着动态 RP 选举展开。

在动态 RP 选举的过程中，组播网络会首先从管理员指定的多台候选自举路由器（C-BSR）中选举出唯一的 BSR。C-BSR 会对外发送 Bootstrap 报文，其中携带用于 BSR 选举的路由器优先级和 BSR IP 地址参数，同时 C-BSR 也会侦听其他设备发送的 Bootstrap 报文。通过比较，在各台 C-BSR 中，优先级最高的设备会成为 BSR（优先级数值越大优先级越高）。若多台 C-BSR 拥有相同的优先级，则 BSR IP 地址数值最高的设备成为 BSR。BSR 选举如图 9-34 所示。

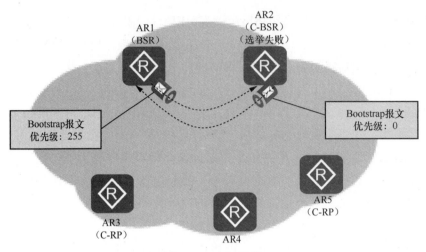

图 9-34　BSR 选举

赢得选举的 BSR 会周期性地对外发送 Bootstrap 报文,其他 PIM 路由器在接收到该报文后会将其从(除了接收到该报文的接口外的)所有 PIM 接口发送出去。这种泛洪行为可以让组播网络中的所有组播路由器都了解 BSR 的身份。这样一来,管理员指定的 C-RP 就会使用单播向 BSR 发送 Candidate-RP-Advertisement 报文报告自己的候选 RP 身份,报文中会携带用于 RP 选举的各项参数,BSR 由此就可以收集到 C-RP 信息,如图 9-35 所示。

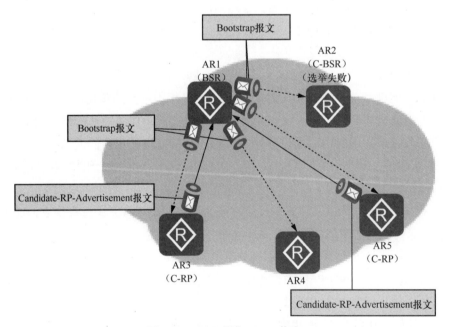

图 9-35　BSR 收集 C-RP 信息

此后,BSR 会把收集到的 C-RP 信息组成 RP 集(RP-Set),然后通过 Bootstrap 报文将 RP-Set 扩散给所有的 PIM 路由器。PIM 路由器在接收到 RP-Set 后,根据 RP 选举规则选举出各组播组的 RP。RP 选举规则具体如下。

① C-RP 所服务的组播组范围与该组播组地址匹配的掩码最长者成为 RP。

② 如果以上比较结果相同，则 C-RP 优先级数值最小的设备成为 RP。

③ 如果以上比较结果相同，则执行散列运算，运算结果较大者成为 RP。

④ 如果以上比较结果相同，则 C-RP 的 IP 地址最大者成为 RP。

因为各台 PIM 路由器是根据相同的选举规则、比较相同的参数进行选举，所以各台 PIM 路由器都会针对每个组播组选举出相同的 RP，如图 9-36 所示。

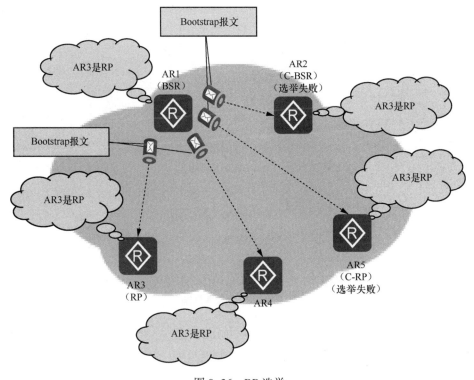

图 9-36　RP 选举

在完成 RP 选举后，组播网络就开始构建组播分发树。PIM-SM（ASM）首次形成组播分发树主要依赖 RPT 构建机制、组播源注册机制和 DR 选举机制。因为 DR 的概念在另外两项机制中也会出现，所以我们首先介绍 DR 选举机制。

2. DR 选举机制

选举 DR 的必要性在于避免多台组播路由器同时转发重复组播流量，从而造成报文重复。多台组播路由器同时转发重复组播流量的情况可能出现在源端网络，也有可能出现在宿端网络中。

在 PIM-SM 网络中，当多台组播路由器连接到同一个共享的下游网络时，它们之间就会通过 Hello 报文携带的 DR 优先级和 IP 地址在这个共享网络中选举 DR，以避免多台路由器向同一个下游网络转发重复的组播报文。在选举中，DR 优先级最大的路由器（接口）会被选举为该共享网络的 DR。如果多个路由器接口发送的 Hello 报文携带的 DR 优先级值相同，那么 IP 地址最大的路由器（接口）则会被选举为 DR。在缺省情况下，DR 优先级为 1。

　　DR 选举机制如图 9-37 所示。

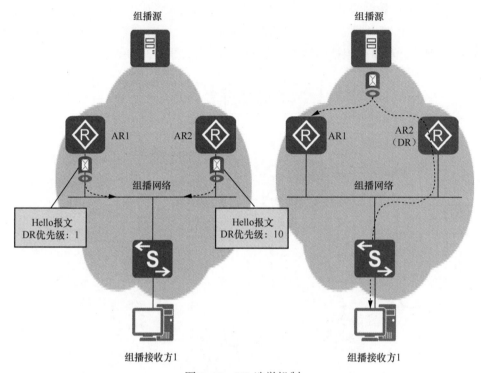

图 9-37　DR 选举机制

　　在图 9-37 中，因为 AR2 下游接口发送的 Hello 报文 DR 优先级（10）高于 AR1 下游接口发送的 Hello 报文 DR 优先级（1），所以 AR2（的下游接口）被选举为 DR。于是，只有 AR2 会向下游转发组播报文。

3. RPT 构建机制

　　RPT 构建机制的作用是使组播叶路由器主动建立 RPT。当网络中出现新的组成员时，宿端 DR 会向 RP 发送 Join 报文，这个报文会在通往 RP 的路径上逐条创建(*, G)条目，生成一棵以 RP 为根的 RPT。

　　RPT 构建机制如图 9-38 所示。

4. 组播源注册机制

　　组播源并不需要运行任何组播协议，只需要封装以组播地址为目的 IP 地址的报文。因此组播源和源端 DR 无法按照上文宿端的方法通过 IGMP 生成(*, G)条目，源 DR 也无法通过向 RP 发送 Join 报文的方式构建从组播源到 RP 的组播分发树。组播源注册机制的作用正是为了组建从组播源到 RP 的组播分发树，这个机制除了 Join 报文外，还需要用到 Register 报文。

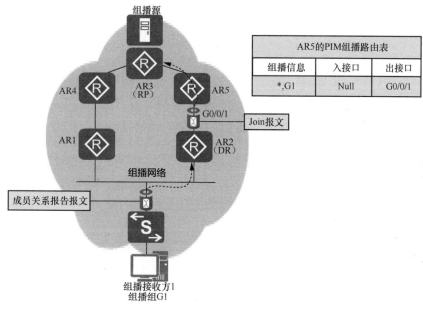

图 9-38　RPT 构建机制

因为 PIM 路由器已经选举出 RP，所以尽管源端 DR 目前没有连接到组播分发树，但是它仍然可以把组播源发送的组播报文封装到单播的 Register 报文中发送给 RP。RP 在接收到 Register 报文后，会把该报文进行解封装，恢复为组播源发送的组播报文，沿着组播分发树进行转发。同时，RP 还会根据组播报文的源 IP 向源端 DR 发送 Join 报文，反向沿途建立组播分发树。组播源注册机制（1）如图 9-39 所示。

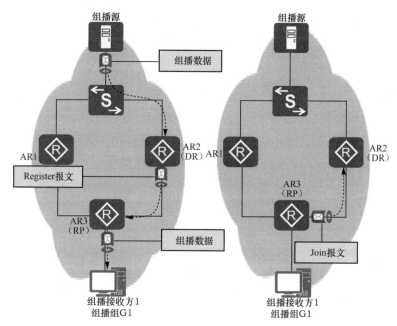

图 9-39　组播源注册机制（1）

　　一旦上述流程完成，从源端 DR 到 RP 的组播分发树就建立完成。此时，如果源端 DR 继续封装单播报文，这个网络的前半部分就面临着使用单播通信的问题，导致源端 DR 和 RP 的资源浪费。因此，RP 此时会向源端 DR 发送 Register-Stop 报文，告知源端 RP 组播分发树已经建立完成，此后组播源的报文可以使用组播的形式进行转发，如图 9-40 左侧所示。源端 DR 在接收到 Register-Stop 报文后，就不再用 Register 报文封装组播源发送的组播数据，而会直接按照组播路由表对组播数据进行转发，如图 9-40 右侧所示。

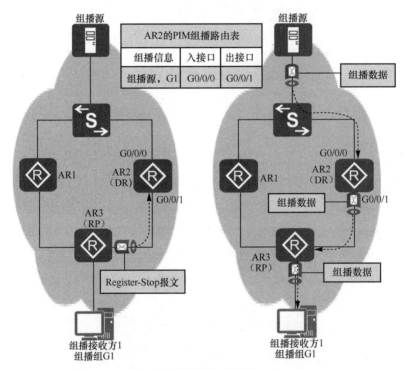

图 9-40 组播源注册机制（2）

5. SPT 切换机制

　　在通过上述流程建立的 RPT 中，中间设备 RP（而不是组播源）成了组播分发树的树根，这就存在一种可能性，即 RPT 并不是从组播源向组播接收方转发组播报文的最优路径。因为 RP 选择不当，所以上述流程形成的 RPT 是从组播源向组播接收方转发组播报文的次优路径。这潜在的次优路径问题如图 9-41 所示。

　　为了避免出现次优路径问题，PIM-SM 引入 SPT 切换机制。当宿端 DR 接收到第一个 RP 转发的组播报文时，它就会使用报文的源 IP 地址反向建立从自己（宿端 DR）到组播源的 SPT。具体方法是，宿端 DR 沿着最短路径发送 Join 报文，每台设备会把 Join 报文从 RPF 选举得到的上行接口发出，确保 Join 报文会沿着最短路径树转发。同时，对于之前 RPT 的次优路径，宿端 DR 则会使用 Prune 报文进行剪枝。在这个过程中，如果存在共享网络，SPT 切换的过程中可能会存在重复报文，这就需要利用断言机制快速选定下行接口。SPT 切换机制如图 9-42 所示。

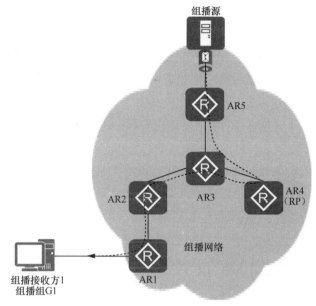

图 9-41　潜在的次优路径问题

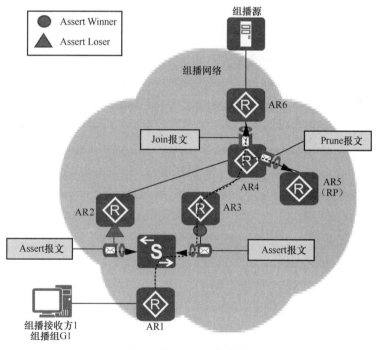

图 9-42　SPT 切换机制

在完成了 SPT 切换后，组播网络就会按照切换后的 SPT 进行转发，而不会使用次优的 RPT 转发。

在组播分发树稳定后，宿端 DR 会周期性地发送 Join/Prune 报文以维护当前的组播分发树。如果组播在一段时间后没有流量，SPT 切换机制建立的 SPT 就会消失，宿端 DR 会恢复到 RPT，这段时间缺省为 210s。

6. PIM-SM（SSM）原理

在 PIM-SM（SSM）中，组成员加入组播组后，可以选择仅接收指定源发送到该组播组的数据，或拒绝指定源发送到该组播组的数据。因为组成员只会接收到指定源发往组播组的数据，所以 SSM 不要求组播组地址在网络中具有唯一性，只要求组播源保持唯一，即同一个源的不同组播应用必须使用不同的 SSM 地址加以区分，但不同的源可以使用相同的组地址。

从定义上看，SSM 本身就会指定源地址，因此 PIM-SM（SSM）可以在宿端 DR 直接基于组播源地址反向建立 SPT，这就不需要依赖断言机制，也没有必要配置和维护 RP，更不需要构建 RPT、注册组播源。因此，PIM-SM（SSM）形成组播分发树主要依赖 SPT 构建机制、组播源注册机制和 DR 选举机制。

DR 选举机制与 PIM-SM（ASM）相同，这里不再赘述。PIM-SM（SSM）的 SPT 构建则是宿端 DR 借助组播源 IP 地址通过 Join 报文反向建立 SPT，如图 9-43 所示。

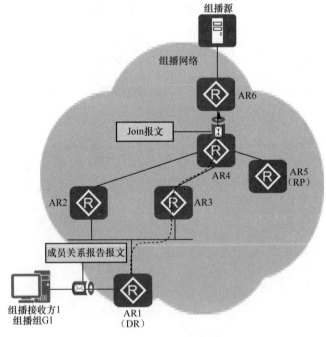

图 9-43　PIM-SM（SSM）的 SPT 构建

在图 9-43 中，组播接收方发送了 IGMPv3 成员关系报告报文，要求把组播源包含到组播组 G1 的组播源接收列表中。宿端 DR（AR1）在接收到这个成员关系报告报文后，会沿着最短路径发送 Join 报文，沿途每台设备都会把 Join 报文从 RPF 选举得到的上行接口发出，确保 Join 报文会沿着最短路径树转发，由此构成组播网络的 SPT。

需要注意的是，PIM-SM（SSM）没有 RP 的设计，当然也不会形成 RPT。

7. PIM-SM 的基本配置

在本书中，读者需要掌握的 PIM-SM 配置命令如下。

① **multicast routing-enable**：在系统视图下输入这条命令，可以在这台设备上启用组播功能。

② **pim sm**：在接口视图下输入这条命令，可以在该接口上启用 PIM-SM。

③ **static-rp** *rp-address*：在 PIM 视图下输入这条命令，可以静态配置 RP 的 IP 地址。

完成 PIM 配置后，管理员依然可以使用下列命令检查 PIM 的配置结果。

① **display pim neighbor**：查看 PIM 邻居的参数。

② **display pim routing-table**：查看 PIM 路由表参数。

下面我们沿用图 9-33 所示的环境展示 PIM-SM 的配置案例，同时需要额外在 AR1 上创建一个环回接口 Loopback0 作为 RP，并将其 IP 地址配置为 1.1.1.1。

在该环境中，整个网络已经可以实现单播通信，AR1 上的环回接口也已经创建完成。当前的需求是通过 PIM-SM 让 PC1、PC2 可以接收到组播源发送的组播报文。

实现需求的第一步仍然是在 3 台路由器上启用组播功能，见例 9-6。

例 9-6　在路由器上启用组播功能

```
[AR1]multicast routing-enable

[AR2]multicast routing-enable

[AR3]multicast routing-enable
```

第二步是在 3 台路由器的组播网络接口上启用 PIM-SM，见例 9-7。

例 9-7　在路由器各接口上启用组播功能

```
[AR1]interface GigabitEthernet0/0/1
[AR1-GigabitEthernet0/0/1]pim sm
[AR1-GigabitEthernet0/0/1]interface GigabitEthernet0/0/2
[AR1-GigabitEthernet0/0/2]pim sm
[AR1-GigabitEthernet0/0/2]interface GigabitEthernet0/0/3
[AR1-GigabitEthernet0/0/3]pim sm

[AR2]interface GigabitEthernet0/0/0
[AR2-GigabitEthernet0/0/0]pim sm

[AR3]interface GigabitEthernet0/0/0
[AR3-GigabitEthernet0/0/0]pim sm
```

第三步，在 AR2 和 AR3 连接成员设备的接口上启用 IGMP，见例 9-8。

例 9-8　在连接成员设备的接口上启用 IGMP

```
[AR2]interface GigabitEthernet0/0/1
[AR2-GigabitEthernet0/0/1]igmp enable

[AR3]interface GigabitEthernet0/0/1
[AR3-GigabitEthernet0/0/1]igmp enable
```

第四步，在 3 台路由器上统一把 AR1 的 Loopback0 接口静态配置为 RP，见例 9-9。

例 9-9　在路由器上配置 RP

```
[AR1]pim
[AR1-pim]static-rp 1.1.1.1

[AR2]pim
[AR2-pim]static-rp 1.1.1.1

[AR3]pim
[AR3-pim]static-rp 1.1.1.1
```

至此，本案例配置完成。读者可以使用验证命令查看配置的结果。

本节通过介绍 PIM 补全了组播架构的最后一块拼图——组播路由协议。该协议可以分为 PIM-DM 和 PIM-SM。其中，PIM-DM 只支持 ASM 模型。PIM-DM 通过 "扩散-剪枝" 机制生成和维护一棵连接组播源和组播接收方的 SPT，但这会导致组播流量在网络中大量扩散，因此效率很低，适合部署在规模小、组播接收方密集的网络。PIM-SM 在模型上可以分为 ASM 和 SSM，ASM 模型中包含了 RP 的设计，这种模型需要源端和宿端 DR 分别与 RP 建立组播分发树的两端，从而形成 RPT，次优路径 RPT 则会在有组播报文的情况下切换为临时的 SPT；SSM 模型中则没有 RP 的设计，组播接收方会主动通过 IGMPv3 成员关系报告报文加入宿端 DR，由其直接向源反向建立 SPT。总之，PIM-SM 会首先收集组成员信息，然后使用这些信息构建组播分发树，因此不会在全网扩散组播流量，对现网影响较小，使用也比 PIM-DM 更加广泛。

练 习 题

1. 组播 MAC 的标识是下列哪一项？（　　）

    A. 前 24 位取值为 0x01005e

    B. 后 23 位取 IPv4 地址后 23 位

    C. 第 8 位取值为 1

    D. 第 25 位取值为 0

2. 设计和应用 RPF 的主要初衷是下列哪一项？（　　）

    A. 防止组播环路　　　　　　　　B. 定位最短路径

    C. 建立组播分发树　　　　　　　D. 避免组播泛洪

3. 下列哪种信息不是执行 RPF 校验时路由器会查询的信息？（　　）

    A. 单播路由表条目　　　　　　　B. 单播 BGP 路由表条目

    C. 组播 BGP 路由表条目　　　　D. 组播静态路由表条目

4. 关于 IGMPv1 的说法，下列正确的是（　　）。

    A. 没有定义组播接收方的加入机制

    B. 定义了更好支持 SSM 模型的机制

C. 定义了离开报文

D. 没有定义组播接收方的离开机制

5. 关于 IGMPv2 的说法，下列正确的是（　　）。

    A. 没有定义组播接收方的加入机制

    B. 定义了更好支持 SSM 模型的机制

    C. 定义了离开报文

    D. 没有定义组播接收方的离开机制

6. 相比于 IGMPv1 和 IGMPv2，关于 IGMPv3 的说法，下列正确的是（　　）。

    A. 没有定义组播接收方的加入机制

    B. 定义了更好支持 SSM 模型的机制

    C. 定义了离开报文

    D. 没有定义组播接收方的离开机制

7. 设计和应用 IGMP Snooping 的主要初衷是下列哪一项？（　　）

    A. 防止组播环路　　　　　　　　B. 定位最短路径

    C. 建立组播分发树　　　　　　　D. 避免组播泛洪

8. PIM-DM 中使用的机制不包括下列哪一项？（　　）

    A. 状态刷新机制　　　　　　　　B. SPT 切换机制

    C. 嫁接机制　　　　　　　　　　D. 断言机制

9. PIM-SM（ASM）中使用的机制会包括下列哪一项？（　　）

    A. 扩散机制　　　　　　　　　　B. 剪枝机制

    C. 嫁接机制　　　　　　　　　　D. 断言机制

10. PIM-SM（SSM）中使用的机制会包括下列哪一项？（　　）

    A. 扩散机制　　　　　　　　　　B. 剪枝机制

    C. SPT 构建机制　　　　　　　　D. 断言机制

答案:

1. C　2. A　3. B　4. D　5. C　6. B　7. D　8. B　9. D　10. C

第 10 章
IPv6 技术

本章主要内容

在 IPv4 地址已经耗竭的背景下，IPv6 在世界范围内大踏步地普及。众所周知，IPv6 的设计初衷是为了解决 IPv4 地址数量不足的问题。除了海量的地址空间外，IPv6 还针对协议头部封装的效率、移动性、安全性等方面进行了改进，同时 IPv6 也增强了对 QoS 的支持，还通过辅助协议提供即插即用功能。本章将围绕 IPv6 及 IPv6 的辅助协议进行介绍。

10.1 节对 IPv6 基础知识进行概述，包括介绍 IPv6 的发展历程，带领读者回顾 IPv6 的地址分类以及 IPv6 的报文封装方式，帮助读者复习 IPv6 的基本配置命令，并通过一个案例展示 IPv6 的配置过程。10.1 节还会演示 OSPFv3 配置案例，而 OSPFv3 是 OSPF 的 IPv6 版。

10.2 节会对 ICMPv6 进行详细说明。鉴于 ICMPv6 与 ICMPv4 存在许多可以类比之处，10.2 节会首先回顾 ICMP 的封装、报文类型和工具；接下来对比 ICMPv4，对 ICMPv6 的封装、报文类型进行介绍，同时针对两类 ICMPv6 报文分别介绍一项 ICMPv6 工具。邻居发现协议（NDP）是一项基于 ICMPv6 报文实现的协议，可以提供大量功能。最后，我们会着重介绍 NDP 提供的路由器发现、邻居状态跟踪和重定向功能。

10.3 节的重点是介绍 IPv6 的无状态地址自动配置和有状态地址自动配置。两者的区别在于，前者通过 NDP 实现地址的自动配置，后者则通过 DHCPv6 服务器来为网络中的 IPv6 设备自动配置 IPv6 地址。在介绍有状态地址自动配置的过程中，我们会着重介绍 DHCPv6 提供的几种自动配置方式，同时介绍几种常见 DHCPv6 报文在各类 DHCPv6 工作流程中扮演的角色。最后，我们会介绍 DHCPv6 的常用配置命令，并演示 DHCPv6 的配置流程。

本章重点

- IPv6 地址的分类、头部封装与配置方法；
- ICMPv4 与 ICMPv6 的头部封装、报文类型与工具；
- NDP 路由器发现的工作原理；
- IPv6 邻居状态与 NDP 邻居状态跟踪的工作原理；
- NDP 重定向的工作原理；
- IPv6 无状态地址自动配置的工作原理；
- DHCPv6 3 种自动配置的目标和工作原理；
- 其他常用 DHCPv6 报文及其对应的工作流程。

10.1　IPv6 概述

IPv4 地址包含 32 位二进制数，因此理论上可以提供 2^{32} 个 IP 地址，这个数量已无法满足人们的网络连接需求，何况这个数量并没有考虑到分配方式所导致的大量 IPv4 地址空间浪费和无法分配给终端设备的预留地址、组播地址等地址空间。

2011 年 2 月 3 日，互联网号码分配局（IANA）宣布已将最后 468 万个 IPv4 地址平均分配给全球的 5 个区域互联网注册机构（RIR）。至此，IANA 已经没有可供分配的 IPv4 地址。之后，5 个 RIR 也相继宣布地址已经分配完毕。最早宣布 IPv4 地址已经分配完毕的 RIR 是服务亚太地区的亚太互联网信息中心（APINC），其于 2011 年 4 月就宣布 IPv4 地址已全部分配完毕。此后，服务欧洲的欧洲 IP 地址注册中心（RIPE）、服务拉美和加勒比海的（LACNIC）、服务北美和部分加勒比海地区的美洲互联网编号注册中心（ARIN）和服务非洲的非洲网络信息中心（AFRINIC）分别于 2012 年 9 月、2014 年 6 月、2015 年 9 月和 2019 年 11 月宣布 IPv4 地址分配完毕。AFRINIC 宣布 IPv4 地址完成分配的 2019 年 11 月 25 日成为 IPv4 地址正式耗竭的时间点。

很多远见卓识的技术工作者早在 20 世纪 80 年代末就已经意识到 IPv4 地址耗尽的趋势。在那之后的十年，人们设计了诸如有类 IP 地址、VLSM 等优化 IPv4 地址分配的技术，以及 NAT、私有地址空间等旨在实现 IPv4 地址复用的技术。不过，无论优化 IPv4 地址的分配，还是尝试复用 IPv4 地址，这些都是在这 42 亿多个地址的范围内寻求更加高效的利用方式，因此只能属于"节流"。随着联网人数和联网设备呈指数增加，"开源"的努力必不可少，从而催生了 IPv6 的问世。

10.1.1　IPv6 简介

几乎在全部 RIR 完成 IPv4 地址分配的同时，全球 IPv6 部署率和支持率均显著增长。截止到 2019 年 10 月，综合 IPv6 部署率在 30% 及以上的国家和地区占据了全球地图面积的一半以上。同一时期，在全球 1527 个顶级域中，1505 个支持 IPv6，占总量的 98.6%。

根据 Vnycke 的统计，截止到 2022 年，全球排名前 50 的网站中约有 34 个网站支持 IPv6，占总数的 68%。按照 WeTechs 的数据，截止到 2022 年 11 月 8 日，全球所有网站中有 21.6% 支持 IPv6 访问，排名前 100 万的网站中有 29.1% 的网站支持 IPv6 访问，而排名前 10000 的网站则有 41.4% 支持 IPv6 访问。在目前的操作系统中，约 81% 都缺省安装 IPv6 协议栈。在基础应用软件中，有一小部分已经可以支持 IPv6，包括 IE 系列、Chrome、火狐和 Opera 等浏览器软件，FileZilla3、SmartFTP4 等下载软件和 Outlook 等邮件客户端软件等均已支持 IPv6。

在用户发展情况方面，截至 2022 年 12 月，全球 IPv6 用户数排名前五的国家依次是中国（7.18 亿）、印度（4.95 亿）、美国（1.55 亿）、巴西（0.69 亿）和日本（0.59 亿）。中国和印度的 IPv6 用户数量目前依然保持高速增长态势，其余国家的用户数也在保持稳定增长。

1. IPv6 的优势

包括远比 IPv4 地址空间庞大的地址空间在内，IPv6 具有以下 IPv4 所不具备的优势。

① **超大的地址空间**：人们设计和部署 IPv6 的初衷就是获得几乎无限的地址空间。相比 IPv4 的 32 位地址长度，IPv6 的地址长度为 128 位，可以提供约 3.4×10^{38} 个地址。

一种夸张的说法是，地球上每一粒沙子都可以分配到一个 IPv6 地址，因此至少在今天看来，IPv6 地址全然没有耗尽之虞。

② **层次化的地址结构**：因为 IPv6 拥有近乎无限的地址空间，所以 IPv6 在地址规划时根据使用场景划分了各种地址段。同时，为了便于路由聚合，IPv6 严格要求 IPv6 地址段的连续性，以便缩减 IPv6 地址表的规模。

③ **即插即用**：不同于 IPv4 需要管理员手动配置设备地址或者需要在网络中部署 DHCP 服务才能让终端接入网络，IPv6 除了上述方式外还支持无状态地址自动配置（SLAAC），可以在真正意义上实现终端在网络中的即插即用。

④ **简化的报文头部**：IPv6 头部取消了 IPv4 头部中与分片有关的标识、标记、分片偏移字段，也没有再提供可选项字段。针对这些字段的功能，IPv6 定义了扩展头部由设备按需进行封装。因为扩展头部的长度一定是 8 字节的整数倍，所以 IPv6 也不再采用 IPv4 用填充位来填充未对齐长度的做法。借助简化 IPv6 头部，设备处理和转发流量的效率都得到了提升。

⑤ **安全性**：IPSec 最初就是为 IPv6 设计的，基于 IPv6 的各种协议报文都可以端到端进行加密，所以 IPv6 数据平面的报文安全性和 IPv4 结合 IPSec 的安全性基本相同。

⑥ **移动性**：如果使用 IPv4 地址，当主机改变物理位置时，主机的 IP 地址也必须进行改变，基于原 IPv4 地址所建立的连接也必须基于新的 IPv4 地址重新建立，因此通信就会中断。IPv6 提供了一种机制，可以让主机不中断连接便在另一个网络中进行漫游。

⑦ **增强的 QoS 特性**：IPv6 在报文头部额外定义了流标签字段，这个字段可以唯一地标识一组数据流，以便让数据包的转发设备可以针对同一组数据流制定统一的 QoS 处理策略。

在后文中，读者会在详细了解 IPv6 技术的细节、特别是 IPv6 头部封装结构的过程中更加具体地体会到上述 IPv6 优势。

2．IPv6 过渡技术简介

IPv6 在世界范围内的部署率和支持率虽然高速增长，但还远远达不到 100% 的水平，这就意味着在过去和未来一段时间内，IPv4 和 IPv6 共存是一种常态，从 IPv4 向 IPv6 的过渡也是一种强大的需求。

IPv4 网络过渡为 IPv6 网络的方法主要包括以下 3 种。

① **双栈技术**：设备同时支持 IPv4/IPv6 协议栈，管理员在一台设备上独立部署 IPv4 和 IPv6，使两个协议栈在一段时间内共存。这种方法逻辑简单、很容易理解，规划设计工作也非常轻松，但要求设备的软硬件支持双栈功能。这一点如今已经相当普及，而且在未来势必会越来越普及。

② **隧道技术**：将 IPv4 流量封装在 IPv6 隧道中，或将 IPv6 流量封装在 IPv4 隧道中。当几个独立的 IPv4 孤岛被 IPv6 网络隔开或者几个独立的 IPv6 孤岛被 IPv4 网络隔开时，可以采用这种方法作为临时过渡，但这会增加设备负担和网络的复杂性，因此不适合作为稳定的业务形态。这种方法要求部署隧道技术的设备支持双栈和相应的隧道技术。

③ **转换技术**：通过替换 IP 数据包头部的方式将 IPv4 和 IPv6 流量相互转换。这种方法适用于纯 IPv4 网络与纯 IPv6 网络之间的通信，其最大的缺点是会破坏端到端连接的完整性。管理员需要在网络中部署网络层协议转换（NAT）设备、DNS 设备，还需要针对网络中的特殊应用提供应用层网关（ALG）功能。因此，这种方法同样会增加网络的复杂性。

在上述 3 种过渡方法中，没有任何一种方法是放之四海而皆准的最优选择，它们有各自的限制条件和适用环境，需要设计人员针对自己的部署环境进行灵活遴选。

3．IPv6 路由协议

为了能够服务 IPv6 网络，传统的 IPv4 路由协议或者进行了扩展、或者推出了全新的版本。IS-IS 协议在原协议的基础上新增了一种 NLPID，同时新增了两种 TLV，分别用来支持宣告 IPv6 的网络可达性和接口 IPv6 地址；BGP 为了支持 IPv6，在原协议的基础上新增了两种 NLRI，用来支持发布 IPv6 可达路由及下一跳信息和支持撤销不可达路由。

路由信息协议（RIP）和 OSPF 则为支持 IPv6 而推出了新的协议版本。前者为下一代 RIPng，后者则是 OSPFv3。

4．IPv6 地址的表示方式

为了提供天文数字的地址空间，IPv6 地址的长度达到了 128 位，这 128 位可以分为网络前缀和接口 ID 两部分，它们的作用相当于 IPv4 地址中的网络地址和主机地址。

在表示方式上，IPv6 地址用英文冒号（：）分为 8 段，每段 16 位。因为 IPv6 地址长达 128 位，所以 IPv6 地址通常使用十六进制数来表示。因此，IPv6 的表示形式如下。

```
2001:0D88:0000:0000:0008:0800:1117:0810
```

因为 IPv6 地址分为网络前缀和接口 ID，所以 IPv6 也可以使用地址/掩码的方式来表示 IPv6 地址中的掩码长度，如：

```
2001:0D88:0000:0000:0008:0800:1117:0810/64
```

根据表示方法的定义，在上面的 IPv6 地址中，2001:0D88:0000:0000 为网络前缀，而 0008:0800:1117:0810 则是接口 ID。

显然，即使使用十六进制来表示，IPv6 地址依然十分冗长，不便于配置和记忆。为了方便 IPv6 地址的使用，IPv6 定义了下面两项简化规则。

① 在 8 段十六进制中，每段中 4 个十六进制数中的前导 0 可以省略。如果整段为全 0，那么这一段只需要保留一个数字 0。根据这条规则，上文的 IPv6 地址 2001:**0D88**:**0000**:**0000**:**000**8:0800:1117:**0**810 就可以简化为 2001:D88:0:0:8:800:1117:810。

② 如果有一个或者连续多个 16 位的段为全 0，则可以用两个连续的英文冒号"::"进行简化。不过在 IPv6 地址中，"::"只能出现一次。根据这条规则，上文的 IPv6 地址 2001:D88:**0:0**:8:800:1117:810 可以进一步简化为 2001:D88::8:800:1117:810。

这里需要说明的是，恰恰因为"::"可以替代多个连续的全 0 段，所以 IPv6 地址中不能出现多次"::"。否则，人们无法判断一个 IPv6 地址中的多个"::"分别简化了几段连续的 0 位。

　　IETF 对 IPv6 地址类型进行了划分，不同类型的 IPv6 拥有不同的前缀。不仅如此，IETF 在 IPv6 地址中也定义了一些不同用途的前缀，下文在介绍 IPv6 地址分类的过程中，会对很多常用的前缀进行介绍。

10.1.2　IPv6 地址的分类

　　恰如 IPv4 地址分为单播地址、组播地址和广播地址一样，IPv6 地址也进行了类似的划分。不过，IPv6 并没有定义广播地址，但定义了一种叫作任播（Anycast）的机制。因此概括地说，IPv6 定义了 3 种地址类型，即单播地址、组播地址和任播地址。下面我们对这 3 种类型的地址分别进行介绍。

　　1.　单播地址

　　IPv6 的单播地址和 IPv4 的单播地址的作用相同，都是为了在网络中标识一个接口，但 IPv6 单播地址和 IPv4 单播地址在部署方面存在一个比较明显的区别，那就是在 IPv6 网络中，一个接口可以同时配置多个 IPv6 地址。本章接下来会对单播 IPv6 地址的分类进行介绍，10.3 节配置 IPv6 静态路由的实验则会演示在一个接口上配置多个 IPv6 地址的操作。

　　单播 IPv6 地址可以分为全球单播地址（GUA）、唯一本地地址（ULA）和链路本地地址（LLA）等。下面我们分别对这几种单播 IPv6 地址进行介绍。

　　（1）全球单播地址（GUA）

　　顾名思义，全球单播地址就是指全局可路由的 IPv6 地址。这类单播 IPv6 地址相当于 IPv4 公有地址，因此这种地址需要由地址分配机构进行分配。

　　地址分配机构分配的全球单播地址格式包括固定的前 3 位 001、全局路由前缀、子网 ID 和接口 ID，全球单播地址的构成如图 10-1 所示。

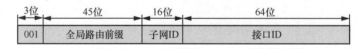

　　图 10-1　全球单播地址的构成

　　在分配全球单播地址时，地址分配机构只会分配 45 位的全局路由前缀（和前 3 位固定取值）部分。子网 ID 的作用是让机构根据自己的需求来划分子网，接口 ID 是为了在这个子网中唯一标识出一台主机，或者说标识出一个适配器接口。

　　注释： 如果读者阅读 RFC 文档（RFC 3587），会发现全局单播 IPv6 地址的格式是全局路由前缀占 n 位，子网 ID 占 $64-n$ 位，接口 ID 占剩余 64 位。不过，这种定义方式过于灵活，地址分配机构在分配 GUA 时实际会采用图 10-1 所示的地址格式。

　　如果把图 10-1 所示的实际全球单播地址转换为 IPv6 地址的表示方式并按照规则进行简化，可以得到全球单播地址的前缀（2000::/3）。

　　（2）唯一本地地址（ULA）

唯一本地地址是指只能在内网中使用，公共网络不可路由的 IPv6 地址，因此唯一本地地址相当于 IPv4 的私有地址。

唯一本地地址包括固定的前 8 位 11111101、40 位的全局路由前缀、16 位的子网 ID 和 64 位的接口 ID，唯一本地地址的构成如图 10-2 所示。

图 10-2　唯一本地地址的构成

ULA 子网 ID 和接口 ID 的作用与 GUA 同名组成部分的作用相同，这里不再赘述。这里存在的一个问题是，既然 ULA 是公共网络不可路由的 IPv6 地址，为什么还有全局路由前缀？其实，私有 IPv4 地址不只有一个网段，它也包含了 10.0.0.0、172.16.0.0 和 192.168.0.0 3 个网段。IPv6 唯一本地地址提供的选择要比 3 个网段多，它提供了 $2^{40}=1099511627776$ 种可能性。这样一来，两家机构使用同一个全局路由前缀来建立企业内部通信的几率微乎其微，于是在企业并购时，两家企业使用相同网段建立内部通信，导致兼并之后的企业必须在内部通信中执行地址转换来避免地址冲突的可能性可以忽略不计。

使用固定前 8 位为 11111101 作为 ULA 依然是一种通行做法，但不是标准化做法。根据标准，ULA 仅仅定义了前 7 位固定取值 1111110。因此，ULA 的标准前缀为 FC00::/7，不过在实际应用中，通行的做法则是用 FD00::/8 的 ULA 前缀，也就是地址的前 8 位使用固定取值 11111101。这也是各类教科书对于 ULA 前缀和固定取值部分存在两种说法的原因。

注释：一些教材在介绍 IPv6 地址分类时，会提到一种叫作站点本地地址的单播 IPv6 地址。这种地址类型目前已经被废止，并被唯一本地地址取代。如果读者购买的技术读物仍然在介绍站点本地地址，建议读者考虑购买和学习新的技术读物。

（3）链路本地地址（LLA）

链路本地地址是 IPv6 定义的一种新地址类型。如果说唯一本地地址仅用于网络内部通信，则链路本地地址是仅用于一条链路本地通信的地址，这类地址仅在链路本地有效。只要管理员在设备上启用了 IPv6，这台设备的适配器就会自动给自己配置一个 LLA，这个过程不需要管理员干预。因此在 IPv6 环境中，通过一条链路直连的设备之间不需要管理员配置任何地址就可以建立链路本地的通信。当然，管理员也可以通过 VRP 系统来手动设置接口的 LLA。

链路本地地址包含前 10 位固定的 1111111010、54 位全 0 和 64 位的接口 ID。根据定义，LLA 的前缀为 FE80::/10。

链路本地地址的构成如图 10-3 所示。

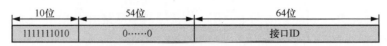

图 10-3 链路本地地址的构成

接口 ID 的作用是在这个网络或者这条链路中唯一地标识出这个接口,让它使用不同于其他接口的 IPv6 地址,从而避免网络中出现 IP 地址冲突。例如,我们在图 10-3 中可以看到,LLA 的前 64 位地址都是相同的,因此接口 ID 的生成机制就必须确保链路所连接的接口不会配置相同的 IPv6 地址。

除了管理员手动配置来确保接口 ID 唯一,设备往往会通过 IEEE EUI-64 规范来生成唯一的接口 ID,即接口会把自己 48 位的 MAC 地址转换成 64 位的接口 ID,以确保接口 ID 的唯一性。具体的做法如下。

① 在 48 位 MAC 地址中,第 7 位的二进制值取反。

② 在第 24 位和第 25 位之间,插入十六进制 FFFE(即二进制的 11111111-11111110)。

例如,一台设备的 MAC 地址为 5C-51-4F-C4-E3-FC,那么把 MAC 地址转换成 EUI-64 接口 ID 的过程如图 10-4 所示。

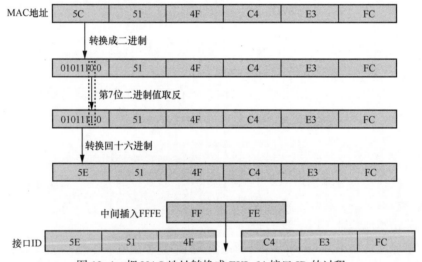

图 10-4 把 MAC 地址转换成 EUI-64 接口 ID 的过程

如图 10-4 所示,设备的适配器可以通过 EUI-64 规范把适配器的 MAC 地址转换成接口 ID。因为 MAC 地址在理论上应该是唯一的,所以通过 MAC 地址转换的接口 ID 也可以确保对应的 IPv6 地址在这个网络或者这条链路上是唯一的。

2. 组播 IPv6 地址

IPv6 也定义了组播对应的地址范围,以支持 IPv6 环境中的组播机制。IPv6 组播地址包括固定的前 8 位 11111111,接下来的 4 位标记字段、4 位范围字段,剩下的 112 位皆为接口 ID。IPv6 组播地址结构如图 10-5 所示。

图 10-5　IPv6 组播地址结构

除了固定的 8 位和接口 ID，IPv6 组播地址中还包含了标记字段和范围字段，这两部分值得进行专门的解释。

标记（Flags）字段的 4 位均有不同的目的，其作用类似于 IPv4 地址的标记字段。其中第 1 位目前还没有定义，截至目前（RFC 4291）仍属于保留位，固定取 0；第 2 位为汇集点（Rendezvous Point）位，简称 R 位。R 位取 1 表示这个组播 IPv6 地址嵌入了 RP 的 IP 地址，R 位取 0 则表示这个组播 IPv6 地址没有嵌入 RP 的 IP 地址；第 3 位为前缀（Prefix）位，作用是标识这个组播地址是不是根据网络前缀进行分配的；最末位简称 T 位，如果这一位取值为 0，表示这个组播地址是 IANA 永久分配的"知名（well-known）"组播地址，取值为 1 则表示这个地址是临时或者说是动态分配的组播地址。

标记字段的取值如图 10-6 所示。

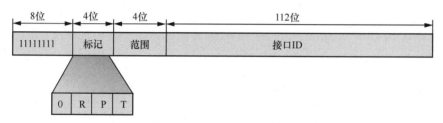

图 10-6　标记字段的取值

IPv6 地址常定义诸如"全球""本地""链路本地"这样的地址有效范围。组播 IPv6 地址范围字段的 4 位同样共同指定了这个组播 IPv6 地址的有效范围，其目的在于限制组播组的范围。范围字段对应的组播 IPv6 地址范围见表 10-1。

表 10-1　范围位对应的组播 IPv6 地址范围

取值	范围
0000	保留值
0001	节点本地范围
0010	链路本地范围
0011	保留值
0100	管理域本地范围
0101	站点本地范围
1000	组织本地范围
1110	全局范围
1111	保留值

截止到 RFC 4921，除上述取值外，其余取值的范围均未分配。

前文在介绍 IPv6 单播地址时，提到了 IPv6 链路本地地址可以通过自动配置的方式在接口上生成。这样的设计是为了保证路由设备在连接到网络并启用了 IPv6 协议栈之后，可以立刻与同样启用了 IPv6 协议栈的对端设备执行数据交换。出于相同的目的，IANA 也分配了很多链路本地范围的组播地址，鉴于这些地址是 IANA 永久划分的，又是链路本地范围，所以这些地址的前缀均为 FF02，例如：

① FF02::1——链路本地所有节点；

② FF02::2——链路本地所有路由器；

③ FF02::1:2——链路本地所有 DHCP 服务器和 DHCP 中继代理。

（1）被请求节点组播地址

在链路本地范围的知名 IPv6 组播地址中，有一种特殊的 IPv6 组播地址，称为被请求节点组播地址。每当一个接口获得了单播 IPv6 地址（或任播 IPv6 地址）的时候，它就会生成一个被请求节点组播地址，并且加入其对应的组播组，开始侦听发往这个组播地址的信息。被请求节点组播地址的前 104 位固定为 FF02:0:0:0:0:1:FFxx:xxxx，后 24 位（即 xx:xxxx）则取该单播或任播 IPv6 地址的最后 24 位。因此，当一个接口（链路本地）的 IPv6 地址为 FE80::E 时，那么这个地址对应的被请求节点组播地址为 FF02::1:FF00:E，通过接口 IPv6 地址计算被请求节点组播地址如图 10-7所示。

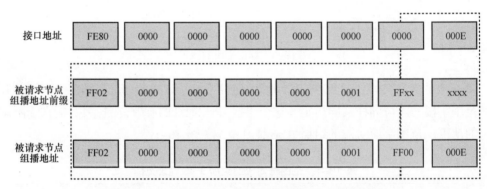

图 10-7　通过接口 IPv6 地址计算被请求节点组播地址

> **注释：** IPv6 设备绝非只针对链路本地 IPv6 地址生成被请求节点组播地址，它们也会为所有其他单播和任播 IPv6 地址计算被请求节点组播地址。上例仅仅是以链路本地地址举例被请求节点组播地址的计算方式。

被请求节点组播地址通常用来检测链路本地是否存在地址冲突（即冲突检测），以及用来向链路本地的其他接口请求它们的 MAC 地址（即地址解析）。

（2）组播 IPv6 地址映射的组播 MAC 地址

组播发送方在发送组播 IPv4 报文时，需要在报文的数据链路层目的地址封装由该 IPv4 地址映射的组播 MAC 地址，加入组播组的组播接收方也需要监听该组播组 IPv4 地址所对应的组播 MAC 地址。同理，IPv6 组播地址也需要能够映射为组播 MAC 地址，以便组播发送方和组播接收方封装和监听数据链路层地址。

在 48 位的 MAC 地址中，由组播 IPv6 地址映射的组播 MAC 地址前 16 位固定取值为 33:33，后 32 位则直接取自组播 IPv6 地址的后 32 位。

组播 IPv6 地址到组播 MAC 地址的映射如图 10-8 所示。

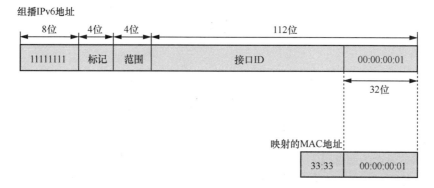

图 10-8　组播 IPv6 地址到组播 MAC 地址的映射

3. 任播 IPv6 地址

任播是 IPv6 协议定义的一种全新通信机制，这种机制和单播通信一样只涉及一个报文发送方和一个报文接收方，同时这种机制又和组播通信一样会有多台设备（的接口）监听相同的地址。不同的是，在多台监听相同任播地址的设备中，只有距离发送方路径最短的那台设备才会对发送方的报文作出响应。

这种模式如今在电商领域很容易找到类比的对象。比如，一位位于日喀则的客户和一位位于佳木斯的客户各自在某大型在线商城的自营店下单了一箱完全相同的矿泉水，最终接到这个订单并且发货的实体仓库必然不是同一家库房（如今，对于遍布各地的大型在线商城来说，他们一定会根据下单客户的位置选择距离客户最近的仓库出货）。客户只需要把订单下给这家商城即可，所有这些仓库都在针对向这家商城下单的行为作出响应。实际上，这就是任播的机制。基于上述工作机制，一些业内人士把任播称为"一到最近"的通信机制。

任播地址在格式上和单播 IPv6 地址相同，但发送给任播地址的数据包会被发送给多台拥有该地址的设备中最接近消息源的那台设备。不难想象，任播地址多用于大量对外提供相同服务的服务器。这样一来，不仅其中任何一台服务器出现了故障，请求服务的报文（即以该任播地址作为目的地址的报文）就会被发送给其他的服务器，因此请求方不会意识到其中某一台服务器发生了故障，而且当这些服务器被部署在地理上存在巨大跨度的网络中时，以这个任播地址为目的地址的请求报文可以极大地减少时延，因此用户体验可以获得大幅度提升。图 10-9 所示为单播、组播、广播、任播通信机制的对比示意图。

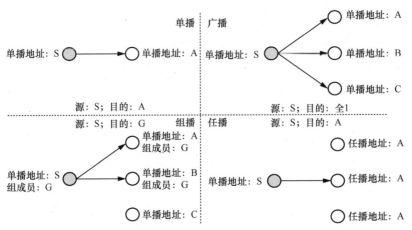

图 10-9　单播、组播、广播、任播通信机制的对比示意图

任播可以带来不少好处，最显而易见的好处是服务更加优质，因为提供服务的设施总是距离请求方最近的服务器；另一大好处则是确保业务的冗余性，即大量服务器都可以响应针对任播地址的请求，当一台服务器发生故障时，发自距离该服务器较远的请求完全不会受到任何影响，距离该服务器较近的客户端，其影响也不过是得到稍远服务器的响应。

4．IPv6 地址规划

IPv6 拥有近乎无限的地址空间，这并不意味着组织机构不需要对自己获取到的 IPv6 地址空间加以合理规划。一般来说，ISP 从地址分配机构获取到的 IPv6 地址至少有 32 位地址长度，企业从运营商获取到的 IPv6 地址前缀至少为 48 位。鉴于 IPv6 地址包含 64 位长度的接口 ID，企业技术人员可以加以规划的地址空间通常不多于 16 位，但相比 IPv4 地址，需要管理员规划的地址空间仍然相当巨大。在进行地址规划时，管理员应根据获取到的地址前缀，确定把子网地址划分为几个功能块，明确各功能块的含义和它们分别占有几位。

IPv6 地址规划示例如图 10-10 所示，管理员把 16 位可分配字段划分为了 3 部分，分别对应业务、位置和可分配。

图 10-10　IPv6 地址规划示例

在规划 IPv6 地址段时，规划业务位是常见的做法，这些业务位可以用来标识该地址是网络设备互联地址、服务器地址、终端设备地址等，这样有利于路由规划和 QoS 部署。而针对终端设备所在网段，IPv6 地址规划的常规做法是为其分配 64 位前缀。

此外，大量适用于 IPv4 地址规划的最佳实践依然适用于 IPv6。譬如：

① 为了更好地实现路由聚合，管理员应该确保 IPv6 子网地址分配的连续性；

② 地址规划要考虑可扩展性；

③ P2P 链路一般仅预留 2 位作为主机位（使用 127 位前缀长度）；

④ Loopback 接口一般使用主机地址（使用 128 位前缀长度）。

10.1.3　IPv6 报文封装结构

根据 IETF RFC 2460，IPv6 协议定义的数据包头部格式如图 10-11 所示。

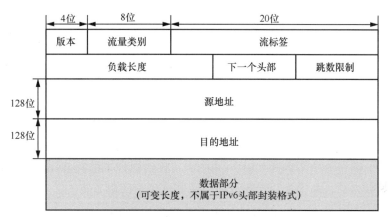

图 10-11　IPv6 数据包头部格式

下面，我们对图 10-11 中的字段分别进行介绍。

① **版本（Version）**：版本字段的长度是 4 位。这个字段的作用和 IPv4 头部中的对应字段的作用相同，它标识的是这个数据包的 IP 版本。因为图 10-11 所示为 IPv6 的头部字段，所以 IPv6 这个字段的取值为 6，即二进制的 0110。

② **流量类别（Traffic Class）**：流量类别字段的长度是 8 位，这个字段的作用相当于 IPv4 头部中的类型字段的作用。它标识的是这个数据包的通信流量类型，让设备可以根据这个字段的值来为这个 IPv6 数据包提供相应优先级的服务。

③ **流标签（Flow Label）**：流标签字段的长度为 20 位，这个字段是 IPv6 头部新增的字段。IPv6 定义这个字段的目的是可以唯一地标识出一组数据流，以便让这个数据包的转发设备可以针对同一组数据流采取统一的处理策略，因为流标签和源地址的组合就可以唯一确定一条数据流。

④ **负载长度（Payload Length）**：负载长度字段的长度是 16 位，这个字段的作用是标识出 IPv6 数据包中除头部之外那一部分的长度，也就是图 10-11 阴影部分的长度。如图 10-11 所示，IPv6 头部的长度是固定的，它并不像 IPv4 头部的长度那样是可变的，因此 IPv6 也不需要像 IPv4 头部那样使用头部长度和数据长度两个字段来标识出数据部分的长度。

⑤ **下一个头部（Next Header）**：下一个头部字段的长度是 8 位，这个字段的作用相当于 IPv4 头部的协议字段的作用，它也是标识这个头部所封装的内部（或者上层）头部（或者协议）是什么。这个字段针对各个协议提供的取值也和 IPv4 协议字段针对各协议的取值是相同的。

⑥ **跳数限制（Hop Limit）**：跳数限制字段的长度是 8 位，这个字段的作用和 IPv4 头部的生存时间字段的作用相同，其定义这个 IPv6 数据包可以经过多少台路由设备的转发。

⑦ **源地址（Source Address）**：顾名思义，源地址字段的作用就是定义这个 IPv6 数据

包的源 IPv6 地址。这个字段的作用相当于 IPv4 头部的同名字段的作用，但是通过图 10-11 可以看到，IPv6 头部的源地址字段长度是 128 位，因此 IPv6 可以提供的 IP 地址数量远远超过 IPv4，达到了 2^{128}（约等于 3.4×10^{38}）个。考虑到如今地球上人的数量只有约 7×10^{9} 个，因此按照目前的使用方式，IPv6 的地址短期内是极难被耗尽的。

⑧ **目的地址**（**Destination Address**）：目的地址字段的作用是定义这个 IPv6 数据包的目的地址，相当于 IPv4 头部的同名字段，只是长度多达 128 位。

不难发现，IPv6 头部字段取消了 IPv4 头部中与分片有关的标识、标记、分片偏移字段，也没有再提供可选项字段。针对这些字段的功能，IPv6 定义了扩展头部。如果一个 IPv6 数据包携带了扩展头部，那么扩展头部会被封装在 IPv6 头部和上层协议头部之间。另外，扩展头部的长度一定是 8 字节的整数倍，所以 IPv6 也不再采用 IPv4 用填充位来填充未对齐长度的做法。通过上述所有这些努力，IETF 工作组达到了提升 IPv6 流量处理和转发效率的目的，让转发流量的设备只需要处理与转发流量密切相关的信息。

IPv6 扩展头部在使用层面和设计初衷上都很类似于 IPv4 头部的可选项部分，它们的相似之处在于典型的 IPv6 数据包不会携带扩展头部，只有始发设备需要路由器或目的节点执行某些特殊处理时，它才会在报文中封装扩展头部。

IPv6 定义了多个不同目的的扩展头部，每个扩展头部都包含不同的字段，但所有扩展头部的第一个字段都是 1 个 8 位的下一个头部字段。前文曾经提到过，下一个头部字段的作用是标识这个头部所封装的内层头部。根据 RFC 2460 及后续 RFC 文档的定义，每个 IPv6 数据包都可以携带 0 到多个扩展头部。因此，每个头部和扩展头部中的下一个头部字段都会标识出下一个扩展头部的类型，通过下一个头部字段标识扩展头部和上层协议所形成的链式结构，如图 10-12 所示。

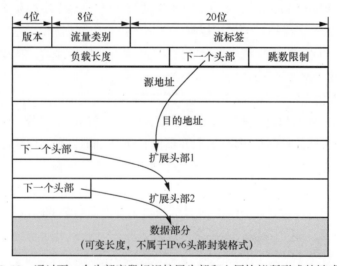

图 10-12　通过下一个头部字段标识扩展头部和上层协议所形成的链式结构

如果一个 IPv6 数据包中包含了多个扩展头部，这些 IPv6 扩展头部会按照一个固定的顺序进行封装。这个从外到内的封装顺序如下。

① **逐跳可选项头部（Hop-by-Hop Options Header）**：逐跳可选项头部定义了一系列参数，这个头部在数据包从源到目的的沿途每一跳路由设备上都要加以处理，而不是仅在始发设备上加以处理，因此逐跳可选项头部会封装在紧邻 IPv6 头部的位置，位于其他扩展头部外部。

② **目的可选项头部（Destination Options Header）**：目的可选项头部的作用是携带一些仅供数据包目的节点进行查看的信息。IPv6 定义了一个叫作路由头部（Routing Header）的可选项，其作用是列出这个 IPv6 数据包需要穿越的中间节点。如果目的可选项头部被封装在路由头部之前（即外部），那么这个目的可选项头部就不仅需要由拥有这个 IPv6 数据包目的地址的设备进行处理，还需要由拥有所有中间节点 IP 地址的设备进行处理。因此，目的可选项扩展头部可能出现一次或两次（其中一次在路由扩展头部之前，另一次在上层协议数据报文之前）。

③ **路由头部（Routing Header）**：路由头部的作用是列出一个或者几个中间节点，要求这个数据包必须经过这些节点。

④ **分段头部（Fragment Header）**：IPv4 头部为分段定义了大量字段。IPv6 则通过扩展头部来提供这个功能。分段头部的作用正是让源节点在发送大于路径 MTU 的数据包时，可以把一个 IPv6 分片为多个分段数据包。

⑤ **认证头部（Authentication Header）**：前面 4 个扩展头部都是由 IPv6 定义的，AH 则是 IPSec 协议栈中的成员协议。认证头部的作用是通过散列函数来校验数据的完整性，也可以对数据包的源提供认证。

⑥ **封装安全净载（Encapsulation Security Payload）**：封装安全净载和认证头部一样也是 IPSec 协议栈中的成员协议。除了提供完整性校验和认证，封装安全净载还可以通过加密来提供数据机密性保护。

⑦ **目的可选项头部**：目的可选项头部的作用是携带一些仅供数据包目的节点进行查看的信息。如果目的可选项头部被封装在路由头部之后（即内部），那么这个目的可选项头部就只需要由拥有这个 IPv6 数据包目的地址的设备进行处理。

如果一个 IPv6 数据包包含了多个扩展头部，那么在按照上述顺序封装了扩展头部之后，IPv6 数据包就可以进一步封装上层协议了。

10.1.4　IPv6 的基本配置命令与配置示例

下面，我们会介绍 IPv6 和 OSPFv3 的一些基本配置命令，然后通过一个简单的实验演示 OSPFv3 的配置。

1．IPv6 的基本配置命令

很多华为数通设备缺省没有启用 IPv6 路由功能，因此需要管理员手动启用 IPv6 路由功能，这是配置 IPv6 功能的第一步。

（1）启用 IPv6 功能

针对默认没有启用 IPv6 路由的设备，在配置任何与 IPv6 相关的功能之前，管理员需要先使用以下系统视图的命令在全局启用 IPv6 功能。

```
[Huawei] ipv6
```

同时，管理员还需要在相应的接口上启用 IPv6 功能。

```
[Huawei-GigabitEthernet0/0/0] ipv6 enable
```

在全局和相应的接口上都启用了 IPv6 路由功能后，管理员可以为接口配置 IPv6 链路本地地址和全球单播地址。在接口上配置 IPv6 链路本地地址有两种方式：第一种方式是手动配置，即由管理员指定具体的 IPv6 链路本地地址；第二种方式是自动配置，即让设备自动生成 IPv6 链路本地地址。

管理员可以使用以下接口视图的命令手动配置 IPv6 链路本地地址。

```
[Huawei-GigabitEthernet0/0/0] ipv6 address ipv6-address prefix-length link-local
```

管理员可以使用以下接口视图的命令使设备自动生成 IPv6 链路本地地址。

```
[Huawei-GigabitEthernet0/0/0] ipv6 address auto link-local
```

（2）配置 IPv6 全球单播地址

配置接口的 IPv6 全球单播地址有 3 种不同的方法：手动、自动（有状态）或自动（无状态）。管理员可以使用以下接口视图的命令手动配置 IPv6 全球单播地址。

```
[Huawei-GigabitEthernet0/0/0] ipv6 address ipv6-address prefix-length
```

自动（有状态）方法表示设备会通过 DHCPv6 获取 IPv6 全球单播地址，因此在有 DHCP 服务器能够提供 IPv6 地址的网络环境中，可以使用有状态自动配置方法，此时管理员应该在需要配置 IPv6 全球单播地址的接口上使用以下命令。

```
[Huawei-GigabitEthernet0/0/0] ipv6 address auto dhcp
```

自动（无状态）方法表示设备会通过接收 RA 报文中的前缀信息，根据相应的信息自动生成 IPv6 全球单播地址，这种方式也被称为 SLAAC（无状态地址自动配置）。实现 SLAAC 要求管理员在需要配置 IPv6 全球单播地址的接口上使用以下命令。

```
[Huawei-GigabitEthernet0/0/0] ipv6 address auto global
```

（3）配置 OSPFv3

配置 OSPFv3 的基本方法与配置 OSPF 的方法大致相同。要在一台华为路由器上启用 OSPFv3 协议进程，管理员需要进入 VRP 系统的系统视图，并输入以下命令。

```
[Huawei] ospfv3 [process-id]
```

在上述命令中，process-id 的作用是标识不同的 OSPF 进程。恰如一台 VRP 系统的路由器可以支持多个 OSPF 进程，它也可以支持多个 OSPFv3 进程。如果不输入 process-id，系统会使用缺省值 1。

在进入 OSPFv3 进程视图后，管理员可以使用下列命令配置路由器的 Router ID。

```
[Huawei-ospfv3-1] router-id router-id
```

需要注意的是，OSPFv3 的 Router ID 必须由管理员手动进行配置，否则 OSPFv3 无法正常运行。因此在配置 OSPFv3 的过程中，配置 Router ID 是必须步骤。

在创建了 OSPFv3 进程并在进程下配置了 Router ID 之后，管理员可以进入需要参与 OSPFv3 的接口，在该接口的视图中使用下列命令启用 OSPFv3，并使用以下命令指定进程和加入的 OSPFv3 区域。

```
[Huawei-GigabitEthernet0/0/1] ospfv3 process-id area area-id
```

2. OSPFv3 配置示例

本小节将以一个简单的 OSPFv3 环境来展示 OSPFv3 的配置命令，双栈 OSPF 实验拓扑如图 10-13 所示。

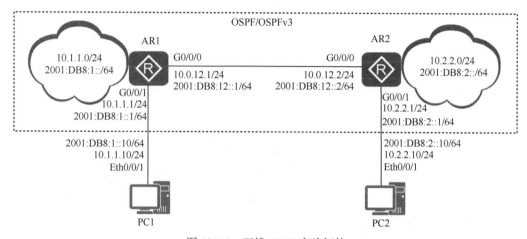

图 10-13　双栈 OSPF 实验拓扑

该实验环境中包含了两台路由器，其中 AR1 与 AR2 通过各自的 G0/0/0 接口相连，并分别通过各自的 G0/0/1 接口连接一个终端网络。图 10-13 中指明了路由器接口配置的 IPv4 地址和 IPv6 地址。在本实验中，我们要在路由器的每个接口上同时配置 IPv4 地址和 IPv6 地址，并且同时启用 OSPF 和 OSPFv3，令终端网络之间既可以通过 IPv4 进行通信，也可以通过 IPv6 进行通信。在本实验拓扑中，我们设置了两台终端主机，它们的 IP 地址最后一位都为 10，在实验的最后我们可以在这两台终端主机上执行 ping 测试。

首先我们完成 IP 地址的配置。对 IPv6 来说，工程师需要首先在全局使用命令 **ipv6** 在路由器上启用 IPv6，接着才能在接口上启用 IPv6 并配置 IPv6 地址。例 10-1 和例 10-2 中展示了 AR1 和 AR2 上的 IP 地址配置。

例 10-1　在 AR1 上配置 IP 地址

```
[AR1]ipv6
[AR1]interface GigabitEthernet 0/0/0
[AR1-GigabitEthernet0/0/0]ip address 10.0.12.1 24
[AR1-GigabitEthernet0/0/0]ipv6 enable
[AR1-GigabitEthernet0/0/0]ipv6 address 2001:DB8:12::1 64
[AR1-GigabitEthernet0/0/0]quit
[AR1]interface GigabitEthernet 0/0/1
[AR1-GigabitEthernet0/0/1]ip address 10.1.1.1 24
[AR1-GigabitEthernet0/0/1]ipv6 enable
[AR1-GigabitEthernet0/0/1]ipv6 address 2001:DB8:1::1 64
```

例 10-2　在 AR2 上配置 IP 地址

```
[AR2]ipv6
[AR2]interface GigabitEthernet 0/0/0
[AR2-GigabitEthernet0/0/0]ip address 10.0.12.2 24
[AR2-GigabitEthernet0/0/0]ipv6 enable
[AR2-GigabitEthernet0/0/0]ipv6 address 2001:DB8:12::2 64
[AR2-GigabitEthernet0/0/0]quit
[AR2]interface GigabitEthernet 0/0/1
[AR2-GigabitEthernet0/0/1]ip address 10.2.2.1 24
[AR2-GigabitEthernet0/0/1]ipv6 enable
[AR2-GigabitEthernet0/0/1]ipv6 address 2001:DB8:2::1 64
```

　　配置完成后我们可以对直连链路执行 ping 测试，以确保配置正确。本书仅展示 AR1 与 AR2 之间互联链路的测试，读者在实验中还应进行路由器与终端主机之间的 ping 测试。例 10-3 展示了 AR1 向 AR2 的 IPv4 和 IPv6 地址成功发起了 ping 测试。

例 10-3　以 AR1 为例检查直连链路的连通性

```
[AR1]ping 10.0.12.2
  PING 10.0.12.2: 56  data bytes, press CTRL_C to break
    Reply from 10.0.12.2: bytes=56 Sequence=1 ttl=255 time=90 ms
    Reply from 10.0.12.2: bytes=56 Sequence=2 ttl=255 time=10 ms
    Reply from 10.0.12.2: bytes=56 Sequence=3 ttl=255 time=10 ms
    Reply from 10.0.12.2: bytes=56 Sequence=4 ttl=255 time=20 ms
    Reply from 10.0.12.2: bytes=56 Sequence=5 ttl=255 time=40 ms

  --- 10.0.12.2 ping statistics ---
    5 packet(s) transmitted
    5 packet(s) received
    0.00% packet loss
    round-trip min/avg/max = 10/34/90 ms

[AR1]ping ipv6 2001:DB8:12::2
  PING 2001:DB8:12::2 : 56  data bytes, press CTRL_C to break
    Reply from 2001:DB8:12::2
    bytes=56 Sequence=1 hop limit=64  time = 70 ms
    Reply from 2001:DB8:12::2
    bytes=56 Sequence=2 hop limit=64  time = 30 ms
    Reply from 2001:DB8:12::2
    bytes=56 Sequence=3 hop limit=64  time = 30 ms
    Reply from 2001:DB8:12::2
    bytes=56 Sequence=4 hop limit=64  time = 20 ms
    Reply from 2001:DB8:12::2
    bytes=56 Sequence=5 hop limit=64  time = 30 ms

  --- 2001:DB8:12::2 ping statistics ---
    5 packet(s) transmitted
    5 packet(s) received
    0.00% packet loss
    round-trip min/avg/max = 20/36/70 ms
```

　　接着我们配置 OSPF，例 10-4 和例 10-5 分别展示了在 AR1 和 AR2 上的 OSPF 配置。

例 10-4　在 AR1 上配置 OSPF

```
[AR1]ospf
[AR1-ospf-1]area 0
[AR1-ospf-1-area-0.0.0.0]network 10.0.12.1 0.0.0.0
[AR1-ospf-1-area-0.0.0.0]network 10.1.1.1 0.0.0.0
```

例 10-5　在 AR2 上配置 OSPF

```
[AR2]ospf
[AR2-ospf-1]area 0
[AR2-ospf-1-area-0.0.0.0]network 10.0.12.2 0.0.0.0
[AR2-ospf-1-area-0.0.0.0]network 10.2.2.1 0.0.0.0
```

配置完成后我们可以检查 OSPF 邻居关系，见例 10-6。

例 10-6　在 AR1 上查看 OSPF 邻居关系

```
[AR1]display ospf peer brief

    OSPF Process 1 with Router ID 10.0.12.1
        Peer Statistic Information
----------------------------------------------------------------------
Area Id           Interface                    Neighbor id      State
0.0.0.0           GigabitEthernet0/0/0         10.0.12.2        Full
----------------------------------------------------------------------
[AR1]display ospf peer

    OSPF Process 1 with Router ID 10.0.12.1
        Neighbors

Area 0.0.0.0 interface 10.0.12.1(GigabitEthernet0/0/0)'s neighbors
Router ID: 10.0.12.2         Address: 10.0.12.2
  State: Full  Mode:Nbr is  Master  Priority: 1
  DR: 10.0.12.1  BDR: 10.0.12.2  MTU: 0
  Dead timer due in 30  sec
  Retrans timer interval: 5
  Neighbor is up for 00:00:55
  Authentication Sequence: [ 0 ]
```

从例 10-6 中两条命令的输出内容，我们可以得知 AR1 与 AR2 已经建立了 OSPF 完全邻接关系，此时可以在终端主机上执行 ping 测试，见例 10-7。

例 10-7　测试终端主机之间的 IPv4 连通性

```
PC1> ping 10.2.2.10

Ping 10.2.2.10: 32 data bytes, Press Ctrl_C to break
Request timeout!
From 10.2.2.10: bytes=32 seq=2 ttl=126 time=16 ms
From 10.2.2.10: bytes=32 seq=3 ttl=126 time=16 ms
From 10.2.2.10: bytes=32 seq=4 ttl=126 time=16 ms
From 10.2.2.10: bytes=32 seq=5 ttl=126 time=16 ms

--- 10.2.2.10 ping statistics ---
  5 packet(s) transmitted
  4 packet(s) received
  20.00% packet loss
  round-trip min/avg/max = 0/16/16 ms
```

从例 10-7 的测试结果可以确认，我们已经完成了本实验网络的 IPv4 互通，下面我们需要配置 OSPFv3 来实现全网的 IPv6 互通。例 10-8 和例 10-9 分别展示了在 AR1 和 AR2 上的 OSPFv3 配置。

例 10-8　在 AR1 上配置 OSPFv3

```
[AR1]ospfv3
[AR1-ospfv3-1]router-id 1.1.1.1
[AR1-ospfv3-1]quit
[AR1]interface GigabitEthernet 0/0/0
[AR1-GigabitEthernet0/0/0]ospfv3 1 area 0
[AR1-GigabitEthernet0/0/0]quit
[AR1]interface GigabitEthernet 0/0/1
[AR1-GigabitEthernet0/0/1]ospfv3 1 area 0
```

例 10-9　在 AR2 上配置 OSPFv3

```
[AR2]ospfv3
[AR2-ospfv3-1]router-id 2.2.2.2
[AR2-ospfv3-1]quit
[AR2]interface GigabitEthernet 0/0/0
[AR2-GigabitEthernet0/0/0]ospfv3 1 area 0
[AR2-GigabitEthernet0/0/0]quit
[AR2]interface GigabitEthernet 0/0/1
[AR2-GigabitEthernet0/0/1]ospfv3 1 area 0
```

配置完成后我们可以查看 OSPFv3 邻居关系，见例 10-10。

例 10-10　在 AR1 上查看 OSPFv3 邻居关系

```
[AR1]display ospfv3 peer
OSPFv3 Process (1)
OSPFv3 Area (0.0.0.0)
Neighbor ID    Pri  State          Dead Time Interface          Instance ID
2.2.2.2          1  Full/Backup    00:00:39  GE0/0/0                      0

[AR1]display ospfv3 peer verbose
OSPFv3 Process (1)

 Neighbor 2.2.2.2 is Full, interface address FE80::2E0:FCFF:FE58:1BA2
    In the area 0.0.0.0 via interface GE0/0/0
    DR Priority is 1 DR is 1.1.1.1 BDR is 2.2.2.2
    Options is 0x000013 (-|R|-|-|E|V6)
    Dead timer due in 00:00:33
    Neighbour is up for 00:00:59
    Database Summary Packets List 0
    Link State Request List 0
    Link State Retransmission List 0
    Neighbour Event: 5
    Neighbour If Id : 0x3
```

从例 10-10 中两条命令的输出内容我们可以得知，AR1 与 AR2 已经建立了 OSPFv3 完全邻接关系，此时可以在终端主机上执行 ping 测试，见例 10-11。

例 10-11　测试终端主机之间的 IPv6 连通性

```
PC1> ping 2001:DB8:2::10

Ping 2001:db8:2::10: 32 data bytes, Press Ctrl_C to break
Request timeout!
From 2001:db8:2::10: bytes=32 seq=2 hop limit=253 time=31 ms
From 2001:db8:2::10: bytes=32 seq=3 hop limit=253 time=31 ms
```

```
From 2001:db8:2::10: bytes=32 seq=4 hop limit=253 time=31 ms
From 2001:db8:2::10: bytes=32 seq=5 hop limit=253 time=32 ms

--- 2001:db8:2::10 ping statistics ---
  5 packet(s) transmitted
  4 packet(s) received
  20.00% packet loss
  round-trip min/avg/max = 0/31/32 ms
```

从例 10-11 的测试结果可以确认，实验网络已经实现了 IPv6 互通，至此实验完成。

10.2　ICMPv6 与 NDP

IP 在互联网中扮演的角色至关重要，它是否正常工作决定了网络是否能够实现基本的通信功能。有鉴于此，网络层常常有一些服务于 IP 的重要协议，譬如服务于 IPv4 的 ICMPv4。同理，IPv6 也有对应的控制消息协议，即 ICMPv6。不仅如此，在 ICMPv6 的基础上，人们还定义了 NDP，这项协议可以提供前缀发现、重复地址检测、地址解析、重定向等功能。本节重点介绍 ICMPv6 和 NDP 的原理。

10.2.1　ICMPv6 介绍

ICMPv6 之于 IPv6，可以类比 ICMPv4 之于 IPv4，但前者提供了更加丰富的功能。为了帮助读者掌握 ICMPv6 的机制，我们首先对 ICMPv4 的重要知识点进行回顾。

1. ICMP 概述

《HCIA Datacom 网络技术学习指南》的第 2 章对 ICMP 进行过简要介绍，ICMP 定义了设备如何通过控制消息来获得关于通信环境的反馈信息，而定义了如何查询 IPv4 网络并提供报错的 ICMP 是 ICMP 的第 4 版（ICMPv4）。

（1）ICMP 报文封装

ICMP 虽然和 IP 一样工作在网络层，但 ICMP 报文封装在 IP 数据包内部。因此，读者可以认为在网络层这个框架中，ICMP 的层级高于 IP。因为 ICMP 是封装在 IP 数据包内部的，所以 ICMP 也有一个协议号，而 ICMPv4 的协议号是 1。

ICMP 头部封装格式如图 10-14 所示。

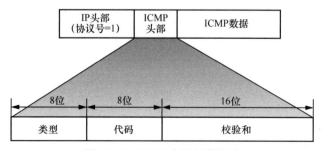

图 10-14　ICMP 头部封装格式

图 10-14 所示的 ICMP 头部封装中各个字段的作用如下。

① 类型（Type）：类型字段的作用是标识这个 ICMP 报文的类型。

② 代码（Code）：代码字段的作用是标识这个 ICMP 报文的表意。

③ 校验和（Checksum）：校验和字段包含在大量协议封装中，作用是执行错误检测。

常见的 ICMP 报文类型和代码字段组合见表 10-2。

表 10-2　常见的 ICMP 报文类型和代码字段组合

类型	代码	ICMP 报文
0	0	回声应答（Echo-Reply）
3	0	目标网络不可达
	1	目标主机不可达
	2	目标协议不可达
	3	目标端口不可达
5	0	重定向网络
	1	重定向主机
8	0	回声请求（Echo-Request）
11	0	生存时间（TTL）超时
12	0	IP 数据包头部参数错误

例如，一个 ICMP 报文的类型字段的取值为 00000011（二进制），代码字段的取值为 00000000（二进制），这个 ICMP 报文就是一个"目标网络不可达"报文。

ICMP 提供了差错检测机制和错误报告机制，这两项机制所对应的网络测试工具 Ping 和 Tracert 被广泛应用于网络连通性测试。下面我们分别对它们进行简要回顾。

（2）Ping 工具

Ping 工具的作用是利用表 10-2 中介绍的 ICMP 回声请求（Echo-Request）和回声应答（Echo-Reply）报文来判断从回声请求的始发设备到目的设备之间，网络层是否可以实现双向通信。如果可以实现双向通信，Ping 工具还可以展示出丢包率和数据包的往返时间。

Ping 工具的原理非常简单，即始发方尝试把一个 ICMP 回声请求（Echo-Request）报文发送到想要检测连通性的 IP 地址，这个报文的 ICMP 头部类型值为 8（00001000）、代码值为 0（00000000），同时这个报文 IP 头部的协议字段值为 1、源 IP 地址为报文始发设备的 IP 地址、目的 IP 地址为要测试连通性的那台设备（适配器）的 IP 地址。

如果对端设备接收到了这个报文，它应该向回声请求的始发设备回复一个 ICMP 回声应答（Echo-Reply）报文。这个报文的 ICMP 头部类型值为 0，代码值也为 0，同时这个报文 IP 头部的协议字段值为 1，源 IP 地址为自己的 IP 地址，目的 IP 地址为回声请求报文的源 IP 地址。使用 Ping 工具测试与目的网络层的双向连通性如图 10-15 所示。

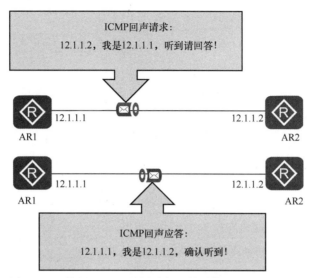

图 10-15　使用 Ping 工具测试与目的网络层的双向连通性

按照上述流程，如果执行 ping 测试的设备能够收到对端的响应报文，即代表这台设备与目的设备之间在网络层可以实现双向通信。

Ping 工具在 VRP 系统和 Windows 操作系统的命令提示符中，命令都是 **ping** *IP-address*。*IP-address* 即目的设备（适配器）的 IP 地址。在以下配置示例中，我们会演示 VRP 系统中执行 ping 测试的效果。

（3）Tracert 工具

Tracert 是另一项利用 ICMP 的工具，它的作用是测试从当前设备到目的设备发送数据的路径。Tracert 工具利用了报文中的 TTL 来达到它的设计目的。这项工具的测试原理如下：因为接收到 TTL 为 1 的路由设备会丢弃数据包，并向始发设备响应类型字段取值为 00001011（二进制）、代码字段取值为 00000000（二进制）的 ICMP TTL 超时报文，所以运行 Tracert 工具查看路径的设备就会封装一系列 TTL 值从 1 开始依次递增的报文，并逐个发往目的设备。在这些报文穿越转发路径到达目的设备的过程中，它们的 TTL 值每经历一跳路由设备就会减少 1，于是路径中的各台设备都会向始发设备发送 ICMP TTL 超时报文，这样一来源设备也就获得了报文从自己到达目的的过程中会经过的转发路径。使用 Tracert 工具测试与目的网络层的路径如图 10-16 所示。

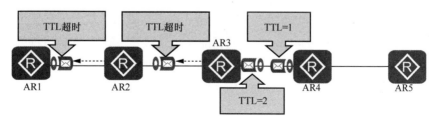

图 10-16　使用 Tracert 工具测试与目的网络层的路径

如图 10-16 所示，AR1 使用 Tracert 工具发起了测试，它向目的设备 AR5 发送了一系列数据包，每个数据包的 TTL 值依次递增。当第一台路由设备 AR2 接收到 TTL 为 1 的数据包时，它将数据包的 TTL 值减 1，导致该数据包 TTL 为 0，于是它向 AR1 响应了一个 ICMP TTL 超时报文。同时 AR2 也会对 TTL 值为 2、3、4 的数据包分别执行 TTL 值减 1 的操作，使它们的 TTL 值变为 1、2、3，并且将它们转发给路径中的下一台设备。于是，当路径中的第二台设备 AR3 接收到 TTL 值已经由 2 减少到 1 的数据包时，它会将这个数据包的 TTL 值再减 1，导致该数据包 TTL 为 0，于是它也向 AR1 发送了一个 ICMP TTL 超时报文。同时 AR3 也会对 TTL 值为 2、3 的数据包分别执行 TTL 值减 1 的操作，使它们的 TTL 值变为 1、2，并且将它们转发给路径中的下一台设备 AR4，以此类推。当目的设备 AR5 接收到 ICMP 数据包时，它会向 AR1 回复端口不可达报文。

Tracert 工具在不同平台上的命令不相同。但是在华为的 VRP 系统和 Windows 的命令提示符中，命令都是 **tracert** *IP-address*。

2. ICMPv6 报文封装

ICMPv6 报文会封装在 IPv6 头部当中。当 IPv6 报文中封装的是 ICMPv6 报文时，IPv6 头部的下一个头部字段取值为 58。ICMPv6 控制着 IPv6 中的地址自动配置、地址解析、地址冲突检测、路由选择、差错控制等机制，但是在封装层面，ICMPv6 的头部封装格式和 ICMP 没有区别。ICMPv6 头部封装格式如图 10-17 所示。

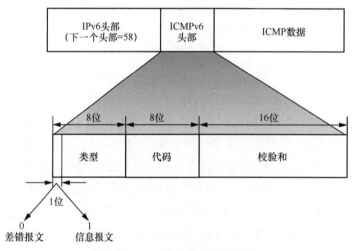

图 10-17 ICMPv6 头部封装格式

如图 10-17 所示，在 ICMPv6 的头部封装格式中，当类型字段的最高位为 0 时，表示该报文为差错报文（Error Messages），其目的是报告转发 IPv6 数据包过程中发生的错误，如目的不可达、超时等均为差错报文。当类型字段的最高位为 1 时，表示该报文为信息报文（Information Messages），其目的是用来实现同一链路上节点间的通信和子网内的组播成员管理等。

3. ICMPv6 报文应用

ICMPv6 报文可以分为差错报文和信息报文。这两种报文都会有各自的应用。

（1）ICMPv6 差错报文的应用——Path MTU 发现

通过 IPv6 报文的头部封装字段不难发现，IPv6 头部字段取消了有关的标识、标记、分片偏移字段。为了配合这样的变更，IPv6 网络的中间转发设备不会对 IPv6 报文执行分片，分片只会在源节点执行。这样一来，IPv6 网络就需要一种机制让源可以检测出与目的路径之间的 MTU，以便提前按照 MTU 进行分片。这种机制被称为路径 MTU 发现（Path MTU Discovery），简称 PMTUD。

PMTUD 设备的工作机制如下。

源设备首先用出站接口的 MTU 作为报文长度向目的设备发送 IPv6 数据包，只有当转发设备发现出站接口的 MTU 小于该报文时，转发设备才会向源设备回复一个类型值为 2 的 ICMPv6 报文，指定报文出站接口的 MTU。源设备在接收到该报文后，按照该报文指定的 MTU 重新封装一个 IPv6 报文，再次发送给目的设备，上述流程不断持续，直到目的设备接收到这个报文。最后这个目的设备接收到 IPv6 报文，其大小就是这条路径的 MTU。

PMTUD 过程如图 10-18 所示。

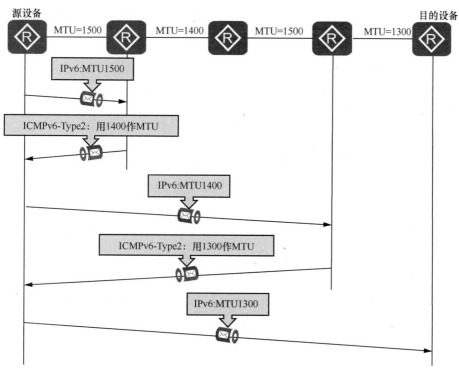

图 10-18　PMTUD 过程

在上述流程中，源设备通过多次向目的设备发送 IPv6 报文，并且不断根据沿途设备的反馈调整 MTU，完成了路径 MTU 的发现。

（2）ICMPv6 信息报文的应用——Ping 工具

Ping 工具的原理是使用 ICMPv6 信息报文实现的，具体机制和 ICMP Ping 工具一致，即始发方尝试把一个 ICMP 回声请求（Echo-Request）报文发送到想要检测连通性的目标节点，这个报文的 ICMP 头部类型值为 128（10000000）、代码值为 0（00000000），同时这个报文 IPv6 头部的下一个头部字段值为 58，源 IP 地址为报文始发设备的 IPv6 地址，目的 IPv6 地址为要测试连通性的那台设备（适配器）的 IP 地址。

如果对端设备接收到了这个报文，它就会向回声请求的始发设备回复一个 ICMP 回声应答（Echo-Reply）。这个报文的 ICMP 头部类型值为 129（10000001）、代码值也为 0，同时这个报文 IPv6 头部的下一个头部字段值同样为 58，源 IPv6 地址为自己的 IPv6 地址，目的 IPv6 地址为回声请求报文的源 IP 地址。

按照上述流程，如果执行 ping 测试的设备能够收到对端的响应报文，那就代表这台设备与目的设备之间在网络层可以实现双向通信。

在图 10-17 所示的 ICMPv6 头部类型字段取值为下列数值时，这个 ICMPv6 头部中封装的就是 NDP 报文。

① 类型字段取值 133：NDP 路由器请求（Router Solicitation）报文，简称 RS 报文。
② 类型字段取值 134：NDP 路由器通告（Router Advertisement）报文，简称 RA 报文。
③ 类型字段取值 135：NDP 邻居请求（Neighbor Solicitation）报文，简称 NS 报文。
④ 类型字段取值 136：NDP 邻居通告（Neighbor Advertisement）报文，简称 NA 报文。
⑤ 类型字段取值 137：NDP 重定向（Redirect）报文。

10.2.2　NDP 介绍

NDP 实际上是 IPv6 中的核心组件，其功能远不止发现网络中的邻居。具体来说，NDP 的功能包括但不限于下面几项。

① **路由器发现**：发现链路连接的路由器，获得路由器通告的信息。
② **无状态自动配置**：通过路由器通告的地址前缀让终端自动生成 IPv6 地址。
③ **重复地址检测**：在获得地址后通过检测确保不存在地址冲突。
④ **地址解析**：请求目的网络地址对应的数据链路层地址。
⑤ **邻居状态跟踪**：通过 NDP 发现链路上的邻居并跟踪邻居状态。
⑥ **重定向**：告知其他设备到达目的网络的更优下一跳。

在下面的内容中，我们仅介绍 NDP 的路由器发现、邻居状态跟踪和重定向功能。IPv6 地址自动配置机制是 IPv6 环境中的一项重要技术，在 10.3 节中将对地址自动配置的内容进行复习和总结。

1. 路由器发现

如前文所述，路由器发现是指主机发现本地链路连接的路由器，并了解该路由器配置信息的操作，这是 NDP 提供的一项重要功能。

路由器发现可以实现下列 3 项功能。

① **路由器发现（Router Discovery）**：主机定位邻居路由器并选择使用哪个路由器作为缺省网关的过程。

② **前缀发现（Prefix Discovery）**：主机发现本地链路上一组 IPv6 前缀的过程，目的是实现主机的地址自动配置。

③ **参数发现（Parameter Discovery）**：主机发现相关操作参数的过程。

路由器发现有两种实现机制，一种是由主机请求触发路由器发现，另一种则是路由器周期性发送报文。

当 IPv6 主机启动时，它会向本地链路范围内的路由器发送 RS 报文。接收到 RS 报文的路由器则会使用 RA 作出响应。在主机发现本地链路上的路由器之后，它会自己配置缺省网关，建立缺省路由表、前缀列表并设置其他配置参数，主机请求触发路由器发现如图 10-19 所示。

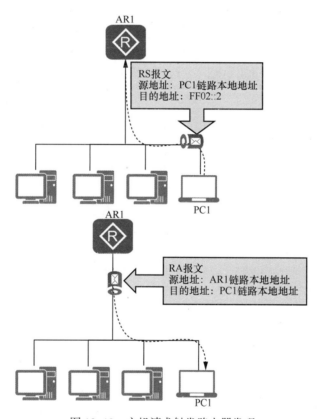

图 10-19 　主机请求触发路由器发现

如图 10-19 所示，通过主机请求触发机制，当主机 PC1 连接到本地网络中并完成启动后，它会以自己的链路本地地址作为源地址，以链路本地所有路由器地址 FF02::2 作为目的地址封装一个 RS 报文请求链路本地的路由器作出回应。本地链路中所有路由器都会监听这个地址，于是当链路本地路由器 AR1 接收到这个报文时，它会以自己的链路本地地址作为源地址，以 PC1 的链路本地地址作为目的地址封装一个 RA 报文进行响应。经过上述步骤，PC1 发现了本地链路上的路由器，因此会生成缺省路由，并把下一跳地址指向缺省路由器的链路本地地址。

> **注释**：主机也有可能不使用链路本地地址触发路由器发现，在 10.3 节中将介绍该机制，这里暂时略过。

除了主机请求触发机制，路由器本身也会在其连接的网段中周期性地以链路本地所有节点地址 FF02::1 作为目的地址发送 RA 报文，RA 发送间隔是一个有范围的随机值，这个时间范围可以由管理员进行配置，缺省的最大时间间隔是 600s，最小时间间隔是 200s。

2. 邻居状态跟踪

IPv6 邻居状态表缓存的是邻居（接口）MAC 地址和 IPv6 地址之间的映射关系。鉴于一个接口通常拥有多个 IPv6 地址，每个邻居接口也会拥有多个映射关系条目，同一个链路层地址也会有多个 IPv6 地址映射的条目。

在 VRP 系统中，管理员可以输入命令 **display ipv6 neighbors** 查看路由器上的邻居状态表，也可以在这条命令后面添加接口类型和编号以查看某个物理或逻辑接口相关的邻居状态表，或者在这条命令后面添加 IPv6 地址来查看指定 IPv6 地址对应的邻居状态表。

上述命令显示的邻居状态表见例 10-12。

例 10-12　邻居状态表

```
<Huawei> display ipv6 neighbors vlanif 100
------------------------------------------------------------------------
IPv6 Address : 2::1
Link-layer   : 707b-e8e9-d329              State : STALE
Interface    : GE0/0/0                     Age   : 00h05m12s
VLAN         : 200                         CEVLAN: -
VPN name     :                             Is Router: TRUE
Secure FLAG  : UN-SECURE

IPv6 Address : FE80::727B:E8FF:FEE9:D329
Link-layer   : 707b-e8e9-d329              State : STALE
Interface    : GE0/0/1                     Age   : 00h03m02s
VLAN         : 100                         CEVLAN: -
Is Router: TRUE
Secure FLAG  : UN-SECURE

------------------------------------------------------------------------
Total: 2      Dynamic: 2      Static: 0
```

如上例所示，每个邻居状态表条目都有一个对应的状态（State），状态是可以变迁的，这个过程需要 NDP 的 NS 报文和 NA 报文的参与，因此邻居状态跟踪是 NDP 的另一项重要功能。

邻居状态表条目的状态包含以下 5 种。

① **Incomplete（未完成，显示为 INCMP）**：这种状态表示该邻居当前仍不可达，正在进行地址解析，邻居的链路层地址仍未检测到。如果解析成功，邻居状态条目就会进入 Reachable（REACH）状态。

② **Reachable（可达，显示为 REACH）**：这种状态表示该邻居当前可达。这种状态有一个持续时间，缺省时间为 30s。如果在这段时间内，这个条目都没有被使用，该条目就会进

入 Stale 状态。如果在这段时间内，设备接收到该邻居主动发送的 NA 报文，且其中携带的邻居链路层地址和当前条目不同，邻居状态则会马上过渡到 Stale。

③ **Stale（陈旧，显示为 STALE）**：这种状态表示该邻居可达性不明，设备没有在规定的持续时间内使用过这个邻居条目。在这种状态下，设备本身不会主动对邻居的可达性进行探测，只有在设备有报文需要发往该邻居时，该条目的状态才会过渡到其他状态。

④ **Delay（延迟，显示为 DELAY）**：这种状态表示邻居可达性不明，但设备已经向该邻居发送了数据报文和 NS 报文。如果在指定时间内没有接收到来自邻居的响应报文，该邻居的状态就会进入 Probe 状态。如果在指定时间内接收到了来自邻居响应的 NA 报文，该邻居的状态就会进入 Reachable（REACH）状态。

⑤ **Probe（探查，显示为 PROBE）**：这种状态表示邻居可达性不明，但设备已经向该邻居发送了单播 NS 报文来探测邻居的可达性。在这个状态下，设备会在指定时间内以固定间隔不断向邻居发送 NS 报文，如果在指定时间内始终没有接收到来自邻居响应的 NA 报文，该邻居的状态就会进入 Incomplete（INCMP）状态，反之则会进入 Reachable（REACH）状态。

综上所述，我们可以总结出如图 10-20 所示的 IPv6 邻居状态表的邻居状态机。

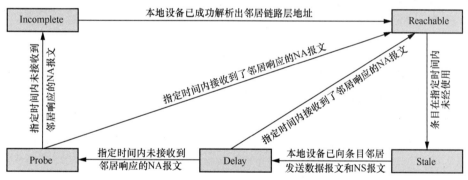

图 10-20　IPv6 邻居状态表的邻居状态机

3. 重定向

重定向是指网关设备发现报文通过其他网关设备进行转发路径更优，因此告知该报文发送方，让其此后直接将报文发送给另一台网关。

具体来说，当网关设备接收到一个报文，发现该报文应该发送给同一网段的另一台网关进行转发时，它就会向报文的发送方发送一个 NDP 重定向（Redirect）报文。报文发送方在接收到这个重定向（Redirect）报文之后，就会优化自己的 IPv6 路由信息，并在此后使用另一个网关发送去往该目的的报文，重定向机制如图 10-21 所示。

在图 10-21 所示环境中，AR1 接收到源设备发往目的设备的报文后，发现该报文经由 AR2 发送给目的设备是更合理的选择，于是向源设备发送了一个 Redirect 报文。这个报文通过把目标地址（Target Address）设置为 AR2 连接该共享网络接口的链路本地地址，来指示源设备以后再向目的设备发送报文时，直接发送给 AR2。源设备照此对自己的路由表进行了修改，并且在此后向目的设备发送报文时，会把报文发送给 AR2 而不是继续由 AR1 进行转发。

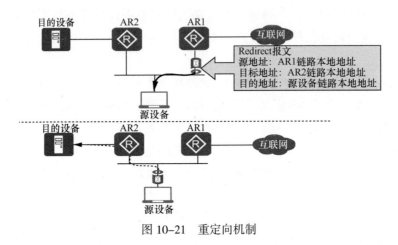

图 10-21　重定向机制

10.3　IPv6 地址自动配置

除由管理员手动配置 IPv6 地址外，IPv6 地址还有两种方式可以实现自动配置，即无状态地址自动配置（Stateless Address Autoconfiguration，SLAAC）和状态化地址自动配置（Stateful Address Autoconfiguration），状态化地址自动配置也称为有状态地址自动配置。在这两种方式中，SLAAC 是指通过 NDP 实现地址自动配置，这种机制不需要部署 DHCPv6 服务器。有状态地址自动配置则需要借助 DHCPv6 来实现，这种机制需要部署 DHCPv6 服务器来为客户端分配 IPv6 地址。

10.3.1　无状态地址自动配置

图 10-19 展示了主机使用链路本地地址发现路由器的过程。除上述流程外，刚刚连接到网络中的主机也可能在 IPv6 接口没有学习到地址，此时，可以使用未指定地址（::）作为源地址执行路由器发现流程。使用未指定地址执行路由发现的过程如图 10-22 所示。

本章在路由器发现部分曾经提到，IPv6 网络中的路由器会监听链路本地所有路由器的 IPv6 地址 FF02::2。当路由器接收到主机发送来的 RS 报文后，它会以 RA 报文进行响应。这个 RA 报文的源地址是路由器对应接口的链路本地地址，目的地址则取决于 RS 报文的源地址。如果之前 RS 报文的源地址是未指定地址（::），对应 RA 报文的目的地址就会被封装为链路本地所有节点组播地址——FF02::1，RA 报文的封装结构如图 10-23 所示；如果之前 RS 报文的源地址是报文始发接口的链路本地地址，这个 RA 报文的目的地址也会是始发接口的链路本地地址，如图 10-19 所示。

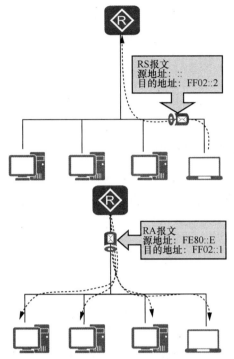

图 10-22　使用未指定地址执行路由发现的过程

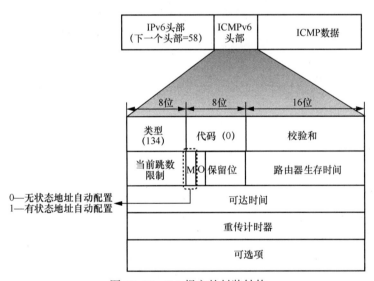

图 10-23　RA 报文的封装结构

　　在图 10-23 中，RA 报文中会封装两个标记位，即被管理地址配置标记和其他状态化配置标记，这两个标记分别简称为 M 标记和 O 标记。如果 M 标记位置位（即取值为 1），即表示路由器告知客户端通过 DHCPv6 服务器获取 IPv6 地址，此时 O 标记位的取值缺省为 0，但其无论是否为 0 均会被忽略，因为在这种情况下，RS 报文的始发设备应该从 DHCPv6 服务器那里获取所有配置信息。如果 M 标记位取 0，路由器则会让这台设备使用无状态地址自动配置的方式来配置自己的 IPv6 地址，同时路由器也会通过这个 RA 报文向设备通告要配置的 64 位 IPv6 地址前缀。这时，如果 O 标记位置位（即取值为 1），表示路由器让这台设备通过 DHCPv6 服务器获取（其提供的配置信息之外的）其他配置信息。

在 SLAAC 环境中，始发 RS 报文的设备接收到 RA 报文之后，就会发现报文的 M 位取值为 0，于是它就会使用报文可选项字段中携带的 64 位前缀来配置 IPv6 地址。

RA 报文可以封装多个可选项字段，携带 64 位前缀的可选项称为前缀信息可选项。每个前缀信息可选项都会携带一个 A 位，全称自治地址配置标记位。当这个位取值为 1 时，表示接收方主机可以使用这个前缀信息可选项字段携带的前缀来执行 SLAAC。如果一个前缀信息可选项字段的 A 位取值为 0，接收方主机则不能使用这个可选项字段中携带的前缀执行 SLAAC。

在使用（A 位为 1 的）前缀信息可选项字段中的 64 位前缀执行 SLAAC 时，IPv6 设备会通过下面两种方式之一填充这个 IPv6 地址的后 64 位。

① 按照图 10-4 所示的方式把接口的 MAC 地址转化 EUI-64 接口 ID。

② 系统随机生成最后 64 位。

无论采取哪种方式生成 IPv6 单播地址，这个地址都会进入 Tentative（暂定）状态。这是因为虽然在上述两种方式中，通过图 10-4 所示的方式来生成后 64 位 IPv6 地址可以避免地址重复的问题，但在实际网络中，系统随机生成最后 64 位才是最常见的做法。64 位的空间固然可以制造 2^{64} 种不同的组合，出现 IP 地址冲突的可能性非常小，但设备仍会对随机生成后 64 位的 IPv6 地址执行重复地址检测（DAD）。在 Tentative 状态下，设备会执行 DAD。如果没有检测到冲突，重复地址检测通过，这个地址则会进入 Preferred 状态。在这种状态下，SLAAC 正式完成，设备可以使用这个 IPv6 地址来收发 IPv6 报文。

前缀信息可选项会携带 Preferred lifetime 字段和 Valid lifetime 字段，其中 Preferred lifetime 字段的值小于 Valid lifetime 字段的值。终端设备会在 IPv6 地址进入 Preferred 状态后，分别按照 Preferred lifetime 字段值和 Valid lifetime 字段值启动两个计时器。如果 Preferred lifetime 计时器超时，终端设备会让 Preferred 状态的地址进入 Deprecated（弃用）状态。在这种状态下，这个 IPv6 地址依然有效，设备已经建立的连接可以继续使用该 IPv6 地址，但不能使用该地址建立新的连接。如果 Valid lifetime 计时器也超时，这个 IPv6 地址就会进入 Invalid 状态，此时设备不能继续使用这个地址。

10.3.2　有状态地址自动配置与 DHCPv6

如前文所述，有状态地址自动配置会依赖 DHCPv6 服务器来为客户端分配 IPv6 地址和其他网络配置参数，同时对分配情况加以记录，以便进行网络管理。

DHCPv6 可以进一步分为下面 3 种。

① **DHCPv6 有状态地址自动配置**：DHCPv6 服务器自动配置 IPv6 地址/前缀和其他

网络配置参数（如 DNS 服务器地址等）。

② **DHCPv6 无状态地址自动配置**：通过 SLAAC 完成 IPv6 地址/前缀的配置，由 DHCPv6 分配其他配置参数（如 DNS 服务器地址等）。如前文所述，当路由器反馈的 RA 报文 M 位取 0 且 O 位取 1，报文的接收方主机就会执行 DHCPv6 无状态地址自动配置。

③ **DHCPv6 前缀代理（PD）地址自动配置**：即下层网络路由器不需要再手工指定用户侧链路的 IPv6 地址前缀，只需要向上层网络路由器提出前缀分配申请，由上层路由器向下层路由器分配合适的地址前缀，下层路由器再把获得的前缀进一步细分为 64 位前缀长度的子网网段，并使用 RA 将其通告给连接 IPv6 主机的链路，实现主机地址的自动配置。

1. DHCPv6 有状态地址自动配置

在 DHCPv6 网络中，网络设备的角色也和 DHCP 一样可以分为 DHCPv6 客户端（DHCPv6 Client）、DHCP 服务器（DHCPv6 Server）和 DHCPv6 中继代理（DHCPv6 Relay）。其中，DHCPv6 客户端是指从 DHCPv6 服务器那里获取 IPv6 地址的设备，DHCPv6 服务器是指向 DHCPv6 客户端提供 IPv6 地址的设备，而 DHCPv6 中继则是指为 DHCPv6 客户端和 DHCPv6 服务器提供 DHCPv6 报文中继转发的设备。

DHCPv6 有状态地址自动配置的流程也与 DHCP 的交互流程类似。在 DHCP 交互过程中，DHCP 客户端和 DHCP 服务器之间大致会通过先后交互 DHCP Discover、DHCP Offer、DHCP Request 和 DHCP Acknowledgement 4 个报文来完成 IPv4 地址的分配。在 DHCPv6 环境中，双方先后交互的报文按顺序分别称为 SOLICIT、ADVERTISE、REQUEST 和 REPLY。虽然名称不同，但这 4 种报文在作用上几乎可以一一对应 DHCP 的 4 种报文。

DHCP 和 DHCPv6 通信机制的最大区别在于，IPv6 没有广播机制。非单播 DHCPv6 报文会使用组播地址 FF02::1:2 和 FF05::1:3 作为目的 IPv6 地址来封装报文。其中，FF02::1:2（All DHCP Relay Agents and Servers）是所有 DHCPv6 服务器和中继的组播地址，DHCPv6 客户端需要发送组播报文时，会以 FF02::1:2 作为目的 IPv6 地址。这个地址是链路范围的，因此 DHCPv6 客户端发送的 DHCPv6 报文不会跨网络进行转发。FF05::1:3（All DHCP Servers）是所有 DHCPv6 服务器组播地址，这个地址是 DHCPv6 中继与 DHCPv6 服务器进行组播通信时，封装 DHCPv6 报文时使用的目的 IPv6 地址。这个地址是站点范围的，站点内所有 DHCPv6 服务器都是这个组的成员。

DHCPv6 客户端从 DHCPv6 服务器获取配置参数的 4 步流程如图 10-24 所示。

如图 10-24 所示，DHCPv6 客户端首先发送 SOLICIT 报文，请求 DHCPv6 服务器为其分配 IPv6 地址/前缀和网络配置参数。当 DHCPv6 服务器接收到 SOLICIT 报文时，它会回复 ADVERTISE 报文，将分配的地址/前缀和网络配置参数发送给 DHCPv6 客户端。DHCPv6 客户端有可能接收到多台 DHCPv6 服务器回复的 ADVERTISE 报文，因此，DHCPv6 客户端会根据报文的先后顺序和服务器的优先级等选择一台服务器，向其发送 REQUEST 报文，请求该服务器确认将之前（通过 ADVERTISE 报文通告的）地址/前缀和网络配置参数提供给自己使用。DHCPv6 服务器在接收到 DHCPv6 客户端发送的 REQUEST 报文之后，会响应 REPLY 报文确认将该地址/前缀和网络配置参数提供给这台客户端。

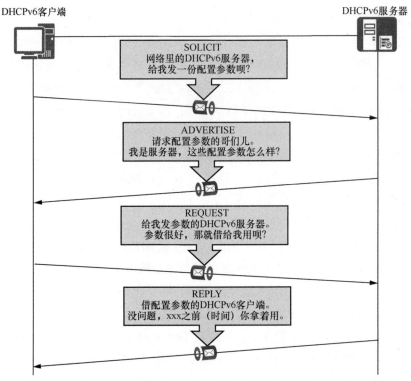

图 10-24   DHCPv6 客户端从 DHCPv6 服务器获取配置参数的 4 步流程

如果 DHCPv6 服务器支持快速分配，则图 10-24 所示的流程可以简化为两步交互，如图 10-25 所示。在这种机制中，DHCPv6 客户端会发送一个携带 Rapid Commit 可选项的 SOLICIT 报文，要求服务器直接发送 REPLY 报文进行配置信息的快速分配。当 DHCPv6 服务器接收到这个报文时，服务器会判断自己是否支持快速分配。如果 DHCPv6 服务器发现自己支持快速分配，它就会直接返回 REPLY 报文为客户端分配 IPv6 地址/前缀和其他网络配置参数。如果服务器不支持快速分配，则会采取图 10-24 所示的 4 步交互方式。

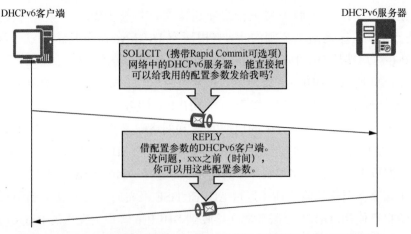

图 10-25   DHCPv6 客户端从 DHCPv6 服务器获取配置参数的两步流程

　　显然，ADVERTISE 和 REQUEST 报文可以让 DHCPv6 客户端从多台提供配置参数的 DHCPv6 服务器中选择其一。因此，两步流程只适用于网络中只部署了一台 DHCPv6 服务器的场景。

　　无论是采用 4 步流程还是两步流程，DHCPv6 服务器提供给客户端的地址/前缀都是有租期的。在租期超过有效时间后，DHCPv6 客户端就不能再使用这个地址/前缀。为了能够继续使用相同的地址/前缀，DHCPv6 客户端需要在该地址/前缀到期之前更新其租期。地址/前缀租约更新流程如图 10-26 所示。

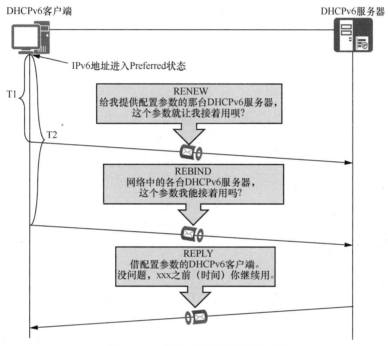

图 10-26　地址/前缀租约更新流程

　　在缺省情况下，当租期到达 T1 时刻时，DHCPv6 客户端就会向为它分配当前这个 IPv6 地址的 DHCPv6 服务器发送一条单播的 RENEW 报文，请求 DHCPv6 服务器延长租期，让自己（在原租期结束后）可以继续使用该 IP 地址。接收到 RENEW 报文的 DHCPv6 服务器如果允许延长租期，就会使用 REPLY 报文作出响应。即使 DHCPv6 服务器不允许延长租期，它也会发送表示续约失败的 REPLY 报文通知 DHCPv6 客户端不能获得新的租约。在缺省情况下，T1 时刻取 Preferred Lifetime 一半的时间。

　　如果 DHCPv6 客户端在 T1 时刻发送的 RENEW 报文没有得到服务器的响应，DHCPv6 客户端还会在 T2 时刻使用组播向网络中的所有 DHCPv6 服务器发送 REBIND 报文请求更新租约，这个过程叫作重绑定。在缺省情况下，T2 时刻为 Preferred Lifetime 的 80%。同理，如果 DHCPv6 服务器允许延长租期，就会使用 REPLY 报文作出响应。即使 DHCPv6 服务器不允许延长租期，它也会发送表示续约失败的 REPLY 报文通知 DHCPv6 客户端不能获得新的租约。

2. DHCPv6 无状态地址自动配置

DHCPv6 无状态地址自动配置是指通过 SLAAC 完成 IPv6 地址/前缀的配置，由 DHCPv6 服务器分配其他配置参数（如 DNS 服务器地址等），即当客户端在执行路由器发现过程中接收到了路由器反馈的 RA 报文，且该报文 M 位取 0、O 位取 1，该主机就会执行 DHCPv6 无状态地址自动配置。

在 DHCPv6 无状态地址自动配置的流程中，DHCPv6 客户端会首先用组播向网络中的 DHCPv6 服务器发送 Information-Request 报文，这个报文会携带 Option Request 可选项，其目的是指明客户端需要服务器提供哪些配置参数。在 DHCPv6 服务器接收到 Information-Request 报文之后，它会向 DHCPv6 客户端响应单播的 REPLY 报文，以便向客户端提供其请求的参数。DHCPv6 客户端在接收到 REPLY 报文后，会查看报文提供的参数与自己请求的参数是否一致。如果一致，客户端就会配置该报文提供的参数。若不一致，客户端就会忽略该报文。

3. DHCPv6 PD 自动配置

在一个层次化的网络结构中，终端设备和 DHCPv6 服务器之间有可能相隔三层设备。在这种情形中，管理员可以把路由设备配置为 DHCPv6 PD 客户端，由这个客户端进一步为自己直连的终端设备细分 IPv6 地址。上述环境需要执行的流程被称为 DHCPv6 PD 自动配置。

在这个架构中，充当 DHCPv6 客户端的路由器和 DHCPv6 服务器完成 DHCPv6 有状态地址自动配置流程。在此过程中，DHCPv6 客户端发送的 SOLICIT 报文会请求 DHCPv6 服务器为其分配 IA_NA 地址和 IA_PD 前缀。其中，IA_NA 地址可以理解为 DHCPv6 服务器为 DHCPv6 客户端（路由器）连接广域网的接口分配的前缀，而 IA_PD 则可以理解为 DHCPv6 服务器为 DHCPv6 客户端（路由器）局域网接口分配的前缀。接下来，路由器（DHCPv6 客户端）会通过 RA 报文把前缀下发给终端。

DHCPv6 PD 自动配置流程如图 10-27 所示。

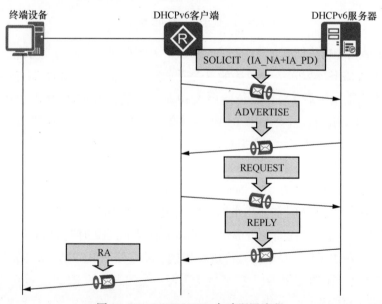

图 10-27　DHCPv6 PD 自动配置流程

4. 其他类型的 DHCPv6 报文

除了上述 3 种 DHCPv6 地址自动配置流程中所涉及的报文，DHCPv6 还定义了一些其他类型的报文。这些报文会参与另外一些重要的 DHCPv6 流程。

（1）DHCPv6 中继的工作流程（RELAY-FORWARD 报文和 RELAY-REPLY 报文）

如同 DHCP，当服务器和客户端不在一个网段时，DHCPv6 客户端所在网段就需要部署一台 DHCPv6 中继，以实现 DHCPv6 报文跨网段转发。

在这个流程中，当 DHCPv6 中继接收到 DHCPv6 客户端发往组播地址的 DHCPv6 报文后，它会将组播消息封装在单播的 RELAY-FORWARD 报文中，转发给另一个网络中的 DHCPv6 服务器。DHCPv6 服务器在向 DHCPv6 中继回复报文时，会封装单播的 RELAY-REPLY 报文并发送给 DHCPv6 中继，而 DHCPv6 中继代理则会将这个报文恢复为 REPLY 报文，发送给请求 IPv6 地址的 DHCPv6 客户端。

（2）DHCPv6 地址确认流程（CONFIRM 报文）

如果 DHCPv6 客户端发生断电、漫游等情况，客户端在恢复连接后会向 DHCPv6 服务器发送 CONFIRM 报文确认自己当前使用的地址是否可用。如果客户端的地址依然可用，服务器会使用 REPLY 报文进行响应。反之，如果服务器没有响应，DHCPv6 客户端则会重新启动地址申请流程，DHCPv6 地址确认流程如图 10-28 所示。

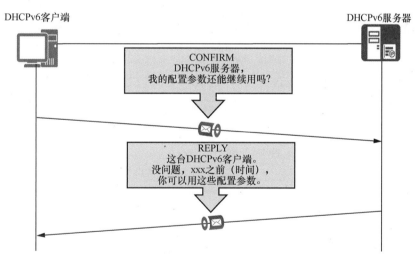

图 10-28　DHCPv6 地址确认流程

（3）DHCPv6 地址冲突检测流程（DECLINE 报文）

DHCPv6 客户端在申请到 IPv6 地址后，会首先执行重复地址检测，只有检测通过才会开始使用这个地址。如果客户端检测到地址存在冲突，客户端会主动向 DHCPv6 服务器发送 DECLINE 报文告知 DHCPv6 地址，同时不会使用这个地址。DHCPv6 服务器接收到这个报文之后，则会回复 REPLY 报文进行确认。

（4）DHCPv6 地址释放流程（RELEASE 报文）

当客户端不需要再使用 DHCPv6 服务器分配给它的 IPv6 地址时，它会向 DHCPv6 服务器发送 RELEASE 报文。DHCPv6 服务器接收到这个报文后，同样会回复 REPLY 报文进行确认。

5. DHCPv6 的配置命令与配置示例

管理员如果希望在一台 VRP 设备全局启用 DHCPv6，需要首先在系统视图下输入命令 **ipv6** 启用 IPv6 功能，然后输入命令 **dhcp enable** 启用 DHCP 功能。

```
[Huawei] ipv6
[Huawei] dhcp enable
```

如果管理员希望创建 DHCPv6 地址池，需要输入以下命令创建地址池，并进入地址池配置模式。

```
[Huawei] dhcpv6 pool pool-name
```

在地址池配置模式下，管理员可以输入以下命令指明可以为 DHCPv6 客户端分配的前缀。

```
[Huawei-dhcpv6-pool-pool1] address prefix ipv6-address/prefix-length
```

如果在该前缀中，有部分地址不能分配给客户端，管理员可以输入以下命令指明地址池中的哪个地址不能分配给 DHCPv6 客户端。

```
[Huawei-dhcpv6-pool-pool1] excluded-address prefix ipv6-address
```

如果管理员只希望在设备的某个特定接口上启用 DHCPv6，同样需要首先在系统视图下启用 IPv6 功能，然后进入对应接口的接口视图，输入 **dhcp enable** 命令在该接口下启用 DHCPv6 功能。

```
[Huawei-GigabitEthernet0/0/0] dhcp enable
```

在接口启用 DHCPv6 服务器功能后，还需要在对应接口的接口视图下输入以下命令，并且在这条命令中指明这个接口（作为 DHCPv6）服务器应该调用哪个 DHCPv6 地址池。

```
[Huawei-GigabitEthernet0/0/0] dhcpv6 server pool-name
```

在上述配置中，读者需要注意的是，一旦在全局启用 DHCPv6 服务器功能，该配置会对所有路由器接口生效。在缺省情况下，全局和接口的 DHCPv6 服务器功能均未启用。

此外，VRP 系统接口缺省会抑制 ICMPv6 RA 报文。因此，本网络中的主机不会定期接收到更新 IPv6 地址前缀的信息。如果管理员希望在某个接口上启用发布 RA 报文的功能，需要在对应接口的接口视图下输入以下命令来取消对 RA 报文的抑制。

```
[Huawei-GigabitEthernet0/0/0] undo ipv6 nd ra halt
```

在完成配置之后，管理员可以使用下列命令来查看配置的结果。

① **display ipv6 interface** [*interface-type interface-number* | **brief**]：可用于查看设备接口的 IPv6 信息。

② **display ipv6 neighbors**：可用于查看 IPv6 邻居表条目信息。

③ **display dhcpv6 client**：在 DHCPv6 客户端设备上使用这条命令查看通过 DHCPv6

获取到的 IPv6 地址信息。

在介绍了 DHCPv6 的配置命令之后，下面我们通过一个示例演示 IPv6 地址自动配置。DHCPv6 和 SLAAC 的配置如图 10-29 所示。

在本实验中，工程师需要采用手工配置的方式，为路由器 AR1 的 G0/0/0 和 G0/0/1 接口配置 IPv6 地址，具体应配置的 IPv6 地址如图 10-29 所示。AR2 的 G0/0/0 接口需要通过 DHCPv6 的方式，从 DHCPv6 服务器（AR1）获取 IPv6 地址。AR3 的 G0/0/0 接口则需要通过 SLAAC（无状态地址自动配置）的方式获取 IPv6 地址。

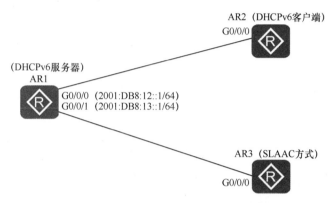

图 10-29　DHCPv6 和 SLAAC 的配置

首先，我们需要完成 AR1 上的静态 IPv6 地址配置，其中第一步是在 AR1 上启用 IPv6 功能（系统视图和接口视图），然后在接口下配置静态 IPv6 地址，见例 10-13。

例 10-13　在 AR1 上配置静态 IPv6 地址

```
[AR1]ipv6
[AR1]interface GigabitEthernet 0/0/0
[AR1-GigabitEthernet0/0/0]ipv6 enable
[AR1-GigabitEthernet0/0/0]ipv6 address 2001:DB8:12::1 64
[AR1-GigabitEthernet0/0/0]quit
[AR1]interface GigabitEthernet 0/0/1
[AR1-GigabitEthernet0/0/1]ipv6 enable
[AR1-GigabitEthernet0/0/1]ipv6 address 2001:DB8:13::1 64
```

配置完成后，我们可以继续在 AR1 上实施 DHCPv6 的配置，首先启用 DHCP 功能，然后创建 DHCPv6 地址池，最后在相应的接口上启用 DHCPv6 服务器功能并引用地址池，见例 10-14。

例 10-14　在 AR1 上配置 DHCPv6

```
[AR1]dhcp enable
Info: The operation may take a few seconds. Please wait for a moment.done.
[AR1]dhcpv6 pool AR2
[AR1-dhcpv6-pool-AR2]address prefix 2001:DB8:12::/64
[AR1-dhcpv6-pool-AR2]excluded-address 2001:DB8:12::1
[AR1-dhcpv6-pool-AR2]quit
[AR1]interface GigabitEthernet 0/0/0
[AR1-GigabitEthernet0/0/0]dhcpv6 server AR2
```

配置完成后，读者可以使用命令 **display dhcpv6 server** 来查看设备上 DHCPv6 服务器的配置，如例 10-15 所示。

例 10-15　查看 DHCPv6 服务器的配置

```
[AR1]display dhcpv6 server
 Interface                              DHCPv6 pool
 GigabitEthernet0/0/0                   AR2
```

工程师还可以使用命令 **display ipv6 interface** [*interface-type interface-number* | **brief**] 来查看 IPv6 接口信息，如例 10-16 和例 10-17 所示。

例 10-16　查看 DHCPv6 接口汇总信息

```
[AR1]display ipv6 interface brief
*down: administratively down
(l): loopback
(s): spoofing
Interface                    Physical           Protocol
GigabitEthernet0/0/0         up                 up
[IPv6 Address] 2001:DB8:12::1
GigabitEthernet0/0/1         up                 up
[IPv6 Address] 2001:DB8:13::1
```

例 10-17　查看 DHCPv6 接口详细信息（G0/0/0）

```
[AR1]display ipv6 interface GigabitEthernet 0/0/0
GigabitEthernet0/0/0 current state : UP
IPv6 protocol current state : UP
IPv6 is enabled, link-local address is FE80::2E0:FCFF:FE46:5D64
  Global unicast address(es):
    2001:DB8:12::1, subnet is 2001:DB8:12::/64
  Joined group address(es):
    FF02::1:2
    FF02::1:FF00:1
    FF02::2
    FF02::1
    FF02::1:FF46:5D64
  MTU is 1500 bytes
  ND DAD is enabled, number of DAD attempts: 1
  ND reachable time is 30000 milliseconds
  ND retransmit interval is 1000 milliseconds
  Hosts use stateless autoconfig for addresses
```

接下来，我们对 AR2 进行配置，首先启用 IPv6 功能（系统视图和接口视图），接着启用 DHCP，最后在接口上配置 DHCPv6 客户端功能，如例 10-18 所示。

例 10-18　在 AR2 上配置 DHCPv6 客户端

```
[AR2]ipv6
[AR2]dhcp enable
Info: The operation may take a few seconds. Please wait for a moment.done.
[AR2]interface GigabitEthernet 0/0/0
[AR2-GigabitEthernet0/0/0]ipv6 enable
[AR2-GigabitEthernet0/0/0]ipv6 address auto link-local
[AR2-GigabitEthernet0/0/0]ipv6 address auto dhcp
```

配置完成后，工程师可以查看 AR2 接口 G0/0/0 获取到的 IPv6 地址，如例 10-19 所示。

例 10-19　在 AR2 上查看通过 DHCPv6 获取的地址

```
[AR2]display dhcpv6 client
GigabitEthernet0/0/0 is in stateful DHCPv6 client mode.
State is BOUND.
Preferred server DUID  : 0003000100E0FC465D64
  Reachable via address : FE80::2E0:FCFF:FE46:5D64
IA NA IA ID 0x00000031 T1 43200 T2 69120
  Obtained  : 2023-04-03 16:24:18
  Renews    : 2023-04-04 04:24:18
  Rebinds   : 2023-04-04 11:36:18
  Address   : 2001:DB8:12::2
    Lifetime valid 172800 seconds, preferred 86400 seconds
    Expires at 2023-04-05 16:24:18(172589 seconds left)
```

从例 10-19 的阴影部分可以看出，AR2 获取的 IPv6 地址为 2001:DB8:12::2。

接下来，我们需要配置 AR3 通过 SLAAC 的方式获取 IPv6 地址。

首先，在 AR1 的 G0/0/1 接口上启用 RA 报文发布功能，然后在 AR3 的 G0/0/0 接口上启用自动获取 IPv6 地址。在 AR3 的配置中，我们需要启用 IPv6 功能。例 10-20 和例 10-21 分别展示了 AR1 和 AR3 的配置。

例 10-20　在 AR1 上启用 RA 报文发布功能

```
[AR1]interface GigabitEthernet 0/0/1
[AR1-GigabitEthernet0/0/1]undo ipv6 nd ra halt
```

例 10-21　在 AR3 上启用自动配置 IPv6 地址

```
[AR3]ipv6
[AR3]interface GigabitEthernet 0/0/0
[AR3-GigabitEthernet0/0/0]ipv6 enable
[AR3-GigabitEthernet0/0/0]ipv6 address auto global
```

配置完成后我们可以验证 AR3 自动配置的 IPv6 地址，如例 10-22 所示。

例 10-22　在 AR3 上查看自动配置的 IPv6 地址

```
[AR3]display ipv6 interface GigabitEthernet 0/0/0
GigabitEthernet0/0/0 current state : UP
IPv6 protocol current state : UP
IPv6 is enabled, link-local address is FE80::2E0:FCFF:FE93:6E6B
  Global unicast address(es):
    2001:DB8:13:0:2E0:FCFF:FE93:6E6B,
    subnet is 2001:DB8:13::/64 [SLAAC 1970-01-01 00:36:16 2592000S]
  Joined group address(es):
    FF02::1:FF93:6E6B
    FF02::2
    FF02::1
  MTU is 1500 bytes
  ND DAD is enabled, number of DAD attempts: 1
  ND reachable time is 30000 milliseconds
  ND retransmit interval is 1000 milliseconds
  Hosts use stateless autoconfig for addresses
```

从例 10-22 中的阴影部分可以看出，AR3 通过 SLAAC 方法自动配置的 IPv6 地址为 2001:DB8:13:0:2E0:FCFF:FE93:6E6B。

最后，我们可以在 AR1 上查看 IPv6 邻居，如例 10-23 所示。

例 10-23　在 AR1 上查看 IPv6 邻居

```
[AR1]display ipv6 neighbors
--------------------------------------------------------------------------
IPv6 Address : FE80::2E0:FCFF:FE08:558F
Link-layer   : 00e0-fc08-558f                    State : STALE
Interface    : GE0/0/0                            Age   : 22
VLAN         : -                                  CEVLAN: -
VPN name     :                                    Is Router: TRUE
Secure FLAG  : UN-SECURE

IPv6 Address : FE80::2E0:FCFF:FE93:6E6B
Link-layer   : 00e0-fc93-6e6b                    State : STALE
Interface    : GE0/0/1                            Age   : 4
VLAN         : -                                  CEVLAN: -
VPN name     :                                    Is Router: FALSE
Secure FLAG  : UN-SECURE
--------------------------------------------------------------------------
Total: 2        Dynamic: 2       Static: 0
```

从例 10-23 所示的命令中可以看出，AR1 共有两个 IPv6 邻居，这两个邻居分别连接在 G0/0/0 和 G0/0/1 上。

练 习 题

1. IPv6 没有明确定义下列哪种消息发送机制？（　　）

　　A. 单播　　　　　　　　　　　　　B. 组播

　　C. 广播　　　　　　　　　　　　　D. 任播

2. 关于 IPv6 对分段功能的支持，下列哪种说法是错误的？（　　）

　　A. IPv6 依然支持分段功能

　　B. IPv6 头部的固定封装中不包含支持分段的字段

　　C. IPv6 通过定义扩展头部来支持分段

　　D. IPv6 关于分段头部（如有）会封装在认证头部内

3. 下列哪个 IPv6 地址不是合法的 IPv6 地址？（　　）

　　A. 2001:8::810　　　　　　　　　　B. 2001::8::810

　　C. 2001::8:810　　　　　　　　　　D. 2001::810

4. IPv6 地址 2001:0D88:0000:0000:0008:0000:0000:0001 属于哪种类型？（　　）

　　A. 全球单播地址　　　　　　　　　B. 唯一本地地址

　　C. 链路本地地址　　　　　　　　　D. 被请求节点组播地址

5. 前缀为 FF02 的地址，属于下列哪种类型？（　　）

　　A. IANA 永久分配的接口本地范围、节点本地范围组播地址

　　B. IANA 永久分配的链路本地范围组播地址

　　C. 临时的接口本地范围、节点本地范围组播地址

　　D.　临时的链路本地范围组播地址

6. 下列哪种情况表示路由器为发送 RS 消息的设备提供了前缀，同时希望它通过 DHCPv6
服务器获取其他配置信息？（　　）

　　A.　M=0 O=0　　　　　　　　　　　　B.　M=1 O=0

　　C.　M=0 O=1　　　　　　　　　　　　D.　M=1 O=1

7. 下列哪种类型的报文通常不会出现在 DHCPv6 客户端 IPv6 地址的续租流程中？（　　）

　　A.　SOLICIT　　　　　　　　　　　　B.　RENEW

　　C.　REBIND　　　　　　　　　　　　D.　REPLY

8. IPv6 设备如何了解去往目的设备路径的 MTU？（　　）

　　A.　通过 ICMPv6 信息报文　　　　　　B.　通过 ICMPv6 差错报文

　　C.　通过 NDP 报文　　　　　　　　　　D.　通过 DHCPv6 报文

9. 下列哪种 IPv6 邻居状态，表示该邻居当前不可达？（　　）

　　A.　INCMP　　　　　　　　　　　　　B.　REACH

　　C.　STALE　　　　　　　　　　　　　D.　DELAY

10. 下列哪种 DHCPv6 报文会用于快速获取 IPv6 地址的两步流程、IPv6 地址租约更新和
IPv6 地址确认流程？（多选题）（　　）

　　A.　SOLICIT　　　　　　　　　　　　B.　ADVERTISE

　　C.　REQUEST　　　　　　　　　　　　D.　REPLY

答案：

　　1. C　2. D　3. B　4. A　5. B　6. C　7. A　8. B　9. A　10. A D

第 11 章
网络安全基础

本章主要内容

本书前文各章虽然侧重点各有不同，但每一章的内容均围绕着如何实现数据通信网络的互联互通展开。然而，建立通信只是网络最基本的需求，随着网络用户数量大幅增加以及网络承载的关键业务流量不断增加，网络已经从一种单纯的通信媒介转变为人们日常生活中不可或缺的资源。随着物联网时代的到来，网络安全风险不仅会威胁人们的财产安全，还会给人们的生命安全带来重大隐患。这样的背景愈发凸显了网络安全的重要性。

11.1 节会对防火墙技术进行介绍。首先对历代防火墙的特点进行介绍，向读者展示防火墙发展的沿革和新一代防火墙能够支持的强大功能。接下来，会介绍防火墙的基本工作原理，并且着重介绍防火墙安全区域、安全优先级的概念，以及防火墙安全策略的构成。针对文件传输协议（FTP）等多通道协议及其使用动态随机端口的特点，防火墙也提供了对应的安全保护机制，11.1 节也会对这种技术进行介绍。最后，对防火墙的配置方法进行说明。

11.2 节会围绕加固网络设备的最佳实践进行介绍。首先，指出有哪些与访问网络设备有关的协议存在安全隐患，同时介绍这些协议的安全版本，建议人们应该在条件允许的情况下部署安全版本的协议。此外，11.2 节也会介绍如何避免针对网络的源 IP 欺骗攻击和旨在耗竭网络设备 CPU 资源的攻击。鉴于用来对网络设备发起管理访问的 SSH 协议在设备安全中扮演的重要角色，11.2 节最后会着重对如何配置 SSH 进行演示。

11.3 节首先会对 VPN 的基本概念进行介绍，然后分别对以 IPsec 和 L2TP 为主的几种常见的 VPN 技术及其应用场景进行说明。

11.4 节的重点是 VRF 技术。VRF 可以在一台物理路由设备上创建出多个虚拟的实例，并为其分配物理接口和路由协议实例。尽管 VRF 在理论上并不属于安全技术，而属于一项虚拟化技术，但这项技术也发挥了信息和虚拟实例隔离的作用。在 11.4 节中，我们首先会通过一个场景引出 VRF 的概念和应用方法，然后照例展示 VRF 的配置命令和配置案例。

本章重点

- 防火墙的发展；
- 防火墙的基本概念和术语，包括安全区域、安全优先级等；
- 应用层报文过滤（ASPF）的作用；
- 防火墙的基本配置命令；
- SSH 的工作原理与配置方法；
- URPF（单播逆向路径转发）的作用；
- CPU 防攻击的多级安全级别与动态链路保护功能；
- VPN 的基本概念与分类；
- IPsec、GRE 和 L2TP 的基本原理；
- VRF 的基本概念与配置方法。

11.1　防火墙技术

当两个拥有不同网络安全级别，或者隶属于不同机构的网络连接在一起时，人们往往会担心安全级别较高的网络受到来自低安全级别网络的攻击，或者内部网络受到外部网络的攻击。两个网络安全边界既是发起大量网络攻击事件的必经之路，又是部署网络防御机制的理想之所。防火墙就是指一类部署在两个网络边界、旨在保护防火墙所在网络区域免受来自其相邻网络区域攻击的网络基础设施。

11.1.1　防火墙概述

防火墙包括软件防火墙和硬件防火墙。软件防火墙没有独立的硬件设备，需要安装、部署在通用服务器上。硬件防火墙则是软硬件集成的防火墙设备，因此也可以和其他网络基础设施一样分为框式设备（框式防火墙）和盒式设备（盒式防火墙）。目前，防火墙支持使用传统网络管理方式和云管理方式。其中，云管理方式是指通过网络接入设备供应商的云端管理平台对防火墙进行管理，支持设备即插即用、业务配置自动化、运维可视化和网络大数据分析。

防火墙在技术上已经经历了多次更新换代。最早的防火墙称为包过滤防火墙，这类防火墙只能提供访问控制功能。1993 年，最早的状态检测防火墙问世，这类防火墙可以基于会话机制过滤流量，而不再只能采用逐个数据包匹配的方式判断放行还是拒绝数据包。在经过十余年的迭代后，Gartner 咨询公司在 2007 年提出了下一代防火墙（NGFW）的概念。根据 Gartner 的定义，下一代防火墙可以在当前防火墙的基础上，进一步提升性能和可用性，集成了入侵防御系统（IPS），提供了应用可识别的功能，并且具备智能化功能，能够根据攻击行为自行部署对应的安全策略。近年来，随着人工智能（AI）时代的到来，华为推出了结合了人工智能技术的 AI 防火墙，可以进一步提升防火墙的安全防护能力和性能。下面，我们对几种有标志性意义的防火墙世代进行简单的介绍。

1. 包过滤防火墙

包过滤防火墙是第一代防火墙，这种防火墙会根据管理员配置的访问控制列表（ACL）来对数据包执行过滤。具体来说，防火墙在接收到入站数据包时，会根据配置的参数对数据包执行匹配，然后再根据匹配的结果执行相应的放行或者拒绝操作。典型的包过滤防火墙可以根据数据包的源或目的 IP 地址、协议、TCP/UDP 端口号等参数，对流量进行过滤。

包过滤防火墙的工作原理如图 11-1 所示。

在图 11-1 中，网络 A 中一台计算机向网络 B 中一台计算机发送了超文本传送协议（HTTP）数据包，这个数据包匹配了防火墙上的允许策略，因此这个数据包可以穿过防火墙。但是，当网络 B 中的计算机向网络 A 中的计算机发送数据包时，该数据包只能匹配最后的禁止策略，因此无法穿过防火墙。

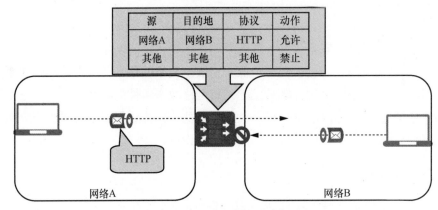

源	目的地	协议	动作
网络A	网络B	HTTP	允许
其他	其他	其他	禁止

网络A　　　　　　　　　　　　　　　　　网络B

图 11-1　包过滤防火墙的工作原理

包过滤防火墙只能根据管理员配置的规则逐个对数据包进行匹配，在穿越防火墙的流量增加时，这种操作方式必然会占用设备的大量资源。此外，包过滤防火墙只能根据固定参数执行数据包过滤，因此网络攻击者完全可以通过欺骗的方式骗过防火墙，这就导致包过滤防火墙安全性不高。

2. 状态检测防火墙

状态检测防火墙在包过滤防火墙的基础上增加了名为"会话表"的数据表，会话表的作用是记录会话（或连接）的状态，并且依据这个状态来对报文进行控制。

具体来说，状态检测防火墙可以在接收到从一个安全网络（如内部网络）发往一个不安全网络（如外部网络）的报文时，除通过将该报文与管理员配置的安全策略进行匹配以放行该报文外，还会向会话中添加一个连接状态条目。当这条连接的后续报文（包括从外部不安全网络返回的该连接流量）到达防火墙时，防火墙可以根据此前添加的条目放行对应的流量。但同一个外部网络向相同内部网络发起的非该连接报文还是会被防火墙按照管理员配置的安全策略进行匹配，因为防火墙上没有与该报文相对应的连接状态条目。通过这种机制，状态检测防火墙可以对所有放行的连接进行状态追踪。

状态检测防火墙的工作原理如图 11-2 所示。

在图 11-2 中，网络 A 中一台计算机向网络 B 中一台计算机发送了一个 TCP SYN 数据包，其目的是向对方发起 TCP 连接，因为这个数据包匹配了防火墙上的允许策略，所以这个数据包可以穿过防火墙。网络 B 中的计算机在作出响应时，因为其发送的 SYN ACK 与 TCP SYN 报文属于同一条连接，所以尽管配置文件中没有对应的条目，这个报文依然会被防火墙放行。但是，当网络 B 中的计算机主动向网络 A 中的计算机发送 TCP SYN 数据包时，该数据包只能匹配最后的禁止策略，因此无法穿过防火墙。

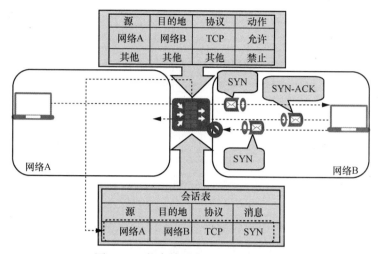

图 11-2　状态检测防火墙的工作原理

需要注意的是，会话表中的条目不是永久条目。状态检测防火墙会针对各种协议设定不同的老化时间，如果一个连接状态条目在老化计时器到时之前没有任何报文与之匹配，防火墙就会删除这个条目。如果出现匹配的报文，防火墙则会对老化计时器进行重置。鉴于不同协议会话/连接的报文间隔时间不同，如有些协议同一个会话的两个报文之间可能间隔时间较长，老化这些协议的计时器会导致协议连接中断，因此防火墙提供了长连接机制，可以为部分连接设定超长的老化时间。

通过增加这种基于状态的报文控制机制，防火墙只需要对一次会话（或一条连接）的第一个报文或者前几个报文进行检测，属于该会话（或连接）的后续报文就可以直接根据状态决定是否放行。因此这种机制可以大大提升防火墙的检测和转发效率。目前，主流的防火墙都配备了会话表和状态化检测功能。

3. AI 防火墙

AI 防火墙并没有统一的标准，只要包含了 AI 功能，通过大量数据和算法训练、可以自主识别威胁模式的防火墙均可被划分为这一类别。华为 HiSecEngine USG6000E 系列就是业界首批推出的 AI 防火墙系列之一。华为 AI 防火墙内置了恶意文件检测引擎（CDE）、诱捕 Sensor、APT 检测引擎和探针，支持沙箱和华为大数据分析平台（CIS）联动检测，打造智能防御体系。

下面，我们简单解释一些专业术语。

① **CDE**：华为自主研发的恶意文件检测引擎，引擎引入了 PE Class 2.0 算法，不同于业界的普遍做法（仅对文件头进行还原且不检测文件内容），CDE 会对全文件进行还原，并对文件内容进行深度检测。

② **APT**：高级持续性威胁，指用先进的攻击手段对特定目标进行长期持续性攻击的攻击形式。

③ **沙箱**：用于检测病毒的安全设备，为疑似病毒构建虚拟环境，通过观察其后续行为来检测病毒。沙箱是 APT 检测的重要设备。华为的沙箱产品为 FireHunter。

④ **CIS**：信息安全智能系统，能够对网络中的流量及各类设备的网络、安全日志等海量网络基础数据执行有效采集，通过大数据实时及离线分析，结合机器学习技术、专家信誉、情报驱动，有效地发现网络中的潜在威胁和高级威胁，实现企业内部的全网安全态势感知，同时可以结合华为 HiSec 解决方案高效地完成威胁的处置闭环，防患于未然。

4. 防火墙与路由器的对比

防火墙的主要功能是通过隔离不同安全等级的网络区域，并在这些区域之间提供数据控制，从而为网络提供安全防护。但连接不同区域的防火墙显然也需要具备基本的路由转发功能。因此在园区网中，防火墙往往部署在核心层交换机和连接运营商网络的客户边缘路由器之间。

虽然从表面上看，路由器和防火墙都集成了路由转发功能和基于访问控制列表的流量过滤功能，但它们分别针对自己的主要业务进行了硬件上的强化和功能上的丰富。因此，在稍具规模的网络项目中，这两类设备向来会各司其职，不会相互作为替代设备使用。此外，防火墙的数据处理流程也比路由器更加复杂，如图 11-3 所示。读者可以将其与图 1-9 对比，观察该流程与路由器数据处理流程的差异。

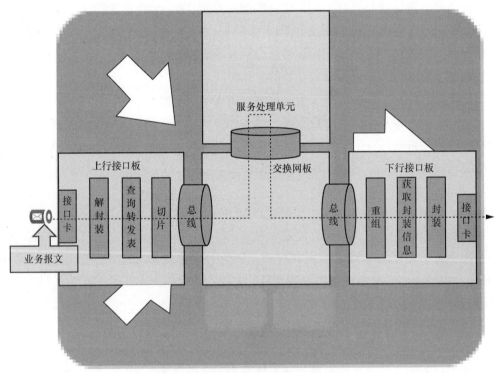

图 11-3　防火墙的数据处理流程

如图 11-3 所示，相较于路由器，防火墙硬件增加了一个被称为服务处理单元（SPU）的模块，交换网板会把流量发送给这个模块执行防火墙的安全功能，然后再由这个模块把处理后的数据流量发回给交换网板执行后续处理。这就是防火墙在数据处理流程上比路由器更加复杂的原因。

11.1.2　防火墙的基本概念

防火墙旨在隔离两个拥有不同网络安全级别的网络。为此，防火墙定义了安全区域的概念。安全区域可以简称为区域。管理员可以根据防火墙各个接口所连接的网络是否安全可靠，把这些接口分别划分到不同的安全区域中，然后再通过定义区域间策略有选择地放行不同区域间的流量。因此，安全区域本质上就是由多个接口组成的集合。

每个安全区域需要对应一个安全优先级，优先级值越高，代表该区域的受保护程度越高。当流量跨越不同安全优先级的区域进行发送时，防火墙也会执行不同的操作。管理员可以在防火墙上根据自己的需要创建安全区域，安全区域的命名是区分大小写的。

除了管理员自己创建的区域，华为防火墙上也有默认创建的区域。管理员不能删除这些默认区域，也不能修改它们的安全优先级。华为防火墙上默认包括以下 4 个区域。

① untrust（非信任区域）：通常用来定义互联网等不安全的网络，安全优先级为 5。

② dmz（非军事化区域）：通常用来定义内网中需要为外网提供服务的服务器所在区域。这类设备会部署在内部网络以便用防火墙和其他安全设施为它们提供安全防护，但管理员既需要开放外部网络对它们进行访问，又要避免外部用户恶意利用这些服务器作为跳板攻击内部网络，因此这个区域的优先级为 50，即优先级高于 untrust 区域，但又低于 trust 区域。

③ trust（受信区域）：通常用来定义内部网络终端用户的网络，安全优先级为 85。

④ local（本地区域）：即设备本身，包括设备接口本身。凡是由防火墙设备自身始发的流量均可认为是 local 区域发出的，凡是需要由防火墙设备响应且处理的流量均可认为是以 local 区域作为目的区域的。用户不能对 local 区域本身进行任何设置，包括向其中添加接口。因此，为了保证防火墙设备本身能够正常处理流量，管理员需要经常开放相关安全区域与 local 区域之间的安全策略。local 区域的安全优先级为 100。

在了解了区域的概念后，读者应该能够看出图 11-1 和图 11-2 中的网络 A 和网络 B 为不同的区域。计算机之间发送的流量就属于跨区域的流量。

管理员在防火墙上配置安全策略，目的是让防火墙基于流量属性（包括源地址、目的地址、协议、用户、时间段等）对入站的报文进行匹配，从而控制区域间的流量。

具体来说，防火墙的安全策略包括以下 3 个组成部分。

① 匹配条件：安全策略可以匹配大量条件，除前文提到的源地址、目的地址、协议、用户、时间段外，还可以匹配 VLAN ID、源/目的安全区域、URL 分类等条件。

② 安全配置文件：是安全策略的可选组成部分，其作用是实现内容安全。安全策略的动作如果是"允许"，防火墙就会执行安全配置文件；安全策略的动作如果是"禁止"，则可以配置反馈报文。

③ 动作：安全策略的动作分为允许和禁止。

▪ 允许：当流量匹配了动作为允许的条件时，如果安全策略中没有包含安全配置文件，防火墙就会允许流量通过。如果安全策略中包含了安全配置文件，防火墙则会根据所有安全配置文件的检测结果判断是否允许流量通过。只要安全策略中有任何一项安全配置文件禁止防火墙放行该流量，防火墙都不会允许流量通过；唯有所有安全配置文件均允许防火墙转发流量，防火墙才会放行流量。

- **禁止**：当流量匹配了动作为禁止的条件时，防火墙会将报文丢弃。此外，防火墙还会对不同类型的报文发送对应的反馈报文。发送连接请求的客户端/服务器接收到防火墙发送的反馈报文之后，可以快速结束会话并让用户感知到请求被阻断。

类似于路由器使用访问控制列表匹配流量，当管理员在防火墙上配置了多条安全策略规则时，防火墙会对流量按策略列表的顺序自顶向下匹配安全策略规则，一旦实现了匹配，防火墙就不会匹配下面的安全策略，因此，如果管理员在设置防火墙的安全策略时，把匹配条件更加具体的安全策略规则置于匹配条件更加宽泛的安全策略规则之下，那么条件更加具体的规则就永远不可能实现匹配。因此，在设置防火墙安全策略规则时，管理员也应该将安全策略的匹配条件按照从具体到宽泛的顺序排列。

同样类似于访问控制列表的是，除管理员手动配置的安全策略外，防火墙系统缺省存在一条安全策略。这条策略名为 default，位于安全策略列表的最底部，其所有匹配条件均为 any，动作为禁止。因此，流量如果无法匹配任何一条由管理员手动配置的安全策略，就会匹配这条缺省的策略规则。

11.1.3　防火墙与多通道协议

有一些协议在建立连接的过程中需要使用多对端口，这类协议被称为多通道协议。如果管理员仅在防火墙上配置严格的单向策略，这类协议的通信就会遇到问题。为了解释这一情况，我们首先对 FTP 通信机制进行简单介绍。

FTP 定义了两种连接建立模式，即主动模式和被动模式。这里，我们仅简述主动模式的通信过程。

在主动模式下，FTP 客户端和服务器会按照下面的流程来传输数据。

步骤 1　客户端首先会以自己的一个随机端口作为源端口，以服务器的 21 端口作为目的端口，双方通过 TCP 3 次握手的形式建立 TCP 连接，这条连接会用来传输 FTP 控制数据。

步骤 2　客户端通过控制连接发送一条 PORT 命令，这条命令携带的参数包括客户端自己的 IP 地址和自己用来建立数据连接的端口号。注意，PORT 命令中携带的数据连接端口号和步骤 1 中用来建立控制连接的端口号是不同的。

步骤 3　通过控制连接接收到 PORT 命令的 FTP 服务器会以自己的 TCP 20 端口作为源端口，以客户端 PORT 命令中携带的数据连接端口作为目的端口，通过 TCP 3 次握手的形式向 FTP 客户端建立一条 TCP 连接，并且使用这条连接来传输数据。

步骤 4 FTP 客户端和 FTP 服务器使用数据连接来传输数据。

FTP 通过主动模式建立连接并传输数据的过程如图 11-4 所示。

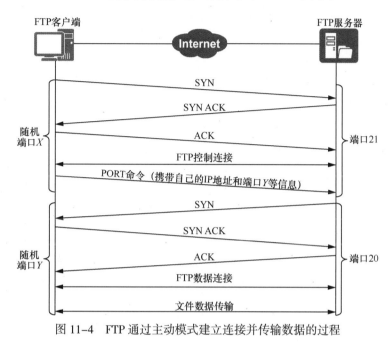

图 11-4 FTP 通过主动模式建立连接并传输数据的过程

如图 11-4 所示，FTP 在通信的过程中，客户端的两个随机端口 X 和 Y 分别与服务器的端口 21 和 20 建立了控制连接和数据连接。前者的作用是传输 FTP 指令和参数，后者的作用则是传输数据。

除 FTP 外，大部分多媒体应用协议（如应用于 VoIP 的 H.323、SIP）为多通道协议。如果网络使用只能通过访问控制列表的规则来匹配报文的传统防火墙以提供安全保护，鉴于这类协议使用的随机端口无法精确匹配，那么管理员只能采用更加笼统的匹配方法，从而导致安全隐患增加。

为了解决多通道协议的问题，防火墙提供了 ASPF（应用层包过滤）功能。这种功能也称为基于状态的报文过滤。在管理员开启了 ASPF 之后，防火墙可以自动检测某些报文的应用层协议，并且根据应用层协议在一个称为 Server-map（服务器映射）的表中记录类似于会话表中的连接状态情况，但 Server-map 表中记录的并不是连接信息，而是防火墙通过分析当前报文而对即将接收到的报文所做的预测。当防火墙接收到一个报文时，它首先会检测该报文是否匹配会话表中的连接状态条目。如果报文与会话表中的条目匹配，防火墙就会转发报文；只有报文与会话表的条目中不匹配时，防火墙才会继续使用 Server-map 表对报文进行匹配。如果匹配，防火墙就会根据 Server-map 表中的匹配项在会话表中生成连接状态条目，然后据此为这个报文及这个连接的后续报文执行转发；如果未匹配，防火墙则会继续执行管理员设置的安全策略。Server-map 和会话表的匹配流程如图 11-5 所示。

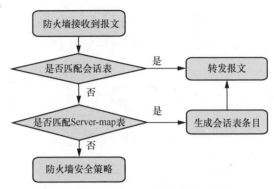

图 11-5　Server-map 和会话表的匹配流程

> **注释：** 除启用 ASPF 外，若防火墙上启用了 NAT Server 和 No-PAT 方式的源 NAT，则防火墙都会生成 Server-map 条目。

11.1.4　防火墙的基本配置

管理员如果希望通过 HTTP、HTTPS、Ping、SSH、SNMP、NETCONF 和 Telnet 的方式访问设备，就需要配置接口所允许通过的协议，即需要在相应的接口上执行以下命令。

```
[Huawei-GigabitEthernet0/0/0] service-manage { http | https | ping | ssh | snmp
| netconf | telnet | all }
```

在防火墙上创建安全区域需要执行以下命令。

```
[Huawei] firewall zone name zone-name [ id id ]
```

此命令可以创建安全区域并进入安全区域视图。*id* 设置了安全区域 ID，取值范围为 4～99。防火墙默认的 4 个区域无须创建，也无法删除。

进入安全区域视图后，管理员可以设置安全区域优先级，优先级的取值范围为 1～100，全局唯一，值越大优先级越高。管理员需要执行以下命令。

```
[Huawei-zone-10] set priority security-priority
```

在安全区域视图中，管理员还可以将接口添加到该安全区域中，管理员需要执行以下命令。

```
[Huawei-zone-10] add interface interface-type { interface-number | interface-number
.subinterface-number }
```

如果管理员需要在防火墙上配置安全策略，需要使用以下命令进入安全策略视图。

```
[Huawei] security-policy
```

进入安全策略视图后，管理员需要使用以下命令来创建规则。

```
[Huawei-policy-security] rule name rule-name
```

创建规则并进入安全策略规则视图后，管理员可以使用以下命令配置安全策略规则的源安全区域。

```
[Huawei-policy-security-rule-name] source-zone { zone-name &<1-6> | any }
```

在安全策略规则视图中，管理员可以使用以下命令配置安全策略规则的目的安全区域。

```
[Huawei-policy-security-rule-name] destination-zone { zone-name &<1-6> | any }
```

在安全策略规则视图中，管理员可以使用以下命令配置安全策略规则的源 IP 地址。

```
[Huawei-policy-security-rule-name] source-address ipv4-address { ipv4-mask-length |
mask mask-address}
```

注释：该命令中的 *mask-address* 需要使用通配符掩码，即俗称的反掩码。

在安全策略规则视图中，管理员可以使用以下命令配置安全策略规则的目的 IP 地址。

```
[Huawei-policy-security-rule-name] destination-address ipv4-address { ipv4-mask-length
| mask mask-address }
```

注释：该命令中的 *mask-address* 需要使用通配符掩码，即俗称的反掩码。

在安全策略规则视图中，管理员可以使用下列命令配置服务和动作。

```
[Huawei-policy-security-rule-name] service { service-name &<1-6> | any }
[Huawei-policy-security-rule-name] action { permit | deny }
```

接下来，我们会通过图 11-6 所示的简单拓扑为读者展示防火墙的配置。

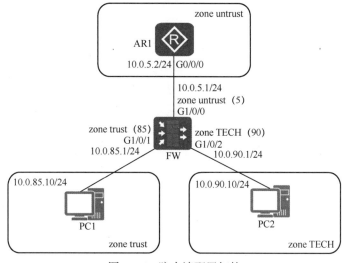

图 11-6　防火墙配置拓扑

在本实验中，防火墙上有 3 个接口，分别连接 untrust 区域（G1/0/0）、trust 区域（G1/0/1）和 TECH 区域（G1/0/2）。如前文所述，trust 和 untrust 区域是防火墙的默认区域，其优先级分别为 85 和 5。本实验要求管理员通过防火墙策略实现以下目标。

① 允许防火墙连接 trust 区域的接口响应 ICMP Echo 请求，即允许 PC1 对 FW G1/0/1 接口发起 ping 测试，来检测本地网关的可达性。

② 允许 TECH 区域的 ICMP 流量访问 untrust 区域，在测试时可以使用 PC2 对 AR1 的 G0/0/0 接口发起 ping 测试。

我们可以先完成防火墙接口的基本配置，即 IP 地址的配置，见例 11-1。

例 11-1　配置 IP 地址

```
[FW]interface GigabitEthernet 1/0/0
[FW-GigabitEthernet1/0/0]ip address 10.0.5.1 24
[FW-GigabitEthernet1/0/0]quit
[FW]interface GigabitEthernet 1/0/1
[FW-GigabitEthernet1/0/1]ip address 10.0.85.1 24
[FW-GigabitEthernet1/0/1]quit
[FW]interface GigabitEthernet 1/0/2
[FW-GigabitEthernet1/0/2]ip address 10.0.90.1 24
```

完成接口的基本配置后，我们可以对安全区域进行配置，包括创建一个自定义的安全区域，名为 TECH，优先级为 90。接下来，按照实验要求，将接口添加到相应的安全区域中：G1/0/0 接口为 untrust 区域，G1/0/1 接口为 trust 区域，G1/0/2 接口为 TECH 区域。例 11-2 展示了安全区域的配置。

例 11-2　配置安全区域

```
[FW]firewall zone name TECH
[FW-zone-TECH]set priority 90
[FW-zone-TECH]quit
[FW]firewall zone untrust
[FW-zone-untrust]add interface GigabitEthernet 1/0/0
[FW-zone-untrust]quit
[FW]firewall zone trust
[FW-zone-trust]add interface GigabitEthernet 1/0/1
[FW-zone-trust]quit
[FW]firewall zone TECH
[FW-zone-TECH]add interface GigabitEthernet 1/0/2
```

完成基础配置后，我们来完成第一个实验需求，即允许 trust 区域中的主机对 FW G1/0/1 接口发起 ping 测试，这需要管理员配置接口上的服务。在此之前，我们可以先从 PC1 对 10.0.85.1 发起 ping 测试并观察结果，测试过程见例 11-3。

例 11-3　PC1 ping 10.0.85.1

```
PC1>ping 10.0.85.1

Ping 10.0.85.1: 32 data bytes, Press Ctrl_C to break
Request timeout!
Request timeout!
Request timeout!
Request timeout!
Request timeout!

--- 10.0.85.1 ping statistics ---
  5 packet(s) transmitted
  0 packet(s) received
  100.00% packet loss
```

从例 11-3 的命令输出内容中可以看出，ping 测试未成功，管理员需要在 FW G1/0/1 接口允许相应的服务，例 11-4 中展示了 FW G1/0/1 接口的服务配置。

例 11-4　在 FW G1/0/1 接口配置服务

```
[FW]interface GigabitEthernet 1/0/1
[FW-GigabitEthernet1/0/1]service-manage ping permit
```

配置完成后，我们可以再次从 PC1 对 10.0.85.1 发起 ping 测试，见例 11-5。

例 11-5　PC1 ping 10.0.85.1

```
PC1>ping 10.0.85.1

Ping 10.0.85.1: 32 data bytes, Press Ctrl_C to break
From 10.0.85.1: bytes=32 seq=1 ttl=255 time=47 ms
From 10.0.85.1: bytes=32 seq=2 ttl=255 time<1 ms
From 10.0.85.1: bytes=32 seq=3 ttl=255 time=16 ms
From 10.0.85.1: bytes=32 seq=4 ttl=255 time<1 ms
From 10.0.85.1: bytes=32 seq=5 ttl=255 time<1 ms

--- 10.0.85.1 ping statistics ---
  5 packet(s) transmitted
  5 packet(s) received
  0.00% packet loss
  round-trip min/avg/max = 0/12/47 ms
```

此时，PC1 可以 ping 通防火墙连接 trust 区域的接口，第一项实验需求所要求的功能已经实现。

第二项实验需求要求允许 TECH 区域的主机能够 ping 通 untrust 区域的设备。为此，我们可以创建一个安全策略规则，名为 HCIP，并在其中定义源区域、目的区域、服务和行为，例 11-6 中展示了该配置。

例 11-6　配置安全策略

```
[FW]security-policy
[FW-policy-security]rule name HCIP
[FW-policy-security-rule-HCIP]source-zone TECH
[FW-policy-security-rule-HCIP]destination-zone untrust
[FW-policy-security-rule-HCIP]service icmp
[FW-policy-security-rule-HCIP]action permit
```

配置完成后，我们可以尝试从 PC2 向 10.0.5.2（AR1 的 G0/0/0 接口 IP 地址）发起 ping 测试，见例 11-7。

例 11-7　PC2 ping 10.0.5.2

```
PC2>ping 10.0.5.2

Ping 10.0.5.2: 32 data bytes, Press Ctrl_C to break
From 10.0.5.2: bytes=32 seq=1 ttl=254 time=47 ms
From 10.0.5.2: bytes=32 seq=2 ttl=254 time=15 ms
From 10.0.5.2: bytes=32 seq=3 ttl=254 time=16 ms
From 10.0.5.2: bytes=32 seq=4 ttl=254 time=16 ms
From 10.0.5.2: bytes=32 seq=5 ttl=254 time=15 ms

--- 10.0.5.2 ping statistics ---
  5 packet(s) transmitted
  5 packet(s) received
  0.00% packet loss
  round-trip min/avg/max = 15/21/47 ms
```

从例 11-7 的命令输出内容中可以看出，ping 测试成功，此时管理员可以立刻在防火墙上查看会话表，见例 11-8。

例 11-8　查看防火墙会话表

```
[FW]display firewall session table
2023-04-04 08:27:24.070
 Current Total Sessions : 5
 icmp  VPN: public --> public  10.0.90.10:22495 --> 10.0.5.2:2048
 icmp  VPN: public --> public  10.0.90.10:22751 --> 10.0.5.2:2048
 icmp  VPN: public --> public  10.0.90.10:23007 --> 10.0.5.2:2048
 icmp  VPN: public --> public  10.0.90.10:23263 --> 10.0.5.2:2048
 icmp  VPN: public --> public  10.0.90.10:23519 --> 10.0.5.2:2048
```

从例 11-8 的命令输出内容中可以看出，防火墙对 5 个 ICMP 会话进行了放行。管理员还可以查看安全策略，见例 11-9。

例 11-9　查看安全策略

```
[FW]display security-policy rule name HCIP
2023-04-04 08:36:44.720
 (5 times matched)
 rule name HCIP
  source-zone TECH
  destination-zone untrust
  service icmp
  action permit
```

从例 11-9 的阴影部分可以看出，名为 HCIP 的安全策略被匹配了 5 次，即 PC2 发出的 5 次 ping 测试。至此第二项实验需求所要求的功能也已经实现。

11.2　网络设备安全特性

大量针对网络的攻击，目标都是网络中的设备。针对网络设备的攻击可以分为两种方式，即发起未经授权的访问和耗竭网络设备的资源。

为了避免上述针对网络设备的攻击，通用的最佳实践包括下列几种做法。

① 关闭当前没有使用的物理接口和逻辑端口。

② 仅使用安全的设备访问协议。

③ 基于可信路径的访问控制。

④ 使用策略对设备进行加固。

在上述 4 项建议中，关闭当前没有使用的物理接口和逻辑端口这一点非常容易理解。首先，对于没有连接的设备物理接口，管理员需要确保其处于关闭状态，这是为了避免有机会进入设备所在物理场所的人员自行连线，从而发起非法访问。其次，对于没有使用的协议端口，管理员也要确保其处于关闭状态，避免外部通过未使用的端口发起未经授权的访问，尤其是未经授权的管理访问。

11.2.1　仅使用安全的设备访问协议

业界对网络安全的关注程度随着人们对网络的依赖程度、网络承载业务的重要性不断提高。在这个过程中，业界逐渐对此前缺乏安全保护措施的协议定义了新的版本，新版本中提供了安全机制。不安全协议与对应的安全协议见表 11-1。

表 11-1　不安全协议与对应的安全协议

协议目的	不安全的协议（版本）	安全的协议（版本）
远程登录	Telnet	SSHv2
文件传输	FTP	SFTP
网络管理	SNMPv1、SNMPv2	SNMPv3
GUI 管理	HTTP	HTTPS

顾名思义，仅使用安全的设备访问协议是指，在一切条件允许的情况下，都应使用表 11-1 中右侧一列的安全协议代替左侧的不安全协议来满足网络的相关需求。考虑到 SSH 的灵活性和重要性，以下对 SSH 协议进行简要介绍。

SSH 用于跨越非安全网络执行远程登录、安全文件传输和建立 TCP/IP 安全隧道。这款协议是由 IETF 定义的，最新版本是 2.0 版，其余版本已经逐步被淘汰。SSH 不仅会在登录过程中对密码进行加密传输，而且会对登录后发送的命令数据进行加密。SSH 协议是一个框架，用户在通过了用户名和密码认证之后，客户端可以和服务器之间针对不同的上层应用建立独立的逻辑通道。

作为一个框架，SSH 包括传输层协议、用户认证协议和连接协议。在客户端与服务器之间建立了 TCP 连接后，双方首先会进入传输层协议阶段。在这个阶段中，通信双方会建立一条安全的加密通道，以便为后续阶段传输的数据提供保护。在传输层连接的基础上，双方会进入用户认证协议阶段，因为在传输层协议阶段，双方已经建立了安全通道，因此在用户认证协议阶段，客户端就可以根据服务器要求，安全地向其发送可以证明自己访问合法性的信息。对于通过了服务器认证的客户端，它们可以要求与服务器建立不同的会话。只要服务器支持建立这种类型的会话，服务器就会向客户端加以确认，相应的会话也就会建立起来。SSH 的框架与流程如图 11-7 所示。

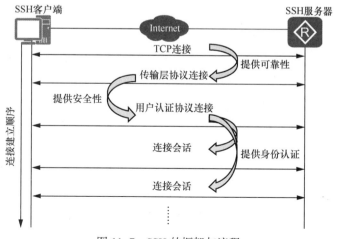

图 11-7　SSH 的框架与流程

如前文所述，在可能的情况下，人们都应该使用 SSH 实现远程登录，避免使用明文发送认证信息和命令等敏感数据的 Telnet。因此，SSH 在当今是一项常用的协议。

11.2.2 基于可信路径的访问控制

RPF 的作用是使用报文的源 IP 地址查询路由表，以判断接收到报文的接口是不是向其源目的 IP 地址转发报文时应该使用的出站接口。当两者一致时，路由器才会对组播报文进行转发。

在 IP 网络中，网络攻击者通过伪造 IP 地址信息发起攻击是一种常见的做法，因此 RPF 机制也可以被引入单播机制中，用于判断数据报文源 IP 地址是否是可信的源 IP 地址，达到避免 IP 地址欺骗的目的。这种引入单播机制中的 RPF，被称为 URPF。

URPF 分为严格模式和松散模式，两种机制在匹配条件上有所区别。在严格模式下，路由器只会转发能够匹配明细路由且其入站接口与该路由条目出站接口相同的报文。在严格模式下，管理员可以通过配置，允许路由器用缺省路由进行匹配。在松散模式下，只要路由器能够在路由表中找到一条明细路由匹配报文的源 IP 地址，路由器就会转发该报文。显然，松散模式不能使用缺省路由进行匹配，否则所有报文都能够通过校验。此外，严格模式和松散模式是互斥的，管理员只能指定其中一种模式。

11.2.3 使用策略对设备进行加固

有一类常见的、针对网络设备发起的攻击，其目的是用大量报文耗竭网络设备上的 CPU 资源，使 CPU 无力对合法报文加以处理，从而导致服务中断。即使在没有攻击者的情况下，网络设备也应该避免因为处理过多合法报文导致 CPU 过载、服务中断的情况。为了防止这种情况出现，管理员可以在设备本地部署 CPU 防攻击技术。针对恶意攻击导致的 CPU 过载，管理员也可以在网络设备上部署攻击溯源。下面我们分别对这两种技术进行说明。

1. CPU 防攻击

CPU 防攻击可以通过创建一个多层级的安全策略分级对设备的 CPU 资源提供保护。多级安全级别可以包括以下几级。

① 第一级：通过调用 ACL 的方式使用黑名单过滤上送给 CPU 的非法报文。

② 第二级：控制平面承诺访问速率（CPCAR）。设备根据协议类型对上送给 CPU 的报文实施速率限制，限制任何一种协议上送过多的报文，影响 CPU 的处理性能。

③ 第三级：根据协议优先级对上送 CPU 的报文进行调度，让优先级更高的协议报文优先得到 CPU 的处理。

④ 第四级：对上送 CPU 的报文执行统一限速，对超过统一限速的报文随机进行丢弃，确保整体上送 CPU 的报文不会过多。

在 CPU 防攻击多级安全策略的基础上，设备可以使用动态链路保护功能来提升 CPU 对当前会话业务的处理效率。如果启用动态链路保护功能，当设备检测建立到 SSH、

Telnet、HTTP、FTP 和 BGP 会话时，它会启动针对这些会话的动态链路保护功能。如果后续上送给 CPU 的报文匹配了此前会话的特征信息，这些报文就会以高速率被上送给 CPU 进行优先处理，这样可以保证会话业务的可靠性和稳定性。在缺省情况下，设备会对 SSH、Telnet、SSHv6、Telnetv6、FTP、BGP 和 HTTP 启用动态链路保护功能。针对除 FTP 外的协议，动态链路保护功能的限制速率缺省为 512 pps；针对 FTP，动态链路保护功能的限制速率缺省则为 1024 pps。

2. 攻击溯源

攻击溯源的操作包括对报文进行解析、流量分析和攻击源识别，并且会发送日志告警通知管理员实施惩罚这 4 个过程。通过上述 4 个过程，设备可以找到攻击源并让管理员针对攻击源配置黑名单等安全策略，来对设备的 CPU 提供保护。

11.2.4 SSH 和设备加固的配置命令与实验演示

如果管理员要使用SSH来对远程登录设备的行为进行加固，就需要启用网络设备（路由器、交换机等）的 SSH 服务器功能。管理员需要使用以下命令来启用设备的 SSH 服务器功能。

```
[Huawei] stelnet server enable
```

管理员可以配置 SSH 用户使用多种认证方式：Password 认证是一种基于用户名和口令的认证方式；RSA 是一种基于客户端私钥的认证方式，在配置时需要将客户端的 RSA 公钥复制至服务器中，服务器会使用此公钥对数据进行加密；Password-RSA 会对登录用户同时进行密码认证和 RSA 认证，只有两种认证都通过后，用户才会通过认证；all 是指 SSH 服务器对登录用户进行密码认证或 RSA 认证，只要满足其中一个，用户就会通过认证。管理员可以使用以下命令来配置 SSH 用户的认证方式。

```
[Huawei] ssh user user-name authentication-type { password | rsa | password-rsa | all }
```

管理员在采用 RSA 认证方式时，需要在 SSH 服务器上配置 SSH 客户端的公钥。管理员需要使用下列命令进行配置。

```
[Huawei] rsa peer-public-key key-name [ encoding-type { der | openssh | pem } ]
[Huawei-rsa-public-key] public-key-code begin
[Huawei-rsa-public-code] （复制 SSH 客户端的公钥）
[Huawei-rsa-public-code] public-key-code end
[Huawei-rsa-public-key] peer-public-key end
```

当管理员按照上述命令在 SSH 服务器上创建并保存了 SSH 客户端的公钥后，还需要将公钥分配给 SSH 用户，管理员需要使用以下命令进行配置。

```
[Huawei] ssh user user-name assign { rsa-key | ecc-key } key-name
```

在使用 RSA 认证方式时，在 SSH 服务器和 SSH 客户端上都需要生成密钥对，管理员可以使用以下命令使设备生成密钥对。

```
[Huawei] rsa local-key-pair create
```

执行上述命令后，设备会提示管理员输入密钥位数，最小长度为 512 位，最大长度为 2048 位。

当 SSH 客户端首次访问 SSH 服务器，且 SSH 客户端上没有配置 SSH 服务器端的公钥时，管理员可以在 SSH 客户端上启用首次认证继续访问该 SSH 服务器的功能。管理员可以使用以下命令启用 SSH 客户端的首次认证功能。

```
[Huawei] ssh client first-time enable
```

接下来，我们通过图 11-8 所示的简单拓扑展示 SSH 服务器和客户端的配置。

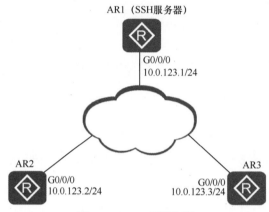

图 11-8　SSH 配置拓扑

在本实验中，SSH 服务器 AR1 上配置了两个本地用户 HCIP-PW 和 HCIP-RSA，要求路由器 AR2 可以使用 HCIP-PW 通过 Password 认证的方式登录 AR1，路由器 AR3 可以使用 HCIP-RSA 通过 RSA 认证的方式登录 AR1。

在开始实验之前，我们需要按照图 11-8，在 3 台路由器的 G0/0/0 接口上配置相应的 IP 地址，这部分的配置不做展示。

在本实验中，我们先完成 SSH 服务器 AR1 的配置，然后再配置使用 Password 认证方式的 AR2 和使用 RSA 认证方式的 AR3。

首先，在路由器 AR1 上生成本地密钥对，见例 11-10。

例 11-10　在 AR1 上生成本地密钥对

```
[AR1]rsa local-key-pair create
The key name will be: Host
% RSA keys defined for Host already exist.
Confirm to replace them? (y/n)[n]:y
The range of public key size is (512 ~ 2048).
NOTES: If the key modulus is greater than 512,
       It will take a few minutes.
Input the bits in the modulus[default = 512]:2048
Generating keys...
................+++
....................+++
...++++++++
...................................++++++++
```

在启用 SSH 服务器功能时，管理员还可以自定义 SSH 使用的端口号。例 11-11 展示了启用 SSH 服务器的配置和自定义 SSH 端口号的配置。

例 11-11　在 AR1 启用 SSH 服务器功能

```
[AR1]stelnet server enable
Info: Succeeded in starting the STELNET server.
[AR1]ssh server port 1025
 After the command is executed, logging in to the port through SSH fails, all the
 SSH users exit, and a new port is created. If you need to set the port through
 SSH again, wait for at least two minutes and then set the port again. Are you sure
 to continue?(y/n)[n]:y
 Info: Succeeded in changing SSH listening port.
```

例 11-12 展示了 AR1 上用户的配置，其中 HCIP-PW 用户的认证类型为 Password，HCIP-RSA 用户的认证类型为 RSA。两个用户的密码都是 Huawei@123，用户级别都为 3。

例 11-12　在 AR1 上配置用户

```
[AR1]aaa
[AR1-aaa]local-user HCIP-PW password cipher Huawei@123
Info: Add a new user.
[AR1-aaa]local-user HCIP-PW privilege level 3
[AR1-aaa]local-user HCIP-PW service-type ssh
[AR1-aaa]local-user HCIP-RSA password cipher Huawei@123
Info: Add a new user.
[AR1-aaa]local-user HCIP-RSA privilege level 3
[AR1-aaa]local-user HCIP-RSA service-type ssh
[AR1-aaa]quit
[AR1]ssh user HCIP-PW authentication-type password
 Authentication type setted, and will be in effect next time
```

在 SSH 服务器 AR1 配置的最后，我们还需要在 VTY 接口上启用 SSH，并且设置认证模式为本地认证，见例 11-13。

例 11-13　在 AR1 上配置 VTY 接口

```
[AR1]user-interface vty 0 4
[AR1-ui-vty0-4]protocol inbound ssh
[AR1-ui-vty0-4]authentication-mode aaa
```

对于使用 Password 认证方式来说，SSH 服务器 AR1 的配置已完成，我们可以在 AR2 上进行测试，在此之前，我们还需要在 AR2 上配置命令 **ssh client first-time enable**，见例 11-14。

例 11-14　在 AR2 上进行测试

```
[AR2]ssh client first-time enable
[AR2]stelnet 10.0.123.1 1025
Please input the username:HCIP-PW
Trying 10.0.123.1 ...
Press CTRL+K to abort
Connected to 10.0.123.1 ...
The server is not authenticated. Continue to access it? (y/n)[n]:y
Apr  5 2023 19:06:29-08:00 AR2 %%01SSH/4/CONTINUE_KEYEXCHANGE(l)[0]:The server had
 not been authenticated in the process of exchanging keys. When deciding whether
 to continue, the user chose Y.
[AR2]
Save the server's public key? (y/n)[n]:y
```

```
The server's public key will be saved with the name 10.0.123.1. Please wait...

Apr  5 2023 19:06:32-08:00 AR2 %%01SSH/4/SAVE_PUBLICKEY(1)[1]:When deciding whether
 to save the server's public key 10.0.123.1, the user chose Y.
[AR2]
Enter password:Huawei@123
<AR1>
```

　　从例 11–14 的测试中可以看出，此时 AR2 已经使用用户名和密码成功登录到了 AR1 上。需要注意的是，在真实场景中，Enter password 的后面并不会显示出管理员输入的密码，本书在此展示密码仅为突出重点。

　　接下来，我们需要完成使用 RSA 认证方法的配置。首先，我们需要在 AR3 上生成本地密钥对，见例 11–15。

　　例 11–15　在 AR3 上生成本地密钥对

```
[AR3]rsa local-key-pair create
The key name will be: Host
% RSA keys defined for Host already exist.
Confirm to replace them? (y/n)[n]:y
The range of public key size is (512 ~ 2048).
NOTES: If the key modulus is greater than 512,
       It will take a few minutes.
Input the bits in the modulus[default = 512]:2048
Generating keys...
.........................................+++
...........+++
.........++++++++
.......++++++++
```

　　由于需要将 SSH 客户端 AR3 的公钥复制到 SSH 服务器 AR1 中，因此我们需要在 AR3 上查看其公钥，见例 11–16。

　　例 11–16　在 AR3 上查看密钥对

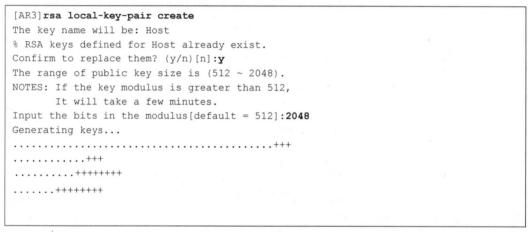

```
[AR3]display rsa local-key-pair public

=====================================================
Time of Key pair created: 2023-04-05 19:12:46-08:00
Key name: Host
Key type: RSA encryption Key
=====================================================
Key code:
30820109
  02820100
    F3BFC26E 8DFB9842 CED422FC E603326F 92651FAE
    02DB0635 4D0E8CD8 4EB65D42 06FAABF3 0054D3CF
    A197C2C7 E557B4A6 22CB8F62 8AB1FD1E 92A3A54B
    2889B6CB 7D4DB2A7 108377F4 7D3BA7D9 9FDD0ADE
    3C32C963 DB48F8D3 E98CAAC1 44BF216B 5AB0B1C7
    12379015 F93DBBDF BA00AF67 C5808479 D1CDE891
    6C705D41 7DBD3748 64608C49 E41476FF 3AFD0B8C
    6C4FC297 663D388E C2B76F0B AF318EE7 BA277B42
```

```
    BF2A7AF7 3947F2A7 3E2ECFAF 0C225129 3D1E4ACC
    C8352077 0515ACBB FCA3E097 B4C1E114 FFE221D2
    7432EC97 5888D835 D9C33BC6 30609D3A 6BA00D89
    2F4CD314 BBF79CDB C54AE9C4 37D73DC2 7D88BF08
    4CF27F9F 0A0258CA 6DEE2C9A 4E963593
  0203
    010001

=========================================================
Time of Key pair created: 2023-04-05 19:12:48-08:00
Key name: Server
Key type: RSA encryption Key
=========================================================
Key code:
3067
  0260
    C9A19097 54975407 20FAFE31 E1A97D80 08FCD060
    ACB64BFD 72A5FFCC EA5B0428 DFBEFC68 966423BC
    ADCA02FD 9933F8A6 FBEFC406 3CCC4D30 D3D4A6CA
    EEBF27DD 74FE3177 9F40D0BE B208F50C 71CE5A67
    77774A3B 3BEF7960 B1E67654 7C270AEB
  0203
    010001
```

例 11-16 中的阴影部分是 AR3 的公钥部分，例 11-17 展示了在 AR1 上粘贴 AR3 公钥的配置。

例 11-17　在 AR1 上粘贴 AR3 的公钥

```
[AR1]rsa peer-public-key AR3rsa
Enter "RSA public key" view, return system view with "peer-public-key end".
NOTE: The number of the bits of public key must be between 769 and 2048.
[AR1-rsa-public-key]public-key-code begin
Enter "RSA key code" view, return last view with "public-key-code end".
[AR1-rsa-key-code]30820109
[AR1-rsa-key-code]  02820100
[AR1-rsa-key-code]    F3BFC26E 8DFB9842 CED422FC E603326F 92651FAE
[AR1-rsa-key-code]    02DB0635 4D0E8CD8 4EB65D42 06FAABF3 0054D3CF
[AR1-rsa-key-code]    A197C2C7 E557B4A6 22CB8F62 8AB1FD1E 92A3A54B
[AR1-rsa-key-code]    2889B6CB 7D4DB2A7 108377F4 7D3BA7D9 9FDD0ADE
[AR1-rsa-key-code]    3C32C963 DB48F8D3 E98CAAC1 44BF216B 5AB0B1C7
[AR1-rsa-key-code]    12379015 F93DBBDF BA00AF67 C5808479 D1CDE891
[AR1-rsa-key-code]    6C705D41 7DBD3748 64608C49 E41476FF 3AFD0B8C
[AR1-rsa-key-code]    6C4FC297 663D388E C2B76F0B AF318EE7 BA277B42
[AR1-rsa-key-code]    BF2A7AF7 3947F2A7 3E2ECFAF 0C225129 3D1E4ACC
[AR1-rsa-key-code]    C8352077 0515ACBB FCA3E097 B4C1E114 FFE221D2
[AR1-rsa-key-code]    7432EC97 5888D835 D9C33BC6 30609D3A 6BA00D89
[AR1-rsa-key-code]    2F4CD314 BBF79CDB C54AE9C4 37D73DC2 7D88BF08
[AR1-rsa-key-code]    4CF27F9F 0A0258CA 6DEE2C9A 4E963593
[AR1-rsa-key-code]  0203
[AR1-rsa-key-code]    010001
[AR1-rsa-key-code]public-key-code end
[AR1-rsa-public-key]peer-public-key end
```

配置完成后，我们可以使用例 11-18 所示的命令查看配置是否正确。

例 11-18　在 AR1 上查看 AR3 的公钥

```
[AR1]display rsa peer-public-key
```

```
====================================
   Key name: AR3rsa
====================================
Key Code:
30820109
  02820100
    F3BFC26E 8DFB9842 CED422FC E603326F 92651FAE 02DB0635 4D0E8CD8 4EB65D42
    06FAABF3 0054D3CF A197C2C7 E557B4A6 22CB8F62 8AB1FD1E 92A3A54B 2889B6CB
    7D4DB2A7 108377F4 7D3BA7D9 9FDD0ADE 3C32C963 DB48F8D3 E98CAAC1 44BF216B
    5AB0B1C7 12379015 F93DBBDF BA00AF67 C5808479 D1CDE891 6C705D41 7DBD3748
    64608C49 E41476FF 3AFD0B8C 6C4FC297 663D388E C2B76F0B AF318EE7 BA277B42
    BF2A7AF7 3947F2A7 3E2ECFAF 0C225129 3D1E4ACC C8352077 0515ACBB FCA3E097
    B4C1E114 FFE221D2 7432EC97 5888D835 D9C33BC6 30609D3A 6BA00D89 2F4CD314
    BBF79CDB C54AE9C4 37D73DC2 7D88BF08 4CF27F9F 0A0258CA 6DEE2C9A 4E963593
  0203
    010001
```

确认配置无误后，我们还需要将用户 HCIP-RSA 与 SSH 客户端 AR3 的 RSA 公钥进行绑定，见例 11-19。

例 11-19　在 AR1 上为用户绑定公钥

```
[AR1]ssh user HCIP-RSA assign rsa-key AR3rsa
```

现在我们可以在 AR3 上进行测试。在此之前，我们还需要在 AR3 上输入配置命令 **ssh client first-time enable**，测试过程见例 11-20。

例 11-20　在 AR3 上进行测试

```
[AR3]ssh client first-time enable
[AR3]stelnet 10.0.123.1 1025
Please input the username:HCIP-RSA
Trying 10.0.123.1 ...
Press CTRL+K to abort
Connected to 10.0.123.1 ...
The server is not authenticated. Continue to access it? (y/n)[n]:y
Apr  5 2023 19:34:13-08:00 AR3 %%01SSH/4/CONTINUE_KEYEXCHANGE(l)[0]:The server had
 not been authenticated in the process of exchanging keys. When deciding whether
 to continue, the user chose Y.
[AR3]
Save the server's public key? (y/n)[n]:y
The server's public key will be saved with the name 10.0.123.1. Please wait...

Apr  5 2023 19:34:16-08:00 AR3 %%01SSH/4/SAVE_PUBLICKEY(l)[1]:When deciding whether
 to save the server's public key 10.0.123.1, the user chose Y.
[AR3]
<AR1>
```

从例 11-20 的测试中可以看出，此时 AR3 使用 RSA 成功登录到了 AR1 上。

11.3　VPN 技术概述

很多组建园区网的组织机构都在不同的地理位置拥有多个分支机构，各个分支机构之间需要跨越公共网络建立可靠的网络连接。在过去，这种需求可以通过租用专用物理线路连接得到满足。这种做法虽然拥有专享带宽和安全性方面的可靠保障，但其价格超出了普通企业可以承担的范畴，而且也欠缺灵活性。随着网络承载的业务越来越重要，园区网的合法用户在出差时需要通过公共网络访问这个园区的需求显然无法通过连接专用物理线路来实现。

为了满足上述需求，虚拟专用网络（VPN）的概念应运而生。顾名思义，VPN 技术旨在通过虚拟的方法，跨越公共网络构建专用网络。这样，园区网的各个分支机构之间就可以通过公共网络建立连接，用户也可以通过公共网络访问自己供职机构的园区网内部网络，同时园区网用户的使用体验也和通过专用物理线路建立连接基本一致。

11.3.1　VPN 的基本概念

总体来说，VPN 具有以下优势。

① **安全**：为了让用户能够跨越公共网络安全地访问远端的内部网络，VPN 常常需要提供大量安全保护机制。虽然并不是所有类型的 VPN 都必然包含安全机制，但安全机制依然是 VPN 为用户提供的一大关键优势。

② **价格低廉**：使用专用物理线路建立连接的费用相当昂贵，通过逻辑方式建立虚拟连接则可以大大降低成本。

③ **支持移动业务**：在站点之间建立安全连接固然可以使用专用物理线路，但出差用户无法使用这种方法与企业建立安全连接。VPN 则可以支持用户在任何时间、任何地点跨越公共网络实现接入。这项优势在移动业务需求越来越普遍的时代也显得愈发重要。

④ **扩展性强**：VPN 的连接是采用逻辑的方式建立的，因此 VPN 能够满足不断变更的网络拓扑。

VPN 并不是对某一种特定技术的称谓，而是对一类技术的总称，所有能够跨越公共网络在逻辑上建立专用连接的技术均属于 VPN。鉴于 VPN 包含的概念和方法比较宽泛，我们先介绍 VPN 的几种分类方法。

① **根据组网机构分类**：VPN 可以根据组建 VPN 的机构是企业自身还是运营商分为两类。

② **根据组网方式分类**：VPN 可以分为远程访问 VPN 和站点到站点 VPN。前者属于移动 VPN，可以让出差用户通过移动设备的客户端连接到远端的园区网中。后者则是在固定站点之间实现 VPN 连接，为两个站点内部的用户提供虚拟的专用网络服务。

③ **根据协议分层分类**：根据 VPN 工作的网络模型分层，或者建立 VPN 的协议所属的网络模型分层，VPN 可以分为三层 VPN 和二层 VPN。例如，IPsec VPN、GRE VPN 属于三层 VPN，而 L2TP VPN 和 PPTP VPN 则属于二层 VPN。MPLS VPN 则可以根据部署的不同分为二层 VPN 和三层 VPN 两种。

无论使用哪种协议建立 VPN，组建 VPN 的技术都可以分为隧道技术和安全技术。在这两种技术中，隧道技术是构建 VPN 不可或缺的一部分，即任何一种 VPN 都需要使用隧道技术。所谓隧道技术，就是指发送端的 VPN 网关在原始数据报文的基础上封装额外的信息，而接收端的 VPN 网关则会对额外的封装信息进行解封装，将其还原成原始的数据，中间设备转发封装后数据的过程等同于原始数据在一条逻辑隧道中进行传输。目前，用来实现 VPN 隧道技术的协议有很多种，如 IPsec、GRE、L2TP 等。

VPN 隧道技术示意如图 11-9 所示。

图 11-9   VPN 隧道技术示意

虽然并非所有 VPN 都会使用安全技术，但企业自身组建的 VPN 往往需要通过安全技术来保护跨越不可靠网络传输的数据。VPN 中使用的安全技术包括身份认证、数据加密和校验。

① **身份认证**：身份认证的目的是对要建立 VPN 的设备和用户进行身份的真实性确认，从而确保其发起的连接建立行为是合法行为。

② **数据加密**：数据加密的目的是把公共网络中传输的数据转换为密文，让该网络中的网络攻击者即使能够截获数据，也无法了解数据所表达的信息，从而保证数据的机密性。

③ **校验**：校验的目的是对数据的完整性进行校验，确保其在传输过程中没有遭到篡改。

这 3 类安全技术分别针对数据发送方的身份的真实性、数据的机密性、数据的完整性提供保障。这 3 类安全技术既没有高下之分，又不存在相互之间的替代关系。不过，用来建立 VPN 隧道的协议未必能够支持上述所有安全技术。各类主流 VPN 协议对安全技术的支持见表 11-2。

表 11-2   各类主流 VPN 协议对安全技术的支持

建立 VPN 的协议	用户身份认证	数据加密和校验
GRE	支持简单的关键字验证和校验	
L2TP	支持基于 PPP 的 CHAP、PAP、EAP 认证	不支持
IPsec	支持	支持
SSL	支持	支持
MPLS	不支持	不支持

一些建立 VPN 的隧道协议并不支持所有的安全技术。因此，为了保证数据的安全性，

人们有时需要嵌套两种协议隧道来建立 VPN，如 GRE over IPsec。注意，在表 11-2 所涉及的各项技术中，MPLS 不支持安全策略，但 MPLS VPN 通常属于由运营商组建的 VPN，其目的主要是隔离不同客户的业务，以及部署流量工程和 QoS 策略，而不是对隧道中的数据提供安全性保护。

在下面的内容中，我们会对几种主要的 VPN 组建协议及其对应的 VPN 技术分别进行简要介绍。

11.3.2　常见的 VPN 技术

VPN 泛指通过隧道封装报文的虚拟方式，其目的是让私有网络通过公共网络转发的报文获得通过专用网络进行转发的类似效果。目前，能够用来建立 VPN 隧道的框架和协议种类繁多，下面，我们选取其中一些最为常用的技术进行简单介绍。

1．IPsec

IP 的早期版本——IPv4 并没有考虑到网络安全的因素，也没有给在网络层提供安全性保护预留扩展空间。为了在网络层为流量提供保护机制，人们定义了一个新的标准，这个新的标准就是 IP 安全（IPsec）。

为了让这个标准具有足够的灵活性，同时不会因为某一种算法被破解而导致整个标准失效，人们并没有把 IPsec 定义为一项协议，而是将其定义为一个模块化框架，这个框架中包含了对发送方身份进行认证、对传输数据进行加密、对数据提供完整性保护和抗重放保护的机制。因此，IPsec 框架可以提供身份真实性、数据的机密性和完整性保护，以及抗重放攻击保护。因为 IPsec 是一个模块化框架，所以 IPsec 并没有绑定特定的加密算法、认证算法、安全协议等技术，而是由技术人员根据自己的实际情况灵活进行选择。

> **注释：** 抗重放的作用是防止网络攻击者通过截获真实发送方发送的数据（比如金融交易数据）并重复发送给接收方，从而制造安全威胁。

总之，在 IPsec 定义的框架中，人们可以自由选择大量元素来建立自己的 IPsec VPN，这些可选的元素如下。

① **安全协议**。IPsec 框架中包含了两种封装安全消息的协议。其中一种协议叫作封装安全负载（ESP）。ESP 可以提供的服务包括数据加密、通信方身份认证和完整性保护。另一种协议叫作认证头部（AH）。AH 只能为封装的数据提供通信方身份认证和数据完整性保护，但不会为数据提供加密。目前在 IPsec 协议栈中，使用包含加密服务的 ESP 协议作为安全协议的做法已经明显占主导地位。在 VRP 系统中，如果配置 IPsec，系统默认使用的安全协议也是 ESP 协议。

② **安全生成、交换和管理密钥的方式**。如果密钥信息以明文的方式公开在不安全网络中进行交换，那么用这种密码加密的密文，其安全性也很难得到保障。在 IPsec 框架中，人们可以使用互联网安全关联密钥管理协议（ISAKMP）来通过互联网安全地交换密钥。ISAKMP 也是一种框架，它建议使用互联网密钥交换（IKE）协议通过 DH 算法来实

现安全的密钥交换。这种做法扩展性好、安全性高、配置简单，适用于大型动态网络。对于环境十分简单、发起方和接收方地址几乎不会变动、对安全性要求也并不十分严格的环境，管理员也可以手动在 VPN 端点设备上配置密钥，这种方法被称为带外密钥共享。不过，这种方法扩展性差，不仅在大规模网络中会大大增加技术人员的工作负担，而且对网络周期性修改密钥的安全最佳实践也难以落实。

③ **安全协议使用的加密算法和认证算法**。IPsec 框架没有定义要通过哪种认证算法和（如使用 ESP 作为安全协议）加密算法来提供加密和认证功能，因此，管理员可以自由选择自己希望使用的加密算法与认证算法。可供管理员选择的认证算法包括 MD5、SHA1、SHA2、SM3 等，如使用 ESP 作为安全协议，则可供管理员选择的加密算法有 3DES、DES、AES 等。

IPsec 框架包含的协议、算法如图 11-10 所示。

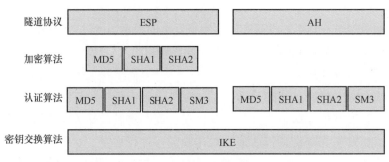

图 11-10　IPsec 框架包含的协议、算法

如图 11-10 所示，IPsec 需要依赖 IKE 协议来完成隧道的建立。在这个过程中，建立隧道的双方会协商建立安全联盟（SA）。SA 是通信对等体之间对某些协商要素的约定，描述了对等体之间如何利用安全服务（例如数据加密服务）进行安全的通信。IKE 分为两个版本，我们以 IKEv1 为例介绍隧道建立流程。

具体来说，IKEv1 定义了一个 2 个步骤的流程。其中步骤 1 是建立 IKE SA，为阶段 2 的信息交互建立安全的通信信道。在步骤 1 中，通信双方都会对对方的身份进行认证，并且为步骤 2 的通信建立一条安全的通信信道。步骤 2 则是建立 IPsec SA，为后续的数据交换建立安全的数据信道。在步骤 2 中，通信双方会基于步骤 1 对对方身份的确认，以及在步骤 1 中协商建立起来的安全通信信道，来协商要保护的通信流量，以及如何保护该通信流量。

这里需要注意的是，SA 是单向的逻辑连接，因此，协商建立 IPsec 隧道的设备之间需要成对建立 SA 才能对双向数据流进行保护。

每一条 IPsec SA 建立起来时，设备都会将这条 IPsec SA 保存进自己的一个安全关联数据库（SADB）中，同时针对这条 IPsec SA 定义的加密、认证算法等策略保存进一个安全策略数据库（SPDB）中。在 SPDB 中，SA 会使用一个三元组进行标识，这个三元组包括安全参数索引（SPI）、目的 IP 地址、隧道协议的协议号。其中，SPI 是为唯一标识 SA 而生成的一个 32 位比特值。AH 和 ESP 头部都会包含 SPI 字段。如果管理员手动配置 SA，则需要人工指定 SPI 值；若使用 IKE 协商产生 SA，IPsec 设备则会随机生成 SPI。

管理员在 IPsec VPN 的配置过程中，除配置 IPsec 隧道外，还需要通过访问控制列表（ACL）等匹配工具来定义双方之间交互的哪些流量应封装进 IPsec 隧道中并通过 IPsec 进行保护。这些需要通过 IPsec 进行保护的流量在技术上被称为感兴趣流。

2. GRE

GRE 可以通过一个虚拟的点对点类型的隧道接口将大量不同类型的网络层协议封装到另一个网络层头部中，从而在这两台路由器之间为内部封装的网络层协议报文创建一条虚拟的转发隧道。

例如，在图 11-11 所示的应用场景中，两台 OSPF 路由器之间如果希望跨越一系列没有运行 OSPF 协议的路由器建立邻居关系，管理员就可以在这两台 OSPF 路由器之间建立 GRE 隧道，将 OSPF 报文封装进 GRE 隧道中，从而在两台并不直连的 OSPF 路由器之间建立起邻居关系。

图 11-11　GRE 应用场景

概括来说，GRE 由以下 3 个部分构成。

① **乘客协议**：用户在传输数据时使用的原始网络协议。例如在图 11-11 中，OSPF 即为乘客协议。

② **封装协议**：用来封装乘客协议对应的报文，使原始报文能够在新的网络中传输。例如在图 11-11 中，GRE 即为封装协议。

③ **运输协议**：被封装后的报文在新网络中传输时所使用的协议。例如在图 11-11 中，IPv4 即为运输协议。

综上所述，GRE 不提供加密和认证，而 IPsec 只支持 IP，且 IPsec 不支持组播。因此，管理员可以叠加两种隧道来弥补这两者的缺点。例如，当底层网络不支持组播而管理员又希望为跨越底层网络的组播流量提供安全防护机制时，就可以采用先建立 GRE 隧道，然后在 GRE 隧道的基础上建立 IPsec 隧道的方式来达到上述的设计目的，这样的做法被称为 GRE over IPsec。

3. L2TP

二层隧道协议（L2TP）是虚拟私有拨号网（VPDN）隧道协议的一种。VPDN 是指借助专用的网络加密通信协议，利用公共网络的拨号功能及接入网来实现 VPN 的技术。

VPDN 可以让驻外机构和出差人员远程通过这个公共网络安全地连接到企业网络。VPDN 支持很多隧道协议，L2TP 是目前使用最广泛的 VPDN 隧道协议。

L2TP 的组网架构中包含了 L2TP 访问集中器和 L2TP 网络服务器。

① **L2TP 访问集中器**。L2TP 访问集中器（LAC）是网络中具有 PPP 和 L2TP 处理功能的设备，这类设备负责向 L2TP 网络服务器（LNS）建立 L2TP 隧道连接。在不同的组网环境中，充当 LAC 的设备类型也有所不同，如网关设备或终端设备均可以充当 LAC。LAC 可以发起建立多条 L2TP 隧道，让其中的数据流相互隔离。

② **L2TP 网络服务器**。L2TP 网络服务器（LNS）是 LAC 的对端设备。LNS 位于企业总部私有网络和公共网络的边界，通常由企业总部的网关设备充当。

L2TP 应用场景如图 11-12 所示。

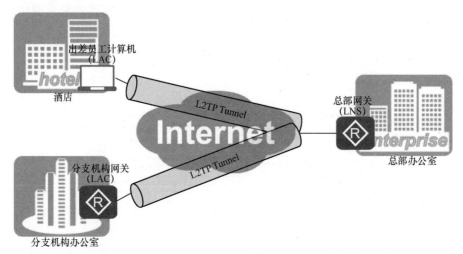

图 11-12　L2TP 应用场景

L2TP 是对 PPP 的扩展，它定义了两种类型的消息，即控制消息和数据消息。

① **控制消息**：用于 L2TP 隧道和会话的建立、维护和拆除。控制消息使用 L2TP 控制通道进行承载，控制通道可以实现对控制消息的可靠传输。控制消息会封装在 L2TP 头部中通过 IP 网络进行传输。L2TP 控制报文的封装结构如图 11-13 上半部分所示。

② **数据消息**：使用 L2TP 数据通道传输，而数据通道是不可靠的传输信道。数据消息用于封装 PPP 数据帧，封装后的报文通过 IP 网络进行传输。L2TP 数据报文的封装结构如图 11-13 下半部分所示。

图 11-13　L2TP 报文的封装结构

L2TP 有 3 种工作场景，即 NAS-Initiated 场景、Client-Initiated 场景和 Call-LNS 场景。

3 种场景的工作流程都有所不同，下面分别进行介绍。

① NAS-Initiated 场景中的 NAS 全称为网络接入服务器。套用到图 11-12 所示的场景中，NAS 也就是 LAC。多年前，NAS-Initiated 场景的做法是让远端用户通过 ISDN/PSTN 与分支机构的网关 LAC 建立 PPP 连接，再由 LAC 通过互联网与总部的网关（即 LNS）建立 L2TP 隧道。鉴于 ISDN/PSTN 的现状，NAS-Initiated 场景的做法变成让位于（LNS）远端的分支机构的用户通过以太网与分支机构的网关 LAC 建立 PPPoE 连接，再由 LAC 通过互联网与总部的网关（即 LNS）建立 L2TP 隧道。客户端的地址由 LNS 分配。对远程拨号用户的认证和计算既可以由 LAC 侧的代理完成，也可以在 LNS 上完成。在通过认证并且获得私有地址之后，客户端再与 LNS 建立 PPP 连接。这样，位于分支机构的用户就连接到了总部的网络。

② Client-Initiated 场景支持用户使用自己（支持 L2TP）的设备直接向 LNS 建立 L2TP 隧道。换言之，用户的客户端在这个场景中充当 LAC，而不需要利用网关充当 LAC。LNS 在接收到请求之后会对用户进行认证，在通过认证后，客户端会继续与 LNS 建立 PPP 连接，并且获取到 LNS 分配的私有 IP 地址，把自己连接到总部网络中。在这个场景中，连接建立由用户自己的客户端设备完成，因此该客户端设备需要安装 L2TP 拨号软件，且用户需要知道 LNS 的 IP 地址。

③ Call-LNS 场景也称为 LAC-Auto-Initiated 场景，是指管理员通过配置，让充当 LAC 的分支机构网关设备自动向位于总部的网关设备 LNS 建立 L2TP 隧道，实现分支与总部网络之间的数据互通。这种场景的 VPN 建立过程类似于 Client-Initiated 场景，只是把 LAC 由用户客户端换成了分支机构网关。在组网上，这种场景则类似于 NAS-Initiated，但不需要（位于任何站点的）用户通过拨号来触发隧道的建立。用户在连接远端网络中的设备时并不会感到自己是在访问远端的网络，LAC 和 LNS 之间的 L2TP 隧道是永久的。

L2TP 本身并不支持对数据进行加密，也不支持对数据进行完整性校验。因此，当用户需要发送敏感信息时，用户也需要把 L2TP 和 IPsec 嵌套使用，从而为数据提供安全性保护。

4. MPLS

MPLS 旨在根据标签而不是网络层目的地址来对数据报文执行转发，最初的目的是提升转发效率，现主要用于 VPN 和流量工程、QoS 等场景。

MPLS VPN 一般是由运营商搭建的，运营商的客户通过购买 VPN 服务来实现用户网络之间的数据传输。MPLS VPN 由客户边缘路由器、运营商边缘路由器和骨干路由器 3 部分组成。

① **客户边缘路由器**（CE）：位于客户网络中，通过接口直接与运营商网络中的运营商边缘路由器相连。CE 感知不到 VPN 的存在，不参与 MPLS，也不需要支持 MPLS。

② **运营商边缘路由器**（PE）：位于运营商网络中，与客户网络中的 CE 直接相连。在 MPLS 网络中，对 VPN 的所有处理都发生在 PE 上，因此 MPLS 网络对 PE 的性能要求较高。

③ **骨干路由器 (P)**: 不直接连接客户网络。P 设备只需具备基本的 MPLS 转发能力，不负责维护 VPN 的相关信息。

本书将 MPLS VPN 放在这一章中提及，是因为它属于一种 VPN 技术。但 MPLS VPN 不是用于对数据提供安全性保护，而是隔离不同客户的业务，以及部署流量工程和 QoS 策略，因此 MPLS VPN 不应被视为一种网络安全技术，也不是所有 VPN 隧道技术都会保护封装的数据流量。

11.4　VRF 的基本概念及应用

在网络的规划、设计和实施过程中，人们有时会面临这样一种需求：在有些场景中，人们希望某些连接在一台路由设备上的网络与其他连接在这台路由设备上的网络在三层上相互隔离，无法建立数据通信；在另一些场景中，人们需要让路由设备使用两个不同的接口连接两个 IP 地址相同的网络——这样的需求有时正是为了满足企业园区网内部的地址规划需要。在实际的网络环境中，上述两种需求常常同时存在，本节要介绍的 VRF 技术则可以解决上述问题。

11.4.1　VRF 的基本概念

在图 11-14 所示的园区网环境中，网络可以分为生产网络和管理网络。这两个网络都拥有独立的接入层和汇聚层交换机，但它们连接的核心层交换机是相同的。在地址规划过程中，无论生产网络的服务器还是管理网络的服务器，它们都属于同一个 IP 子网，只是它们连接的交换机接口被划分到了不同的 VLAN 中。这个网络要求生产网络和管理网络的数据通信相互隔离，即生产网络的客户端和服务器可以相互通信，管理网络的客户端和服务器也可以相互通信，但生产网络和管理网络之间无法相互通信。

显然，上述需求难以通过在核心层交换机上配置 ACL 来实现，因为两个服务器集群使用的是相同的 IP 地址空间。添加核心层交换机的做法虽然可以满足上述环境的需求，但这种做法不仅会大幅增加项目成本，当需要隔离的网络数量庞大时，对成本和网络灵活性的影响更为严重。

VRF 可以在一台物理的路由设备上创建出多个实例，管理员可以根据网络设计把路由设备上的接口和配置在路由设备上的路由协议（进程）分配给每个实例，也可以针对每个实例创建静态路由条目，每个实例也会生成自己独立的路由表。每个实例都关联了自己的接口、路由协议（实例）和路由表，它们可以独立执行数据包的转发。于是，每个实例都会基于自己的路由实例向路由表中填充路由条目，也会依据自己的路由表条目执行转发，从而实现各个实例的相互独立。在这个环境中，每个实例都被称为一个 VPN。在缺省情况下，管理员没有分配的接口都属于设备的根实例，根实例与其他实例同样是相互隔离的。

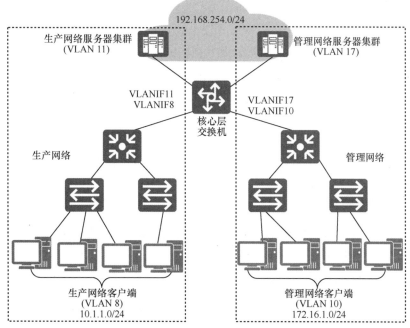

图 11-14 网络层隔离的需求

根据上述需求在图 11-14 所示的环境中创建的 VRF 如图 11-15 所示。

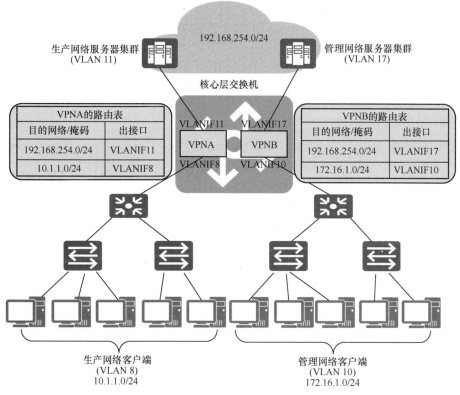

图 11-15 VRF 的配置

在图 11–15 中，管理员创建了两个 VRF 实例 VPNA 和 VPNB，把 VLAN 虚拟接口 VLANIF11 和 VLANIF8 分配给了 VPNA，把 VLANIF17 和 VLANIF10 分配给了 VPNB。于是，VPNA 和 VPNB 的路由表中也就包含了这些分配给它们的接口的直连路由。因为任何一个 VRF 实例的路由表中都不包含分配给另一个 VRF 实例的接口所直连的网络，所以生产网络和管理网络都可以实现内部的数据通信，同时生产网络的流量也不会被转发到管理网络中，反之亦然。

需要指出的是，鉴于根实例与其他实例同样是相互隔离的，在图 11–15 所示的环境中，管理员只需要创建其中任何一个 VRF 实例就可以满足这个网络的设计需求。

11.4.2　VRF 的配置命令与示例

在缺省情况下，华为设备未配置 VPN 实例。管理员需要使用以下命令来创建 VPN 实例并进入 VPN 实例视图。

```
[Huawei] ip vpn-instance vpn-instance-name
[Huawei-vpn-instance-vpn-instance-name]
```

在 VPN 实例视图中，管理员需要启用 VPN 实例的 IPv4 地址族，才能将接口与 VPN 实例进行绑定。管理员需要使用以下命令启用 VPN 实例的 IPv4 地址族，并进入 VPN 实例 IPv4 地址族视图。

```
[Huawei-vpn-instance-InstanceName] ipv4-family
[Huawei-vpn-instance-InstanceName-af-ipv4]
```

在缺省情况下，接口属于根实例，不与任何 VPN 实例绑定。管理员需要使用以下命令将接口绑定到 VPN 实例。

```
[Huawei-GigabitEthernet0/0/0] ip binding vpn-instance vpn-instance-name
```

需要注意的是，将接口与 VPN 实例绑定（或解除）后，接口上已有的 IP 地址、三层特性和 IP 相关的路由协议都需要重新配置。

管理员如果需要在 VPN 实例中添加静态路由或启用动态路由协议，则需要在相应的命令中指明 VPN 实例名称，以静态路由和 OSPF 为例，管理员分别需要使用以下命令进行配置。

```
[Huawei] ip route-static vpn-instance vpn-instance-name ip-address { mask | mask-le
ngth } { nexthop-address | interface-type interface-number }
[Huawei] ospf [ process-id | router-id router-id ] vpn-instance vpn-instance-name
```

管理员在对 VPN 实例进行维护或排错时，经常需要使用下列命令。

```
[Huawei] display ip routing-table vpn-instance vpn-instance-name
[Huawei] ping -vpn-instance vpn-instance-name host
[Huawei] tracert -vpn-instance vpn-instance-name host
```

接下来，我们会通过图 11–16 所示的简单示例为读者展示 VPN 实例的配置。

在本实验中，管理员需要通过 VPN 实例将企业网络分为生产（Production）网络和办公（Office）网络。图 11–16 的上半部分为生产网络，PC1 为生产网络中的终端，属于 VLAN 10；图 11–16 的下半部分属于办公网络，PC2 为办公网络中的终端，属于 VLAN 20。两台计算机通过交换机 S1 连接到网络中，S1 负责将两台计算机划分到相应的 VLAN 中。

作为 PC 网关的路由器 AR1 在其 G0/0/0 接口上配置子接口：G0/0/0.10 属于生产网络，因此属于 VLAN 10；G0/0/0.20 属于办公网络，因此属于 VLAN 20。路由器 AR1 的 G0/0/1 接口连接生产网络，G0/0/2 接口连接办公网络。

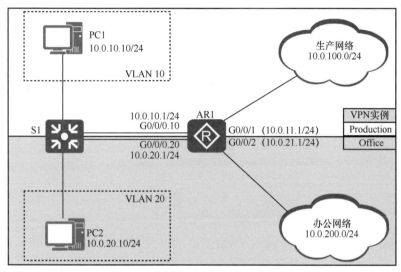

图 11-16　VPN 实例配置拓扑

　　管理员需要将生产网络和办公网络进行隔离，并且使用静态路由来实现 PC1 与生产网络之间的通信，以及 PC2 与办公网络之间的通信，但 PC1 不能与办公网络通信，PC2 也不能与生产网络通信。在进行测试时，管理员可以使用生产网络中的 IP 地址 10.0.100.1 和办公网络中的 IP 地址 10.0.200.1。

　　在本实验的配置展示中，我们仅展示 AR1 上的配置，着重考虑与 VPN 实例相关的配置。首先，我们需要在 AR1 上创建 VPN 实例，并启用 VPN 实例中的 IPv4，见例 11-21。

例 11-21　在 AR1 上创建 VPN 实例

```
[AR1]ip vpn-instance Production
[AR1-vpn-instance-Production]ipv4-family
[AR1-vpn-instance-Production-af-ipv4]quit
[AR1-vpn-instance-Production]quit
[AR1]ip vpn-instance Office
[AR1-vpn-instance-Office]ipv4-family
[AR1-vpn-instance-Office-af-ipv4]quit
[AR1-vpn-instance-Office]quit
[AR1]
```

接下来，我们需要配置 AR1 上连接终端设备的子接口，见例 11-22。

例 11-22　在 AR1 上配置子接口

```
[AR1]interface GigabitEthernet 0/0/0.10
[AR1-GigabitEthernet0/0/0.10]ip binding vpn-instance Production
[AR1-GigabitEthernet0/0/0.10]ip address 10.0.10.1 24
[AR1-GigabitEthernet0/0/0.10]dot1q termination vid 10
```

```
[AR1-GigabitEthernet0/0/0.10]arp broadcast enable
[AR1-GigabitEthernet0/0/0.10]quit
[AR1]interface GigabitEthernet 0/0/0.20
[AR1-GigabitEthernet0/0/0.20]ip binding vpn-instance Office
[AR1-GigabitEthernet0/0/0.20]ip address 10.0.20.1 24
[AR1-GigabitEthernet0/0/0.20]dot1q termination vid 20
[AR1-GigabitEthernet0/0/0.20]arp broadcast enable
```

然后，我们需要在 AR1 上配置分别连接两个网络的物理接口，见例 11-23。

例 11-23　在 AR1 上配置物理接口

```
[AR1]interface GigabitEthernet 0/0/1
[AR1-GigabitEthernet0/0/1]ip binding vpn-instance Production
[AR1-GigabitEthernet0/0/1]ip address 10.0.11.1 24
[AR1-GigabitEthernet0/0/1]quit
[AR1]interface GigabitEthernet 0/0/2
[AR1-GigabitEthernet0/0/2]ip binding vpn-instance Office
[AR1-GigabitEthernet0/0/2]ip address 10.0.21.1 24
```

最后，我们需要配置静态路由，实现计算机终端与相应网络的连通性，见例 11-24。

例 11-24　在 AR1 上配置 VPN 静态路由

```
[AR1]ip route-static vpn-instance Production 10.0.100.0 255.255.255.0 10.0.11.2
Info: Succeeded in modifying route.
[AR1]ip route-static vpn-instance Office 10.0.200.0 255.255.255.0 10.0.21.2
Info: Succeeded in modifying route.
```

至此，AR1 上的配置已经完成，若读者想要进行测试，还需要完成计算机端的配置，并在生产网络和办公网络中各部署一台用来进行测试的设备。例 11-25 和例 11-26 展示了本实验的效果。

例 11-25　在 PC1 上进行测试

```
PC1>ping 10.0.100.1

Ping 10.0.100.1: 32 data bytes, Press Ctrl_C to break
From 10.0.100.1: bytes=32 seq=1 ttl=254 time=31 ms
From 10.0.100.1: bytes=32 seq=2 ttl=254 time=31 ms
From 10.0.100.1: bytes=32 seq=3 ttl=254 time=47 ms
From 10.0.100.1: bytes=32 seq=4 ttl=254 time=47 ms
From 10.0.100.1: bytes=32 seq=5 ttl=254 time=31 ms

--- 10.0.100.1 ping statistics ---
  5 packet(s) transmitted
  5 packet(s) received
  0.00% packet loss
  round-trip min/avg/max = 31/37/47 ms

PC1>ping 10.0.200.1

Ping 10.0.200.1: 32 data bytes, Press Ctrl_C to break
Request timeout!
Request timeout!
Request timeout!
```

```
Request timeout!
Request timeout!

--- 10.0.200.1 ping statistics ---
  5 packet(s) transmitted
  0 packet(s) received
  100.00% packet loss
```

例 11-26　在 PC2 上进行测试

```
PC2>ping 10.0.200.1

Ping 10.0.200.1: 32 data bytes, Press Ctrl_C to break
From 10.0.200.1: bytes=32 seq=1 ttl=254 time=62 ms
From 10.0.200.1: bytes=32 seq=2 ttl=254 time=47 ms
From 10.0.200.1: bytes=32 seq=3 ttl=254 time=47 ms
From 10.0.200.1: bytes=32 seq=4 ttl=254 time=15 ms
From 10.0.200.1: bytes=32 seq=5 ttl=254 time=47 ms

--- 10.0.200.1 ping statistics ---
  5 packet(s) transmitted
  5 packet(s) received
  0.00% packet loss
  round-trip min/avg/max = 15/43/62 ms

PC2>ping 10.0.100.1

Ping 10.0.100.1: 32 data bytes, Press Ctrl_C to break
Request timeout!
Request timeout!
Request timeout!
Request timeout!
Request timeout!

--- 0.0.100.1 ping statistics ---
  5 packet(s) transmitted
  0 packet(s) received
  100.00% packet loss
```

从例 11-25 和例 11-26 的测试结果中可以看出，PC1 可以与生产网络通信，但不能与办公网络通信；PC2 可以与办公网络通信，但不能与生产网络通信。

练 习 题

1. "对一次会话（或一条连接）的第一个或前几个报文进行检测，即可决定是否对属于该会话（或连接）的后续报文进行放行"是下列哪一类防火墙的基本特点？（　　）

　　A. 包过滤防火墙　　　　　　　　　B. 状态检测防火墙

　　C. AI 防火墙　　　　　　　　　　　D. 下一代防火墙

2. 防火墙通常会通过下列哪个组件或模块来执行大多数安全功能？（　　）

　　A. 上行接口板　　　　　　　　　　B. 下行接口板

　　C. 交换网板　　　　　　　　　　　D. 服务处理单元

3. 华为防火墙上缺省创建了 4 个区域,下列哪一项是它们的安全优先级由大到小的正确排列顺序? (   )

    A. local trust dmz untrust   B. trust local dmz untrust

    C. trust dmz local untrust   D. trust dmz untrust local

4. 管理员应该对下列哪项协议使用 ASPF? (   )

    A. DHCP   B. BGP

    C. FTP   D. TCP

5. 下列哪一项建议不符合安全最佳实践? (   )

    A. 只要条件允许,就应使用 Telnet 协议代替 SSH 协议

    B. 只要条件允许,就应使用 HTTPS 代替 HTTP

    C. 只要条件允许,就应使用 SFTP 代替 FTP

    D. 只要条件允许,就应使用 SNMPv3 代替 SNMPv1

6. 管理员使用 URPF 的目的为下列哪一项? (   )

    A. 防止中间人攻击   B. 防止信息被篡改

    C. 防止拒绝服务攻击   D. 防止 IP 地址欺骗攻击

7. 下列哪种 VPN 自身既不支持用户身份认证,又不支持数据加密和校验? (   )

    A. L2TP VPN   B. MPLS VPN

    C. SSL VPN   D. IPsec VPN

8. 针对 GRE over IPsec,下列哪项协议是 GRE 的运输协议? (   )

    A. GRE   B. IPv4

    C. IPsec   D. 信息不足,无法确定

9. 下列哪种场景建立的 L2TP 隧道是永久的? (   )

    A. Call-LNS   B. Server-Initiated

    C. Client-Initiated   D. NAS-Initiated

10. 路由器的 VRF 实例可以关联哪些独立的组件和配置? (   )

    A. 路由器接口   B. 路由表

    C. 路由协议实例   D. 以上 3 项均正确

答案:

    1. B 2. D 3. A 4. C 5. A 6. D 7. B 8. D 9. A 10. D

第 12 章
网络可靠性

本章主要内容

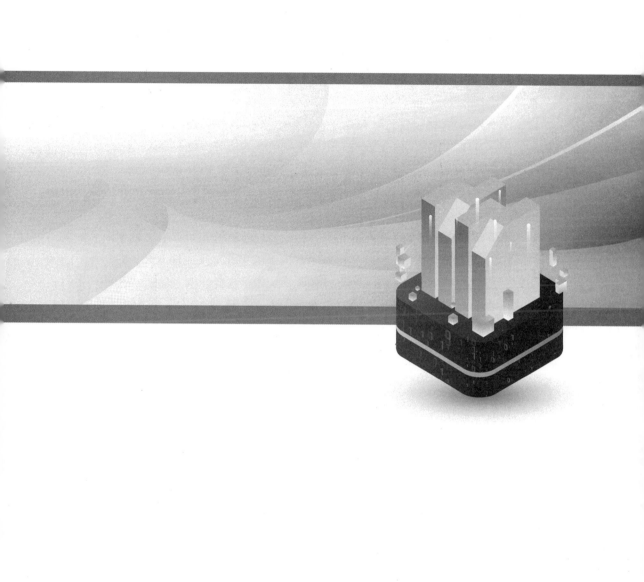

随着网络在人们生产生活中扮演着愈发重要的角色，网路故障给人们带来的影响也在不断增加。对于承载着关键任务的大型网络来说，一次严重的网络死机有可能给大量机构和个人带来难以估量的经济损失，在这样的大背景下，人们对于网络可靠性的要求也越来越高。

12.1 节会对 BFD 协议进行深入介绍，其中包括 BFD 的原理与配置。BFD 可以提供高效的检测，而且适用于任何介质和工作在任何层级的协议。12.1 节首先介绍 BFD 的报文封装，然后通过状态机介绍 BFD 的会话建立过程，说明 BFD 两种检测模式的区别，介绍 BFD 的回声功能，并对 BFD 如何与其他协议联动进行解释，最后介绍 BFD 的配置命令，并且通过示例展示 BFD 的配置方法。

12.2 节介绍用来提供网关设备冗余的 VRRP。12.2 节首先对 VRRP 的术语及封装结构进行介绍；然后介绍 VRRP 的状态机及主备网关的切换方法；接下来，介绍 VRRP 的几种应用，包括通过建立多个 VRRP 实例来实现 VRRP 负载分担，监视 VRRP 上行接口、VRRP 与 BFD 的联动，以及 VRRP 如何与 MSTP 结合使用；最后介绍 VRRP 的配置命令，以及展示 VRRP 的配置示例。

本章重点

- BFD 的报文封装格式；
- BFD 的状态机及会话建立过程；
- BFD 的不同检测模式及其工作方式；
- BFD 的回声功能；
- BFD 与其他协议联动的工作机制；
- BFD 的基本配置方法；
- VRRP 的基本术语；
- VRRP 的报文封装格式；
- VRRP 的状态及主备切换机制；
- 通过 VRRP 实现负载分担的方式；
- 通过 VRRP 监视网关的上行接口；
- VRRP 与 BFD 的联动方式；
- VRRP 与 MSTP 结合的应用方式；
- VRRP 的基本配置方法。

12.1　BFD 的原理与配置

在搭建网络的过程中，人们使用的介质和技术往往会包含一些错误检测机制，譬如很多协议中引入的 Hello/Keepalive（保活）数据包与老化计时器机制，就可以在通信出现故障时发现问题。但并不是通过所有方式建立的通信都具备这种通信故障检测机制，例如对于管理员手动配置的静态路由条目，路由器就没有配套机制以了解它们对应的下一跳设备是否仍然可达。此外，虽然很多技术自带了错误检测机制，但这些机制效率很低，常常无法满足某些应用的需求，例如 Hello 报文检测时间就比较长。这种以秒为单位进行周期性检测的机制在面对传输数据超过 GB/s 的网络时往往显得捉襟见肘。

BFD 可以同时解决上述问题，它不仅检错效率高，而且适用于一切介质和工作在任何层级的任何协议。BFD 是一种通用的、标准化的、与介质无关的快速故障检测机制。这种机制会在两个系统之间建立 BFD 会话通道，然后通过周期性地发送检测报文并监听对端发送的报文，来判断对端或者连接对端的路径是否发生了故障。

12.1.1　BFD 的工作原理

BFD 采取的通信故障检测方式与 Hello 消息采用的方式十分类似：在检测通信故障之前，BFD 对等体之间也需要先建立会话，然后通过这条对等体之间建立的会话周期性地发送故障检测消息。如果一台 BFD 设备在指定时间长度之内没有接收到 BFD 对等体发送过来的检测消息，那么它就会认为自己与对等体之间的通信出现了故障。

1. BFD 的报文封装

为了实现这样的设计目的，BFD 定义了如图 12-1 所示的报文结构。

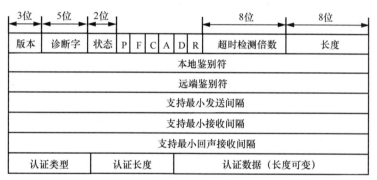

图 12-1　BFD 的报文结构

BFD 报文封装字段说明如下。

① **版本**：作用是标识数据包的 BFD 版本。目前这个字段的取值皆为 1。

② **诊断字**：作用是标识本地设备最近一次 BFD 状态发生变化的原因。

③ **状态**：作用是标识本地设备当前的 BFD 状态。这个字段取值为 0 表示本地设备管理关闭了 BFD；取值为 1 表示本地设备当前 BFD 状态为 Down；取值为 2 表示当前 BFD 状态为 Init；取值为 3 表示当前状态为 Up。

④ **超时检测倍数**：在缺省模式下，BFD 设备会周期性地发送 BFD 消息向对端通告自己的存在。如果一台 BFD 设备在超时时间周期内没有接收到对端发送的 BFD 消息，那么这台设备就会认为与对方设备之间的通信出现了故障。这个字段的作用是标识本地

设备的超时时间周期为发送周期的多少倍。

⑤ **长度**：作用是标识这个 BFD 头部所封装的数据长度。

⑥ **本地鉴别符**：作用是告知远端 BFD 消息来自哪个 BFD 会话。BFD 的会话建立有两种方式：静态建立 BFD 会话和动态建立 BFD 会话。如果 BFD 会话是动态建立的，那么系统会给每个会话的 BFD 消息自动分配一个本地鉴别符值。如果 BFD 会话是静态建立的，本地鉴别符值则是管理员静态配置的数值。

⑦ **远端鉴别符**：如果 BFD 会话是动态建立的，那么当 BFD 设备接收到对端发送的 BFD 消息时，它会用该消息中本地鉴别符字段中封装的数值作为自己在这段会话中给对等体发送 BFD 消息时使用的远端鉴别符字段的值。如果 BFD 会话是静态建立的，那么本地鉴别符值和远端鉴别符值都需要由管理员进行静态配置。

⑧ **支持最小发送间隔**：标识了这台 BFD 设备支持的最小 BFD 消息发送间隔。

⑨ **支持最小接收间隔**：标识了这台 BFD 设备支持的最小 BFD 消息接收间隔。

⑩ **支持最小回声接收间隔**：作用是标识这台 BFD 设备支持的最小回声（Echo）消息接收间隔。

⑪ **认证类型**：可选字段。如果管理员启用了 BFD 认证，BFD 消息中就会携带这个字段，其作用是标识管理员所指定的认证类型（如明文、MD5 等）。

⑫ **认证长度**：可选字段。如果管理员启用了 BFD 认证，BFD 消息中就会携带这个字段，其作用是标识认证类型字段、认证长度字段和认证数据字段这 3 个字段的总长度。

⑬ **认证数据**：用来携带认证的数据部分，因此这个字段的长度不是固定的。

除上述字段外，BFD 报文还包含下列标志位。

① **P 位**：当参数发生变化时，发送方会在 BFD 报文中置位 P 位，要求接收方立刻对这个报文作出响应。

② **F 位**：在对 P 位置位的 BFD 报文进行响应时，响应方需要将响应报文的 F 位置位。

③ **C 位**：C 位置位时，控制平面的变化不会影响 BFD。

④ **A 位**：A 位置位表示这个 BFD 会话需要进行认证。

⑤ **D 位**：D 位置位表示发送方希望采用查询模式对链路进行检测。

⑥ **R 位**：也作为 M 位，目前为保留位。

2. BFD 的会话建立

在检测通信故障之前，BFD 对等体之间首先需要建立会话。为了建立 BFD 会话，对等体之间需要完成 3 次握手。在此过程中，对等体之间会完成一个状态迁移，并且进行参数协商。当对等体之间完成了 BFD 3 次握手后，它们就完成了状态迁移并进入 BFD Up 状态。

总体来说，BFD 包含了 3 种状态：Down、Init 和 Up。因此，BFD 的状态迁移过程并不复杂，而且与 OSPF 建立 2-Way 关系的流程在逻辑上有相似之处。下面简单介绍 BFD 对等体之间的状态迁移过程。

当管理员刚刚在两台设备上启用 BFD 时，它们的状态都是 Down。Down 也是 BFD 的初始状态，表示当前 BFD 的会话状态是关闭。此时，BFD 设备会向对端发送 BFD 消息，BFD 消息中会携带始发设备当前的 Down 状态。需要说明的是，除普通的 Down 状态外，BFD 还有一种"管理 Down"状态，这种状态表示管理员手动关闭了 BFD 会话。

当一台处于 Down 状态的 BFD 设备接收到状态为 Down 的 BFD 消息之后，它就会进入 Init 状态，状态为 Init 的设备发送的 BFD 消息状态也会变为 Init。Init 状态表示这台 BFD 设备正在和远端的 BFD 设备进行通信，同时这台设备希望通过接收远端 Init 状态（或 Up 状态）的 BFD 报文，从而进入 Up 状态。设备会在 Init 状态下等待一个检测超时时间，如果在此期间没有接收到远端 Init 状态（或 Up 状态）的 BFD 报文，这台 BFD 设备就会跳转回 Down 状态。在 Init 状态下，BFD 设备会忽略远端 Down 状态的 BFD 报文。

若处于 Init 的设备接收到状态为 Init 或 Up 的 BFD 消息，这台 BFD 设备就会进入 Up 状态；处于 Down 的设备接收到状态为 Init 的 BFD 消息后会直接进入 Up 状态，但处于 Down 状态的设备接收到状态为 Up 的 BFD 消息，不会导致这台设备的 BFD 状态发生变化。状态为 Up 的设备发送的 BFD 消息状态也会变为 Up。Up 状态标识 BFD 会话已经建立完成。BFD 会话如果没有接收到远端 Down 状态的 BFD 报文，也没有检测到时间超时，它的状态就会一直保持在 Up 状态。如果 BFD 设备接收到远端 Down 状态的 BFD 报文或者检测时间超时，这台设备就会退回 Down 状态。

BFD 状态机如图 12-2 所示。

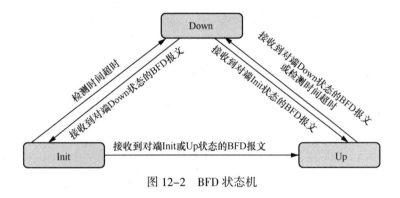

图 12-2　BFD 状态机

3. BFD 的检测机制

在 BFD 会话建立后，BFD 的检测功能就会开始生效。此后，两台设备会沿着它们之间的路径周期性地相互发送 BFD 控制报文，如果一方在检测超时时间内没有接收到对等体的 BFD 控制报文，它就会认为路径上发生了故障。

BFD 的检测模式分为异步模式和查询模式两种。

① **异步模式**：异步模式的检测是周期性的，即 BFD 对等体会相互周期性地发送 BFD 控制报文。如果在某个检测超时时间内，一台 BFD 设备没有接收到对方发送的 BFD 控制报文，这台设备就会宣布会话状态为 Down。

② **查询模式**：查询模式的检测是按需进行的，即当需要验证连通性时，BFD 设备

会连续发送多个 BFD 控制报文。如果在检测时间内，始发设备没有接收到对等体返回的 BFD 控制报文，就会宣布会话状态为 Down。

在介绍 BFD 的报文格式时，曾经提到过超时检测倍数、支持最小发送间隔和支持最小接收间隔这 3 个字段，BFD 会话的检测超时时间就是由这 3 个字段决定的。在建立 BFD 会话的过程中，希望建立 BFD 会话的设备也会使用这 3 个字段对实际发送时间间隔和接收时间间隔进行协商。最终，一台 BFD 设备本地的 BFD 报文实际发送时间间隔会取设备本地发送时间间隔与对端接收时间间隔这两个值中的较大者；而本地的 BFD 报文实际接收时间间隔则取设备本地接收时间间隔与对端发送时间间隔这两个值中的较大者。通过这种方式，每台 BFD 设备也就确定了自己的 BFD 报文实际发送时间和接收间隔。接下来，这台设备需要使用这个值，根据 BFD 的不同检测模式来计算自己的检测超时时间。

① **异步模式**：设备的 BFD 报文实际检测时间=本地 BFD 报文实际接收时间间隔×对端的超时间隔倍数。

② **查询模式**：设备的 BFD 报文实际检测时间=本地 BFD 报文实际接收时间间隔×本端的超时间隔倍数。

下面我们通过图 12-3 对上述 BFD 设备计算检测超时时间的流程进行解释。

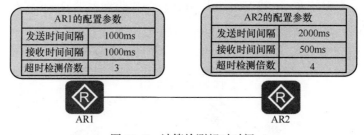

图 12-3　计算检测超时时间

图 12-3 显示了一对 BFD 对等体上配置的 BFD 检测超时时间的相关参数。首先，因为一台 BFD 设备本地的 BFD 报文实际发送时间间隔取设备本地发送时间间隔与对端接收时间间隔这两个值中的较大者，AR1 的发送时间间隔为 1000ms，而 AR2 的接收时间间隔为 500ms，所以 AR1 的 BFD 报文实际发送时间间隔为 1000ms（1000>500）；又因为本地的 BFD 报文实际接收时间间隔则取设备本地接收时间间隔与对端发送时间间隔这两个值中的较大者，所以 AR1 的 BFD 报文实际接收时间间隔为 2000ms。

注释：在缺省情况下，BFD 报文发送时间间隔和接收时间间隔均为 1000ms、超时检测倍数为 3，如图 12-3 的 AR1 配置参数所示。

由此，我们可以计算出，如果两台设备之间执行的是异步模式，那么 AR1 的报文实际检测时间就是 8000ms（2000×4）；如果两台设备之间执行的是查询模式，那么 AR1 的报文实际检测时间就是 6000ms（2000×3）。

4. BFD 回声功能

如果两台直连的路由设备中，只有一台设备支持 BFD 协议，管理员可以利用 BFD

回声功能来检测两台设备之间的故障。BFP 回声功能是指由一台（支持 BFD 协议的）设备发送 BFD 回声请求，要求另一台设备把报文直接环回，支持 BFD 的设备则通过检测环回报文来检测两台设备之间故障的机制，如图 12-4 所示。

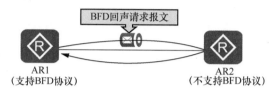

图 12-4　BFD 回声功能

因为路由设备无论是否支持 BFD 协议，都可以把报文环回，所以管理员只需要在支持 BFD 的设备上创建单臂回声功能的 BFD 会话，就可以对两台设备之间的故障进行 BFD 检测。

5. BFD 与其他协议的联动

BFD 适用于任何层级的协议，可以为没有检测机制的协议和功能提供错误检测机制，因此 BFD 需要能够与其他协议和功能进行联动。

概括地说，BFD 的联动功能包含下列 3 个模块。

① **监测模块**：负责对链路状态、网络性能等进行检测并把结果通知给追踪模块。

② **追踪模块**：在接收到监测模块通知的结果后，改变追踪项的状态，并且通知应用模块。

③ **应用模块**：根据追踪项的状态进行处理，从而实现联动。

BFD 和动态路由协议进行联动是 BFD 的常见应用。例如，OSPF 自身固然可以通过 Hello 机制实现链路故障检测，但这种机制的检测效率通常是秒级。如果将 BFD 与 OSPF 绑定，通过调整 BFD 的参数，OSPF 就可以借助 BFD 实现毫秒级的故障检测。

BFD 与 OSPF 的联动过程如图 12-5 所示。OSPF 首先需要与远端设备建立邻居关系，然后由 OSPF 协议将邻居信息通告给本地的 BFD，BFD 再利用这些信息建立 BFD 会话，以便路由设备通过 BFD 会话与 BFD 对等体（同时也是 OSPF 邻居）周期性地相互发送消息来检测故障。

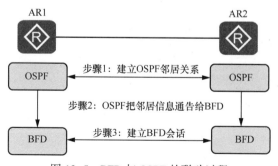

图 12-5　BFD 与 OSPF 的联动过程

在 BFD 对等体之间的通信出现故障的情况下，事件的发生顺序大致与图 12-5 所示的顺序相反。在双方开始周期性地相互发送 BFD 控制报文之后，如果一台路由器的 BFD

在检测超时时间内没有接收到对端的 BFD 消息，它就会迅速检测出自己和远端 BFD 设备之间发生了通信故障，而这台设备的 BFD 状态就会由 Up 变为 Down。接下来，BFD就会向 OSPF 通告邻居已经不可达的事件，于是 OSPF 就会断开邻居关系，路由器也会重新从 LSDB 中计算路由。

除与动态路由协议联动外，BFD 的一种常见应用是与静态路由联动，使用 BFD 来检测本地路由器上某条静态路由条目的下一跳路由器是否仍然可达。因为静态路由不会向BFD 通告邻居信息，所以如果希望使用 BFD 来检测静态路由的通信故障，管理员就需要通过手动配置本地鉴别符和远端鉴别符的方式，让双方设备之间建立静态 BFD 会话。

此外，静态路由也不会在发生变化的情况下重新收敛，如果 BFD 检测到某条静态路由条目的下一跳已经变为不可达，BFD 就会将这条路由设置为"非激活"状态，此后，路由器不会再将以对应网络作为目的地址的数据包按照这条静态路由的设置执行转发。此时，如果静态路由存在冗余路径，静态路由与 BFD 的联动就可以实现静态路由的快速切换。如果此后中断的 BFD 会话重新建立，BFD 就会将这条路由条目重新恢复为激活状态。

BFD 和静态路由的联动经常用于园区网连接多个运营商，且其中一个运营商仅作为备份使用的场景。在这种场景中，流量缺省会发送给其中一个运营商，只有在与该运营商的连接发生故障时，园区网的流量才会被转发给另一个运营商。在这种环境中，园区网的设计人员可以在园区网本地的出口路由器上，针对指向缺省运营商的静态路由配置BFD 联动，以便该路由器与缺省运营商的连接发生故障时，BFD 能够迅速检测出故障并把流量切换到另一个运营商，如图 12-6 所示。

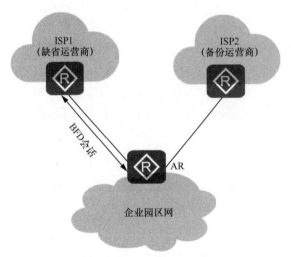

图 12-6　园区网连接多个 ISP 场景中的 BFD 应用

12.1.2　BFD 的配置命令与配置示例

在缺省情况下，全局 BFD 功能处于未启用状态，因此在配置 BFD 相关命令之前，管理员需要使用以下命令在全局启用 BFD 功能。

```
[Huawei] bfd
```

在配置 BFD 单跳检测时，管理员需要根据链路类型的不同使用不同的配置命令。

在 IPv4 链路上，管理员还需要根据接口类型及是否配置了 IP 地址来选择不同的配置命令。对于配置了 IP 地址的三层接口，管理员需要使用以下命令创建 BFD 会话。

```
[Huawei] bfd session-name bind peer-ip ip-address [ vpn-instance vpn-name ] interfa
ce interface-type interface-number [ source-ip ip-address ]
```

在缺省情况下，华为数通设备上未创建 BFD 会话。在第一次创建单跳 BFD 会话时，管理员必须绑定对端的 IP 地址和本端的相应接口，并且创建后不可更改。如果需要更改，管理员需要将原本创建的会话删除后重新创建。

在 IPv4 链路上，对于二层接口和未配置 IP 地址的三层接口，管理员需要使用以下命令创建 BFD 会话。

```
[Huawei] bfd session-name bind peer-ip default-ip interface interface-type interfac
e-number [ source-ip ip-address ]
```

在 IPv6 链路上，管理员需要使用以下命令创建 BFD6 会话。

```
[Huawei] bfd session-name bind peer-ipv6 ipv6-address [ vpn-instance vpn-instance-n
ame ] interface interface-type interface-number [ source-ipv6 ipv6-address ]
```

在第一次创建单跳 BFD6 会话时，管理员必须绑定对端的 IPv6 地址和本端的相应接口，并且创建后不可更改。如果需要更改，管理员需要将原本创建的会话删除后重新创建。

接着，管理员需要在 BFD 会话视图中配置 BFD 会话的标识符。配置标识符时，本端的本地鉴别符与对端的远端鉴别符必须相同，否则 BFD 会话无法正确建立。对于使用缺省组播 IP 地址的 BFD 会话，本地鉴别符和远端鉴别符必须不同。本地鉴别符和远端鉴别符配置成功后均不可更改。

管理员需要使用以下命令配置 BFD 会话的本地鉴别符。

```
[Huawei-bfd-session-name] discriminator local discr-value
```

管理员需要使用以下命令配置 BFD 会话的远端鉴别符。

```
[Huawei-bfd-session-name] discriminator remote discr-value
```

在 BFD 会话视图中完成了 BFD 的相关配置后，管理员需要执行以下命令提交配置，使新的配置数据在当前的系统运行配置中生效。

```
[Huawei-bfd-session-name] commit
```

静态标识符自协商 BFD 可以与对端的动态 BFD 进行协商，但静态 BFD 只能与对端的静态 BFD 建立 BFD 会话关系。管理员在配置静态标识符自协商 BFD 和静态 BFD 时可以指定 BFD 会话名称，动态 BFD 的 BFD 会话名称是动态生成的。当对端为动态 BFD 时，若本端需要配置 BFD 与静态路由联动，管理员可以在本端配置静态标识符自协商 BFD。三层接口在正确配置了接口 IP 地址后，在 IPv4 链路上，管理员可以使用以下系统视图命令创建静态标识符自协商 BFD 会话。

```
[Huawei] bfd session-name bind peer-ip ip-address [ vpn-instance vpn-name ] [ inter
face interface-type interface-number ] source-ip ip-address auto
```

如果管理员想要配置单臂回声功能的 BFD 会话，在三层接口上正确配置了接口 IP 地址后，在 IPv4 链路上，管理员可以使用以下系统视图命令创建单臂回声功能的 BFD 会话。

```
[Huawei] bfd session-name bind peer-ip peer-ip [ vpn-instance vpn-instance-name ] i
nterface interface-type interface-number [ source-ip ip-address ] one-arm-echo
```

接下来，我们将通过图 12-7 所示的拓扑来展示 BFD 与静态路由的联动，以及 BFD 与 OSPF 的联动。

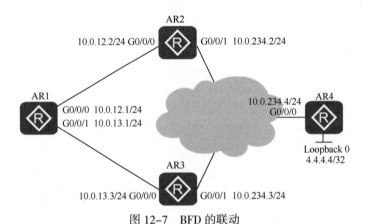

图 12-7   BFD 的联动

在图 12-7 所示的拓扑中，AR1 需要分别通过静态路由的配置和 OSPF 的配置访问 AR4 的 Loopback 0 接口。首先，我们需要配置静态路由的场景。在这个实验中，AR1 需要配置静态浮动路由，即正常情况下通过 AR2 去往 4.4.4.4，当 AR1 与 AR2 之间的链路发生故障时，AR1 则使用浮动路由通过 AR3 与 4.4.4.4 通信。管理员需要在这个场景中配置 BFD 与静态路由的联动。

图 12-7 中指出了每个接口的编号及其 IP 地址，为突出重点，我们不再展示接口的配置命令。

在本实验中，我们在 AR1 与 AR2 之间建立 BFD 会话，并在 AR1 上将 BFD 与去往 4.4.4.4 的静态路由进行绑定。例 12-1 展示了 AR1 上的 BFD 配置。

例 12-1   AR1 上的 BFD 配置

```
[AR1]bfd
[AR1-bfd]quit
[AR1]bfd tor2 bind peer 10.0.12.2 interface GigabitEthernet 0/0/0
[AR1-bfd-session-tor2]discriminator local 121
[AR1-bfd-session-tor2]discriminator remote 122
[AR1-bfd-session-tor2]commit
[AR1-bfd-session-tor2]quit
[AR1]ip route-static 4.4.4.4 32 10.0.12.2 track bfd-session tor2
[AR1]ip route-static 4.4.4.4 32 10.0.13.3 preference 100
```

在例 12-1 的配置中，我们将本地鉴别符设置为了 121，将远端鉴别符设置为 122，在 AR2 上的配置需要与此对应。例 12-2 展示了 AR2 上的 BFD 配置。

例 12-2 　AR2 上的 BFD 配置

```
[AR2]bfd
[AR2-bfd]quit
[AR2]bfd tor1 bind peer 10.0.12.1 interface GigabitEthernet 0/0/0
[AR2-bfd-session-tor1]discriminator local 122
[AR2-bfd-session-tor1]discriminator remote 121
[AR2-bfd-session-tor1]commit
```

配置完成后我们可以查看 BFD 会话状态，见例 12-3。

例 12-3 　在 AR1 上查看 BFD 会话状态

```
[AR1]display bfd session all
--------------------------------------------------------------------------------
Local Remote     PeerIpAddr      State    Type        InterfaceName
--------------------------------------------------------------------------------
121   122        10.0.12.2       Up       S_IP_IF     GigabitEthernet0/0/0
--------------------------------------------------------------------------------
     Total UP/DOWN Session Number : 1/0
```

从例 12-3 的命令输出中我们可以看出，BFD 的会话状态为 Up。管理员还可以查看该会话的详细信息，见例 12-4。

例 12-4 　在 AR1 上查看 BFD 会话的详细信息

```
[AR1]display bfd session all verbose
--------------------------------------------------------------------------------
Session MIndex : 256        (One Hop) State : Up          Name : tor2
--------------------------------------------------------------------------------
  Local Discriminator    : 121              Remote Discriminator   : 122
  Session Detect Mode    : Asynchronous Mode Without Echo Function
  BFD Bind Type          : Interface(GigabitEthernet0/0/0)
  Bind Session Type      : Static
  Bind Peer IP Address   : 10.0.12.2
  NextHop Ip Address     : 10.0.12.2
  Bind Interface         : GigabitEthernet0/0/0
  FSM Board Id           : 0                TOS-EXP                : 7
  Min Tx Interval (ms)   : 1000             Min Rx Interval (ms)   : 1000
  Actual Tx Interval (ms): 1000             Actual Rx Interval (ms): 1000
  Local Detect Multi     : 3                Detect Interval (ms)   : 3000
  Echo Passive           : Disable          Acl Number             : -
  Destination Port       : 3784             TTL                    : 255
  Proc Interface Status  : Disable          Process PST            : Disable
  WTR Interval (ms)      : -
  Active Multi           : 3
  Last Local Diagnostic  : No Diagnostic
  Bind Application       : No Application Bind
  Session TX TmrID       : -                Session Detect TmrID   : -
  Session Init TmrID     : -                Session WTR TmrID      : -
  Session Echo Tx TmrID  : -
  PDT Index              : FSM-0 | RCV-0 | IF-0 | TOKEN-0
  Session Description    : -
--------------------------------------------------------------------------------
     Total UP/DOWN Session Number : 1/0
```

从例 12-4 的阴影行可以看到，该 BFD 会话类型为静态（Static）BFD。

为了测试，我们可以先查看 AR1 上去往 4.4.4.4/32 的路由，见例 12-5。

例 12-5　在 AR1 上查看路由 4.4.4.4/32

```
[AR1]display ip routing-table 4.4.4.4 32
Route Flags: R - relay, D - download to fib
------------------------------------------------------------------------------
Routing Table : Public
Summary Count : 1
Destination/Mask     Proto   Pre  Cost      Flags NextHop        Interface

        4.4.4.4/32   Static  60   0         RD    10.0.12.2      GigabitEthernet0/0/0
```

从例 12-5 的命令输出内容中可以看出，此时 AR1 会通过 AR2 访问 4.4.4.4/32。下面，我们将 AR1 与 AR2 之间的链路断开，并再次在 AR1 上查看路由 4.4.4.4/32，见例 12-6。

例 12-6　在 AR1 上再次查看路由 4.4.4.4/32

```
[AR1]display ip routing-table 4.4.4.4 32
Route Flags: R - relay, D - download to fib
------------------------------------------------------------------------------
Routing Table : Public
Summary Count : 1
Destination/Mask     Proto   Pre  Cost      Flags NextHop        Interface

        4.4.4.4/32   Static  100  0         RD    10.0.13.3      GigabitEthernet0/0/1
```

从例 12-6 的命令输出内容中可以看出，此时 AR1 改为了通过 AR3 去往 4.4.4.4/32。

接下来，我们通过配置实现 BFD 与 OSPF 的联动。

在这个实验中，我们要在 4 台路由器上都启用 OSPF 协议，使所有互联接口和 Loopback 0 接口都加入 OSPF。在后文中，我们会省略基础配置命令，仅关注与 BFD 相关的配置。

当前的 4 台路由器之间已经相互建立了 OSPF 完全邻接关系，并且 AR1 已经通过 OSPF 学习到去往 4.4.4.4/32 的路由，例 12-7 展示了 AR1 中的路由。

例 12-7　在 AR1 上查看路由 4.4.4.4/32

```
[AR1]display ip routing-table 4.4.4.4 32
Route Flags: R - relay, D - download to fib
------------------------------------------------------------------------------
Routing Table : Public
Summary Count : 2
Destination/Mask     Proto   Pre  Cost      Flags NextHop        Interface

        4.4.4.4/32   OSPF    10   2         D     10.0.13.3      GigabitEthernet0/0/1
                     OSPF    10   2         D     10.0.12.2      GigabitEthernet0/0/0
```

从例 12-7 的命令输出内容中可以看出，此时 AR1 通过 OSPF 学习到去往 4.4.4.4/32 的两条路由，它们分别通过 AR2 和 AR3 到达。

当链路发生变化时，OSPF 能够感知到链路的变化并开始重新计算最优路由。当 BFD 与 OSPF 进行联动后，BFD 能够对链路故障进行更快速的感应并将结果通知给 OSPF 协议，从而加快 OSPF 协议对网络拓扑变化的响应。如前文所述，OSPF 检测到链路变化并重新计算最优路由所花费的时间是协议收敛时间，通常所需时间为秒级。BFD 能够提供毫秒级的故障检测，以此能够在可靠性要求较高的网络中加速 OSPF 的收敛。例 12-8 所示为在 AR1 上配置 BFD 和 OSPF 联动的命令。

例 12-8　以 AR1 为例展示 BFD 与 OSPF 联动的配置

```
[AR1]ospf 10
[AR1-ospf-10]bfd all-interfaces enable
[AR1-ospf-10]bfd all-interfaces min-rx-interval 100 min-tx-interval 100 detect-
multiplier 3
```

在例 12-8 所示的命令中，管理员将 BFD 会话的最大发送间隔和最大接收间隔都设置为 100ms，检测次数为 3（缺省值）。

在其他 3 台路由器上执行了相同命令后，我们可以在 AR1 上查看 BFD 会话，见例 12-9。

例 12-9　在 AR1 上查看 BFD 会话

```
[AR1]display bfd session all
--------------------------------------------------------------------------------
Local  Remote   PeerIpAddr      State     Type      InterfaceName
--------------------------------------------------------------------------------
121    122      10.0.12.2       Up        S_IP_IF   GigabitEthernet0/0/0
8192   8192     10.0.12.2       Up        D_IP_IF   GigabitEthernet0/0/0
8193   8192     10.0.13.3       Up        D_IP_IF   GigabitEthernet0/0/1
--------------------------------------------------------------------------------
    Total UP/DOWN Session Number : 3/0
```

从例 12-9 的命令输出中我们可以看到，BFD 自动分配的本地鉴别符和远端鉴别符。我们还可以查看 BFD 会话详细信息。以 AR1 与 AR2 之间的 BFD 会话为例，查看 BFD 会话详情的方法见例 12-10。

例 12-10　在 AR1 上查看 BFD 会话的详细信息

```
[AR1]display bfd session discriminator 8192 verbose
--------------------------------------------------------------------------------
Session MIndex : 257        (One Hop) State : Up        Name : dyn_8192
--------------------------------------------------------------------------------
  Local Discriminator    : 8192            Remote Discriminator  : 8192
  Session Detect Mode    : Asynchronous Mode Without Echo Function
  BFD Bind Type          : Interface(GigabitEthernet0/0/0)
  Bind Session Type      : Dynamic
  Bind Peer IP Address   : 10.0.12.2
  NextHop Ip Address     : 10.0.12.2
  Bind Interface         : GigabitEthernet0/0/0
  FSM Board Id           : 0               TOS-EXP               : 7
  Min Tx Interval (ms)   : 100             Min Rx Interval (ms)  : 100
  Actual Tx Interval (ms): 100             Actual Rx Interval (ms): 100
  Local Detect Multi     : 3               Detect Interval (ms)  : 300
  Echo Passive           : Disable         Acl Number            : -
  Destination Port       : 3784            TTL                   : 255
  Proc Interface Status  : Disable         Process PST           : Disable
```

```
 WTR Interval (ms)        : -
 Active Multi             : 3
 Last Local Diagnostic    : No Diagnostic
 Bind Application         : OSPF
 Session TX TmrID         : -                    Session Detect TmrID   : -
 Session Init TmrID       : -                    Session WTR TmrID      : -
 Session Echo Tx TmrID    : -
 PDT Index                : FSM-1 | RCV-0 | IF-0 | TOKEN-0
 Session Description      : -
-------------------------------------------------------------------------------
```

在这条命令中使用的关键字 discriminator 是指 AR1 本地鉴别符，因此指的是 AR1 与 AR2 之间与 OSPF 联动的 BFD 会话。例 12-10 的第一个阴影行显示了这个 BFD 会话的类型为动态（Dynamic）BFD，第二个阴影部分则显示了管理员配置的时间间隔和检测次数。

我们还可以从 OSPF 的角度对 BFD 的配置进行查看，见例 12-11。

例 12-11　在 AR1 上查看 OSPF 中的 BFD 信息

```
[AR1]display ospf 10 bfd session all

    OSPF Process 10 with Router ID 1.1.1.1
 Area 0.0.0.0 interface 10.0.12.1(GigabitEthernet0/0/0)'s BFD Sessions

NeighborId:2.2.2.2          AreaId:0.0.0.0             Interface:GigabitEthernet0/0/0
BFDState:up                 rx   :100                  tx      :100
Multiplier:3                BFD Local Dis:8192         LocalIpAdd:10.0.12.1
RemoteIpAdd:10.0.12.2       Diagnostic Info:No diagnostic information

 Area 0.0.0.0 interface 10.0.13.1(GigabitEthernet0/0/1)'s BFD Sessions

NeighborId:3.3.3.3          AreaId:0.0.0.0             Interface:GigabitEthernet0/0/1
BFDState:up                 rx   :100                  tx      :100
Multiplier:3                BFD Local Dis:8193         LocalIpAdd:10.0.13.1
RemoteIpAdd:10.0.13.3       Diagnostic Info:No diagnostic information
```

例 12-11 的命令输出信息显示了所有与 BFD 会话相关的重要参数，包括接收/发送时间间隔、检测次数、本地/远端鉴别符等。

12.2　VRRP 的原理与配置

对一个局域网来说，网关设备是连接局域网和外部网络的桥梁，局域网与网关设备之间的通信断开意味着局域网中所有终端断开了与外部网络的通信。例如在图 12-6 所示的网络中，尽管园区网拥有两个 ISP 出口，但只要 AR 发生了故障，园区网就会失去与外部网络之间的连接。由此，我们可以看到网关在一个网络中扮演的角色十分重要。为了避免网关发生单点故障进而影响整个网络与外部世界的通信，人们常常会在网络中采用双网关的部署方案，并让这两台网关运行一类协议，使它们可以像一台网关设备那样工作，这一类协议称为第一跳冗余协议（FHRP）。这里的第一跳，指的就是网关。

FHRP 并不是指一项特定的协议，而是一类协议的总称。本节的重点——VRRP，就是这一类协议的重要代表。

12.2.1　VRRP 的工作原理

VRRP 可以通过虚拟化手段将多台物理网关设备在逻辑上合并为一台虚拟设备，让这些路由设备对外隐藏各自的信息，并且针对网络中的设备提供一致性服务。VRRP 的基本原理如图 12-8 所示。

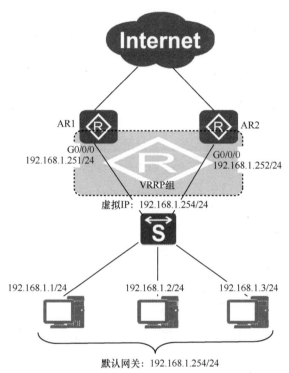

图 12-8　VRRP 的基本原理

在图 12-8 所示的网络中，AR1 和 AR2 通过运行 VRRP，形成了一台虚拟的网关路由器。这台虚拟设备的 IP 地址为 192.168.1.254，而非 AR1 和 AR2 连接园区网内部接口的 IP 地址。此外，这台虚拟设备也会生成一个虚拟的 MAC 地址。在这个环境中，园区网中的所有终端都应把自己的默认网关地址指向这个虚拟 IP 地址。

因为使用相同的虚拟 IP 地址（和 MAC 地址），当其中一台路由器出现故障时，在局域网与 Internet 之间路由数据包的操作虽然会由一台设备迁移到另一台设备，但切换后的设备仍会使用原本的 IP 地址和 MAC 地址来发送需要转发给原来网关设备的流量，所以终端设备并不知道当前充当网关的设备已经变成了另一台路由设备，即上述切换过程对位于该网络中的设备是透明的。

1. VRRP 的术语

运行 VRRP 的网关设备并不全都参与转发流量。VRRP 路由器分为主用和备用，只有主用路由器才会为局域网和 Internet 之间的流量执行转发，而备用路由器只会监听主用设备的状态以判断主用设备工作状态，以便在主用设备出现故障时能够及时接替主用设备。

　　为了详细阐述 VRRP 的工作原理，我们有必要对一些 VRRP 术语进行说明。

　　① **VRRP 组**：当管理员为了实现网关设备的冗余，将连接在同一个局域网中的一组 VRRP 路由器接口划分到同一个逻辑组中，让它们充当局域网中终端设备的主用/备用网关时，这个逻辑组就形成了一个 VRRP 组。这些由 VRRP 路由器连接在相同局域网中的接口所组成的逻辑组，在这个局域网中的终端看来就像是一台网关路由器，因此 VRRP 组也称为虚拟路由器。如图 12-8 所示，路由器 AR1 和路由器 AR2 连接局域网交换机的接口就被划分到了同一个 VRRP 组中，这个 VRRP 组在终端设备看来也就是一台虚拟路由器，因此图中的虚线部分就是一个 VRRP 组。

　　② **VRID**：同一个 VRRP 路由器接口有时会参与多个 VRRP 组，因此，需要有一种参数能够唯一地标识出每个 VRRP 组，VRID 就是用来标识不同 VRRP 组的标识符。换言之，拥有相同 VRID 的路由设备（接口）即处于同一个 VRRP 组中。

　　③ **虚拟 IP 地址**：因为处于同一个 VRRP 组中的路由器接口需要作为一台虚拟路由器对外提供服务，所以这些接口需要对外使用相同的 IP 地址来响应终端发送给默认网关流量的目的 IP 地址，这个 IP 地址也就是 VRRP 组的虚拟 IP 地址。在图 12-8 中，VRRP 组（虚拟路由器）的虚拟 IP 地址为 192.168.1.254/24。

　　④ **虚拟 MAC 地址**：同理，因为处于同一个 VRRP 组中的路由器接口需要作为一台虚拟路由器对外提供服务，所以这些接口需要对外使用一个（不同于自己实际 MAC 地址的）一致的虚拟 MAC 地址来响应终端发送给默认网关流量的目的 MAC 地址，这个 MAC 地址也就是 VRRP 组的虚拟 MAC 地址。虚拟 MAC 地址的格式是 0000-5e00-01xx，其中 xx 为该 VRRP 组的 VRID 值。

　　⑤ **IP 地址拥有者**：如果虚拟 IP 地址是某个参与 VRRP 的设备接口的真实 IP 地址，那么这台设备就是这个（虚拟）IP 地址的拥有者。

　　⑥ **优先级**：每个 VRRP 组中会有一个 VRRP 路由器接口充当主用路由器，这个主用路由器会承担局域网网关的角色，负责响应发往虚拟 IP 地址的 ARP 请求，并为这个局域网中的终端设备转发往返于该局域网的数据流量，其他参与这个 VRRP 组的 VRRP 路由器接口则充当备用路由器，以备在主用路由器无法为终端转发流量时接替成为局域网的网关。优先级是管理员在每个 VRRP 组中分配给各个 VRRP 路由器接口的参数，一个 VRRP 组中优先级最高的 VRRP 路由器接口会在主用路由器选举中胜出，承担主用路由器的角色。

　　注释：同一个 VRRP 组可以有多个虚拟 IP 地址，但不同 VRRP 组的虚拟 IP 地址不能相同。

　　2. VRRP 的封装结构

　　VRRP 当前包含 VRRPv2 和 VRRPv3 两个版本，前者仅适用于 IPv4 环境，后者则同时适用于 IPv4 和 IPv6 环境。目前，华为 VRP 系统默认的 VRRP 版本为 VRRPv2。

VRRP 消息是封装在 IP 头部之内的。当内部封装有 VRRP 消息时,IP 头部的协议号取值 112,表示这个 IP 数据包内部封装的上层协议是 VRRP;同时这个 IP 头部的目的 IP 地址封装的是组播地址 224.0.0.18。

VRRPv2 的头部封装格式如图 12-9 所示。

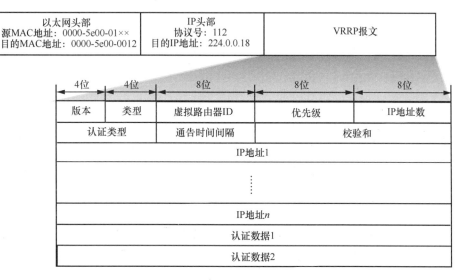

图 12-9　VRRPv2 的头部封装格式

如图 12-9 所示,VRRP 报文中会携带虚拟路由器 ID 和优先级值。这两个字段在 VRRPv2 封装中的长度皆为 8 位,因此,虚拟路由器 ID 和优先级值的上限皆为 255。其中,虚拟路由器 ID 的取值范围是 1～255,而优先级字段的取值范围是 0～255,优先级值越大,这个接口在主用路由器选举中的优先级就越高,0 表示 VRRP 路由器接口立刻停止参与 VRRP 组。如果管理员给主用路由器赋予了 0 这个优先级,那么优先级值最高的备用路由器就会被选举为新的主用路由器。华为 VRRP 路由器接口默认的优先级值为 100。

通常,在创建 VRRP 组时,应该使用一个独立的 IP 地址作为虚拟 IP 地址,而不是将某个 VRRP 组成员的路由器接口地址作为虚拟 IP 地址。但在 IP 地址紧缺的环境中,VRRP 组成员的路由器接口地址也可以作为虚拟 IP 地址使用。在这种场景下,配置有虚拟 IP 地址的设备(接口)就是这个(虚拟)IP 地址的拥有者,IP 地址拥有者的优先级会自动成为 255。管理员不能手动把其他 VRRP 接口的优先级配置为 255。

除上述两个字段外,VRRP 封装中还包括了下列字段。

① **版本**:对于 VRRPv2 消息,这个字段的取值一律为 2。

② **类型**:这个字段的取值一律为 1,表示这是一个 VRRP 通告消息。目前 VRRPv2 只定义了通告(ADVERTISEMENT)消息这一种类型的消息。

③ **IP 地址数**:同一个 VRRP 组可以有多个虚拟 IP 地址。这个字段的作用就是标识 VRRP 组的虚拟 IP 地址数量。

④ **认证类型**:VRRPv2 定义了 3 种类型的认证方式。当这个字段值取 0 时,表示该

消息的始发 VRRP 设备未配置认证；取 1 表示其采用了明文认证；取 2 则表示其采用了 MD5 认证。

⑤ **通告时间间隔**：标识了 VRRP 设备发送 VRRP 通告的时间间隔，单位为秒，缺省值为 1s。通告时间间隔计时器简称为 ADVER_INTERVAL。

⑥ **校验和**：作用是让接收方 VRRP 设备检测 VRRP 消息是否与始发时一致。

⑦ **IP 地址**：作用是标识 VRRP 组的虚拟 IP 地址。IP 地址数字段显示 VRRP 组有多少个虚拟 IP 地址，这个消息的头部封装中就会包含多少个 IP 地址字段。

⑧ **认证数据**：VRRP 消息的认证字。

除封装中的通告时间间隔计时器（ADVER_INTERVAL）外，VRRP 还定义了另一个计时器，称为 MASTER_DOWN 计时器，这个计时器定义了备用设备多长时间没有监听到主用路由器的通告报文，就会把自己转变为主用设备。MASTER_DOWN 计时器的时间计算方式为 MASTER_DOWN = 3 × ADVER_INTERVAL +（256 − Priority）/256。其中，（256 − Priority）/256 称为偏移时间。

3. VRRP 的技术原理

VRRP 的状态包括 Initialize（初始状态）、Master（主用状态）和 Backup（备用状态）3 种。设备的 VRRP 配置完成会触发一个 Startup 事件。此外，配置了 VRRP 的接口底层链路从不可用变为可用，也会触发 Startup 事件。根据 VRRP 优先级的不同，Startup 事件可以让设备的 VRRP 状态由 Initialize 直接过渡为 Master 状态（优先级为 255）或 Backup 状态（优先级不为 255）。

针对处于 Backup 状态的设备，如果其 MASTER_DOWN 计时器超时，或者接收到优先级小于设备本地优先级的报文（含优先级为 0 的报文），则这台设备的状态就会过渡到 Master 状态；对于 Master 状态的设备，如果其接收到优先级大于设备本地优先级的报文，则这台设备的状态会过渡到 Backup 状态。

VRRP 状态机如图 12-10 所示。

图 12-10   VRRP 状态机

在一个 VRRP 组中，只有 Master 状态的设备会承担响应和转发的任务，Master 状态和 Backup 状态的设备操作模式不同。

总体来说，在 Master 状态下，设备的操作如下。

① 按照通告时间间隔计时器（ADVER_INTERVAL）定期发送 VRRP 报文。

② 用虚拟 MAC 地址响应针对虚拟 IP 地址的 ARP 请求。

③ 转发目的 MAC 地址为虚拟 MAC 地址的 IP 报文。

④ 缺省允许 ping 通虚拟 IP 地址。

⑤ 如果有多台设备同时处于 Master 状态，那么当设备接收到和自己优先级相同的报文时，这台设备会进一步比较 IP 地址的大小。如果接收到的报文，其源 IP 地址比自己的 IP 地址大，本地设备就会过渡到 Backup 状态，否则，本地设备保持 Master 状态。

反之，在 Backup 状态下，设备的操作如下。

① 根据定期从 Master 设备那里接收到的 VRRP 报文，判断 Master 设备的状态是否正常。

② 不对针对虚拟 IP 地址的 ARP 请求作出响应。

③ 丢弃目的 MAC 地址为虚拟 MAC 地址的 IP 报文。

④ 丢弃目的 IP 地址为虚拟 IP 地址的 IP 报文。

⑤ 如果接收到优先级与本地优先级相同或比本地优先级更大的报文，本地设备会重置 MASTER_DOWN 计时器。

下面，我们根据 VRRP 状态机和不同状态下 VRRP 设备的操作来解释 VRRP 的工作流程。

在设备的 VRRP 配置刚刚完成时，或者配置了 VRRP 的接口底层链路从不可用变为可用时，Startup 事件会被触发。此时，根据 VRRP 优先级，处于 Initialize 状态的 VRRP 设备接口会进入不同的状态。如果优先级小于 255（不是 IP 地址拥有者），它就会进入 Backup 状态。如果接收到优先级更高的 VRRP 报文，设备会重置 MASTER_DOWN 计时器，并停留在 Backup 状态。如果没有接收到优先级更大的 VRRP 报文，设备就会待 MASTER_DOWN 计时器超时后将 VRRP 接口切换至 Master 状态。此外，如果优先级为 255（是 IP 地址拥有者），设备接口就会在 Startup 事件被触发时直接进入 Master 状态。当一个路由设备接口进入 Master 状态后，它就会开始在局域网中泛洪免费 ARP（gratuitous ARP），以便把虚拟 MAC 地址通告给局域网中的设备和主机。

注释： 不经请求就主动在局域网中泛洪的 ARP 响应消息称为 gratuitous ARP（gARP），设备发送免费 ARP 的目的通常是向局域网中的其他设备通告自己的 IP 地址所映射的 MAC 地址，或者检测网络中是否存在 IP 地址冲突。

综上所述，如果 VRRP 组的路由设备优先级不相等，那么当设备的优先级为 255（有设备是 IP 地址拥有者）时，这台设备启动后就会直接从 Initialize 状态过渡到 Master 状态。同时因为这台设备不会接收到更优的 VRRP 报文，所以这台设备会一直停留在 Master 状态。其他设备则会因为接收到这台设备发送的（优先级更高的）报文，而在启动后停留在 Backup 状态。即使有设备因为先于这台设备启动（因 MASTER_DOWN 计时器超时）而过渡到 Master 状态，它也会因为接收到更高优先级的 VRRP 报文过渡回 Backup 状态。

在没有设备的优先级为 255 的情况下，如果优先级高的设备先于优先级低的设备启动，优先级高的设备就会先（因为 MASTER_DOWN 计时器超时）从 Backup 状态过渡到 Master 状态。优先级低的设备在启动后，则会因为接收到优先级更高的 VRRP 报文而停留在 Backup 状态，如图 12-11 左半部分所示。反之，如果优先级低的设备先于优先级高的设备启动，优先级低的设备也会（因为 MASTER_DOWN 计时器超时）进入 Master 状态。优先级更高的设备启动后，优先级较低的设备则会因为接收到优先级更高的 VRRP 报文过渡回 Backup 状态，优先级更高的设备则会从 Backup 状态过渡到 Master 状态，如图 12-11 右半部分所示。

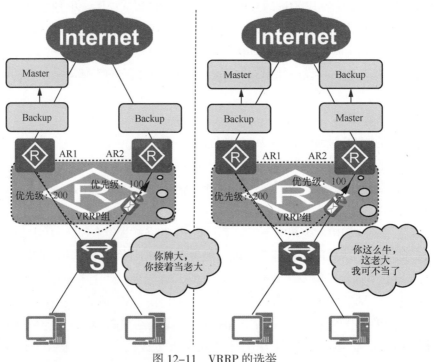

图 12-11　VRRP 的选举

如果遇到 VRRP 优先级相等的情况，设备的状态过渡流程也与上述流程相似，只是优先级相同的设备会在接收到优先级相同的 VRRP 报文之后，进一步比较报文的源 IP 地址与自己的 IP 地址来决定如何进行状态过渡。

① **处于 Master 状态的 VRRP 设备**：如果接收到的 VRRP 报文与自己的优先级相同，但报文的源 IP 地址比自己的 IP 地址大，那么这台 Master 设备就会过渡到 Backup 状态，否则会停留在 Master 状态。

② **处于 Backup 状态的 VRRP 设备**：如果接收到的 VRRP 报文与自己的优先级相同，但报文的源 IP 地址比自己的 IP 地址大，那么这台 Backup 设备就会停留在 Backup 状态，否则会过渡到 Master 状态。

在图 12-11 中，除因为没有接收到主用设备的报文而导致 MASTER_DOWN 计时器超时外，备用路由器也会因为接收到比自己本地配置的优先级更低的 VRRP 报文而过渡到 Master 状态。这种备用设备接收到更低优先级的报文而过渡到 Master 状态的情形有一种特殊情况：

当 Master 设备主动放弃 Master 地位（例如退出 VRRP 组）时，会发送一个优先级为 0 的 VRRP 通告报文。发送这个报文的目的是让 Backup 设备无须等待 MASTER_DOWN 计时器超时而直接切换到 Master 状态。此时切换的时间就是偏移时间。

总而言之，当一台 VRRP 路由器工作在抢占模式下，在这台 VRRP 路由器发现自己 VRRP 接口的优先级值高于 VRRP 组中当前主用路由器的 VRRP 优先级值时，这台 VRRP 路由器的接口就会过渡到 Master 状态，成为新的主用路由器。抢占模式也是 VRRP 的默认工作模式。开启抢占模式的 VRRP 备份组的主备切换总时长为 3 × ADVER_INTERVAL + Skew_time（偏移时间）＋ Delay_time（抢占延迟时间），即主备切换总时长为 MASTER_DOWN 时间和抢占延迟时间之和。

除抢占模式外，VRRP 还有一种非抢占模式。如果一台 VRRP 路由器工作在非抢占模式下，那么即使这台 VRRP 路由器发现自己 VRRP 接口的优先级高于 VRRP 组中当前主用路由器的 VRRP 优先级，它也不会在该主用路由器失效之前过渡到 Master 状态，并代替当前的主用路由器。

根据上述描述可知，如果启用了抢占模式的主用路由器发生故障，那么这台路由器恢复上线就会过渡到 Master 状态，并抢占主用路由器的角色，如图 12-12 左半部分路由器 AR1 所示。如果执行非抢占模式的主用路由器发生故障，那么这台路由器恢复上线后则会停留在 Backup 状态，如图 12-12 右半部分路由器 AR1 所示。

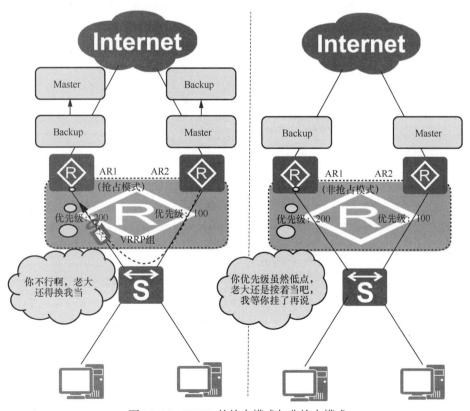

图 12-12　VRRP 的抢占模式与非抢占模式

抢占模式的问题在于，如果主用设备状态不稳定或网络质量差，则 VRRP 备份组就需要频繁进行主备切换。缓解上述问题的常见做法是在设置时把抢占延迟时间适当延长，从而延长整个主备切换的时间，避免因为临时故障导致 VRRP 组频繁切换。

4. VRRP 的应用

接下来，本小节会介绍 VRRP 的几种常见的部署方式。

（1）VRRP 负载分担

VRRP 组不支持"双活"部署，即一个 VRRP 组中只有一台路由设备可以处于 Master 状态并承担流量转发的工作。这无疑会浪费设备和网络资源。

充分利用设备处理资源和网络链路的常见做法是针对一组网关设备创建多个 VRRP 组，让不同的物理路由设备在不同的 VRRP 组中充当主用路由器，不同虚拟路由器的虚拟 IP 地址作为不同设备的网关地址，以此通过多台网关设备来实现负载分担。

例如，在图 12-12 所示的环境中，我们可以用 AR1 和 AR2 的局域网接口创建两个 VRRP 组，并且在 VRID1 中给 AR1 分配更高的优先级，在 VRID2 中给 AR2 分配更高的优先级。在配置终端设备时，我们可以把 VRID1 的虚拟 IP 地址作为局域网中一部分终端设备的默认网关，把 VRID2 的虚拟 IP 地址作为另一部分终端设备的默认网关。

（2）VRRP 监视上行接口

VRRP 不仅可以为局域网中的终端提供网关备份，而且可以通过配置对 VRRP 成员设备的上行接口进行监视。如果不配置上行接口监视功能，VRRP 缺省并不会感知设备上行接口或链路的故障，这就会在出现上述问题时导致流量黑洞，如图 12-13 左侧所示。

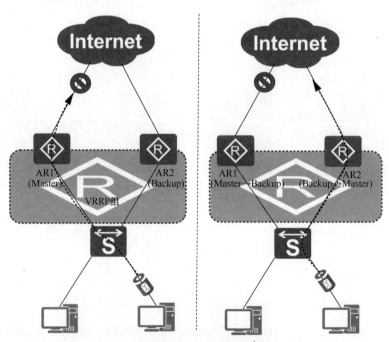

图 12-13　VRRP 监视上行接口

当设备感知到上行接口或者上行链路发生故障时，它会主动降低 VRRP 的优先级，保证 VRRP 组由上行链路正常的设备充当主用路由器，并承担报文的转发，如图 12-13 右侧所示。

VRRP 负载分担和 VRRP 监视上行接口两种部署方式不存在相互替代关系，也没有优劣之分。在现实场景中，这两种部署方式经常一起使用。如果仅部署 VRRP 负载，当其中一台路由器上行链路发生故障时，把由其充当主用路由器的 VRRP 组的虚拟 IP 地址作为默认网关的终端依然会遭遇流量黑洞问题，因为 VRRP 组没有理由切换主用路由器。如果仅部署 VRRP 监视上行接口，设备和网络资源浪费的问题则依然存在。

（3）VRRP 与 BFD 联动

如果仅依靠 VRRP，备用路由器需要等待 MASTER_DOWN 计时器超时才会开始过渡到 Master 状态。因此，从主用设备发生故障到备用设备接替其角色，这个过程经常会经历数秒的时间。在这个过程中，备份路由器仍然不会处理发送给虚拟 IP 地址的报文，因此这段时间会有大量流量丢失。

通过配置 VRRP 与 BFD 联动，在备用设备通过 BFD 感知故障发生后，它不会再等待 MASTER_DOWN 计时器超时，而会在 BFD 检测周期结束后立即切换 VRRP 状态，从而可以实现毫秒级的主备切换。

在常规的 BFD 联动中，VRRP 组会根据 BFD 会话的状态调整优先级，然后按照调整后的优先级判断是否需要进行主备切换。但在实际应用中，常见做法是给（常态下的）主用设备配置一个抢占延迟时间，备用设备则立即抢占。这样，当备用设备检测到 BFD 会话状态 Down 后，它会通过把自己的优先级提高到大于主用设备优先级的方式实现快速切换，从而立刻成为主用设备。而在故障排除、BFD 会话恢复 Up 状态时，这台设备则会降低自己的优先级，发送 VRRP 通告报文，并且经过延迟时间后再切换回备用设备。

（4）VRRP 与 MSTP 的结合应用

VRRP 和 MSTP 也常常配合起来使用，从而可以在负载分担的同时实现网络冗余。在 VRRP 与 MSTP 结合使用的场景中，VRRP 负载分担的设置必不可少，如图 12-14 所示。

在图 12-14 中，SW1 被管理员设置为 VLAN 100 的根交换机，SW2 则充当 VLAN 200 的根交换机。于是，SW3 连接 SW1 的端口则成为 VLAN 200 的替代端口，针对 VLAN 200 的流量不会通过这个端口进行转发。同理，SW3 也会针对 VLAN 100 中的流量，阻塞其连接 SW2 的端口。

同时，SW1 和 SW2 组成了两个 VRRP 组。在 VRRP 组 1 中，SW1 充当主用路由设备，SW2 则充当 VRRP 组 2 的主用路由设备。在这个环境中，管理员可以针对 VLAN 100 和 VLAN 200 中的主机，分别将 VRRP 组 1 的虚拟 IP 地址和 VRRP 组 2 的虚拟 IP 地址设置为它们的默认网关。这样，管理员就可以针对不同子网（即不同 VLAN）的流量提供负载分担和网关冗余。

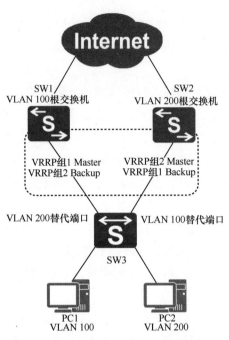

图 12-14　VRRP 与 MSTP 的结合使用

12.2.2　VRRP 的配置命令与配置示例

在配置 VRRP 时，管理员可以使用下列接口视图的命令来创建备份组并分配虚拟 IP 地址、路由器在备份组中的优先级、抢占延迟时间、非抢占模式。

```
[Huawei-GigabitEthernet0/0/0] vrrp vrid virtual-router-id virtual-ip virtual-address
[Huawei-GigabitEthernet0/0/0] vrrp vrid virtual-router-id priority priority-value
[Huawei-GigabitEthernet0/0/0] vrrp vrid virtual-router-id preempt-mode timer delay
delay-value
[Huawei-GigabitEthernet0/0/0] vrrp vrid virtual-router-id preempt-mode disable
```

在配置上述命令时需要注意的是，主用设备的优先级应该高于备用设备的优先级。缺省情况下，抢占模式是启用的。

管理员可以配置 VRRP 监视功能，使设备在检测到上行接口或链路出现故障时，提升或降低本地优先级。需要注意的是，IP 地址拥有者和 Eth-Trunk 成员接口不允许配置 VRRP 监视功能。管理员可以使用以下命令配置 VRRP 备份组监视接口。

```
[Huawei-GigabitEthernet0/0/0] vrrp vrid virtual-router-id track interface interface
-type interface-number [ increased value-increased | reduced value-decreased ]
```

管理员还可以使用以下命令配置 VRRP 备份组与 BFD 会话，进行联动。

```
[Huawei-GigabitEthernet0/0/0] vrrp vrid virtual-router-id track bfd-session { bfd-
session-id | session-name bfd-configure-name} [ increased value-increased | reduced
value-decreased ]
```

使用 bfd-session-id 参数只能绑定静态 BFD 会话，使用 bfd-configure-name 参数可以绑定静态 BFD 会话或者标识符自协商的静态 BFD 会话。

本小节将使用前文中的拓扑完成 VRRP 的配置展示，如图 12-15 所示。

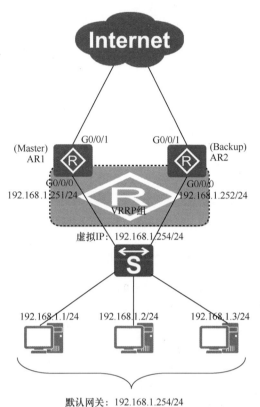

图 12-15　VRRP 实验拓扑

在本实验中，AR1 和 AR2 组成一个 VRRP 备份组，AR1 为主用设备，AR2 为备用设备。AR1 的优先级为 150，AR2 的优先级为 130。主用（AR1）设备设置抢占时间为 10s，它需要监控连接 Internet 的上行接口，当该接口出现问题时，AR1 需要将优先级减少 30。

例 12-12 和例 12-13 分别展示了 AR1 和 AR2 上的 VRRP 配置。

例 12-12　在 AR1 上配置 VRRP

```
[AR1]interface GigabitEthernet 0/0/0
[AR1-GigabitEthernet0/0/0]ip address 192.168.1.251 24
[AR1-GigabitEthernet0/0/0]vrrp vrid 1 virtual-ip 192.168.1.254
[AR1-GigabitEthernet0/0/0]vrrp vrid 1 priority 150
[AR1-GigabitEthernet0/0/0]vrrp vrid 1 preempt-mode timer delay 10
[AR1-GigabitEthernet0/0/0]vrrp vrid 1 track interface GigabitEthernet 0/0/1 reduced
30
```

例 12-13　在 AR2 上配置 VRRP

```
[AR2]interface GigabitEthernet 0/0/0
[AR2-GigabitEthernet0/0/0]ip address 192.168.1.252 24
[AR2-GigabitEthernet0/0/0]vrrp vrid 1 virtual-ip 192.168.1.254
[AR2-GigabitEthernet0/0/0]vrrp vrid 1 priority 130
```

配置完成后，我们可以查看 VRRP 的状态，见例 12-14。

例 12-14　在 AR1 上查看 VRRP 状态

```
[AR1]display vrrp
  GigabitEthernet0/0/0 | Virtual Router 1
    State : Master
    Virtual IP : 192.168.1.254
    Master IP : 192.168.1.251
    PriorityRun : 150
    PriorityConfig : 150
    MasterPriority : 150
    Preempt : YES    Delay Time : 10 s
    TimerRun : 1 s
    TimerConfig : 1 s
    Auth type : NONE
    Virtual MAC : 0000-5e00-0101
    Check TTL : YES
    Config type : normal-vrrp
    Backup-forward : disabled
    Track IF : GigabitEthernet0/0/1    Priority reduced : 30
    IF state : UP
    Create time : 2023-04-13 18:33:17 UTC-08:00
    Last change time : 2023-04-13 18:36:24 UTC-08:00
```

从例 12-14 的第一个阴影行可以看出，AR1 当前的优先级为 150，第二个阴影部分展示出 AR1 降低优先级的条件。此时，我们可以将 AR1 的 G0/0/1 接口关闭，并再次查看 AR1 上的 VRRP 状态，见例 12-15。

例 12-15　在 AR1 上再次查看 VRRP 状态

```
[AR1]display vrrp
  GigabitEthernet0/0/0 | Virtual Router 1
    State : Backup
    Virtual IP : 192.168.1.254
    Master IP : 192.168.1.252
    PriorityRun : 120
    PriorityConfig : 150
    MasterPriority : 130
    Preempt : YES    Delay Time : 10 s
    TimerRun : 1 s
    TimerConfig : 1 s
    Auth type : NONE
    Virtual MAC : 0000-5e00-0101
    Check TTL : YES
    Config type : normal-vrrp
    Backup-forward : disabled
    Track IF : GigabitEthernet0/0/1    Priority reduced : 30
    IF state : DOWN
    Create time : 2023-04-13 18:33:17 UTC-08:00
    Last change time : 2023-04-13 18:39:19 UTC-08:00
```

从例 12-15 的命令输出可以看出，此时 AR1 的 VRRP 角色已经变为 Backup，第一个阴影行展示出 AR1 此时的优先级为 120，第二个阴影行显示出监控接口的状态为 Down，因此 AR1 的本地优先级减少了 30。我们还可以在 AR2 上查看 VRRP 状态，见例 12-16。

例 12-16 在 AR2 上查看 VRRP 状态

```
[AR2]display vrrp
  GigabitEthernet0/0/0 | Virtual Router 1
    State : Master
    Virtual IP : 192.168.1.254
    Master IP : 192.168.1.252
    PriorityRun : 130
    PriorityConfig : 130
    MasterPriority : 130
    Preempt : YES   Delay Time : 0 s
    TimerRun : 1 s
    TimerConfig : 1 s
    Auth type : NONE
    Virtual MAC : 0000-5e00-0101
    Check TTL : YES
    Config type : normal-vrrp
    Backup-forward : disabled
    Create time : 2023-04-13 18:30:47 UTC-08:00
    Last change time : 2023-04-13 18:39:19 UTC-08:00
```

从例 12-16 的阴影行可以确认，当前 AR2 成为 VRRP 备份组的主用设备。

这时，我们可以开启 AR1 的 G0/0/1 接口，并观察 VRRP 状态的切换，见例 12-17。

例 12-17 观察 VRRP 状态的切换

```
[AR1]
Apr 13 2023 18:44:27-08:00 AR1 %%01IFPDT/4/IF_STATE(l)[5]:Interface GigabitEther
net0/0/1 has turned into UP state.
[AR1]
Apr 13 2023 18:44:27-08:00 AR1 %%01IFNET/4/LINK_STATE(l)[6]:The line protocol IP
 on the interface GigabitEthernet0/0/1 has entered the UP state.
[AR1]
Apr 13 2023 18:44:37-08:00 AR1 VRRP/2/VRRPCHANGETOMASTER:OID 16777216.50331648.1
00663296.16777216.33554432.16777216.1140850688.0.16777216 The status of VRRP cha
nged to master. (VrrpIfIndex=50331648, VrId=16777216, IfIndex=50331648, IPAddres
s=251.1.168.192, NodeName=AR1, IfName=GigabitEthernet0/0/0, ChangeReason=priorit
y calculation)
[AR1]
Apr 13 2023 18:44:37-08:00 AR1 %%01VRRP/4/STATEWARNINGEXTEND(l)[7]:Virtual Route
r state BACKUP changed to MASTER, because of priority calculation. (Interface=Gi
gabitEthernet0/0/0, VrId=16777216, InetType=IPv4)
[AR1]
[AR1]display vrrp
  GigabitEthernet0/0/0 | Virtual Router 1
    State : Master
    Virtual IP : 192.168.1.254
    Master IP : 192.168.1.251
    PriorityRun : 150
    PriorityConfig : 150
    MasterPriority : 150
    Preempt : YES   Delay Time : 10 s
    TimerRun : 1 s
    TimerConfig : 1 s
    Auth type : NONE
    Virtual MAC : 0000-5e00-0101
    Check TTL : YES
    Config type : normal-vrrp
```

```
Backup-forward : disabled
Track IF : GigabitEthernet0/0/1   Priority reduced : 30
IF state : UP
Create time : 2023-04-13 18:33:17 UTC-08:00
Last change time : 2023-04-13 18:44:37 UTC-08:00
```

从例 12-17 上半部分的输出内容可以看出，在 G0/0/1 接口的状态变为 Up 后，VRRP 状态随之切换。从阴影部分可以看出，当前 AR1 已经恢复成了主用设备。

练 习 题

1. 设备通过下列哪个字段识别 BFD 报文属于哪个会话？（　　）

　　A．TCP 头部的序列号字段　　　　　　B．TCP 头部的确认号字段

　　C．BFD 的本地鉴别符字段　　　　　　D．BFD 的诊断字字段

2. 下列哪一项不是 BFD 的状态？（　　）

　　A．Init　　　　　　　　　　　　　　B．2-Way

　　C．Down　　　　　　　　　　　　　D．Up

3. BFD 的检测模式分为异步模式和查询模式，两者的主要区别在于（　　）。

　　A．BFD 检测是周期进行还是按需进行　　B．BFD 状态机中包含了哪些 BFD 状态

　　C．BFD 工作在 OSI 模型的哪一层　　　D．哪些模块参与 BFD 的联动

4. BFD 报文中的下列哪个字段不会参与两台 BFD 设备之间 BFD 报文实际检测时间的计算？（　　）

　　A．超时检测倍数　　　　　　　　　　B．支持最小发送间隔

　　C．支持最小接收间隔　　　　　　　　D．支持最小回声接收间隔

5. 在以 VRRP 组作为网关的网络中，终端设备应该把下列哪个地址设置为默认网关地址？（　　）

　　A．主用 VRRP 路由器的内网接口地址　　B．备用 VRRP 路由器的内网接口地址

　　C．虚拟路由器的接口地址　　　　　　D．核心层交换机的 VLANIF 接口地址

6. 下列哪一项是 VRRPv2 定义的通告消息类型？（　　）

　　A．ADVERTISEMENT　　　　　　　　B．UPDATE

　　C．INFORM　　　　　　　　　　　　D．ANNOUNCEMENT

7. 备用 VRRP 设备会使用下列哪个计时器来判断自己多久没有监听到主用路由器的通告报文，就应该接替主用路由器的角色？（　　）

　　A．ADVER_INTERVAL　　　　　　　　B．MASTER_DOWN

　　C．BACKUP_UP　　　　　　　　　　D．UPDATE_INTERVAL

8. 下列哪一项不是 VRRP 的状态？（　　）

　　A．Initialize　　　　　　　　　　　　B．Master

　　C．Backup　　　　　　　　　　　　D．Down

9. 下列哪一项操作 Master 状态和 Backup 状态的 VRRP 路由器都会执行？（　　）

A. 按照计时器定期发送 VRRP 报文

B. 使用虚拟 MAC 地址响应针对虚拟 IP 地址的 ARP 请求

C. 转发目的 MAC 地址为虚拟 MAC 地址的 IP 报文

D. 以上几项都不是

10. 下列哪一项关于 VRRP 优先级的说法是错误的？（　　）

A. 优先级的取值范围是 0～255

B. 管理员不能手动把 VRRP 接口优先级配置为 0

C. 管理员不能手动把 VRRP 接口优先级配置为 255

D. 华为路由器接口默认的优先级值为 100

答案：

1. C　2. B　3. A　4. D　5. C　6. A　7. B　8. D　9. D　10. C

第 13 章
网络服务与管理

本章主要内容

对于一定规模的网络而言，管理员通过手动方式用网络设备的命令行界面（CLI）对整个网络加以管理，不仅负担极大，而且难度极高。于是，人们定义了一些辅助协议，可以帮助管理员对网络执行更加动态化、体系化的管理。本章的内容将围绕网络管理和运维的协议与方法展开。

13.1 节首先会帮助读者复习 DHCP 的报文封装结构，并介绍关于 DHCP 地址续租流程，以及 DHCP 中继代理的工作方式等内容；然后，会对 DHCP 配置命令进行复习，同时介绍一些新的配置命令，并通过一个实验演示如何将一台运行华为 VRP 系统的设备配置为 DHCP 服务器。

13.2 节的重点是网络管理协议。该节首先回顾网络管理的基本概念和国际标准化组织（OSI）对网络管理模型的定义；接下来，分别对 SNMP、NETCONF、NetStream、sFlow、遥测、系统日志、LLDP 和镜像等网络管理相关协议和工具进行简要介绍；最后，提到网络管理的发展趋势，并引出华为 iMaster NCE 自治网络云化平台及其优势。

本章重点

- DHCP 的通信流程与封装格式；
- DHCP 常见可选项字段，尤其是 Option 43 和 Option 82；
- DHCP 地址续租流程；
- DHCP 中继代理的工作原理；
- DHCP 的配置方法；
- OSI 网络管理模型；
- 各类常见的网络管理协议与工具（包括 SNMP、NETCONF、NetStream、sFlow、遥测、系统日志、LLDP 和镜像）；
- 华为 iMaster NCE 的优势。

13.1　DHCP 的原理与配置

虽然对计算机网络从业者而言，配置 IP 地址是一项相当轻松的工作，但对于完全不了解网络技术的人员来说，配置 IP 地址其实并不简单。随着时代和技术的发展，当代局域网中的网络设备不仅数量规模越来越庞大，而且自带设备的比例也越来越高。因此，网络中的设备流动性也大幅增加。在这样的背景下，由管理员手动为所有设备配置 IP 地址的做法增加了技术人员的工作负担，越来越不具备可行性。

1985 年，RFC 951 定义了一项名为 BOOTP 的协议。这项协议定义了 IP 网络自动通过一台服务器来为网络设备分配 IP 地址的标准。通过 BOOTP，网络设备可以通过与服务器进行交互来自动获取 IP 地址。1993 年，DHCP 问世。这项协议在 BOOTP 的基础上，增加了自动分配可复用地址和其他配置可选项的标准。

13.1.1　DHCP 的通信流程与主要的报文类型

DHCP 同样采用了客户端/服务器模型。DHCP 是一种无连接的协议，因此在传输层使用的是 UDP。在其定义的通信模型中，DHCP 服务器使用的是知名端口号 67，客户端使用的则是知名端口号 68。

DHCP 的工作原理可以概括为如下 4 个阶段。

① **发现阶段**：刚刚连接到网络中、需要配置 IP 地址的客户端发送 DHCP DISCOVER（DHCP 发现）报文，在网络中寻找 DHCP 服务器。

② **提供阶段**：接收到 DHCP DISCOVER 报文的 DHCP 服务器向 DHCP 客户端发送 DHCP OFFER（DHCP 提供）报文，为 DHCP 客户端提供包括 IP 地址在内的配置参数。

> **注释**：DHCP 服务器在发送 DHCP OFFER 报文时会对其要提供的地址执行 ping 测试。如果能够 ping 通，代表该地址当前已被占用，DHCP 服务器就会继续选择其他 IP 地址分配给客户端。这一步是为了避免 IP 地址冲突。

③ **选择阶段**：接收到 DHCP OFFER 报文的 DHCP 客户端向 DHCP 服务器发送 DHCP REQUEST（DHCP 请求）报文，正式请求使用 DHCP 服务器提供的配置参数。在这个阶段，如果 DHCP 客户端接收到来自多个 DHCP 服务器的 OFFER 报文，它只会向第一个接收到的 DHCP OFFER 报文响应 DHCP REQUEST 报文。

④ **确认阶段**：接收到 DHCP REQUEST 报文的 DHCP 服务器向 DHCP 客户端发送 DHCP ACK（DHCP 确认）报文，确认客户端可以使用这些参数。

> **注释**：DHCP 客户端在接收到 DHCP ACK 报文之后，还会使用免费 ARP（gratuitous ARP）报文进行最后一次测试，以避免 IP 地址冲突。如果接收到响应，DHCP 客户端就会向服务器发送 DHCP DECLINE 报文通知 DHCP 服务器这个 IP 地址冲突。此时，DHCP 服务器就会标识该地址不可用，客户端则会重新发送 DHCP DISCOVER 报文，重新申请 IP 地址。

DHCP 的通信流程如图 13-1 所示。

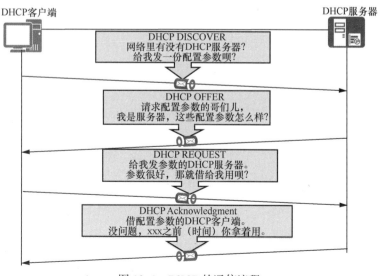

图 13-1　DHCP 的通信流程

1. DHCP 报文的封装格式

DHCP 报文的封装格式如图 13-2 所示。

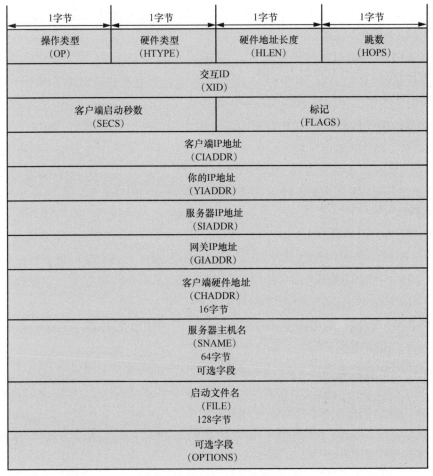

图 13-2　DHCP 报文的封装格式

DHCP 报文各封装字段的作用如下。

① **操作类型**：标识了这个报文是由 DHCP 客户端发送给服务器的，还是 DHCP 服务器对客户端的响应报文。前者这个字段的取值为 0x01，后者则为 0x02。

② **硬件类型**：作用是标识硬件地址的类型。例如，对于 MAC 地址，这个字段的取值是 0x01。

③ **硬件地址长度**：标识硬件地址由几个字节组成。例如，MAC 地址的长度为 6 字节，因此硬件类型为 0x01 的报文字段的取值是 0x06。

④ **跳数**：这个字段只有 DHCP 中继代理才会使用，客户端发送的报文会把这个字段设置为 0。

⑤ **交互 ID**：标识哪些报文属于同一组会话。例如，当多台 DHCP 客户端同时与 DHCP 服务器进行交互时，它们都可以通过交互 ID 来区分 DHCP 服务器的各个报文分别是发

送给哪个 DHCP 客户端的。

⑥ **客户端启动秒数**：表示客户端从开始获取地址或地址续租更新后所用的时间，单位是秒。

⑦ **标记**：由 DHCP 客户端告知 DHCP 服务器，自己是否支持对方直接使用单播来给自己发送 DHCP OFFER 报文。如果支持，客户端会把这个字段设置为 0x0000，反之则会设置为 0x8000。如果 DHCP 服务器发现这个字段的值是 0x8000，它在向对应的 DHCP 客户端发送 DHCP OFFER 报文时，就会使用广播进行发送。

⑧ **客户端 IP 地址**：标识 DHCP 客户端的 IP 地址。如果客户端刚刚连接到网络中，还没有 IP 地址，客户端就会让这个字段保留全 0。

⑨ **你的 IP 地址**：DHCP 服务器会在 DHCP OFFER 和 DHCP ACK 报文中用这个字段填入分配给客户端的 IP 地址。对于其他 DHCP 报文，这个字段的取值均为 0。

⑩ **服务器 IP 地址**：DHCP 服务器会在 DHCP OFFER 和 DHCP ACK 报文中用这个字段填入引导程序中使用的下一台 DHCP 服务器的 IP 地址。对于其他 DHCP 报文，这个字段的取值均为 0。

⑪ **网关 IP 地址**：DHCP 中继代理会在向 DHCP 服务器转发 DHCP 发现报文时，在这个字段填入自己的 IP 地址。

⑫ **客户端硬件地址**：DHCP 客户端会在这个字段填入自己的硬件地址。

⑬ **服务器主机名**：DHCP 服务器的主机名。

⑭ **启动文件名**：DHCP 服务器会在 DHCP OFFER 报文中填入启动文件的完全限定目录路径名称。

在图 13-2 中，DHCP 报文的各封装字段都有一个英文简称。在上文介绍各个字段时，我们均使用了字段的译名，但读者也应该结合图 13-2 来了解这些字段的简称。

除上述字段外，DHCP 报文还提供了可选字段。可选字段的长度是可变的，最长为 312 字节。这个字段包含了很多重要的信息，例如 DHCP 报文类型、服务器分配给终端的配置信息（如默认网关地址、DNS 服务器地址等），以及 IP 地址的有效租期等信息。可选字段使用 TLV 格式，其中类型的长度为 8 位，因此类型字段的取值为 1～255。

DHCP 报文常见的可选项字段见表 13-1。

表 13-1　DHCP 报文常见可选项字段

类型	长度	值	解释
1	4 字节	Subnet Mask	设置子网掩码
3	4 字节	Router	设置网关地址
50	4 字节	Requested IP Address	设置请求 IP 地址
51	4 字节	IP Address Lease Time	设置 IP 地址租期时间

续表

类型	长度	值	解释
53	1 字节	Message Type： 1=DHCP DISCOVER 2=DHCP OFFER 3=DHCP REQUEST 4=DHCP DECLINE 5=DHCP ACK 6=DHCP NAK 7=DHCP RELEASE 8=DHCP INFORM	设置 DHCP 消息类型
54	4 字节	DHCP Server Identifier	设置服务器标识
55	9 字节	Parameter Request List	设置请求参数列表
58	4 字节	Rebinding Time Value	设置续约 $T1$ 时间，一般为租期的 50%
59	4 字节	Renewal Time Value	设置续约 $T2$ 时间，一般为租期的 87.5%

在上文中，我们已经介绍了很多类型的 DHCP 报文，下面对遗漏的 3 种类型报文进行补充说明。

① **DHCP NAK**：DHCP 服务器会使用这种类型的报文拒绝 DHCP 客户端的 DHCP REQUEST 报文。

② **DHCP RELEASE**：客户端会发送这种类型的报文来主动释放服务器分配给它的 IP 地址。

③ **DHCP INFORM**：DHCP 客户端获取到 IP 地址后，可以通过发送这种类型的报文向 DHCP 服务器获取其他配置信息，其中包括默认网关地址、DNS 服务器地址等。

此外，还有一部分选项内容并不是协议定义的标准，这种可选项被称为用户自定义选项。常见的用户自定义选项包括以下两种。

① **Option 43**：厂商特定信息可选项。DHCP 服务器和 DHCP 客户端会通过 Option 43 交换厂商特定的信息。当 DHCP 服务器接收到请求 Option 43 信息的 DHCP 请求报文后，就会在报文中携带 Option 43 来为客户端分配厂商指定的信息。DHCP 客户端请求 Option 43，则是在请求报文中包含请求参数列表（Option 55），在列表中指明向服务器请求厂商特定信息。

② **Option 82**：中继代理信息可选项。这个可选项可以包含最多 255 个子可选项（Sub-Option）。只要设置了 Option 82，那就至少需要定义一个 Sub-Option。鉴于很多 DHCP 报文都是用广播封装的，广播不会跨子网（网段）进行传播，而实际网络往往不会给每个子网配备一台 DHCP 服务器。为了实现跨子网的服务，DHCP 定义了 DHCP 中继代理的角色，它可以在接收到 DHCP 客户端广播发送的报文后，将这些广播消息以单播的形

式转发给 DHCP 服务器。

DHCP 中继代理接收到 DHCP 客户端发送给 DHCP 服务器的请求报文后，会在报文中添加 Option 82 再转发给 DHCP 服务器。Option 82 常用的 Sub-Option 如下。

① **Sub-Option 1（代理电路 id 子选项）**：作用是定义传输报文时要携带的 DHCP 客户端所连接交换机端口的 VLAN-ID 和二层端口号。

② **Sub-Option 2（代理远程 id 子选项）**：作用是定义传输报文时要携带的中继代理设备的 MAC 地址信息。

③ **Sub-Option 5（链路选择子选项）**：包含了由 DHCP 中继代理向 DHCP DISCOVER 报文中添加的、发送该报文的客户端的网关 IP 地址。在一台 DHCP 服务器为多个子网分配 IP 地址的环境中，这个子选项可以让 DHCP 服务器在向 DHCP 客户端分配 IP 地址时选择正确的 IP 地址池（即选择正确的地址段）。

DHCP Option 82 的子选项数量很多，而且相对比较复杂，通常一个子选项需要由一个 RFC 进行定义。不仅如此，DHCP Option 82 的子选项还会随着新技术的出现而增加，例如 Sub-Option 151 和 Sub-Option 152 就是针对 VXLAN 环境定义的子选项。

2. DHCP 地址续租

DHCP 服务器在向 DHCP 客户端分配 IP 地址时，会给地址定义一个使用期限，这个使用期限被称为租期。在租期到期之前，DHCP 客户端如果不需要使用这个 IP 地址，可以通过发送 DHCP RELEASE 报文主动释放这个 IP 地址的租期。但如果 DHCP 客户端希望到期后继续使用这个地址，那就需要申请地址续租。

DHCPv4 的地址续租流程和 DHCPv6 有相似之处。当租期达到 $T1$ 时刻（租期的 50%），DHCP 客户端就会向为它分配当前这个 IP 地址的 DHCP 服务器发送一条单播的 DHCP REQUEST 报文，请求服务器更新租期，让自己（在原租期结束后）可以继续使用该 IP 地址。如果客户端接收到 DHCP 服务器响应的 DHCP ACK 报文，则租期更新成功。

如果租期达到 $T2$ 时刻（租期的 87.5%），客户端仍然没有接收到 DHCP 服务器的响应消息，DHCP 客户端会再用广播的形式向网络中所有的 DHCP 服务器发送一条 DHCP REQUEST 报文，请求服务器更新租期。如果客户端接收到 DHCP 服务器响应的 DHCP ACK 报文，则租期更新成功。

如果直到租期到期，DHCP 客户端都没有接收到 DHCP 服务器的响应报文，客户端就不会继续使用 DHCP 服务器原来分配给它的 IP 地址，而会重新发送 DHCP DISCOVER 来请求新的 IP 地址。

IPv4 地址续租流程如图 13-3 所示。

如果 DHCP 客户端在发送 DHCP REQUEST 报文后，从 DHCP 服务器那里接收到的响应消息不是图 13-3 所示的 DHCP ACK 报文，而是 DHCP NAK 报文，那么 DHCP 客户端就会停用此前分配给它的 IP 地址，并发送 DHCP DISCOVER 报文向 DHCP 服务器请求新的 IP 地址。

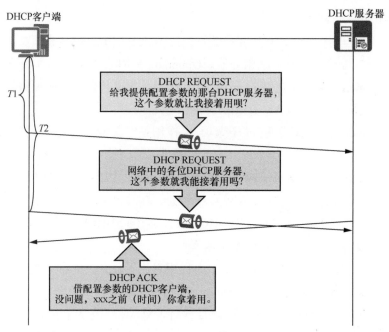

图 13-3   IPv4 地址续租流程

3. DHCP 客户端重用此前分配的 IP 地址

在使用网络时，读者或许经常发现自己的客户端在经历重新启动等操作之后，依然使用之前的 IP 地址。实际上，当 DHCP 客户端并不是第一次接入网络时，可以通过使用可选字段 Option 50 指定之前使用的 IP 地址，来请求 DHCP 服务器把过去分配给它的 IP 地址再分配给它使用。

DHCP 服务器在接收到 DHCP REQUEST 报文后，会根据报文中携带的 MAC 地址来查找有没有相应的租约。如果有租约记录，则返回 DHCP ACK 报文，告知客户端可以继续使用这个 IP 地址。如果没有租约记录，服务器则不会对这个 DHCP REQUEST 报文作出响应。客户端重用此前分配的 IP 地址的流程如图 13-4 所示。

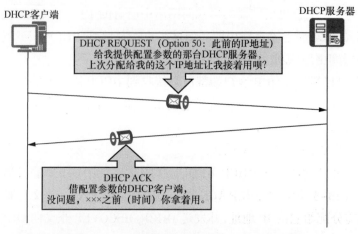

图 13-4   客户端重用此前分配的 IP 地址的流程

当然，并不是所有的客户端设备都支持图 13-4 所示的功能。如果不支持上述功能，DHCP 客户端则需要重新发送 DHCP DISCOVER 报文向 DHCP 服务器请求分配 IP 地址。

总结起来，DHCP 服务器在给客户端分配 IP 地址时，会按照以下优先级选择分配给客户端的 IP 地址。

① DHCP 服务器中与客户端 MAC 地址静态绑定的 IP 地址。

② 客户端 DHCP REQUEST 报文中使用 Option 50 指定的 IP 地址。

③ DHCP 地址池可分配的空闲 IP 地址中最先找到的 IP 地址。

④ 若 DHCP 服务器地址池中已经没有空闲的 IP 地址，服务器首先会查询超过租期的 IP 地址，如果找到可用 IP 地址则进行分配；否则继续查询发生冲突的 IP 地址，如果找到可用 IP 地址则进行分配，否则报告错误。

4. DHCP 中继代理

DHCP 中继代理的作用是让 DHCP 服务器可以为多个子网/网段的客户端提供服务，避免因为 DHCP 包含了广播机制，DHCP 服务只能在一个子网/网段内提供。在这个网络规模不断扩大、网络划分不断细化的时代，DHCP 中继代理的部署已经极为普遍。

DHCP 中继代理的工作是在 DHCP 客户端和（位于不同子网的）DHCP 服务器之间中继 DHCP 报文，因此它不会对 DHCP 数据进行太多修改，但是在 DHCP 报文封装格式中，仍然有一些字段（跳数和网关 IP 地址）与 DHCP 中继代理有关。

① 跳数（HOPS）字段用来表示当前的 DHCP 报文经过了多少 DHCP 中继代理的转发，每当 DHCP 报文穿越一个 DHCP 中继代理，这个字段的数字就会加 1，直至这个值达到 16，下一个接收到这个报文的 DHCP 中继代理就会将报文丢弃。

② 网关 IP 地址（GIADDR）的作用是标识自 DHCP 客户端发送 DHCP 报文开始，第一台 DHCP 中继代理(连接该局域网接口)的 IP 地址,这个字段的值也会由这台 DHCP 中继代理在中继报文时自己进行封装。DHCP 服务器可以根据这个字段判断出客户端所在的网段地址，从而为客户端选择合适的地址池来为客户端分配地址。服务器也会根据这个地址了解第一台 DHCP 中继代理的 IP 地址，从而把响应报文发送给这台 DHCP 中继代理。

在前文介绍 Option 82 的 Sub-Option 5-链路选择子选项时，我们曾经提到这个子选项是由 DHCP 中继代理添加的，而且作用也是通过标识发送该报文的客户端的网关 IP 地址，以便让 DHCP 服务器选择正确的地址池来为客户端分配地址。当网关 IP 地址和 Option 82 的 Sub-Option 5-链路选择子选项值发生冲突时，DHCP 服务器会根据后者的值来选择地址池，这也正是定义 Sub-Option 5-链路选择子选项的目的——在有些情况下，网关 IP 地址封装的 IP 地址所在网段并不是 DHCP 客户端需要服务器为其分配 IP 地址的网段。这时，只有 Option 82 的 Sub-Option 5-链路选择子选项可以向服务器标识 DHCP 客户端所需要分配的 IP 地址所在的网段。

在有 DHCP 中继代理介入的环境中，DHCP 的工作流程同样包括 4 个阶段。DHCP 客户端通过 DHCP 中继代理从 DHCP 服务器获取配置参数的流程如图 13-5 所示。

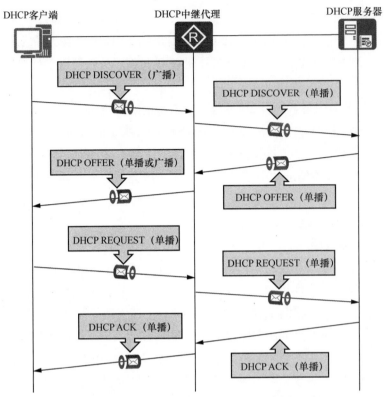

图 13-5　DHCP 客户端通过 DHCP 中继代理从 DHCP 服务器获取配置参数的流程

① **发现阶段**：第一跳 DHCP 中继代理接收到 DHCP 客户端的广播 DHCP DISCOVER 报文，在网关 IP 地址字段封装自己的 IP 地址，将跳数字段的值修改为 1，封装必要的可选项字段，然后用单播的形式将该报文转发给 DHCP 服务器或下一跳 DHCP 中继代理。后面的每一跳中继代理重复对跳数字段的值加 1 并将报文向 DHCP 服务器的方向转发，直到跳数值达到 16 或 DHCP 服务器接收到这个单播的 DHCP DISCOVER 报文。

② **提供阶段**：接收到 DHCP DISCOVER 报文的 DHCP 服务器根据报文中的网关 IP 地址字段或 Option 82 链路选择子选项为 DHCP 客户端选择正确的地址池分配 IP 地址，并使用网关 IP 地址字段的值作为目的地址，向 DHCP 中继代理发送单播的 DHCP OFFER 报文，为 DHCP 客户端提供包括 IP 地址在内的配置参数。DHCP 中继代理在接收到这个报文后，会以单播或广播的方式把报文发送给 DHCP 客户端。

注释：DHCP OFFER 以单播还是广播发送给客户端，取决于客户端设备是否支持 DHCP OFFER 使用单播方式。DHCP 客户端在发送 DHCP DISCOVER 报文时，会通过报文的标记字段告知 DHCP 服务器是否支持使用单播来接收 DHCP OFFER 报文。无论 IP 地址是由 DHCP 中继代理转发还是由 DHCP 服务器直接提供的，这台设备都会在向 DHCP 客户端所在网络发送 DHCP OFFER 报文时，根据 DHCP 客户端的要求将其封装为单播报文或者广播报文。

③ **选择阶段**：接收到 DHCP OFFER 报文的 DHCP 客户端向 DHCP 服务器发送 DHCP REQUEST 报文，正式请求使用 DHCP 服务器提供的配置参数。中继代理则代替 DHCP

客户端向 DHCP 服务器转发 DHCP REQUEST 报文。

④ **确认阶段**：接收到 DHCP REQUEST 报文的 DHCP 服务器向 DHCP 客户端发送 DHCP ACK 报文，确认客户端可以使用这些参数。在接收到这个报文后，中继代理会将其转发给 DHCP 客户端。

13.1.2　DHCP 的配置命令与配置示例

在通过 DHCP 服务器为 DHCP 客户端分配 IP 地址时，我们可以使用全局地址池或者接口地址池。

首先，我们需要在全局启用 DHCP 功能，管理员可以使用以下系统视图命令启用 DHCP 服务。

```
[Huawei] dhcp enable
```

在使用全局地址池方式时，首先要创建全局地址池。管理员可以使用以下系统视图命令创建全局地址池。

```
[Huawei] ip pool ip-pool-name
```

在全局地址池配置视图中，我们可以指定 DHCP 客户端的网关地址、地址池中可用于动态分配的 IP 地址范围、不参与自动分配的 IP 地址、IP 地址租期，还可以为指定的 DHCP 客户端分配固定 IP 地址。管理员可以依次使用下列命令在全局地址池中配置上述参数（以 IP 地址池 HW 举例说明）。

```
[Huawei-ip-pool-HW] gateway-list ip-address
[Huawei-ip-pool-HW] network ip-address [ mask { mask | mask-length } ]
[Huawei-ip-pool-HW] excluded-ip-address start-ip-address [ end-ip-address ]
[Huawei-ip-pool-HW] lease { day day [ hour hour [ minute minute ] ] | unlimited }
[Huawei-ip-pool-HW] static-bind ip-address ip-address mac-address mac-address [ opt
ion-template template-name | description description ]
```

在使用接口地址池方式时，我们可以在接口视图中指定使用接口地址池、不参与自动分配的 IP 地址、IP 地址租期，还可以为指定的 DHCP 客户端分配固定 IP 地址。地址池中可用于动态分配的 IP 地址范围与接口 IP 地址所属的 IP 网段的相同，因此无须明确指定；同时该接口的 IP 地址会作为网关地址，因此也无须明确指定网关。管理员可以依次使用以下命令在接口视图中配置上述参数（以接口 G0/0/1 举例说明，接口上需要配置 IP 地址）。

```
[Huawei] interface interface-type interface-number [ subinterface-number ]
[Huawei-GigabitEthernet0/0/1] ip address ip-address { mask | mask-length }
[Huawei-GigabitEthernet0/0/1] dhcp select interface
[Huawei-GigabitEthernet0/0/1] dhcp server excluded-ip-address start-ip-address [ en
d-ip-address ]
[Huawei-GigabitEthernet0/0/1] dhcp server lease { day day [ hour hour [ minute minu
te ] ] | unlimited }
[Huawei-GigabitEthernet0/0/1] dhcp server static-bind ip-address ip-address mac-add
ress mac-address [ description description ]
```

接下来，我们基于一个简单的拓扑分别使用全局地址池和接口地址池实现 IP 地址的分配。DHCP 配置实验拓扑如图 13-6 所示。

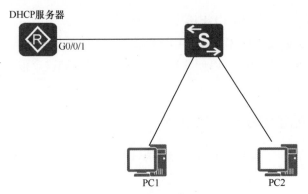

图 13-6　DHCP 配置实验拓扑

在图 13-6 所示的拓扑中，路由器作为 DHCP 服务器向 PC1 和 PC2 分配 IP 地址等信息，G0/0/1 接口的 IP 地址为 10.0.10.1/24，它充当 PC1 和 PC2 的网关，可分配的 IP 地址范围为 10.0.10.2～10.0.10.10，租期为 2 天。PC1 要获得的 IP 地址为 10.0.10.4/24，PC2 要获得的 IP 地址没有要求。

首先，我们通过基于全局地址池的方式实现本实验的需求。下面，我们创建一个名为 dhcp_pool 的 IP 地址池，并在其中指定相关参数。例 13-1 展示了 DHCP 服务器上的相关配置。

例 13-1　DHCP 服务器上的相关配置（基于全局地址池的方式）

```
[DHCP Server]dhcp enable
Info: The operation may take a few seconds. Please wait for a moment.done.
[DHCP Server]ip pool dhcp_pool
Info: It's successful to create an IP address pool.
[DHCP Server-ip-pool-dhcp_pool]gateway-list 10.0.10.1
[DHCP Server-ip-pool-dhcp_pool]network 10.0.10.0 mask 24
[DHCP Server-ip-pool-dhcp_pool]excluded-ip-address 10.0.10.11 10.0.10.254
[DHCP Server-ip-pool-dhcp_pool]lease day 2
[DHCP Server-ip-pool-dhcp_pool]static-bind ip-address 10.0.10.4 mac-address 5489
-98c7-1452
[DHCP Server-ip-pool-dhcp_pool]quit
[DHCP Server]interface GigabitEthernet 0/0/1
[DHCP Server-GigabitEthernet0/0/1]ip address 10.0.10.1 24
[DHCP Server-GigabitEthernet0/0/1]dhcp select global
```

配置完成后，我们可以在 PC1 上设置通过 DHCP 获取 IP 地址。短暂等待后，我们在 PC1 上查看 IP 地址信息，见例 13-2。

例 13-2　查看 PC1 的 IP 地址

```
PC1>ipconfig

Link local IPv6 address...........: fe80::5689:98ff:fec7:1452
IPv6 address......................: :: / 128
IPv6 gateway......................: ::
IPv4 address......................: 10.0.10.4
Subnet mask.......................: 255.255.255.0
Gateway...........................: 10.0.10.1
Physical address..................: 54-89-98-C7-14-52
DNS server........................:
```

从例 13-2 的命令输出中可以看出，PC1 获得的 IP 地址为 10.0.10.4/24，正是管理员为 PC1 分配的固定 IP 地址。

接下来，我们可以在 PC2 上设置通过 DHCP 获取 IP 地址。短暂等待后，我们在 PC2 上查看 IP 地址信息，见例 13-3。

例 13-3　查看 PC2 的 IP 地址

```
PC2>ipconfig

Link local IPv6 address...........: fe80::5689:98ff:fe27:1548
IPv6 address......................: :: / 128
IPv6 gateway......................: ::
IPv4 address......................: 10.0.10.10
Subnet mask.......................: 255.255.255.0
Gateway...........................: 10.0.10.1
Physical address..................: 54-89-98-27-15-48
DNS server........................:
```

从例 13-3 的命令输出中可以看出，PC2 获得的 IP 地址为 10.0.10.10/24，是可用于分配的最后一个 IP 地址。

下面，我们将配置更改为基于接口地址池的方式实现本实验的需求。为此，我们需要进入 G0/0/1 接口视图并在其中指定相关参数。例 13-4 展示了 DHCP 服务器上的相关配置。

例 13-4　DHCP 服务器上的相关配置（基于接口地址池的方式）

```
[DHCP Server]undo ip pool dhcp_pool
Warning: There are IP addresses allocated in the pool. Are you sure to delete th
e pool ?[Y/N]:y
[DHCP Server]interface GigabitEthernet 0/0/1
[DHCP Server-GigabitEthernet0/0/1]undo dhcp select global
[DHCP Server-GigabitEthernet0/0/1]dhcp select interface
[DHCP Server-GigabitEthernet0/0/1]dhcp server excluded-ip-address 10.0.10.11 10.0.1
0.254
[DHCP Server-GigabitEthernet0/0/1]dhcp server lease day 2
[DHCP Server-GigabitEthernet0/0/1]dhcp server static-bind ip-address 10.0.10.4 mac-
address 5489-98c7-1452
```

配置完成后，我们可以在 PC1 上设置通过 DHCP 获取 IP 地址。短暂等待后，我们在 PC1 上查看 IP 地址信息，见例 13-5。

例 13-5　查看 PC1 的 IP 地址

```
PC1>ipconfig

Link local IPv6 address...........: fe80::5689:98ff:fec7:1452
IPv6 address......................: :: / 128
IPv6 gateway......................: ::
IPv4 address......................: 10.0.10.4
Subnet mask.......................: 255.255.255.0
Gateway...........................: 10.0.10.1
Physical address..................: 54-89-98-C7-14-52
DNS server........................:
```

从例 13-5 的命令输出中可以看出，PC1 获得的 IP 地址为 10.0.10.4/24，正是管理员为 PC1 分配的固定 IP 地址。

下面，我们可以在 PC2 上设置通过 DHCP 获取 IP 地址。短暂等待后，我们在 PC2 上查看 IP 地址信息，见例 13-6。

例 13-6　查看 PC2 的 IP 地址

```
PC2>ipconfig

Link local IPv6 address...........: fe80::5689:98ff:fe27:1548
IPv6 address.....................: :: / 128
IPv6 gateway.....................: ::
IPv4 address.....................: 10.0.10.10
Subnet mask......................: 255.255.255.0
Gateway..........................: 10.0.10.1
Physical address.................: 54-89-98-27-15-48
DNS server.......................:
```

从例 13-6 的命令输出中可以看出，PC2 获得的 IP 地址为 10.0.10.10/24，是可用于分配的最后一个 IP 地址。

13.1.3　DHCP 中继代理的配置命令与配置示例

当 DHCP 服务器与 DHCP 客户端不在同一个 IP 网段时，我们需要在网络中设置 DHCP 中继代理来辅助 DHCP 开展请求。

在 DHCP 中继代理上，管理员需要在全局启用 DHCP 服务，在连接 DHCP 客户端的接口上启用 DHCP 中继代理功能并指定 DHCP 服务器的 IP 地址。管理员可以使用以下命令在接口视图中配置上述参数（以接口 G0/0/1 举例说明）。

```
[Huawei] dhcp enable
[Huawei] interface interface-type interface-number [ subinterface-number ]
[Huawei-GigabitEthernet0/0/1] dhcp select relay
[Huawei-GigabitEthernet0/0/1] dhcp relay server-ip ip-address
```

当网络中部署了多台 DHCP 服务器时，管理员也可以创建一个 DHCP 服务器组，把这些 DHCP 服务器添加进去，然后为 DHCP 中继代理指定这个 DHCP 组。管理员可以使用以下命令配置上述参数（以 DHCP 组 HW 举例说明）。

```
[Huawei] dhcp server group group-name
[Huawei-dhcp-server-group-HW] dhcp-server ip-address [ ip-address-index ]
```

在完成 DHCP 服务器组的设置后，管理员需要进入启用了 DHCP 中继代理功能的接口，使用以下命令通过 DHCP 服务器组的名称来为 DHCP 中继代理指定 DHCP 服务器组。

```
[Huawei-GigabitEthernet0/0/1] dhcp relay server-select group-name
```

接下来，我们基于图 13-7 所示的拓扑使用 DHCP 服务器组的方式配置 DHCP 中继代理。

在图 13-7 所示的拓扑中，DHCP 服务器上配置有全局地址池 dhcp_pool，其中可分配的 IP 地址为 10.0.10.0/24，网关地址为 10.0.10.1，租期为 2 天。例 13-7 展示了 DHCP 服务器的配置。

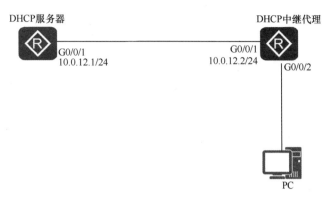

图 13-7　DHCP 中继代理配置实验拓扑

例 13-7　DHCP 服务器的配置

```
[DHCP Server]dhcp enable
Info: The operation may take a few seconds. Please wait for a moment.done.
[DHCP Server]ip pool dhcp_pool
Info: It's successful to create an IP address pool.
[DHCP Server-ip-pool-dhcp_pool]gateway-list 10.0.10.1
[DHCP Server-ip-pool-dhcp_pool]network 10.0.10.0 mask 24
[DHCP Server-ip-pool-dhcp_pool]lease day 2
[DHCP Server-ip-pool-dhcp_pool]quit
[DHCP Server]interface GigabitEthernet 0/0/1
[DHCP Server-GigabitEthernet0/0/1]ip address 10.0.12.1 24
[DHCP Server-GigabitEthernet0/0/1]dhcp select global
[DHCP Server-GigabitEthernet0/0/1]quit
[DHCP Server]ip route-static 10.0.10.0 24 10.0.12.2
```

在中继代理上，我们需要配置 DHCP 服务器组，并在接口上应用 HDCP 服务器组。例 13-8 展示了 DHCP 中继代理的配置。

例 13-8　DHCP 中继代理的配置

```
[DHCP Relay]dhcp enable
Info: The operation may take a few seconds. Please wait for a moment.done.
[DHCP Relay]interface GigabitEthernet 0/0/1
[DHCP Relay-GigabitEthernet0/0/1]ip address 10.0.12.2 24
[DHCP Relay-GigabitEthernet0/0/1]quit
[DHCP Relay]dhcp server group dhcp_server
Info:It's successful to create a DHCP server group.
[DHCP Relay-dhcp-server-group-dhcp_server]dhcp-server 10.0.12.1
[DHCP Relay-dhcp-server-group-dhcp_server]quit
[DHCP Relay]interface GigabitEthernet 0/0/2
[DHCP Relay-GigabitEthernet0/0/2]ip address 10.0.10.1 24
[DHCP Relay-GigabitEthernet0/0/2]dhcp select relay
[DHCP Relay-GigabitEthernet0/0/2]dhcp relay server-select dhcp_server
```

配置完成后，我们可以在计算机上设置通过 DHCP 获取 IP 地址。短暂等待后，我们在计算机上查看 IP 地址信息，见例 13-9。

例 13-9　查看 PC 的 IP 地址

```
PC>ipconfig

Link local IPv6 address...........: fe80::5689:98ff:febd:33b5
```

```
IPv6 address......................: :: / 128
IPv6 gateway......................: ::
IPv4 address......................: 10.0.10.254
Subnet mask.......................: 255.255.255.0
Gateway...........................: 10.0.10.1
Physical address..................: 54-89-98-BD-33-B5
DNS server........................:
```

从例 13-9 的命令输出可以看出，PC 获得的 IP 地址为 10.0.10.254/24，是可用于分配的最后一个 IP 地址。

13.2　网络管理协议介绍

与过去相比，如今的网络不仅规模越来越大，网络中包含的设备种类也越来越多，网络中传输的数据量更是与日俱增。在这种趋势下，不仅管理人员定位网络故障的难度加大，而且网络故障给用户带来的损失也远非过去可比。不仅如此，用户本身对业务开通效率的要求也在迅速提升。需求的改变导致传统的网络管理方式遭到淘汰，如今的网络需要一种能够对不同类型的设备、业务进行统一管理的方式。

网络管理自动化和网络运维智能化已经成为未来的发展趋势。网络管理自动化包含时间和范围两个维度。其中，全生命周期自动化关注时间维度，指从网络的规划、部署、策略发放、网络状态检测、维护及管理的整个网络生命周期都能够实现自动化。整网自动化则强调范围，是指企业网络的各个组成部分，包括 LAN、数据中心网络、WLAN 和WAN 都能够集中式地进行管理和策略配置，也能够从全局视角基于用户身份和应用类型来定义业务策略。在上述两个维度上推进网络管理自动化可以节省企业运营成本。

网络运维智能化则是从关注网络和设备指标转为关注客户体验和业务质量。网络运维可以使用人工智能算法对大数据进行分析，从而针对不同的场景、业务等需求更加合理地调整网络和设备资源，甚至可以通过模式匹配发现网络中的异常状态，从而发出预警并通过分析异常状态原因，找到网络中的故障点，及时解决故障或者对网络进行调优。网络运维智能化,可使用户体验得到大幅提升,由网络故障导致的业务损失也可以大大降低。

13.2.1　网络管理的基本概念

网络管理的手段非常丰富，包括通过各种协议、工具、应用或者设备对网络中的软硬件进行操作。网络管理的目标是通过相应的操作来确保网络正常运行。为了实现这样的目标，网络管理员需要对网络中软硬件的状态、配置、数据进行监控，对网络进行测试，然后通过分析监控和测试的结果对网络中的软硬件执行合理的操作。

在网络管理的典型架构中，网络管理员用来管理各个网络设备的计算机被称为网络管理工作站（NMS）。接受 NMS 管理的设备则称为被管理设备，被管理设备运行代理进程。NMS 上的管理器进程通过和代理进程通信，实现对被管理设备的管理。

　　ISO 也致力于定义网络管理模型。ISO 定义的网络管理模型包含下列 4 个主要模型。

　　① **组织结构模型**：定义包括管理者、代理和被管理对象，描述网络管理系统组件各自的功能和基础架构。

　　② **信息模型**：描述被管理对象及其关系的信息库。管理信息结构（SMI）定义了存储在管理信息库（MIB）中的管理信息的语法和语义。代理进程和管理器进程都使用 MIB 进行管理信息交换和存储。

　　③ **通信模型**：描述管理者与被管理者之间交换信息的方式。通信模型中包含传输协议、应用程序协议和传输的消息三大关键元素。

　　④ **功能模型**：包括网络管理的 5 个功能区域，即故障管理、配置管理、审计管理、性能管理和安全管理。ISO 把 5 个功能区域的英文首字母合在一起，简称 FCAPS。

- **故障管理**：故障管理的关键是能够判断出网络中发生的故障，然后隔离并解决故障，同时把网络中发生的故障记录到日志当中。

- **配置管理**：配置管理的目标是管理设备配置信息的变更。配置管理或多或少有些类似于软件行业的版本管理，它强调网络管理人员对设备配置信息、网络中各类软硬件参数，以及软件版本的变更进行密切监控（因为网络问题常常是由配置的变更导致的）。具体来说，配置管理的职责包括在网络运行期间对设备和网络进行变更和维护。

- **审计管理**：审计管理强调对网络使用情况进行追踪，其中包括追踪网络哪部分的使用率最高等。审计管理功能包括设置用户账户、密码和权限。在收费网络中，设置用户账户、密码和权限，并且追踪用户的网络使用情况通常是为了对用户的网络使用提供计费账单。

- **性能管理**：性能管理的重点是保障网络的性能保持在用户可以接受的程度范围内。网络管理员为了实施性能管理，需要通过技术手段收集网络中的信息。比如，管理员可以针对网络性能建立一条基准线，然后再对即将突破用户可接受程度的网络状态设置一些门限值参数，让网络在该参数触及这些门限值时通告自己，以便及时采取应对措施。

- **安全管理**：安全管理强调的是确保任何人员访问网络中的任何信息都处于一种可控的安全环境，确保网络和系统不会受到未经授权的访问和安全攻击。安全管理功能包括执行用户身份认证、授权和数据加密，也包括管理加密密钥和其他安全敏感信息的生成、分发和存储。

13.2.2　网络管理协议概览

　　在网络管理工作中，人们可以使用不同的工具达到对不同的网络进行管理的目的。配置管理网络时最常用的工具有 CLI、GUI、SNMP 和 NETCONF。网络监控管理的工具包括以下几项。

　　① CLI。

　　② GUI。

③ SNMP。

④ NETCONF。

⑤ NetStream。

⑥ sFlow。

⑦ Telemetry（遥测）。

⑧ Syslog（系统日志）。

⑨ LLDP。

⑩ 镜像。

读者此前接触的 VRP 配置命令就是通过 CLI 对网络设备进行管理。网络管理员在本地通过控制台端口，或远程通过 Telnet 或 SSH 协议对网络设备发起管理时，都是采用 CLI 管理的方式。

如果希望通过 GUI 管理设备，用户通常需要通过 HTTP 或 HTTPS 远程连接被管理设备的图形化界面对其发起管理。管理家用宽带路由器时通常采用这种方式。

本小节仅重点介绍除 CLI、GUI 外的其他几种网络管理方式。

1. SNMP

SNMP 被广泛应用于 TCP/IP 的网络管理工作。迄今为止，SNMP 共有 3 个版本，即 SNMPv1、SNMPv2c 和 SNMPv3。其中，SNMPv1 定义了 SNMP 团体字符串的认证方式。SNMPv2c 基本沿用了 SNMPv1 的认证方式，同时在 SNMPv1 的基础上新增了两种新的消息类型——GetBulk 请求消息和 Inform 消息，它们的作用分别是批量向代理请求大量的参数，以及要求管理器进程对自己通告的消息进行确认。SNMPv3 则定义了认证和加密的功能，因此 SNMPv3 不仅可以对管理人员的身份进行认证，也可以保障管理报文的机密性。

NMS 系统上运行的管理器进程，用来和被管理设备上运行的代理进程相互交换不同类型的 SNMP 消息，从而实现网络管理功能。SNMP 的通信架构如图 13-8 所示。

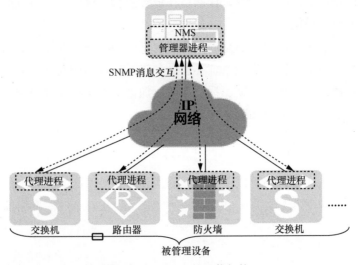

图 13-8　SNMP 的通信架构

鉴于任何一台设备或者任何一种协议都会涉及大量的参数，网络管理又是一项需要与大量的设备和板卡交互各种设置参数的任务，因此，SNMP 必须采用一个专门的数据库来组织这些参数。SNMP 组织这些参数的数据库被称为管理信息库，简称 MIB。MIB 采用了一种分层的结构来组织这些数量庞大的参数。这个结构中的每个变量称为一个被管理对象，每个对象会被赋予一个对象标识符（OID）。MIB 采用了分层结构，各个对象的 OID 是由从根出发一直到这个对象在它所在层级的值构成的，每一层的值用点（.）分开。

2. NETCONF

NETCONF 是一种基于 XML 的网络配置协议，其宗旨是用可编程的方式实现网络配置的自动化，以便能够简化、加速部署网络服务。通过 NETCONF 提供的机制，用户可以对网络设备的配置进行修改，也可以获取关于网络设备的配置与状态以及关于网络的状态信息。

NETCONF 定义了 3 个对象，即 NETCONF 客户端、NETCONF 服务器和 NETCONF 消息，如图 13-9 所示，其中被管理设备充当 NETCONF 服务器，而管理设备充当 NETCONF 客户端，双方通过 NETCONF 消息来交互配置指令。NETCONF 服务器和 NETCONF 客户端之间通过 SSH 实现安全传输，使用远程过程调用（RPC）机制实现双方的通信。NETCONF 消息为 XML 格式。

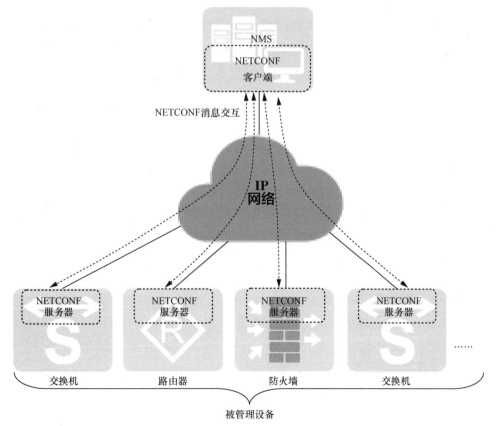

图 13-9　NETCONF 的通信架构

NETCONF 协议定义了一个分层的结构，这个结构自底向上分为安全通信层、消息层、操作层和内容层。

① **安全通信层**：该层主要使用的是 SSH 协议，以便让 NETCONF 客户端发起对 NETCONF 服务器的管理访问，并执行安全的消息传输。

② **消息层**：该层使用 RPC 完成客户端和服务器之间的通信。这一层的作用是通过一种简单的、独立于安全通信层传输协议的方式来封装 RPC 调用、RPC 结果和事件通告，它们分别对应<rpc>消息、<rpc-reply>消息和<notification>消息。RPC 调用（即<rpc>）和 RPC 结果（即<rpc-reply>）之间通过相同的消息 id（message-id）关联在一起。

③ **操作层**：这一层定义了 NETCONF 协议的操作，具体如下。

- <get>：从设备提取运行配置或者状态信息。
- <get-config>：从设备提取指定配置文件中的（部分或者全部）信息。
- <edit-config>：编辑配置文件，包括创建、删除、合并或者替换配置内容。
- <copy-config>：把配置文件复制为另一份配置文件。
- <delete-config>：删除配置文件。
- <lock>：锁定设备的配置文件。
- <unlock>：解除对设备配置文件的锁定。
- <close-session>：请求断开 NETCONF 会话。
- <kill-session>：强制断开 NETCONF 会话。

④ **内容层**：该层提供和网络管理有关的数据，如设备配置数据和网络的相关参数。这一层主要由设备厂商进行定义，定义的结果也反映了厂商产品对 NETCONF 的支持程度。

在实际网络应用中，SNMP 虽然提供了网络管理机制，但限于网络设备供应商对协议的支持程度，SNMP 主要用于网络监控。NETCONF 则作为真正的网络管理工具，用于网络的编程管理和自动化。

3. NetStream

传统的网络流量的统计实现方法各有其局限性。例如，使用 ACL 进行流量统计要求 ACL 容量很大，而且统计的内容会受限于 ACL 能够匹配的信息；SNMP 则因其功能不强，要不断通过轮询向网管查询，因此会浪费设备和网络资源；端口镜像的做法需要占用专门的设备接口，对于无法镜像的端口则无法进行流量统计；通过物理层复制的方式进行流量统计则需要购买专用的硬件设备。

NetStream 不存在上述流量统计手段的短板，它是一种基于网络流信息的统计技术，可以对网络中的业务流量进行统计和分析。这项技术支持对 IP 报文和 MPLS 报文进行统计，可以部署在园区网的接入层、汇聚层和核心层。

一个典型的 NetStream 系统由下列 3 个部分组成。

① **NetStream 数据输出器（NDE）**：负责对网络流进行分析处理，提取符合条件的流进行统计，并将统计信息输出给 NetStream 收集器。配置了 NetStream 的设备在 NetStream

系统中充当 NDE。

② **NetStream 收集器（NSC）**：负责解析来自 NDE 的报文，把统计数据收集到数据库中以供 NDA（NetStream 数据分析器）进行解析。NSC 可以采集多个 NDE 设备输出的数据，并且对数据进行进一步的过滤和聚合。NSC 通常是运行在 UNIX 或者 Windows 上的应用程序。

③ **NetStream 数据分析器（NDA）**：网络流量分析工具，负责从 NSC 中提取统计数据，进行进一步的加工处理，生成报表，为各种业务提供依据。NDA 一般拥有 GUI，可以让用户方便地获取和分析收集到的数据。

NDE 在输出前可以对数据流进行聚合，因此 Stream 流的输出方式分为以下两种。

① **原始流输出方式**：在流老化超时后，每条数据流的统计信息都要输出到 NSC。这种输出方式的优点是，NSC 可以得到每组流的详细统计信息。

② **聚合流输出方式**：聚合流输出方式是指设备对与聚合关键项完全相同的原始流统计信息进行汇总，从而得到对应的聚合流统计信息。通过对原始流进行聚合后输出的方式，可以明显减少网络带宽的消耗。

在实际应用中，NSC 和 NDA 一般会集成在一台 NetStream 服务器上。NDE 是启用了 NetStream 功能的网络基础设施，它会对指定接口的流量进行采样，并且按照管理员设定的条件建立 NetStream。当 NetStream 缓存区已满或者 NetStream 达到老化时间时，NDE（网络基础设施）把采集到的关于流的详细统计信息发送给 NetStream 服务器。服务器上的 NSC 首先会对信息进行初步处理，然后提交给 NDA 对数据进行分析，分析结果用于计费、网络规划等。NetStream 的架构如图 13-10 所示。

图 13-10　NetStream 的架构

4. sFlow

sFlow（采样流）是一种基于报文采样的网络流量监控技术。这种技术可以截取整个报文，也可以截取部分报文头部。

sFlow 系统包含一个嵌入在设备中的 sFlow 代理和位于远端的 sFlow 收集器。前者部署在园区网中支持 sFlow 代理功能的网络基础设施上，后者的职责则多由服务器承担。其中，sFlow 代理通过 sFlow 采样的方式按照管理员指定的方向和采样比来获取指定接口的统计信息和数据信息，然后把信息封装为 sFlow 报文发送给指定的 sFlow 收集器。sFlow

收集器则对 sFlow 报文进行分析，并且显示分析结果。sFlow 的架构如图 13-11 所示。

图 13-11　sFlow 的架构

如图 13-11 所示，sFlow 的架构和 NetStream 的基本一致，同时 NetStream 也可以对网络流量进行统计分析，但两者之间仍然存在差异。NetStream 是一种基于网络流信息的统计技术。如前文所述，NetStream 的 NDE 也会参与对网络流的分析与处理，而且 NDE 会先把统计信息存储在缓存区，并在 NetStream 缓存区已满或者 NetStream 达到老化时间时，才会把采集到的关于流的详细统计信息发送给 NetStream 服务器。sFlow 则不需要缓存区，充当 sFlow 代理的网络基础设施也只负责进行报文采样，统计分析工作完全由远端的 sFlow 采集器完成。因此，与 NetStream 相比，sFlow 不需要占用代理（网络基础设施）的缓存区，所以对设备资源占用少，可以降低部署成本。此外，在 sFlow 环境中，网络流的分析和统计完全由 sFlow 采集器完成，因此，sFlow 采集器可以灵活地配置网络流的特性并进行统计分析，这也让 sFlow 的部署方式更加灵活。

5. 遥测

遥测也称为网络遥测，这项技术主要用于监控网络，其中包括报文检查和分析、攻击检测、智能收集数据、应用的性能管理等，是一种管理设备从被管理设备上高效采集数据的技术。

如今，主流遥测技术通常采用"订阅-推送"的机制。在这种机制中，管理设备向被管理设备发送订阅消息，即可要求被管理设备以某个固定的频率向自己发送某个参数。这样，数据采集的效率就得到了提升，数据的准确性也有了保证。

例如，谷歌远程过程调用（gRPC）是谷歌公司发布的、基于 HTTP 2.0 传输层协议承载的高性能开源软件框架，提供了支持多种编程语言并对网络设备进行配置和管理的方法。基于 gRPC 的遥测技术可以采集设备的接口流量统计、CPU、告警等数据，实时上报给采集器，让其接收和存储。

遥测技术定义了采集器、分析器和控制器 3 种角色。这 3 种角色都位于 NMS 上，只是它们各自的任务不同。采集器用来接收和存储网络设备推送的监控数据；分析器用来分析采集器接收到的监控数据，并且对数据加以处理，其中包括将数据（和处理结果）以图形化界面的形式展示给用户；控制器则通过 NETCONF 等方式向设备下发配置，以便对网络设备加以管理。这样，控制器就可以根据分析器提供的分析数据来为网络设备下发对应的配置，从而调整网络设备的转发行为，也可以控制网络设备对哪些数据进行采样和上报。

遥测的架构如图 13-12 所示。

图 13-12　遥测的架构

6. Syslog（系统日志）

因为 Syslog 颇具实用性，越来越多的程序使用 Syslog 进行日志记录，所以尽管没有官方发布的标准，Syslog 依然成为日志记录的事实标准。但也正是因为 Syslog 的标准化远远落后于它的广泛应用，所以 Syslog 存在很多不同的实现方式。直到 2001 年，Syslog 才被定义到 RFC 3164 和 RFC 3195 中，前者定义的是使用 UDP 形式传输日志的标准，后者则是使用 TCP 传输日志的标准。此后，RFC 5424 将 RFC 3164 取代，成为如今系统日志的通用标准。

如今，大多数网络设备的操作系统都可以通过 Syslog 以 UDP 的方式把日志通过 IP 网络传输到远端服务器。远端服务器则需要通过 Syslogd 来监听 UDP 514 端口，并且根据 syslog.conf 中的配置来处理本机的日志信息和接收访问系统的日志信息，把指定的事件写入特定档案中，供后台数据库管理和响应之用。在这个架构中，产生和发送系统日志的网络设备称为发送方，远端服务器称为系统日志服务器或收集方，在发送方和收集方之间代为转发日志消息的设备则称为中继。

Syslog 的架构如图 13-13 所示。

图 13-13　Syslog 的架构

7. LLDP

LLDP 是 IEEE 802.1ab 中定义的链路层发现协议。这项协议给以太网中的设备（主要是交换机）定义了一种标准的方法，让它们可以把自己的管理地址、设备标识、接口标识等信息组织起来，通告给以太网中的其他节点设备，同时也把其他节点通告的发现信息以标准 MIB 的形式保存起来供 NMS 进行查询，NMS 也可以通过这些信息精确地发现和模拟物理网络拓扑。

LLDP 的报文称为 LLDPDU。设备会周期性地发布 LLDPDU，接收方只会在 MIB 中将其保存一段时间。IEEE 建议设备发布 LLDP 报文的周期为 30s。指定接收方设备在 MIB 中保存相关数据的时间称为 LLDP 生存时间（TTL），这个时间会包含在 LLDP 报文中，随 LLDPDU 进行周期性发布。

LLDPDU 可以通过两台交换机之间直连的单条线缆发送，也可以通过链路聚合形成的逻辑链路发送。

8. 镜像

镜像是指把一个端口（源端口）的报文复制到另一个端口（目的端口）的操作。其中，源端口也称为镜像端口，目的端口则称为观察端口。镜像端口连接的是被监控的设备，观察端口则连接监控设备。管理员若怀疑某台设备遭到了攻击，就可以把连接该设备的端口指定为镜像端口，把流经该端口的报文复制给连接到监控设备的观察端口，以便通过监控设备对可疑端口的流量进行监控和分析，同时不会影响镜像端口报文的正常处理。当然，管理员可以设置多个观察端口，多个观察端口会组成观察端口组，组中的每个成员端口分别连接一台监控设备。交换机会把各个镜像端口的报文复制给观察端口组的所有成员端口。

镜像的工作原理如图 13-14 所示。

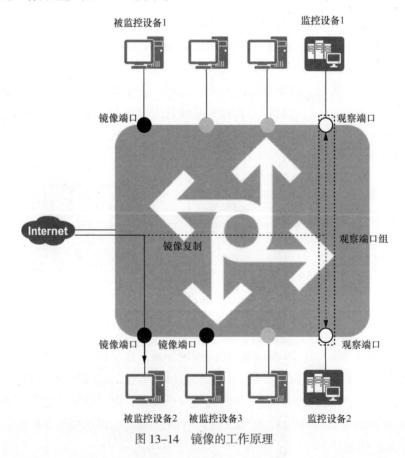

图 13-14　镜像的工作原理

在图 13-14 所示的环境中，管理员配置了 3 个镜像端口和 2 个观察端口。当流量通过镜像端口去往被监控设备 2 时，交换机把这些流量复制给了两个观察端口（如虚线所示），于是两台监控设备接收到了发送给被监控设备的流量。接下来，管理员可以通过协议分析软件查看复制过来的报文。

除了把镜像端口的流量全部复制给观察端口，管理员也可以把镜像端口上的特定业务流复制到观察端口进行分析和监控，这种技术称为流镜像。在流镜像中，镜像端口会应用流镜像行为的流策略，经过镜像端口的流量只有在匹配策略时才会被复制给观察端口，这样可以减轻管理员分析的工作负担，提升排错效率。

13.2.3 网络管理的应用场景

网络管理是通过 NMS 上的管理器进程对网络中的设备进行管理。这些网络设备称为网元，这种传统的网络管理方式称为面向网元的管理。

面向网元的管理虽然也可以实现网络的集中式管理，但这种管理方式依然高度依赖管理员的知识、经验和操作。随着网络的快速发展，网络设备的数量和种类大幅增加，使得管理运维人员越来越难以依靠知识和经验对网络进行管理。在这样的背景下，企业很难按照传统的网络管理方式对各个网元进行监控和管理，因而自治网络的概念应运而生。

自治网络包含一个拥有分析、控制和管理功能的云化平台，这个平台一方面通过 SNMP 和 NETCONF 把配置下发给网络设备，另一方面向业务应用提供北向接口，让技术人员可以通过软件编程的形式对整个网络的资源进行统一调度和管理。网络设备则通过 Telemetry、NetStream、sFlow 等机制向平台提供与管理网络和设备相关的信息。

华为 iMaster NCE 就是一个典型的自治网络云化平台。这个平台可以根据网络技术人员的需要，部署在公有云或私有云中，为网络管理提供以下功能。

① **自动化+智能化**。平台支持 SDN 自动化业务配置部署，技术人可以通过软件编程的形式，借助云化平台对网络各层、设备资源进行统一管理。同时，平台还提供 AI 分析预测排障，提升网络复原的效率。

② **管理+控制+分析**。平台基于统一的数据底座，感知、定位、处置一气呵成，可大幅提升网络设备上线和部署的效率。

③ **规+建+维+优**。从网络规划、网络建设到网络运维、网络优化，平台可以提供全生命周期的管理。在网络优化阶段，平台可以对部署优化策略后的网络进行仿真模拟，确保策略部署安全、设置合理。

综上所述，规模越大、复杂程度越高的网络，越需要通过自动化的手段对网络各域、各层、各设备进行统一纳管，越需要借助开放的北向接口通过软件编程的方式对网络资源进行统一管理，同时也需要能够通过大数据和 AI 对网络中潜在的故障进行排除，甚至对有可能产生的故障进行预测。华为 iMaster NCE 作为一个自治网络云化平台，可以提供上述功能，支持部署在公有云和私有云上，是部署自治网络的理想工具。

练 习 题

1. 在客户端从 DHCP 服务器获取 IP 地址的过程中，下列哪一项是 DHCP 报文的发生顺序？（　　）

    A. DHCP DISCOVER、DHCP REQUEST、DHCP Acknowledgment、DHCP OFFER

    B. DHCP DISCOVER、DHCP REQUEST、DHCP OFFER、DHCP Acknowledgment

    C. DHCP DISCOVER、DHCP OFFER、DHCP REQUEST、DHCP Acknowledgment

    D. DHCP OFFER、DHCP DISCOVER、DHCP REQUEST、DHCP Acknowledgment

2. 下列哪一种字段属于 DHCP 报文的可选字段？（　　）

    A. 硬件类型　　　　　　　　　　B. 消息类型

    C. 客户端 IP 地址　　　　　　　D. 你的 IP 地址

3. 下列哪一项不是 DHCP 定义的消息类型？（　　）

    A. DHCP DECLINE　　　　　　　B. DHCP NAK

    C. DHCP INFORM　　　　　　　D. DHCP UPDATE

4. DHCP 服务器和 DHCP 客户端通常如何通过 DHCP 报文交换厂商特定信息？（　　）

    A. 通过 Option 43 和 Option 55 进行交换

    B. 通过 Option 82 和 Sub-Option 进行交换

    C. 通过底层协议进行交换

    D. 标准化协议无法交换厂商特定信息

5. 关于申请地址续租的 $T1$ 和 $T2$ 时刻，下列说法错误的是（　　）

    A. DHCP 客户端都会通过 DHCP REQUEST 申请地址续租

    B. DHCP 客户端都向为其提供当前 IP 地址的服务器发送单播报文申请地址续租

    C. DHCP 服务器都会以 DHCP ACK 报文确认客户端的续租

    D. 在时序上，$T2$ 时刻晚于 $T1$ 时刻

6. DHCP 中继代理旨在解决下列哪种问题？（　　）

    A. DHCP 服务器和 DHCP 客户端不处于同一子网的问题

    B. DHCP 服务器的响应报文被防火墙过滤的问题

    C. DHCP 客户端不支持 DHCP 协议的问题

    D. DHCP 服务器的性能难以服务过多的 DHCP 客户端的问题

7. 下列哪个版本的 SNMP 提供了管理报文的机密性保护？（　　）

    A. SNMPv1　　　　　　　　　　B. SNMPv2c

    C. SNMPv3　　　　　　　　　　D. 以上各版本均提供

8. 在 NETCONF 分层结构中，哪一层主要由设备厂商进行定义？（　　）

    A. 安全通信层　　　　　　　　　B. 消息层

C. 操作层 D. 内容层

9. 一个典型的 NetStream 系统不包含下列哪一部分？（　　）

A. NetStream 数据输出器 B. NetStream 管理器

C. NetStream 收集器 D. NetStream 数据分析器

10. 在镜像技术中，观察端口通常连接哪种类型的设备？（　　）

A. 监控设备 B. 被监控设备

C. 硬件防火墙 D. 路由器

答案：

1. C 2. B 3. D 4. A 5. B 6. A 7. C 8. D 9. B 10. A

第14章
大型 WLAN 组网部署

本章主要内容

在当今园区网环境中，WLAN 早已成了不可或缺的组成部分。本章的重点是大型
WLAN 的组网方式，因此，本章首先会在 14.1 节对 WLAN 大型组网的特点进行概述，
然后再介绍一些在大型 WLAN 环境中常用的技术。

为了避免大量用户在同一个物理范围内连接到 WLAN 造成广播域过大，人们可以使
用 VLAN 池把用户分配到不同的广播域中。14.2 节会介绍 VLAN 池的作用、原理与配置。

14.3 节介绍 DHCP 中继代理在 WLAN 环境中的作用，同时补充对 DHCP 中继代理配
置命令的介绍，包括如何为 DHCP 中继代理指定一个 DHCP 服务器组。

14.4 节的重点是在 AP 和 AC 之间间隔三层网络的情况下，AP 如何发现 AC。这一节
会结合 DHCP 可选项进行说明，同时也会介绍如何配置，才能让 AP 通过该 DHCP 可选
项完成 AC 发现。

14.5 节结合 AP 和 AC 之间的通信机制，分别对几种 WLAN 漫游场景下的数据转发
模型进行介绍，包括二层漫游场景、三层漫游隧道转发场景和三层漫游直接转发场景。
本节最后还会介绍 WLAN 漫游的配置命令。

14.6 节介绍 3 种为 AC 提供备份的方式，分别为 VRRP 双机热备、双链路热备和 N+1
备份。这一节会分别介绍这 3 种备份方式的原理、特点和适用场景。

鉴于无线网络的信号会超越网络所有方的地理边界，准入控制在 WLAN 环境中就显
得格外重要，14.7 节会介绍几种准入控制技术，如 802.1X、MAC 认证和 Portal 认证，以
及将最后两种认证技术结合起来的做法，还会分别对这几种准入控制技术的原理、特点
和适用场景进行说明。

本章重点

- 大型 WLAN 组网的特点；
- VLAN 池的作用、原理和配置；
- DHCP 中继代理在 WLAN 环境中的应用；
- 通过 DHCP Option 43 实现 AP 对 AC 的发现；
- WLAN 漫游的概念和术语；
- WLAN 漫游的几种场景；
- WLAN 漫游的相关配置命令；
- 常见的 AC 高可用性技术：VRRP 双机热备、双链路热备、N+1 备份；
- 常见的 WLAN 准入控制技术：802.1X、MAC 认证和 Portal 认证。

14.1   大型 WLAN 组网概述

如今，尽管各类大型园区网部署了包括服务器在内的有线终端，但园区网服务的主
要用户设备早已从 10 余年前的台式机变为了以便携式计算机、各类智能设备和物联网设
备为主的无线终端设备。部署大型 WLAN 早已成为各个行业组建园区网的基本需求。

WLAN 不但可以让各类无线设备灵活地接入网络，而且可以为不同行业提供更加灵活、多样的组网方案，满足各行各业对网络应用的需求。

大型 WLAN 具备如下特点。

第一，大型 WLAN 设备类型繁多、数量庞大、分布广泛。因此，大型 WLAN 难以通过传统的方法进行管理和运维。针对这一特点，华为大型 WLAN 方案提供了对大型 WLAN 设备进行统一管理的功能，即由华为 iMaster NCE 对大型 WLAN 中的网络设备进行统一管理和配置，从而提供网络全生命周期管理，实现网络管理自动化和智能化。

第二，大型 WLAN 的用户数量多，分布在网络的不同区域，为这些用户提供良好的网络使用体验是建立大型 WLAN 的一大挑战。为了保障用户的良好体验，华为大型 WLAN 方案包含了无缝漫游功能，用户在园区网络内移动时，网络访问权限可以随之在网络内移动，从而在网络中拥有相同的访问体验。

第三，大型 WLAN 的用户身份复杂，不同身份的用户会在不同时间接入网络，而网络也需要为其提供不同的访问权限，因而大型 WLAN 也对接入安全提出了更高的要求。华为大型 WLAN 方案为接入安全和终端安全提供了保障，通过不同的用户认证技术和终端安全防护技术确保 WLAN 安全无死角。

第四，大型 WLAN 承载着大量关键任务数据，网络故障会给企业带来难以估量的经济损失，因此，规模越大的网络对可靠性的要求也就越高。具体到大型 WLAN，AC 故障带来的影响尤其严重，所以应该设法加以规避。为了避免 AC 故障导致业务中断，大型 WLAN 方案应该采用 VRRP 双机热备、双链路热备、N+1 备份等多种高可靠性技术保障网络稳定运行。

14.2　VLAN 池（VLAN Pool）

理论上，每个 SSID 只能对应一个业务 VLAN，无线网络终端的移动性又会导致某些区域的 IP 地址请求较多，如酒店大堂、机场值机柜台等位置。如果管理员通过给某个 SSID 对应的 VLAN 分配很大的网络地址空间，以确保每位用户都能获得 IP 地址，就会因同一个广播域中设备过多产生太多的广播流量而造成网络拥塞。

14.2.1　VLAN 池的作用与原理

下面，我们简单回顾 VAP 的概念。VAP 指的是虚拟 AP，是在一个物理实体上虚拟多个 AP 的技术。管理员在 VAP 模板中配置的参数在被下发到 AP 中时，会在这个 AP 上生成 VAP，AP 会使用这些生成的 VAP 给无线客户端提供接入服务。管理员可以在 VAP 模板中嵌套 SSID 模板，在 SSID 模板中把业务 VLAN 配置为一个 VLAN 池，并且在 VLAN 池中添加多个 VLAN。因此，VLAN 池可以起到让一个 SSID 对应多个

VLAN 的效果, 使 VLAN 池中每个 VLAN 中的无线终端数量都不会过多, 从而避免网络拥塞。

当管理员配置了 VLAN 池时,网络会采用下列两种算法之一为请求 IP 地址的用户选择为其分配 IP 地址的 VLAN。

① **顺序分配算法**: 按照用户上线的时间顺序, 为用户分配不同 VLAN 中的 IP 地址。

② **哈希 (HASH) 分配算法**: 根据用户 MAC 地址的哈希值为用户分配 VLAN。

上述两种方法各有优劣,顺序分配算法可以把用户均匀地分配到各个 VLAN 中,但用户临时断开并重新上线后很可能会被分配到另一个不同的 VLAN 中, 从而导致用户的 IP 地址发生变化,此前建立的网络连接也会断开。哈希分配算法无法保障 VLAN 池中每个 VLAN 的用户数量相近,因此, 存在部分 VLAN 相对拥塞甚至 IP 地址耗尽,另一些 VLAN 则用户寥寥的可能性,但可以保证同一台设备多次上线而 IP 地址不变。

在工作流程上, 当终端通过某个 VAP 接入时, 若该 VAP 通过 SSID 模板绑定了 VLAN 池, AC 就会通过顺序分配算法或哈希分配算法为这个终端分配一个 VLAN。具体使用的算法取决于管理员的配置, 终端则会从 AC 分配的 VLAN 中上线。

14.2.2 VLAN 池的配置命令与配置案例

在配置 VLAN 池时, 管理员需要首先输入以下命令指定 VLAN 池的名称, 并进入 VLAN 池视图。

```
[AC] vlan pool pool-name
```

在 VLAN 池视图下, 管理员可以使用以下命令把 VLAN 添加到 VLAN 池中。

```
[AC-vlan-pool-pool-name] vlan { start-vlan [ to end-vlan ] } &<1-10>
```

在上述命令中, *start-vlan* 处需要填入要加入这个 VLAN 池的初始 VLAN 编号, 同时也可以在 *end-vlan* 部分填入要加入这个 VLAN 池的最末 VLAN 编号。管理员也可以填入两个不连续的 VLAN 编号,把这些 VLAN 加入 VLAN 池中。例如, 管理员可以配置 **vlan 20 to 22**, 把 VLAN 20、VLAN 21 和 VLAN 22 加入 VLAN 池中, 也可以配置 **vlan 20 22**, 把 VLAN 20 和 VLAN 22 加入 VLAN 池中。

此外, 管理员也可以在 VLAN 池视图下, 通过以下命令来配置 VLAN 分配算法。

```
[AC-vlan-pool-pool-name] assignment { even | hash }
```

在两种参数中, 参数 **even** 表示使用顺序分配算法作为 VLAN 分配算法, 参数 **hash** 则表示使用哈希分配算法作为 VLAN 分配算法。

接下来, 管理员需要进入 WLAN 视图, 使用下列命令命名并创建 VAP 模板。

```
[AC] wlan
[AC-wlan-view] vap-profile name profile-name
```

在创建了 VAP 模板之后, 系统会进入 VAP 模板视图。在 VAP 模板视图下, 管理员需要使用以下命令关联前面创建的 VLAN 池。

```
[AC-wlan-vap-prof-profile-name] service-vlan vlan-pool pool-name
```

上文介绍了 VRP 系统中 VLAN 池的相关配置命令，下面，我们通过一个配置案例演示 VLAN 池的配置。本案例配置拓扑如图 14-1 所示。

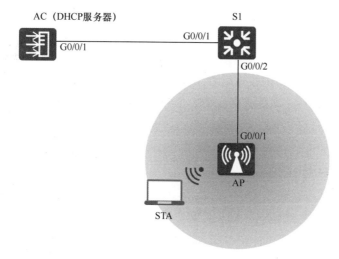

图 14-1　AC 中的 VLAN 池配置拓扑

在本例中，我们要创建一个名为 sta_pool 的 VLAN 池，在其中引入 VLAN 10 和 VLAN 20，并使用哈希分配算法。接下来，我们还要创建一个名为 hcip_wlan 的 VAP 模板，并在其中关联地址池 sta_pool。例 14-1 展示了 AC 上的 VLAN 池的配置。

例 14-1　AC 上的 VLAN 池的配置

```
[AC]vlan pool sta_pool
[AC-vlan-pool-sta_pool]vlan 10 20
[AC-vlan-pool-sta_pool]assignment hash
[AC-vlan-pool-sta_pool]quit
[AC]wlan
[AC-wlan-view]vap-profile name hcip_wlan
[AC-wlan-vap-prof-hcip_wlan]service-vlan vlan-pool sta_pool
Info: This operation may take a few seconds, please wait.done.
[AC-wlan-vap-prof-hcip_wlan]
```

配置完成后，我们可以通过命令查看 AC 上的 VLAN 池的简要配置信息，见例 14-2。

例 14-2　查看 AC 上的 VLAN 池

```
[AC]display vlan pool all
------------------------------------------------------------------------------
Name                            Assignment              VLAN total
------------------------------------------------------------------------------
sta_pool                        hash                    2
------------------------------------------------------------------------------
Total: 1
```

从例 14-2 的命令输出内容可以看出，AC 上只有一个 VLAN 池。我们还可以使用命令查看每个 VLAN 池的详细配置信息，见例 14-3。

例 14-3　查看 AC 上 VLAN 池的详细信息

```
[AC]display vlan pool name sta_pool
--------------------------------------------------------------------------------

Name            : sta_pool
Total           : 2
Assignment      : hash
VLAN ID         : 10 20
--------------------------------------------------------------------------------
```

从例 14-3 的命令输出内容可以看出，名为 sta_pool 的 VLAN 池中共有两个 VLAN（VLAN 10 和 VLAN 20），并且使用的是哈希分配算法。

14.3　DHCP 中继代理

DHCP 中继代理的工作是在 DHCP 客户端和（位于不同子网的）DHCP 服务器之间中继 DHCP 报文，从而解决 DHCP 广播机制导致 DHCP 服务只能在一个子网/网段内提供的限制。

鉴于在 WLAN 环境中，AC 常常扮演各网络（各 VLAN）DHCP 服务器的角色，WLAN 常常需要借助 DHCP 中继代理参与转发 DHCP 广播报文，如图 14-2 所示。

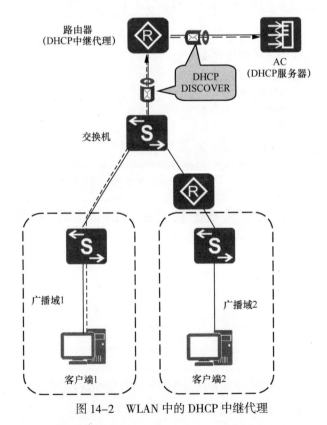

图 14-2　WLAN 中的 DHCP 中继代理

在图 14-2 所示的环境中，充当 DHCP 服务器的 AC 需要处理不同广播域中的客户端所发送的 DHCP 广播报文，因此，需要由路由器充当 DHCP 中继代理代为转发报文。

如果需要在一个路由器接口上启用 DHCP 中继代理功能，需要首先进入该接口的视图，然后输入 **dhcp select relay** 命令。

```
[Huawei-GigabitEthernet0/0/0] dhcp select relay
```

在启用了 DHCP 中继代理功能之后，管理员还需要使用以下命令指定 DHCP 服务器的 IP 地址，这样 DHCP 中继代理才知道如何向 DHCP 服务器转发报文。

```
[Huawei-GigabitEthernet0/0/0] dhcp relay server-ip ip-address
```

当网络中部署了多台 DHCP 服务器时，管理员也可以创建一个 DHCP 服务器组，把这些 DHCP 服务器添加进去，然后为 DHCP 中继代理指定这个 DHCP 组。

首先，管理员需要在系统视图下使用以下命令创建 DHCP 服务器组。

```
[Huawei] dhcp server group group-name
```

在输入这条命令后，系统就会进入 DHCP 服务器组视图。管理员需要在 DHCP 服务器组视图下输入以下命令指定添加到这个组中的 DHCP 服务器的 IP 地址。

```
[Huawei-dhcp-server-group-Huawei] dhcp-server ip-address [ ip-address-index ]
```

在完成 DHCP 服务器组的设置后，管理员需要进入启用了 DHCP 中继代理功能的接口，使用以下命令通过 DHCP 服务器组的名称来为 DHCP 中继代理指定 DHCP 服务器组。

```
[Huawei-GigabitEthernet0/0/0] dhcp relay server-select group-name
```

下面，我们通过图 14-3 所示的拓扑演示 DHCP 中继代理的配置流程。

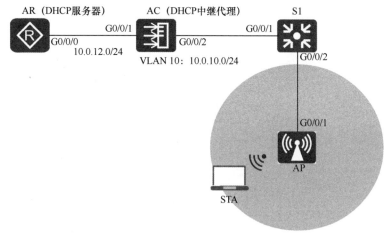

图 14-3　DHCP 中继代理的配置拓扑

在本例中，WLAN 的管理 VLAN 为 VLAN 10，暂不涉及业务 VLAN 的配置。路由器 AR 作为 DHCP 服务器为 AP 分配 IP 地址，管理员需要在 AR 上采用基于全局地址池的方式设置 DHCP 服务器功能。AC 作为 DHCP 中继代理，采用基于 DHCP 服务器组的方式指定 DHCP 服务器地址，管理员需要在 AC 上创建 VLANIF 10 接口并将其作为 AP 的网关。交换机 S1 作为 L2 交换机，需要为 AC 和 AP 透传 VLAN 10 的流量。

　　本小节将着重展示 DHCP 服务器和 DHCP 中继代理的相关配置。例 14-4 首先展示了 DHCP 服务器 AR 上的配置。

例 14-4　在 AR 上配置 DHCP 服务器功能

```
[AR]dhcp enable
Info: The operation may take a few seconds. Please wait for a moment.done.
[AR]ip pool ap_pool
Info: It's successful to create an IP address pool.
[AR-ip-pool-ap_pool]network 10.0.10.0 mask 24
[AR-ip-pool-ap_pool]gateway-list 10.0.10.1
[AR-ip-pool-ap_pool]quit
[AR]interface GigabitEthernet 0/0/0
[AR-GigabitEthernet0/0/0]ip address 10.0.12.1 24
[AR-GigabitEthernet0/0/0]dhcp select global
[AR-GigabitEthernet0/0/0]quit
[AR]ip route-static 10.0.10.0 24 10.0.12.2
```

配置完成后，我们可以通过 display 命令查看 DHCP 地址池，见例 14-5。

例 14-5　查看 DHCP 地址池

```
[AR]display ip pool name ap_pool
  Pool-name       : ap_pool
  Pool-No         : 0
  Lease           : 1 Days 0 Hours 0 Minutes
  Domain-name     : -
  DNS-server0     : -
  NBNS-server0    : -
  Netbios-type    : -
  Position        : Local          Status             : Unlocked
  Gateway-0       : 10.0.10.1
  Mask            : 255.255.255.0
  VPN instance    : --
  --------------------------------------------------------------------------
       Start            End        Total  Used  Idle(Expired)  Conflict  Disable
  --------------------------------------------------------------------------
      10.0.10.1     10.0.10.254     253     0     253(0)           0         0
  --------------------------------------------------------------------------
```

　　在将 AC 配置为 DHCP 中继代理之前，我们先完成 AC 上的 VLAN 和接口配置，见例 14-6。

例 14-6　在 AC 上配置 VLAN 和接口

```
[AC]vlan batch 10 12
Info: This operation may take a few seconds. Please wait for a moment...done.
[AC]interface GigabitEthernet 0/0/1
[AC-GigabitEthernet0/0/1]port link-type access
[AC-GigabitEthernet0/0/1]port default vlan 12
[AC-GigabitEthernet0/0/1]quit
[AC]interface GigabitEthernet 0/0/2
[AC-GigabitEthernet0/0/2]port link-type trunk
[AC-GigabitEthernet0/0/2]port trunk allow-pass vlan 10
[AC-GigabitEthernet0/0/2]quit
```

```
[AC]interface Vlanif 10
[AC-Vlanif10]ip address 10.0.10.1 24
[AC-Vlanif10]quit
[AC]interface Vlanif 12
[AC-Vlanif12]ip address 10.0.12.2 24
```

　　S1 是连接 DHCP 客户端与 DHCP 中继代理的设备，管理员也需要正确配置 S1 的各个接口，S1 作为 L2 交换机，需要透传 VLAN 10 的流量，见例 14-7。

例 14-7　在 S1 上配置 VLAN 和接口

```
[S1]vlan 10
[S1-vlan10]quit
[S1]interface GigabitEthernet 0/0/1
[S1-GigabitEthernet0/0/1]port link-type trunk
[S1-GigabitEthernet0/0/1]port trunk allow-pass vlan 10
[S1-GigabitEthernet0/0/1]quit
[S1]interface GigabitEthernet 0/0/2
[S1-GigabitEthernet0/0/2]port link-type trunk
[S1-GigabitEthernet0/0/2]port trunk allow-pass vlan 10
```

　　接下来，我们在 AC 上对中继代理功能进行配置，见例 14-8。

例 14-8　在 AC 上配置 DHCP 中继代理功能

```
[AC]dhcp enable
Info: The operation may take a few seconds. Please wait for a moment.done.
[AC]dhcp server group ap_dhcp_server
Info: It is successful to create a DHCP server group.
[AC-dhcp-server-group-ap_dhcp_server]dhcp-server 10.0.12.1
[AC-dhcp-server-group-ap_dhcp_server]quit
[AC]interface Vlanif 10
[AC-Vlanif10]dhcp select relay
[AC-Vlanif10]dhcp relay server-select ap_dhcp_server
```

　　配置完成后，我们可以通过命令查看 AC 上的 DHCP 中继代理信息，见例 14-9。

例 14-9　在 AC 上查看 DHCP 中继代理信息

```
[AC]display dhcp relay all
 DHCP relay agent running information of interface Vlanif10 :
 Server group name    : ap_dhcp_server
 Gateway address in use : 10.0.10.1
```

　　从例 14-9 的命令输出内容中可以看出，VLANIF 10 接口已经启用了 DHCP 中继代理功能，应用了 DHCP 服务器组 ap_dhcp_server，且网关 IP 地址为 10.0.10.1。

14.4　WLAN 三层组网的 AC 发现机制

　　AP 在和 AC 建立隧道之前，首先需要发现 AC。然而，当 AP 和 AC 之间间隔三层网络时，AP 通常需要通过静态方式或 DHCP 方式来发现 AC。

　　静态方式是指由管理员通过手动配置来为瘦 AP 指定 AC 的 IP 地址，即管理员在 AP 上预先设置一个 AC 的静态 IP 地址列表。如果瘦 AP 上没有管理员预先配置好的 AC 的

IP 地址列表，AP 就需要通过 DHCP 的方式来获取 AC 的 IP 地址。这时，当 DHCP 服务器接收到来自 AP 的 DHCP DISCOVER 消息和 DHCP REQUEST 消息时，它就会在自己响应的 DHCP OFFER 和 DHCP ACK 消息中携带可选项 43（Option 43）[①]，其中包含 AC 的 IP 地址列表。这样，当作为 DHCP 客户端的 AP 通过 DHCP 服务器发送的 DHCP ACK 消息确认了自己可以使用 DHCP 服务器提供的 IP 地址之后，AP 同时就从 DHCP 服务器获取到了 AC 的 IP 地址列表。于是，它就会通过单播或广播的形式向 AC 发送发现请求消息，而接收到发现请求消息的 AC 则会以发现响应消息作出回应。DHCP 方式的 AC 发现流程如图 14-4 所示。

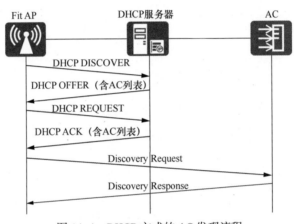

图 14-4   DHCP 方式的 AC 发现流程

如果 AC 和 AP 之间是二层网络，管理员也可以配置 Option 43。此时，AP 会根据 Option 43 的内容首先向指定 IP 地址的 AC 发送单播的请求报文。如果连续 10 次发送报文 AP 都没有接收到回应，AP 则会继续通过广播的方式在同一个网段中发现 AC。因此，广播方式只适用于 AP 没有通过其他几种方式获取到 AC 的 IP 地址，或者没有通过其他几种方式接收到来自 AC 的请求响应消息的情形。换言之，广播方式是 AP 发现 AC 的最后一种方式。AP 使用这种方式也只能发现与其处于同一个广播域中的 AC。

在配置时，管理员可以使用十六进制数、点分十进制 IP 地址或者 ASCII 字符串来指定 AC 的地址。例如，若华为 VRP 系统的 AC 本身充当 DHCP 服务器，则管理员可以使用以下命令通过十六进制数向 AP 指定 AC 自己的 IP 地址。

```
[AC-ip-pool-AP] option 43 sub-option 1 hex hex-string
```

注释： IP 地址的十六进制数就是把 32 位的 IP 地址转换为十六进制。如 IP 地址 192.168.0.1 对应的 32 位二进制数为 1100 0000 1010 1000 0000 0000 0000 0001，因此这个 IP 地址对应的十六进制就是 C0A80001。当然，更简单的做法是直接将点分十进制的每一个十进制数分别转换为两位十六进制数，组成 8 位十六进制数。

此外，管理员也可以使用以下命令通过点分十进制 IP 地址配置 AC 的 IP 地址。

---

① 对于 IPv6 网络，消息中携带的则是可选项 52（Option 52）。

```
[AC-ip-pool-AP] option 43 sub-option 2 ip-address ip-address
```

或使用以下命令通过 ASCII 字符串来指定 AC 的 IP 地址。

```
[AC-ip-pool-AP] option 43 sub-option 3 ascii ascii-string
```

上述两种做法的区别在于，在配置多个 IP 地址时，若通过点分十进制 IP 地址配置，多个 IP 地址之间应使用空格隔开，如 option 43 sub-option 2 ip-address 192.168.1.1 192.168.1.2。若通过 ASCII 字符串配置，则多个 IP 地址之间需使用英文逗号（,）隔开，如 option 43 sub-option 3 ascii 192.168.1.1,192.168.1.2。

下面，我们通过一个配置案例演示 AP 通过 DHCP 的方式获取 AC 的 IP 地址时的 Option 42 的配置。我们沿用图 14-3 所示的拓扑，并且在该实验的基础上继续配置。

14.3 节的实验已经完成了 DHCP 服务器和 DHCP 中继代理的配置，使 AP 能够获得 IP 地址。本节要实现的目标是在 AC 上配置 CAPWAP 源接口，并且通过配置 DHCP 服务器，在 AP 获得的 IP 地址信息中添加 AC 的 IP 地址。

例 14-10 展示了 AC 上的配置。在本例中，AC 使用 Loopback 0 接口作为 CAPWAP 源接口。

例 14-10　在 AC 上配置 CAPWAP 源接口

```
[AC]interface LoopBack 0
[AC-LoopBack0]ip address 10.0.100.100 32
[AC-LoopBack0]quit
[AC]capwap source interface LoopBack 0
```

例 14-11 展示了 DHCP 服务器 AR 上的配置，即在 IP 地址池 hcip_pool 中额外添加了 Option 43。

例 14-11　在 AR 上配置 Option 43

```
[AR]ip pool ap_pool
[AR-ip-pool-ap_pool]option 43 sub-option 3 ascii 10.0.100.100
```

配置完成后，我们可以在 AR 上再次查看 DHCP 地址池，见例 14-12。

例 14-12　在 AR 上查看 DHCP 地址池

```
[AR]display ip pool name ap_pool
  Pool-name       : ap_pool
  Pool-No         : 1
  Lease           : 1 Days 0 Hours 0 Minutes
  Domain-name     : -
  Option-code     : 43
  Option-subcode  : 3
  Option-type     : ascii
  Option-value    : 10.0.100.100
  DNS-server0     : -
  NBNS-server0    : -
  Netbios-type    : -
  Position        : Local              Status          : Unlocked
  Gateway-0       : 10.0.10.1
  Mask            : 255.255.255.0
  VPN instance    : --
  -------------------------------------------------------------------------
        Start         End    Total  Used  Idle(Expired)  Conflict  Disable
```

```
---------------------------------------------------------------------------------
     10.0.10.1      10.0.10.254     253      1        251(0)           0          1
---------------------------------------------------------------------------------
```

例 14–12 的阴影部分突出显示了 AC 地址的配置，读者可以将其与例 14–5 进行对比。

此时我们可以将 AP 开机，并在 AP 获得 IP 地址信息后，在 AC 上查看未授权的 AP。如果在命令输出内容中看到 AP 的信息，说明 AP 已经通过 DHCP 正确学习到了 AC 的 IP 地址，见例 14–13。

例 14–13　在 AC 上查看未授权的 AP

```
[AC]display ap unauthorized record
Unauthorized AP record:
Total number: 1
--------------------------------------------------------------------------------
AP type: AP2050DN
AP SN: 2102354483100301BD7B
AP MAC address: 00e0-fc58-26c0
AP IP address: 10.0.10.254
Record time: 2023-05-22 14:44:27
--------------------------------------------------------------------------------
```

从例 14–13 的命令输出内容中可以看出，AP 已经成功发现 AC。管理员现在可以随时将 AP 添加到 AC 上，以完成 AP 的上线。

14.5　漫游技术

大型 WLAN 总是包含大量的 AP，无线客户端的移动性也体现在它们会从一个 AP 的覆盖范围移动到另一个 AP 的覆盖范围。漫游就是指无线客户端在从一个 AP 覆盖范围逐渐移动到另一个 AP 覆盖范围的过程中，从与前一个 AP 关联切换到与后一个 AP 关联，且在此过程中用户业务不发生中断的过程。在无线客户端移动的过程中，随着其逐渐移动到原本关联 AP 的覆盖范围边缘，链路的信号质量会逐渐下降。在无线客户端发现信号质量降低到一定程度时，它就会主动漫游到附近的另一个 AP 来提高信号质量。这个信号质量的程度也就是漫游门限。上述过程如图 14–5 所示。

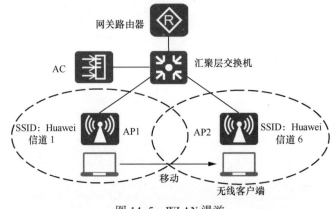

图 14–5　WLAN 漫游

如图 14-5 所示，一台无线客户端从 AP1 的覆盖范围移动到了 AP2 的覆盖范围，在此过程中也从与 AP1 关联到与 AP2 关联，并完成了 WLAN 漫游。在图 14-5 中可以看到，两个 AP 的 SSID 相同。实际上，无线客户端在两个 AP 之间实现 WLAN 漫游的前提是，这两个 AP 必须使用相同的 SSID 和安全模板配置。

14.5.1　WLAN 漫游的原理与分类

无线客户端接入 WLAN 的完整过程包括扫描、链路认证、关联和接入认证几个步骤。

WLAN 漫游涉及从与一个 AP 关联切换到与另一个 AP 关联，其过程与无线客户端接入 AP 的过程存在相似之处。具体来说，漫游的过程如下。

① 无线客户端在与前一个 AP（如图 14-5 中的 AP1）关联的过程中，在各种信道中发送 Probe Request 进行扫描。另一个 AP（如图 14-5 中的 AP2）在其信道（如图 14-5 中的信道 6）中接收到请求后，会在该信道中进行响应。无线客户端会对响应进行评估，判断应该与哪个 AP 关联。

② 若无线客户端判断应该与后一个 AP 进行关联，它就会通过该 AP 信道（如图 14-5 中的信道 6）向其发送关联请求。这台 AP 则会通过关联响应作出应答，于是无线客户端就在关联前一个 AP 的同时，也与后一台 AP 建立了关联。

③ 最后，无线客户端会在前一个 AP 的信道（如图 14-5 中的信道 1）中向该 AP 发送解除关联信息，以删除与前一个 AP 的关联，仅保留与后一个 AP 的关联，至此漫游完成。

1. WLAN 漫游的重要术语

无线客户端在漫游过程中，与其先后关联的 AP 可能上线同一台 AC，也可能上线不同的 AC。在技术上，前一种方式称为 AC 内漫游，后一种方式则称为 AC 间漫游。AC 为了对 AP 进行控制，需要与上线的 AP 之间建立 CAPWAP 隧道，AC 会通过 CAPWAP 控制隧道把控制信息推送给 AP，CAPWAP 数据隧道则用来传输用户数据报文。同理，为了实现 AC 间漫游，管理员需要创建一个由 AC 组成的漫游组，漫游组的 AC 之间也需要建立 CAPWAP 隧道来同步数据、转发控制报文。每台 AC 只能加入一个漫游组。

AC 内漫游与 AC 间漫游如图 14-6 所示。

针对漫游组，管理员可以选择一台 AC 作为漫游组服务器。漫游组服务器不必属于这个漫游组，它也可以是漫游组之外的 AC。因为不必属于漫游组，所以一台 AC 可以充当多个漫游组的漫游组服务器。漫游组服务器的作用是维护漫游组成员表，并将其下发给漫游组的各个 AC，让这些 AC 可以相互建立 CAPWAP 隧道。因为漫游组 AC 的作用只是充当漫游组内各 AC 的"中介"，所以漫游组服务器并不需要具备格外强大的数据转发能力，只需要能够和其充当服务器的漫游组各成员 AC 进行通信。需要注意的是，漫游组服务器管理其他 AC 的同时不能被其他漫游组服务器管理。管理员也可以不给漫游组指定任何漫游组服务器，而选择手动在漫游组的每一台成员 AC 上配置漫游组和漫游组成员列表。因此，在小型 WLAN 中，部署漫游组服务器的必要性不强。但是在大型 WLAN 中，网络中可能会包含多个漫游组，且多数漫游组的成员设备数量都很庞大，由管理员人工维护所有 AC 漫游组成员列表不仅会增加管理员工作负担，而且容易引入配置错误，此时部署漫游组服务器就更加合理，有时甚至是唯一可行的方案。

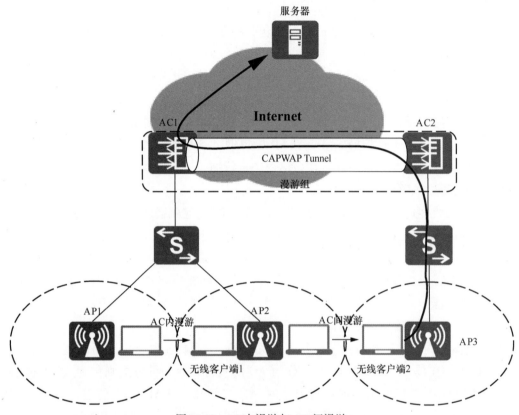

图 14-6　AC 内漫游与 AC 间漫游

　　无线客户端首次关联的漫游组内 AP 称为家乡 AP（HAP）；首次关联的漫游组内 AC 称为家乡 AC（HAC）。类似地，无线客户端在漫游后关联的漫游组内 AP 称为外部 AP（FAP）；漫游后关联的漫游组内 AC 称为外部 AC（FAC）。因此，在图 14-6 中，AP1 和 AP2 分别是无线客户端 1 的 HAP 和 FAP，因为无线客户端 1 的漫游属于 AC 内漫游，无线客户端 1 只关联了 HAC，即 AC1。对于无线客户端 2，AP2 和 AP3 分别是它的 HAP 和 FAP，而 AC1 和 AC2 则分别是它的 HAC 和 FAC。

　　为了让无线客户端在漫游后仍然可以访问漫游之前的网络且不会导致当前会话断开，无线客户端的业务报文需要通过隧道转发给家乡代理，再由家乡代理发往报文的目的地。家乡代理是一台能够和无线客户端家乡网络的网关在二层互通的无线设备，由无线客户端的 HAC 或 HAP 担任。在图 14-6 中，用户选择了 AC1 作为无线客户端 2 的家乡代理。因此，当漫游后的无线客户端 2 访问互联网中的一台服务器时，报文首先经由 AC2 和 AC1 之间的 CAPWAP 隧道被转发给家乡代理 AC1，再由 AC1 通过互联网转发给该服务器。

2. WLAN 漫游的分类

根据无线客户端在漫游后是否处于同一个二层网络，即是否处于同一个业务 VLAN，WLAN 漫游可以分为二层漫游和三层漫游。在设计良好的网络中，VLAN 编号与 IP 子网是一一对应的关系，但在特殊情况下，网络中有时候会出现两个 IP 子网对应相同 VLAN ID 的情况。此时，为了避免系统仅依据 VLAN ID 将用户在两个子网间的漫游误判为二层漫游，需要通过漫游域来确定设备是否在同一个子网内，只有当 VLAN 相同且漫游域也相同时才是二层漫游，否则是三层漫游。在二层漫游的过程中，无线客户端的接入属性不会发生变化，可以较为平滑地过渡，但漫游过程中仍可能会出现丢包或者连接断开的情况。三层漫游的工作机制则复杂一些，鉴于 AP（或 VAP）提供的是不同的业务 VLAN，为了确保漫游用户的 IP 地址依然不发生变化，AP 需要把用户流量引导回家乡代理，实现跨 VLAN 漫游。

WLAN 有直接转发和隧道转发两类无线数据转发方式。其中，直接转发是指 AP 仅通过 CAPWAP 控制隧道向 AC 转发控制数据，用户发送的业务数据则不通过 CAPWAP 隧道进行转发的数据转发方式。隧道转发是指 AP 不仅通过 CAPWAP 控制隧道向 AC 转发控制数据，也通过 CAPWAP 数据隧道把用户的业务数据转发给 AC，再由 AC 对用户业务数据进行转发的数据转发方式。直接转发方式与隧道转发方式如图 14-7 所示。

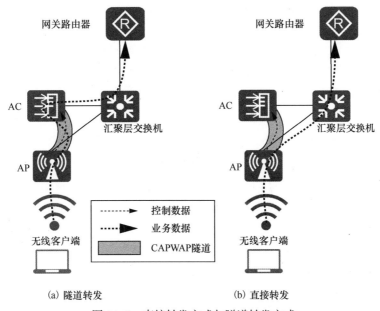

图 14-7　直接转发方式与隧道转发方式

两种漫游方式和两种数据转发方式组成了 4 种 WLAN 漫游流量转发模型。在这 4 种模型中，二层漫游直接转发和二层漫游隧道转发的机制十分简单，下面来具体介绍。

（1）二层漫游转发（直接转发和隧道转发）模型

因为二层漫游前后，无线客户端仍然处于同一个子网当中，所以二层漫游用户的流量转发机制与 FAP 新关联的无线客户端转发机制相同。二层漫游转发模型如图 14-8 所示。

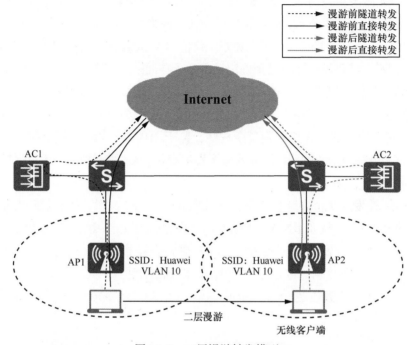

图 14-8　二层漫游转发模型

如图 14-8 所示，若是二层漫游直接转发，无线客户端会在漫游后把业务报文转发给 FAP（即图中的 AP2），FAP 在接收到业务报文后直接发送给目的网络；若是二层漫游隧道转发，FAP 则会通过 CAPWAP 数据隧道把业务报文发送给 FAC（即图中的 AC2），再由 FAC 转发给目的网络。

（2）三层漫游隧道转发模型

三层漫游后，无线客户端会处于另一个子网中，因此，为了让无线客户端在漫游后仍然可以访问漫游之前的网络且不会导致当前会话断开，无线客户端的业务报文需要通过 AC 之间的隧道转发回家乡网络。又因为在家乡网络中，HAP 和 HAC 之间的业务报文是通过 CAPWAP 数据隧道进行发送的，所以 HAC 没有必要再把 FAC 通过 CAPWAP 隧道发来的报文转发给 HAP。于是，HAC 会直接把漫游无线客户端的报文发送给目的网络。三层漫游隧道转发模型如图 14-9 所示。

如图 14-9 所示，在无线客户端漫游之后，当 FAP（即图中的 AP2）接收到无线客户端发来的业务流量时，它会通过与 FAC（即图中的 AC2）之间的 CAPWAP 数据隧道将其发送给 FAC，再由 FAC 通过 AC 之间的 CAPWAP 隧道把业务报文发送给 HAC（即图中的 AC1），然后由 HAC 将业务报文转发给目的网络。

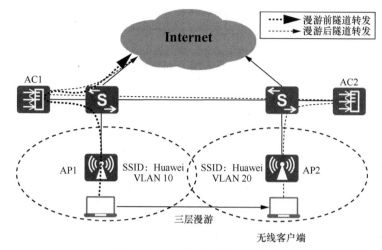

图 14-9　三层漫游隧道转发模型

（3）三层漫游直接转发模型

因为在直接转发模型中，HAP 本身不会通过 CAPWAP 隧道向 HAC 转发（漫游前）无线客户端的业务报文，所以在无线客户端漫游后，HAC 是否会将 FAC 发来的业务报文转发给 HAP 取决于管理员是将 HAC 还是 HAP 设置为家乡代理。如果 AC 和用户的网关二层可达，比如 AC 在用户 VLAN 内，或者 AC 就是用户的网关，则可以将用户的家乡代理配置在 HAC 上，以此减轻 HAP 的负担，并可以缩短 FAP 到家乡代理的隧道长度，从而提升转发效率。

如果管理员将 HAC 设置为了家乡代理，那么三层漫游直接转发的模型与图 14-9 所示的三层漫游隧道转发的模型相同，即当 FAP 接收到无线客户端发来的业务流量时，它会通过与 FAC 之间的 CAPWAP 数据隧道发送给 FAC，再由 FAC 通过 AC 之间的 CAPWAP 隧道把业务报文发送给 HAC，然后由 HAC 将业务报文转发给目的网络。将 HAC 设置为家乡代理的三层漫游直接转发模型如图 14-10 所示。

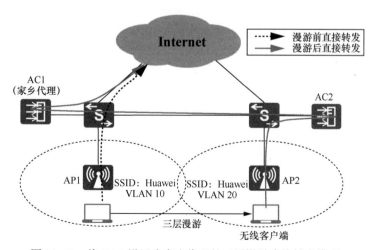

图 14-10　将 HAC 设置为家乡代理的三层漫游直接转发模型

如果管理员将 HAP 设置为了家乡代理，那么当 HAC 接收到了 FAC 发来的业务报文后，并不会直接将其转发给目的网络，而是会将其转发给 HAP，再由 HAP 转发给目的网络。将 HAP 设置为家乡代理的三层漫游直接转发模型如图 14-11 所示。

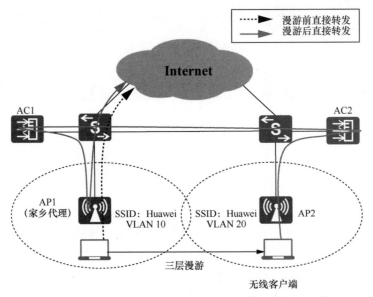

图 14-11　将 HAP 设置为家乡代理的三层漫游直接转发模型

对比图 14-10 和图 14-11，读者应该可以更直观地看出比起将 HAP 设置为家乡代理，将 HAC 设置为家乡代理不仅可以提升转发效率，也可以减轻 HAP 的转发负担。

14.5.2　WLAN 漫游的配置

与 WLAN 漫游有关的配置主要是漫游组的配置。要想创建漫游组，管理员需要首先进入 WLAN 视图并且输入以下命令。

```
[AC-wlan-view] mobility-group name group-name
```

在创建漫游组之后，系统就会进入对应的 WLAN 漫游组视图。在这个视图中，管理员可以输入以下命令并根据 AC 的 IPv4 或 IPv6 地址，将 AC 添加到这个漫游组中。

```
[AC-mc-mg-group-name] member { ip-address ipv4-address | ipv6-address ipv6-address
} [ description description ]
```

读者在这里需要注意的是，如果漫游组中没有设置漫游组服务器，管理员就需要手动在漫游组中的每台 AC 上使用上述命令来配置漫游组和成员列表。如果管理员准备给漫游组指定漫游组服务器，则漫游组和漫游组成员列表只需要在漫游组服务器上进行配置。

下面，我们以图 14-9 所示的拓扑为例简单演示一下漫游组的配置及配置效果。AC1 的 CAPWAP 接口地址为 10.0.100.100，AC2 的 CAPWAP 接口地址为 10.0.200.200。例 14-14 和例 14-15 分别展示了 AC1 和 AC2 上的 WLAN 漫游配置。

例 14-14 在 AC1 上配置 WLAN 漫游功能

```
[AC1]wlan
[AC1-wlan-view]mobility-group name mobility
[AC1-mc-mg-mobility]member ip-address 10.0.100.100
[AC1-mc-mg-mobility]member ip-address 10.0.200.200
```

例 14-15 在 AC2 上配置 WLAN 漫游功能

```
[AC2]wlan
[AC2-wlan-view]mobility-group name mobility
[AC2-mc-mg-mobility]member ip-address 10.0.100.100
[AC2-mc-mg-mobility]member ip-address 10.0.200.200
```

配置完成后，我们可以在 AC 上查看漫游组的状态。例 14-16 以 AC1 为例展示了漫游组状态。

例 14-16 在 AC1 上查看漫游组状态

```
[AC1]display mobility-group name mobility
--------------------------------------------------------------------------------
State          IP address                      Description
--------------------------------------------------------------------------------

normal         10.0.100.100                    -
normal         10.0.200.200                    -
--------------------------------------------------------------------------------
Total: 2
```

例 14-16 的阴影部分确认了漫游组中 AC 的状态都为正常（normal）。

当无线客户端从 AP1 漫游到 AP2 时，我们可以在 AC2 上通过命令查看 STA 的漫游轨迹，见例 14-17。

例 14-17 在 AC2 上查看 STA 的漫游轨迹

```
[AC2]display station roam-track sta-mac 5489-9867-7775
Access SSID:wlan
Rx/Tx: link receive rate/link transmit rate(Mbps)
z: Zero Roam c:PMK Cache Roam r:802.11r Roam
--------------------------------------------------------------------------------
L2/L3          AC IP                   AP name            Radio ID
BSSID          TIME                    In/Out RSSI        Out Rx/Tx
--------------------------------------------------------------------------------
--             10.0.100.100            ap1                0
00e0-fc50-2440 2023/05/22 16:25:25     -95/-95            0/0
L3             10.0.200.200            ap2                0
00e0-fc15-4540 2023/05/22 16:30:28     -95/-            -/-
--------------------------------------------------------------------------------
Number: 1
```

从例 14-17 的命令输出中可以看出，无线客户端从 AP1 漫游到了 AP2，并且漫游类型为 L3（三层）漫游。

14.6 高可靠性技术

在大型 WLAN 中，AC 故障会给网络带来严重的影响。为了避免 AC 故障导致整个无线局域网崩溃，大型 WLAN 解决方案应该采用高可靠性技术来保障网络稳定运行。在本节中，我们会对 VRRP 双机热备、双链路热备和 N+1 备份的高可靠性技术方案进行介绍。

14.6.1　VRRP 双机热备

在 WLAN 环境中，管理员可以让两台 AC 组成一个 VRRP 组，主、备 AC 对 AP 始终显示为虚拟 AC 的 IP 地址，因此，AP 也会与这台虚拟 AC 建立 CAPWAP 通道。主用 AC 通过热备份（HSB）主备通道同步业务信息给备用 AC。当主用 AC 发生故障时，备用 AC 通过主备通道检测到问题，并且接替主用 AC 的工作。使用 AC 组成 VRRP 组的架构如图 14-12 所示。

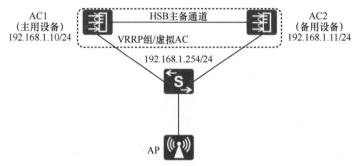

图 14-12　使用 AC 组成 VRRP 组的架构

VRRP 组不支持"双活"部署，但管理员可以为同一组网关设备创建多个 VRRP 组实例，让不同的物理路由设备在不同的 VRRP 组中充当主用路由器，从而实现负载分担。遗憾的是，目前 AC 只支持 VRRP 单实例整机热备，不支持负载分担，但支持上行接口监视。鉴于成员 AC 均以 VRRP 组的形式示"人"，WLAN 中的各个 AP 只能上线 VRRP 组，由组中的主用设备提供配置下发等服务。

图 14-12 中的 HSB 是华为的主备公共机制，也是 AC VRRP 配置的关键。具体来说，AC VRRP 配置包括以下 5 个步骤。

步骤 1　配置 VRRP 备份组。

步骤 2　配置 HSB 服务。

步骤 3　配置 HSB 备份组绑定主备服务和 VRRP 备份组。

步骤 4　配置相关业务绑定 HSB 备份组。

步骤 5　使能 HSB 备份组。

在上述配置中，HSB 服务的作用是建立 VRRP 组成员之间的主备备份通道，并维护该通道的链路状态，以便为各个主备业务模块提供针对 VRRP 控制信息的收发接口，同时在备份链路发生故障时通知 HSB 备份组进行处理。综上所述，HSB 服务的最主要工作如下。

① **建立主备备份通道**：通过配置 HSB 服务本端和对端的 IP 地址和端口号，建

立 TCP 通道，为其他业务提供报文收发的接口及链路状态变化通知服务。

② **维护通道链路状态**：通过发送 HSB 服务报文和重传等机制来防止 TCP 长时间中断但协议栈没有检测到连接已经中断的情况。如果在 HSB 服务报文事件间隔与重传次数两者乘积的时间内没有接收到对端发送的 HSB 服务报文，设备就会接收到异常通知，并准备重建主备备份通道。

HSB 备份组的作用是绑定主备服务，并为绑定的主备服务提供数据备份通道，同时绑定 VRRP 实例，让业务通过 HSB 备份组获知当前 VRRP 成员的主备状态和主备切换等事件。此外，HSB 备份组也负责通知各个业务模块处理批量备份、实时备份和主备切换等事件。

当主用设备或链路发生故障，导致流量需要切换到备用设备上时，备用设备应该拥有与主用设备相同的会话相关表项，其中包含用户数据信息、CAPWAP 隧道信息、AP 表项和 DHCP 地址信息等，信息不一致则有可能导致会话中断。这就需要主备设备之间借助一种机制同步会话表项，而 HSB 主备服务处理模块就可以提供上述功能。上文提到的批量备份和实时备份都是 VRRP 双机热备方式。基于 VRRP 的双机热备包括下列 3 种方式。

① **批量备份**：指主用设备把已经产生的会话表项一次性同步到新加入的备用设备上，使主备 AC 的信息实现同步。在确定了双方的 AC 主备角色时，设备就会执行批量备份。

② **实时备份**：指主用设备在产生新的会话表项或当前会话表项发生变化时，将会话表项备份到备用设备上。

③ **定时同步**：备用设备每隔 30min 就会检查自己的会话表项是否与主用设备同步，若双方会话表项不一致，备用设备就会用主用设备上的会话表项进行同步。

下面介绍 VRRP 双机热备的相关配置步骤和命令。

第 1 步　配置 VRRP 备份组。

根据上文介绍的配置流程，在给 AC 配置 VRRP 双机热备时，管理员需要进入 AC 对应的端口视图，配置 VRRP 组。

首先，管理员需要使用以下命令创建 VRRP 备份组并为其配置虚拟 IP 地址。

```
[AC-Vlanif10] vrrp vrid virtual-router-id virtual-ip virtual-address
```

其次，管理员可以使用以下命令配置 VRRP 成员设备的 VRRP 优先级，以指定哪台 AC 充当 VRRP 主用设备。系统默认的 VRRP 优先级为 100，这个参数的配置范围是 0～254。

```
[AC-Vlanif10] vrrp vrid virtual-router-id priority priority-value
```

第 2 步　管理员需要配置 HSB 主备服务。

首先，管理员需要在系统视图下使用以下命令创建 HSB 服务并进入 HSB 服务视图。

```
[AC] hsb-service service-index
```

其次，管理员需要在这个 HSB 服务的视图下使用以下命令指定 HSB 主备备份通道本端（local）和对端（peer）的 IP 地址和端口号。

```
[AC-hsb-service-0] service-ip-port local-ip { local-ipv4-address | local-ipv6-addre
ss } peer-ip { peer-ipv4-address | peer-ipv6-address } local-data-port local-port p
eer-data-port peer-port
```

第 3 步　管理员需要配置 HSB 备份组绑定主备服务和 VRRP 备份组。

首先，管理员需要在系统视图下使用以下命令创建 HSB 备份组并且进入 HSB 备份组视图。

```
[AC] hsb-group group-index
```

其次，管理员需要在这个 HSB 备份组视图下使用以下命令绑定前面创建的 HSB 服务。

```
[AC-hsb-group-0] bind-service service-index
```

最后，管理员还需要使用以下命令绑定前面创建的 VRRP 备份组。

```
[AC-hsb-group-0] track vrrp vrid virtual-router-id interface interface-type interfa
ce-number
```

第 4 步　管理员需要配置各项业务绑定 HSB 备份组。

首先，管理员需要配置 WLAN 业务绑定前面创建的 HSB 备份组。

```
[AC] hsb-service-type ap hsb-group group-index
```

其次，配置 DHCP 业务绑定前面创建的 HSB 备份组。

```
[AC] hsb-service-type dhcp hsb-group group-index
```

最后，管理员还需要配置准入控制用户绑定前面创建的 HSB 备份组。

```
[AC] hsb-service-type access-user hsb-group group-index
```

第 5 步　管理员需要进入 HSB 备份组视图，使用命令 **hsb enable** 使能这个 HSB 备份组。

```
[AC-hsb-group-0] hsb enable
```

完成配置后，管理员可以使用命令 **display hsb-group** group-index 来查看自己创建的 HSB 备份组的信息，也可以使用命令 **display hsb-service** service-index 来查看自己创建的 HSB 服务的信息。

下面，我们基于图 14-12 通过一个简单的示例展示 VRRP 双机热备的配置。这个示例会按照上述 5 个步骤展示 AC 上的相关配置。

第 1 步　配置 VRRP 备份组。

AC1 和 AC2 使用 VLANIF 10 接口组成 VRRP 组，其中 AC1 充当主用 AC（设置 VRRP 优先级为 110），AC2 则作为备用 AC。例 14-18 和例 14-19 分别展示了 AC1 和 AC2 上的 VRRP 备份组配置。

例 14-18　在 AC1 上配置 VRRP 组

```
[AC1]interface Vlanif 10
[AC1-Vlanif10]ip address 192.168.1.10 24
[AC1-Vlanif10]vrrp vrid 1 virtual-ip 192.168.1.254
[AC1-Vlanif10]vrrp vrid 1 priority 110
```

例 14–19 在 AC2 上配置 VRRP 组

```
[AC2]interface Vlanif 10
[AC2-Vlanif10]ip address 192.168.1.11 24
[AC2-Vlanif10]vrrp vrid 1 virtual-ip 192.168.1.254
```

配置完成后，我们可以在 AC1 和 AC2 上查看 VRRP 状态，见例 14–20 和例 14–21。

例 14–20 查看 AC1 的 VRRP 状态

```
[AC1]display vrrp brief
Total:1     Master:1     Backup:0     Non-active:0
VRID  State        Interface              Type     Virtual IP
--------------------------------------------------------------
1     Master       Vlanif10               Normal   192.168.1.254
```

例 14–21 查看 AC2 的 VRRP 状态

```
[AC2]display vrrp brief
Total:1     Master:0     Backup:1     Non-active:0
VRID  State        Interface              Type     Virtual IP
--------------------------------------------------------------
1     Backup       Vlanif10               Normal   192.168.1.254
```

从例 14–20 的命令输出内容可以看出，AC1 为主用 AC（Master）；从例 14–21 的命令输出内容则可以看出，AC2 为备用 AC（Backup）。

第 2 步 配置 HSB 主备服务。

对于第 2 步～第 5 步的配置命令来说，AC1 和 AC2 上会配置完全相同的命令参数，因此我们仅以 AC1 为例进行展示。例 14–22 展示了 HSB 的配置，数据端口的取值范围为 10240～49152。

例 14–22 在 AC1 上配置 HSB

```
[AC1]hsb-service 0
[AC1-hsb-service-0]service-ip-port local-ip 192.168.1.10 peer-ip 192.168.1.11 local
-data-port 10241 peer-data-port 10241
```

AC1 和 AC2 均配置完成后，我们可以查看主备服务的建立情况。AC1 上的主备服务建立情况见例 14–23。

例 14–23 查看 AC1 上的主备服务建立情况

```
[AC1]display hsb-service 0
Hot Standby Service Information:
-----------------------------------------------------------
  Local IP Address       : 192.168.1.10
  Peer IP Address        : 192.168.1.11
  Source Port            : 10241
  Destination Port       : 10241
  Keep Alive Times       : 5
  Keep Alive Interval    : 3
  Service State          : Connected
  Service Batch Modules  : -
-----------------------------------------------------------
```

从例 14–23 的阴影部分可以看出服务状态为已连接（Connected）。

第 3 步 配置 HSB 备份组。

在 HSB 备份组的配置中，我们需要绑定主备服务和 VRRP 备份组。例 14-24 展示了 AC1 上 HSB 备份组的配置。

例 14-24 在 AC1 上配置 HSB 备份组

```
[AC1]hsb-group 0
[AC1-hsb-group-0]bind-service 0
[AC1-hsb-group-0]track vrrp vrid 1 interface Vlanif 10
```

第 4 步 配置各项业务绑定 HSB 备份组。

我们需要将 WLAN 业务、DHCP 业务和准入控制用户绑定到 HSB 备份组。例 14-25 展示了 AC1 上的相关配置。

例 14-25 在 AC1 上将各项业务绑定到 HSB 备份组

```
[AC1]hsb-service-type ap hsb-group 0
[AC1]hsb-service-type dhcp hsb-group 0
[AC1]hsb-service-type access-user hsb-group 0
```

第 5 步 使能 HSB 备份组。

在使能 HSB 备份组之前，第 3 步和第 4 步中的配置暂不会生效。例 14-26 展示了 AC1 上使能 HSB 备份组的配置。

例 14-26 在 AC1 上使能 HSB 备份组

```
[AC1]hsb-group 0
[AC1-hsb-group-0]hsb enable
```

配置完成后，我们可以查看 HSB 备份组的运行情况，见例 14-27。

例 14-27 在 AC1 上查看 HSB 备份组的运行情况

```
[AC1]display hsb-group 0
Hot Standby Group Information:
------------------------------------------------------------
  HSB-group ID                : 0
  Vrrp Group ID               : 1
  Vrrp Interface              : Vlanif10
  Service Index               : 0
  Group Vrrp Status           : Master
  Group Status                : Active
  Group Backup Process        : Realtime
  Peer Group Device Name      : AC6005
  Peer Group Software Version : V200R007C10SPC300B220
  Group Backup Modules        : AP
                                DHCP
                                Access-user
------------------------------------------------------------
```

从例 14-27 的阴影部分可以看出，此时 HSB 备份组已正常运行。除此之外，该命令还列出了第 3 步和第 4 步中配置的参数。

14.6.2 双链路热备

在双链路热备场景下，业务直接绑定 HSB 服务，让 HSB 对业务提供备份数据的收发，用户的主备状态由双链路机制维护。在这种场景下，AP 会同时与主备 AC 分别建立

CAPWAP 隧道,并通过 AC 下发的 CAPWAP 报文中的优先级来判断哪台 AC 为主用 AC。AC 间的业务信息则通过 HSB 主备通道同步。

这种方案支持负载分担模式,管理员可以指定 WLAN 中的一部分 AP 以 AC1 作为主用 AC,另一部分 AP 则以 AC2 作为主用 AC,因此可以更加有效地利用资源。不过与 VRRP 相比,双链路热备的业务切换速度较慢。

在双链路热备场景中,AP 选择主用 AC 的时机是在建立 CAPWAP 隧道的阶段。在这个阶段,AP 会向 AC 发送 Discovery Request 报文。这个阶段的操作可以分为单播方式和广播方式。前者是指管理员已经手动在 AP 上配置了各 AC 的 IP 地址,或者 AP 已经通过 DHCP 或 DNS 获得了各 AC 的 IP 地址;后者是指 AP 并没有掌握 AC 的单播 IP 地址,或向通过其他几种方式获得的 IP 地址发送了报文后没有接收到来自 AC 的请求响应消息,因此,通过广播的方式在本地网络泛洪 Discovery Request。

当 AC 接收到 AP 发送的 Discovery Request 报文后,会使用 Discovery Response 报文作出响应,并且在报文中封装双链路特性开关、自己的优先级、负载情况和 IP 地址。AP 在收集到主备两台 AC 设备响应的 Discovery Response 报文后,首先会比较它们的 AC 优先级,优先级数值越小,优先级越高,因此两台 AC 设备优先级值较小的 AC 会成为主用 AC。若两台 AC 优先级值相等,AP 则会继续比较 AC 设备的负载情况,此时 AP 会先后比较两台 AC 关联的 AP 数量和无线客户端数量,数量越小代表负载越轻,负载较轻的 AC 成为主用 AC。如果两台 AC 负载也相同,则继续比较它们的 IP 地址,IP 地址数值较小的 AC 为主用 AC。

在判断出主用 AC 之后,AP 会与主用 AC 建立 CAPWAP 隧道。只有在主用 AC 向 AP 完成了配置下发之后,AP 才会继续与备用 AC 建立 CAPWAP 隧道。AP 在与备用 AC 建立 CAPWAP 隧道之前,与主用 AC 的通信过程如图 14-13 所示。

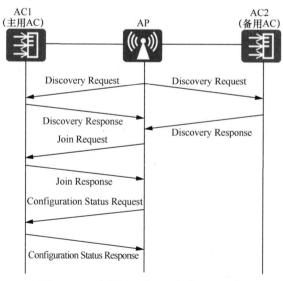

图 14-13　主用 AC 向 AP 完成配置下发

在完成图 14-13 所示的流程后,AP 会和备用 AC 之间建立备用隧道。此时,AP 会向备用 AC 发送单播的 CAPWAP Discovery Request 报文。在备用 AC 接收到该报文之后，会使用 CAPWAP Discovery Response 报文，并且在报文中封装双链路特性开关、负载情况和优先级。当 AP 接收到备用 AC 回复的 CAPWAP Discovery Response 报文后，获取到双链路特性开关为打开，并保存其优先级。此后，当 AP 向备用 AC 发送 Join Request 时，就会携带一个自定义消息类型，告诉备用 AC 配置已经下发。备用 AC 在接收到消息后，则会跳过通过 Configuration Status 报文下发配置的流程，避免对 AP 进行重复下发配置。AP 与备用 AC 建立 CAPWAP 隧道并上线备用 AC 的过程如图 14-14 所示。

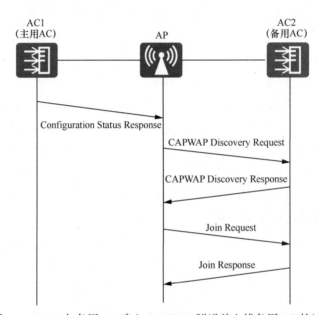

图 14-14　AP 与备用 AC 建立 CAPWAP 隧道并上线备用 AC 的过程

在备用 CAPWAP 链路建立后，AP 会重新根据两个链路的优先级选出主备 AC。

在缺省情况下，CAPWAP 的心跳检测间隔时间为 25s，检测报文次数为 6 次。如果开启了双链路备份功能，CAPWAP 的心跳检测间隔时间仍然为 25s，但检测报文次数变为 3 次。

在有些无线网络中，管理员需要 AP 与 AP 之间通过无线方式组网，这种组网使用的主流技术为无线分布式系统（WDS）或 WLAN Mesh。如果管理员在配置双链路备份时需要使用 WDS 或 Mesh，则建议把检测报文次数修改为至少 6 次，否则会导致 WDS 或 Mesh 链路不稳定，无法保证用户接入。其余情况建议保留这两项设置的默认值，否则有可能降低 CAPWAP 链路的可靠性。

双链路热备的配置可以分为 AC 配置和 HSB 配置两部分。在 AC 配置部分，管理员需要为 AC 配置 IP 地址和优先级，然后在 AC 上启用全局回切功能，并最终启用双链路备份功能。最后，管理员需要让 AC 重启 AP，使双链路备份功能生效。上述配置都需要在 AC 的 WLAN 视图下进行配置。管理员需要在 WLAN 视图下创建 AP 系统模板，并在 AC 系统模板中分别指定主用 AC 和备用 AC 的 IP 地址。

管理员需要使用下列命令配置 AP 系统模板。

```
[AC-wlan-view] ap-system-profile name profile-name
[AC-wlan-ap-system-prof-profile-name] primary-access { ip-address ip-address | ipv6
-address ipv6-address }
[AC-wlan-ap-system-prof-profile-name] backup-access { ip-address ip-address | ipv6-
address ipv6-address }
```

管理员需要使用以下命令在 AP 视图或 AP 组视图中引用 AP 系统模板，使配置生效（以 AP 组视图为例）。

```
[AC-wlan-ap-group-group1] ap-system-profile profile-name
```

同时，管理员还需要使用以下命令在 AC 上启用全局回切功能。全局回切功能的目的是确保备用 AC 接替主用 AC 后，主用 AC 故障排除；AP 检测到原主用 AC 拥有更高的优先级，就会执行故障倒换，重新把恢复后的原主用 AC 切换为主用 AC。这条命令需要在 AP 上线建立双链路备份之前由 AC 将回切功能配置下发给 AP。

```
[AC-wlan-view] undo ac protect restore disable
```

完成上述操作之后，管理员需要在 AC 上启用双链路备份功能，因为双链路备份功能缺省并未启用，启用这项功能的命令如下。

```
[AC-wlan-view] ac protect enable
```

完成上述配置之后，管理员需要输入以下命令重启 AC。

```
[AC-wlan-view] ap-reset { all | ap-name ap-name | ap-mac ap-mac | ap-id ap-id | ap
name | type-id type-id }
```

接下来，管理员还需要配置 HSB 主备服务，即在系统视图下使用以下命令创建 HSB 服务并进入 HSB 服务视图。

```
[AC] hsb-service service-index
```

然后，管理员需要在这个 HSB 服务的视图下使用以下命令指定 HSB 主备备份通道本端（local）和对端（peer）的 IP 地址和端口号。

```
[AC-hsb-service-0] service-ip-port local-ip { local-ipv4-address | local-ipv6-addre
ss } peer-ip { peer-ipv4-address | peer-ipv6-address }  local-data-port local-port
peer-data-port peer-port
```

最后，管理员需要配置 WLAN 业务和 NAC 业务，以分别绑定前面创建的 HSB 备份服务。

```
[AC] hsb-service-type ap hsb-group group-index
[AC] hsb-service-type access-user hsb-group group-index
```

双链路热备配置拓扑如图 14-15 所示。

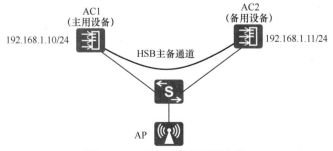

图 14-15　双链路热备配置拓扑

在图 14-15 所示的拓扑中，AC1 和 AC2 采用双链路热备配置，其中 AC1 为主用设备，AC2 为备用设备。例 14-28 和例 14-29 分别展示了 AC1 和 AC2 上的相关配置命令。

例 14-28　在 AC1 上配置双链路热备

```
[AC1]wlan
[AC1-wlan-view]ap-system-profile name hcip-ap-system
[AC1-wlan-ap-system-prof-hcip-ap-system]primary-access ip-address 192.168.1.10
Warning: This action will take effect after resetting AP.
[AC1-wlan-ap-system-prof-hcip-ap-system]backup-access ip-address 192.168.1.11
Warning: This action will take effect after resetting AP.
[AC1-wlan-ap-system-prof-hcip-ap-system]quit
[AC1-wlan-view]ap-group name hcip-ap-group
[AC1-wlan-ap-group-hcip-ap-group]ap-system-profile hcip-ap-system
[AC1-wlan-ap-group-hcip-ap-group]quit
[AC1-wlan-view]undo ac protect restore disable
Info: Protect restore has already enabled.
[AC1-wlan-view]ac protect enable
Warning: This operation maybe cause AP reset, continue?[Y/N]:y
Info: This operation may take a few seconds. Please wait for a moment.done.
Info: Capwap echo interval has changed to default value 25, capwap echo times to 3.
[AC1-wlan-view]
```

例 14-29　在 AC2 上配置双链路热备

```
[AC2]wlan
[AC2-wlan-view]ap-system-profile name hcip-ap-system
[AC2-wlan-ap-system-prof-hcip-ap-system]primary-access ip-address 192.168.1.10
Warning: This action will take effect after resetting AP.
[AC2-wlan-ap-system-prof-hcip-ap-system]backup-access ip-address 192.168.1.11
Warning: This action will take effect after resetting AP.
[AC2-wlan-ap-system-prof-hcip-ap-system]quit
[AC2-wlan-view]ap-group name hcip-ap-group
[AC2-wlan-ap-group-hcip-ap-group]ap-system-profile hcip-ap-system
[AC2-wlan-ap-group-hcip-ap-group]quit
[AC2-wlan-view]undo ac protect restore disable
Info: Protect restore has already enabled.
[AC2-wlan-view]ac protect enable
Warning: This operation maybe cause AP reset, continue?[Y/N]:y
Info: This operation may take a few seconds. Please wait for a moment.done.
Info: Capwap echo interval has changed to default value 25, capwap echo times to 3.
[AC2-wlan-view]
```

配置完成后，我们可以查看 AP 系统模板中双链路热备的配置信息。例 14-30 所示为 AC1 上的相关配置信息。

例 14-30　在 AC1 上查看双链路热备的配置信息

```
[AC1]display ap-system-profile name hcip-ap-system
--------------------------------------------------------------------------------
AC priority                              : -
Protect AC IP address                    : -
Primary AC                               : 192.168.1.10
Backup AC                                : 192.168.1.11
（省略部分输出内容）
```

例 14-30 的命令输出内容展示了 AC1 上有关双链路热备的参数。AC1 为主用 AC，AC2 为备用 AC。

接下来，我们需要配置 HSB 主备服务。AC1 和 AC2 上会配置完全相同的命令参数，因此我们仅以 AC1 为例进行展示。例 14-31 展示了 AC1 上的 HSB 主备服务的配置。

例 14-31　在 AC1 上配置 HSB 主备服务

```
[AC1]hsb-service 0
[AC1-hsb-service-0]service-ip-port local-ip 192.168.1.10 peer-ip 192.168.1.11 local
-data-port 10241 peer-data-port 10241
[AC1]hsb-service-type access-user hsb-service 0
[AC1]hsb-service-type ap hsb-service 0
```

AC1 和 AC2 均配置完成后，我们可以查看主备服务的建立情况，见例 14-32。

例 14-32　查看 AC1 上的主备服务的建立情况

```
[AC1]display hsb-service 0
Hot Standby Service Information:
------------------------------------------------------------
  Local IP Address       : 192.168.1.10
  Peer IP Address        : 192.168.1.11
  Source Port            : 10241
  Destination Port       : 10241
  Keep Alive Times       : 5
  Keep Alive Interval    : 3
  Service State          : Connected
  Service Batch Modules  : Access-user
                           AP
------------------------------------------------------------
```

从例 14-32 的阴影部分可以看出服务状态当前为已连接（Connected），表示实验目的已经达到。

14.6.3　N+1 备份

N+1 备份是一种在各个领域通用的备份方式，指使用一台设备或一个组件为多台设备或多个组件提供备份的备份方式。在 WLAN 环境中，N+1 备份是指使用一台 AC 为 WLAN 中的其他所有 AC 提供备份的解决方案。在网络正常的情况下，每台 AP 都只会与自己关联的 AC 之间建立 CAPWAP 隧道，但是在该 AC 或它与 AP 之间的 CAPWAP 隧道发生故障时，备份的那台 AC 就会取代主用 AC 来关联（原本由主用 AC 关联的）AP，与它们建立 CAPWAP 隧道为 AP 提供服务。因为在网络正常的情况下，AP 并不会与备份 AC 建立 CAPWAP 隧道，所以主备切换的过程难免会影响无线网络的业务。

AP 选择与 AC 建立 CAPWAP 隧道的时机仍然是在 Discovery 阶段。在 AP 发现 AC 之后，仍然会根据 AC 的优先级选择接入的 AC。

AC 上存在两种优先级，即全局优先级和个性优先级。此前在双链路热备部分介绍的优先级即为全局优先级。如前所述，这个值默认为 0，最大值为 7，数值越小优先级越高。个性优先级则是管理员在 AC 上针对某个 AP 或某个 AP 组中的 AP 所配置的优先级。在 N+1 备份模型中，AP 在选择与 AC 建立 CAPWAP 隧道时，个性优先级优于全局优先级。因此，管理员可以针对不同的 AP 设置不同的个性优先级，让不同的 AP 上线不同的 AC。

当 AC 接收到 AP 发送的 Discovery Request 报文时,如果管理员在 AC 上针对这个 AC 配置了个性优先级,AC 就会在回复的 Discovery Response 报文中携带这个个性优先级, 否则 AC 会在 Discovery Response 中携带全局优先级。

不过,优先级不是 AP 选择主用设备的最重要参数。在配置时,管理员可以根据需 要在 AC 上针对不同的 AP 或 AP 组来指定优选 AC(的 IP 地址)和备选 AC(的 IP 地址)。 优选 AC 和备选 AC 并不是必要的配置参数,但对一台或一组 AP 来说,一台 AC 是否为 优选 AC 或备选 AC 会极大地影响该 AP 是否与其建立 CAPWAP 隧道。

① 如果只有一台优选 AC,AP 会直接与其建立 CAPWAP 隧道。如果有两台或多台 优选 AC,AP 会选择与其中负载较轻的 AC 建立 CAPWAP 隧道。如果这些 AC 负载相同, AP 则会选择与其中 IP 地址最小的 AC 建立 CAPWAP 隧道。

② 在比较 AC 的负载时,AP 会首先比较这些 AC 关联的 AP 数量,关联 AP 数量最 少的 AC 负载较轻。如果关联的 AP 数量相同,AP 则会比较它们关联的无线客户端数量, 关联无线客户端数量最少的 AC 负载较轻。

③ 如果没有优选 AC,只有一台备选 AC,AP 会直接与其建立 CAPWAP 隧道。如果 没有优选 AC,但有两台或多台备选 AC,AP 会选择与其中负载较轻的 AC 建立 CAPWAP 隧道。如果这些 AC 负载相同,AP 则会选择与其中 IP 地址最小的 AC 建立 CAPWAP 隧道。

④ 只有在既没有配置优选 AC,也没有配置备选 AC 的情况下,AP 才会根据优先级 选择与哪个 AC 建立 CAPWAP 隧道。此时,如果两台或多台 AC 拥有最高的优先级,AP 会选择与其中负载较轻的 AC 建立 CAPWAP 隧道。如果有一些 AC 负载依然相同,AP 则会选择与其中 IP 地址最小的 AC 建立 CAPWAP 隧道。

在配置方面,管理员需要在 AC 中创建一个系统配置文件(模板),并且根据需要在 模板中指定优选 AC 和备选 AC(的 IP 地址)。完成了模板的创建之后,管理员需要在 AP 视图或 AP 组视图中,针对 AP 或 AP 组调用这个模板。

首先,管理员需要使用以下命令创建 AP 系统模板,并进入模板的配置视图。

```
[AC-wlan-view] ap-system-profile name profile-name
```

如前所述,管理员可以根据需要在模板视图下,使用下面两条命令配置优选 AC 的 IP 地址和备选 AC 的 IP 地址。

```
[AC-wlan-ap-system-prof-huawei] primary-access { ip-address ip-address | ipv6-address
ipv6-address }
[AC-wlan-ap-system-prof-huawei] backup-access { ip-address ip-address | ipv6-address
ipv6-address }
```

下一步,管理员需要在对应的 AP 视图或 AP 组视图下调用前面生成的 AP 系统模板。 下面两条分别是在 AP 视图和 AP 组视图下执行上述设置的命令。

```
[AC-wlan-ap-0] ap-system-profile profile-name
[AC-wlan-ap-group-huawei] ap-system-profile profile-name
```

接下来,管理员可以在 WLAN 视图下使用命令在 AC 上启用全局回切功能,命令如下。

```
[AC-wlan-view] undo ac protect restore disable
```

完成上述操作之后，管理员需要在 AC 上启用 *N*+1 备份功能。在实际操作中，以下命令无须输入，因为 *N*+1 备份功能缺省为启用状态。

```
[AC-wlan-view] undo ac protect enable
```

在系统视图下，管理员也可以使用以下命令配置 CAPWAP 心跳检测的间隔时间和次数。

```
[AC] capwap echo { interval interval-value | times times-value }
```

下面，我们基于图 14-16 所示的 *N*+1 配置拓扑，通过一个简单的实验，演示 *N*+1 备份的配置流程。

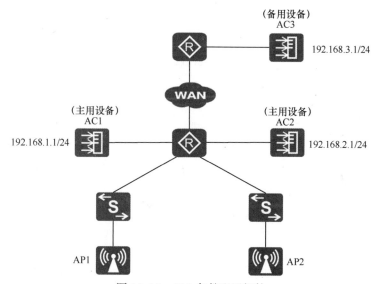

图 14-16 *N*+1 备份配置拓扑

在图 14-16 所示的实验环境中，AP1 的主用 AC 为 AC1，备用 AC 为 AC3；AP2 的主用 AC 为 AC2，备用 AC 为 AC3。我们要通过配置 AC1、AC2 和 AC3 来实现 *N*+1 备份。本实验仅展示与 AC 上 *N*+1 备份相关的配置。

在主用 AC（AC1 和 AC2）上，我们需要在 AP 系统模板中配置主备 AC 的参数，并且在 AP 组（或 AP）视图中调用 AP 系统模板。例 14-33 和例 14-34 分别展示了 AC1 和 AC2 上的配置。

例 14-33 在 AC1 上配置主备 AC 信息

```
[AC1]wlan
[AC1-wlan-view]ap-system-profile name ap_system_1
[AC1-wlan-ap-system-prof-ap_system_1]primary-access ip-address 192.168.1.1
Warning: This action will take effect after resetting AP.
[AC1-wlan-ap-system-prof-ap_system_1]backup-access ip-address 192.168.3.1
Warning: This action will take effect after resetting AP.
[AC1-wlan-ap-system-prof-ap_system_1]quit
[AC1-wlan-view]ap-group name ap_group_1
Info: This operation may take a few seconds. Please wait for a moment.done.
[AC1-wlan-ap-group-ap_group_1]ap-system-profile ap_system_1
```

```
[AC1-wlan-ap-group-ap_group_1]quit
[AC1-wlan-view]undo ac protect restore disable
Info: Protect restore has already enabled.
[AC1-wlan-view]undo ac protect enable
Info: Backup function has already disabled.
[AC1-wlan-view]
```

例 14-34　在 AC2 上配置主备 AC 信息

```
[AC2]wlan
[AC2-wlan-view]ap-system-profile name ap_system_2
[AC2-wlan-ap-system-prof-ap_system_2]primary-access ip-address 192.168.2.1
Warning: This action will take effect after resetting AP.
[AC2-wlan-ap-system-prof-ap_system_2]backup-access ip-address 192.168.3.1
Warning: This action will take effect after resetting AP.
[AC2-wlan-ap-system-prof-ap_system_2]quit
[AC2-wlan-view]ap-group name ap_group_2
Info: This operation may take a few seconds. Please wait for a moment.done.
[AC2-wlan-ap-group-ap_group_2]ap-system-profile ap_system_2
[AC2-wlan-ap-group-ap_group_2]quit
[AC2-wlan-view]undo ac protect restore disable
Info: Protect restore has already enabled.
[AC2-wlan-view]undo ac protect enable
Info: Backup function has already disabled.
[AC2-wlan-view]
```

在作为备用 AC 的 AC3 上，我们需要配置两个 AP 组来保持 WLAN 的基本业务，并且业务配置要与主用 AC 保持一致。例 14-35 展示了 AC3 上的配置。

例 14-35　在 AC3 上配置主备 AC 信息

```
[AC3]wlan
[AC3-wlan-view]ap-system-profile name ap_system_1
[AC3-wlan-ap-system-prof-ap_system_1]primary-access ip-address 192.168.1.1
Warning: This action will take effect after resetting AP.
[AC3-wlan-ap-system-prof-ap_system_1]backup-access ip-address 192.168.3.1
Warning: This action will take effect after resetting AP.
[AC3-wlan-ap-system-prof-ap_system_1]quit
[AC3-wlan-view]ap-system-profile name ap_system_2
[AC3-wlan-ap-system-prof-ap_system_2]primary-access ip-address 192.168.2.1
Warning: This action will take effect after resetting AP.
[AC3-wlan-ap-system-prof-ap_system_2]backup-access ip-address 192.168.3.1
Warning: This action will take effect after resetting AP.
[AC3-wlan-ap-system-prof-ap_system_2]quit
[AC3-wlan-view]ap-group name ap_group_1
Info: This operation may take a few seconds. Please wait for a moment.done.
[AC3-wlan-ap-group-ap_group_1]ap-system-profile ap_system_1
[AC3-wlan-ap-group-ap_group_1]quit
[AC3-wlan-view]ap-group name ap_group_2
Info: This operation may take a few seconds. Please wait for a moment.done.
[AC3-wlan-ap-group-ap_group_2]ap-system-profile ap_system_2
[AC3-wlan-ap-group-ap_group_2]quit
[AC3-wlan-view]undo ac protect restore disable
Info: Protect restore has already enabled.
[AC3-wlan-view]undo ac protect enable
Info: Backup function has already disabled.
[AC3-wlan-view]
```

配置完成后，我们可以通过命令查看 N+1 备份的配置。例 14-36 以 AC3 为例查看了 N+1 备份信息。

例 14-36　在 AC3 上查看 N+1 备份信息

```
[AC3]display ac protect
-------------------------------------------------------------
Protect state          : disable
Protect AC             : -
Priority               : 0
Protect restore        : enable
Coldbackup kickoff station: disable
-------------------------------------------------------------
```

从例 14-36 的命令输出内容中可以看出，N+1 备份功能已开启（Protect state: disable），全局回切功能也已开启（Protect restore: enable）。

我们还可以查看 AP 系统模板的具体配置。例 14-37 为 AC3 上的 ap_system_1 的相关配置。

例 14-37　在 AC3 上查看 ap_system_1

```
[AC3]display ap-system-profile name ap_system_1
-----------------------------------------------------------------------
AC priority                                : -
Protect AC IP address                      : -
Primary AC                                 : 192.168.1.1
Backup AC                                  : 192.168.3.1
AP management VLAN                          : -
Keep service                               : disable
Keep service allow new access              : disable
Temporary management switch                : disable
Mesh role                                  : mesh-node
STA access mode                            : disable
STA whitelist profile                      : -
STA blacklist profile                      : -
EAPOL start mode                           : multicast
EAPOL start transform                      : equal-bssid
EAPOL response mode                        : unicast learning
EAPOL response transform                   : equal-bssid
AP LLDP message transmission delay time(s) : 2
AP LLDP message transmission hold multiplier : 4
AP LLDP message transmission interval time(s) : 30
AP LLDP restart delay time(s)              : 2
AP LLDP admin status                       : txrx
AP LLDP report interval time(s)            : 30
AP high temperature threshold(degree C)    : -
AP low temperature threshold(degree C)     : -
AP CPU usage threshold(%)                  : 90
AP memory usage threshold(%)               : 80
Alarm restriction                          : enable
Alarm restriction period(s)                : 60
Log server IP address                      : -
Log record level                           : info
Ethernet port MTU(byte)                    : 1500
Telnet                                     : disable
STelnet server                             : enable
```

```
SFTP server                                      : enable
Console                                          : enable
Antenna output mode                              : split
Led                                              : on
Led off time range                               : -
Report disassoc request                          : enable
Sample time(s)                                   : 30
Dynamic blacklist aging time(s)                  : 600
MPP active reselection                           : disable
AP report to                                     : server
Server IP                                        : 0.0.0.0
Server port                                      : -
AC port                                          : -
Device aging-time(minute)                        : 3
PoE max power(mW)                                 : 380000
PoE power reserved(%)                             : -
PoE power threshold(%)                            : -
PoE af inrush                                     : disable
PoE high inrush                                   : disable
USB                                              : disable
Traffic optimize broadcast suppression ARP       : disable
Traffic optimize broadcast suppression IGMP      : disable
Traffic optimize broadcast suppression ND        : disable
Traffic optimize broadcast suppression other     : disable
Traffic optimize broadcast suppression ARP rate limit(pps)   : 256
Traffic optimize broadcast suppression IGMP rate limit(pps)  : 256
Traffic optimize broadcast suppression ND rate limit(pps)    : 256
Traffic optimize broadcast suppression other rate limit(pps) : 256
-----------------------------------------------------------------------------
```

从例 14-37 的阴影部分可以确认 ap_system_1 上已正确配置了主备 AC 的信息。

VRRP 双机热备、双链路热备和 N+1 备份 3 种 WLAN 高可靠性解决方案的切换速度和约束条件各不相同，因此也有各自的适用场景。

① **VRRP 双机热备**：主备切换速度快，可以通过配置 VRRP 抢占时间，实现最快的切换速度。不过，这种解决方案不仅要求主备 AC 的型号和软件版本完全一致，而且一台备用 AC 只能为一台主用 AC 提供备份，同时这种解决方案不建议主备 AC 之间进行异地部署。总体来说，这种可靠性解决方案适合对可靠性要求较高且不需要对主备设备进行异地部署的场景。

② **双链路热备**：主备切换速度比 VRRP 双机热备方式的慢，需要等设备检测到 CAPWAP 断开超时后才会执行切换，但因为 AP 与备用 AC 也会建立隧道，所以切换后设备不需要重新上线，因此业务可能不会中断。这种解决方案同样要求主备 AC 的型号和软件版本完全一致，且一台备用 AC 只能为一台主用 AC 提供备份，但这种解决方案支持主备 AC 之间进行异地部署。概括来说，这种可靠性解决方案适合对可靠性要求较高且需要对主备设备进行异地部署的场景。

③ **N+1 备份**：同样需要等设备检测到 CAPWAP 断开超时后才会执行切换，且因为 AP 不会与备用 AC 建立隧道，所以切换后业务流量会出现短暂中断。这种解决方案的优势在于，主备 AC 产品型号可以不同（但它们的软件版本必须完全一致），同时一台备用

AC 可以为大量的主用 AC 提供备份，且支持主备 AC 之间进行异地部署。这种可靠性解决方案适合对可靠性要求不高但对成本控制要求较高的场景。

14.7　准入控制技术

无线技术的介质是开放的，信号覆盖范围内的任何人都可以连接这个介质。网络准入控制技术（NAC）的作用是对连接到网络中的人员进行过滤。NAC 是一类技术的总称，这类技术是用于用户和用户接入设备之间进行交互，通过将用户提供的信息与数据库中的信息进行匹配，确保只有合法的用户才能和接入设备建立安全的连接。

14.7.1　NAC 架构

在 NAC 架构中，接入网络的用户设备被称为请求方，响应请求和负责接收报文的设备则被称为认证方。不过，认证方并不一定由接入设备担任，例如在中大型 WLAN 中，认证方的角色往往会由 AC 来承担，而不是作为接入设备的（Fit）AP。此外，无论管理员在网络中选择部署哪种 NAC 技术，其都需要判断是让认证方在本地使用本地数据库对用户进行认证，还是把用户提供的认证信息发送给远端保存了大量用户认证信息的服务器进行认证。通常，在小型和中小型网络中，认证方在本地执行认证是比较常见的做法，但随着网络规模的扩大和用户数量的增加，集中式的服务器则更具有扩展性和灵活性。这种根据认证方发送的用户信息执行认证的服务器被称为认证服务器，认证方与认证服务器之间的协议则被称为认证协议。

NAC 架构中的设备角色如图 14-17 所示。

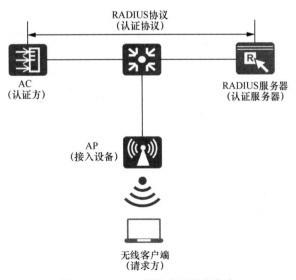

图 14-17　NAC 架构中的设备角色

图 14-17 中的认证协议是 RADIUS。RADIUS 是常用的一种 AAA 管理协议,也是一种分布式的、基于客户端/服务器模型的协议。它除了用于用户认证外,还可以提供对用户的授权和计费功能,这项协议定义在 RFC 2865 和 RFC 2866 中。RADIUS 将认证和授权捆绑在一起,因此无法单独使用 RADIUS 进行授权。RADIUS 使用 UDP 作为传输协议,使用 UDP 端口 1812 进行认证和授权,使用 UDP 端口 1813 进行计费。

在本小节中,我们会主要介绍 IEEE 802.1X、MAC 认证、Portal 认证 3 种 NAC 技术。

14.7.2 IEEE 802.1X

IEEE 802.1X 是 IEEE 制定的关于用户接入网络的认证标准,旨在解决以太网内部的认证和安全问题。IEEE 802.1X 同样采用了客户端/服务器模型,其中包含了前文提到的请求方、认证方和认证服务器。认证服务器多为 RADIUS 服务器,负责对用户执行认证、授权和计费。

IEEE 802.1X 认证系统定义了基于以太网报文(IEEE 802 报文封装)上运行可扩展认证协议(EAP)的封装结构,目的是在以太网环境中实现请求方、认证方和认证服务器之间的信息交互。IEEE 802.1X 支持很多种 EAP 类型,其中 PEAP 和 EAP-TLS 比较常用。前者要求用户在接入 WLAN 时输入管理员给用户分配的用户名和密码来完成认证,后者则要求用户使用证书完成认证。使用证书完成认证的方式往往会结合企业 App 使用,例如华为的 EasyAccess。

14.7.3 MAC 认证

MAC 认证是指基于用户无线客户端的 MAC 地址来对无线客户端执行认证的网络准入控制方式。这种认证方式的优势和劣势都十分明显。

在优势方面,因为无线客户端在发送数据帧时会携带自己的 MAC 地址,所以这种认证方式既不需要用户安装客户端软件,也不需要用户输入认证信息。

这种认证方式的劣势也十分明显。首先,当无线客户端数量规模非常庞大时,网络管理的负担也会显著增加。此外,因为网络认证的对象是设备而非用户,所以任何获得了设备管理权的人都可以接入网络,而很多普通终端用户的安全意识远不及网络技术从业者,因此,用认证设备代替认证用户有可能会给网络带来安全隐患。不仅如此,因为伪造地址信息在技术上并不复杂,所以非法人员攻破这种认证方式的难度也并不大。

在实际网络环境中,MAC 认证多用于对哑终端(如打印机、物联网设备)执行接入认证。此外,MAC 认证也会和 Portal 认证相结合,用户在首次通过了 Portal 认证后,可以在一定时间内凭借 MAC 地址接入而无须重复输入认证信息。

14.7.4 Portal 认证

Portal(门户)认证也被称为 Web(网页)认证,即用户在连接 SSID 后,其浏览器会被引导到一个门户的网页中,用户需要在页面中输入信息完成认证才能访问网络资源。显然,这种认证方式并不需要用户在自己的移动客户端上提前安装任何应用,所以这种认证方式多用来在公共场所、商业场所等可以确定用户身份、用户不是网络所属者的员工，且用户流动性高的环境中为用户提供身份认证，同时通过认证页面向用户展示商业推广信息。

14.7.5　MAC 优先的 Portal 认证

如果用户完成了 Portal 认证，却在每次断开网络并且重新连接后都需要重新执行认证，用户体验难免不佳。MAC 优先的 Portal 认证是指在用户完成 Portal 认证之后，在一段时间内断开网络重新连接，因为认证服务器会对通过 Portal 认证的用户缓存其设备 MAC 地址信息，因此用户可以通过 MAC 认证接入，避免重复输入由 Portal 认证的认证信息，这样既可以确保网络的安全性，又可以提升用户体验。

这种认证方式需要在设备上配置 MAC 和 Portal 混合认证，同时在认证服务器上启用 MAC 优先的 Portal 认证功能，并且要配置 MAC 地址有效时间。

具体来说，每次用户在接入网络时，网络都会尝试对用户执行 MAC 认证，MAC 优先的 Portal 认证由此得名。然而，如果用户此前没有通过 Portal 认证，认证服务器上就不会缓存该用户设备的 MAC 地址信息，因此 MAC 认证失败，系统会弹出 Portal 认证页面要求用户执行网页认证。用户在通过网页认证后，认证服务器会在一定时间范围（MAC 地址的有效时间）内缓存该用户设备的 MAC 地址信息。在这段时间内，用户断开网络再次连接就会通过网络的 MAC 认证并且自动接入网络，这个过程不需要用户输入认证信息。如果超过了 MAC 地址有效时间，认证服务器就会删除对应的 MAC 地址信息。此后如果这个用户断开网络重新连接，MAC 认证就会失败，用户需要重新在网页中输入认证信息来通过 Portal 认证。MAC 优先的 Portal 认证的工作流程如图 14-18 所示。

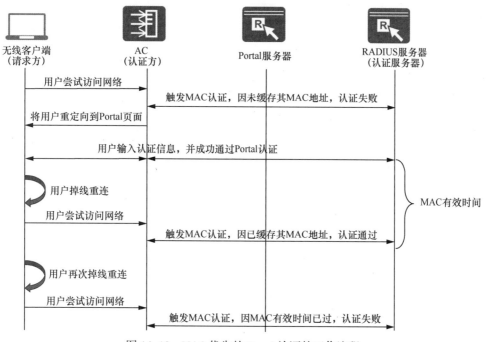

图 14-18　MAC 优先的 Portal 认证的工作流程

下面对这 3 种认证方式的优缺点及适用场景进行介绍。

① **IEEE 802.1X 认证**：安全性高，但部署不够灵活，且可能要求无线客户端安装专门的应用，因此适合部署在用户集中、对安全性要求高的新建网络中，或者对现有网络的安全性进行升级的场景。

② **MAC 认证**：不需要安装专门的客户端，但扩展性差，管理压力大，安全性不佳，因此适用于对网络中的哑终端进行接入认证。

③ **Portal 认证**：同样不需要安装客户端，而且扩展性强，部署灵活，适用于用户分散、用户流动性高的公共或商业场所。

练 习 题

1. 下列关于 VLAN 池的说法，错误的是？（　　）
   A. VLAN 池的作用是避免用户密集处，大量终端连接到同一个广播域中
   B. 使用 VLAN 池为终端分配 VLAN 的算法包括顺序分配算法和哈希分配算法
   C. VLAN 池必须在 VAP 模板视图下创建
   D. 选择 VLAN 分配算法的操作要在 VLAN 池视图下完成

2. 下列关于 AC 发现机制的说法，错误的是？（　　）
   A. 如果 AP 和 AC 之间间隔三层网络，管理员通过手动配置让瘦 AP 发现 AC
   B. 如果 AP 和 AC 之间间隔三层网络，管理员通过 DHCP 的方式让瘦 AP 发现 AC
   C. 如果 AP 和 AC 之间间隔三层网络，管理员通过广播方式让瘦 AP 发现 AC
   D. 如果配置了其他机制，广播方式是 AP 最后尝试使用的一种 AC 发现机制

3. 下列关于漫游组服务器的说法，正确的是？（　　）
   A. 漫游组服务器管理其他 AC 的同时可以被其他漫游组服务器管理
   B. 一台漫游组服务器可以为多个漫游组提供服务
   C. 每个漫游组都需要指定一台漫游组服务器
   D. 一个漫游组的漫游组服务器应属于该漫游组

4. 下列哪种漫游模型的数据流量不会到达 HAC？（　　）
   A. 二层漫游直接转发模型
   B. 三层漫游隧道转发模型
   C. 将 HAC 设置为家乡代理三层漫游直接转发模型
   D. 将 HAP 设置为家乡代理三层漫游直接转发模型

5. 下列哪种漫游模型的数据流量会到达 HAP？（　　）
   A. 二层漫游直接转发模型
   B. 三层漫游隧道转发模型
   C. 将 HAC 设置为家乡代理三层漫游直接转发模型

D. 将 HAP 设置为家乡代理三层漫游直接转发模型

6. 下列哪种高可靠性技术主备切换速度最快？（　　）

    A. VRRP 双机热备　　　　　　　　B. 双链路热备

    C. $N+1$ 备份　　　　　　　　　　D. 双链路冷备

7. 使用下列哪种高可靠性技术时，AP 会同时与主备 AC 建立隧道？（多选题）（　　）

    A. VRRP 热备　　　　　　　　　　B. 双链路双机热备

    C. $N+1$ 备份　　　　　　　　　　D. 双链路冷备

8. 使用下列哪种高可靠性技术时，可以将一台 AC 作为多台主 AC 的备用 AC？（　　）

    A. VRRP 双机热备　　　　　　　　B. 双链路热备

    C. $N+1$ 备份　　　　　　　　　　D. 双链路冷备

9. 下列哪种网络准入控制技术有可能要求客户端安装专门的应用？（　　）

    A. IEEE 802.1X　　　　　　　　　　B. MAC 认证

    C. Portal 认证　　　　　　　　　　D. MAC 优先的 Portal 认证

10. 下列哪种网络准入控制技术通常用于为哑终端（如打印机）执行接入认证？（　　）

    A. IEEE 802.1X　　　　　　　　　　B. MAC 认证

    C. Portal 认证　　　　　　　　　　D. MAC 优先的 Portal 认证

答案：

    1. C　2. C　3. B　4. A　5. D　6. A　7. BD　8. C　9. A　10. B

第15章
企业数通解决方案概述

本章主要内容

没有任何一个数据通信网络是仅依靠某一项技术、标准和产品就可以组建起来的。根据组网的组织机构所在的行业、组建网络的目的、网络的规模和用途等，不同的数据通信网络常常可以在一套由不同技术、标准和产品组合起来的完整方案的基础上进行设计和规划。网络设备厂商也会针对不同的网络提出自己的整套解决方案。

随着软件定义网络时代的到来，华为围绕 iMaster NCE 系列平台为不同的网络提供了不同的 SDN 解决方案。本章专门介绍华为针对不同类型的数据通信网络所提供的解决方案。

15.1 节对数据通信网络的全景进行概述，介绍数据通信网络常见的组成部分。15.2 节～15.6 节则会参照华为官方网站和文档，分别对园区网、WLAN、分支互联网络、数据中心网络、广域承载网络的解决方案进行介绍。

本章重点
- 数据通信网络的组成；
- 华为的园区网解决方案；
- 华为的 WLAN 解决方案；
- 华为的分支互联网络解决方案；
- 华为的数据中心网络解决方案；
- 华为的广域承载网络解决方案。

15.1　数据通信网络的全景

随着物联网技术的产生和发展，联网设备从服务器和台式计算机，扩展到便携式计算机，再扩展到智能手机、平板电脑、打印机、IP 电话等，最终扩展到安装了互联网传感器的"万物"。万物互联的时代正在大踏步朝人们走来。

为"万物"建立互联的就是数据通信网络。数据通信网络为终端和云端之间的数据交互提供连接，作为管道把云端的算力输送给终端，同时也为终端之间建立连接，为终端提供业务数据，呈现业务结果。如果把包含终端在内的整个网络系统比作地球，那么数据通信网络就是江河湖海。在这个网络系统中，各个终端网络可以视为支流，其中规模较小的终端网络（如家庭网络）可以类比小型支流，大型园区网和城域网则可以视为大型支流。与终端网络相对应的是广域网或骨干网，它们承担着连接各个终端网络的任务，通常会跨越很大的地理范围，把不同的城市甚至国家连接在一起，这种网络无疑就是网络系统的干流。数据中心用于传递、计算、存储海量数据信息，而数据中心网络（DCN）则是承担数据中心内部互联，以及数据中心与外部互联的网络。数据中心网络是湖海这类资源的"蓄水池"。我们可以把核心数据中心视为汪洋大海，区域数据中心视为湖泊，接入数据中心视为水库。

华为为园区网络、广域承载网络、数据中心网络的客户提供了优质的解决方案。

其中，AirEngine 系列的 WLAN 产品是华为的 WLAN 核心组件；NetEngine 系列路由器是城域网和骨干网解决方案的核心组件，也用于华为园区网环境中；而 CloudEngine 系列交换机既是 DCN 解决方案的核心组件，也在园区网解决方案中得到了广泛应用。此外，华为还通过 HiSecEngine 系列防火墙为园区网和 DCN 环境提供了网络安全解决方案。

15.2　园区网

园区网并不是某一种特定类型的网络，而是一个广义的概念。在技术上，园区网一般指组织机构的内部网络，其主要作用是提升组织机构的业务运营效率和数字化水平。例如，高等教育机构建立的高教校园网就是一类典型园区网，这种网络一般分为宿舍区、生活区、教学区、公共区等，通过有线、无线的方式为高校师生、访客提供教学、科研和综合信息服务。

网络在人们的生产生活中扮演的角色愈来愈重要，目前大多数组织机构都会组建独立的园区网络。不同规模的组织机构，其组建的园区网规模也大相径庭，而不同规模的园区网的需求也存在显著区别。概括地说，园区网在规模上可以根据终端用户数量和网元数量分为大型、中型和小型。

① **大型园区网**：用户数量大于 2000 人，网元数量大于 100 个。

② **中型园区网**：用户数量 200～2000 人，网元数量 25～100 个。

③ **小型园区网**：用户数量小于 200 人，网元数量小于 25 个。

按照分层设计原则，园区网会被分为核心层、汇聚层和接入层，有些小型园区网会将汇聚层和接入层合并。3 层架构园区网的部署场景如图 15-1 所示。

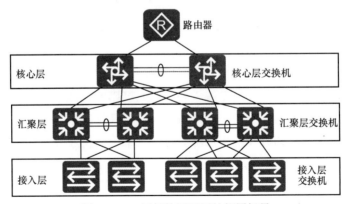

图 15-1　3 层架构园区网的部署场景

除规模外，不同行业的组织机构对园区网的需求也存在明显的区别。零售企业、医疗机构、教育机构的园区网在设计上都存在各自的特点。因此，网络设备供应商也会根据自己的产品,针对不同规模、不同行业提供园区网的规划和设计方案。

在数字化时代,园区网应该具备下列特征。

① **联接无处不在**。移动性是园区网的最基本的要求,用户要求能够随时随地接入园区网,网络则需要能够提供高品质的业务承载服务。

② **业务即需即得**。园区网必须能够实现业务的快速部署和调整,能够支持增值类应用快速上线。

③ **智能可信**。随着园区网规模的扩大、用户数量的增多,完全依靠管理员进行排错和应对安全威胁效率过低。当今的园区网需要支持故障自动识别,能够对威胁进行精准处置,实现主动防御。

为了让园区网的服务无处不在、让增值服务能够快速上线,同时还能够对故障和威胁进行自动响应甚至预判,园区网的运维需要在以下方面解决传统网络运维存在的问题。

① **精准检测**。传统网络的运维是通过 SNMP 来实现的,数据的采集是分钟级。如果网络发生故障,则 NMS 无法获取故障发生时的数据。

② **体验感知**。传统网络运维的方式是对设备指标进行监控。在有些情况下,设备指标正常,但用户体验不佳。换言之,传统网络运维方式缺少用户和网络的关联分析。

③ **问题识别**。传统网络的运维通常是由用户投诉问题引起的被动运维。这种网络运维方式无法有效地主动识别和分析问题。

华为自动驾驶网络(ADN)架构可以有效地解决上述问题。在华为园区网场景的解决方案中,针对园区网和 WLAN 的方案称为华为 CloudCampus 解决方案,针对分支互联网络的方案称为华为 SD-WAN 解决方案。在这样一个自动驾驶网络的架构中,园区网、WLAN 和 SD-WAN 场景的控制器是 iMaster NCE-Campus,它充当"一站式"的管理平台,为管理员提供开放的 API,使其能够对网络进行分析、管理和控制,实现设计、部署、运维的全生命周期自动化。同时,iMaster NCE-Campus 通过 NETCONF/YANG 与最底层的网元进行交互,让它们在向自己提供采集数据的同时,也接受自己下发的指令。

这种解决方案可以从以下几个角度全方位解决上文中提到的网络运维挑战。

① **网络开通"快",提升部署效率**。底层网元可以做到即插即用,实现极简开局。解决方案提供场景导航和模板配置,让网络能够迅速开通。通过网络资源池化,管理员可以更加灵活地部署网络和分配网络资源。解决方案也支持业务自动发放。

② **业务发放"快",提升用户体验**。管理员可以通过图形化界面配置策略。解决方案支持用户随时随地接入园区网,漫游不改变用户权限,也不影响用户体验;支持终端智能识别,准确率超过 95%,可以防止不明终端接入网络,提升无线网络的安全性。智能 HQoS 可以基于应用调度和整形对带宽自动进行精细化管理,从而提升用户的业务体验。

③ **智能运维"快",提升整网性能**。解决方案提供基于遥测的每时刻、每区域、

每用户的网络体验可视化，可以根据网络的实时状态识别出 85%的典型的网络问题并给出修复建议；此外，还可以基于历史大数据对无线网络进行预测性调优，从而让整网性能提升 50%以上。

华为 CloudCampus 解决方案包含三大组件。第一大组件为网络硬件产品，第二大组件为园区网络控制器 iMaster NCE-Campus，第三大组件为园区网络分析器 iMaster NCE-CampusInsight。其中，网络硬件产品包括下列 4 项。

① **CloudEngine 系列园区网交换机**：产品包括但不限于 CloudEngine S16700 系列全新一代园区旗舰核心交换机、CloudEngine S12700E 系列 Wi-Fi 6 时代园区网络核心交换机、CloudEngine S6730-H 系列全功能万兆路由交换机、CloudEngine S5732-H 系列增强型千兆/多速率/光电混合交换机、CloudEngine S5735-S 系列标准型千兆接入交换机等。

② **AirEngine 系列 Wi-Fi 6 AP**：产品包括但不限于 AirEngine 8760-X1-PRO 系列 Wi-Fi 6 室内旗舰 AP、AirEngine 6760-X1/X1E 系列 Wi-Fi 6 室内高端 AP、AirEngine 8760R-X1/X1E 系列 Wi-Fi 6 室外 AP、AirEngine 5760-22W 系列 Wi-Fi 6 面板 AP。

③ **HiSecEngine 系列 AI 防火墙**：产品包括但不限于 HiSecEngine USG12000 系列大型园区网与数据中心 T 级 AI 防火墙、USG6700E 系列大型园区网与数据中心万兆 AI 防火墙、USG6500 系列和 USG6300E 系列中小型企业和小型企业 AI 防火墙。

④ **NetEngine AR 系列路由器**：产品包括但不限于 NetEngine AR8700 系列路由器、NetEngine AR8000 系列路由器、NetEngine AR6700 系列路由器、NetEngine AR6300 系列路由器、NetEngine AR6200 系列路由器、NetEngine AR6100 系列路由器、NetEngine AR5700 系列路由器、NetEngine AR650 系列路由器和 NetEngine AR610 系列路由器。

iMaster NCE-Campus 是解决方案的第二大组件，这项组件主要有三大优势。

① **自动化+智能化**：支持 SDN 自动化业务配置，管理员可以通过软件编程的形式，借助云化平台对网络各层、各厂商的设备资源进行统一管理。同时，平台还提供 AI 智能分析预测排障，从而提升网络复原的效率。

② **管理+控制+分析**：基于统一的数据底座，感知、定位、处置一气呵成，大幅提升网络设备上线和部署的效率。

③ **规+建+维+优**：从网络规划、网络建设到网络运维及优化，其可以提供全生命周期的管理。在网络优化阶段，其可以对部署优化策略后的网络进行仿真模拟，确保策略部署安全、设置合理。

解决方案的第三大组件为 iMaster NCE-CampusInsight 分析器。该分析器使用大数据分析技术和机器学习算法，通过每时每刻每用户的数据分析，提供卓越的网络服务。它可以针对网络问题提供深层次的分析和判断，同时为管理员提供更加直观的网络管理界面。具体来说，这个组件可以实现以下目标。

① **实时体验可视**：组件通过多维评价体系，直观呈现整网或每个区域的网络状态及应用提示；实时呈现每个用户的全程网络体验，可以向管理人员展示哪位用户、何时、连接到了哪个 AP，其体验如何，遇到了哪些问题，从而实现故障可回溯。

② **分钟级故障定界**：组件可以通过 AI 算法，主动识别网络中 85%的潜在问题；可以基于故障推理引擎在几分钟内对故障进行定界、识别出问题根因，并给出有效的修复建议；还可以通过实时数据对比分析，预测可能发生的故障。

③ **智能网络调优**：组件可以基于楼层设备的邻居和射频信息，实时评估无线网络信道的冲突情况并给出优化建议，也可以基于历史数据的分析识别边缘 AP，预测 AP 的负载趋势，对无线网络进行预测性调优并查看调优前后的增益对比，使整个网络的性能提升 50%以上。

15.3 WLAN

WLAN 通常是园区网中一个不可或缺的组成部分。和园区网类似，WLAN 的设计方案也与网络的规模有关，因为 WLAN 的规模通常会决定 WLAN 中的 AP 数量及 AP 的管理方式。除规模外，其他因素也会影响 WLAN 的设计方案。例如，WLAN 的设计也和WLAN 的人员密度有关。在人员密集的场景中，人均带宽会受到人员密度的影响，对网络的部署和规划都会提出比较高的要求。此外，WLAN 的场景也会影响到网络设计方案，室外场景一般会要求设计的距离更远，对天线会有特殊的选择，同时室外 WLAN 对设备的可靠性和稳定性的要求也比较高。

15.3.1 WLAN 的组网场景

在大型园区网中，设计人员可以根据实际情况，选择独立的 AC 或者给核心层交换机或汇聚层交换机配备 AC 板卡。如果园区网的有线部分已经部署完成，需要独立增加无线网络部分或者无线网络规模比较大时，一般会部署独立的 AC。独立的 AC 一般采用旁挂的部署方式，如图 15-2 所示。

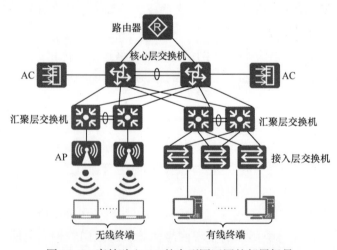

图 15-2 旁挂独立 AC 的大型园区网的部署场景

如果用户希望对有线、无线接入设备进行统一管理和配置，以减少管理成本，就可以使用随板 AC 方案。这种方案的核心产品是以太网络处理器（ENP）系列随板 AC，也就是将 AC 功能集成在交换机上。这样交换机就可以在管理有线接入设备的同时，还能管理无线接入设备。AC 板卡的大型园区网的部署场景如图 15-3 所示。

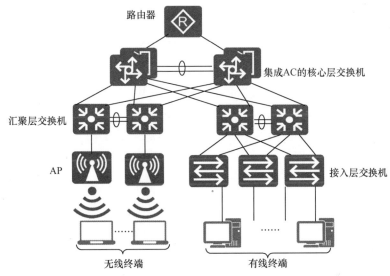

图 15-3　AC 板卡的大型园区网的部署场景

使用随板 AC 部署网络可以同时为有线用户和无线用户提供网络接入服务，实现对有线用户和无线用户的统一管理。随板 AC 方案的可靠性可以依靠交换机自带的可靠性技术（如堆叠和链路聚合技术）来提供，做到设备级和链路级冗余备份。

一种非常典型的 WLAN 的部署场景是连锁商超。部署商超园区网的目的是在实现其自身数字化办公的同时，为用户提供数字化消费体验空间。除为用户提供 Wi-Fi 接入，一些连锁商超的网络还可以提供智能导购、电子价签和数字广告牌等增值体验。图 15-4 所示为一个连锁商超的 WLAN 的部署场景。

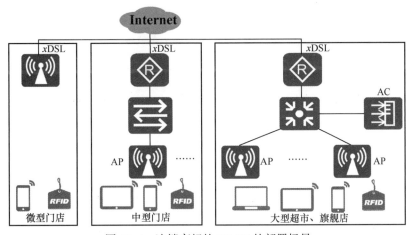

图 15-4　连锁商超的 WLAN 的部署场景

15.3.2   Wi-Fi 6 及华为产品线

Wi-Fi 是 Wi-Fi 联盟的商标，Wi-Fi 联盟通过在实验室环境中执行产品测试，来向符合对应协议标准的产品授权使用 Wi-Fi 标志和 Wi-Fi CERTIFIED 标志。Wi-Fi 标准每 4～5 年就会更新换代一次。2018 年 10 月，Wi-Fi 联盟发布了最新的 Wi-Fi CERTIFIED——Wi-Fi CERTIFIED 6。联盟会把这项认证颁发给符合 IEEE 802.11ax 协议的设备。

相比于上一代 Wi-Fi 标准，Wi-Fi 6 可以提供高达 9.6Gbit/s 的大带宽。使带宽提升至原来的 4 倍。同时，Wi-Fi 6 标准的 AP 可以接入 1024 个终端，让并发用户数量提升至原来的 4 倍。在带宽提升和并发数量提升的基础上，Wi-Fi 6 可以让业务时延低至 20ms，相比于上一代标准，Wi-Fi 6 标准使得平均时延降低了 30%。由于性能的大幅提升，符合 Wi-Fi 6 标准的 WLAN 也可以支持更多对传输速率、时延要求极高的应用，其中包括 4K 视频会议、3D 诊断和 VR/AR 等。

在华为 CloudCampus 全无线云园区网络解决方案中，WLAN 场景的核心组件之一是 AirEngine Wi-Fi 6 系列产品，该系列产品包含 Wi-Fi 6 室内 AP、Wi-Fi 6 面板 AP、Wi-Fi 6 敏捷分布式 AP、Wi-Fi 6 室外 AP。华为当前主流的 AirEngine Wi-Fi 6 系列产品见表 15-1。

表 15-1   华为当前主流的 AirEngine Wi-Fi 6 系列产品

产品类型	产品型号	产品外观	产品性能
室内 AP	AirEngine 8760-X1-PRO		➢ 整机速率：10.75Gbit/s ➢ 空间流：4+12 / 4+8+4 ➢ 内置智能天线 ➢ BLE 5.0，内置双 IoT 插槽 ➢ 2 × 10GE 电口+10GE 光口
	AirEngine 6760-X1		➢ 整机速率：10.75Gbit/s ➢ 空间流：4+8 / 4+4+4 ➢ 内置智能天线 ➢ BLE 5.0，内置双 IoT 插槽 ➢ 1 × 10GE 电口+1 × GE 电口+10GE 光口
	AirEngine 6760-X1E		➢ 整机速率：10.75 Gbit/s ➢ 空间流：4+8 / 4+4+4 ➢ 外置天线 ➢ BLE 5.0，内置双 IoT 插槽 ➢ 1 × 10GE 电口+1 × GE 电口+ 10GE 光口
	AirEngine 5760-51		➢ 整机速率：5.95Gbit/s ➢ 空间流：4+4 / 2+2+4 ➢ 内置智能天线 ➢ BLE5.0，内置双 IoT 插槽 ➢ 1 × 5GE 电口+1 × GE 电口

续表

产品类型	产品型号	产品外观	产品性能
室内 AP	AirEngine 5760–10		➤ 整机速率：1.77 bit/s ➤ 空间流：2+2 ➤ 内置智能天线 ➤ BLE 5.0 ➤ 1GE 电口
	AP7060DN		➤ 整机速率：5.95Gbit/s ➤ 空间流：4+8 ➤ 内置智能天线 ➤ BLE 5.0，外置 IoT 模块 ➤ 10GE 电口+1GE 电口
面板 AP	AirEngine 5760–22W		➤ 整机速率：5.37Gbit/s ➤ 空间流：2+4 ➤ 内置智能天线 ➤ BLE 5.0，PoE out ➤ 上行 1×2.5GE 电口+1×10G 光口 ➤ 下行 4×GE 电口+2×RJ45 透传口
敏捷 分布式 AP	AirEngine 9700D–M		➤ 转发性能：216 bit/s ➤ 上行：4×10GE 光口，下行：24×GE 电口 ➤ 设备管理能力：48 RUs ➤ 4K 用户关联，1K 用户并发
	AirEngine 5760–22WD		➤ 整机速率：5.37Gbit/s ➤ 空间流：2+4 ➤ 内置智能天线 ➤ BLE5.0，PoE out ➤ 上行 1×2.5GE 电口； 　 下行 4×GE 电口+2×RJ45 透传口
室外 AP	AirEngine 8760R–X1		➤ 整机速率：10.75Gbit/s ➤ 空间流：8+8 / 4+12 ➤ 内置室外型智能天线 ➤ BLE 5.0，PoE out ➤ 1×10GE 电口+1×GE 电口+10GE 光口
	AirEngine 8760R–X1E		➤ 整机速率：10.75Gbit/s ➤ 空间流：8+8 / 4+4+4 ➤ 外置天线 ➤ BLE 5.0，PoE out ➤ 1×10GE 电口+1×GE 电口+10GE 光
	AirEngine 6760R–51		➤ 整机速率：5.95Gbit/s ➤ 空间流：4+4 ➤ 内置智能天线 ➤ BLE 5.0 ➤ 1×5GE 电口+1×GE 电口+10GE 光口

产品类型	产品型号	产品外观	产品性能
室外 AP	AirEngine 6760R–51E		➢ 整机速率：5.95 Gbit/s ➢ 空间流：4+4 ➢ 外置天线 ➢ BLE 5.0 ➢ 1×5GE 电口+1×GE 电口+10GE 光口

除网元外，华为 WLAN 解决方案中的另一项核心组件是 iMaster NCE– CampusInsight。通过前面的介绍我们知道，基于 iMaster NCE–CampusInsight 的网络管理架构有效地解决了传统 WLAN 运维面临的问题，因此可以有效提升用户的使用体验。

15.4 分支互联网络

对于具有分支机构的组织机构来说，除了有能力自己搭建专用 WAN 的外，其他组织机构如果连接不同地理位置的局域网，就只能通过运营商来建立各个局域网之间的互联。虽然随着互联网的高速发展，通过互联网实现分支互联也成为一种可能，但是考虑到互联网的不可靠性并缺少端到端的质量保证，大型的组织机构不会完全依赖互联网来构建分支互联网络。例如，对于很多组织机构来说，互联网只会充当出差员工远程接入园区网的方式，或者作为分支互联的备份方案。本节探讨的重点是分支互联网络，即组织机构利用运营商构建分支机构之间的互联业务，而不关注底层承载的广域网络。

组织机构利用运营商建立分支互联网络的方式主要包括以下两种。

① 租用运营商铺设的光纤线路搭建分支互联网络，即租用专线。

② 通过运营商的传输网络或数据网络来建立分支互联网络。

在上述两种方式中，租用专线的价格相当昂贵，而通过运营商网络建立分支互联网络时，往往缺乏服务保障。

随着企业把很多业务迁移到云上，企业出口的流量随之增加，导致其园区网的数据流量模型由以局域网内部流量为主变为以 WAN 流量为主。与此同时，互联网的覆盖范围、网络性能也在不断提升，公共网络与传统专线的质量差距在迅速缩小，使互联网开始越来越多地承担组织机构的数据通信功能。

除上述改变外，最重要的是随着 SDN 时代的到来，网络中引入了控制器，控制器负责将管理员通过软件编程的方式对整个网络提出的需求，转换为下发给各个网元的配置，从而让管理员可以对整个网络进行统一管理和集中配置。将 SDN 技术和架构应用于分支互联网络所产生的技术集合，被称为软件定义广域网（SD–WAN）。华为针对 SD–WAN 提出了相应的解决方案，即华为 SD–WAN 解决方案。

华为 SD–WAN 解决方案可以给网络带来下列优势。

① **5G 上行**。解决方案中包含的网元设备 NetEngine AR6000 系列路由器支持 5G 网络及技术，可以提供高带宽，上传速度可达 230Mbit/s，下载速度可达 2Gbit/s。解决方案可以实现 5G/4G/3G/2G 全网通。此外，网络既支持终端同时使用 LTE 和 NR 两种无线接入技术的非独立（NSA）组网，又支持终端仅使用 NR 的独立（SA）组网。

② **性能好**。解决方案的转发架构满足未来 5 年 SD-WAN 的发展预期，可以实现无拥塞转发。

③ **网络品质高**。SDN 提供了转控分离的架构，可以根据 20 种以上的组网模型按需进行编排，给分支互联网络提供灵活、可靠、安全的互联。控制器支持 CPE 主动防御增强，可以构建端到端的安全保障。

④ **体验优**。解决方案支持应用级智能选路，控制器可以对流量执行按需调度，保障关键应用的用户的良好体验。

⑤ **运维简便**。解决方案支持全流程自动化，可以做到多方式 ZTP，实现网元的即插即用，整个网络可实现分钟级部署。部署完成后，网络中全部应用/网点/设备/链路的状态可实现可视化，让管理员可以进行集中管理，从而简化网络的运维。

华为 SD-WAN 解决方案主要包括两大组件。其中的一大组件是充当网元设备的华为新一代 NetEngine AR 系列路由器，其中包括传统路由器 AR6100、AR6200、AR6300、AR5700、AR6700、AR8000 系列以及虚拟路由器 AR 1000V，部分路由器还可以通过安装可插拔式的 5G 板卡（SIC-5G-100）接口卡来支持 5G 网络接入，为不同行业、规模、应用场景的组织机构网络构建 5G 高速网络出口。

华为 SD-WAN 解决方案与华为 CloudCampus 解决方案相同，另一大组件也是 iMaster NCE-Campus 控制器。华为 SD-WAN 解决方案的架构如图 15-5 所示。

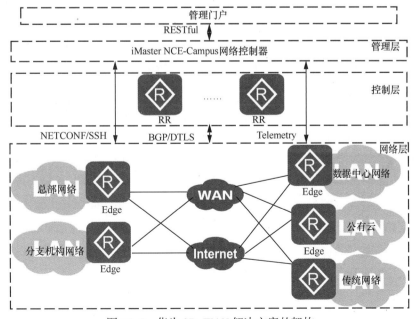

图 15-5　华为 SD-WAN 解决方案的架构

如图 15-5 所示，在华为 SD-WAN 解决方案中，iMaster NCE-Campus 通过对 WAN 抽象和建模，对上层网络业务和底层网络具体实现架构进行解耦，从而实现网络自动化。iMaster NCE-Campus 作为独立的管理层，将网络转发和控制进行了分离，从而实现了网络控制的集中化。系统通过集中的网络监控，实现了端到端分支互联网络的集中管理，从而实现了运维的智能化。华为 SD-WAN 解决方案控制层中的 RR 是 SD-WAN 路由反射器，是控制层的核心产品组件，负责集中控制 SD-WAN 的网络层的路由转发和拓扑定义。华为 SD-WAN 解决方案中的网络层主要由两种类型的设备构成，即图 15-5 中的 Edge 和 GW。Edge 是指 SD-WAN 站点的出口设备，是 SD-WAN 隧道的发起点和终结点，可以被看作 SD-WAN 的边界点。GW 是指连接其他网络（如传统 VPN）的网关设备，可以实现 SD-WAN 与传统网络的互通。

15.5 数据中心网络

数据中心是指一整套包括机房在内的复杂基础设施。这套基础设施不仅包括计算机系统和与之配套的设备（如通信和存储系统），还包括冗余的数据通信连接、环境控制设备、监控设备及各种安全装置。其中，信息通信设备可以分为以下 3 类。

① **网络设备：**包含数据中心中的各类有线网络基础设施，如路由器、交换机、防火墙等设备，特别是数据中心交换机。

② **计算设备：**主要为服务器，如华为 FusionServer Pro 智能服务器、TaiShan 服务器，还有 Atlas 人工智能计算平台。

③ **存储设备：**包括存储阵列、云存储等，如华为 OceanStor Dorado 全闪存存储、OceanStor V5 混合闪存存储、FusionStorage 云存储。

数据中心网络通常也分为数据中心网络层、服务器层、存储网络层和存储系统层/阵列层。数据中心网络层由网络基础设施组成，为数据中心内部的流量和往返数据中心的数据流量提供高速转发。服务器层提供数据中心的计算资源，这一层由大量物理服务器组成。每台物理服务器都会通过虚拟机管理程序按需创建出多台虚拟机（VM），再通过集中式的虚拟机管理平台对每台物理服务器上的 VM 进行统一管理，从而实现资源池化，提升物理资源的利用率。存储网络层则是由光纤交换机组成的存储区域网络（SAN），负责连接服务器和存储系统，为它们提供数据转发的专用网络。存储系统层/阵列层包含了大量存储系统/存储阵列，负责存储数据中心中的数据。数据中心网络部署场景如图 15-6 所示。

目前，越来越多的服务器会通过以太网连接存储网络，然后借助基于以太网的 FC 协议（FCoE）进行服务器和存储系统之间的通信。

在虚拟化时代，数据中心网络需要处理的数据流具有以内部服务器之间的流量为主、进出数据中心的流量为辅的特点，这种特点在技术上称为"东西向流量"为主。

为了应对这种流量模型，数据中心网络通常使用 Spine-Leaf 架构来部署数据中心交换机。在这个架构中，Spine 交换机负责提供高速的 IP 转发，Leaf 交换机则负责提供接入。因此，如果这个数据中心网络需要连接更多的设备，人们只需要在网络中增加更多的 Leaf 交换机；如果这个网络需要提供更高的转发效率和更大数据吞吐量，人们也只需要在网络中增加更多的 Spine 交换机，以此类推。显然，这样的架构拥有非常强大的扩展能力。

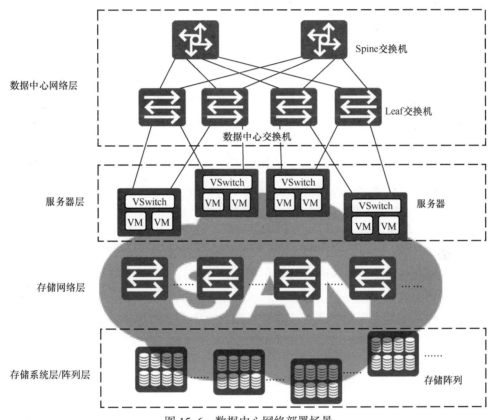

图 15-6　数据中心网络部署场景

在迎接虚拟化时代的同时，数据中心网络也迎来了云计算时代。软件定义也成为人们对数据中心网络的核心诉求之一，即实现软件定义数据中心网络。如今，数据中心正在经历人工智能时代，这个时代的典型特征是关注数据。人们希望挖掘数据价值并提升 AI 运行效率。因此，数据中心网络的零丢包、低时延是实现诸如无人驾驶、远程手术等应用的基本前提之一。

随着容器不断取代虚拟机在数据中心网络中部署，AI 算力需要通过容器调动 GPU 来得到提升，人们希望实现容器—网络联动极速上下线。此外，随着客户数量的增加、客户需求的增多，云服务数据中心的业务变更异常频繁，网络也因此需要进行大量变更，这就给数据中心网络智能化提出了更高的要求。这些成为数据中心网络面临的主要挑战。

为了应对上面的挑战，华为提出了 CloudFabric 数据中心网络解决方案。这个解决方案针对上述挑战，具有三大核心优势。

① **智能**。基于 iMaster NCE-Fabric 的自动驾驶网络，解决方案可以加大 SDN 的部署，同时数据中心网络的运维效率也可以得到大幅提升，实现故障 1min 发现、3min 定位、5min 修复的"1-3-5 运维"。

② **超宽**。通过 CloudEngine 系列数据中心交换机，尤其是 CloudEngine 16800 大容量 DCN 交换机，数据中心网络可以支持服务器的高密度接入。

③ **无损**。通过在交换机内嵌 AI 芯片和创新 iLossless 算法，解决方案可以大幅提升算力，实现零丢包、智能无损。智能无损网络具有以下特点。

- **全融合，DC 内三网合一**。传统的数据中心由数据中心网络、服务器和存储网络（及存储器）组成，智能无损网络强调通过 RoCE（基于融合以太网的远程直接内存访问）网卡实现计算、存储和数据三网合一，从而降低数据中心的总成本（包括建设成本和全生命周期运维成本）。

注释：RoCE 是一种网络协议，支持通过以太网远程访问系统内存。RoCE 目前存在两个版本，其中 RoCEv1 是数据链路层协议，旨在实现一个系统访问同一个以太网广播域内的其他主机；RoCEv2 则是网络层协议，支持将系统发送的报文路由到其他网络。

- **零丢包，加速 RDMA（远程直接内存访问）通信**。智能无损网络在计算方面提升了 AI 的训练效率。相比于传统由 SAN 和存储系统组成的分布式存储架构，智能无损网络可以提升每秒输入/输出的操作性能。

注释：RDMA 全称为远程直接内存访问，其作用是解决网络传统服务器端处理数据时延大的问题。RDMA 可以让系统绕过远程主机操作系统内核访问其内存中的数据，绕过操作系统的目的是节省处理器资源、提升系统吞吐量、降低通信时延。上文提到的 RoCE 属于 RDMA 的一种具体实现。

- **大带宽，400 Gbit/s 组网演进**。智能无损网络可以支持 25Gbit/s～400Gbit/s 的带宽，以及从小规模网络到超大规模的数据中心网络。

华为 CloudFabric 数据中心网络解决方案包含三大组件。第一大组件为华为数据中心交换机，第二大组件为 iMaster NCE-Fabric，第三大组件为 iMaster NCE-FabricInsight。其中，华为数据中心交换机包括但不限于下列产品。

- CloudEngine 16800-X 全新数据中心核心交换机。
- CloudEngine 16800 面向 AI 的数据中心核心交换机。
- CloudEngine 9800 系列高密 100GE 插卡交换机。
- CloudEngine 8860 系列灵活插卡交换机。
- CloudEngine 8850 系列 100GE 汇聚交换机。
- CloudEngine 6860-SAN & 8850-SAN 数据中心存储网络交换机。
- CloudEngine 6860-HAM & 8850-HAM 组播高可靠交换机。
- CloudEngine 6860 系列 25GE TOR 交换机。

- CloudEngine 6870 系列 10GE 大缓冲区交换机。
- CloudEngine 6880 系列 10GE TOR 交换机。
- CloudEngine 6820H 系列 10GE TOR 交换机。
- CloudEngine 6850 系列 10GE TOR 交换机。
- CloudEngine 5800 系列 GE 交换机。
- CloudEngine 1800V 虚拟交换机。

iMaster NCE-Fabric 是解决方案的第二大组件，该组件在 CloudFabric 数据中心网络解决方案中扮演的角色等同于 iMaster NCE-Campus 在华为 CloudCampus 解决方案中扮演的角色。具体来说，iMaster NCE-Fabric 具有下列三大优势。

① **网络 E2E 自动部署，部署"零"等待**。iMaster NCE-Fabric 可以提供极速网络发放，支持管理员通过图形化界面进行拖拽式操作，也可以提供容器极速上线。

② **变更风险预评估，配置"零"差错**。iMaster NCE-Fabric 支持事前仿真，让管理员可以在网络部署前通过形式化验证算法基于现网配置进行仿真，评估待变更配置对网络的影响。此外，iMaster NCE-Fabric 也支持事后校验，可以让管理员对底层网络的连通性、接口、路由等问题配置进行校验。

③ **典型故障智能修复，业务"零"中断**。iMaster NCE-Fabric 可以对多类典型故障实现"1-3-5 运维"，即故障 1min 发现、3min 定位、5min 修复。不仅如此，iMaster NCE-Fabric 可以基于用户的业务体验全面评估网络的健康情况，对未发生的故障进行主动预测。

华为 CloudFabric 数据中心网络解决方案的第三大组件为 iMaster NCE-FabricInsight。前文曾经提到，iMaster NCE-Fabric 之于数据中心网络解决方案，正如 iMaster NCE-Campus 之于园区网解决方案。而 iMaster NCE-FabricInsight 在数据中心网络解决方案中扮演的角色也和 iMaster NCE-CampusInsight 在园区网解决方案中扮演的角色相同。iMaster NCE-FabricInsight 是面向数据中心网络的智能分析平台，能够基于大数据分析技术为用户提供无处不在的网络应用分析与可视化呈现，打通应用和网络的边界。其优势如下。

① 通过遥测实现秒级数据采集，取代了 SNMP 5min 的轮询周期。系统支持网络全景数据可视化，能够根据动态基线从多维度进行指标分析。

② 以业务为中心提供分钟级风险识别，代替了传统运维以设备为中心每天巡检的方式。系统可以使用五层评估模型和 AI 算法对网络健康度进行全面评估。

③ 支持主动运维，实现自动化排障，不再依赖管理员对故障进行被动响应。系统可以根据大数据、AI 算法和专家经验处理和预测故障，实现"1-3-5 运维"。

15.6 广域承载网络

广域承载网络（广域网）是覆盖广阔地理范围的网络。当人们使用局域网技术在园区范围内建立了网络通信后，如果还希望在更大范围内建立网络通信以把不同位置的局域网连接起来，那就需要使用广域网。广域网的部署场景如图 15-7 所示。

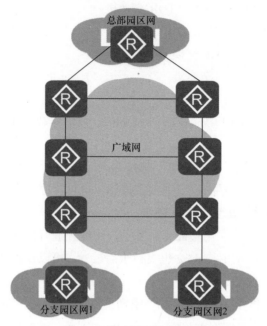

图 15-7　广域网的部署场景

相比局域网建设，部署广域网存在难度极大、成本极高、周期极长的问题。因此，大多数组织机构没有能力独立建设广域网来承载自己不同局域网之间的网络流量。有能力也有强烈需求建设广域网的只有如政府、电力、金融和网络运营商等机构。

与局域网相比，广域网的拥塞情况更加严重，时延也更长。因此，在部署广域网时，人们希望能够提升广域网的业务部署效率，同时改善广域网的性能。如今，随着广域网承载的流量与日俱增，不同行业对广域网的服务需求差异显著扩大，人们对广域网业务的要求不断增加，如何构建大容量、高性能、自动化、智能运维的广域网，并满足不同行业的差异化需求成为广域网建设面临的挑战。

华为针对组织机构独立建立广域网的需求提出了华为 CloudWAN 解决方案。这种解决方案不仅可以针对政府、电力、金融和网络运营商几类组织机构的应用场景提供不同的解决思路，而且能够提供下列优势。

① 新平台。以 NetEngine 8000 系列路由器作为解决方案的核心组件，提供宽带业务、专线、数据中心出口场景、国际出口场景、边缘网络网关五合一全场景统一平台。

② 新协议。使用 SRv6 协议，缩短业务上线时间，保障服务等级，可以提供承诺时延。

③ 新管道。支持灵活以太网（FlexE）技术，可以将一条链路切片为多条链路，同时可以提供确定性时延，可以按照接近带宽所需的最小值分配带宽，从而更加有效地利用带宽。

④ **新运维**。支持 AI 加持的智能运维，业务质量可视。解决方案中的 iMaster NCE 组件+IFIT 可以提供逐跳丢包检测方案。Ti-LFA 协议支持端到端 50ms 的故障倒换。

注释： 独立于拓扑的无环替代（Ti-LFA）协议属于一种快速重路由技术。它使用上文提到的分段路由（SR）技术为拓扑中的链路提供保护，可以在由链路故障导致拓扑变化的情况下减少丢包。

华为 CloudWAN 解决方案包括两大组件。第一大组件是 NetEngine 8000 系列路由器，该系列产品具有以下优势。

① **超宽平台**。作为业界首款 400G 平台盒式路由器，NetEngine 8000 满足大容量融合承载的要求。其超高密度设计，满足高密度端口需求场景。NetEngine 8000 系列以紧凑型的设计、超强的散热、超低的能耗和全业务特性，为用户打造一张极简、融合的超宽网络，从而降低建设和运维成本。

② **基于 SRv6 的智能连接**。NetEngine 8000 系列提供领先的 SRv6 能力，基于 IPv6，有效应对海量连接；可跨域自动连接，帮助用户一跳入云；能够做到分钟级业务发放，提供租户/应用级 SLA 保证，帮助用户实现从 MPLS 到 SRv6 的平滑演进。

③ **全生命周期自动化**。NetEngine 8000 系列采用新一代的管理、控制、分析平台——网络云化引擎 iMaster NCE-IP，实现全生命周期自动化；iMaster NCE-IP 和 SRv6 配合，可以实现 50ms 保护、分钟级流量优化、秒级故障识别、分钟级故障定位，从而显著提升网络可用性，帮助用户实现网络的主动运维、智能运维。

华为 CloudWAN 解决方案的另一大组件是 iMaster NCE-IP，该组件是集管理、控制、分析和 AI 智能功能于一体的网络自动化与智能化平台，实现了物理网络与商业意图的有效连接，向下可实现全局网络的集中管理、控制和分析，让网络更加简单、智慧、开放和安全。

练 习 题

1. 下列哪一项属于华为交换机系列产品？（　　）
   A. CloudEngine S16700　　　　　　　　　B. AirEngine 6760
   C. HiSecEngine USG12000　　　　　　　　D. NetEngine 8000

2. 下列哪一项属于华为防火墙系列产品？（　　）
   A. CloudEngine S16700　　　　　　　　　B. AirEngine 6760
   C. HiSecEngine USG12000　　　　　　　　D. NetEngine 8000

3. 下列哪一项属于华为路由器系列产品？（　　）
   A. CloudEngine S16700　　　　　　　　　B. AirEngine 6760
   C. HiSecEngine USG1200　　　　　　　　　D. NetEngine 8000

4. 下列哪一项属于华为 AP 系列产品？（　　）
   A. CloudEngine S16700　　　　　　　　　B. AirEngine 6760

    C.　HiSecEngine USG12000　　　　　　　D.　NetEngine 8000

5.　下列哪一项是华为园区网解决方案的组件之一？（　　）

    A.　iMaster NCE-Fabric　　　　B.　iMaster NCE-Campus　　　　C.　iMaster NCE-IP

6.　下列哪一项是华为数据中心网络解决方案的组件之一？（　　）

    A.　iMaster NCE-Fabric　　　　B.　iMaster NCE-Campus　　　　C.　iMaster NCE-IP

7.　下列哪一项是华为 SD-WAN 解决方案的组件之一？（　　）

    A.　iMaster NCE-Fabric　　　　B.　iMaster NCE-Campus　　　　C.　iMaster NCE-IP

8.　下列哪一项是华为广域承载网解决方案的组件之一？（　　）

    A.　iMaster NCE-Fabric　　　　B.　iMaster NCE-Campus　　　　C.　iMaster NCE-IP

9.　在华为 SD-WAN 解决方案中，iMaster NCE-Campus 这个组件属于解决方案中的哪一层？（　　）

    A.　应用层　　　　　　　　　　　　　　B.　控制层

    C.　网络层　　　　　　　　　　　　　　D.　管理层

10.　在数据中心网络中，哪种网络设备会用来连接服务器？（　　）

    A.　路由器　　　　　　　　　　　　　　B.　防火墙

    C.　Spine 交换机　　　　　　　　　　　D.　Leaf 交换机

答案：

    1. A　2. C　3. D　4. B　5. B　6. A　7. B　8. C　9. D　10. D